2005 中国职业培训发展报告

REPORT ON THE DEVELOPMENT OF VOCATIONAL TRAINING IN CHINA

中国职工教育和职业培训协会 编
China Association of Staff and Workers Education and Vocational Training

新华出版社

图书在版编目(CIP)数据

中国职业培训发展报告(2005) / 中国职工教育和职业培训协会编.– 北京：新华出版社，2005.10
ISBN 7 – 5011 – 7286 – 2

Ⅰ. 中… Ⅱ. 中… Ⅲ. 职业教育 — 研究报告 — 中国 Ⅳ. G719.2

中国版本图书馆 CIP 数据核字 (2005) 第 131502 号

中国职业培训发展报告(2005)
中国职工教育和职业培训协会 编
*
新华出版社出版发行
（北京石景山区京原路 8 号 邮编 100043）
新华出版社网址：http：// xhcbs . 126 . com
新华书店经销
深圳市金豪毅彩色印刷有限公司 印制
*
889 毫米 × 1194 毫米 1/16 开本 20.75 印张 350 千字
2005 年 10 月第一版 2005 年 10 月第 1 次印刷
ISBN 7 – 5011 – 7286 – 2 定价:228.00 元

《中国职业培训发展报告(2005)》编辑委员会

提高劳动者的就业能力、工作能力和职业转换能力，是职业培训工作的永恒主题。

书用三

二〇〇五年十月十一日

序

职业培训的目标是促进就业。提高劳动者的就业能力，为经济发展提供强有力的技能人才支撑，应成为职业培训改革与发展的根本出发点和落脚点。

就业是民生之本，也是安国之策。解决我国的就业问题，既要着眼于劳动力总量长期供大于求的国情，通过经济发展的拉动和经济结构的调整，开辟就业渠道，增加工作岗位；也必须针对劳动者整体素质不适应需求的现实，通过加强职业培训，着力解决劳动者素质结构与就业岗位需求不对接的问题。近几年来，按照中央提出的把就业放在经济社会发展更加突出的位置的要求，各地结合实际，实施积极的就业政策，千方百计创造就业岗位和就业机会。实践证明，在新一轮岗位开发中，在新的竞争就业的市场环境中，劳动者能否尽快实现就业，并在工作岗位上稳定下来，在很大程度上取决于劳动者的素质和就业的能力。因此，进一步加大职业培训工作力度，普遍提高劳动者就业能力，是促进就业，稳定社会，推动经济发展的重要举措。

国家兴盛，人才为本。技能人才是人才的重要组成部分。随着我国社会生产力的快速发展，无论是在传统产业还是在新兴产业中技术含量高的职业岗位上，都需要一大批能够掌握先进技术工艺和技能的人才。

技能人才在推动技术创新和实现科技成果向现实生产力转化中的贡献，不仅体现在火箭、卫星等高端技术领域，并且体现在制造业、服务业的绝大部分生产服务领域。我国现代化建设进程的快慢，在一定程度上，取决于技能人才是否能够源源不断产生并充分发挥作用。同时，在经济全球化进程中，提高企业和产品的竞争力，归根到底是要提高制造者的技能水平。“中国制造”走向世界，仅仅依靠低成本劳动力已难以占领国际市场，迫切需要培养大批技能人才特别是高技能人才。目前，我国高技能人才严重短缺，已成为企业和地方经济发展的“瓶颈”。职业培训是培养造就技能人才，提高劳动者就业、工作和职业转换能力，为企业提供合格技工的主要手段，因此，进一步加大职业培训工作的力度，是提高企业竞争力，保持经济发展后劲最重要的动力源。

中国职工教育和职业培训协会组织编写《中国职业培训发展报告（2005）》，是一项开创性的工作，首先以年度报告这种形式，比较系统地概述了我国改革开放20年来，特别是近两年来职业培训事业的发展脉络，展示了职业培训工作所取得的成绩，并提出了一些可供研究思考的问题。《报告》以“开展职业培训，为促进就业服务”为主题思想，体现了职业培训事业方向。相信《报告》的陆续出版，能够为广大从事和关心职业培训的实际工作者和研究者，提供一些有益的帮助。

劳动和社会保障部副部长 張小建

二00五年八月 于北京

CONTENTS

目录

中国职业培训发展报告

目录

百家采录

地方 行业

CONTENTS

目录

CONTENTS

目录

CONTENTS

目录

CONTENTS

目录

CONTENTS

目录

CONTENTS

目录

CONTENTS

目录

CONTENTS

目录

2002–2004 有关文件汇编

CONTENTS

目录

中国职业培训发展报告

历史的回顾

——改革开放以来中国的职业培训走过了一段不寻常的路

20世纪80年代以来，中国的经济和社会发生了重大变化，国民生产总值持续以百分之八左右的速度稳步发展。到20世纪末，在从计划经济向市场经济的转变中，党的第二、第三代领导集体确立了“科学技术是第一生产力”的基本观点；作出了“尊重知识、尊重人才”和“科教兴国战略”等一系列重大决策。进入21世纪，新一轮经济和科技革命正以空前的速度发展，高新技术向现实生产力的转化,以及国际经济的竞争，越来越体现为人才和综合国力的竞争。

在实现经济体制和经济增长方式的两个根本性转变中，我国基本完成了由计划经济向社会主义市场经济体制的转变。然而，经济增长方式，从主要依靠土地资源、资本和简单劳动，到主要依靠科技进步和提高劳动者素质上来的转变，则更为艰巨。面对人口众多，人均资源薄弱，经济文化比较落后的现实，要将人口“包袱”转变为人力资源优势，就要提高全民族的科学文化素质，建立终生教育体系。

职业培训事业任重而道远。

社会经济发展与劳动者素质提高

产业结构调整

20多年里，我国基本实现了社会主义现代化建设的宏伟蓝图，即中国经济发展 “三步走”的第一、二步战略目标。1978年国内生产总值（GDP）仅为3624亿元，到2004年已达到136515亿元，经济增长方式也发生了根本性的变化；经济体制改革、经济结构调整、科学技术进步，对经济增长的贡献率决定着经济增长的质量。到2000年由产业结构和区域经济结构所组成的我国经济结构调整已基本到位；“优化升级，形成以新技术产业为先导，基础产业和制造业为支撑，服务业全面发展的产业格局”也基本显现。经济结构和产业结构调整的优化原则必须形成产业之间的资源合理配置，人力资源作为生产要素的市场化调节是产业结构调整的必然结果。由于生产发展水平和社会分工的不断调整，就业的人口结构和大量劳动力的转移发生了明显的变化。统计显示我国经济增长与就业的关系（表1）。

我国国内生产总值和就业人口结构比例 % (表 1)

年份	国内生产总值(亿元)和各产业所占比例 %				就业人口(万)和各产业所占比例 %			
	GDP	第一产业	第二产业	第三产业	就业人口	第一产业	第二产业	第三产业
1990	18547.9	27.1	41.6	31.3	64749	60.1	21.4	18.5
1997	74462.6	19.1	50	30.9	69820	49.9	23.7	26.4
2003	116694	14.8	52.9	32.3	74432	49.1	21.6	29.3

以服务业为代表的第三产业就业比重不断攀升，将成为我国扩大就业的主要领域。这也是世界发达国家经济发展的经验；与之相比，我国服务业在经济结构和就业结构中所占比例还很小，第三产业具有很大发展空间（表2）。

发达国家服务业在国内生产总值和就业人员中的比例 % (表 2)

发达国家	服务业占国内生产总值比例		服务业占从业总人口比例	
	1983 年	1992 年	1983 年	1993 年
	61.05	69.98	54.36	66.45

本表所指发达国家为美国、英国、法国、德国、日本、加拿大、澳大利亚七国

随着信息技术为主导的现代科技进入经济和社会发展领域，通过对传统工业的技术改造，大大提高了产品质量，缩短了产品生产和更新周期；通过包括遗传基因、生物工程及其他新技术的开发应用，种植、养殖、矿业的生产领域和经济效益大幅度提高。流通领域的信息集成，突破原有时空局限；信息流、物流日臻完善，第三产业有了更广阔的空间，并更加成为一、二产业发展不可或缺的技术支撑和服务手段。所有这一切，都对劳动者素质提出了更高的要求。

劳动者素质提高

我国的劳动就业与经济发展不相适应，劳动力素质偏低的矛盾十分突出。联合国工业发展组织《工业发展报告2002/2003》提供的数据表明：

从1985年到1998年，在世界87个国家和地区的工业竞争力指数排行榜中，中国从第61位上升到第37位，而劳动者技能指数仅从第64位上升到62位。就业人员素质不高已严重制约我国的科技向生产力的转化。据统计分析：每年我国取得科技成果约3万多项，但实现转化的只占20%左右，真正形成产业的只有5%。以农业为例，八五期间我国每年取得6000多项科研成果，而转化率只有30～40%，真正形成规模的不到20%。科技成果转化为生产力周期过长，以致使许多成果失去时效。

制造业是我国工业的主体产业，其生产总值占国内生产总值（GDP）的40%；制造业的收入占国家财政收入的50%、外汇收入的75%。制造业吸纳城市就业人口的5%和农村劳动力转移的50%。然而我国制造业的综合指标很不理想，一是劳动生产率低，只有美国的1/23、日本的1/25；二是产品合格率低，平均合格率只有70%；不良产品造成的经济损失每年近2000亿元。这些，均与劳动者整体素质偏低，特别是技能人才短缺有直接关系。

我国劳动者素质不高的主要原因，一是劳动者接受教育的时间和水平不高。根据2001年对制造业从业人员的统计，平均受教育年限仅为9.47年，而日本为12.33年。我国从业人员中大部分人没有接受比较系统的职业教育和职业培训。二是教育与培训工作的针对性、实用性还比较差，以就业为导向、提高劳动者就业能力和工作能力为出发点的指导思想尚未普遍确立；对农村转移劳动力、中小企业员工培训等薄弱环节的关注、投入和工作力度不够，成为提高劳动者素质的重要滞后因素。三是用人、分配制度改革不配套，受传统观念和体制影响，没有建立起有效的激励机制，以引导、鼓励劳动者努力追求自我提高和岗位成才。这点，从长远看更带关键性质。

经济发展与劳动、教育体制改革

实现民族的复兴要靠人才，而确立科学的人才观，要重视教育，重视职业培训，重视高技能人才培养。《中共中央关于经济体制改革的决定》指出："增强企业活力是经济体制改革的中心环节，企业活力在于劳动者的积极性、创造力。"《中共中央、国务院关于深化教育改革全面推进素质教育的决定》指出："改革用人制度是全面推进素质教育的当务之急。"

为了实现中共中央"十三大"以来多次强调的"要把依靠科学技术的进步和提高劳动者素质，摆在我国发展经济战略首要位置"的目标，二十多年来，党中央、国务院专门召开教育、人才方面的会议5次，在17个有关教育、劳动人事的会议和文件中，都对这方面工作有明确部署和要求，推动着劳动和教育工作不断深化改革并有较大发展。特别是2003年12月召开的全国人才工作会议，将高技能人才培养纳入国家实施人才强国战略的总体部署，使高技能人才培养成为今后我国人才工作的重点之一。

劳动用工和分配制度改革

1. 劳动用工制度与企业工资制度的改革

企业从八十年代开始推行多种形式的经济责任制，实行责、权、利相结合，启动用工和工资制度改革。1987年劳动人事部推行劳动合同制。1992年国务院发布《全民所有制工业企业转换经营机制条例》，明确企业享有劳动用工权，有权决定用工形式；企业享有工资和资金的分配权。国营企业实行职工工资同经济效益挂钩、按比例浮动的办法推行工资制度改革，主要采用与效绩挂钩的结构性工资分配形式，突破了长期执行的8级工资制。劳动部组织第三次修订工人技术等级标准，与工资等级"脱钩"，逐步形成含初级、中级、高级、技师、高级技师在内的职业技能标准体系，为工资和职业培训的改革与发展创造了条件。

20世纪90年代初，全民所有制企业开始经济转型，企业减员增效，人力资源的重新配置凸现出下岗再就业问题。1993年《中共中央关于建立社会主义市场经济体制若干问题的决定》提出：要改革劳动制度，逐步形成劳动力市场，要把开发利用和合理配置人力资源作为发展劳动力市场的出发点。要广开就业门路，促进农村劳动力的有序流动；要建立用人单位与劳动者双向选择的用人机制。《劳动法》的实施，为新形势下劳动工作，包括职业培训的改革与发展，提供了法律依据。

2.《劳动法》与职业培训

1994年7月通过的《劳动法》是保护劳动者合法权益，调整劳动关系，建立和维护适应社会主义市场经济和劳动制度的基本法，对促进就业、劳动合同、工作时间、工资、安全、社会保障、劳动争议以及女职工和未成年工特殊保护等方面，都作出了明确的法律规范和规定。《劳动法》对提高劳动者素质，给予充分关注，在总则中，把接受职业培训的权利，列为劳动者七项主要权利之一；把提高职业技能，列为劳动者应当完成、执行、遵守的四项主要内容之一。

《劳动法》专列一章共四条规范职业培训工作，强调国家通过各种途径，发展职业培训，增强劳动者的就业能力和工作能力；强调各级政府应把职业培训，纳入社会经济发展规划；强调用人单位应建立职业培训制度，技术工种上岗前必须经过培训。同时，还明确了国家要在确定职业分类、制定职业技能标准的基础上实行职业资格证书制度，对劳动者实施职业技能考核鉴定。

经济发展与教育体制改革

1985年《中共中央关于教育体制改革的决定》强调提高全民族素质，多出人才、出好人才。《决定》及以后党中央、国务院对教育工作的一系列决策，对各类教育提出了不同的改革与发展目标，经过20多年努力，取得了预期效果，为提高劳动者素质和满足社会经济发展所需人才，做出了贡献。

1. “两基”教育，即普及九年义务教育和基本扫除青壮年文盲，被誉为提高国民素质、增强综合国力的一项奠基工程。1986年7月，实施了《义务教育法》。

中国在教育公共支出约占全世界教育公共支出1.04%的条件下，负担包括义务教育在内的正规教育学生却占全球的17.9%。到1998年全国通过“两基”验收的县达2242个，人口覆盖率达73%，小学入学率达99%，初中阶段达87.3%，青壮年文盲率由1978年的18.5%下降到1998年的5.5%以下。

2. 中等教育，即初中毕业后升入普通高中和接受高中阶段职业教育的学校教育。国家在中等教育结构调整中提出了“普教”“职教”招生数相当的目标。20年来，中等教育有了较大发展，1985年到2003年在校生从898.2万人发展到2467.2万人，办学水平、校均规模不断提高。但是，“职教”与“普教”的比例却不尽人意，2004年在校生人数普通高中为1900万，中等职业学校仅为1200万。

3. 高等教育，改革开放后20年特别是近几年来发展很快，由1985年的1016所、在校生170万人，到2004年在校生与学校数突破2000万人和2000所。大学毛入学率由1998年的9.8%达到2004年的19%，提前实现高等教育大众化15%的结构调整目标；办学体制也进一步完善。

职业教育与《职业教育法》

在我国三级学校教育体系中，包括初等、中等和高等职业教育。职业教育相对普通国民教育而言有其特性，即不仅与行业企业联系紧密，而且与劳动就业相衔接。1996年9月实施的《职业教育法》，对职业教育的地位作用、体系结构、方针原则、办学职责、管理体制和经费渠道作出法律规范，标志着我国职业教育进入依法治教的新阶段。

《职业教育法》明确职业教育是促进经济、社会发展和劳动就业的重要途径；国家实行劳动者在就业前或上岗前接受必要的职业教育的制度。实施职业教育应当根据实际需要，同国家制定的职业分类和职业等级标准相适应，实行学历证书、培训证书和职业资格证书制度。

《职业教育法》明确规范了职业教育的体系，即建立、健全职业学校教育与职业培训并举，并与其他教育相互沟通、协调发展的职业教育体系。

进入到21世纪的中国社会经济结构正在发生变化，以工业品消费市场为中心的工业化社会正在转型为以信息、知识、文化和服务市场为中心的后工业化社会。**这种转化震撼着学校教育的正统性和规范性。2004年政府提出以就业为导向发展职业教育，突出了职业教育要适应经济和劳动力市场需要的指导思想。**

按我国劳动力市场2003年的统计分析，求职比重列为前三位的行业是：贸易餐饮业、制造业和社会服务业，分别占就业比重的30%、25%、17%；对求职相应文化程度的要求：高中39.2%、初中30.4%、大专以上

17.7%。根据对全国81个城市劳动力市场需求情况的调查分析，供求率为1∶0.74，总体上劳动力供大于求。有近1/4的城市技术工人供不应求，特别是高技能人才缺口很大，最高求人倍率达到1.8。

职业教育在面对就业市场的同时，需要着力内涵的改革发展，一方面是深化专业、课程和教学改革，同时要建立就业培训的服务体系。就业导向实质为劳动力市场导向；建立就业培训服务体系，需要职业教育体制上的创新和制度的完善。

适应劳动力市场的职业培训体系形成

我国职业培训体系的发展与完善是建国后职业培训工作的继承，是改革开放、经济发展和劳动力市场发育完善的产物。它面向城乡劳动者，贯穿其就业上岗、转岗晋升或再就业的终身职业生涯；涵盖了包括就业训练、再就业培训、农村劳动力转移培训的就业培训和企业员工培训，技工教育和民办培训等诸多领域，也涵盖着其他教育培训机构对培养后备劳动力和从业人员所进行的各类职业培训。

职业培训适应经济改革发展而成长

1. 就业培训

主要指从业上岗前的职业培训：

（1）就业训练。建国初期，为帮助失业人员就业，劳动部会同行业部门实施“转业训练”。改革开放后，为培训城镇待业青年，由劳动服务公司和就业训练中心组织就业训练。1982年全国有就业训练中心242所，到20世纪末发展到3700所，年培训能力超过500万人次。就业训练的特点是培训与生产工作结合，以就业为目标，一些训练中心“前店后厂”；训练以短期为主，技能比较单一但针对性较强，为城乡大量就业人员获得一技之长做了重要贡献。

（2）再就业培训。是近年来下岗失业人员参加由政府组织的针对性职业培训，它与建国初的“转业训练”和始于八十年代的“就业训练”存在传承关系，是其新历史条件下的延伸与发展。1993年劳动部提出实施再就业工程；1998年经国务院批准，开始在企业建立再就业服务中心，劳动保障部提出了"三年千万再就业培训计划",促进再就业培训的迅速发展，1998～2004年全国再就业培训3330万人次，培训后2071万人实现了再就业。

（3）农村劳动力转移培训，是从事农业人员向工业、服务业等非农产业转移的职业培训。**农村富余劳动力有序的转移，是劳动力市场发育完善中的新事物，是我国人力资源开发、利用领域的一件大事，也是有效增加农民收入的富民政策，所以培训工作也被誉为"阳光工程"。**2003年9月，农业部、劳动保障部等六部委制定了《2003～2010年全国农民工培训规划》,该规划着眼于提高农民工的文化素质和就业能力，提高农村劳动力向非农产业和城镇转移就业的能力，实现农村富余劳动力合理有序流动。

2. 企业员工培训，是行业企业以在岗员工为对象的职业培训，是以企业经济发展为主要目标的全员培训。

"文革"后企业面临人才匮乏的局面，工业部门专业技术人员只占职工总数的2.8%，企业中80%的职工"有文凭没水平"，达不到初中文化程度。

1981年2月，中共中央、国务院颁布《关于加强职工教育工作的决定》,要求对企业领导干部轮训和对"文革"以来进厂的青壮年进行思想教育和文化技术补课。到1985年，全国共对2683万职工进行了初中文化补课，对2143万职工进行了岗位技术技能补课，对10万名厂矿长经理进行了岗位任职资格统考，对20万县级以上领导干部进行了轮训，出现了50年代以来第二次全民教育高潮。

20年间，我国经济体制和企业改革逐步深化。新的经济运行机制建立，企业需要通过培训建设三支队伍，即：现代企业经营管理、专业技术和技术工人队伍。1996年，劳动部、国家经贸委联合颁发了《企业职工培训规定》,明确了企业建立培训制度和培训保障措施的要求。**企业改革逐步深化，摆脱了旧体制下"办社会"的负担，也为"企业教育"、"职工教育"的净化创造了条件；使企业能够集中精力，围绕提高劳动生产率和精神文明建设，对员工进行实际需要的培训。按照岗位职务的实际需要，对员工进行岗位培训和相关教育，是企业员工培训工作的基本目**

标和要求。多年的实践和创新，企业积累了丰富而宝贵的经验。这方面的理念与工作，已经逐步与国际“接轨”。

3. 技工教育

技工教育在我国历经50多年发展，有其独特的职教功能。技工学校对后备劳动力技术工人的培养，目标明确，培训、考核手段规范，受社会和企业青睐。很长一段时间，对用人单位来说，技工教育既是一种教育培训制度，也是一种劳动制度。

技工教育的发展见证了我国经济发展的过程：从建国初期22所到1960年发展到2021所，学生54万；三年经济困难时期，学校减为155所，学生仅5万人；十年动乱基本停办；改革开放后，由1976年的1267所发展到1998年的4390所，学生170万人。20世纪90年代，面对劳动力市场和企业用工制度改革，技工学校在办学体制和教学模式等方面进行了改革。1989年率先提出毕业生不包分配，通过双向选择进入劳动力市场；实行毕业证书和技术等级证书，即双证书制度。在办学层次上开始由单一模式向多层次发展，1993年劳动部《关于深化技工学校改革的决定》提出按劳动力市场的需求，拓展服务领域，在培养中级技术工人为主要目标的基础上，有条件的可以培养高级技术工人，开始试点举办高级技工学校；1997年劳动部颁发了《关于高级技工学校设置标准的通知》。**技工学校通过与劳动制度相配套的改革，已基本确立了市场经济为导向的办学理念和评估督导机制，突破封闭、单一的模式，向综合性、多功能培养技术工人和高技能人才基地的目标发展。**

4. 民办培训

民办培训是职业培训领域的新事物。民办培训通过社会和民办培训机构，满足市场对培训劳动力的迫切需求。1997年国务院颁布《社会力量办学条例》，1999年劳动保障部发布《社会力量举办培训机构审批办法》，2002年12月通过了《民办教育促进法》。民办培训的比重越来越大，对打破单一办学模式具有重要意义。

此外，**多年来，适应经济发展和劳动力市场的发育完善，推行劳动预备制度，开展创业培训、远程培训、妇女及特殊群体的培训和高技能人才培养等工作，也都是职业培训改革与发展中的新事物。**

总之，职业培训体系的发展和完善，反映了经济和社会发展对人力资源开发的不同需求。随着经济增长方式的转变，尤其是就业格局的变化，职业培训的范围、内容、模式乃至方法等必将会有新的发展。

职业培训的保障

社会事业发展离不开相关方面的配合支持。职业培训在多年的改革发展中，形成了与自己息息相关的保障系统。除经费、基地、师资、教材、设备等外，职业资格证书制度、技能竞赛与技能人才表彰制度的建立与完善亦是十分重要的政策性保障措施。

1. 职业资格证书制度

调动劳动者提高自身素质的内在要求，变“要我学”为“我要学”，是职业培训事业发展的基本动力。作为劳动人事制度改革重要举措的国家职业资格证书制度，即以此为重要出发点，逐步建立和完善起来。

职业资格证书被视为就业准入和上岗的通行证。国家实行职业资格证书制度，对建立竞争有序的劳动力市场，促进职业培训，提高劳动者素质意义重大。

1990年经国务院批准，劳动部颁布《工人考核条例》，规定“国家实行工人考核制度，把培训、考核与使用、待遇结合起来”，初步建立起国家技术等级和技师考核制度。1992年劳动部编发《中华人民共和国工种分类目录》将近万个工种简化为46大类，4700多个工种，明确工人技术等级为初、中、高三级以及技师、高级技师共五个等级。1993年劳动部颁布《职业技能鉴定规定》，标志着我国职业技能鉴定工作由企业工人考核向社会化职业资格鉴定转型。1994年劳动部、人事部颁布《职业资格证书规定》，依法确立了国家职业资格证书制度，明确职业资格证书是国家对申请人专业（工种）学识、技术、能力的认可，是求职、任职、独立开业和单位录用的主要依据。1999年劳动保障部颁布《中华人民共和国职业分类大典》；行业部门颁布了3200多个公众标准，并完成配套教材、题库开发工作；全国有省级鉴定指导中心32个，行业鉴定指导中心31个，鉴定站（所）8517个，职业技能鉴定初步实现了社会化管理。

国家职业资格证书制度，包含了科学的职业分类、职业技能标准，

社会化管理的职业技能鉴定以及人才评价与就业上岗、使用待遇相衔接等方面的工作。随着职业资格证书制度的建立与完善，使职业培训强化了制度和政策上的保障，以职业资格为引导的岗位培训，为人力资源开发与管理开创了良好的社会环境。截至2004年底，全国累计有5000万人次经职业技能鉴定取得职业资格证书。

2. 职业技能竞赛和技能人才表彰制度

我国的职业技能竞赛是在总结建国以来行业企业开展劳动和技术竞赛，以及近年来借鉴国际青年奥林匹克技能竞赛经验基础上，开创的一项制度。1990年，共青团中央、劳动部、全国总工会会同行业部门举办了首届全国青工技术大赛，有500万人参赛。1991年劳动部、全国总工会、共青团中央发布了《关于开展工人技术比赛的意见的通知》，确立了技能竞赛制度。1993年，劳动部会同有关部门，举办了首届青年奥林匹克技能竞赛，分十个职业工种，5000名选手参加。1995年劳动部会同有关部门发出了《关于开展"全国技能月"的通知》。2000年，发出了《关于加强职业技能竞赛管理工作的通知》，至此技能竞赛走上规范化、制度化的道路。

与此同时逐步形成的技能人才表彰制度，进一步拓宽了技能人才成长选拔的渠道。1995年劳动部发布了《关于建立"中华技能大奖"和"全国技术能手"评选表彰制度的通知》，表彰制度要求全国1～2年评选表彰一次。到目前为止，全国共有80人获得"中华技能大奖"称号，1800余人获得"全国技术能手"称号。

回顾改革开放以来中国职业培训发展的这段历史，令人庆幸和欣慰。庆幸的是职业培训工作"赶上了好时光"，能够大有作为，欣慰的是人们的耕耘收获了花与果。当然，也感到很多不安，因为与需要我们做和应该做到的客观要求相比，还有不小的差距；相信这种感受定会成为我们做好新时期职业培训工作的鞭策。

中国的就业与政策

提高劳动者的就业能力、工作能力和职业转换能力，是职业教育与培训的基本任务。熟悉和研究劳动与就业的情况，为改革与发展职业教育与培训之必需。

2003 年～2004 年劳动与就业的基本状况

2003 年，中国总人口达到 12.92 亿（不包括香港特别行政区、澳门特别行政区和台湾省）。全国16岁以上人口为99889万人，其中城镇42375万人，农村57514万人；16岁以上人口中，初中以上文化程度占61.7%，大专以上文化程度占6.6%。2003年，中国城乡从业人员74432万人（见图1），其中城镇25639万人，占34.4%，乡村48793万人，占65.6%。

图 1

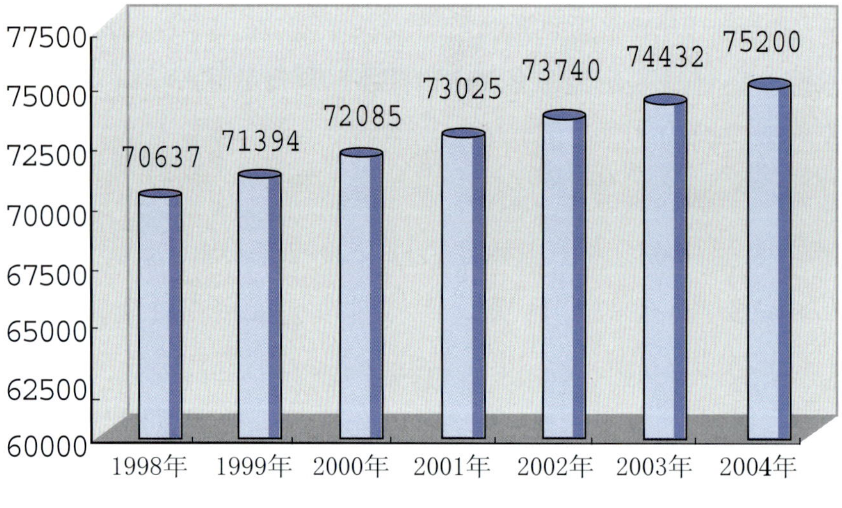

城乡就业人数变化(单位:万人)

1990～2003年，共增加从业人员9683万人，平均每年新增745万人。从三次产业就业结构看，第三产业从业人员所占比重由18.5%提高到29.3%，从业人员达到21809万人；第二产业从业人员所占比重为21.6%大致稳定，从业人员16077万人；第一产业从业人员所占比重由60.1%下降到49.1%，从业人员为36546万人。从城乡就业结构看，1990～2003年，乡村从业人员所占比例由73.7%下降到65.6%。

近年来，在就业压力持续加大的情况下，政府采取多种措施控制城镇失业率的急剧上升。2004年底，城镇登记失业率为4.2%，登记失业人数为827万人（见图2）。

图2

1990～2004年城镇登记失业率(%)

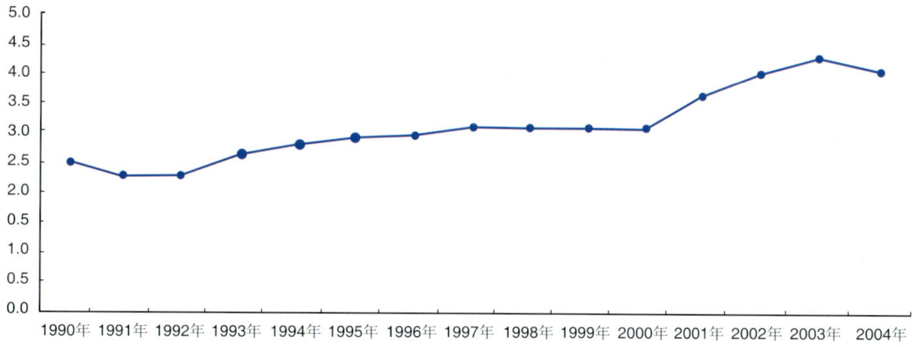

2004年末全国城乡就业人员共75200万人，比上年末增加768万人。其中，第一产业就业人员35269万人，占全国城乡就业人员的46.9%；第二产业16920万人，占22.5%；第三产业23011万人，占30.6%。年末城镇就业人员26476万人，其中国有、集体和其他单位就业人员11099万人，城镇私营企业和个体经济组织就业人员5515万人，分别比上年末增加129万人和593万人。在城镇单位就业人员中，在岗职工10576万人，比上年末增加84万人。

2004年城镇新增就业980万人，比预期目标多80万人。全年有510万下岗失业人员实现了再就业，其中“4050人员”再就业140万人。年末城镇登记失业人数为827万人，城镇登记失业率为4.2%，比上年末下降0.1个百分点。

积极的就业政策与措施

中国实行积极的就业政策，确立了“劳动者自主就业，市场调节就业，政府促进就业”的方针。坚持通过发展经济、调整经济结构、深化改革、协调发展城乡经济以及完善社会保障体系促进就业，并采取各种有效措施，千方百计增加就业，扩大就业规模，努力把失业率控制在社会可承受的限度内。

发展经济，调整结构，积极创造就业岗位

——通过发展经济扩大就业。将控制失业率和增加就业岗位作为宏观调控的主要目标，纳入国民经济和社会发展计划，坚持扩大内需，实施积极的财政政策和稳健的货币政策，保持国民经济平稳较快的发展，积极调整经济结构，提高经济增长对就业的拉动能力。

——发展第三产业，扩大就业容量。鼓励发展社区服务、餐饮、商贸流通、旅游等行业，制定了大力发展第三产业、拓展传统服务业领域的就业渠道、努力发展旅游业等增加就业岗位的扶持政策，开发社区公益性就业岗位。

——鼓励发展多种所有制经济，拓宽就业渠道。注重发挥劳动力资源优势，积极发展具有比较优势和市场需求的劳动密集型产业和企业，特别是就业容量大的私营、个体经济和中小企业，颁布《中小企业促进法》，进一步规范和推动中小企业的发展，以吸纳和增加就业容量。

——发展灵活多样的就业形式，增加就业途径。鼓励劳动者通过灵活多样的方式实现就业，积极发展劳务派遣组织和就业基地，为灵活就业提供服务和帮助。制定了非全日制用工、临时就业人员医疗保险等政策，在劳动关系、工资支付、社会保险等方面建立制度，保障灵活就业人员的合法权益。

完善公共就业服务体系，培育发展劳动力市场

——建立市场导向的就业机制。积极培育和发展劳动力市场，协调推进社会保障制度、住房制度、户籍制度等项改革，劳动力市场发育的客观环境明显改善，市场机制已经在劳动力资源配置中发挥基础性作用。

——发展完善公共就业服务体系。2003年底，全国共有各类职业介绍机构2.6万个，其中各级劳动和社会保障部门举办的公共职业介绍机构1.8万个。公共职业介绍机构每年为近2000万人次提供就业服务，成功介绍1000万人次实现就业。

——建立下岗职工再就业服务中心。在有下岗职工的国有企业普遍建立再就业服务中心，为下岗职工提供基本生活保障，代缴养老、医疗等社会保险费，并为他们提供一次职业指导、三次就业信息服务和一次免费的职业培训机会。近两年，按照国务院的部署，以促进再就业为中心，积极稳妥地推进国有企业下岗职工基本生活保障向失业保险并轨工作，力争2005年底基本完成并轨任务。

——实行税费减免和小额担保贷款扶持政策。对下岗失业人员自谋职业，从事个体经营的，三年内免征有关税费；对下岗失业人员自谋职业和自主创业提供小额担保贷款，并建立了担保基金，提供财政贴息。

——实行社会保险补贴和减免税收政策。对各类服务型企业和商贸企业新增岗位招用国有企业下岗失业人员，由政府提供社会保险补贴。为鼓励企业多吸纳下岗失业人员，对服务型企业、商贸企业、劳动就业服务企业中的加工型小企业，以及街道社区具有加工性质的小企业实体，在当年新增岗位中招用下岗失业人员达到30%以上的，三年内减免有关税收。

——通过再就业援助帮助就业困难对象。对有就业能力和就业愿望的男50周岁、女40周岁以上就业困难的下岗失业人员，作为就业援助的主要对象，提供即时岗位援助等多种帮助。政府投资开发的公益性岗位优先安排大龄就业困难对象。在社区开发公益性岗位，安排原国有企业的大龄就业困难职工就业，政府给予社会保险补贴和岗位补贴。

完善社会保障体系，维护劳动关系的和谐稳定

——建立养老保险制度。经过多年改革探索，在5个方面取得了重大突破和进展。一是确立了基本制度模式。二是覆盖范围不断扩大，全国已有1.66亿人参加了养老保险（职工1.25亿，离退休人员4170万）。三是确保企业离退休人员基本养老金按时足额发放。四是初步形成了多

渠道筹集资金的新格局。五是社会化管理服务取得突破，至今已有3500万企业退休人员实现了社会化管理，占93%。

——建立和完善国有企业下岗职工基本生活保障和失业保险制度。至今全国国有企业累计下岗的2800多万职工，绝大部分进入再就业服务中心，按时领到基本生活费，并由中心代缴社会保险费。1999年后，根据国务院发布的《失业保险条例》，将原来只适用于国有企业的“待业保险制度”扩展到所有城镇企事业单位及其职工，建立失业保险基金。到2004年底，参加失业保险的有10584万人，410多万人领取了失业保险金。

——建立和完善医疗保险制度。一是广泛覆盖，城镇各类单位的职工和退休人员都纳入制度范围，城镇灵活就业人员也可以个人身份参保。至今已经覆盖了1.28亿人。二是基本保障，国家不是把所有医疗费用全包下来，而是保障最基本的医疗需求。三是双方负担，单位按工资总额的6%左右缴费，个人按本人工资的2%缴费。四是统账结合，为每个参保人员建立医疗保险个人账户，个人缴费全部计入账户，单位缴费的30%划入个人账户，其余70%建立统筹基金。五是多层保障，在基本医疗保险基础上，通过政策优惠引导企业建立补充医疗保险，鼓励各地建立大额医疗补助制度。六是三改并举，将医疗保险制度改革与医疗卫生体制改革及药品流通体制改革结合起来，同步推进。

——建立和完善工伤保险制度。2003年国务院发布《工伤保险条例》，在5方面进行了改革：一是扩大覆盖范围，规定各类企业（包括乡镇企业）和有雇工的个体工商户都必须参加工伤保险，至今全国7080万职工参加了工伤保险。二是建立基金。三是实行差别费率，根据不同行业风险程度的差别，可确定相当于工资总额0.5%～3%的费率，并依据企业发生工伤情况实行费率浮动。四是明确无责任补偿原则，在工伤事故中，无论职工有没有责任，工伤职工都应依法获得补偿。五是规定工伤补偿项目，即工伤停工津贴、工伤医疗、伤残补助、工亡遗属补助。

——建立健全劳动合同制度和相关协调机制。主要进行了3方面制度和机制建设：一是全面建立劳动合同制度。二是推动建立集体合同制度。三是积极探索建立劳动关系三方协调机制。

——保障劳动者劳动收入权，推进企业工资收入分配制度改革。在向市场经济体制转轨中，政府管理企业工资的职能发生了很大变化，企业内部分配基本由企业自主决定，政府主要通过法律手段保障劳动者的劳动收入权，提供公共信息服务，指导企业完善以按劳分配为主体的收入分配制度。劳动保障部颁布《最低工资规定》，全国各个省区市都建立了最低工资保障制度。

——严格执法监察，依法处理劳动争议，维护劳动者合法权益。在劳动力市场上，政府的职责是维护劳动关系双方的合法权益。但劳动者通常处于弱势地位，要更加注重维护劳动者的合法权益。2004年，国务院颁布了《劳动保障监察条例》，对劳动保障监察程序、强化执法手段做了进一步规范。各个大中城市的劳动保障部门普遍开通了专线咨询举报电话。依据《劳动法》，建立了劳动争议处理制度，实行“一裁两审制”，劳动关系当事人双方产生争议可以申请劳动争议仲裁机构仲裁，对仲裁不服可以申请法院审理。各地普遍建立了由政府、用人单位代表和工会代表三方组成的劳动争议仲裁机构，2004年共立案受理劳动争议案件26万件，涉及劳动者76.5万人。

通过实施一系列积极的就业政策，目前已初步建立起市场导向的就业机制，在经济发展和经济结构调整中就业规模持续扩大，就业结构逐步优化，就业渠道不断拓宽，就业形式更加灵活，总体上保持了就业形势的基本稳定。

2005年就业和再就业主要目标是：城镇新增就业900万，下岗失业人员再就业500万，其中“4050”人员再就业100万，城镇登记失业率控制在4.6%。与此同时，还有大量农村富余劳动力需要转移。因此，就业压力依然较大。据预测：今后几年我国城乡新增劳动力约为每年2400万人，1.5亿农村富余劳动力向城镇和非农产业转移就业，高校毕业生2005年有338万人，就业压力增大，年度就业岗位缺口1200万个左右。

严峻的就业形势表明：我国的就业压力还将较长时间存在，作为促进就业积极政策措施的组成部分和长效机制之一的职业培训，在提高劳动者素质，增强劳动者就业能力和工作能力方面，必将发挥更大的作用。

中国的职业培训

在国家经济良性运转，企业改革深化，劳动力市场进一步完善的推动下，2003～2004年的职业教育与培训工作较之以往，有更多的成效和收获，一些重要观念和指导思想，对实际工作产生着深刻影响：职业培训必须走市场化、社会化发展道路，成为共识；职业培训是促进就业的长效机制之一的重要地位，进一步显现；高技能人才培养问题，引起政府、企业和劳动者的关注，并纳入国家人才强国战略；农村劳动力转移培训工作成为新热点，并有良好开端；明确职业教育与培训坚持以就业为导向，确立了适应经济和社会需要的办学指导思想；全面推进职业资格证书制度，加快完善技能人才评价体系工作步伐加快；经营管理人员、专业技术人员、技术工人三支队伍的建设，仍是企业员工培训的主旋律，按岗位实际需要进行培训是企业员工培训的基本任务。

劳动预备制度

劳动预备制度是国家为提高青年劳动者素质，培养劳动后备军，促进青年劳动者就业而建立和推行的一项新型培训就业制度。据测算，我国城乡每年新成长劳动力1400多万人，未经培训直接进入劳动力市场的达400多万人，占新生劳动力总量的30%。这些直接进入劳动力市场的新生劳动力影响着劳动大军的整体素质，影响企业的产品质量和劳动生产率的提高。我国政府一直重视对新生劳动力的培训工作。全国各地很多技工学校、就业训练中心以及社会职业培训机构都承担了劳动预备制的培训任务。据统计，2004年全国有劳动预备制度定点培训机构6600多个，培训人数达289万多人。

近年来，我国各地的劳动预备制培训以市场为导向，以就业为目标，通过建立青年职业见习基地，走出了一条安置新生劳动力就业的有效途径。一些地方相应出台了《青年职业见习计划》，即通过政府经费补贴的方式，组织年龄在16～25岁（有特殊需要的可延伸至30岁）的青年进入有一定发展前景和行业知名度的企业（即见习基地），在有一定技术含量的实际工作岗位上，进行3～6个月、最长不超过1年的见习。见习期间，见习者和见习单位不建立劳动关系。政府给予见习者一定的生活补贴，并为其购买特定的综合保险。对见习单位，政府也给予一定的补偿。青年职业见习计划的实施，引起社会广泛的共鸣，成为青年、企业、政府“三赢”的好事：青年人通过参与职业见习计划，提高了动手技能、积累了职业经历、培养了敬业精神，提高了就业竞争能力；企业通过参与职业见习计划，树立了良好的社会形象，还可以通过见习发现录用优秀的青年人才；政府通过实施职业见习计划，促进了青年就业工作，维护了社会稳定。

上海 劳动保障局组织实施“上海市青年职业见习计划”，从2002年到2004年底，全市青年职业见习基地已突破1000家，累计有4.76万人参加见习，见习结束后一次就业率达到66%。

天津 2004年出台《关于天津经济技术开发区建立青年职业见习基地的实施意见》，在两年内建立10个青年职业见习基地，培训大学生500人。为具有大专以上学历、年龄在16至25周岁之间、有就业愿望且尚未就业的年轻人，提供提高动手能力，丰富工作经验，增强上岗适应性，促进青年大学生与企业间的相互适应和了解的机会和指导。

江西 出台《江西省青年职业见习计划实施方案》，以提升青年就业能力为目标，通过政策扶持和引导，广泛动员企事业单位具体承担促进就业的社会责任，形成以未就业高校毕业生为主要服务对象，以实践、实习和灵活就业为主要运行方式，并与政府就业和再就业工作体系相衔接的青年预备就业工作机制，以缓解高校毕业生就业压力，促进经济发展和社会稳定。

广西 制定《技能岗位对接专项服务活动实施方案》，在南宁、柳州、桂林、梧州、玉林、河池6个城市，组织开展以“满足企业急需，服务技能人才”为主题的技能岗位对接专项服务活动，满足企业对高素质技能劳动者的迫切需求，为高校、中专校、职校、技校毕业生以及参加技能培训的各类人员提供人本服务。

成都 劳动和社会保障局出台《青年职业见习实施细则》，成都迪奥制药集团有限公司等5家企业被授牌为高新区青年就业见习培训基地，为大中专毕业生的就业提供切实的帮助。5家企业提供了集中在生产、技术和研发等领域的20多类岗位（工种）。

技工学校

近十年我国技工学校发展呈V型变化

上世纪九十年代后期，出现了技工学校招生难，一些学校面临生存危机。进入新世纪，全国技工学校"下滑"趋势触底反弹，此后一路攀升。招生人数，从2000年的50.4万人，增至2004年的109.7万人，毕业生就业率接近100%，呈现招生、就业两旺景象。综观近年技工学校总数和招生、在校生、毕业生总数变化，显见其发展脉络。（见表1、2）

表1

1998～2004年全国技工学校总数 单位（所）

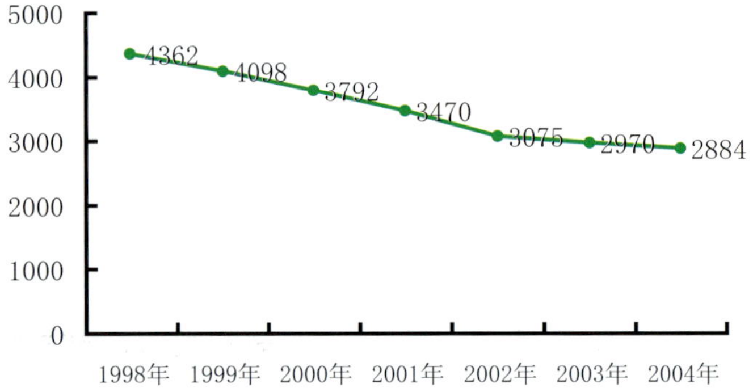

对技术工人的需求状况，是国家经济技术发展的晴雨表。前一段全国技工学校的"滑坡"，是这一时期产业结构调整，企业改革深化的客观反映，也是对观念、政策、工作是否适应的一种检验。

1996～1997年我国企业进入了更深层面的改革，"减员增效"的目标，使国有企业在一段时间内普遍实施了基本上不招工策略。企业内进一步加大减人力度，大批员工下岗离岗。用人需求的减小，导致了各类学校毕业生就业困难。为企业生产一线培养技术工人的技工学校，在此生存链条上，承受了较其他类教育更直接的压力。

表2

1998～2004年全国技工学校在校生、毕业生、招生总数

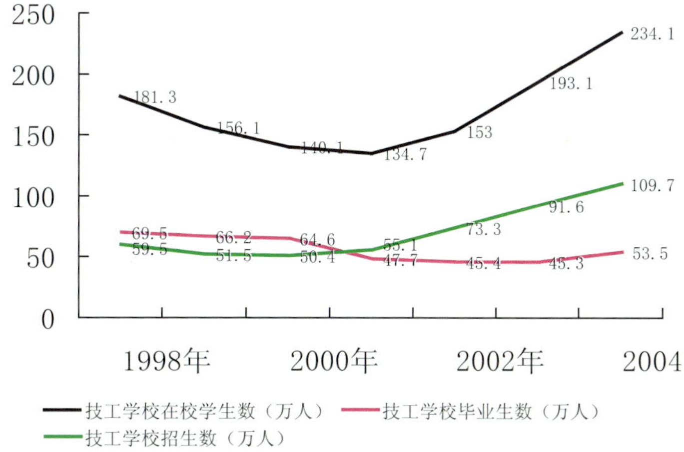

就企业而言，在市场竞争中，改制建制直接波及到内部各个环节和资源的重新配置，在“减员”和“减负”的压力下，很多企业对所办技工学校停止招生或撤并。

就技工学校自身而言，一些学校办学理念和教学内容落后陈旧，教学和实习条件差，教学质量不高，毕业生适应就业的能力差，进而影响了学校在市场经济条件下的竞争生存能力。

普通高校的扩招，直接导致普通高中的迅速扩大，使中等乃至高等职业院校招生受到很大影响，向我们警示了一个应该如何正确引导和调控各类教育的规模比例，才能适应就业需要和更好地为经济发展和用人单位服务的问题。

进入新世纪，技工学校发展重新起步，逐步确立了服务经济发展和企业需求，服务就业，面向市场的办学指导思想，形成了依据市场需求调整设置专业，确定人才培养规格的机制，形成了以高级技工学校为龙头，重点技工学校为骨干，学制教育与职业培训并举，适应市场经济发展，为劳动者终身职业能力提高服务的体系。

经过调整布局结构，加强骨干学校建设，使优质资源进一步扩大，2004年全国技工学校总数虽然减少到2884所，在校生规模却增加到234万人，校生均规模达到811人，北京、广东、江苏等地已达千人，实现了校生均规模大幅度提高，技工学校整体实力大大增强。与此同时，技工学校服务社会的能力也愈加强大，2004年全国技工学校开展企业员工培训、下岗失业人员再就业培训、劳动预备制以及社会其他类人员培训，达到265万人次。

通过办学思想、办学机制、办学模式的改革创新，技工学校人才培养特色进一步突出，促进就业的功能进一步发挥，适应市场的自主发展能力不断增强。国家重点技工学校达到430所，高级技工学校达到274所，一些省市还创办了技师学院。教学实习条件有明显改善，许多骨干学校的教学实习设备实现了与先进技术的接轨，价值几百万的设备用于学生的实习操作训练，已经成为现实。招生人数的增加源于就业情况的改善。技工学校毕业生岗位适应能力强，受到用人单位普遍欢迎。相当多数骨干学校应届毕业生供不应求，许多学校的学生提前一年就被企业“预订”一空。

技工学校发展变化的原因分析

正确认识和总结这一阶段我国技工学校恢复发展的主客观原因，对指导做好今后工作有重要意义。

原因一：经济社会发展迫切需要大批技能人才 国家经济发展处于经济发展快速上升时期，对技能人才巨大的需求，成为促进技工学校教育发展的内在动力。加入世贸组织后，我国制造业正在以强劲的势头发展，一方面东北三省等老工业基地在复苏，长三角、珠三角和山东半岛等许多新的制造业基地兴起，对高素质技工产生了强劲的需求。另一方面高新技术产业和服务业的快速发展，需要大批高素质的技能劳动者。与此同时，工业化进程的加快，农村经济结构调整和城镇化推进，需要通过加大对进入城镇和进城经商务工的农村转移劳动力实施职业技能培训，以提高其就业能力。这些变化为技工学校发展提供了广阔的空间。

原因二：促进就业、再就业对劳动者素质要求不断提高 针对劳动力供大于需的尖锐矛盾和结构性失业突出问题，国家出台积极的就业政策，明确提出要充分发挥职业培训在促进就业、再就业中的重要作用。通过提高劳动者素质，促进劳动者尽快就业和稳定就业，走素质就业之路是解决我国就业问题的一个长期任务。职业教育和培训要担纲主角，形成了有利于技工学校发展的良好环境。

原因三：政策措施的有效推动 劳动和社会保障部2000年提出技工学校“调整布局，提高层次，突出特色，服务就业”的16字方针的实施，使技工学校的调整与改革取得明显成效，基本完成了由计划体制向市场体制的转化。全国人才工作会议召开和《中共中央国务院关于进一步加强人才工作的决定》出台，将高技能人才培养摆在重要位置。劳动保障部联合有关产业部门、行业协会和企业集团相继实施了“国家高技能人才培训工程”的培训项目等举措，为技工学校的发展提供了新的增长点。

原因四：资金投入加大 党中央国务院和地方党委政和政府在鼓励技能人才成长，建立技能人才激励机制方面相继出台了一些激励政策。职业教育的改革发展问题受到了各级政府、部门的关注，部分技工学校得到了来自中央财政和地方政府的经费支持，有利于技工学校发展的环境正在形成。从中央到地方建立的人才工作部门协调机制，为技工学校主管部门积极争取相关政策提供了平台和开展工作的空间。

国务院办公厅专门组织了职业教育专题调研，就技能人才培养问题进行了专题研究。促成用于职业教育发展的中央国债资金，在2003年按照不少于三分之一的比例，首次对技工学校给以支持。中央财政预算共向71所技工学校投入1.77亿元，地方配套2.3亿元，支持学校发展。地方政府在鼓励技能人才成长，建立技能人才激励机制方面也相继出台了一些具有突破性的政策。如有突出贡献的高技能人才与突出贡献的科研人员、工程技术人员同样享受政府津贴。一些地方政府对技工学校的投入也在加大。广东省今年计划2亿财政经费用于技工学校发展。新疆从再就业经费中拿出1.1亿用于职业培训，其中将近5000万用于技工学校设备设施更新和主体示范专业建设。

原因五：学校工作找准定位 技工学校依据地区经济发展步伐，进一步确立为企业生产一线培养技能人才的培养目标，在突出技能训练特色的同时，不断提升内涵，强化基本功训练，注重新技术、新设备、新工艺的发展，注重追踪市场需求，注重培养掌握高精尖技术技能、适应用人单位岗位需要、就业适应性强的复合型人才。与企业结成伙伴，开放办学。许多学校通过建立咨询委员会、校董事会，定期召开座谈会等多种方式，加强与社会各界的联系，把握区域经济发展趋势，掌握劳动力供求信息，了解企业对技能人才培养的要求，以及新技术、新设备、新工艺在企业运用的信息情况等，使学校发展与企业发展和社会就业趋势紧密结合。技工学校毕业生“技能就业”成为一大特色。

原因六：技工学校积累了更多的经验 其一、**树立直接为劳动就业服务，坚持经济效益和社会效益统一的办学方针和以就业为龙头，招生、育人、就业一条龙服务的模式**。其二、**创建与市场经济相适应的办学机制**。围绕新型办学机制，建立市场预测和就业指导服务工作机构，明确职责范围和工作任务，实行管理人员聘任制，教师聘用制，形成能上能下的竞争机制，改革分配和奖励制度，形成优劳优酬的利益机制，能进能出的用人机制，鼓励在职教师拓展知识结构，掌握新的专业知识和技能，胜任新的教学要求。其三、**探索多元化办学模式，拓宽办学渠道**。技工学校积极效法现代企业发展成功之路，走集团化办学道路，与同一地区的设施、师资、质量、办学特点突出的学校联合，实行教学资源互补，发挥资金和招生渠道、就业信息网络和专业优势，形成独特的综合优势，扩大办学知名度，吸引用人单位预订和委培，使学校能在劳动力市场上称雄一方。其四、**树立新的办学质量评价观念**。按照社会和企业对人才的具体要求确定培养目标、评价标准，是技工学校学生进入劳动力市场的先决条件。在办学质量评价指标中，充分重视社会评价的内容，将社会认可、企业欢迎、学生满意、就业率、成才率、创业率等内容作为评价的重要指标，并以此分解细化成可测评的指标体系，正确反映学校在办学活动中各职能部门所处的地位和作用，反映教学过程和教学效果，反映职业预测、专业确定、教师选聘、组织教学、就业指导和服务的反应机制的正确与否。其五、**更新观念，培养具有创新能力的高素质技能人才**。在市场经济激烈竞争的形势下，面对大学“扩”、普高“热”，社会力量办学“活”，技工学校树立品牌战略，创建名牌学校、特色学校、特色专业，逐步赢得社会认可；凭借专业、师资、设施、就业、办学机制等方面的优势，以“实”来吸引生源，调整培养目标，培养具有创新能力、一专多能的高素质技能人才。

技工学校发展仍面临新的挑战

技工学校发展环境虽有了改善，但并不宽松，地方政府出台的一些有利于技能人才培养的政策，对技工学校形成了扶持，但是从总体上看，学校发展还受诸多因素制约。作为职业教育的重要组成部分，技工学校在经费和政策方面与中专、职业高中不能处于同一起跑线；高校继续扩招对其它职业院校招生的冲击依然存在；在机构改革改制重组中，一定程度受到削弱的行业、企业办学培养后备技术骨干的积极性并未恢复；学校自身在观念、体制、办学条件、管理、教学等方面，仍有很多不到位，不适应，教学质量提高则更有较大空间。总之，技工学校面临更加激烈的竞争。特别值得关注的是2004年全国职业教育工作会议，确立了职业教育"以就业为导向"的指导思想，以就业为导向、突出技能训练、实行"双证书"制等逐步为各类职业院校所接受。面对这类院校在设施方面的高投入和教学改革的深化，技工学校原有的某些优势相对削弱。技工学校要保持优势，必须采取强有力的措施，进一步提升和强化自己的特色。

企业员工培训

企业员工队伍的基本情况

据国家统计局资料：2003年底我国各类企业职工总数为20745万人。其中，国有企业职工3067万人，集体企业职工820万人，其它企业职工2910万人，乡镇企业职工13573万人。近年来，我国企业员工队伍总体人数的变化呈现国有和集体企业逐年递减，而其他企业（含民营、私营、外资等）和乡镇企业逐年上升。（见下表）

近年全国各类企业职工人数统计表(单位：万人)

	合 计	国有企业	集体企业	其他企业	乡镇企业
1998年	21149	5220	1766	1626	12537
1999年	20776	4733	1519	1784	12740
2000年	20328	4265	1311	1932	12820
2001年	20142	3809	1105	2142	13086
2002年	20164	3328	983	2556	13288
2003年	20745	3067	820	2910	13573

不同性质企业员工队伍总量的增减，反映了经济体制改革，特别是企业改制的变化趋势，折射出近年来企业人力资源配置的曲线。国有和集体企业职工人数逐年减少主要原因在于：其一，企业生产进入现代工业化时期，劳动密集型生产逐步为集约化的生产方式替代。企业中新技术、新设备、新工艺、新材料的广泛应用，使密集的单一技能劳动力得以释放。其二，激烈的市场竞争，使企业对人员效益的渴望愈加强烈。人事制度、薪酬制度改革的不断深化，不仅使企业内部的优秀人才得以快速成长，还吸引了社会上的优秀人才进入企业，有效地提升了用人效益。其三，随着内部用工制度的改革，量化考核、竞争上岗、动态管理的用人机制逐步建立，不断淘汰了富余人员。其四，生产工艺落后、环境污染严重、不能适应现代化生产发展的企业关停并转，破产转制。

私营、民营、外资等企业职工总数呈逐年上升趋势，反映了深化经济体制改革，促进产业结构升级的进程中，在坚持和完善以公有制为主体、多种所有制经济共同发展的经济制度的同时，放宽非公有制经济的市场准入，鼓励和引导社会资本采取多种投资方式参与经济建设的客观效应。

乡镇企业的发展，在改革开放20多年中起伏跌宕，走出了自己顽强坚定、逐步成熟的路。近年来，乡镇企业就业人数的稳步上升，更是国家进行农业结构调整，大力发展中小城镇，引导农村劳动力有序转移政策调控的结果。

企业员工队伍的增减调整，不能替代提高生产和管理水平对人员素质的客观要求。总体说，我国企业员工队伍的素质，不能适应市场经济条件下企业发展的需要。员工素质在行业、企业之间极不平衡，员工中技术业务骨干后继乏人。企业中，人才队伍的数量、素质和结构与现代企业发展的需要还有很大差距，高层次管理人才、高级专业技术人才和高技能人才缺口较大。大量中小企业和乡镇企业员工队伍素质提升的任务更为艰巨，有序开展员工培训的难度很大。

全面提升员工队伍素质，以适应国民经济高速发展的需要，仍是企业当务之急。

企业员工培训工作的基本情况

员工培训已纳入很多企业的发展战略，成为企业管理的有效手段。企业在激烈的市场竞争中要想站稳脚跟、迅速发展，就必须拥有高素质的员工队伍。当人力资源作为企业的人力资本纳入企业生产要素，企业生存、竞争、发展策略将发生柔性化转变，导致了企业对员工素质的评价变化。要求员工具有更宽的职业适应性，具有知识创新能力，具有终身学习的自觉性，具有积极主动的工作态度和更强的责任心。鉴于这种变化，越来越多的企业领导人深刻地认识到，企业发展只靠个别或少量人才的支撑远远不够，企业可持续发展的动力和后劲取决于员工队伍的整体素质。先期经过了专门培训和历练的新一代企业家，已深谙“木桶理论”。因而企业培训工作也从后位走上了企业决策层的议事日程，再不是补充性和边缘性的工作，培训已成为企业经营管理的重要手段之一。企业在制定发展战略时，都把提高员工队伍的整体素质摆上了重要位置，对员工培训工作提出了明确要求。

中国北车集团长春轨道客车股份有限公司明确强调“企业竞争是人才的竞争”，要用“一流人才制造一流轨道客车”，把人才工程作为推动企业战略实施的三大支柱之一。

攀枝花钢铁（集团）公司长期以来，围绕经济抓培训，面向企业育人才，确立“人才、培训、经济同步发展”的战略方针。依据企业发展方向，以适应国际化竞争为总要求，以提升员工素质为核心，积极有效地实施培训，为企业跨越式发展提供有力的人才支持。

海尔集团公司更是明确规定：培训下级是集团上至总裁，下至班组长都必须履行的职责。

中油集团公司明确提出：企业培训要以提高企业核心竞争力，全面提高企业员工综合素质为目标，围绕经营管理、专业技术、操作技能三支队伍建设，造就在企业管理、市场开发、资本运营、科技攻关、规范操作等多方面的人才队伍，构建培训多元支撑体系，为集团公司发展提供智力支持和人才保证。

据资料显示，目前国有规模企业中，决策层对本企业的培训工作都有明确的要求，企业培训已纳入了企业人力资源开发管理的范畴。依据本企业的发展战略，制定了较为科学完整的中长期培训规划和年度培训计划。企业内均有自己的培训体系，并与特色鲜明的企业文化相融合。企业内每年都召开人力资源工作会议，部署培训工作。如中原石油勘探局采油五厂每年的1号文件部署安全生产工作，2号文件部署培训工作；北京铁路分局部署员工培训工作的文件大都排在每年局发文件的第5号以内。据对中铁建、北京燕山石化、宝钢集团、上汽集团、广东核电、郑州铁路局、大庆油田、徐州矿务集团、江淮汽车、长城铝业、金川有色等近200家企业的调查显示，企业已把培训工作纳入了本企业各级主要领导人的工作职责和目标责任制；员工培训工作成效与所属各单位的整体效益挂钩，与各单位综合管理绩效考核挂钩。大多数国有和国有控股的大中型企业或企业集团如中国石油、中国石化、国家电力公司、中铁建、郑州铁路局等都依据企业发展战略制定了本企业的“十五”培训规划，培训工作已融入企业经营管理，不再游离于中心工作之外。

三支队伍建设仍是企业员工培训的主旋律

目前，政府、行业、企业在企业内建设三支队伍的问题上已成共识，三支队伍建设是企业自主培训的主旋律：即建设一支熟悉国内外经营管理理论，有较强管理能力、专业能力和社会活动能力，且有战略眼光和领导魄力的现代化经营管理人才队伍；建设一支具有较高的理论水平和科技造诣，精通本专业技术，熟练掌握相关技术和新技术的专业技术人才队伍；建设一支技艺精湛，作风优良，具有敬业精神的技能人才队伍。

企业的经营管理人员肩负着企业决策和开发经营市场的职责，是企业中的领军人物。企业经营管理人员队伍素质高低直接决定企业兴衰存亡，强化经营管理人员培训，提升经营管理人员队伍整体素质，是企业培训工作的主要内容之一。改革开放以来，在一轮又一轮的企业改革中，企业对经营管理人员的培训颇有成效。据原国家经贸委统计：2001年全国各地参加国有大中型企业工商管理培训的约2.7万人，参加中小企业工商管理培训的约2.3万人，全国“双基培训”（国有大中型企业建立现代企业制度和加强管理的基本规范和WTO基本规则）约18.3万人，各种适应性短期培训87.6万人。近几年还普遍开展了国际反倾销知识、E时代企业管理理念、国际贸易谈判手、国际法等方面的培训。

据中组部人教局的资料："十五"以来，全国国有骨干企业共完成工商管理知识培训11.5万人，举办"双基培训"35万人，培养在职MBA1.3万人。

中国石化集团2003年，组织全集团公司处级以上经营管理人员培训1.08万人；2004年，组织培训企业领导人员及其后备人员培训423人。**电力行业协会**各类经营管理人员培训322800人。**安阳钢铁集团公司**采取外送内培的方式，组织车间主任以上经营管理人员培训833人；**江南造船（集团）公司**从2003年起，采取理论与实践、集中与分散、国内与国外、企业与院校、岗位培养与使用五结合的方式，实施"三个五工程"，即培养50名高级经营管理人员，500名管理和专业技术人员，5000名掌握先进制造技术的知识型技工。**本溪钢铁（集团）有限公司**，坚持培训与生产经营相结合，与提高员工综合素质相结合，与设备改造、新产品开发、上新项目相结合，实行离岗培训制度，2001年以来举办各类经营管理人员培训班580个，培训64700人次；同时，公司制定了"十五"期间的人才战略，计划培养500名复合型管理后备人才，500名拔尖科技人才，500名高技能人才。**中国南车集团株洲车辆厂**从2004年初，调整了企业发展战略，把原来打造国内一流企业的目标，提升为打造具有国际竞争力的，铁路货车研发制造企业的发展战略目标。并依据新目标，制定了一系列各层次、各类人才培训计划和规划。

目前，中组部下发了《关于加强和改进企业经营管理人员教育培训工作的意见》，对企业经营管理人员培训的主要任务作了安排。要求从今年起到2007年底，对中央和省属国有重要骨干企业、金融机构领导人员开展新一轮轮训。各省、自治区、直辖市党委组织部将会同省级国资委、经贸委等有关部门，组织培训省属国有重要骨干企业领导班子成员，计划培训共约7600人。

专业技术人员学习能力、实践能力、研发能力的培养是企业扩大规模、优化生产的不竭动力。企业对专业技术人员的培训已步入规范。企业中对于专业技术人员的培训主要围绕产品更新和产品质量监控进行。近年来主要围绕ISO9000系列，开展企业质量认证、行业监控监管、产品达标等培训。专业技术人员的继续教育以更新专业知识、把握专业前沿理论、解决生产技术难题作为专业技术人员培训的主要目标。一般做法是：采取选派工作经验丰富、业绩突出的高级专业技术人员外出进修学习；邀请国际知名公司和高等院校的专家、教授、学者来企业举办高层次学术讲座，讲授新理论、新技术、新工艺，跟踪世界前沿技术，探讨解决企业关键生产技术难题；与和本企业生产技术相关联的科研院所、高等院校联合开展产、学、研项目，包括举办相关学科的工程硕士班，以培养企业后备人才；常年举办各类各种专业技术培训、外语以及新技术、新工艺、新材料、新设备技术培训等。这些培训对广大专业技术人员不断拓展科技创新思维，增强实践应用能力，促进企业技术管理水平的提高，起到了积极作用。多数企业不仅在对专业技术人员培训方面投入大量的资金，还制定了许多相关政策，重奖那些在培训中取得成绩，为企业带来效益的员工。

2004年，**中国二重集团公司**为实施人才强企战略和提高公司的技术创新与技术开发能力，满足跨越式发展对高层次人才的需求，一次就选送了56名优秀的工程技术人员参加了全国工程硕士联考，其中有51人通过了全国联考。为达到学用结合和提高培训效益的目的，集团公司要求各研究课题（学位论文）选题与公司及本单位的科研、生产、技术工作紧密结合，既能反映公司科研技术的前沿水平，提升科研开发能力，又能真正解决生产与技术工作实际问题。**安阳钢铁集团公司**举办继续工程教育讲座7期，培训516人，应用新技术、新知识外培341人。

不容忽视的是，一些企业的继续教育工作，仍不同程度存在着热衷学历、学位，而与企业生产技术实际脱节问题。

技术工人是企业员工队伍的主体，是企业产品质量和效益提升的主力军。企业对操作人员的培训，主要是适应岗位操作要求的职业培训。目前这些培训，大都与企业内的职业资格鉴定，推行国家职业资格证书制度紧密结合。2004年，全国企业职工仅参加行业特有工种鉴定的人数就有170多万人，其中取得国家职业资格证书的人数为134.6万人。

中国航天科工集团公司按照“用能人，建新制”的发展思路，提出以员工职业生涯设计管理为主线，形成了多途径、全方位、卓有成效的技能人才队伍建设工作体系，培养了一支技艺精湛、勇于攻关的技能人才队伍。集团公司充分利用5个国家高技能人才培训基地，积极开展脱产、半脱产和订单培训。066基地培训中心新购包括数控加工中心在内的300多万元新设备，大力开展数控培训。集团公司按照国家职业技能鉴定的有关规定，建立行业特有工种的航天产品制造人员持证上岗制度。组织制定了315个工种的鉴定规范、试题库和习题集。理论考试由集团公司统一时间、统一命题，并派督导员进行现场督导，确保了鉴定质量和水平。

中国石油天然气集团公司在技能人才队伍建设上，紧紧抓住了培养、吸引和使用三个重要环节。截至2004年，集团公司已有52万人取得了职业资格证书。高级工的比例由1995年的14.6%，提高到2003年的27%。大庆油田采油二厂、六厂分别投入近300万元改造基地，辽河油田供电公司一次投入600万元建设了国内最先进的变电仿真训练装置，辽河石油勘探局投资2000万元改造高技能人才培训基地。中国石油一建公司先后投入400万元建设了焊接培训中心。中国石油所属各炼化企业普遍建立了DCS仿真培训基地。

企业对培训经费投入不足，使用不平衡

目前企业用于员工培训的经费投入很不平衡，一般来说，大型企业和有实力的企业，其培训经费的投入都达到了员工工资总额的1.5%，有的企业投入比例还更多。外资企业和民营企业很多是产品销售收入的2.5%。如中国石化集团公司就明确，从2005年起，培训经费提高到工资总额的2.5%。宁波市职业教育条例中规定：企业用于员工培训的经费占职工工资总额的2.5%。2004年，镇海炼化集团公司总部用于员工培训的经费达到560多万元，占工资总额的1.5%以上。据2003年末的数据统计：电力行业投入培训经费近6亿元，占工资总额的1.6%。中国石化集团2003年用于员工培训的经费68.9亿元，占工资总额的1.5%强。据2004年天津柯恩特公司对天津机械电子、航空材料、生物科技、IT、电信运营、房地产、零售服务等7个行业的200家企业的调查结果显示：企业对员工培训的投入超过年度员工工资总额的3%，有的甚至超过5%。有趣的是

在这一点上各种所有制类型的企业并无明显差别。

但是就多数企业来说，其培训经费的投入未能达到国家规定的职工工资总额1.5%的最低比例。据劳动保障部2004年对40个城市的1.8万个企业技能人才培养情况抽样调查结果显示：2003年企业职工教育经费投入占职工工资总额的比例为1.4%。

在培训经费的使用上，外资、民营企业能够覆盖全体员工。私营企业在员工培训经费投入的总数上虽然不大，也不能覆盖全体员工，但其用于本企业关键岗位和关键员工的投入并不比别的企业少。国有企业在培训经费的使用上，存在着经营管理人员、工程技术人员用费比例偏高，技能人员用费比例偏低问题。大体上是占企业员工总数约20%的经营管理和专业技术人员，却占用了60%以上的培训经费，而在经营管理和专业技术人员中，高额使用这笔培训费用的人，只占1/3。

政府职能转变后行业协会逐步承担员工培训的管理与指导

我国的行业协会是综合性的社会中介组织，是企业和政府间的桥梁和纽带，有的具有一定的管理职能。行业协会依据法律法规，按章程独立开展活动。在加强行业制度建设，规范运作；为企业服务，加强与政府部门沟通；协调各方关系，凝聚行业整体力量；协助政府推行经济政策和法令；推动行业技术进步与人力资源开发等方面，发挥了重要作用。

自20世纪90年代末起，随着我国政府机构改革和职能转变，一些（原有的）国家主管工业部委撤消或归并，纺织、钢铁、有色、机械、化工、煤炭、电力、电子、轻工、建材等行业协会工作逐步加强。他们相继依据新形势，重新修订章程，明确性质，规划确立工作范畴、目标任务，初步实现了面向社会为行业服务的转变；由政府机构转变为登记注册的社团法人，使行业协会跃上新的发展平台。改变了以往行业主管部门的形象，更加关注行业大军，行业技术、装备、工艺水平和从业人员素质的提高。

国家工业部委的撤消和归并，产业结构调整和企业重组，原有对企业培训管理的体系被打破，在一段时间，一些行业、企业培训工作出现"滑坡"。随着国民经济的高速发展，员工队伍整体素质不适应技术更新、生产快速发展的矛盾日益突出，高级技术工人短缺，人才结构失衡，企业中各种技术、安全事故接连发生等等涉及职工队伍建设的一些问题，引起关切和思考：一是近年来，一些企业追求人员效益和学历结构，产生队伍素质提高主要依靠人才引进的心理，放松了现职员工培训。二是一些企业机构改革将培训机构归并于相关部门，在重人事管理，轻培养提高的思想影响下，员工培训工作被挤压。三是工业部委撤消后，国家对行业、企业员工培训工作的宏观指导与服务职能有待加强与完善。

行业协会在这种客观条件下，逐步把开展行业培训，提高企业员工队伍素质，作为自己的工作任务之一，以市场为导向，以服务企业、相互依存为宗旨，在培训工作的政策引导、经费投入、基地建设、标准制订、考核评价、资源配置、人员调配等方面发挥了重要作用。一些行业协会接受政府部门的委托，扮演着一定的“管理者”角色。

中国纺织工业协会、中国机械工业联合会、中国轻工业联合会、中国煤炭工业协会、中国钢铁工业协会、中国建筑材料工业协会在对其主要职责的描述中，都表明了自己承担着以提高行业员工队伍的职业岗位素质为目的，开展以技术进步为目标的专项业务培训，制订有关技能、职称评定标准与考核办法等工作任务。行业协会内大都设置了专门的面对全行业的培训管理部门或培训机构。在培训经费管理，组织培训需求调研，引进新的培训理念、方式方法、师资等方面，对所属企业提供指导和服务。

行业协会在企业培训工作中的重要作用，伴随着我国经济、政治体制改革，企业重组的进程逐步显露。中国电力企业联合会（下称中电联）专门设立了**电力行业教育培训中心**，负责全国电力行业人力资源开发、企业培训资源配置、培训规划制定、高层次培训的组织实施等工作。随着国电体制的调整，行业行政管理职能逐步淡出，中电联也从政府办行业的指令型姿态，转变为对电力行业提供协调指导和服务的角色，其政府与企业之间的桥梁作用，及服务企业的职能越加凸显。几年来，中电联借助内外合力，完成了电力行业内的教育资源重组，形成了具有鲜明行业特征的企业培训的新格局：

——成立了由各大电网公司和发电公司组成的行业办学董事会，建立了地方政府统筹、行业协调、企业主办的培训机制，形成了包括不同层面的企业人力资源部门负责人协作网络，各专业培训工作协作网、电力职业教育委员会及其各专业分会、电力职工培训研究所、电力职业研究中心在内的，行业职业培训协调与统筹工作网络。

——重组行业内原有的高等院校、中等职业学校、中高级技工学校、生产技能培训中心和鉴定中心等教育培训资源，完成了行业教育培训基地建设；建立了稳固的产学研合作机制，凝聚了一批“双师”型职业教育与技能培训专家队伍；实现了企业与学校之间的专家资源共享，培训教学设备与企业实际应用的生产设备保持同步水平，职业学校毕业生同时取得学历证书和职业资格证书。

——突破过去由企业主管部门单一投入办学的格局，成功引入银行、集体企业、民营企业和个人资本，实现了办学多元化投资。

——利用行业平台优势，针对目前电力行业高技能人才短缺问题，引入澳大利亚TAFE体系，旨在快速培养一批了解掌握具有国际水准的师资队伍和培训基地，促使行业职业教育与职业资格培训相融合，尝试建立适合中国国情和电情的培训新体系和相关标准规范。包括开发职业技能岗位培训标准，确定职业技能培训相关的规范，研究职业技能培训手段和方法，实施职业技能师资培训，实施职业技能培训标准化管理与运作，建立职业技能培训校企合作紧密关系等。

行业协会在企业培训工作中的作用，有独特的优势，其一，行业协会了解和掌握着本行业独具的技术信息，是开展员工培训的基础。其二，行业协会具有开展员工培训的管理优势。每个行业都有特色鲜明的管理制度、管理办法和畅通的管理渠道。其三，各行业内多年形成的外贸、学术、信息交流渠道，是开展员工培训，相互交流的优良资源。利用这些渠道，便于及时学习、掌握、吸纳先进技术和管理经验。其四，多年形成的行业内较为成熟的培训体系，丰富的办学经验，形成了较为庞大的职教师资和科研队伍，覆盖各专业、品种繁多的各级各类教材体系，都是开展行业（企业）培训，提高企业员工队伍整体素质的有效保障。

行业协会加强行业对企业培训工作的指导服务，势在必行，大有可为。

企业培训师队伍建设是做好行业、企业员工培训的保障

中国是世界第一人力资源大国。加强人力资源开发，大力开展职业培训，是国家政策和企业决策的共同选择。提升员工素质和市场竞争力，成为企业的必然选择。与此同时，“培训师”也成为一个新兴职业，备受瞩目。企业培训师制度是建立现代企业培训体系，实现企业高效人才开发，使企业员工培训朝着科学化、规范化、现代化迈进的必要制度保证，是提高企业员工队伍素质的一项重要工作。

2002年，中国职工教育和职业培训协会（以下简称“中国职协”）受劳动保障部委托筹划我国企业培训师职业资格制度建设。2002年5月，着手开发企业培训师职业标准和培训教材。2002年9月，劳动保障部颁布《企业培训师国家职业标准》。至此，企业培训师正式纳入我国“国家职业资格证书体系”。2002年5月至2003年4月，中国职协在北京举办了4期企业培训师试点培训班。来自全国25个省、市、自治区的535名学员参加了培训，学员分布覆盖了工业、商业、铁路、金融等多个行业。2003年8月，劳动保障部培训就业司、中国就业培训技术指导中心、中国职协召开联席会议，确定成立企业培训师工作领导小组，下设企业培训师项目办公室，由中国职协具体负责企业培训师体系建设的相关事宜。会后，劳动保障部下发《关于开展企业培训师职业资格鉴定试点工作的通知》，要求从2003年下半年开始在部分地区及行业组织开展企业培训师职业资格培训鉴定试点工作。2004年，试点工作已在广东、北京、河北、天津、黑龙江、重庆、山西、辽宁、江苏、新疆自治区、新疆生产建设兵团等省、市、自治区，以及有色、电力、煤炭、石油、中国北车集团、包头钢铁等行业企业铺开。

2003年9月《企业培训师国家职业资格培训教材》正式出版，2004年3月《企业培训师学习指导》正式出版，2004年8月企业培训师职业资格培训鉴定试题系统初步形成，开始试运行。截止2005年6月，全国已有4246人取得企业培训师职业资格，成为我国具有合法资质的首批企业培训师。

再就业培训

近年来，我国的再就业培训工作以两期"三年千万"再就业培训计划为轴心而展开。各地认真贯彻落实再就业培训计划，制定符合地方实际的政策，充分动员社会各方面力量，实行在政府指导和扶持下，个人自学、企业组织和社会帮助相结合，大力开展多种形式的再就业培训。如北京、陕西推行企业再就业服务中心和职业培训机构伙伴行动计划，上海动员社会力量实行政府购买培训成果的工作机制，苏州等地开展创业培训工作。在1998～2003年的5年中，全国共组织了2800万下岗失业人员参加培训，培训后，有1700万人实现了再就业，提前完成了培训指标。2004年，劳动保障部启动《2004～2005年再就业培训计划》，引进实施“创办和改善你的企业”（SIYB）中国项目，进一步加大再就业培训和创业培训工作力度，取得了显著成效：2004年共组织530万下岗失业人员参加再就业培训，培训合格率为93%；培训后再就业率为70%。

经过两期“三年千万”再就业培训计划的实施，我国再就业的社会化培训网已逐步完善，再就业培训的针对性、实用性和有效性进一步提高，在培训经费筹划、落实、使用，组织远程培训，根据劳动力市场需求和培训对象特点，对各类失业人员的就业培训分层分类展开，以及建立再就业长效机制等方面都有了长足的进步。“提高你的再就业能力”为主题的再就业培训计划的实施，受到社会各界的普遍关注，各地做法异彩纷呈，并收到较好效果。

杭州 共建立再就业培训基地34家，全面落实失业困难群体免费培训、鉴定费用补贴政策，吸引了众多失业人员主动参加再就业培训。全年共有5.9万名下岗失业人员接受再就业培训，其中技能培训3.61万人，占再就业培训总数的61.19%。

广州 全市培训下岗失业人员18万人次，有12万多人，通过“定向培训”和“定单式”培训实现再就业，培训后再就业率达68%。其中参加创业培训共3947人，创业培训后实现自谋职业的有1739人,培训后创业成功的有1149人，并带动一批下岗失业人员实现了再就业。

武汉 武汉市已陆续关闭1000多个再就业服务中心，预计到2005年底，全市再就业服务中心将全部关闭。据武汉市再就业工作会议透露，自2000年以来，全市千余家再就业服务中心已为9.45万名下岗职工找到了新的岗位。2005年，武汉市将通过发展制造业、提升民营经济与个体私营经济、振兴现代服务业，以及企业改革改制、主辅分离、新办经济实体等途径，为下岗职工提供再就业岗位12万个。至年底，全市下岗职工基本生活保障制度将向失业保险并轨，其再就业将完全走向市场化。

石家庄 为了提高下岗失业人员就业素质，深入开展了劳动就业培训和技能比赛，共举办家政、餐饮、美容美发、家庭装饰、卫生初级保健等各类专业培训班1932期，培训各类人员15. 2万人，其中，培训下岗失业人员1. 8万人，有万余人通过培训实现了再就业，培训后的下岗失业人员就业率达到62%。

西安 总工会下岗职工再就业服务中心共举办各类培训班91期，培训下岗失业人员2900人。

济南 2004年，工会系统培训下岗职工18547人，其中8502人掌握了新的技能，重新获得了工作岗位。

南京 政府实行心门面向下岗失业人员、城镇享受最低生活保障人员的“政府购买培训成果”项目。这部分就业困难人员，可通过学校培训，学会一定技能，提高就业能力，政府以购买培训成果的形式，帮助他们实现再就业。目前，政府确定的购买培训成果的职业(工种)已达105种。

深圳 实施“阳光”、“春雨”、“金桥”、“彩虹”四大计划，援助四类失业人群。

阳光计划——目标是25岁以下尚未就业的失业人员。由政府提供培训费用和见习生活补贴，结合劳动预备制度的实施，选择一批企业作为基地，对失业人员进行6个月以下的见习培训。2004年已实现见习培训800人，建立培训基地30家；2005年计划见习培训1000人，建立培训基地50家。

春雨计划——目标是有就业愿望的失业人员。提供由政府资助的技能培训和上岗培训，提高就业竞争力。失业人员培训期间可向就业服务机构申请生活困难补助或生活补贴。2004年参加技能培训和上岗培训人员达5000人，2005年计划培训8000人。

金桥计划——目标是困难失业人员。通过企业直接录用或劳务派遣、托底安置等方式进行就业援助。录用单位及困难失业人员可享受到相关补贴。2004年已安置困难失业人员800人，2005年计划安置1000人。

彩虹计划——目标是有自主创业愿望的失业人员。开发和推广创业项目，为创业者提供“一站式”服务，形成创业项目开发、专家指导、创业培训、融资服务有机结合的工作机制和模式。2004年创业培训500人，培训合格率80%，创业成功率60%，孵化培育创业项目30个，平均每个成功的项目带动就业3人以上；2005年计划创业培训1000人，孵化培育创业项目将达到100个。

尽管各地再就业培训成效显著，但也有一些值得思考和研究改进的问题：就业观念需要转变，一些人依赖政府给予的生活费、低保金，而自己创业的积极性不高。培训内容与市场需要脱节，一些培训机构取得国家给的培训补贴，而开展的培训内容与市场需要不符，使培训后的再就业率在低水平徘徊。就业服务不到家，为下岗失业人员提供了免费培训，但忽略了对他们应做的就业服务工作等等。

2004年，我国下岗职工基本生活保障制度向失业保险制度并轨工作有所突破，截止12月底，全国已有12个省、直辖市关闭或撤销了再就业服务中心，下岗与失业并轨；尚未“并轨”的城市主要集中在西部地区。

创业培训

据统计：2004年，全国共组织41万人参加创业培训，培训合格率为93%；创业培训结束后有10万人成功创办企业，占培训合格人数的26%；有13万人成功实现自谋职业，占培训合格人数的34%，11万人实现雇用就业，占培训合格人数的29%。新创造就业岗位59万个。

创业培训是对具有创业愿望和相应条件的人员所进行的开办小企业或自谋职业所必备的基础知识和必备能力的培训。近年来，一种被称之为SYB（创办你的企业）的培训热潮席卷全国，参加培训的有下岗失业人员，大学毕业生，还有在监狱里的服刑人员。SYB培训是远程创业培训，SYB培训，三段式培训和各地自创模式之一。1998年，劳动保障部在北京、上海、苏州三个城市进行了创业培训首批试点。1998年至2000年，全国共有3万人参加了创业培训。1999年和2000年，劳动保障部分别制定印发了《创业培训试点指导意见》和《创业培训教学计划大纲（试行）》，2000年，有30个城市加入到试点行列。自2001年至2003年全国80万人参加了创业培训，培训后有30万人实现了创业或自谋职业。

2004年，江苏省全省参加创业培训人员27310人，其中5447人成功创业，创就业岗位24615个，10201人通过打工、应聘、代理、合伙等多种方式实现了再就业，创业成功率56.52%。

北京市现有7个区的职业技术学校、4家民办培训机构开展SYB模式创业培训。每年培训学员2000人，培训合格率达到80%，培训结束后，创业成功率达到50%。

天津市自2002年末引进国际劳工组织SYB即《创办你的企业》培训模式后，已培训下岗失业人员8500余人，扶助5100余人实现成功创业，同时带动社会上2.55万人实现再就业。

石家庄市团市委大力实施青年创业培训，2004年以来就已培训青年1200多名，其中600多人已经走上自主创业之路。

2001年，国际劳工组织就业促进项目（PEP）来到中国，并引进了《创办你的企业》（SYB）培训，这是一套系统的开展创业培训的方法，是国际劳工组织针对培养微（小）型企业创办者的需要而专门开发的一个培训项目，已在世界80多个国家推广。同年，“中国城市就业促进试点项目”在张家口、包头、吉林3市实施。2002年10月，在PEP项目的协助下，劳动保障部成立了上海SYB师资培训中心，并在深圳召开了全国创业培训大会，12月，出台了《加强职业培训提高就业能力计划》，将SYB培训推广到全国100个城市，提供项目开发、创业培训、开业指导、融资服务、跟踪扶持“一条龙”服务。2003年，劳动保障部下发《关于进一步推动再就业培训和创业培训工作的通知》，加大再就业和创业培训工作力度。同年，为西部11个城市的下岗和失业职工开发的远程SYB培训课件和为大学生量身定做的SYB远程培训课件投入使用。

SYB培训引进中国后，结合中国情况开发完善了一套SYB培训教材，建立了师资培训体系。截止2004年底，在吉林、包头、张家口首批3个城市中，共有15551名下岗失业人员参加了SYB创业培训，其中8108人完成了创业计划培训。由于培训教材通俗易懂，实用性强，教学方法新颖独特，受到广大参训人员的欢迎及培训机构和各级政府的肯定。

2004年，"中国城市就业促进试点项目"试点城市增加到6个；创业培训在北京航空航天大学、北京工业大学等全国37所高校试点；7月，《创办和改善你的企业》（SIYB）中国项目正式启动。作为创业培训的一种重要模式，正在被越来越多的城市采用，在促进就业再就业工作中发挥了积极作用。

就业训练

多年来，就业训练中心坚持面对所有劳动者，以实用技术和适应性培训为主，开展多种形式的就业前培训，成为向新生劳动力、下岗失业人员和农村转移劳动力提供就业技能培训的职业培训基地。特别是一些省级和大城市的就业训练中心，适应培训就业需要，受政府委托，对本地区职业培训提供技术指导、服务，发展成为具有相当实力和规模的培训实体，拥有较好的办学条件，成为技术技能人才成长的重要基地。2004年，我国有就业训练中心3323所，拥有实习基地3057个，完成就业训练746万人，其中，下岗失业人员培训350万，劳动预备制培训7万人，其他人员培训290万人；训练后实现就业人数466万人。

湖南省 现有就业训练中心310个，2004年开展各类培训80.4万人。其中，培训下岗失业人员28.7万人，培训后实现就业20.2万人；培训农村转移劳动力34.1万人，培训后实现就业30.9万人；劳动预备制培训17.6万人，培训后实现就业13万人；创业培训3.3万人，培训后成功创办企业和实现自谋职业1.7万人。此外，各地就业训练中心承担了全省"阳光工程"的大部分培训任务，受到社会好评。

四川省 现有就业训练中心164个，2004年，开展就业训练24.2万人，其中下岗失业培训12.6万人，劳动预备制培训2.8万人。近年来，就业训练中心充分发挥能及时了解劳动力市场用工需求，培训与再就业联系紧密，培训形式灵活、培训对象范围广，能够适应各个年龄段和各类人员不同专业培训需求等特点，开展灵活多样的就业训练，培训后再就业率高，对就业工作作出了贡献。

石家庄市　2004年，石家庄市就业训练中心遵循“以市场需求为导向，以培训质量为生存，以持续改革为目标，以创新特色为发展”的培训方针，带动了各项培训工作。全年开展下岗失业培训、职业学校就业前培训、农村转移劳动力培训、非国有企业培训、创业培训等各类培训15.2万人。据统计，石家庄市目前有农村富余劳动力90多万人，在未来几年内，将转移到城镇及非农产业就业。为切实提高这一群体的综合素质和就业能力，该市采取集中财政资源，加大各级政府对农村转移劳动力培训的支持力度，实行农民培训，政府买单。石家庄市就业训练中心积极参与，广开渠道，开展定单培训，利用劳务市场把握用工信息，搭建劳务输出桥梁，有针对性地做好培训、输出工作，全年培训农村转移劳动力11万多人。为了激发下岗失业人员参加就业训练热情，向社会展示下岗失业人员经过培训提升自身能力的风采，2004年10月，石家庄市就业训练中心举办了首届下岗失业人员就业训练技能大赛，得到好评。此外，就业训练中心全年举办创业培训班83期，培训2500多人，1876人创业成功，安置下岗失业人员7000多人，为4200多人进行了职业技能鉴定。

多年以来，全国各地的就业训练中心在适应经济社会发展，促进就业再就业工作中做出贡献，其自身发展也不断完善。根据市场需求设置培训专业，开设易学易懂易就业的专业，注重教学质量，注重培养学员动手能力，走出了一条长训班与短训班相结合、委托培训与订单培训相结合，独具特色的就业训练之路。但由于一些客观原因，就业训练中心在其自身的发展中也遇到了一些困难，特别是办学经费不足，办学管理机制不够灵活等问题，是其发展的瓶颈所在。

民办培训

近年来，民办培训事业发展迅速。据统计，2004年底，全国约有2.1万所民办职业培训机构，全年开展培训740万人，其中，有431万人实现了就业。

民办职业培训办学规模不断扩大，已经成为我国职业培训体系中的一支重要力量。2004年7月，中国职工教育和职业培训协会在广州联合召开全国民办职业培训经验交流暨工作推动会，表彰了130所在开展新生劳动力培训、下岗失业人员再就业培训、农村劳动力转移培训以及职业资格培训等方面做出突出成绩的民办职业培训机构。

自颁布《民办教育促进法》以来，民办职业培训事业进入了一个新的发展时期。各地劳动保障部门本着“积极鼓励，大力支持，正确引导，加强管理”的原则，通过各种途径为民办职业培训事业开拓发展空间。

广东省 通过加强舆论宣传，提供政策支持，加大资金扶持，建设法制环境，提供优质服务等措施，促进了民办职业培训事业的快速发展。截至2004年底，广东省民办技工学校由2000年的6所上升到11所，在校生23759人，占全省技工学校在校生总数的10%；其他民办职业培训机构由2000年的1778个增加到2422个，年培训人数达55万人，占全省社会培训总量的56%。并涌现出一批规模较大、质量高、有特色的民办职业培训机构，初步形成了以政府办学为主，社会各界共同参与，公办和民办职业培训并举的新格局。

山东省 积极实施政府推动，构建有利于民办职业培训事业发展的平台，为民办职业培训机构创造宽松的政策环境和良好的市场环境，并依法维护其合法权益。随着各项鼓励措施的实施，山东省各类民办职业培训机构发展迅速，2001年至2003年三年时间全省民办职业培训机构总数量、总资产和教职员工人数比2000年前翻了一番，形成了一个庞大的民办职业培训产业。2003年底，山东省共有民办职业培训机构1184个，年培训35.6万人，并涌现出了一批资产过亿元的大型综合职业培训机构和优质品牌特色学校，初步形成了公办民办平等竞争，共同发展的格局。

民办职业培训在发展中仍然存在许多问题。民办职业培训的地位和作用还没有得到社会各方的充分认识，鼓励和扶持民办职业培训的政策措施不够有力，民办职业培训在发展中还存在产权不清、管理不规范、师资队伍弱、办学效益低等问题，有待今后从法律法规上进一步明确和规范。

高技能人才培养

实现我国经济的可持续发展，更加凸显了社会对人才的需求：需要科学家、需要专业技术人才、需要优秀的经营管理者，也需要高技能人才。近年来，高技能人才短缺已引起政府和社会的极大关注。

据2003年全国总工会企业职工调查资料显示：技师与高级技师占职工总数不到2%。劳动保障部2004年对40个城市的17998家企业抽样调查，技师和高级技师分别占技术工人的3.2%和0.7%。据中电联报告，全行业130多万职工中，技师、高级技师不足2%。据广东省统计，在其通过职业技能鉴定获得职业资格证书的296万劳动者中，技师、高级技师仅占4%。这表明，**高技能人才短缺是不争的事实。今天，我们终于明白为什么德国把培养优秀技术工人当作经济腾飞的"秘密武器"，日本把提高劳动者素质比作"技术立国"的基石，而韩国和新加坡标榜"技能立国"的道路，使国家经济在短时间里得以飞跃。**

我国国民经济连续十年高速发展，长期以来技能人才队伍培养方面的"短板"效应凸显。经济领域对技术人才特别是高技能人才的迫切需要，已经变成了一种强大压力，并以国家意志的形式传递释放出来。2003年全国人才工作会议客观正确地反映了社会对各类人才的需求，表明了党中央、国务院对推动这方面工作的明确部署和决心。人才工作会后，高技能人才队伍建设问题，成为一个热点。

2004年除台湾省，香港、澳门特别行政区以外，全国各省市、各行业、各大企业集团公司都先后召开了人才工作会议，出台了依据各自情况，培养高技能人才的计划规划。6月，国务院批准，召开了全国职业教育工作会议。会后，国务院转发了由七部委联合颁发的《关于进一步加强职业教育工作的若干意见》，其中对技能人才，特别是高技能人才培养工作出了部署。10月，经中央人才工作协调小组领导同意，建立由中组部、劳动保障部、财政部、科技部、教育部、人事部、国防科工委、国务院国有资产监督管理委员会、全国总工会、共青团中央、全国妇联等有关部门参加的高技能人才队伍建设工作司（局）际协调小组，从组织保障、政策集聚、措施强化、资源整合等几个方面，加大高技能人才队伍建设工作力度，共同推动高技能人才队伍建设。

劳动保障部 围绕加强高技能人才队伍建设，出台专门文件，提出落实全国人才工作会议的八条措施，启动了“三年五十万新技师培养计划”。以技术技能型、知识技能型和复合技能型三类人才为重点，从人才培养、选拔、评价、使用、激励、交流、保障七个环节入手，全面加大高技能人才队伍建设工作力度。2004年6月，劳动保障部、国资委下发了《关于开展高技能人才队伍建设试点工作的通知》，选择34家中央企业作为高技能人才队伍建设的试点企业，进行技能人才评价方式的改革，推动企业高技能人才成长的制度建设。

为落实国家高技能人才队伍建设的部署，各省市、行业、企业结合实际积极行动，加大了此项工作的力度。

浙江省 围绕打造先进制造业基地的目标，明确提出以国家级重点职校示范专业为基础，重点建设好20个左右省级先进制造业技能人才培养培训示范基地，5年为全省培养培训10万名中高级技术工人。

江苏省 实施技能型紧缺人才培养培训工程。根据人才市场和劳动力市场的需求预测，选择了数控、汽车、电子、化工、商贸服务等10个专业领域，遴选200所职业院校作为基地，联合800个企事业单位，校企合作共同培养培训技能型紧缺人才。

广东省 把技能人才开发与培养高素质的管理人才和科技人才摆到同等重要的战略地位。省政府在《关于大力发展职业教育的决定》中明确指出，全社会都要从国家发展战略和全局出发，关心和支持职业教育。并在《广东省2010年人才培养规划纲要》中，对技能人才培养提出了目标：中级技工及以上技能人才占社会劳动者的比重，2005年为12.15%，2010年为17.96%。

陕西省 制定了以技师为主的高技能人才培养及评聘政策，出台了《陕西省关于做好高技能人才培养和保障工作的实施意见》、《陕西省三年三万新技师培养计划》、《陕西省高技能人才考评社会化管理实施方案》、《陕西省关于建立高技能人才职业资格专家考评委员会暂行管理办法》等7个配套文件，对全省高技能人才的培养、考评、使用、待遇，对培训基地建设、建立高技能人才的选拔、激励和保障机制等都做了较详尽的规定。

福建省 提出了《2004～2010高技能人才培养工程》，到2010年全省培养200万名新技工。

山东省 劳动和社会保障厅、财政厅联合实施“金蓝领”培训项目，首先在济南、青岛、淄博、烟台、潍坊5个制造业比较集中的城市，启动车工、维修电工、机修钳工、焊工4个职业（工种），通过集中培训培养一批急需的青年技师，实行高端带动，为山东省高技能人才培养起示范作用。培训采取理论与实践相结合的脱产集中培训方式。省劳动保障厅负责组织实施，省财政按每人1000元标准给予补贴。

上海市技师协会 于2004年8月组织了现代上海技师风采报告会暨“万名技师育高徒”签约仪式，80对来自全市各行各业的师徒当场签定了《师徒协议书》。同时，从8月21日开始，上海市举办为期1个月的技师讲坛，讲座内容涉及航天知识、形象设计、数码图象等10个新兴行业领域。

中国船舶重工集团公司于 2004年5～6月举办了船舶电焊工培训，共有来自7个单位的18人参加。培训指导教师全部来自系统内的焊接专家和全国技术能手及全国大赛优胜者。经过1个月的理论和操作技能培训，学员们掌握了焊接新方法、新技术，提高和充实了在实践中解决疑难问题的能力，回厂后通过传、帮、带方式，带动了本单位焊接质量的提高。

中国职协 技校委员会于2004年4月，在上海举办高技能人才培养论坛。来自全国高级技工学校、技师学院和部分劳动保障厅局的150余人参加了此次论坛。与会人员主要围绕高级技工学校、技师学院培养高技能人才的方法、模式和政策环境等方面的问题进行了深入地研讨。

经过一年来的艰苦努力，高技能人才队伍建设结出了果实。一些企业提前完成了“三年五十万新技师培养计划”第一年培养新技师的任务。据统计2004年全国共完成新技师培养12万人，比计划超出2万人。

纵观这阶段全国高技能人才工作推进情况，以下几点值得重视：

一、充分发挥企业和院校作用。企业拥有培养高技能人才的天然优势，是高技能人才施展才华的舞台。企业可利用自办技工学校或职工培训基地，结合自己所需，有计划地进行培养；开展“名师带高徒”活动，发挥掌握高超技术或绝招绝技的技术带头人作用，有针对性地培养；依托车间班组，在岗位工作或技术攻关中培养和形成一批技能突击手；通过与国（境）外机构合作，选派优秀技术工人出国深造。院校拥有优良的师资和学习环境，是高技能人才学习新知识，提升理论水平和综合素质的良好平台。可依托技师学院、高级技工学校和职业技术学院，围绕当地主导产业和企业急需，组织开展校企合作，紧贴企业需求，设置专业课程，调整更新教学内容，聘请企业技师，加强实习训练，加快高技能人才培养。以企业为主体，以院校为基础，建立公共实训基地，搭建社会化实训平台，可形成高技能人才培养的优良资源。上海、深圳、青岛等城市已探索建立了一批社会化、开放式、高标准公共实训基地，为全社会提供高质量实训和鉴定服务，已见成效。

二、不断完善高技能人才评价制度。按照国家职业标准，结合企业岗位要求，专业评价和企业认可相结合，突破比例、年龄、资历和身份限制，改进高技能人才评价方式。**探索紧密结合企业生产进行评价的新模式**。青岛市结合地区经济发展、产业结构调整的实际需要，在国家职业标准的基础上，开发具有行业企业特点的技能鉴定规范，受到企业的好评。**改革创新技师评价制度**。黑龙江省规定，对生产一线骨干，技能竞赛优胜、解决关键难题成效显著、承担重要生产项目并起关键作用的技工可晋升为技师或高级技师。**通过技能竞赛选拔人才**。2004年，各地以“高技能、新技师”为主题，广泛开展了形式多样的职业技能竞赛活动，促进了岗位练兵、岗位培训，选拔出的一批技术尖子在广大职工中起到了典型带动作用。

三、建立高技能人才使用和激励机制。**在政府层面**，建立政府津贴制度。山东省每年选拔100名各行业、职业领域拔尖高技能人才，授予首席技师称号，按月给予1000元政府津贴，享受与省有突出贡献中青年专家等高层次人才同样的待遇；对做出突出贡献的高技能人才给予重奖。湖南省省级技能大师，每人获得4万元奖励；享受与中高级专业技术人员同等待遇。黑龙江、山东、江苏、陕西等省技师和高级技师，享受与本单位工程师、高级工程师同等工资和福利；做出突出贡献的高技能人才，优先推荐评选劳模，并享受带薪休假、定期体检等待遇。**在企业层面**，设立技能带头人岗位，航空六院设立特级技师，在企业内享受研究员待遇。完善以岗位工资为主，根据技能等级和贡献大小确定工资收入的分配制度，南京熊猫集团实施技能等级与岗位使用、工资待遇挂钩政策，吸引了工程技术人员参加技师考评。建立奖励制度，西安飞机制造集团公司评选有突出贡献的技术工人，除给予1000～3000元奖励外，还可优先晋升技师或高级技师，优先解决“农转非”、夫妻两地分居问题。

四、加强高技能人才的交流。**建立高技能人才交流和服务体系**。山东、湖南等省建立了技师、高级技师资源库，为企业和高技能人才提供有针对性地咨询服务。广东等省依托高级技工学校、企业集团以及公共职业介绍机构，建立高技能人才（交流）工作站和技术成果信息站，鼓励高技能人才参与高新技术开发、成果转让、技术交流、绝活展示等活动。湖南省实行悬证经营和挂牌服务，开展“名师主理”和“名师服务”试点活动，发挥高技能人才榜样示范作用。**完善高技能人才引进政策措施**。广东省规定用人单位引进高级技师，其配偶、子女、父母可随迁，所需房补、安家费、科研启动经费等，可列入成本核算。山东电力建设第二工程公司为高技能人才建立企业年金，每人每年3000元。

五、加大高技能人才工作经费投入。从国债资金中拿出部分用于支持地方高技能人才培养机构发展。从城市教育费附加中调剂，江苏省从城市教育费附加中划出一定比例用于高技能人才培养，重点建设技师学院和高级技工学校。建立专项工作经费，江苏省设立了高技能人才培养专项经费，对参加培训的人员每人补贴3000元。广东省设立专项资金，计划从2004至2007年，每年投入3000万元，其中，用于高技能人才工作的经费占40%。调剂使用资金，陕西省和南京市在确保下岗失业人员再就业培训经费的基础上，分别从再就业资金中调剂了600万元和1000万元用于高技能人才培养。

农村转移劳动力培训

我国是世界第一人口大国，劳动力总量供大于求，就业压力长期存在。目前，我国农村有1.5亿富余劳动力，每年还要新增600万农村劳动力。改革开放以来，农村剩余劳动力逐步由第一产业向第二、第三产业转移，由中西部地区向东部沿海地区转移，其转移规模越来越大，速度越来越快。据国家统计局对全国31个省市区的6.8万个农村住户和7100个行政村进行的抽样调查显示，2003年，我国有1.139亿农村劳动力外出务工，占农村劳动力的23.2%。东部地区是外出务工劳动力的主要输入地。2003年，69.9%的农村外出务工劳动力在东部地区从业，65.8%的农村外出务工劳动力来自粮食主产区。**劳动和社会保障部**2004年对26个城市的2783家企业的调查表明，目前，在我国企业中，农民工已占企业员工总数的60%左右。**北京市**2004年在京外来人口中有农民工286.5万人，占全市外来人口的66.2%，比1999年增长90.4%，平均每年递增13.7%，主要集中在建筑业、住宿和餐饮业、批发与零售业、制造业、居民服务和其他服务业。在北京的农民工来源地广泛，涉及30个省、自治区，但重点集中在河北、河南、安徽、山东、四川五大农业省，来自以上五个省的农民工占全部农民工总数的64%。

从全国范围看，现阶段在跨地区进城务工的农民工中，有相当数量的人员没有稳定的职业和居所，其受教育程度多在初中及以下文化水平，受过专业技能培训的仅占9.1%。在2001年新转移的农村劳动力中，受过专业技能培训的只占18.6%。农村剩余劳动力素质不高，缺乏就业技能，使他们向非农产业和城镇转移难度增大，难以实现在城镇的稳定就业。随着我国国民经济持续高速发展，产业升级，结构调整水平的不断提高，以及高新技术产业的兴起，虽然社会用工总量会不断增加，但对于缺乏就业技能的农村富余劳动力来说，就业形势却不容乐观。

“民工荒”问题

2004年初，“珠三角”地区爆发“民工荒”，在以后的一段时间内，“民工荒”波及“长三角”、“环渤海经济圈”等地区，直至向中西部延伸。一时间，有人惊呼：“农民工开始用脚投票了！”

中国人民银行 在年初发布的2004年《中国区域金融运行报告》中称，2004年“珠三角”、“长三角”地区农民工短缺现象有所扩大，据央行对全国部分主要劳动力输入大省(广东、福建、江苏)和劳动力输出大省

(四川)的专题调研结果显示：农民工短缺是劳动力市场的一种结构性短缺现象，在局部地区客观存在，普通劳动力特别是青年女工、有一定技能的熟练工相对短缺。而工资待遇低、工作环境差的劳动密集型企业缺工尤为严重。农民工短缺已开始影响企业的生产能力和劳动力成本，令中国劳动力成本上升压力显现。预计今后一个时期此类缺工现象仍将继续存在。

劳动和社会保障部 2004年对珠江三角洲、长江三角洲、闽东南、浙东南等主要的劳动力输入地区和湖南、四川、江西、安徽等几个劳动力输出大省调查显示：企业缺工主要发生在珠三角、闽东南、浙东南等加工制造业聚集地区。广东有近200万人的缺口，缺工比率约为10%。其中：深圳现有民工420万，目前缺口约40万。东莞17%的企业表示有用工短缺，缺口近27万人。福建泉州、莆田两市用工缺口共约10万人。浙江温州等用工较多城市也反映存在不同程度的招工难问题。

中国劳动力市场信息网监测中心 提供的一份《江苏、浙江、福建、广东等地劳动力市场呈现出缺工现象》统计报告指出：2004年第2季度，在江苏、浙江、福建、广东等省的12个城市，有70.4万人进入劳动力市场求职，但用人单位的招工名额则达到108.7万人，缺口38.3万人。

西部 值得关注的是，我国西部一些地区也出现招聘农民工困难的现象。重庆坪坝区回龙坝镇拥有530多家纺织企业，主要生产中低档的白坯布，需要大量民工。2004年全镇缺乏织布工1500人以上，加上摩配、机械配件等其他企业缺工，全镇企业的民工缺口在2000人左右。璧山县的皮革皮鞋企业已发展到近2000家，目前需要工人5万多人。现在璧山的皮鞋生产企业，打起了用工争夺战，不少企业以提高工资、增加福利等方式争夺农民工。

针对“民工荒”现象，有关专家分析认为：经济快速发展，成本收益的不对等致使农民外出务工意愿减弱，用工环境差、劳工权益缺乏保障，产业结构调整和生产工艺的升级换代等是出现民工短缺的重要原因。农民工短缺严重影响了企业的正常生产计划，削弱了企业的竞争力，迫使企业不同程度地提高工人待遇，增加劳动力成本支出。随着农民工工资清欠工作等一系列保护劳动者合法权益的政策措施逐步落实，医疗保险、养老保险和公积金提取等社会保障制度的逐步完善，企业劳动力成本有进一步加大的趋势。但是，由于农民工短缺企业所属的行业普遍处于产业链下游，行业内竞争激烈，2003年以来原材料价格又持续上涨，企业通过提价或压缩其他成本转嫁劳动力成本的能力有限，劳动力成本的上涨空间受到限制。因此，结构性的劳动力成本上升短期内不会引发劳动力价格的大幅上涨，但农民工短缺现象可能在一定范围内长期存在。

从长远来看，农民工短缺将迫使部分工资成本提升空间有限的劳动密集型加工企业，由沿海地区向劳动力成本相对低廉的中西部地区转移，有利于中西部开发和沿海地区的产业结构升级。

2004年农村转移劳动力培训问题提上议事日程

2003年9月，国务院办公厅下发由农业部、劳动保障部等六部委制定的《2003～2010年全国农民工培训规划》（以下简称《规划》），要求8年内，对拟向非农产业和城镇转移的6000万农村劳动力开展转移就业前的引导性培训，对其中的3500万人开展职业技能培训。同时对已进入非农产业就业的2亿多农民工开展岗位培训。2004年3月农业部、劳动保障部等六部委召开会议，启动了针对农村劳动力转移就业培训的“阳光工程”。在《规划》下发后半年的时间里，全国有30个省、市、自治区政府均召开了工作会议，部署实施“阳光工程”。据来自农业部的报告：至2004年底，全国农村转移劳动力培训250万人，转移就业210万人，培训就业率达87%。

加强农村转移劳动力培训，引导其有序转移，实现高质量就业，各级政府根据地区特点，采取积极措施，做了大量工作。在农民工输入地区，政府和企业及时召开会议，加强对民工的组织管理，积极改善进城农民工的就业环境，扩大就业渠道，制定政策，清缴拖欠农民工工资，提高农民工工资水平，成立农民工工会，建立农民工劳动保障，安置农民工子女就学，以及对农民工实施专业技术技能培训等方面作出努力。在农民工输出地区，政府积极实施对农民工技术技能培训，提高农民工自身素质和就业能力，搭建农民工与用工单位之间的桥梁，为农民工提供社会保障。

北京 为来京务工人员营造和谐环境 北京市委市政府提出，要努力改善来京务工人员生活和工作环境，在做好来京务工人员管理、培训、服务方面成为“首善之区”。北京已和河北、河南、内蒙古、山西、陕西等22个省区市共同组建了华北劳务协作区，建立起276个劳务基地，超过50%的来京务工人员实现了有组织进京。2004年前9个月，北京共对6.4万多名来京务工人员开展了技能培训，培训后就业率达69%。

辽宁 出台19项新政策面向农民工 辽宁省政府出台了包括农民工子女就学、参加职业技能培训、参加社会保险等六个方面19条新政策，以切实改善农民工进城就业环境，维护农民工合法权益。针对农民工进城就业普遍缺乏职业技能培训问题，出台的新政策积极引导农民工参加职业技能培训，鼓励农民工自愿参加职业技能鉴定，对鉴定合格者颁发职业资格证书。

湖北 投入“阳光工程”项目资金1500万元 2004年，湖北省完成农村劳动力转岗就业培训17.6万多人，转移就业率达95.2%。全省争取国家“阳光工程”项目资金1500万元，投入农村转移劳动力培训，带动了全省农村劳动力转移培训90万人。通过阳光工程培训转移输出的农民月均收入达到700多元，比未接受培训的高200元左右，比在家务农的高400多元。

江西 远程教育培训外出农民工 江西新余市渝水区有50万农业人口，外出务工农民达12万人。渝水区利用38所农村中小学现代远程教育资源，开展大规模农民工培训，计划在3年内利用远程教育手段培训农民工10万人次，使现已转移和输出劳动力及新增劳动力普遍接受一次系统的技能培训。

江苏 面向农民开展农机职业技能鉴定 截止到2004年10月，全省已有3万人通过鉴定取得证书。目前，江苏省已建成37个专业鉴定培训基地，培训、鉴定职业(工种)达到21个。在开展农机操作和维修技术人员培训、鉴定的基础上，职业资格鉴定向农村劳动力转移的需求领域延伸，电焊工、车工、钳工、机修工等工种，为农民外出打工者鉴定人数达8000多人。

河南 举办农村劳动力转移培训供需洽谈会 2004年完成了20万人

的转移培训任务，转移就业18.7万人。实施“阳光工程”，共培训结业学员12万多人，已有9万多人转移就业。12月，省阳光工程办公室和洛阳市政府在洛阳市举办了“河南省农村劳动力转移培训供需洽谈会”吸引了来自全国14个省、市的417个单位的600多位代表。洽谈会期间，共初步达成用工意向2121个，总计44.7万人。签订用工协议1526个，总计33.5万人；其中省内企业用工12.4万人，省外企业用工21.1万人。

安徽 “定单培训”成为技术民工的摇篮 2004年实施“阳光工程”，共培训农民工15.7万人，其中“定单培训”已成为一种受到沪、苏、浙等主要用工地欢迎并逐步扩大的新形式。“定单培训”，是指按用工单位提出的技术要求进行的上岗培训。民工输出大县的霍邱县，以“定单培训”方式培训的技术民工4000多人。

四川 加大培训投入农民工就业有保证 劳务输出是四川许多地区农民增收致富的主要途径之一。据统计，仅2003年，全省输出农村劳动力1370万人，实现劳务收入474亿元。2004年加大培训投入，筹集了6100万元培训经费，投入农民工专项培训。从2004年5月，开始实施“千万农民工培训工程”，计划用两年时间，培训农民工1000万人次，使全省农村外出务工者及新增劳动力普遍接受一次技能培训，每人掌握1～2门实用职业技术。整合省内有资格进行农民工培训的各类机构和职业学校，使接受培训的农民工切实学到技能，注重基本权益保护、法律法规知识、公共道德、城市生活常识、寻找就业岗位等方面知识的培训和专业技能培训相结合。加强与用工地区和劳动用工单位的沟通与协作，着重抓好订单培训、定向输出，形成“培训—输出”链条。

哈尔滨 成立了进城务工人员管理和服务领导小组，建立了用工信息网络，劳动、建设、公安等24个相关部门将各司其职，为进城务工人员提供信息咨询、就业培训、创业扶植、法律援助、社保办理和清欠维权等方面的便捷行政服务，为进城务工人员营造良好的就业环境。

宁国 安徽省宁国市把职业技能培训与技能鉴定有机结合起来，对全市职业教育培训资源进行整合，有的放矢地开展职业技能培训，走社会化、市场化和产业化培训之路。全市涌现出电脑操作、家电修理、缝纫制衣、烹调技术、宾馆礼仪、家政服务等民办培训专业机构20多个，共培训农民近万人次。目前，全市外出务工人员取得职业资格证书和专业技术证书的已达1.5万人。上海申明电机、江苏新科等沿海企业还主动与该市联合开展岗前培训合作，现已培训外出务工人员1.2万人。目前，该市农村“知识型”农民和富余劳动力进城当工人的已达10万人，占全市劳动力的一半。

石嘴山 宁夏石嘴山市开展的培训工程主要以农民科技培训和农村劳动力转移培训为重点，集中培训10余万人，其中，农民实用技术培训7.85万人次，优势特色产业和产业科技培训1.7万余人，农村劳动力转移培训4500余人。全市每户农户至少有1名或者1名以上的主要劳动力参加培训，培训入户率近95%。

聊城 山东聊城市一考二训三输出，集中管理分散务工。2004年前10个月，聊城外出务工人员达90多万人，其中有组织输出的50多万人的合法权益得到保障，没有出现工资被拖欠等情况。聊城在开展劳务输出的过程中，摸索出一套“一考二训三输出”的规范化作业流程，制定了18道劳务输出工作程序。在选择用工企业时，先进行考察，做到三不输出：工资待遇低于当地平均水平的不输出；劳动执法不严格的企业不输出；未经考察的企业不输出。考察合格后，中介机构根据用人单位的要求，依托技校及各类职业学校对务工人员进行培训，达到用人单位要求后再集中输出。聊城有组织劳务输出成功率和务工人员上岗合格率分别达到98%和96%以上。聊城在深圳、北京、上海等地建立了劳动管理站，覆盖了聊城外出务工人员所在的主要地区，进行跟踪服务和管理。他们定期走访用工单位，发现劳资纠纷苗头及时协调。同时，进行了劳务派遣的探索，由中介派遣机构对务工人员进行统一管理，在劳务输入地统一租赁公寓，统一建食堂，务工人员乘坐班车上下班，过集体生活，企业只管用人。以此办法输出的劳务工中没发生一起劳动争议和经济纠纷。

会同 湖南省会同县的“特色培训”根据市场需求，依托县劳动就业培训中心，开展政策性培训、订单式培训、岗前培训和创业培训。2004年，仅该县就业培训中心开设的电动衣车、焊接、电工、厨师等6个专业班，培训农民3000余人。特别是该县的焊接、电动衣车培训基地开办以后，信息网络灵通，形成了培训、就业一条龙服务。县劳动力市场与广东佛山市禅城区联合举办了首届企业劳务现场招聘会，20余家广东大型外资企业携2000多个岗位进场招聘，吸引了该县25个乡镇的3000多名农民到场应聘，当场签订劳务意向书1263份。这是该县着力打造“特色培训”品牌的又一成效。

国家职业资格证书制度

从1993年《中共中央关于建设社会主义市场经济体制若干问题的决定》首次提出实行学历证书和职业资格证书并重的制度，1994年颁布的《劳动法》确立了国家职业资格证书制度的法律地位，至今已走过十个年头。作为完善劳动力管理，促进职业培训，提高劳动者素质的重要手段，职业资格证书制度正逐步健全与完善，并得到社会、企业以及众多劳动者的认可。目前，已初步形成以职业能力为导向，工作业绩为重点，注重职业道德和职业知识水平，涵盖国家职业分类、职业标准、职业技能鉴定等主要内容的工作体系。2004年，这方面工作又有一些可圈可点之处。

职业分类

职业分类是劳动力管理的基础工作，也是制订职业标准的依据。在我国1992年编制的《中华人民共和国工种分类目录》，1999年颁布的《中华人民共和国职业分类大典》基础上，为适应职业发展的要求，2004年启动了《职业分类大典》的修订工作，同时完成了《大典》增补本的编制。修订工作在《大典》基本框架的基础上，借鉴国际上职业分类的做法，突破以往行业部门的传统分类模式，以社会性、规范性、统一性的原则定位职业和职业活动范畴。

新职业发布

我国的职业发展和变迁，是经济发展和科技进步的客观反映。一方面是产业行业的变化带来职业的变化，另一方面是市场需求带来人们职业实践的变化。一些传统职业的内容发生了变化，一些老职业已经或正在消失，一些新职业不断涌现。随着我国经济发展和科技进步的速度加快，新的行业产业不断涌现，催生出新的职业。新职业的产生，培育了劳动力市场的健康发展，扩大和拓展了社会就业领域和渠道，也影响着职业培训工作的方向。面对职业的变化，无论是劳动者就业，企业用人，还是培训教育工作都需要准确、及时的职业信息引导。2004年8月，劳动保障部首次向社会公布了9个新职业，此后将定期向社会公布。目前已经分三批公布了29个新职业。建立新职业发布制度，是职业分类、职业标准工作的一个新发展。

职业技能鉴定

经过十年的努力，**职业技能鉴定建立健全了包括行政管理系统，技术标准与技术支持系统，组织实施与实际运作系统和质量保障系统在内的工作体系**。鉴定规模不断扩展，质量管理措施不断强化。1996年以来，全国参加职业技能鉴定，获得国家职业资格证书者占企业劳动力50%以上。至2004年底，共有职业技能鉴定机构9458个，比上年增长30.4%，职业技能鉴定考评人员20万人。全年有880万人参加职业技能鉴定，比上年增长28%，其中，736万人取得了不同等级的国家职业资格证书，比上年增长26%。全年职业技能鉴定平均通过率为83.7%。

2004年在行业、企业开展职业资格技能鉴定的基础上，7月，劳动保障部下发《关于在百所职业院校推进实施职业资格证书制度国家级试点工作的通知》，选择130多所职业院校，组织推动职业技能鉴定工作，帮助院校建立鉴定所站，并通过工作网进行业务指导；对专业教育与职业标准能够对应的专业，组织进行技能鉴定的操作考核；符合条件学校的主体专业，实现了鉴定过程与教学过程的结合；全国职业资格统一鉴定项目也开始向在校生延伸。

完善技能人才评价体系

十年来，建立国家职业资格证书制度的相关工作，在促进就业、服务企业、引导培训、提高劳动者素质中发挥了积极作用，也初步形成了与之适应的技能人才评价体系。为加快健全技能人才评价体系的步伐，2004年4月劳动保障部下发了《关于健全技能人才评价体系 推进职业技能鉴定和职业资格证书制度建设的意见》，就健全技能人才评价体系，进一步做好职业技能鉴定，推行职业资格证书制度问题做出部署：

要求技能人才评价内容坚持职业能力与工作业绩相结合，评价标准坚持国家标准与岗位要求相结合，评价机制坚持专业评价与企业认可相结合，组织实施坚持行政指导与技术支持相结合，管理体制坚持属地管理与行业管理相结合。

社会化职业技能鉴定是技能人才评价的主要形式，要做到基础工作配套，组织管理有序，以此指导和推动企业、行业和社会培训机构的职业技能鉴定工作全面发展。

要改革企业在职职工和职业院校毕业生技能人才评价方式。对技术技能型人才的评价，突出实际操作能力和解决市场难题的考核要求，增加新技术和新知识的要求；对知识技能型人才的评价，突出新技术，新知识的掌握和运用能力的要求；对复合型技能人才的评价，应根据产业结构调整和技术进步的需要，强化综合型考核和多项技能考核。

基础性工作稳步扎实

题库开发。全年共完成34个职业45个理论或操作题库的开发，重点开发了22个职业400余套技师、高级技师卷库。

职业标准制定。共完成120个国家职业标准的制定工作。

全国统考工作和其他能力测评项目。共组织了4次全国统考，有30个省（市）37万余人参加了企业人力资源管理人员、物业管理人员、电子商务师、职业指导人员等9个职业的全国统一鉴定，参加考试人数比上年增长42.8%。计算机高新技术考试首次突破40万人，能力测试项目的考生人数超过7万人。

国家职业资格工作网和在线考务管理系统开发。截止2004年11月底，已有20个省、市、自治区使用了国家职业资格工作网，覆盖率超过60%。目前，已实现80%的鉴定机构当日读取有关工作信息。

完善鉴定制度规范鉴定行为。在起草《职业技能培训与鉴定条例》的同时，出台《关于职业技能鉴定中违规违纪案件的处理办法》；通过培训认证了700多名质量督导员，加强了对全国统考的现场督导工作。颁发了《全国统考现场督考技术规程》，组织4次全国统考现场督考活动，并首次利用工作网实现了考核现场质量的远程监控。

特点与改进

大幅度推进技师考评工作。2004年，各地根据国家要求，加大技师考评制度改革，积极推行新的技师评聘制度。采用直接考试、综合评审和考评结合等多种方式评审技师，鼓励企业开展企业内技师考评工作，打破区域、比例、学历、资历、年龄、身份等限制，以工作业绩为重点，允许企业根据本企业设备情况和技能要求，调整技师鉴定内容，使此项工作取得突出效果。

增强质量意识。各地普遍开展鉴定机构质量管理体系认证试点，规范工作行为，为提高鉴定质量奠定基础；推行质量督导制度，加强质量督导队伍建设和对全国统考现场督导工作；进一步加大违纪案件的查处力度，等等。通过上述工作，各地的鉴定质量管理工作进一步加强，质量意识和质量措施得到了进一步强化。

成就令人欣喜，不尽人意之处亦需关注：例如一些地方还没有牢固树立起鉴定工作为企业服务、为劳动者服务的观念，主动服务的意识淡薄，与企业和劳动者需求脱节，影响了鉴定的实施效果；鉴定形式单一，难以体现对不同就业群体鉴定评价的特点，特别是在鉴定与企业生产岗位实际和学校教育培训的结合上缺乏有效沟通，影响了鉴定推广；鉴定涉及的职业范围较窄，特别是对一些新职业还没有开展鉴定工作。同时，鉴定工作还没有在企业和职业院校中广泛开展，影响了鉴定规模；职业分类标准要求不能及时反映到教育培训的专业设置和教学培训中，使职业教育培训与职业资格认证难以对接，影响了鉴定作用的发挥；一些标准、题库、教材以及考评技术手段相对滞后；技能人才的评价体系还不够完善，不能很好满足企业和劳动者的需求；损害鉴定工作形象和声誉的现象在一些地区和单位依然存在等等。

职业技能竞赛和表彰

2004年，劳动保障部组织实施了“2004中国职业技能竞赛”系列活动。国资委、教育部、科技部、国防科工委、全国总工会、共青团中央等综合部门和各省、市、自治区，行业部门及企业和社会组织积极与各地区、行业共开展各级各类竞赛1226项，其中，国家级一类大赛5项、国家级二类大赛18项、省级竞赛1000余项、中央企业竞赛6项，竞赛职业（工种）几百个。30个省市和38个行业部门及中央企业，总计约474万人次参加了各种技能竞赛活动。通过竞赛受到各种表彰的13.3万人，晋升职业资格的20.8万人，其中晋升技师以上的4813人，被授予全国技术能手称号的225人。许多地方和行业开始探索将鉴定与竞赛相融合的工作模式，按照国家标准组织竞赛命题，将鉴定技术要求融入竞赛过程之中，简化一些技能人才参加职业技能鉴定的程序。

2004年2月，第七届中华技能大奖和全国技术能手表彰大会在北京举行。隆重表彰了20名中华技能大奖，208名全国技术能手及55家技能人才培育突出贡献奖单位，是自1995年中华技能大奖和全国技术能手评选表彰制度建立以来，规模最大、人数最多的一次。至此，全国获得中华技能大奖称号80人，获得全国技术能手称号1800(含各级职业技能竞赛产生的全国技术能手)余人，已基本覆盖了我国所有行业和省、市、自治区的近百个工种。1996年至今，劳动保障部多次组织“中华技能大奖”和“全国技术能手”代表，前往韩国、法国、日本、意大利等国家作观摩表演，学习外国的先进技术，展示中国技术工人的风采。这对开发劳动者职业技能，发展职业培训事业，提高劳动者素质，营造尊重技能、尊重技能人才的社会氛围，都起到了积极的作用。

职业培训师资与教材建设

职业培训师资队伍建设

职业培训师资队伍的建设一直是我国职业培训，特别是技工学校发展的薄弱环节。世纪之交的前后一段时间，技工学校师资数量逐年下降（见下表），师资流失和社会对技术工人需求较大的情况，形成了很大的反差。2002年1月，劳动保障部发出《关于加强职业培训教师队伍建设的意见》，要求到2005年，技工学校、就业训练中心和其他职业培训机构教师均要达到国家规定的任职资格。并对建立和完善教师培训制度、加强教师培训基地建设、建立定期考核、竞争上岗的用人机制等提出了

1999～2003年技工学校在职教师情况表(单位：万人)

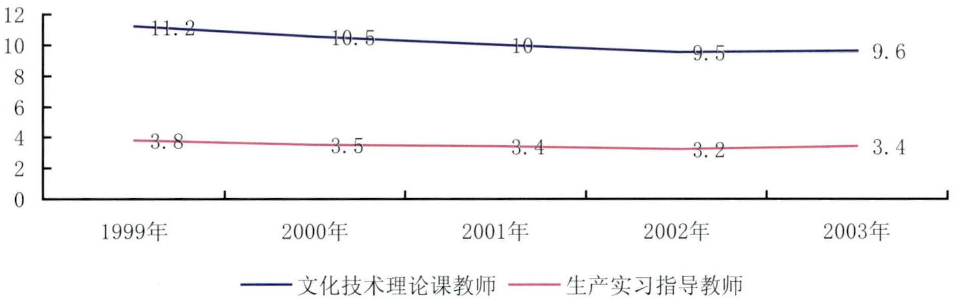

具体思路和要求。同年7月，劳动保障部再次下发文件，公布了8条国家级示范性职业培训教师培训基地标准和首批10个国家级职业培训教师培训基地名单。各地劳动保障部门也加大了对职业培训师资建设的力度。在各方的共同努力下，2004年技工学校的师资总数增加到15.6万人，实现了5年以来的较大增长，就业训练中心、民办职业培训机构在职教师分别达到2.26万人和14.16万人。技工学校、就业训练中心和民办职业培训机构在职教师分别比上年增长20%、3.67%和22.28%，职业培训师资从数量、质量均有较大提高。

职业培训教材建设

2004年，职业培训教材建设成果显著：

职业培训教材建设，历来受到各级领导和部门的重视。2000年1月，劳动保障部专门成立了职业培训教材工作委员会。2003年启动了《三年三千种职业培训教材开发计划》，截止到2004年末，已陆续出版了近600种国家级职业培训规划教材。分两批公布了共计778种国家级职业培训教材开发目录，包括技工学校、高级技工学校、高技能人才培训、职业技能培训、职业技能鉴定、职业资格培训、职业技能短期培训、劳动预备制、再就业培训和在职培训、农民工培训教材等。

全国职业培训教材网于2004年4月正式开通，共设有8个一级页面，34个二级栏目，29个三级栏目；并已将《教材工作委员会工作简报》、《农民工培训教材出版信息快报》在网站同步发布。

对行业组织开发的职业培训教材进行评审备案。截止到2004年末共备案教材208种，其中建设部10种，铁道部44种，信息产业部77种，农业部14种，钢铁工业协会30种，中国轻工联合会33种。

在全国10多个省建立了25个职业培训教材实验基地，对80种教材开展实验，充分发挥了实验基地在教材使用上的示范和培训作用。在总结经验的基础上，2004年底又部署了2005～2007年新一轮教材的实验工作，实验项目从技工学校教材发展到高级技工学校教材，实验教材增加到近200种，并扩大实验范围，使实验基地总数达到30余个。

完成了高职数控专业人才培养、中高等职业教育相衔接、岗位技能培训教材、技校机械类与电子类专业教材改革5个部级研究课题的结题、经验交流和成果应用与推广工作。结合高职院校学生职业资格教育与培训、农民工培训、国家高技能人才培养，特别是“三年五十万新技师培养计划”等重点工作，就课程设置、教材体系、教材模式以及多媒体、多介质的教材立体开发等方面提出了新的研究课题。

全年在德育、英语等公共课教材和电子等专业课教材以及电子课件制作方面开展培训，逐步覆盖国家级职业培训新教材和重点教材，共举办4个培训班，参加培训人员达到1500人次。

2004年，中国劳动社会保障出版社共开发出版新教材400多种，与2003年相比，增加了100多种，包括中等、高等职业教育类教材140多种，职业资格培训与职业技能鉴定类教材160多种，就业训练等岗位培训类教材70多种，上海1+X培训教材60多种。

全年共发行教材约2400种，1800万册，码洋2.4亿元，其中中等、高等职业教育类教材发行码洋约占到发行总码洋的80%。

注：本报告所用数据、资料主要摘自《中国统计年鉴》、《中国劳动保障年鉴》、有关部门提供的材料及相关专著。

百家采录

2004中国的职业培训，就象在沉睡中醒来的东方睡狮，宣泄着其生命的张力。办学理念多彩纷呈，发展模式百花齐放，政府引导，地域特色，行业特征，订单培训，…… 职业培训以其前所未有的姿态和多元化的表现形式，展露出其旺盛的活力与灿烂前景。长期以来，被忽略的高技能人才，终于从幕后走上前台，得到社会广泛认可，成为我国经济建设不可缺少和忽视的一支力量。由管理人才、专业技术人才和技能人才共同组成的，更为合理的经济建设人才梯队正在形成。职业培训为就业服务，以培训促就业的人才观，就业观，更加深入人心，为职业培训今后的发展指明了方向。我国职业培训事业在历经起伏后，开始步入持续、平稳、多元、自主的发展轨道。

天津 2004职业培训工作攀新高

天津市劳动和社会保障局培训处

2004年，天津的职业培训工作围绕服务经济，满足需求，贴近企业，促进就业等方面全面展开，各项工作进展顺利，成效显著。据统计，2004年，全市完成职业培训66万人，开展职业技能鉴定20.6万人，有17.5万人取得了职业资格证书，下岗失业培训10万人，培训就业率达到20%。技工学校招生1.8万人，毕业生就业率始终保持在98%以上。

一、各项工作实现年初目标

全市企业技术工人现状及该技能人才需求调查圆满完成。截止2004年底，天津市技术工人总数为67.73万人，其中取得职业资格证书的为32.27万人，技师1.77万人，高级技师0.47万人。企业技术工人60%以上集中在国有企业，其次为三资、股份制、集体和联营企业。

高技能人才培训工程取得成效。2004年，全市开展高级工以上培训2.43万人。

职业培训鉴定基地建设取得进展。按照市委市政府的要求，天津市启动了现代服务业、传统服务业、电子信息与高新技术、汽车服务业、机械加工制造和石油化工6个职业技能鉴定培训基地的建设项目。六个基地全部建成后，将主要承担提升本市企业在职人员的技能水平，本市大、中专毕业生等新生劳动力进入岗位前的职业适应性培训，下岗失业人员再就业的转业转岗培训；承办全国、全市或行业各种职业技能竞赛和国际间、省际间职业技能交流活动等。目前，除现代服务业培训鉴定基地已基本建成外，其他五个基地正在加紧建设中。

下岗失业人员重新就业技能得到提升。全市下岗失业培训经费投入达到1880余万元，组织了下岗失业人员技术比赛专场，吸引了近千人参加。

职业资格证书制度进一步推广。全市技术工人队伍中持证率已由2001年的50.8%提高到70.5%，技师、高级技师人数由2003年的1.05万人提高到1.4万人,占技术工人队伍的比例达到2.39%。职业院校对在校生的职业技能鉴定试点工作进展顺利。

技工学校发展势头良好。通过调整合并改造，全市技工学校由112所调整为79所，教学资源得到整合，专业设置更加贴近经济发展和社会需求，毕业生受到用人单位好评。

职业技能竞赛蓬勃开展。2004年，共组织全市性竞赛21场次，40.6万人参加竞赛，368人得到技术晋升奖励，7人获得“全国技术能手”称号。

二、今后的目标和任务

健全职业培训体系。构建以国家级和市级公共职业培训基地为主导，以支柱产业、相关行业和各区县培训基地为骨干，以企业培训为基础，以职业院校和民办职业培训机构为依托的多元化职业培训格局，逐步形成与市场需求和劳动就业紧密结合的现代化职业培训体系。

分类实施，提高培训质量。围绕提高职工队伍整体素质，适应支柱产业发展需求，制定新的岗位技能标准，加强岗位培训；围绕经济结构调整，做好转岗转业培训。结合工业东移、国有企业改制重组，做好劳动力结构调整和职工转业转岗培训；围绕培养一支有较高职业技能的劳动后备军，搞好新生劳动力就业前培训；围绕下岗失业人员再就业，做好再就业培训；围绕城乡统筹发展，做好农村劳动力转移培训。

改进技能人才评价方式。加快建立新的技能人才评价体系，改进企业内技师考评工作，推进职业院校实施职业资格证书制度，完善高技能人才选拔机制。

进一步调整布局，加快技工学校发展。完善职业培训政策。□

全面推进职业培训 提升劳动者整体素质

上海市劳动和社会保障局职业技能开发处

本市全年完成23.8万人职业培训，中高层次培训率达52.3%

上海市2004年完成职业培训23.8万人（不包括万人就业项目培训3.3万）比上年同期增长了20.2%。其中，失业、协保、农村富余劳动力培训10.8万，培训后推荐就业率68.2%；中高层次培训12.4万，占全年培训52.3%，与去年同期相比增长了9个百分点。高技能人才占技术性从业人员比重从去年的9.4%提升到12.1%。

出台了《进一步完善本市政府培训费用补贴的补充实施意见》，明确了政府补贴培训的对象，促进了各类人员积极参加培训，集中开展了对培训机构专项检查。逐步建立专项检查长效机制，委托社会审计机构开展政府补贴培训专项审计。

积极响应市政府号召，全力配合项目主管部门"万人就业项目"的培训。除爱委会的"消毒保洁"外，其他11个项目均已实施培训，培训人数达3.3万人，平均鉴定合格率为96.4%，录用率为86.5%。实施郊区青年技能培训计划，积极组织本市郊区青年开展定向培训，全年培训人数0.31万人。

职业见习计划稳步推进，见习学员突破4.7万人

截止11月底，上海市共发展见习基地1059家，其中正式基地311家。累计见习学员4.8万人，其中今年新增学员2.3万人，大专以上（包括大专）学历学员2.6万人。目前已有见习结业满六个月的学员约3万人，见习结束后实现就业的近2万人，跟踪就业率65%。

完善培训机构资质认定，加强日常监管力度

结合行政许可法的正式实施，完善职业培训机构资质认定，做好对本市职业培训机构办学资质审批的对外办事告知、审批表格的配套整理工作。依据《民办教育促进法》和《行政许可法》，开展修订本市关于民办培训机构管理文件的调研和起草工作。

加强培训机构指导管理，实施网检和等级评估新举措

截止11月底，上海市新增入网培训机构132家，退网83家，现有入网机构总共635家，涉及培训专业468个，创新推出培训机构网络化年检制度，调整完善培训机构资质等级申报评估办法，引导培训机构向更高层次发展。

做好培训资质认定常规工作

规范职业培训资质认定，开展首批14个灰领职业（模块）等新职业培训机构或试培训机构的招投标工作。委托社会中介机构实施高级工复核。2004年，共完成专业复核98个，涉及52个职业（工种），68家培训机构。

市级实训基地运作成效提高，区县实训基地全面推进

全市公共实训基地运作成效显著，全年共承担实训、鉴定29.6万人次，比去年同期增长12.6%。其中实训22.6万人次，鉴定7万人次；引进境外培训班37期、境外培训项目29个、境外培训机构18家。

启动实施实训基地调整方案，初步形成以创意产业、新产业、综合技术、数字制造等四个中心为一体的实训格局。

加快职业标准开发进度，成立专家咨询委员会

实施委托开发管理模式，加快新职业开发进度采取委托管理模式提升开发成效。2004年委托中介机构共完成62个新职业成果初稿，签订79个新职业开发项目合同。成立了职业培训专家咨询委员会。

2004年，共完成66个职业（共107个工种等级）的题库标准化、42个职业（计92个工种等级）的程序化技能考试模式方案的整合。完成养老护理（居家）等11个万人就业培训项目的培训文件审核，完成"2004上海市职业技能竞赛系列活动"50个竞赛项目标准试题开发工作。召开第二批10个新职业发布会。

职业资格鉴定规模稳定扩大，层次提升，基础工作扎实

全年共组织各类资格证书鉴定考核41.5万人次，比去年同期增长10.2%，组

织中高级以上鉴定17.8万人次，比去年同期增加8.9%，占总鉴定人数的43.0%。

高校鉴定合计0.27万人次，比去年同期增加了21.2%；计算机类鉴定人数12.7万人次，比去年同期增加了12.89%；管理类鉴定人数为1.3万人次，比去年同期增加了122.0%。

全年起动52个职业（工种）程序化鉴定，其中75%的职业已进入正常考核阶段，程序化鉴定累计近4万人次。安排考评员1万多人次，涉及113个职业（工种）。对近50个职业120多家鉴定所（站）评估排序，认定程序化鉴定所（站）和考点近80家；调整归并122家计算机类职业鉴定所，现达到统一配置和管理要求的为48家。□

加强组织领导 推进高技能人才队伍建设

黑龙江省劳动和社会保障厅培训处

黑龙江省将高技能人才工作作为振兴老工业基地的重大举措，摆上突出位置，加强组织领导，周密安排部署，加大投入力度，全省高技能人才工作，在2004年取得了积极进展。

各项工作全面铺开

制定政策措施，搭建高技能人才成长的平台。以省政府的名义出台《关于加强高技能人才队伍建设的意见》，在高技能人才评价体系、保障机制、待遇和地位以及表彰奖励上提出了有效的激励措施。省劳动保障厅制定下发《关于进一步加快全省技工学校调整改革的工作意见》《关于进一步加强人才队伍建设的若干政策》、《黑龙江省高技能人才评选表彰办法》，《技师学院设置标准》等一系列政策措施，为全省高技能人才培养、使用、考评等工作提供了政策支持和保证。

加大政府投入，为技工教育提供资金保障。从2004年起，省政府每年投入1500万元设立技工学校发展专项资金，到2005年5月，省在技工教育上投资已达8566万元。

加强高技能人才队伍建设和深化技工学校改革。制定下发了《三年九万高技能人才培养计划》，提出了旨在加强高技能人才队伍建设的“39330”工程和深化技工学校改革的“21020”工程。截止2004年底，全省培养高技能人才3.9万人，超额完成年初计划的30%，其中培养新技师1.25万人，超额完成年初计划的25%。全省有3名同志荣获中华技能大奖、12名同志荣获全国技术能手荣誉称号，4家单位荣获“国家技能人才培育突出贡献奖单位”荣誉称号，筹建了2所以实施老工业基地振兴战略急需的装备制造专业设置为主的技师学院，命名了5所示范性高级技工学校、6所示范性技工学校。2004年，全省招生21，591人，高级工招生由过去年均不足200人猛增至2693人。

技能人才评价体系得到进一步完善。制定下发《关于健全技能人才评价体系推进职业技能工作和职业资格证书制度的意见》，初步建立了以职业能力为导向，以工作业绩为重点，注重职业道德和职业知识水平的技能人才评价体系。2004年，完成职业技能鉴定15.94万人，获得职业资格证书13.54万人，获证率为85%。

积极的工作措施

为确保全省高技能人才培养计划的实施落实，黑龙江省采取了一系列积极的工作措施。加强组织领导，落实工作责任，确保高技能人才工作落实到位。省委、省政府对高技能人才工作高度重视，多次召开省委常委会、省长办公会和领导小组会议，听取有关工作进展情况汇报，研究解决工作中存在的问题。成立黑龙江省高技能人才工作办公室，建立成员单位联席会议制度，定期研究解决高技能人才培养、使用、待遇等方面的问题并推动贯彻落实。

明确高技能人才培养的目标任务，实施“三步走”的高技能人才培养战略。在走访省内5个城市的25户国有大型企业、22所技工学校的基础上，完成了《关于全省部分企业技术工人队伍状况的调查报告》，建立了全省技术工人统计报表制度。在全省开展了大规模的技能人才统计工作，制定了《黑龙江省企业技术工人结构情况统计表》、《企业技术工人年龄、文化结构统计表》、《企业技术工人培训情况统计表》。为高技能人才工作的政策制定、资金投放、师资配比等决策提供了重要的基础数据支持。

明确政府有关部门、行业组织、企业以及相关机构的工作责任，把高技能人才的培养、使用纳入本地区、行业、企业发展的战略规划和人才队伍建设的总体规划中，建立高技能人才队伍建设工作责任制，制定工作考核指标和目标责任。

开展技能振兴行动，实施培训工作，确保高技能人才工作行之有效。

在实施高技能人才培训工程的同时，加快高技能人才培训基地建设。目前，全省已确定高技能人才培训基地44个，其中，企业培训基地14个，学校培训基地17个，国家级培训基地13个。

开展职业技能竞赛活动，营造全社会重视高技能人才培养氛围。2004年黑龙江省共组织各类职业技能竞赛7次，全省有近15万人参加了各种竞赛，通过技能大赛涌现出技术能手23人，高技能人才60人，其中高级技师28人，技师14人，为不拘一格选人才搭建了平台。

健全评价体系，推动技能鉴定，确保高技能人才工作规范化。

扩大职业资格证书覆盖面，逐步在行业中建立职业资格证书制度，推进职业技能鉴定社会化管理，加快企业在职职工和职业院校毕业生技能人才评价方式改革，推动职业资格证书制度与培训、就业制度相结合等方面工作，保障高技能人才培养的高质量。

通过健全人才工作的配套政策和评选奖励制度，逐步形成省、市（地），行业、企业多层次的技能人才奖励体系。

按照企业对技师、高级技师的需求应占技术工人总数14%的比例，黑龙江省仅占3.4%，尚缺18.85万人。因此，在今后一段时间内，高技能人才培养工作，将作为全省人才工作的一项重点工作，受到各界的广泛关注。□

深化改革与创新　推进职业培训发展

江苏省劳动和社会保障厅培训处

2004年江苏省的职业培训工作取得了长足的发展。全省技工学校由2000年的176所撤并为目前的129所，其中高级技工学校、技师学院25所，省部级重点技工学校34所。招生人数由2000年的3.1万人上升到9.8万人，其中高级技工班、技师班招生2万多人，在校生也由2000年的9.1万人上升到21万多人。2004年以来，全省有民办培训机构1576个，年培训74.8万人次。

政府高度重视，社会广泛关注

2004年，江苏省在高技能人才培养政策方面取得了历史性突破。省委、省政府联合下发《关于进一步加强高技能人才队伍建设的意见》，文中涉及高技能人才地位和作用、指导思想和目标任务、政策措施、评价体系、激励机制、加大投资、加强领导等8个方面19条意见。从省委、省政府这个层面这样高度重视高技能人才的培养是前所未有的，也就是说，过去高技能人才的培养是劳动保障部门在单打独斗，现在这项工作已上升到省委、省政府及全社会的高度。为今后以高技能人才队伍建设为龙头的职业培训教育工作奠定了重要基础，形成了宽大纵深的事业发展框架。

高技能人才培养工作力度加大

2004年江苏省启动《江苏省三年三万六千新技师培养计划》，对100名有突出贡献的技师、高级技师实行一定三年的省政府津贴，对省技术能手由政府一次性奖励2000元。实施了机电高级技术工人培养项目、电子信息产业高技能人才培训项目、电力高技能人才培训项目。一系列有力的政策措施的实施，有效地提升了全省支柱产业技术工人队伍素质。

培训实体深化改革，机制体制不能创新，招生人数再创新高

技工学校是职业培训实体，面对市场他们在调整布局、提高层次、突出特色、服务就业思路指导下，进行了一系列的改革探索。全省新批技师学院3所，实行院系两极管理体制，创国家重点1所，创省级重点4所，新建技校5所，教育集团1家，批设1所民办培训机构，该机构计划投资11.5亿元，现已注册1亿。与法国、奥地利等国商谈，引进外资、合作项目发展技工教育培训事业。2004年技工学校招生9.8万人，比去年增长2.7万人，同比增长36.1%，招收高级工班、技师班学员2万余名，同比增长20%。2004年的招生数超过过去技工学校的全部在校生总数，就业率达到95%以上。

争取优惠政策，对技工学校的投入取得突破

缺乏资金投入，一直是阻碍技校发展的问题之一。2004年在省劳动保障厅的积极争取下，全省技校在高技能人才培养专项经费、紧缺型技能人才培养基地建设经费、财政转移支付市、县重点技工学校招收贫困生补贴、国债资金等方面，投入专项经费1000多万元，虽然这与事业发展需要还有较大差距，但为进一步争取技工教育事业的优惠政策开了先河。

职业培训工作体系均衡发展

2004年江苏省精心组织了“技能竞赛年”系列活动，和省总工会等部门联合开展了“百万职工大练兵”活动，省4套班子领导出席了誓师大会。协调组织实施了“第一届全国数控技能大赛”、全国技工学校“广州杯”、“中国首届电子商务大赛”、“全国首届计算机(微机)操作员”、“红豆杯”服装制作工等江苏省选拔赛及全省10多个行业数十个工种的技能竞赛活动。在全国技工学校“广州杯”竞赛中，江苏省取得了项目第一和最佳组织奖。通过一系列竞赛，全省共有17人次获得全国技术能手荣誉称号。

系列竞赛活动有力地促进了职业培训工作，也使众多的技能人才脱颖而出。职业资格证书制度在更多的领域里得以推行，在职业院校中开展职业资格培训工作，取得明显成效，全省有近2万名高职院校的应届毕业生参加了不同职业(工种)职业培训，并取得了相应的培训合格证书。为引进先进的办学理念，提高技工学校等职业培训机构的管理水平、质量意识，重点技工学校分批开展了ISO9000质量达标工作，建立了相应工作机构，规范了操作等，共完成了3所国家级重点技工学校、17所省级重点技工学校的贯标工作。江苏省的经验，被劳动保障部下文转发全国参考。苏州技工学校较为先进的“行为导向教学法”、高技能人才培养区域示范工作等在全国都有较高的知名度。□

实施人才强省战略 加强高技能人才队伍建设

浙江省劳动和社会保障厅培训处

加强高技能人才队伍建设，根据中央和省委省政府对高技能人才培养要求，浙江省劳动保障厅在高技能人才培养方面采取了5个方面的措施：

加强领导，明确目标。省委、省政府于去年下发《关于大力实施人才强省战略的决定》和《关于加快推进高技能人才队伍建设的若干意见》等政策文件，成立高技能人才工作领导小组，提出2010年全省高技能人才达到150万的目标和“三年三万新技师”的培养计划。

通过高级技工学校及时培养高技能人才。目前，全省现有技工学校87所，其中高级技工学校23所，全省技校在校生近8万人，毕业生就业率达到95%，高级工班毕业生就业率达到100%。

发挥行业和企业对在职技术工人培训的作用。会同10个行业加强对技术工人培训，引导具备培训条件的大型企业抓好自身职工队伍建设，结合本省建设先进制造业基地的需要，以机电类高级技工培训项目为先导，启动实施国家高技能人才培训工程。目前已在杭州、宁波、温州等8个城市设立了40个机电类高技能人才培训基地。

以推行国家职业资格证书制度为抓手，推动技术工人队伍建设。在各类职业院校毕业生中积极推行国家职业资格证书制度；在各社会力量办学机构和再就业培训机构中积极衔接国家职业标准，组织实施职业技能培训和鉴定；在企业培训中引导企业按照国家职业标准和新技术要求，提升在岗技术工人的技术技能素质。2004年，全省参加职业技能鉴定达到51万人。

通过技能大赛，推动技术工人岗位练兵。2004年在全国数控车、数控铣、加工中心三个工种技能大赛中，浙江省取得两个工种第一的好成绩。目前，全省已初步奠定了职业技能制度的基础，职业资格证书制度在社会各界得到普遍认可，职业技能鉴定工作正在更广范围，更深层次上得到实施。

初步奠定了技能人才的组织实施基础，截止2004年底，全省已建立鉴定机构302个，初步形成国家、地方（行业）鉴定所站四级运作的工作网络。

初步奠定了技能人才评价的质量基础。据统计，截止2004年末经培训考核鉴定后获取职业资格证书的人数为343.82万人。

随着社会经济发展，浙江省经济结构和社会发展发生了深刻的变化，省委、省政府已明确提出打造先进制造业基地的目标，对技能人才、特别是高技能人才提出了新的要求。据测算，未来两年，浙江省技能劳动者需求总量将增长20%～25%，其中高级工以上的高技能劳动者所占比例预计增长15～20个百分点。而浙江省现有高级工以上的人才缺口很大，结构性矛盾十分突出，不少行业企业面临技师、高级技师断层的局面，现有高技能人才总量远远不能满足本省经济持续高速发展的需要。同时，高技能人才培养方面还存在许多的问题和不足。因此，完善相关政策措施，大力推进高技能人才队伍建设成为下一步工作的目标。围绕省委、省政府的总体要求和地区经济发展需要，浙江省劳动和社会保障厅将努力做好如下工作：

一是夯实基础，加快高技能人才评价体系建设。建立新评价体系，重点加强300个左右的职业（工种）的技术工作。探索建立示范性鉴定所站，规范运行机制、工作流程、技术支持和质量监督。二是营造改善高技能人才成长环境，促进人才快速成长，加大技师学院培养新技师的工作力度。进一步制定政策，激发职工岗位成才的热情，调动行业、企业培养新技师的积极性。大力提倡并鼓励广大职工岗位成才，创造有利于高技能人才成长的宽松环境。鼓励并支持各行各业举办各种类型的技能竞赛。三是深化改革，构筑高技能人才培养新平台推动办学体制多元化。进一步解放思想，积极支持企事业单位、社会团体和公民个人参与举办技工教育，多渠道吸纳资金，通过多元化运作，实现多种机制和多种模式发展技工教育。推动校企建立战略协作伙伴关系。实现培养技能人才和提高职工整体素质双赢的局面。四是加强立法，建立高技能人才保障机制力，争出台《浙江省职业技能鉴定办法》，为职业技能鉴定培训工作法制化管理奠定基础。建立完善的高技能人才评选奖励办法及管理办法，启动奖励有突出贡献技师，高级技师、实行政府津贴的工作机制。 □ 执笔：邵爱琴

开展职业培训　培养高技能人才

安徽省劳动和社会保障厅培训处

安徽省现有技工学校99所，开设专业（工种）近百个，主要集中在制造业和服务业。近30年来，技工学校已累计向全省各条战线输送合格中级技术工人60余万人。同时，每年承担10万人左右的各类短期培训。

全省现有就业训练中心84个，年培训规模达13.5万人。形成了职业学校教育与职业培训长短结合，以就业市场为导向，以国家职业标准为教学培训主要依据，多层次的技工教育培训体系。民办职业培训机构达683家，年培训规模达23.2万人。

积极推进技工学校教育的改革与发展

安徽省根据技工学校教育面临的新形势和新任务，坚持按照社会化、市

场化的改革方向和调整布局、提高层次、突出特色、服务就业的工作方针，积极推动技工学校的布局调整和各项改革。通过整合、撤并和改变管理体制等手段，将139所技工学校调整到99所。同时，改变技工学校招生办法，全面落实学校招生、办学自主权；改革办学模式，把学历教育与职业培训结合起来，努力满足经济社会发展和人民群众对技工教育多样化的需求；更新教学内容，改革教学方法，强化职业道德、职业技能和创业能力培养；推进以人事、分配制度为核心的学校内部管理体制改革，推行全员聘用制，建立适应市场办学的用人机制。通过一系列改革，全省技工学校适应市场办学的新机制初步形成，毕业生平均就业率达98%，招生人数连年增加，2004年技校招生人数达3.49万人，同比增长27.4%；职业培训人数达到10.4万人次，改革取得明显成效。

强化办学特色，提高技能人才的培养层次

安徽省技工教育和职业培训坚持以技能培训为主，着力培养技术技能型人才，积极引进高新技术，加强“双师型”教师队伍建设，加大实训设备的投入，大力改进实习实验和技能训练教学，创新教学方法，增加新技术、新工艺、新材料的教学含量，形成了为社会培养高精尖技能型、复合技能型和知识技能型人才的能力。在职业培训基础建设方面，为适应市场经济对职业教育和职业培训的要求，积极探索自身改革和机制创新，形成了促进就业，服务社会，并兼有职业需求预测、职业指导、职业培训、职业技能鉴定和就业服务多种功能的综合型培训基地，向社会提供培训就业一体化服务。注重学校教育与职业培训并重，社会培训成为技工学校新的发展空间。一方面挖掘潜力、发展优势，坚持技能实训的特色学制教育；一方面拓展空间，广开门路，积极开展企业职工在岗转岗培训、劳动预备制培训、社会职业资格培训等各类职业培训。在国家劳动保障部实施的两期“三年千万”再就业培训计划中，大多数技工学校主动承担了大量培训任务，成为计划实施的主力军，为国家分忧解难，为社会的稳定和发展做出了积极的贡献。

推行职业资格证书制度和就业准入制度

出台一系列职业资格证书制度相关政策、规则等文件，不断完善职业技能鉴定组织体系建设。目前全省经批准设立的职业技能鉴定机构已达395个，培训认证考评员5987人，督考员300余人，扩大职业资格证书制度的覆盖面。定期举行职业资格证书制度宣传周活动，加大就业准入制度的执法监督力度，劳动保障部门公共职业介绍机构带头执行就业准入制度，严把就业准入关。安徽省教育厅人事厅制定下发“关于进一步推动职业学校实施职业资格证书制度的通知”，在118家职业院校设置了职业技能鉴定所(站)。2004年，全省参加技能鉴定的各类职业院校毕业生达7.13万人，取得职业资格证书的6.03万人。

2005年，安徽省的职业培训工作将以全面实施职业资格证书制度和就业准入制度为手段，坚持职业教育和职业培训市场化、社会化的方向，坚持需求导向、企业主导、行业参与、条块结合、政府帮助、政策扶持的工作方针，动员和组织社会各方面力量大力开展多种形式的职业培训，以满足社会经济建设对各类技能人才需求，从而全面提升劳动者素质，为全省经济建设发展做出更大贡献。□

加强高技能人才培养建设制造业强省

山东省劳动和社会保障厅培训处

近年来，山东省高技能人才工作在全国人才工作会议精神指引下，在省委、省政府高度重视下，取得了显著成效。

基本情况和主要特点

山东省是一个人口和经济大省。总人口9100多万，城镇从业人员2140万，城镇企业职工612万，其中技能劳动者近400万，目前高级技术工人约27万，约占城镇企业技能劳动者的8%，高技能人才(技师、高级技师)有88519人，约占企业技能劳动者的2.1%。2004年新增高级技工5.6万人，新增技师1.4万人。据预测，到“十一五”末，全省约

需新增高级技工50万人，技师、高级技师高技能人才总量再翻一番，达到20万人左右，比重提高到6%以上。

纳入人才强省战略

近年来，山东省委提出建设制造业强省的战略目标，实施半岛制造业基地建设规划。2004年山东省第二产业增加值增长19%，比重达到56%，其中工业增加值增长21%，制造业增长30%。省委，省政府把高技能人才队伍建设作为人才队伍建设的重点，把高技能人才工作作为建设半岛制造业基地的基础环节和推动经济结构调整的战略措施来抓。在《山东省委、省政府关于实施人才强省战略，进一步加强人才工作的意见》、《关于加强高技能人才队伍建设的意见》等文件中，对技能人才培养提出了明确的目标要求，并召开会议，专题研究和部署高技能人才队伍建设工作。同时，省委明确了在人才队伍建设方面的部门职责，全省形成党委统一领导，组织部门牵头抓总，劳动保障部门发挥职能作用，各部门协调配合，企业和社会各方面共同参与的高技能人才队伍建设的工作格局。

从实际出发，创新培养选拔机制

山东省从建立培养机制、激励机制、评价机制、引进流动机制等方面入手，加强高技能人才队伍建设。一是建立首席技师制度。2004年省委组织部会同省劳动保障厅研究制定下发了《山东省首席技师评选管理办法》，每年选拔100名各行业、职业领域具有良好职业道德、高超技能水平的拔尖技能人才，授予山东省首席技师称号，每人每月给予1000元政府津贴，建立培养快、使用好的高技能人才成长机制，在全省产生了广泛影响。二是推行“金蓝领”培训工程。政府根据经济发展对技能人才需求，选择部分职业工种，依照国家标准，制定培训大纲，依托高等院校、高级技工学校和大企业，对经选拔的企业一线的高级工进行集中培训，合格者授予技师称号，每培训一人，省级财政给予1000元补贴。这一培养模式，具有政府推动院校、企业相结合的“三元”特点，并且直接为企业一线生产服务，极大地调动了企业和职工参与培训的积极性。三、推动企业高技能人才培养。省委明确要求，企业要把高技能人才队伍建设作为提高核心竞争力，保证持续发展的根本性措施来抓，要普遍建立定期培训和技能考核鉴定制度，各级国有监督管理部门要会同经贸、劳动保障部门把技能人才培养纳入企业经营者任期目标，加强监督和考核，省、市要建立行业和重点企业职工技能状况报告制度，定期向社会公布。到2005年底，省确定的重点企业高级技工比重须达到企业职工的10%以上，高新技术企业中高级技工应占到一线职工的15%以上。

构建培养体系，扩大培养规模

山东省大力发展职业技术教育，加快发展高级技工教育。目前全省各类中等职业技术学校750多所，在校生110多万，与普通高中的比重达到6∶4，高职院校达到50多所，在校生40万人，这为高技能人才培养提供了较好的基础。以培养高技能人才为主要目标的技工教育发展迅速。全省现有技工学校249所，招生12.8万，在校生总人数达到28万人，高级技工学校达到31所，特别是高级技工教育发展迅速，年培养高级技工能力已经达到3万人。

统筹协调，全面推进

强化基础工作，建立高技能人才库，对全省高技能人才实行动态管理。突破比例、年龄、资历和身份界限，建立统一标准、自主申报、社会考核、企业聘用的高技能人才认定制度，扩大职业资格证书制度的实施范围，以推动企业鉴定和职业院校鉴定为重点，扩大职业资格鉴定覆盖面。省劳动保障厅下发了《关于在高职院校全面推行职业资格证书制度的意见》，将高职院校毕业生全部纳入鉴定范围。同时，建立了行政督导制度，以提高鉴定质量。会同教育厅、科技厅、经贸委、总工会等部门联合举办以数控技术为龙头的系列技能竞赛，据不完全统计，全年省市两级组织技能竞赛近百个，30多万职工和学生参加竞赛。各级政府积极为技能人才的引进流动创造条件，加强劳动力市场建设，全省基本实现网络化，为技能人才流动引进提供高效、便捷服务。省级财政每年支持技工学校发展和高技能人才队伍的专项资金投入有近2500万，用于省属高级技工学校建设的资金也在逐年增加。各市也加大了资金投入，如青岛市确定投入资金1.2亿元，其中高级技工学校建设投入8000万，社会化实训基地建设资金4000多万元。□

实施人才强省战略 加强技能人才培养

福建省职工教育和职业培训协会

为贯彻落实全国人才工作会议精神，福建省委、省政府积极实施人才强省战略，对本省高技能人才培养工作提出了明确要求，全省各地以高技能人才培养为龙头，大力开展职业培训，取得丰厚成果。

2004年 职业培训基本情况

——贯彻和落实全国人才工作会议精神。省委、省政府下发《贯彻落实<中共中央、国务院关于进一步加强人才工作的决定>的实施意见》，提出到2010年新培养200万名技术工人，其中高级工20万人，技师、高级技师3万人，实现高技能人才占技术工人总量的7%的目标，大力实施高技能人才培训工程和技能振兴计划。采取政府推动、社会广泛参与、学校教育培养、个人岗位提高相结合的方式，加快高技能人才培养步伐。

——发挥企业主体作用，推进技师社会化考评。省职业技能鉴定指导中心制订推出了13个职业工种的技师社会化考评方案。截止12月，全省参加技师、高级技师社会化考评3384人次，是上年的6.9倍。全省建立了77个高技能人才培训考核基地。省内骨干企业普遍实行了技师酬劳挂钩制度和首席技师制度。

——技工学校改革向纵深发展。省发改委、省教育厅与省劳动保障厅联合编制了《福建省2004年至2007年推进职业教育发展专项建设计划》，计划用3年时间在全省建成100所国家、省级重点中等职业技术学校。全省大部分骨干技工学校被列入国家和省的扶持计划，全省11所重点技工学校被作为高技能人才培养基地。2004年全省技工学校招生3.3万人，在校生规模达到7.6万人，校均生达到780人，两项均创历史新高。共有11所重点技工学校创办高级工班，在校生达4750人，比2003年增加2727人。

——社会各类培训实体有了新发展。2004年，全省有社会培训机构350个。根据地区特点，福建省鼓励外省和台湾职业培训资源进入福建开展职业培训。2004年，新批安徽文达培训集团福建培训中心，海峡两岸金桥福建就业训练机构落户福建。

——再就业培训进一步加强，全年培训下岗职工8.39万人，培训后5.84万人实现就业。培训就业率达69.6%。

——农村转移劳动力培训在面上铺开。全年培训30万人次。

——职业技能竞赛成绩突出。2004年，全年共组织100多场市级以上职业技能竞赛，有35个职业（工种）的3万多名选手参加竞赛，530多名选手获奖，有9名选手在国家级一类竞赛中，获得前十名的好成绩，全省共有88名竞赛获奖选手荣获“省技术能手”称号。

——职业技能鉴定有突破性进展，2004年，全省开展职业技能鉴定31.8万人，比上年增长52.9%，鉴定规模居全国第七位。38个县级职业技能鉴定中心成立，使全省鉴定机构总数上升至462个。全省建立了193个职业资格全国统一鉴定报考点，2004年职业资格全国和全省统一鉴定人数达16257。

——职业培训理论研究取得丰硕成果。2004年，全省有20项各类职业培训研究项目获中国职工教育和职业培训协会优秀科研成果奖。

2005年工作目标与任务

2005年，福建省劳动保障厅部署了在全省开展“培训鉴定质量年”、“职业技能竞赛年”、“高技能人才培养鉴定年”活动，遵循以就业为导向，以培养高技能人才为重点，全面推进职业培训工作向前发展。具体工作目标：一是培养技术工人35万名，确保完成培养4000名新技师的任务；二是抓好高技能培训考核基地建设。完成省厅提出的两年内建立100个高技能人才培训考核基地的计划；三是深化技工学校改革，做强重点技校，做大技校规模，申报三所技师学院、三所国家级重点技工学校，新建三个省级重点技工学校；四是组织20个以上职业工种的全省技能大赛；五是做好基础工作，为培养高技能人才提供有力的支持和良好的服务。加快高级考评员培养工作，建立省、市两级的高级考评员队伍，建立督导员制度。充分发挥区市、行业、学校和企业的作用，做好技师考评方案、命题等工作。采用新技术新方法，加强技师考评工作的质量管理。□

全力发展职业培训 为江西崛起提供人才保证

江西省职工教育和职业培训协会

江西省实施大开放战略，加快“对接长珠闽，融入全球化”的步伐，大力推进城镇化、工业化和农村产业化的进程。全省经济继续快速发展，生产总值达到3500亿元。目前，全省有98个工业园区，世界500强企业有18强已经落户江西，格林柯尔、TCL等著名制造业企业，以及沿海东部地区加工制造业企业纷纷入驻江西。由此产生了对技术工人的强大需求，为江西省的职业教育培训创造了良好的发展机遇。2004年江西省职业培训和技能鉴定工作取得了明显的成绩。

职业培训工作稳步发展

高技能人才队伍建设稳定推进。2004年，省劳动保障厅制定下发《江西省五年三万新技师培养计划》，确定从2004年至2008年，用5年时间，全省增加高级技工20万人，培养3万名技师，同时要建立起“培养快、使用好、待遇高”的高技能人才培养与使用的激励机制。为加快高技能人才队伍建设，江西省将以往一年一次的全省技师考评工作增加到一年两次，同时，在车工、维修电工等7个职业开展了技师社会化考评，在新职业的国家统考中加强新技师的考核力度。2004年，全省参加技师考评人数达到4200多人，778人取得技师证书，187人取得高级技师证书。并筹备建立了3所技师学院。

技工学校改革和发展有了突破性进展。全面启动《江西省技工学校2004～2010年发展规划》。2004年，全省新增2所国家重点技工学校、1所高级技工学校和2所省重点技工学校，设立和筹设民办技工学校9所。目前，全省有各类技校76所。其中，技师学院3所，国家重点技校16所，高级技校14所，省级以上重点技校28所，民办技工学校10所。2004年，全省技校招收新生37080人，比2003年增长23.9%。毕业生19016人，就业率达95.3%。

继续加强技师师资培训工作，建立了第二个省级职业培训教师培训基地，省劳动保障厅拨出专款扶持教师培训工作，并选派部分教师赴天津工程师范学院和韩国培训。

职业技能培训和鉴定工作力度进一步加大，加快推行职业资格证书制度。全年开展各级各类鉴定19万余人，比去年同期增加20%，共有16.78万人取得职业资格证书；全年新批鉴定机构13个，撤销11个，目前全省职业技能鉴定机构共有249个，鉴定机构的布局进一步合理；新职业的鉴定工作发展较快，2004年全省参加全国统一鉴定的人员达到8117人，计算机高新技术考试人数达到16665人，比去年同期分别增长43%和16.4%。

民办培训事业发展迅速。下发《关于加强民办职业培训机构管理工作的通知》，制定管理办法，进一步建立健全了民办职业培训机构的备案、公告、评估制度。目前全省民办职业培训机构共有655个，全年开展各类培训22.1万人次。2004年，江西省有4所培训机构获得中国职工教育和职业培训协会授予的全国先进民办职业培训机构荣誉称号。赣州市在全市实行公民职业化培训工程，取得了突出成绩，全年培训80501人次，为目标任务的217.6%。

今后的任务与目标

随着江西省经济快速发展，产业结构调整的速度也在逐步加快。发展高技术产业和新兴产业，需要大量高素质的技术工人，企业对劳动者素质的要求越来越高，用高新技术和先进实用技术改造传统产业，需要职工提高技术水平和掌握新的技能。用信息化带动工业化，提高整个国民经济的现代化水平，更需要加快培训掌握计算机和机电一体化等复合技能的现代技术工人，原有粗放型的的职业培训已不能适应新的要求。目前，江西省委、省政府明确提出了“实施人才强省战略，从高技能人才培养入手，立足省内，放眼‘长珠闽’，重点抓好工业园区技术岗位对接、技能人才培养样板、岗位成才示范和小企业孵化等四大工程”的工作目标，各级职工培训部门将积极跟进，全面推进全省职业培训和技能人才培养工作，为江西在中部地区崛起构筑人才保证。□

执笔：刘发纯

关于推进职业培训事业发展的举措

湖北省劳动和社会保障厅培训处

改革开放以来，湖北省职业培训事业得到较快发展，政策法规逐步完善，经费投入逐年增长，服务体系基本形成。劳动预备制度、职业资格证书制度、就业准入制度等全面推行，技校教育、企业职工培训、再就业培训、农村劳动力培训和创业培训蓬勃发展。最近五年，全省共组织各类技能培训600多万人次，培养技校毕业生12万人，组织技能鉴定90万人次，有1.8万名技术工人晋升技师或高级技师。职业培训工作为服务城乡劳动者就业，促进经济和社会发展发挥了重要作用。

职业培训的政策法规体系逐步完善

为推进职业培训事业的发展，湖北省先后制定了一系列政策文件，包括综合类、规范民办培训类、企业用工管理和职工培训类、职业技能鉴定类、职业技能竞赛类等五大类政策文件，从而使全省职业培训工作有章可循、有法可依、逐渐步入法制化、规范化的轨道。

职业培训的服务网络基本形成

以技工学校、就业训练中心为骨干，以企业职工培训中心为主体，以高职院校和民办培训机构为补充，初、中、高级技工和技师、高级技师协调发展的技能人才培训基地得到壮大。目前全省有技工学校206所，其中省级以上重点技工学校60所，国家高级技工学校13所，就业训练中心190所，企业职工教育中心近千家，民办职业培训机构1024所，建有实习基地800多个，职业技能鉴定机构279个，基本形成比较完备的职业培训、考评、鉴定服务网络。

全省每年组织各类技能培训达110多万人次，鉴定合格人数达10多万人，2004年技校招生达到6万多人，应届技校毕业生就业率在95%以上。

职业技能人才考核评价机制初步建立

从90年代起，湖北省开始实行职业资格证书制度，由过去的以企业内技术考核为主，逐步过渡到以社会化鉴定为主。鉴定领域由公有制延伸到非公有制，从城镇延伸到农村，从二、三产业延伸到第一产业，从单一的企业职工扩大到各类大中专院校毕（结）业生、部队现役军人、残疾人等所有劳动者。先后制定了一系列推行持证上岗和就业准入的措施，完善了用工信息、职业资格标准，就业准入岗位、市场指导价位公布引导制度，健全了专家评估督导机制。

职业技能竞赛表彰活动卓有成效

近三年全省共举办各类职业技能竞赛15次，一大批职业道德高尚、专业技艺高超、爱岗敬业的高技能人才受到国家和省政府的表彰。有3人获“中华技能大奖”、26人获得“全国技术能手”、98人获全国行业“技术能手”、28人获“湖北省技能大师”、175人获“湖北省技术能手”、近300人获得省级有关部门授予的技术荣誉称号。

近年来，尽管湖北省的职业培训工作有了长足的进步，但在一些方面还存在问题。主要表现如下：

技术工人总量缺口大。湖北省劳动保障厅调查统计以及劳动力市场监测表明：目前湖北省技术工人需求不断增大，特别是制造行业技术工人需求持续增长。但60%以上的求职者没有相应的职业资格，技术等级要求达不到用人单位的要求。据统计部门调查，全省700万城镇职工中，技术工只有370万人，高级工以上的仅有13万人，技师、高级技师仅占技术工人总数的3.6%，一些新兴产业领域，技术工人青黄不接，部分国有大型企业高级技术工人流失严重。技能人才短缺，技能水平偏低，不能满足经济和社会发展的需要。

经费投入缺口大。近年来，全省对职业培训经费投入不足，困难重重。原劳动部规定的劳动预备制培训经费筹措渠道不畅，从教育费附加中提取技工教育经费和劳动预备制经费无法落实，技校经费没有足额列入财政预算，有的企业用于职工培训的经费没有达到国家规定的1.5%的最低比例，有的地方税务部门对企业提取的职工培训费超过1.5%的部分不允许列入成本。企业在成本中直接列支的开发新技术、研究新产品的技术培训费用，也很难落实到位。

技能人才激励机制乏力。在技能人才的评价方式上，仍然存在比例、年龄、资历和身份界限。在收入分配和待遇落实上，激励机制严重滞后，尚未形成一整套关于培养、晋升、使用和待遇等方面便于操作的政策和措施，技能人才的待遇明显低于管理人才和其他科技人才。

针对上述问题，湖北省制定了“以科学发展观和人才强国战略为指导，以发展培养提高体系为基础，以完善评价使用制度为重点，以建立激励交流机制为手段，加快完善科学管理体系、培训鉴定体系、评估表彰体系”的职业培训工作目标。今后一段时间，将从构建大培训格局、推进技校改革、规范职业技能鉴定、加强民办培训机构管理、加强企业职工培训和加快高技能人才培养步伐等6个方面着手，全面推进职业培训工作，营造有利于技能人才成长的社会环境。□

营造良好环境 加快发展步伐

湖南省劳动和社会保障厅培训处

湖南省职业培训工作以贯彻全国和全省人才工作会议精神为契机，全面规划职业培训发展目标，完善职业培训政策法规，大胆创新培训机制，加强技术技能人才的培养，在提高劳动者的整体素质、促进就业和本省经济社会健康快速发展等方面取得了突出的成绩。

据统计，2004年湖南省各类培训机构开展下岗失业培训、劳动预备制培训、企业员工培训和农村转移劳动力培训等共125.6万人。全省31.2万人参加职业技能鉴定，有24.12万人取得职业资格证书，全省技工学校招收技工班学生5.3万人，首次突破5万人。

职业培训发展环境不断改善

2004年湖南省先后制定并印发了《湖南省技能振兴行动实施方案》、《湖南省实施职业培训年计划》、《湖南省三年三万新技师培养计划》、《关于进一步推动职业院校实施职业资格证书制度的通知》、《湖南省国家职业资格统一鉴定工作规程（试行）》和《湘西地区农村劳动力转移技能培训实施方案》，等一系列规章政策，进一步明确了当前和今后一段时期全省技能人才队伍建设思路，为全省技能人才的培养和使用营造良好的政策环境。

为配合“省职业培训年”各项工作，省里积极组织全省性的职业技能竞赛月活动，广泛开展各级各类职业技能竞赛、技术比武、技术攻关、岗位练兵和名师带徒传艺活动。省劳动保障厅单独或会同省直有关部门、行业组织了营销、数控、电子商务、计算机应用、缫丝工、美容美发和技校钳工、维修电工、职业院校制图员、青年车工等全省性技能竞赛。据统计，各市州和行业共组织了60个职业（工种）的职业技能竞赛，参赛企业300多个，参赛职工10万余人。根据省委组织部的要求，经过认真筛选和考察，从全省220万名技术工人中，推荐湘潭电视集团有限公司的车工高级技师1名，参加了由中组部组织的专家暑期北戴河休假活动；有8名高技能人才参加了省委组织部举办的全省中青年专家理论研讨班，有3名技术工人获得“全国技术能手”称号。通过树立技术明星、能工巧匠的典型，不断提高技能人才的社会价值和社会地位，激励广大技术工人岗位成才。营造出全省职业培训发展的良好环境。

职业教育培训发展步伐不断加快

2004年，是湖南省职业培训事业快速发展的一年。全省培训资源的全面整合，使技工教育事业稳步发展，竞争实力进一步增强。

为整合教育资源，全省各技校千方百计筹集资金，增加投入，加强基础建设，改善办学条件。省劳动保障厅积极争取国债资金对技校的投资，经多方协调，全省有2所技校列入2004年国家职业教育国债项目投资计划。为提高技校校长的管理水平，并筹建一所技师学院，组织全省19所高级技校校长按季度开展研讨活动，探讨交流高级技校的办学方向、专业设置与课程改革，以及如何发挥高级技校在高技能人才培养中的作用。教师队伍建设方面，组织天津工程师范学院单独招生考试，加强教师后备队伍建设。举办维修电工“双师型”教师培训班，扩大“双师型”教师队伍。对全省职业教育培训系统的226名优秀教师和107名优秀教育工作者进行了表彰与奖励，组织专家进行职业教育培训机构教师上岗资格评审和技校教师系列职称评审工作。培训资源的整合，使全省技校展现出全新的面貌，各项工作都有了长足的进步：2004年招生突破5万人，高级技工班招生8800人，全省技校毕业生技能鉴定覆盖率超过98%，中级技能合格率超过95%。

湖南省积极引导、鼓励和支持民间资金投资教育培训事业，在改变投资环境，规范管理方面取得成绩。2004年全省新审批民办培训机构60余家。同时改进管理手段，把好培训质量关，坚持对部分民办培训机构组织年检评估，开展骨干民办培训机构认定工作，引导民办培训机构规范发展。2004年，湖南省有5所机构被评为全国先进民办培训机构。

职业资格证书制度建设取得新进展

2004年湖南省职业技能鉴定工作做到了四个加强，即加强对市州职业技能鉴定工作的质量控制，对全省14个市州劳动保障局进行了职业技能鉴定工作授权评估；加强对职业技能鉴定所（站）的申报评估和审批，对15家省管职业技能鉴定所进行年检评估，开展了鉴定所（站）质量管理认证试点工作，新增了10个职业的专项治理工作；加强鉴定全过程的质量控制。定期召开鉴定质量控制座谈会，完善鉴定工作质量督导和社会监督机制；加强鉴定基础管理。新审批了40家鉴定所，培训了1759名考评员，规范鉴定考评行为。继续推广应用计算机智能化鉴定管理系统和考试系统。根据行政许可的需要，制定完善了职业资格证书的核发程序，进一步加强职业资格证书核发管理工作。

全省职业技能鉴定规范不断拓宽。制定推动职业院校实施职业资格证书制度的政策，加大对高职院校的指导和“双证制”的实施力度，各类院校参加职业技能鉴定的积极性明显提高。

全面实施职业资格证书制度。制定《湖南省技师职业资格综合评审实施办法》，完善技师考评制度，采用以考代评、考评结合、综合评审等多种方式全方位开展技师评定工作。在大力推进企业通用工种社会化鉴定的同时，采取适合不同企业特点的鉴定方式，推动鉴定工作的开展。加强职业院校毕业生技能人才评价方式的改革，选择湖南工业职院、交通职院和长沙通信职院参加百所院校实施职业资格证书制度的国家级试点工作。□

培训鉴定双突破 职业培训迈上新台阶

广东省劳动和社会保障厅培训就业处

广东省劳动保障部门按照党中央、国务院和省委省政府的部署，以“三个代表”重要思想和科学发展观作为指导，实施高技能人才培养工程，带动培训就业各项工作全面发展。据统计，2004年全省共完成职业培训196万人（不含企业内部培训）其中参加技能培训95.8万人，再就业培训16.8万人,创业培训1.12万人，获得职业资格证书达73.7万人。并完成了2400多家民办职业培训机构的检查工作。

高技能人才培养工作有新突破

广东省委、省政府明确提出实施高技能人才培养工程，建立高技能人才实训工作站，设立南粤技术能手奖。成立了高技能人才工作协调办公室，制定并出台了《贯彻全国人才会议精神加快高技能人才培养的意见》，要求从2004年起，用3年时间，培养30万高技能人才，其中技师5万人，并把目标任务分解下达到各市和各部门。印发了《关于设立高技能人才实训基地若干问题的通知》，出台了改进技师考评办法等一些具体的政策措施。至2004年底全省共批准设立高技能人才实训基地25家，培养高级工以上技能人才64万人，其中技师以上6212人，比上年增加82.8%。

创业培训有新突破

为构建以培训促就业，以创业带动就业的新机制，广东省以抓好创业培训为切入口，顺利完成了年初提出的建立10个创业培训基地、培养100名师资、投资1000万元培养10000名学员的工作目标，至年底全省共建立创业培训示范基地11个，培养创业师资107人，培训学员达1.12万人，其中有30%成功创业。此外，还加强了再就业培训，按照工作要求，认定了400家再就业培训定点单位，并向社会公布。抓好农村富余劳动力转移，全省共建立农村劳动力转移就业培训基地80个，培训50万人。

加强和规范民办职业培训机构管理

根据劳动保障部关于贯彻落实《民办教育促进法》的通知要求，结合实际，出台了《转发劳动保障部关于贯彻落实<民办教育促进法>做好民办职业培训工作的通知》、《转发劳动保障部办公厅关于启用民办学校办学许可证有关问题的通知》和《关于对民办职业培训机构进行评估换发办学讲可证的通知》。抽调人员，集中时间对3000家民办培训机构的办学情况进行检查，规范办学行为；进一步下放审批管理权限，把培养中级工以下的民办职业培训机构审批权下放到县一级；建立完善公开办事、办学审批制度，公布民办职业培训学校（院）设置标准，2004年全省共有民办培训机构3016家。

积极推进职业技能鉴定工作

按照全国职业技能鉴定工作会议要求，以加快高技能人才和新职业工种的鉴定为突破口，加大对企业在职职工和各类职业院校毕业生的职业技能鉴定工作。目前广东省对职业院校的职业技能鉴定工作已全面铺开，主要鉴定工种有计算机操作、编程、数控、机电类工种。至年底，全省组织参加鉴定人数达95.8万人，73.7万人次获得证书，其中职业院校毕业生参加鉴定并获证人数占36%。在全省参加鉴定总人数中有11.5万人参加高级工以上职业资格鉴定，6.49万人次获得职业资格证书，其中取得技师以上资格人数6219人，同比增长82.8%。

加强对行业和企业开展职业培训和技能鉴定工作的指导。选择有条件的行业和企业集团建立高技能人才实训基地，指导企业建立高技能人才进修和培训制度，采取校企合作、在职培训与脱产学习等多种形式，对本企业在职职工开展有针对性、实用性的职业技能训练。总结推广深圳市开创企业内部培训和韶钢集团开展企业在职员工技能鉴定的经验，推动了企业内部培训工作的发展。

积极组织开展职业技能竞赛和表彰活动，营造“四个尊重”的社会氛围。会同有关部门开展计算机技术、电子商务、数控技术、钳工技能等16个工种（岗位）的职业技能竞赛活动。组织参加第一届全国数控技能大赛并荣获团体第一名。开展了第七届中华技能大奖和全国技术能手推荐以及广东省技术能手评选工作，经评选和竞赛选拔，全省共有11人荣获全国技术能手，82人荣获广东省技术能手。中国石化集团茂名石油化工公司、深圳市职业技能训练中心等2个单位被劳动保障部授予“国家技能人才培育突出贡献奖”。会同省人才办总结了高技能人才罗东元同志的先进事迹，推荐参加北戴河休假。□

广西 职业培训水平达到历史新高

广西劳动和社会保障厅培训就业处

在自治区党委和政府的统一部署和领导下，2004年，广西的职业培训工作取得了突出的成就，截止年末全区有职业培训机构542个，全年组织职业培训46.3万人，有39.6万人获得毕业（结业）证书；全年组织下岗失业人员参加再就业培训11.5万人，其中组织开展创业培训7599人；技工学校全年招收新生2.93万人，在校生总人数6.77万人，当年毕业1.6万人，毕业生当年就业率96.91%。全区有职业技能鉴定机构175个，全年有18万人参加了职业技能鉴定，16万人获得职业资格证书，其中1.38万人获得高级及以上职业资格证书，全年培养新技师2095人。

改革职业培训机构及培训方式，实现职业培训四个转变

2004年广西劳动保障厅认真贯彻落实全国、全区人才工作会议精神，加快高技能人才队伍建设步伐，坚持以服务就业为导向，抓好技工学校和培训机构的建设，深化学校人才培养模式和办学模式改革，进一步突出技工学校办学特色，打造精品学校和品牌专业。使全区职业培训工作出现四个明显转变：一是从注重就业数量的扩大向注重就业数量和素质并举的转变；二是培训的方针，从供给资源为主导向以市场需求为导向转变；三是从抓培训过程向抓培训结果转变，以培训结果，校正和改进培训方式；四是从对职业培训学校进行管理向为职业培训学校提供服务转变。

实施“打造金色蓝领”计划广西近年来呈现出技工学校毕业生就业率高，就业面广，就业人数多的特点，但学生就业后，由于素质不高而面临工作不稳定，对此劳动保障部门提出了“打造金色蓝领”计划，受到用人单位欢迎，效果良好。

推动“万人”技校和培训机构建设。根据市场需求，广西劳动保障部门提出了在重点学校中建设万人技工学校和万人培训机构的计划。实施计划的广西机械高级技工学校和广西华南培训学校，采取多种形式与其他学校联合办学或连锁办学，以先进管理模式和较高的教学水平带动其他学校发展。较好的办学质量和毕业生，在就业市场中，为学校赢得了声誉，提高了学校的知名度。在政府宏观调控和政策引导下，近年来全区技工学校总数连年减少，但招生数量却连年增加。目前60所学校中有20所在校生在2000人以上，全区校均在校生已达到1000人以上。

抓好技工学校重点专业建设。为引导技工学校和民办职业培训学校设置适应市场就业需要的专业，广西劳动保障厅印发了广西技工学校重点专业建设和认定的意见以及学科带头人评选意见。2004年上半年，组织专家对40所学校申报的重点专业进行了认定，有39个专业为广西技工学校重点专业，35名教师列为技工学校学科带头人。通过重点专业和学科带头人的确认，推动了技工学校和职业培训学校的品牌专业建设，一批名校名专业应运而生。

加大农村劳动力转移培训工作力度，进一步提高农村劳动力综合素质

为做好农村劳动力转移培训工作，提高农村劳动力的综合素质，广西各级劳动保障部门积极采取措施，加大力度开展农村劳动力转移培训工作。

通过制定培训规划，整合培训资源，实施阳光工程等方式，积极开展农村转移劳动力培训。全区各地劳动保障部门统一部署，拟定本地区农村富余劳动力转移培训规划，层层落实目标责任。以就业训练中心为主体，乡镇劳动服务站为基础，调动技工学校、社会培训机构的培训资源，多渠道、多层次、多形式地开展培训。全年完成培训8.28万人，培训后实现就业7.6万人，培训就业率达到92.7%。

对下岗失业人员和农村劳动力开展创业培训。按照国家创业示范基地建设工作标准，广西建立了柳州市劳动就业培训中心和贵港市就业培训中心2个初具规模的创业培训基地。对有创业愿望的下岗失业人员、农村劳动力进行职业指导和开业指导。

为民办职业培训提供服务。通过起

草《贯彻落实民办教育促进法和实施细则的意见》，为民办职业培训机构进行年度审验，加强对民办职业培训机构教学质量的督导，扩大职业培训证书的审核发证数量等方式，为民办职业培训提供服务。

推进高技能人才队伍建设

广西通过培训、职业技能鉴定、技能竞赛、技术能手表彰、实施万名新技师培养计划等工作，打造技能人才成长的通道，完善高技能人才培养、评价体系，全力打造高技能人才。

2004年，广西相继出台6份关于高技能人才队伍建设的配套文件，通过与广东、上海等地区的交流与合作，启动高技能人才培养工程和高技能人才培训师资队伍建设；成立技师学院，整合培训资源，推动技工学校开展高级工学制教育等方式，推进全区高技能人才培养工作。

加快推进职业资格证书制度

2004年，广西劳动保障部门，以“将技能鉴定做细做好，将职业资格证书制度做快做强”为指导思想，进一步推行职业资格证书制度。

开展高职院校职业资格培训工程和职业资格鉴定工作。上半年，劳动保障厅和教育厅联合启动了2004年高职高专院校职业资格培训工程，积极采取措施，在全区普通高校和高职院校中开展职业资格培训和鉴定工作。对参加培训并考核的学生，颁发劳动保障部统一印制的《高等职业院校职业培训证书》。据初步统计，仅上半年全区就有13211名高校毕业生参加了高职院校职业资格培训工程，有11533名高校毕业生参加了职业资格鉴定，其中有6692人获得职业资格证书。□

适应经济建设新要求　加强技能人才培养

重庆市劳动和社会保障局培训处

重庆市技能人才开发培养工作积极适应人才强国战略的新形势和重庆新型工业化、城镇化、制造业基地建设的新要求，大胆尝试，开拓创新，取得了明显成就，获得较大发展。

主要成绩

2004年，重庆市共完成职工职业培训85万人次，参加职业技能鉴定的人数达到271436人，取得职业资格证书的达到201456人，分别比上年增长36%和25.4%。取得高级工以上职业资格证书的达到25093人，比上年增长25.4%，其中高级工19979人，技师3190人，高级技师1924人。目前，全市取得职业资格证书的人数累计达到828733人，高级工以上技能人才达到122007人（其中高级工109605人，技师10053人，高级技师2349人），占全市技能人才的6.1%，比上年增加1.3个百分点。2004年全市67所技工学校，共计招生24145人，比上年增长6.99%，其中高级工班招生1461人，比上年增长300%，技工学校毕业生17456人，就业率达到98%以上。

主要工作

广泛宣传部署，开展调查研究。2月份，重庆市先后召开区县（市）劳动保障部门、技工学校、民办职业培训学校、鉴定机构和企业技能人才工作会议，全面部署各项工作。5月份，在全市范围内广泛开展推进国家职业资格证书制度，加强技能人才队伍建设和技校招生宣传活动。

组织开展系列调查研究活动，完成了《重庆市新型工业化技能人才现状及政策建议》、《重庆市城镇单位岗位空缺和技能人才情况调研报告》、《重庆市紧缺高技能人才调研报告》等调研报告。

完成了重庆市劳动和社会保障事业“十一五”发展规划高技能人才培养体系建设子规划、重庆“十一五”人才规划高技能人才队伍建设子规划、重庆市技工教育事业“十一五”发展规划等的前期编写工作。制定实施“三年一万名新技师培训计划”。

加大全市25个高技能人才培训基地建设力度，基本实现了部分基地组织、场地和工作三落实。建立了7所技师学院。积极建设题库和开发新职业标准。2004年，购买了国家题库（理论知识，实际操作），并对1999年版的国家题库的44个职业的理论知识题（卷）库进行了更新。新编辑制定鉴定试题891套。新开发并向部里上报地方职业标准12个。

全面实现统考工作的计算机管理，成功推行新版的统考报名录入器软件。2004年，全市共有8149人次参加了全国统一考试，较上年增长47.3%。全市各培训、鉴定机构基本完成了考务管理系统及报名录入器的配置，基本实现了考务管理系统和工作网系统的在线运行。

广泛开展全市性职业技能竞赛。2004年，先后举办了8项全市性职业技能竞赛，参赛选手达900多人次，有5人次通过竞赛获得省级荣誉称号，39人获得技师以上职业资格证书，400多人获得高级职业资格证书。

全市评出2002～2003年度全国技术能手5名，重庆市技术能手90名，重庆市杰出能手10名。市劳动保障局，市总工会、国资委，经委，人事局等5家共同制定《关于实施百万职工技能提升计划的意见》。进一步规范民办职业培训学校的管理，撤消了5家仍未达标的职业培训学校，新批了14家民办职业培训学校。草拟了《重庆市民办职业培训学校设置标准》。

目前全市71所技工学校、143所市级、200多所区县级社会力量办学单位、企业内部职工培训机构和其他职业院校共同构成了布局基本合理、数量基本能满足全市职业教育培训需要的职业教育培训网络。职业技能鉴定组织机构得以逐步完善，全市已拥有152个职业技能鉴定机构。可以鉴定512个职业（工种）。这些有利条件，必将为实现市委、市政府提出的工作目标，加快重庆市技能人才队伍建设步伐，起到积极的促进作用。□

转变观念
加大技能人才培养力度

四川省劳动和社会保障厅培训就业处

2004年，四川省采取检查与调研结合的方式，对成都等14个市州以及四川石油管理局等8个集团公司的技术人才状况进行了调查。召开座谈会260多个，涉及机械、冶金等10多个行业，400多家企业4万多名职工。调查结果显示：截止2003年末，四川省城镇企业有从业人员450万人，其中生产经营技术岗位人员270万，占60%。

2003年以来，四川省先后召开两次人才工作会议，明确以合理使用人才资源，提高人才能力建设为核心，抓好党政人才、企业经营管理人才、专业技术人才、技能人才和农村实用人才“五支队伍”建设的工作目标。突出技能人才开发战略重点，抓紧培养各类高级技能人才，带动初中级技能人才的开发，推进全省工业化、城镇化、现代化进程。通过加大技能人才培养工作宣传力度，建立人才工作协调机制，印发《加强高技能人才队伍建设的意见》，设立“四川优秀创业人才奖”，全面推进技能人才培养工作。

重点实施新技师培养计划

根据劳动和社会保障部“三年五十万”的要求，四川省制定并实施“三年二万新技师培养计划”。从2004年起的三年内，以六大支柱产业为重点，依托大中型企业和职业培训学院、高级技工学校等职业学校，实施2万新技师培养计划。2004年，全省组织开展各类新技师培训7908人，高级技能培训3万余人，培训合格并取得技师、高级技师资格证书的5322人，高级职业资格证书的29913人。同时加强复合技能型人才、高新技术产业发展需要的知识技能型人才和制造业、服务业技能型紧缺人才的培养。会同信息产业、教育等部门实施了软件、机电等高技能人才培养工程。由于有关企业、学校的积极参与，目前各类专项培训工程进展顺利。2004年培训机电、数控、汽修等紧缺技能人才4.1万。2005年的7000名新技师培养目标已分解下达各地。

加强后备技能人才培养

省委、省政府也给予高度重视，多次召开职业教育工作会议、民办教育工作会议，研究和部署职业教育和培训工作，出台推进职业教育改革和发展民办教育的政策措施，建立由分管副省长任组长，省教育厅、劳动保障厅、人事厅、财政厅、农业厅、科技厅和省发改委、省扶贫办、省劳务开发办等部门有关负责人参加的职业教育工作厅际联席会，加大对职业学校设施、设备的投入。大胆推进机制创新，采取取消准入限制、落实“国民待遇”、给予优惠政策等措施，放手让那些既有教育家“脑袋子”，又有企业家“钱袋子”的投资者投资职业教育，形成了以市场为导向，以创新为动力，以技能为核心，以就业为根本的职业教育办学格局。2004年，省政府分四片召开民办职业教育工作座谈会，通过发展民办职业教育，打破了公办职业教育一统天下、缺乏竞争的单一办学模式。2004年末，省民办职业教育培训机构达到1339所，占全省职业教育培训机构的66%，年招生4.42万人培训37.73万人，分别占职业教育招生、培训的15.15%和46.08%。

在发挥企业主体作用，实施职工培训方面，引导用人单位按国家规定建立和落实高技能人才培养、使用、待遇相结合的机制，加大收入分配激励力度。鼓励企业对核心技能人才给予重奖，打破干部工人身份界限，鼓励和支持工人竞争管理岗位。德阳第二重型机械厂设立“总经理津贴”，对高技能人才每月给予500～900元的津贴；攀钢集团每年提取职工工资总额的1%，专门用于奖励优秀技师；绵阳九州集团、四川长虹等企业实行每月100～300元不等的高技能人才岗位津贴；东方汽轮机厂对首批评出的11名有突出贡献的高技能人才除隆重授予技术操作能手荣誉称号，每月给予300元津贴外，还与其工资、奖金、住房、考工晋级、进京出省观光等物质奖励挂钩，并将他们纳入企业专业技术优秀人才系列进行管理，享受企业专业技术优秀人才（专业）同样待遇。

广泛开展群众性岗位练兵，引导广大职工在实践中成长、成才。稳步推进职业技能鉴定，指导企业根据生产实际和技能人才成长规律，定期开展晋级考核鉴定。结合职业技能鉴定的实施，组织职工参加专业技能培训，促进职工自学技术技能，提高职工岗位技能水平。目前，省大、中型企业职工培训制度逐步建立，企业参与职业培训的热情高涨。多数企业根据生产发展要求和职工队伍素质状况，制定了企业职工定期培训计划，采取以师带徒、脱产培训、半脱产培训、业余培训以及岗位练兵等方式，开展岗前培训、晋级培训、转岗培训以及再就业培训。部分行业，企业职业教育培训机构，既面向企业又面向社会开展职业教育培训。目前，仅行业，企业办的技工学校就多达75所，占全省技工学校总数的60%。□

制定措施　加强技能人才队伍建设

贵州省劳动和社会保障厅培训就业处

为贯彻落实中共中央、国务院《关于进一步加强人才工作的决定》、中共贵州省委、贵州省人民政府《关于实施人才强省战略的决定》、劳动和社会保障部《关于贯彻落实中共中央国务院关于进一步加强人才工作决定做好高技能人才培养和人才保障工作的意见》和《关于印发〈三年五十万新技师培养计划〉的通知》，做好高技能人才队伍建设工作，贵州省从人才培养、选拔、评价、交流、使用、激励和保障入手，加大高技能人才队伍建设的工作力度。

加快高技能人才的培养，实施“三年五千”新技师培养计划

省劳动保障厅按照劳动保障部三年五十万新技师培养计划，制定了贵州省三年五千新技师培养计划。2004年3月召开了部分中央在黔、省属企业三年新技师培养计划座谈会，取得了企业对新技师培养计划的认可。省劳动保障

厅下发了《关于下达〈中央在黔、省属企业2004～2006年新技师培养计划〉的通知》，要求各市（州、地）劳动保障局，结合当地实际，制定当地2004年～2006年新技师培养计划，充分调动当地所属企业、各类培训机构和社会各方面的积极性，积极实施新技师培养计划。2004年全省新增技师1151人，其中高级技师68人。

开展职业技能竞赛活动，建立技能人才表彰制度

近年来，省劳动保障厅下发《关于印发〈贵州省职业技能竞赛、技能大奖和技术能手评选表彰实施办法（试行）〉的通知》，与省有关部门共同组织全省职业技能竞赛3次，引导企业开展岗位练兵活动，对在职业技能竞赛和岗位练兵活动中取得优异成绩的人员给予奖励。产生了62名省级技术岗位能手，其中有30人按规定晋升为高级技师，有25人按规定晋升为技师。

2004年8月，省劳动保障厅与省教育厅、省国防工办、省总工会、省经贸委联合组织开展的全省技能竞赛在贵阳举行。经专家和组委会评审，共有74名选手荣获优秀选手称号，有20个单位分别荣获优秀组织奖、贡献奖和赛场组织奖，有2名选手荣获了省总工会授予的"贵州省五一劳动奖章"，有15名选手被省劳动保障厅授予"贵州技术能手"称号。

改革技师考评办法，加快技师资格鉴定步伐

贵州省在改革技师考核评审工作，加强技师社会化考评方面取得突破。把技师考核评审工作的资格授予具备条件的地、州、市劳动保障部门、大中型企业、行业协会等，充分发挥部门、行业、协会和大型企业开展技师考评工作的积极性。在严格审查和考试评价的基础上，成立了10家技师考评委员会。

建立高技能人才开发交流机制，为高技能人才发挥更大作用创造条件。为使现有的高技能人才充分发挥作用，促进全省技师、高级技师的交流，省劳动保障厅于2004年3月下发了《关于建立技师、高级技师人才库的通知》（黔劳社办函[2004]7号），贵州省建立了技师、高级技师人才数据库，为技能型人才在企业间交流提供服务。目前，已登记入库的技师4327人，高级技师413人。

建立高技能人才激励机制，引导更多的企业职工岗位成才

贵州省明确规定，高级技工学校毕业生取得高级工职业资格证书，并在企业技术岗位上工作的，其工资待遇可参照大专毕业生的工资待遇执行。省里许多企业积极探索，根据职工的职业资格和技能水平确定工资和福利待遇，结合企业人事、用工与收入分配制度改革，加快建立职工凭技能职业资格得到使用提升，凭业绩贡献确定收入分配的激励机制；建立动态的高技能人才队伍，实行高技能人才聘任制，对具备高技能职业资格的人员，由企业根据生产实际需要进行聘任；充分考虑技能贡献因素，建立科学合理的高技能人才薪酬制度。贵航集团根据企业实际建立技师津贴制度，对聘用的技师和高级技师发放技师津贴，提高其待遇水平。贵州黎阳发动机公司建立并实行以"岗位绩效工资"为主的工资制度，明确分配制度向高级管理人才、科研人才和高级技能人才倾斜。

推进高级技校建设，做好国家重点技校复评认证

按照劳动保障部《关于推进国家重点技校质量管理工作的通知》的要求和国家重点技工学校复评工作的要求，贵州省从2002年6月起开始着手引进IS09000质量管理体系，全面贯彻《国家重点高级技工学校质量管理标准（试行）》，目前完成了全员培训、文件编制发布工作，学校管理已逐步走上质量管理体系试运行阶段。□

加强职业培训　推进职业资格证书制度

西藏自治区劳动和社会保障厅培训就业处

西藏自治区总人口273万人，从业人员130万人，其中，全区城镇从业人员为26.7万人，农牧区从业人员为103.3万人。从产业结构分布看，第一产业89.63万人，占68.8%；第二产业8.11万人，占6.2%，第三产业32.46万人，占25%。从所有制结构看，国有经济单位13.79万人，占10.6%；城镇私营、个体和其他经济单位12.91万人，占9.9%；

农牧区（含第二、三产业）从业人员103.5万人，占79.5%五。从城镇从业人员来源看，流动人口已成为城镇从业人员的组成部分。全区20.94万流动人口中，从事务工、经商、服务的人员为16.74万人。2004年城镇新增的2.15万名从业人员中，通过计划、人事部门安排就业0.6万人，占27.9%；通过市场实现就业1.55万人，占72.1%。

加强职业培训，促进下岗职工再就业

1998年以来，全区有国有企业下岗职工2172人，在保障基本生活的同时各级劳动保障部门积极开展职业培训工作，截止2004年底，2172名国有企业下岗职工全部实现再就业。西藏是西部唯一实现并轨的地区，与其他地区不同的是，同时没有出现将部分国企下岗职工转为失业人员的情况。为配合国有企业深化改革，自治区劳动保障部门积极探索在部分重点国有企业建立职工培训制度，加强在职职工提高岗位技能、转业转岗培训，现已培训500余名在职职工，多数已成为企业生产一线技术骨干。

围绕需求开展培训，初步建立起职业培训体系

根据劳动力市场需求以及失业人员的特点，劳动保障部门努力增强培训的针对性、实用性和有效性。近年来采取自办、联合、委托和订单等灵活方式共组织培训3万人次，涉及汽车驾驶、景点讲解员、中式烹调、微机操作等35个职业（工种），培训合格率在80%以上，培训后就业率达45%以上。

构建具有西藏特色的职业教育培训体系。目前，全区共有9所中等职业学校，其中：国家级重点职业学校2所，自治区级重点职业学校4所。近年来，累计培训各类学员3万余人次。为促进农牧民转移就业，各类职业学校坚持"实际、实用、实效"的原则，多层次、多形式地开展种植、养殖、畜牧兽医、农牧机械维修等实用技术培训等2万余人次。结合劳动力市场需求，采用定点和定向的方式，开展建筑、农牧机械操作、商业服务等职业技能培训和进城务工常识教育5800多人次。

大力推行国家职业资格证书制度

2003年以来，自治区和各地（市）职业技能鉴定指导中心相继成立，仅2004年就对全区5578人进行了职业技能鉴定，鉴定合格率为86%，4781人获得了劳动保障部门颁发的职业资格证书。各地（市）积极开展工人技术等级鉴定和考核工作，对参加机关事业单位技术工人晋升技术等级考试合格的3864人颁发了职业资格证书。积极引导职业技术学校的专业设置适应劳动力市场需求，教学内容与国家职业标准相衔接，并在各类职业技术学校中普遍建立并推行学历证书和职业资格证书双证制度，鼓励高等院校毕（结）业生参加职业技能鉴定考核，2004年初步确定在3所院校中实施国家级职业资格证书制度，推行双证制试点工作。

今后主要工作任务：一是创新培训模式和工作机制，积极推广"订单式"培训、政府购买培训成果等培训形式，选择有市场需求的职业（工种），合理确定培训项目，提高培训技术含量和培训的就业率。二是动员社会各方面力量，通过联合办学、委托代培、对口支援、就业援助等灵活多样的形式开展职业培训。三是积极探索创业培训和远程培训试点工作，培养和造就一批小企业创办者和自谋职业者。职业技能鉴定：按照"3年300新技师培养计划"，逐步扩大职业技能鉴定范围，按照技术要求较高的职业（工种）必须持证上岗的原则，全面落实劳动者持证就业上岗。加快推行国家职业资格制度，进一步完善职业技能鉴定工作，保证鉴定工作规范、有序进行，逐步提高鉴定质量等。□

采取高端带动　加强高技能人才培养

陕西省劳动和社会保障厅培训处

陕西省认真学习贯彻全国人才工作会议精神，组织各级劳动保障部门职工认真学习会议文件，在全省职业培训暨高技能人才工作会议上宣讲中共中央、国务院和陕西省委关于加强人才工作的两个《决定》，明确在新时期新阶段，培养高技能人才是职业培训工作的重点，充分表明培训高技能人才的紧迫性。

开展调查研究

2004年主要工作及成效奠定工作基础。对全省技能人才特别是高技能人才队伍的现状进行了广泛的调查摸底。调查显示：目前陕西省城镇劳动力508万人，其中具有初级以下技能的389.6万人，占76.7%；中级技能96.9万人，占19.1%，高级工、技师、高级技师21.9万人，占4.3%。

召开会议，调整思路，实现工作重点转移。组织召开全省职业培训暨高技能人才工作会议，安排部署全省职业培训及高技能人才培养工作，表彰奖励职业培训教育工作先进集体、先进个人及国家级技术能手，对如何落实高技能人才培养计划及在专业设置、教学管理、培训质量、鉴定考评等方面进行系统的技术性探讨，为全省高技能人才培养工作从思想认识和技术服务上奠定了基础。

分解落实新技师培养计划。制定了三年培养计划，其中2004年培养新技师6000人，2005年培养1万人，2006年培养1.4万人。根据各地及行业的实际情况，将2004年6000名新技师培养任务分解落实到全省10个市及30个行业和大型企业集团。

开展高技能人才强化培训。各级劳动保障部门和鉴定机构，为技能培训和职业资格考评提供全方位服务。据不完全统计，2004年全省校企联合举办高级工和新技师强化培训班150多期，培训人员达43000多人。已有2400人培训后经过考评。

开展技术技能竞赛活动。2004年，陕西省各级劳动保障部门、工会组织，各行业、企业集团在全省组织开展了广泛的技术技能竞赛活动，先后举办了110个工种的国家一、二类技能竞赛，参加竞赛职工达120万人之多，有20人获技术能手荣誉称号，250人获省单项工种技术能手称号，选拔高级技师50名、技师300多名。

采取高端带动，做好高技能人才培养的保障工作。

建立高技能人才工作组织机构，成立省高技能人才工作领导小组和省高技能人才考评专家委员会。

制定以技师为主的高技能人才培养和评聘政策。制定了《陕西省关于做好高技能人才培养和保障工作的实施意见》、《陕西省三年三万新技师培养计划》、《陕西省高技能人才考评社会化管理实施方案》、《陕西省关于建立高技能人才职业资格专家考评委员会暂行管理办法》等7个以技师为主的高技能人才培养的配套文件，这些政策措施，对全省高技能人才的培养提供了保障。

采取岗位培训、学校培养与鼓励个人自学成才三种形式和措施，推动高技能人才工作发展。充分发挥企业在高技能人才培养工作中的主体作用。通过指导当地行业、企业技能人才需求预测，推进培训改革，促进行业和大型企业集团办好自有的培训机构，着重开展新技术、新工艺、新设备、新材料的技术培训；鼓励中小企业与社会职业培训机构建立合作伙伴关系，充分利用社会资源进行培训。

积极创建高技能人才培训基地，充分发挥技术学院、技师学院、高级技校在高技能人才培养工作中的载体作用。2004年以来，省劳动保障厅加大技工院校等培训基地建设力度，经过筛选，组织专家评估了4所技术学院、2所技师学院、7所国家高级和重点技校，7所省、部级技校，复评验收了3所国家重点技校。全省技工院校招生达5.1万人，在校生首次突破10万人大关。

鼓励企业职工岗位成才、自学成才。经过各种形式的技能选拔，在全省树立了上千名不同工种的技术能手和岗位自学成才典型，在各行各业大力宣扬推广，带动企业在职职工和各类人员学技术、练技能、自学成才；鼓励生产一线技术工人立足本职、钻研技术、边干边学、自我提高。

搭建高技能人才社会化考评平台。全省各级市劳动保障部门、行业及企业集团，均成立了技师考评委。按照“统一标准、自主申报、社会考评、企业聘用”的原则，加强了高技能人才鉴定考评工作，对申报参加高技能人才考评人员的条件、申报程序、考评依据、内容办法及证书颁发等均做了规范。

建立高技能人才成长的激励机制。坚持“使用与培训考核相结合，待遇与业绩贡献相联系”政策，调整高技能人才的工资待遇，加大对高技能人才的表彰奖励力度，对各类技能竞赛中取得优异成绩的高技能人才实施奖励，利用各种新闻媒体，大力宣传他们的先进事迹和突出贡献，提高他们的社会地位，在全省形成崇尚技能、尊重技能人才的良好氛围，以推动高技能人才工作的开展。□

加大技能人才培养力度 促进就业再就业

青海省劳动和社会保障厅培训就业处

青海省坚持把职业培训作为促进就业的重要手段，认真部署，抓好落实，切实加强职业培训工作，在下岗失业人员再就业培训，农村转移劳动力培训，实施“三年三千”新技师培养计划以及高技能人才培养等方面取得突破。2004年，全省完成职业培训15万人，转移劳动力培训5万人。

以提高实用性、针对性和有效性为重点，做好下岗失业人员培训

青海省围绕就业再就业这一中心工作，继续实行目标责任制，把培训和就业再就业工作紧密联系在一起，认真实施第二期“三年十万”再就业培训计划。通过推进劳动力市场和信息网络建设，开展“一站式”服务，分步实现对街道、社区下岗失业人员的就业状况、劳动技能、参加培训等方面情况的了解，有针对性的对其开展就业培训、职业介绍、职业指导等工作。全省全年培训下岗失业人员2.3万人，经培训实现就业1.7万人。

加强高技能人才队伍建设

至2003年底，全省职工总数41.1万人，技术工人有27万多人，占67%。其中，高级工以上的近4万人，占全省职工总数的10%左右，主要分布在与本省支柱产业发展衔接比较紧密的运输、石油、水利、电力、盐化、机械、冶金以及服务业等领域。为缓解全省技能人才短缺的局面，2004年11月，青海省委、省政府印发了《关于青海省高技能人才开发工作的意见》，结合本省实际实施“三年三千新技师”培养计划，从2004年起，用3年时间，在机械、化工、有色金属、农畜特色产品加工等制造业、服务业以及有关行业技能含量较高的职业中，实施技师、高级技师和其他高等级职业资格人才培养计划，每年培养1千人左右，加强技能人才队伍的整体建设，带动各类高、中、初级技能人才梯次发展。

《意见》下发后，社会各界和有关部门积极行动，从培养、选拔、评价、使用、激励、交流、保障各环节入手，强化质量管理、创新工作模式、扩展培养规模，投入高技能人才培养工作。以技术技能型、知识技能型和复合技能型人才培养为重点，在技能人才评价、职业资格证书制度建设、以及技能人才激励保障方面取得突破性进展。

在技能人才评价方面，建立和完善以职业能力为导向，以工作业绩为重点，注重职业道德和职业知识水平的技能人才评价新体系。取消技师报考的比例限额，打破资历限定和身份限制，对掌握高技能、复合技能且有突出贡献的人员放宽技师申报条件，鼓励和培养青年职工参加技师考评，鼓励不同所有制单位和职工参加技师资格鉴定，鼓励专业技术人员和生产管理人员参加技师鉴定。实行资格认定与聘任分开，对取得技师资格的人员，由用人单位根据生活和工作实际需要进行聘任。

在职业资格证书制度方面，积极推进企业和职业学校职业技能鉴定方法的改进与完善，贯彻能力与业绩相结合、国家标准与岗位要求相结合、专业评价与企业认可相结合、行政指导与技术支持相结合的工作原则，提高职业技能鉴定质量，实行国家统一的职业资格证书制度。进一步扩大职业资格证书的覆盖面，推动职业技能鉴定工作向民营企业、乡镇企业、个体从业人员和农村转移输出人员延伸，实现职业技能鉴定质量、数量的双提高。

在技能人才的成长、激励、保障方面，大力开展技能竞赛等各种形式的活动，完善高技能人才选拔机制。建立高技能人才开发交流机制，发挥市场在人才资源配置中的基础作用，促进企事业单位与人才的双向选择，解决人才供求矛盾。进一步加大对高技能人才的表彰奖励力度，大力表彰做出突出贡献的技能人才企业和教育培训机构。加强宣传，优化技能人才成长的社会环境，引导更多的劳动者走技能成才之路。引导企业在工资福利等方面逐步提高高技能人才的待遇水平。建立健全人才保障机制，将高技能人才纳入人才队伍建设的总体规划，加大对此项工作的政策支持和经费的投入力度。

省劳动保障部门以技能人才培养为契机，带动再就业培训和创业培训工作的

进展，发展培训补贴、小额担保贷款等再就业扶持政策的整体效应，继续对技工学校、社会培训机构的布局结构、规模提升、中心高移、多元办学等方面进一步调整和改革，以培训促就业，把全省职业培训工作推向深入。□ 执笔：徐来顺

大力推行职业资格证书制度 全面提高新疆自治区劳动者技能素质

新疆劳动和社会保障厅培训处

为切实提高劳动者素质，新疆自治区党委和政府确立了发展职业培训，全面提高劳动者整体素质的工作方针，专门成立了自治区职业培训工作领导小组，确立了以培训促就业、以培训促发展的工作思路。全区14个地州市、86个县（市）、28个行业厅局委办都成立了以分管领导为组长的职业培训工作领导小组，形成了组织、协调、指导全区职业培训工作的组织领导体系。

建立健全职业资格证书制度的政策框架

自治区人民政府下发《关于全面推行职业资格证书和就业准入制度的通知》，要求从2003年1月1日起，全区10个行业用3年左右的时间，率先实行职业资格证书和就业准入制度，争取用5年左右的时间，在全区全面实行职业资格证书和就业准入制度。

制定各行业全面推行职业资格证书制度的实施细则。新疆劳动保障厅在大量调研、论证的基础上，结合各行业的不同特点，分别与10个行业的业务主管部门联合下发本行业、本系统推行职业资格证书制度的实施细则和办法，明确各行业的培训、鉴定、考核及证书发放办法和使用与待遇规定，使职业资格证书制度在操作层面上能稳步推进。

围绕实行职业资格证书制度，建立和完善激励政策。经自治区人民政府批准，劳动保障厅会同自治区经贸委、财政厅、教育厅、人事厅、科技厅联合下发了《关于自治区技术技能型人才待遇及表彰奖励办法》和《关于高级技能人才评选办法》，为全面推行职业资格证书制度提供保障。

建立健全工作机制

成立了行业推进职业资格证书和就业准入制度领导小组和办公室，对本行业、系统推进职业资格证书制度工作实行统一领导、规划和组织实施。

批准设立行业职业技能鉴定指导中心，指导所属职业技能鉴定所（站），按照统一标准、统一教材、统一命题、统一鉴定工作、统一考务管理、统一证书的原则以及规定的鉴定工作程序开展本行业、系统的职业技能鉴定工作。

明确工作机制。坚持“政府统一领导，劳动保障部门综合管理，行业部门组织发动，企业具体实施，职业培训和职业技能鉴定机构按照各自的资质承担培训和鉴定任务”的工作机制，坚决打破行业和地方、特有工种和通用工种的界限，按照“谁的企业谁负责”、“谁能把工作推动就交由谁管理”的原则，划分其工作职能，较好地调动了行业、企业、地方劳动保障行政部门以及各级各类职业技能培训机构、鉴定机构的积极性。

建立健全目标责任制

按年度下达目标管理计划，按季度对各地各部门的完成情况进行通报。专门召开工作座谈会，及时研究解决在工作推进中遇到的困难和难题，每年召开一次全行业工作会，深入地州市、企业、职业培训和进鉴定机构，对推进职业资格证书制度工作进行调研和督导。

点面结合，全面推进

在各大型企业集团建立鉴定指导中心和职业技能鉴定所（站），积极创新鉴定模式，对在生产技术岗位12年以上工龄的老职工允许企业按照其工作业绩、工作能力、职业道德和知识水平，通过民主评议、现场考核、企业确认、结果公示、劳动保障部门审批等办法，对其实行企业内一次性初次认证。

会同自治区教育厅、人事厅联合下发《关于在各职业院校和部分高校毕业生中大力推行职业资格证书制度的通

知》，在各高校设立职业技能鉴定指导中心和鉴定机构，实行“毕业证书”和“职业资格证书”双证制。

推进职业资格证书制度向农村富余劳动力延伸。大力组织农村富余劳动力开展转移就业技能培训，按照国家职业技能鉴定标准对其进行鉴定，颁发职业资格证书。

开展职业技能竞赛，在全区范围内建立职业技能竞赛组织机构，制定并下发“新疆维吾尔自治区职业技能竞赛管理办法”，建立了职业技能竞赛专项经费，组织引导各地、各行业大力开展多种形式的职业技能竞赛活动。2002年以来，全区共有86.7万人参加了30个自治区一级竞赛、17个二级竞赛，竞赛的职业（工种）达117个，通过竞赛，有2.4万人取得职业资格证书，其中有1260人通过竞赛取得了高级工、技师、高级技师职业资格证书，有38人获得“自治区技术能手”称号，有5人获得“全国技术能手”称号。

专项治理，严把标准，确保质量

2004年，对家用电子产品维修工、车工等10个职业（工种）的培训机构、鉴定机构和所有从业人员进行专项治理整顿。建立健全职业技能鉴定实施、考务管理、考评员管理、国家题库运行管理、职业资格证书核发与管理、职业技能鉴定质量督导管理办法等一系列规章制度。设立职业技能鉴定监督举报电话，加强民族语言文字的国家题库的建设，对全区职业技能鉴定所（站）实行年审和质量评估，对全区各职业工种的考评人员队伍实施了重新认证培训和统一管理，建立督导员队伍和考评、督导相分离的工作机制，组建了近30个职业（工种）的专家小组。这些措施，有效地保证了职业技能鉴定的质量水平和职业资格证书制度的权威性。□

执笔：查周田

创办职工业余技校 提高兵团职工综合素质

新疆生产建设兵团劳动和社会保障局就业培训处

新疆生产建设兵团是党、政、军、企合一的特殊组织，在国家实行计划单列。目前，全兵团总人口254万人，其中年末在册职工人数97.5万人。近几年，国家西部大开发战略的实施，为兵团社会经济发展提供了千载难逢的历史机遇。兵团实施“结构优化、外向带动、科教兴兵团和可持续发展”四大战略，在农业生产、机械化建设、科技含量和水利等基础设施等方面，初步形成规范化的现代大农业体系，兵团的精准农业技术正在向智能化方向发展，大田膜下滴灌技术和棉花机械化收获技术在世界处于领先水平。大批团场农业职工从人工拾花、人工灌水等繁重的体力劳动中解放出来，大大提高了职工劳动生产率，大田剩余劳动力的大量转移，为兵团二、三产业发展提供了机遇。随着兵团以能源为基础，石油化工、矿业开发、农产品加工，农用装备制造为骨干的新型工业体系的建立，具有一定技术技能的新型职工短缺，成为兵团经济进一步发展的桎梏。

创办团场职工业余技校，是改善和提高兵团职工综合素质的有效途径。团场职工业余技校是一条适合兵团特殊体制和实际的，能够被广大职工接受的好形式、好方法。它结合团场、连队及不同特色经济的实际，利用冬闲时间，对职工进行应知技能理论培训，农忙时，在田间地头开展操作技能培训，不仅较好地解决了工学矛盾，而且将所学的知识及时运用到生产实践中。是新疆生产建设兵团职工培训的特色所在。团场职工业余技校在兵团职工培训中的优势表现在如下方面：

组织机构形式与兵团建制相吻合。在兵、师、团职工培训领导小组的领导下，各级培训领导小组办公室承担对兵、师两级及团场、连队、技工学校、业余技工学校的全面管理。兵团高级技工学校作为全兵团的龙头学校，负责教学大纲的制定、教材的编审，各师技工学校具体负责学生的学籍管理等项工作。在兵团开办职工业余技校，并成立与总校相应的管理机构。培训班办在连队，连长任班主任。

学制模式适合兵团职工现有水平。实行上岗、初、中、高阶梯式的培训模式，采取集中面授和业余自学相结合的方式进行。

课程设计紧扣兵团工作主题，专业设置和课程开设结合本团或本连的产业结构和发展战略确定。教材编写新颖，浅显易懂，注重体现新技术、新工艺、新设备的内容。理论课与实习课比例为4：6，各校也可根据实际情况，适当加大实习课比例；课程的设置分公共课、专业课和生产实习课。

培训与教学方式灵活多样，与兵团节奏相互呼应。采用课堂教学与现场教学相结合，技能训练与生产实际相结合的方式，学员不脱产，不出连队，冬闲时进行理论学习，春夏秋在承包地里实习，学完本专业课程以后，进行应知、应会考核，考核合格者发给相应的《职业资格证书》；教师实行聘任制，并经培训和资格审核合格后上岗。利用广播、电视进行远程教学；聘用专家、技术能手进行现场示范教学；利用标语牌、墙报、黑板报、科普小报等大众化的简单宣传教育手段进行教学。

通过几年的实践，团场职工业余技校为团场培养了一批有用人才，有效提高了团场一线职工的思想道德、文化技术技能水平和管理能力，促进了团场经济发展。截止2004年4月，兵团174个农牧团场中，已有169个团场建立了职工业余技校，在册学员人数近14万人，占兵团一线职工总数的46.6%。从事业余技校培训的专兼职教师两千余人，已取得各等级职业资格证书的一线职工14万人，占兵团一线职工人数46.8%，显示了团场职工业余技校持续、健康发展的潜在优势。随着兵团经济的发展，团场业余技工学校将以短期职业技能培训为重点，对团场剩余劳动力开展转移前的引导培训。□

发挥行业组织的协调作用 促进钢铁行业职工队伍素质建设

中国钢铁工业协会组织人事部

改革开放以来，中国钢铁工业的产能、技术和装备水平得到快速提升，已经成为世界产钢第一大国。建设一支优秀的经营管理人才、科技人才和岗位技能人才的职工队伍，是我们走新型工业化道路，成为世界强国的保证。因此，发挥钢铁协会在行业中的组织协调作用，采取多种形式，积极为企业服务，促进职业教育和职工培训深入、广泛地开展，以加快钢铁行业职工队伍建设步伐。

积极发挥在行业职业教育和培训中的作用

制定和落实"十五"职业培训规划。为从宏观入手，从全行业的角度推进职业教育和培训工作，钢铁协会牵头，大企业参加，共同完成了行业培训规划制定工作。规划坚持以人为本，建设过硬素质的职工队伍，加强职业培训，建立与企业改革和发展相适应的职业培训新格局和新机制。以经营管理人员队伍，专业技术人员队伍，技术工人队伍培训为重点，多层次、分类别、有计划地大力实施全员素质提高工程。到"十五"末，钢铁行业高级、中级、初级队伍的结构比例要达到15：55：30，大专以上文化的研究生、大学、大专学历结构达5：35：60。平均受教育年限达12年。

组织调研和交流，推动行业职业培训。钢铁协会每年组织召开职业培训工作研讨会，交流经验，研讨问题，互通信息，共同提高。在上海宝钢召开钢铁行业提高职工队伍素质建设现场经验交流会，会同中国机冶建材工会全国委员会印发《关于推广宝钢集团经验进一步加强钢铁行业职工队伍素质建设的指导意见》的文件，在全行业推行宝钢的先进经验。

建立行业组织体系，保证工作的运行。成立人力资源与劳动保障工作委员会，作为分支机构，为企业人力资源开发搭建桥梁和平台。委员会下设干部人事、科技人才、教育培训和劳动工资等四个专业研究会，分专业定期开展工作，为行业和企业提供人力资源咨询与研究。通过进行主辅分离，精干主体，钢铁行业从业人数由20世纪90年代初的300多万下降到现在的100多万，形成了钢产量逐年增长和用工数量不断减少的积极态势。与此同时，钢铁企业积极开辟多元产业，培训上岗，增加就业渠道，吸纳钢铁生产主体上分离下来的人员，使钢铁行业人力资源得到了较好的利用，既保证了钢铁工业的发展，也维护了社会的稳定。

从服务入手，扎扎实实地为企业做事

组织协调企业间工人代培和学生实习。行业培训工作的基础在企业，人才需求的市场也在企业。随着企业技术改造、改扩建工程的不断发展，企业不但自己培养人才，也需要代培人才。但跨企业、跨省市代培自行解决又有很多困难，根据企业要求，钢协每年组织协调企业开展企业间跨地区职业培训，为企业培养更多的技术型人才。2004年协调安排企业间工人跨省代培达6461人。

开展钢铁行业特有工种职业技能鉴定。钢铁行业制定了冶金行业特有工种职业技能鉴定实施办法，成立了冶金工业职业技能鉴定指导中心。负责制定冶金行业职业技能鉴定规划、有关政策和办法，并对职业技能鉴定工作进行管理和实施监督检查。截止2003年，全国重点钢铁企业主业在岗工人总数为749790人，已通过职业鉴定381923人，占主业在岗工人总数的50.9%，技术工人队伍素质有了很大的提高。

举办钢铁行业职业技能竞赛。为培养岗位技能人才的真实才干，培养更多的行业乃至全国技术能手，钢铁行业从1985年起在全行业开展技术能手竞赛活动，曾先后成功举办了9届全行业技术能手大赛。2002年在唐山钢铁公司举办了钢铁协会成立以来的唐钢杯首届职业技能竞赛，以后每两年举办一届。2004年又在昆明钢铁公司举办了“昆钢杯”第二届全国钢铁行业职业技能大赛。两届全国钢铁行业职业技能大赛共产生全国技术能手32名，钢铁行业技术能手175名，团体奖14家次。

整合教育培训资源，使行业职业培训工作再进一步

中国钢铁工业协会结合企业职业培训管理机构、职业培训学校等培训机构的变化，在协会职业培训机构方面做了改革。为发挥教育资源优势，重新整合了教育资源，将原来协会主管的行业职业培训职能委托给“冶金工业教育资源开发中心”承办，对主管和委托承办的业务进行了合理分工，进一步加强了职业培训工作的力度。

中国钢铁工业将坚持以人为本，树立全面、协调、可持续的发展观，促进经济社会和人的全面发展，在产业结构、产品结构、人员结构等结构调整中，健步走向科技含量高，经济效益好，资源和环境得到充分保护，人力资源优势得到充分发挥的新型工业化道路。在职业培训，提高队伍素质方面做更多的工作。□

实施人才强企战略　建设技能人才队伍

中国石油天然气集团公司技能开发处

中国石油天然气集团公司高度重视人才队伍建设，实施人才强企战略，全力打造“三支人才队伍”，并把建设一支作风过硬、技术精湛的技能人才队伍，放到与经营管理人才和专业技术人才同等重要的位置。在技能人才队伍建设上，紧紧抓住培养、吸引和使用三个重要环节，要求企业“一把手”亲自过问，分管领导直接抓，按照分级管理、各负其责的要求，做到机构到位、人员到位、职责到位、措施到位。

大力开展职业培训工作，加快技能人才培养步伐

开展高技能人才培训。集团公司建立了技师培训制度，对主要生产技术工种技师、高级技师，实施3年脱产轮训，选送高级工到高级技校或职业技术学院进行为期1～2年的脱产、半脱产培训。对参加技师鉴定的高级工组织进行为期1～3个月的鉴定前培训。集团公司还鼓励选送为企业做出突出贡献的高技能人才到社会专业院校进修、深造，鼓励开展高技能人才的师带徒活动。

开展重大施工项目的超前培训。项目未动，培训先行，项目完工的同时培养出一批技能人才。参加西气东输工程的十多支石油专业建设队伍。在施工前普遍进行了下向焊专项技术培训，并取得了焊接资格。中管道局提前一年，对参与施工人员进行培训，并在施工中，创造了28项中国企业新记录，全线40余万道焊口射线检测一次合格率达98%以上，高出国际标准15个百分点，涌现了集团公司技术能手4名，局级技术能手59名，30个功勋机组，12名优秀机组长，10名“焊接大王”，和90名焊接能手。

开展海外施工人员的专项培训。针对海外施工人员培训的特殊性，各企业对参与施工人员采取多种方式开展综合能力、专向技术和英语300句培训，精心打造“海外劲旅”。

开展全员岗位培训。各企业根据不同需要，开展了多种形式的岗位培训，强化考核，并与使用待遇相联系。各单位普遍开展以培养一专多能的人才为目标的多岗培训和星级培训，实行季度考核，并与职工岗位津贴和奖金挂钩，激发了员工自我培养、自我提高、自我成才的积极性。

开展职业技能鉴定工作，不断提高技能人才的数量、质量

健全鉴定机构、制度。集团公司在规模较大的企业设立了28个鉴定中心，中心下设165个职业技能鉴定站（所），制定多项鉴定管理制度和办法，规范鉴定行为，不断提高鉴定工作质量。

建立完善激励机制。坚持等级鉴定与建立岗位技能工资动态运行机制相联系的制度。2003年，集团公司将4年验证改为初、中、高级证书有效期为五年，期满后需重新验证的制度。技师、高级技师实行聘任制，由企业人事劳动部门在取得资格的人员中聘用，聘期三年，聘期内享受津贴。对在国家级竞赛取得名次和企业竞赛第一名选手，直接颁发高一等级的职业资格证书。对参加集团公司统一组织的技师培训考试合格的高级工，两年内参加技师鉴定时免予理论考试。

加强各项基础工作。先后两次组织修订行业标准，三次组织修订集团公司（行业）题库，两次组织修订培训教材。现有题库的工种覆盖率近40%，人数覆盖率达80%以上。其中鉴定中心还为少数民族职工编写、翻译了数千万字的维文复习资料。编写《石油企业职业技能鉴定管理实务》，培训了万余名考评员和鉴定管理人员。各企业投入巨资对培训鉴定设施进行了改造。经过整合后的28所中、高等职业学校，由职前教育向职后教育转变，成为企业职工培训、鉴定的基地。目前，集团公司高级工的比例由1995年的14.6%，提高到2003年27.3%。高级技师近700人，技师4400人。

开展职业技能竞赛，为高技能人才的成长搭建舞台

集团公司所属各企业坚持开展经常性的岗位练兵、技能竞赛以及企业技术能手评选表彰活动，积极为优秀技能人才脱颖而出营造良好的环境。建立技能竞赛制度，确定每两年举办一次全国石油石化行业技能竞赛。建立技术能手评选表彰制度，确定每两年评选表彰100名公司级技术能手。

人才兴，企业兴；人才强，企业强。中国石油天然气集团公司将认真贯彻全国人才工作会议精神，全面开展职业培训和技能鉴定等项工作、加快高技能人才培养，为我国石油石化工业的发展做出更大的贡献。□ 执笔：向守源

实施“人才兴航”战略 建设一流技能人才队伍

中国航空工业第一集团公司人力资源部

中国航空工业第一集团公司（简称“中国一航”）1999年成立，为完成国家军用飞机、民用飞机和航空发动机、机械设备、武器火控系统研制、生产任务，实现中国一航跨越式发展，提出了“大集团”战略和“人才兴航”战略。并采取措施，多渠道多形式培养高技能人才，以满足航空制造业科研与生产发展的需要。

制定积极的技能人才队伍建设的目标任务

2004年，中国一航召开人才工作会

议，研究制定《"十一五"人才建设规划》（纲要）和《关于进一步加强人才工作的意见》，提出实施"千千万人才工程"，培养10000名技师、高级技师；大力实施"核心人才工程"，重点培养1000名技能带头人的新目标任务。到2010年，中国一航要培养造就一支数量充足、结构合理、专业工种配套、技艺精湛、素质优良的高技能人才队伍。其中，高技能人才占技术工人总数的45%，技师和高级技师占技术工人总数的10%；在高技能人才中，大专以上学历的要达到20%，40岁左右年龄的要达60%；航空特有专业工种的高技能人才要占高技能人才总数的30%。

大力加强技能人才培养

技能人才培养以能力建设为主线，突出培养学习能力、实践能力，着力提高创新能力。采取多种培训方式，提高技能水平。培训分三个层次：中国一航组织高级技能人才培训或专题研讨，各培训基地组织分片区培训，企事业单位培训中心根据科研生产组织各类培训。培训内容紧扣生产需要，如为满足型号任务的需要，强化岗位培训；为解决高技能人才创新能力不强的问题，开展技能骨干人才系统培训，为解决重点型号研制中高、精、尖引进设备数控操作、编程，特别是维修人员短缺问题，重点开展数控技术和数控维修技术培训；为解决航空特有高技能人才和复合人才短缺问题，广泛开展"名师带徒"活动，加快关键岗位、一专多能、多岗多能，特有工种、关键工种、独门工种技能人才的培养。

加强培训基础建设，构建培训网络。加强和完善6家国家级培训基地、10家集团级培训基地，大力促进企事业单位建立培训中心，有效利用高等职业教育学校和中等职业教育学校及社会培训教育资源，大面积开展高级技术工人的培训。

目前，中国一航高级工以上技术工人共有46561人，占技术工人总数的40.1%；其中技师和高级技师占技术工人总数的6.1%。形成了一支适应重点型号研制与科研生产发展需要，规模适当，结构较为合理，专业工种比较配套，素质较高的技能人才队伍。

强化职业技能鉴定职能

中国一航把职业技能鉴定作为技能人才成长的有效手段，规定：十五期间技术工人全部进行一次职业培训和职业技能鉴定。目前，中国一航职业技能鉴定中心管理着16家职业技能鉴定站，每年组织1～2万名技术工人进行培训，参加职业技能鉴定，合格率控制在60%左右。2004年有近2万人参加职业技能鉴定，13109人考核合格取得职业资格证书，其中高级工5543人、技师1182人、高级技师127人。

广泛练兵、比武选拔优秀人才

2004年，中国一航举办了首届职业技能竞赛，近万名职工参加竞赛活动。集团公司为每个工种的前3名选手分别颁发金、银、铜奖杯，授予每个工种前6名选手"航空技术能手"称号，予以表彰奖励。劳动和社会保障部授予每个工种前3名选手"全国技术能手"荣誉称号。全国总工会授予飞机铆装钳工第一名"全国五一劳动奖章"。

建立技能人才激励保障机制

中国一航实行高技能人才津贴、提高技师津贴标准，重奖技术尖子、工资薪酬向一线技能人才倾斜。通过实施"核心人才工程"、建立高技能人才津贴制度、提高高技能人才的福利待遇、打通"双师"型高技能人才成长通道、建立规范有效的人才奖励制度和建立高级技能人才的疗养制度等一系列激励措施，为技能人才成长铺路搭桥，鼓励技术工人岗位成才。□ 执笔：郑玉堂

加强地勘行业职工教育工作的对策和措施

国土资源部职教研究会

提高认识，强化观念是加强职工教育的基础

职工教育在国民经济和社会发展中占据很重要的位置，地勘经济的振兴和发展同样离不开职工教育。因此，地勘行业在新形势下一定要进一步提高对

职工教育工作的认识，强化人才观念。特别是领导干部要站在繁荣市场经济的角度，着眼于单位生存和发展的高度，把职工教育工作提到十分重要的议事日程。职工教育工作的成败，在很大程度上取决于单位领导的教育观念是否有所提高。国内外大量成功企业的事实证明，凡是有较大成功的领导，都具有远见卓识，而有远见卓识的领导又无不重视职工教育。一流的企业，一流的教育，才会有一流的人才。人才支撑着企业的发展，推动着社会的进步。目前，地勘行业正处于转轨变型的过渡时期，虽然面临着重重困难和问题，但毕竟是暂时的。只要正视现实，继续发扬地矿人的"三光荣"精神，注重解放思想、更新观念，注重加强职工教育工作，注重人才资源的开发，注重塑造新型的企业文化，再创辉煌将指日可待。

加大职工教育资金的投入，搞好职工教育的保证

据有关资料表明：发达国家的经济之所以高度发展，其重要原因之一，就是特别重视对职工的教育培训。美国工商企业每年用于职工教育培训的经费已达2100亿美元，分别超过中等教育与高等教育的经费。美国国家最大的工业集团用于科技人员更新、拓宽及深化专业知识的经费每年增长25%，其中福特汽车公司等七家公司每年平均为40%；法国的企业，法律上规定职工教育培训费用占工资总额的1.2%，实际上技术密集企业其教育培训费达10%。我国知名企业的发展也显示出特别重视职工教育工作，每年在职工教育经费的投入上都是非常可观的。政府部门对职工教育工作在政策上的鼓励和支持，国内外优秀企业舍得对职工教育的投入，从提高产品质量和经济效益中赢得回报的成功经验，给了我们很大的启示。因此，加强地勘行业的职工教育工作，要敢于投入，舍得花本钱，绝不能空喊，更不能搞"无米之炊"。只有加大职工教育资金的投入和落实，从人、财、物方面保证职工教育工作的开展，地勘单位才会充满生机和活力，不断向前发展。

与时俱进，开拓创新是搞好地勘行业职工教育工作的根本措施

在市场经济深入发展的新形势下，地勘行业的职工教育工作者，首先要增强超前意识，与时俱进，勇于开拓创新，积极围绕市场自觉提高自身素质和竞争力，怀着对单位和职工高度负责的态度，做教书育人的楷模，做人才开发的伯乐。其次要真正通过个人的辛勤劳动来提高职工教育部门的信誉，赢得领导的重视和广大职工的支持。第三要职工教育部门要根据单位生产经营的需要，主动开拓职工教育培训的市场，尤其要掌握单位转机建制过程中，机构和人员调整后的人才需求情况，以此确定人才培养目标和规模、培训方式和内容。并以单位改革发展规划确定职工教育工作的重点和方向，为立志成才者创造发展空间，为单位的发展服好务。第四要结合本行业、本单位的实际，制定相关的职工教育激励政策和措施，建立良好的职工教育运行机制，保证职工教育工作扎实有效地开展。

注重培训方式，提高培训效果是搞好职工教育工作的有效方法

开展职工教育工作，要结合地勘行业的特点和实际，注重教育培训的实际效果，把抓教育培训、提高职工素质和促进单位的生产经营有机结合起来，本着"缺什么补什么，需要什么学什么"的原则，采取多层次、全方位、送出去、请进来，灵活多样的培训方式，可根据单位生产经营的需要和职工所在岗位的实际，分别实行脱产、半脱产、业余、函授、远程教育和联合办学；在教育培训的内容上，采取因人因地制宜，按需施教。同时还要适应新形势的发展，将重点立足于以下五个方面：一是普及科学知识，推广新技术应用；二是跟踪国际高技术前沿，进行高层次技术攻关或填补学科空白；三是传授、训练新技术、解决实际问题；四是新增、扩充新知识，改善知识结构；五是学习补课，充实基础知识。

通过大力开展职工教育工作，为地勘行业构筑人才高地，培养和造就一大批精业务、懂经营、善管理、富有创新和开拓精神的复合型人才，为地勘经济的健康、持续发展奠定坚实的基础。□

执笔：刘英民 石磊

重视职工教育就是重视企业发展

北京铁路分局 金力

北京铁路分局是以旅客运输为主的国有大型企业，现有运输站段41个，职工7.6万人。从1995年5月18日到2004年12月31日，北京铁路分局（以下简称分局）实现连续无行车重大大事故3515天的历史最好成绩。多年来，分局坚持以人为本的管理理念，重视开展职工教育，有效地提升了职工队伍的整体素质。

战略地位得到确立。多年来，分局的职工教育工作做到了“四个纳入”：纳入企业的长远发展规划和年度方针目标，纳入党政主要领导的职责范围，纳入企业生产经营责任制考核，纳入集体合同。每年年初把上年职教工作总结和本年的职教培训任务纳入分局长在职代会所作的行政工作报告；每年召开一次职教工作会议，部署职教工作；每年以文件形式下发职工教育培训总体计划；每年在集体合同中作出职工享有培训权益的承诺；每年结合庆祝教师节评选表彰一批职工教育先进单位、先进集体、优秀培训工作者和尊师重教领导；在每一项重点工作中注重发挥职教部门的职能作用，使职教部门在企业中有职有责有权，切实为企业各类人才队伍建设发挥作用。

管理体制逐步健全。分局和站段普遍建立了职工教育委员会，车间成立教育领导小组，分局设置干部培训和职教管理部门，形成了强有力的领导体制。明确界定了分局、站段、车间班组的教育培训及相应的管理职责、权限。职教部门不仅负责全分局的职工教育管理工作，还承担实施高层次培训项目。他们坚持紧密结合分局运输安全和增运增收的实际需要，组织大量针对性强的培训，既解决了企业的燃眉之急，又提升了自己在企业中位置，成为北京铁路分局开展职工教育的一条成功经验。

队伍建设不断创新。近年来，分局、站（段）建立起一支专兼职职工教育队伍。到2004年末，分局专职职教干部289名，分局、站（段）两级兼职教师近千名。2002年9月劳动和社会保障部颁布了《企业培训师国家职业标准（试行）》以来，分局选派140多人参加了培训，到目前为止已经有39人取得企业培训师职业资格证书。2004年12月，分局以正式文件公布了试行企业培训师职业资格准入制度的通知，为分局职教队伍的组织建设和业务建设提供可靠的制度保障。

培训制度日臻完善。分局形成了以岗位适应性培训为主体，涵盖规范化岗位培训、技能竞赛、岗位练兵、班组日常学习、学历教育、技术等级培训在内的多种形式并存的企业培训制度。如新职、提职、改职未经培训考试合格不得上岗的“三卡死”制度；主要行车工种和班组长持证上岗制度；主要行车岗位新提班组长由分局进行岗前培训和每两年对班组长进行一次脱产轮训制度；特殊工种取证和复审培训制度；“2110”（每名职工每两年有一次不少于10个工作日的脱产培训机会）培训制度等。

硬件条件明显改善。分局一直坚持按职工工资总额的1.5%提取教育经费。此外，每年分局从设备改造、大修资金中拿出一部分用于购置教育用固定资产或建设技能培训基地。到2004年底，全分局41个主要运输生产单位已经全部建立了能够基本满足自身需要的培训基地，建成9个分局级骨干培训基

通过职业技能竞赛选拔发现人才

地。到目前为止，分局职工教育资产总值达2800多万元。

激励机制初步形成。分局每年把职工教育纳入对站（段）综合管理指标考核和安全基础建设考核，纳入干部安全管理责任制考核，逐步建立了“培训、考核、使用、待遇一体化”的激励机制，把职工的文化水平、专业技能、工作态度纳入竞争上岗机制，与经济利益紧密挂钩。分局重视高技能人才开发，截止去年底，培养技师590名，高级技师18名。分局制定和实施了高技能人才激励政策，实行了职业资格证书制度，到2004年末已经有28200多名职工取得铁路特有工种和社会通用工种职业资格证书。

分局教师技能竞赛暨论文发布会在丰台电力机务段数字化教室举行

改革进入教学领域。近年来，分局职教部门勇于打破自我封闭，走出局门、“铁”门和国门，借鉴发达国家先进的培训模式和兄弟单位的成功经验，不断更新培训理念，坚持“重质量、重普及、重实做、重应变”，实践探索出需求项目培训、集约型培训等新的培训模式，建立了优秀培训项目评审制度，推广了案例教学、多媒体教学、互动式教学和无纸化考试方式，极大地调动了学员的学习兴趣，有效地提高了培训质量和培训效率。

北京铁路分局坚持开展职工教育，使广大职工的思想和职业道德素养、文化水平、岗位技能都有了明显的变化。分局不少领导者深刻地感悟到：“重视教育就是重视企业发展，支持教育就是支持管理者自身”。职工教育对企业安全运输生产的稳定，经济效益的提高，双文明建设的贡献有目共睹，也必将在今后的工作中发挥更大的作用。□

重点培训“三个能力”做好企业职工全员培训工作

北京燕山石化公司教育培训中心 王喜海

燕山石化公司是全国特大型石油化工联合企业，如何加强现阶段企业员工的培训，提高企业员工素质，提高企业参与市场竞争的能力？通过多年的实践，我们认为应以“德能、智能、技能”培训为重点，全面开展做好企业员工的培训工作，使员工适应新的要求，从而使企业尽快获得发展。

一、“德能”培训

我们认为，职工是企业的主体，职工的群体行为决定企业整体的精神风貌、企业文明程度和企业的发展。企业的职工培训工作应首先放在员工的“德能”培训上，加强对员工的心态调整、思维方式、诚实守信、爱岗敬业、企业文化等方面的培训。由于“德能”的特殊效用及其所蕴涵的能量，“德能”成为充分正确发挥人的能力的基础。人的能力要充分正确发挥，必然要求以“德能”为前提，否则，能力越大越坏事。实际上它起着能力系数的作用，既可为正，也可为负，因此，“德能”的培训是不可忽视的重要方面。

几年来，培训中心在对员工进行培训的过程中，十分注重“德能”培训，进行了一系列探索，创建了以专业学习和德能培训并举的教学模式。中心在各类培训中把爱国、爱企、爱岗“三爱”教育贯彻始终，增加了社会公德、职业道德和个人美德教育。通过进行革命历史传统教育、外出参观考察、座谈交流、军训、拓展训练等培训方式，把学习型组织和企业文化建设内容纳入各类培训班的教学中，培养团队精神，激发员工热情，锻炼意志品质，把爱岗与成才紧密结合在一起，通过不断增强员工对企业的认同感和忠诚度，提高企业的核心竞争力。

二、“智能”培训

通常人们认为一个企业的实力或者说是竞争力，在于它的经济力和科技力，而现在人们更注重企业员工的软实力和创造力。21世纪是一个创新的世纪，作为现代企业必须增强员工的创新力和应对突发事件的能力，要使员工特别是企业的管理干部的“智能”增量，企业才能稳步、快速、不断地向前发展。

进入市场经济后，燕山石化公司充分认识到企业经营发展必须靠科技进步和管理创新，而科技进步和管理创新必须有精通主管业务、掌握核心技术、具有持续创新能力的各类高素质人才。公司提出了人才培训开发优先战略，把创新人才培训开发纳入企业重要议事日程，并要求教育培训中心精心设计培训开发课题、培训内容和培训方式，有针对性地实施培训。中心针对创新人才培训的要求，对管理干部特别是领导干部开展一些逻辑思考、系统思考等方法的培训。通过这些培训，一是培养其能透过事物表面现象观察事物本质的洞察能力；二是培养其能在过去经验和知识的基础上通过思维产生新的形象或新的设想的想像能力；三是培养其能敢创敢闯，又善于总结经验的创新胆识；四是培养其能把前瞻性与现实性、必要性与可能性有机结合起来的超前意识和务实态度；五是培养其能及时捕捉带有倾向性、潜在性问题，制定可行预案，争取把问题解决在萌芽状态的有效掌握有关信息的能力；六是培养其能面对突发事件，保持头脑清醒、对事件进行科学分析、敏锐把握事件潜在影响，密切掌握事态发展情况的应对突发事件的能力；七是培养其能及时整合各种资源，有对突发事件进行准确判断和果断行动能力。

在进行专业技术人员的培训中，注重学员三类知识的学习，一是前瞻性的前沿知识更新，二是本专业业务领域基础知识的巩固和复习，三是相关业务知识的了解和掌握。在这三类培训中，主要是新技术、新知识的培训，同时把中石化集团公司和燕山石化公司战略思维、资本运营、资产重组、开拓市场、降本增效等内容引入培训，增强职工的创新能力，增强企业参与市场竞争的能力。

三、“技能”培训

高技能人才是技能劳动者的核心骨干，是企业的中坚力量，造就一支高技能人才队伍，把高技能人才队伍建设作为人才工作的一项重要任务来抓是企业职工培训工作的当务之急。

在培训中，我们贯彻落实以职业活动为主，以职业能力为核心的原则，认真进行需求分析，针对企业的技术进步、新产品开发、新装置投用、新工艺上线运行等开展培训工作。第一，培训课题具有鲜明的目标驱动性。即，每一个课题都有明确的目标和任务，学员必须掌握哪些知识和技能，由一个要达到的具体目标而决定；第二，课题来自生产实践。科技的突飞猛进，企业的技术进步、装置的改造、产品的升级换代等对技能人才的需求，企业在生产、经营过程中碰到的难题和需要解决的问题，正是培训的课题。第三，开发课题要涵盖本专业的技术标准，着重体现学员解决实际问题的能力。并在培训中增加先进的石油化工技术发展趋势方面的内容，进一步更新观念，拓宽视野，培养基本功扎实，具有复合型、交叉型技能储备的高技能人才。同时为调动职工参加培训的积极性，利用我们已取得的培训和考试资质，开办各类取证培训和考试，将培训需求转化为员工个人需求，职工学习积极性提高，培训需求旺盛，员工个人与企业共同发展。

总之，企业要想在激烈的市场竞争中立于不败之地，就必须重视和加强员工“德能、智能、技能”三个能力的培训。企业员工的每一次培训、每一次提升，都是为进一步发展做准备。这样循环往复，螺旋式上升，使受培训的员工不断从培训中得到激励，明确自己的发展方向，在个人价值实现的过程中增强企业的竞争优势。□

强技能人才队伍建设
是上汽股份可持续发展的基础工程

上海汽车集团股份有限公司

上海汽车集团股份有限公司（简称“上汽股份”）主要生产经营轿车、客车、拖拉机、摩托车、载重车等整车及其配套零部件，并进行资产经营，现有职工6万余人。

“造车育人”和“满足用户需求、提高创新能力、集成全球资源、崇尚人本管理”，加强技能人才队伍建设，是上汽股份构筑核心竞争力和推进“人本管理工程”的重要环节之一。

一、围绕发展战略，明确地位目标

1、公司成立了党政主要领导和有关部门组成的人力资源委员会，确定了“以用户需求和员工发展为导向，以技术创新、管理创新和机制创新为重点，以培养和造就高级经营管理人才队伍、高级专业技术人才队伍和高级技能人才队伍为突破口，实施人力资源的整体开发、有效培植和充分利用”的人力资源发展的总体目标，为上汽股份持续发展提供坚实的智力支持和人才保证。

2、根据技能人才队伍建设的具体目标大幅度调整生产一线的员工队伍培训工作。根据集团未来发展的整体要求，通过对各关键岗位和紧缺人才分析，确定了未来3年内人才高地建设中有关高级技能人才队伍建设的具体目标：

数量目标：高级工及以上的技能型人才新增5000名，保持或超过占生产操作人员和生产支持人员20%的比例。

素质要求：具有丰富生产经验和革新能力，掌握现代化生产的新设备、新工艺、新技能；

2004年上海职业技术比武纽荷兰赛区，技能竞赛现场

专业培训要求：在能力方面，应获得本工种高级工以上等级，或掌握多工种技能、且具有中级工技术等级；在学历上，大专以上的占10%，中专占70%，一些技术要求高的企业，其一线员工大专以上比例将超过30%。

二、着眼员工发展，开展全员培训

上汽股份推行每周工作40小时、培训4小时的“40+4”全员培训制度。在多层次、全方位开展技能培训方面进行了有益的探索和实践，逐步形成了自己的特色。

1、 建立培训基地。上海汽车工业（集团）总公司汽车工业培训中心1980年建立以来，培养了大批管理与技术骨干，为上汽股份人力资源的发展做出了很大的贡献。培训中心占地面积8547平方米，校舍建筑面积13859平方米，拥有现代化的教育场所和教育设施，以及舒适的教学环境。年培训量超过12000人次。

2、加强基础培训。为把员工培养成为道德上合格、技术上过硬、管理上懂行的“合格汽车工人”，上汽股份坚持每年进行一轮以法制意识、企业核心价值观和企业形势为基本内容的“合格汽车工人”培训，并结合现代制造业生产的特点，在员工中普及“精益生产”和“精益管理”的培训。

3、推进“一专多能”的岗位技能培

训。随着上海汽车工业的快速发展，各企业引进了大量的先进设备和先进工艺，产品结构也有较大的调整，上汽股份及时总结推广了两个“1+3”培训（即：一个人会操作3台设备，一台设备要有3个人会操作），提出了“一人多岗、一岗多能”的复合型培训要求，在“一岗多能”培训中进行了有益的探索。

4、重视班组长、工段长的综合能力培训。编写班组长培训课程和规范教材，启动班组长培训工程。几年来,全集团有2600余名班组长参加了培训，培训覆盖面达到一线班组长的89%。有400余名班组长参加了为期一年的“初级工商管理（EBA）”培训班，使“人人成为经营者”的管理意识和“不断改善”的创新思维得到进一步的推广,班组长的整体素质得到了明显提高。

5、加强高级技术工人的培训。上汽股份于1995年制定了“青年技术工人登高计划”，开始举办复合型青年高级工培训班，重点培养35岁以下的青年技术工人。根据集团每一阶段的发展需要，不仅在教学计划中增加外语、计算机等内容，还在每一期的培训中调整、增设新技术课程。到目前为止，已有300余名青年技术工人获得了高级工技能等级，并在各自的岗位上发挥了很大的作用。

6、重视高级工后的继续教育。组织开展了高级工、技师的继续教育，举办各种介绍最新技术发展的技术讲座，扩展高级工、技师的技术知识面。

推行职业资格，加强技能鉴定

1、制定《工人技术等级标准》和《职业分类指导手册》。编制了《上海汽车工业（集团）总公司工种分类目录》。编制了包括6大职业 、54个职位分类的《上海汽车工业（集团）总公司职业分类指导手册》，为集团和企业的人员配置、培训、发展和人力资源的规划、预测和统计提供了依据和规范。

2、建立职业技能鉴定中心。经总公司批准，于2003年7月，建立上海汽车工业职业技能鉴定中心。从2003年7月到2004年12月，上海汽车工业职业技能鉴定中心已接受鉴定申报人数12509人，鉴定合格人数10082人。

3、组织技术比武提升职工技能素质。上汽股份连续13年举行岗位练兵和技术比武活动。比赛内容实现了从车工、钳工等通用工种到数控机床编程操作，AUTOCAD/CAM、进而实施数控机床维修、汽车造型设计、汽车维修、营销服务等“三次跨越”，参与人次累计达到15万，员工参与率达到50%以上。2004年中心将技术比武与职业技能鉴定相结合，首次引入汽车行业特有职业（工种）分汽车装调工等8个工种，参赛人数1221人，经考核364人次晋升了技能等级。其中晋升中级工222人，高级工131人，技师11人。

重视技术工人，激励技能人才

上汽股份制定了优秀技术人才评选和表彰制度，每两年进行一次上汽股份技术能手的评选，共有169人被评为部、市、集团公司技术能手、优秀技师和突出贡献技师。集团下属企业都建立了具有本企业特色的、符合企业发展要求的评优机制。比如，上海大众汽车有限公司在技术工人中评选“技能师”、上海通用汽车有限公司制定员工的职业生涯发展计划和申雅密封件有限公司实施提升普通技术工人素质的“步步升计划”。这些评优、表彰活动不仅大大鼓励了优秀技术人才，而且形成了“追求创新、积极向上”的成才氛围。

为了鼓励高技能人才“冒尖”，上汽股份及下属企业还为高技能人才设置了专业工资序列，使高技能人才在获得技术晋级的同时，也能得到相适应的物质回报。□

加强技能人才培养
实现宝钢新一轮发展战略

宝钢教育培训中心

技能人才是宝钢人才队伍建设的重要组成部分，是推动宝钢技术创新和实现科技成果转化不可缺少的重要力量，其数量的增长、素质的提高，关系到宝钢核心竞争力的增强，关系到宝钢新一轮发展战略能否实现。因此，落实“人才强企”战略，加快技能人才队伍建设，培养一批熟练掌握本岗位和相关岗位技能，能够解决操作难题的高技能人才，具有更加特殊的重要性和紧迫性。

一、加大培训投入，确保技能人才培养

1、加大高技能人才的培养，加快高技能人才队伍的建设，一定程度上取决于培训经费的投入。宝钢集团公司要求各下属子公司确保职工教育经费中用于高技能人才培养的费用比例。将当年职工教育经费提取比例数，通过平等协商的方式，纳入集体合同条款，并由职代会表决通过，以确保职工教育经费中用于高技能人才培养的费用比例。当年职工教育经费的提取、使用情况，职业技能等级培训、鉴定、晋级情况要向本单位职代会报告。

2、大力推进教育培训设施的现代化建设。早在建厂初期，宝钢就建成了占地107亩的教育培训中心。2000年，宝钢又投资8000万元，在教培中心内建设占地达82亩的多功能、综合型的教培中心三期工程，投资3000多万元，建成了占地达32亩的，包括电工、焊工、钳工、行车工等技能培训在内的技工培训工场。其中有全套引进的美、日、德3家公司先进的焊接、仪表、电子、液压等方面的设备，并分别建立了6个国际合作的联合培训中心。现在，宝钢教培中心拥有设施先进的技能培训工场、教室、计算机房、语音室、学术报告厅、大演播厅、健身馆、公寓楼，有藏书达20万册的图书馆，有校园网、校园因特网、电信专线与宝钢主干网、国际互联网、远程教育子网的连接。建立了企业网宝钢教育网站、因特网宝钢教育网站，开通了远程教学支持系统、VOD视频点播系统、基于ISDN的实时双向视频远程教学系统。通过网络手段，宝钢已能为员工提供网上技术技能课程的学习，实现了宝钢人跨时间、跨地域接受名校教育和职业教育的梦想。

二、拓宽渠道，强化针对性培训，持续提升员工综合素质和岗位技能

围绕公司生产经营和战略发展，结合员工个人发展需要，以优质高效的培训，为技能人才成长提供强有力支持。近年来，宝钢在员工培训方面采取了实用、灵活、有效的培训方式和手段，开展了以满足新上项目要求为目的的“适应型”培训；以提高生产技能和工作能力为目的的“提升型”培训；以提高操作人员应变能力和解决问题能力为目的的“全面型”培训；以丰富操作内容、使员工向“一专多能”方向发展的“复合型”培训等一系列行之有效的措施，使员工的综合素质和岗位技能得到了持续提升。

学员在接受仪表培训

三、加大激励力度，激发技能人才的积极性和创造性

1、鼓励员工利用业余时间参加各类培训。宝钢采取“受教育年限”取代学历作为上岗条件，鼓励和引导员工利用业余时间，积极参加一些与岗位需要密切相关的知识和技能培训。

2、选派优秀技能人才赴海外交流、培训。自2003年开始，宝钢进一步加大了与海外院校在技能人才开发和培养方面的合作力度，并从现场选拔一些业绩优异、有培养前途的青年技能人才赴海外院校、机构进行交流、培训。不仅提升了操作维

护人员的培训层次，实现了操作维护人员技能水平与国际一流的接轨，而且对技能人才来说，这无疑也是一个强有力的激励举措。

3、积极帮助和鼓励一线员工总结经验、提炼成果，以员工名字命名先进操作法，给员工以精神奖励。这一做法不但为宝钢总结和提炼了一大批饱含智慧和经验的技术成果，而且为宝钢培养、挖掘了一大批优秀的高技能人才。

4、深入开展“操作技能专家”和人才专项奖的选拔工作，加大对高技能人才的奖励力度，形成典型示范效应。开展“宝钢技术能手”的评选活动，鼓励和引导员工争当本工种的能工巧匠、本岗位的技术能手。

5、建立相对客观、公正的业绩评价体系，以合适的待遇，引导操作维护人员安心工作。同时，在薪酬和待遇上大胆突破，对于在某一领域具有权威、业绩突出的技能专家实行能级工资制，以实现员工价值、个人贡献与收入相匹配。

6、通过精神和物质奖励，鼓励员工解决现场问题，总结技术成果。通过开展自主管理、合理化建议等活动，使员工关注工作改进，不断提高工作效率。

四、坚持组织开展职工技能大赛，为员工展示个人才华提供舞台

宝钢开展的两年一度的职工技术操作比赛活动，在公司范围内形成了一股学技术、比技能、争一流的良好风气。同时，职工技能大赛也为一线员工展示才华、体现价值提供了一个广阔的舞台，越来越多的优秀技能人才在技能大赛中脱颖而出。

五、大力推进“拜师学技”活动，“传、帮、育”出更多的人才

宝钢还充分发挥宝钢技能专家、高级技师、技师等高技能人才作用，盘活高技能人才资源，强化“名师育徒”的“传、帮、育”，形成了规范的“拜师学技”活动的运作体系，活动形式也由最初的“单纯性的学徒式”，逐步演变出针对不同带教目的的跨部门、跨专业、互补型、一带多教等带教模式。通过开展“拜师学技”活动，宝钢涌现了一大批乐于奉献、甘为人梯的优秀师傅，他们的传、帮、育为公司推进知识传承、加速人才培养发挥了积极的促进作用，同时，也培养和造就了一大批善于学习、业绩突出的优秀徒弟。□

“三合一”技能大专班学员在德国培训

构造高技能人才队伍　支撑企业可持续发展

上海隧道工程股份有限公司　俞国华

坚持主动适应，有效服务的方针，以实施公司“高技能人才培养工程”为主线，推进技师队伍建设，为上海隧道工程股份有限公司实现跨越式发展，锻造一支以高级技师为龙头，技师为骨干，高级工为主体的高技能技术工人队伍做了大量的工作，取得了引人注目的成绩。

一、加强技师协会组织建设，做实现企业共同愿景的桥梁和纽带

在技师协会第二届理事会第一次工作会议上，当时公司主管教育工作的副总经理周文波同志就详细阐述了发挥技师协会作用的内涵——协会的生命在于活动，协会的地位在于作为。为落实公司领导讲话精神，理事会成员以身作则，群策群力，同心同德，千方百计的力求把技师协会的作用发挥到最大。其工作得到了上海市技师协会和公司领导的肯定。

公司技术精湛，富有奉献精神的工种技能带头人揭牌仪式

二、树立高技能技术工人先进典型，打造实现技能人才自身价值的通道

一流的企业由一流的人才组成，一流的人才成就了一流的企业品牌。树立先进技术工人典型以及建立工种技能带头人制度，增进和激发职工聪明才智，更是一种价值荣誉观的体现。

我们创建了“工种技能带头人”制度。经公司基层单位层层推选，从奋战在公司各条生产战线上的技师中评选出十位“工种技能带头人”，在公司召开的大会上受到了隆重的表彰。

以“隧道英豪技师”为题，信息报专刊介绍了2002年的全国技术能手——盾构分公司副经理、管涵顶进工高级技师李鸿同志的先进事迹；以“隧道攻关无止境，创新开拓写风流”为题，用多媒体的形式介绍2002～2003年度上海市杰出技术能手——盾构分公司管涵顶进工高级技师张亮同志的先进事迹。

通过有效的引导，以实例展示了“优秀的技术工人也是人才”的观念，为新一代隧道青年技术工人树立了学习的楷模，指明了发展的方向。

三、扎实开展技师带徒活动，大力培养青年高技能人才

公司制定了技师带徒签约、考核、奖励制度，成立了领导小组，切实有效地加强了对活动的指导和管理。2002年经层层选拔结成了53对师徒，2004年底已有10名徒弟取得高级技师、10名取得技师、16人取得高级工资格。

2005年，新一轮高师带徒活动也已在全公司展开，共结成了88对师徒对子。

四、开拓创新，实施公司高技能人才培养工程目标任务

公司技师协会、教培中心及基层单位通力合作，打造青年技术工人“中级工→高级工→技师→高级技师”的培养通道。

开办管涵顶进高级工、技师、高级技师班和测量技师、高级技师班以及维修电工高级工班。制定“管涵顶进工”、“工程测量工”企业标准和技师职业标准，开发和编写鉴定细目表、培训计划、考评方案以及考试题库等，得到了上海市职业技能鉴定中心的认可，为提升公司主体工种的技术工人素质打下了扎实的基础。

对全公司技术工人情况进行了调研。历时半年，以点面结合，定性和定量分析相结合，问卷和召开座谈会相结合的方式进行调研。通过调研真实地反应了公司技术工人总量、技术等级、文化结构、培养和使用情况，并逐一进行分析，就公司技术工人“金字塔”型结构，迈向公认的“纺锤”型合理结构，提出了相应对策，为公司党政领导决策提供了依据。

五、组织技师技术攻关，技术服务，为公司施工生产第一线排忧解难

根据公司施工生产技术特点，组建了技术服务组，由技术精湛、实践经验丰富的技师担任组长，真正为施工生产第一线做到了排忧解难。

例1：当身处地下11米的10号盾构发生故障暂搁掘进时，盾构上方地表塌陷，一幢五层楼的住宅楼地基已暴露出来，险象环生，控制不好后果将不堪设想。管涵顶进工高级技师李鸿同志迅速赶到现场，为发生的险情“搭脉”。果断地采用地面跟踪注浆，同时在盾构刀盘正面压注聚氨酯的方案，经过6个小时的奋战，险情得到了控制。

例2：机械厂钳工技师李建伟同志参与国内首台双圆盾构安装、调试工作。在双圆盾构井下拼装阶段，遇到两边推进油缸压力不一，盾构姿态偏离，及时攻克了技术难题，确保了盾构的推进姿态，为双圆盾构的顺利出洞奠定了基础。2003年李建伟同志被上海市科学技术委员会授予“科学技术优秀成果完成者”的荣誉

称号。

例3：在宁波“开明街”与“药行街”交叉的地下4×6M大型矩形顶管的施工中，我们的管涵顶进高级技师胡惠民同志采用先进的顶进轴线控制、工具管自转及平面位移工作法，保证了施工质量及城市的环境保护，使工程项目顺利地通过甲方验收，得到了宁波市政府的表彰。

隧道服务技师协会组织全体技师聆听高级工程师技术讲座

实施“高技能人才培养工程”三年来，铸造了一支以高级技师为龙头，技师为骨干，高级工为主体的技术工人队伍，支撑了企业的可持续发展。2004年公司的产值已超过40亿元，实现了跨越式发展。□

扎根企业 多渠道全方位地开展职业培训

江南造船（集团）有限责任公司培训中心

据有关资料统计，发达国家的技术工人中高、中、初级的结构比大致为35∶50∶15；而我国则为4∶36∶60。上海的劳动力素质略高，但高级技工也仅占6%左右。同样，江南造船员工队伍素质也不容乐观。值得注意的是，高技能人才学历层次偏低，年龄老化，后继乏人现状堪忧。

江南造船集团公司用于培训的电工实验室

江南造船集团公司用于培训的PLC实训室

为缓解人才资源的压力，江南将教育培训置于突出地位，以2002年12月劳动和社会保障部将江南列为国家高技能人才培训其他试点单位为契机，制定、实施《江南造船（集团）公司高技能人才培训工程》，并将年度教育经费的比例从占员工工资总额的1.5%提高到2.5%。近年来，江南的教育培训扎根企业、服务企业，以培训企业和社会紧缺的高技能人才为抓手，多渠道、全方位地开展了教育培训，多渠道培养高技能人才。2003年，江南就对19个关键岗位、主体工种中的214名高级工进行了培训，通过考评、鉴定，培养了36名技师。自2002年底到2004年底，江南的技师和高级技师占技工总数的比例已从2.5%提高到了4.5%。与此同时，江南利用技师资源切实推行技师、青工结对帮带制度，签帮带协议，定帮带项目，有考核奖励，培养了大批年轻的生产骨干。

鉴于江南长期来，多渠道多层次全方位地开展了富有成效的职业培训，培育出了荣获“中华技能大奖”的江南焊王刘维新，先后培育出了全国技术能手2名、国防科工委技术能手1名、中国船舶工业集团公司技术能手15名、上海市技术能手4名，培养高级技师34名、技师223名、高级技术工人1223名，构成了企业宝贵的人才资源库，成为企业发展的有力支撑。

为此，江南于2002年10月被中国职工教育和职业培训协会评为全国企业职工培训先进单位，2004年7月又被评为全国民办职业培训机构先进单位。2004年12月，劳动和社会保障部授予江南“国家技能人才培育突出贡献奖”，以表彰江南在高技能人才培养上所取得的优异成绩。□

培育高技能人才培训基地
造就高素质技术人才队伍

上海电气人力资源有限公司

公司围绕集团“十五”产业发展目标，培养造就一支与时俱进的高素质职工队伍，提高集团的核心竞争力，技能人才队伍建设与发展是推动和实现这一目标重要保证。公司通过几年来的探索与实践，锐意创新，取得了一定的成效。

一、整合集团教育资源，夯实基地建设基础，凸显岗位技能培训功能。

上海电气（集团）总公司在实施结构性战略调整过程中，充分考虑到教育资源在集团中的重要性，将教育资源结构性调整同样看成是战略性调整。

2002年，为优化整合集团内的教育资源，集团决定将上海机电工业学校、上海机电工业职工大学并入上海电机技术高等专科学校（现已改名上海电机学院），以提升电机学院的办学实力。合并后的电机学院——军工路校区（原上海机电工业学校），作为集团培养高技能人才的主要基地。

二、大力弘扬李斌精神，以创建“李斌技师学院”为载体，使基地建设与集团高技能人才培育发展一体化。

李斌是集团下属液压件厂的一名普通工人，通过自身努力成长为数控机床应用方面的专家型技术工人。在他身上集“传统技艺＋现代技术，实践经验＋专业知识，岗位技能＋无私奉献”之大成。正是这些，为电气集团今后要培养一支什么样的高素质职工队伍，找到了参照系，也为电气集团需要的“新世纪的技术工人”是一个什么概念，找到了最好注脚和诠释。基于此，集团为了进一步扩大“李斌效应”，为培养和造就一支技术精湛、有创造能力的李斌式的新型技术工人队伍所需要的有效途径和运作机制尝试了新的实践和探索——创建了中国第一所，以一个工人的名字命名的“李斌学校”。为了进一步扩大“李斌学校”的影响，提升“李斌学校”的办学水平和质量，培养更多的当前产业经济发展所急需的高级智能型技术工人和技师，在上海市总工会和上海市劳动与社会保障局的大力支持下，我集团又于2003年10月将“李斌学校”进一步改制提升为“上海电气李斌技师学院”。

集团党政工领导从人才战略角度出发，将李斌技师学院的创建看作是具有现实和长远战略意义的一项重大举措。创立李斌技师学院就是要通过李斌从一名初级技工成长为专家型工人这一极具典型意义的，而且就在工人自己身边的事例，廓清人们在思想认识上的迷雾，充分认识技术工人在经济发展、技术进步中的重要作用。通过李斌技师学院的创立，在全行业要努力形成有利于技术工人“岗位成才、各展其能、学有所长、术有专攻”的强烈氛围、可行机制和政策导向，从而来实现电气集团建设一支高素质技术工人队伍的战略目标。

在集团党政工领导的高度重视下，李斌技师学院从一开始，就在章程中对办学宗旨给予了准确的定位，即：以职工的职后培训、提高技能为主，培养高级技术工人人才。

李斌技师学院院长及院务委员会主任由机电工会主席兼任，聘请李斌以及集团有关部门领导担任院务委员会副主任，并聘请集团所属大企业的领导担任院务委员会委员。

在运作机制上，将李斌技师学院的

2004年李斌技师学院成立

教学工作纳入整个集团的教育培训体系，根据集团发展规划以及企业和职工的实际需求，按需办学。办学以业余为主、工余结合；定点为主、点块结合；短训为主、长短结合为原则。

创建李斌技师学院，充分利用业内已有的教育资源，以电机学院——军工路校区作为主要基地，并成为集团高技能人才培训基地运作的有效载体，其优势极其明显：

1、背靠行业内的各大企业，为上海电气李斌技师学院提供了得天独厚的技术支持和实训条件。

2、以电机学院为主的教职工队伍为上海电气李斌技师学院提供了有力的人力资源基础。目前电机学院和机电工业学校有一支庞大的、稳定的，且具备"双师型"高素质的专兼职师资队伍。除此之外，集团企业中还有近两千人的技师、高级技师队伍以及大量具有高级职称的工程技术人员，这些都构成了公司内部强大的教师人力资源优势。

3、集团内部的许多企业所具有的丰富的校企合作经验和雄厚的财力、物力，也为上海电气李斌技师学院提供了最直接、最具针对性的实质性支撑。

通过几年来的运转，已有为数不少的技术工人参加了李斌技师学院举办的各种培训。目前，"上海电气李斌技师学院"的名字和她所承载独具魅力的功能，正在上海乃至全国各地都产生了一定的影响。

三、通过积极开展技术大比武活动、深化岗位练兵，努力打造技术工人向高一级提升的阶梯。

集团以高技能人才培训基地作为技术工人培训的聚合点，并向整个集团辐射出去，实施对重点和关键技术岗位的

全国劳模李斌正辅导学员实习

高技能人才的培养。

总公司和机电工会在推动全行业以技能为核心，着力提升行业技术工人队伍素质方面采取了"十大措施"：

①建立基金。建立李斌式职工的荣誉奖励基金；设立"电气职工素质工程奖励基金"；

②定期评选。评选"李斌式职工"、"李斌式班组"、"技术能手"；

③纳入考核。将学李斌活动纳入行业工会工作八项目标管理考核；

④坚持"两条腿走路"。一是建立"上海电气李斌技师学院"，把她作为培养高级技术工人的基地；二是对自学成才者实行一次性奖励；

⑤理论探索。建立"李斌和李斌班组研究会"，定期举行研讨；

⑥深入宣传。出版三本反映李斌精神的书和一本反映学习李斌成果的书；拍摄一部宣传李斌事迹的录像片《攀登》；举行多次先进事迹报告会；

⑦深化结对。开展劳模班组与李斌班组的跨行业结对和名师带徒活动；

⑧岗位练兵。以李斌为榜样，每年举行"'李斌杯'职工技能大赛"，并不断提高大赛的高技能含量；

⑨实行重奖。重奖李斌和李斌班组，带动各企业重视、重用、重奖技术工人，形成"技术工人也是人才"的氛围；

⑩机制保证。以机制保证学李斌活动深入发展。对高级技术工人有条件的要实行年薪制，用《集体合同》形式确保1.5%教育经费的落实。

四、围绕集团结构性调整改制与发展，广泛开展员工大培训活动，全面提升职工队伍整体素质

2005年根据电气集团总体调整、发展战略的需要，集团总公司提出了开展"员工大培训"的工作要求，实施以"基础教育板块、技能提升板块、拓展技能板块"三大板块教育内容的培训。

基础教育板块主要目的是更新观念，了解政策。内容包括开展员工大培训的背景与意义、上海电气面临的形势、任务与目标、转变思想观念，适应市场经济、建立健全改制重组规范，积极推进国资国企改革、变革中的企业文

化、现代劳动者应当具备的法律知识、创新思维方法，提升学习力、职业道德等课程，并专门编辑印制了十六万字的培训读本教材。

技能提升板块内容主要以菜单方式提供机电类主体职业（工种）的培训目录，该板块作为相应职业（工种）学员的必选培训项目。主要作用，是提升机电类职业（工种）的岗位技能。

拓展技能板块以社会服务类职业（工种）能力培训为主。主要作用，是拓展就业能力，为企业结构性调整的职工提供自主择业、自主创业的选修培训内容。2005年上半年，集团总公司开设了129个班次，培训职工8000多人次。

电气集团每年举办以李斌名字冠名的职工技能大赛大赛现场

几年来，上海电气人力资源有限公司在探索和实践高技能人才培养的最佳实现途径上，取得了一定的成效，构建了符合企业自身发展特色的职业培训体系，特别是“李斌学校”的诞生，开创了国有大型企业职工教育培训的先河，是具有典型和示范意义的，创出了一条可资借鉴的教育培训之路。□

企业发展的基石　员工成长的阶梯

联华超市股份有限公司

联华超市创建于1991年5月，是上海首家以发展连锁经营为特色的超市公司，公司培训中心坚持“超前储备，强化培训”的指导思想，树立“培训为公司经营和发展服务”的理念，不断探索符合联华提升和发展需要的培训发展道路，初步形成了具有中国连锁商业企业特色的培训管理模式。

一、建立完善的培训管理制度和分层次的培训管理架构，推进企业培训工作规范有效开展

1、制度化管理推进规范化实施，联华公司总部制定并推行的《员工教育培训管理办法》、《内部讲师管理办法》等一系列完善的培训管理制度作为开展培训工作政策依据和准则，全面指导和规范全公司的培训工作。

2、分层次管理促进有效性提升。联华成立了教育培训管理委员会负责公司的教育培训规划和目标、方针、政策、制度、教育和培训经费的预算的确定，明确了各层面培训管理机构的职能，分别负责不同层次、不同内容的培训，使各类培训的开展更具有针对性、时效性。同时，公司全面推行员工培训信息登记管理制度和年度培训课时考核制度，对各个层面的员工做出不同的参训课时考核要求，确保公司的每一位员工有参加培训的机会，使公司的培训覆盖率达到100%。

二、明确各层次的队伍建设目标，形成具有针对性的培训课程体系，满足企业发展对各种人才的需求

1、管理队伍建设目标

2、根据队伍建设目标确定能力提升重点

在高层经营团队培养方面，注重核心能力的提升，包括洞察能力、统筹能力、判断决策能力、领导能力等。

在中层管理团队培养方面，重点进行管理技能的提升，包括判断能力、沟通协调能力、团队领导和建设能力、创新能力等。

联华公司培训中心组织专兼职讲师和实习基的带教店长下门店实地考察

联华高层管理人员参加中欧国际工商学院培训现场

在基层督导团队、主要进行现场管理能力的提升，包括专业业务能力、计划能力、指导能力和沟通能力培养方面等。

一般管理人员和基层员工，则重视职业能力提升，包括职业素养、职业技能、职业生涯规划、自我管理与自我发展。

3、根据能力提升要求形成课程体系

根据不同对象的能力提升要求，培训部门设定了不同的培训目标及培训内容。

三、根据不同对象不同课程要求，采取形式多样的教育、培训方法，提高员工队伍的整体素质

1、门店基层员工的培训：严格抓岗前培训，加强在岗提升，稳定和提高基层员工队伍质量，所有新进员工必须通过岗前员工培训并考核合格才能上岗，

2、各类专业技术人员培训：对中高级专业技术人员的培训，采取请进来和走出去的相结合的办法，培养和建立公司财务管理、物流采购、投资融资、营销策划、品类管理、信息管理等方面的专业骨干队伍。

3、中高级管理人员培训：引进国际先进的管理理念和管理技术，着力塑造一支懂管理、会经营、年龄和知识结构合理、经验和创新意识并举的连锁经营领导和执行团队。

4、储备干部培训：从1997年每年举办两期储备管理人员培训班，为公司管理部门提供后备力量。

联华在与高等院校和专业培训咨询公司连锁组织高层次培训的同时，致力于内部讲师队伍的建设，通过有效的激励机制和管理制度，把公司最优秀的管理人员和专业技术人员推上讲台。□

贯彻科教兴港战略 促进技能人才培养

天津港（集团）有限公司

改革开放以来，天津港全面贯彻“科教兴港”发展战略，职业培训发展迅速，职业培训体制改革稳步推进，各级各类职业培训效果显著。天津港现有教育教学基地28932平方米，人均1.44平方米，超过国家和天津市的标准。1996年至2003年，天津港共举办各级各类培训班3492期，培训各类在职人员139690人次。

为天津港实现跨越式发展培养了大批高素质管理人才、技术人才和技能型实用人才，天津港员工队伍知识结构、技能结构得到明显改善，整体素质不断提高。近年来，天津港进一步加大了技能人才培养的力度，为技术工人铺设一条从初级工、中级工、高级工，再到技师、高级技师的成长通道。通过终身

教育培训,为技能人才健康成长和在生产建设实践中充分发挥作用，创造了良好条件。具体做法是：

一、高度重视，把技能人才队伍作为一支专门的人才队伍来抓

天津港走向亿吨大港，实现经济快速发展，离不开技能人才的贡献。集团职业培训委员会把天津港人才队伍分成管理人员、专业技术人员和专门技能人员三支队伍，不仅对技能人才给予了准确定位，而且提到了人才战略的高度。明确了技能人才队伍的总量、结构、发展和培养目标，提出了建设一支以初、中级工为基础，高级工、技师为骨干，国家级、市级和本港技术能手和高级技师为带头人，技能水平高，工种配套，结构合理，在国内外享有声誉的一流技能人才队伍的总体目标。在总体目标的指导下，天津港勇于创新，狠抓落实，逐步探索出新的培训理念和新的培训方法。

二、理念创新，增强现代企业培训意识

天津港首先确立高技能人才是港口企业经济发展的重要生产力的观念，使技能人才培养成为每个人的共识，形成培训工程的巨大推动力。其次，树立职业培训是企业重要的资源投资理念。天津港不断加大教育资金投入，增添现代化培训设备，扩大培训规模，树立“人本管理”和终身培训理念，努力培育学习型组织和学习型员工。天津港积极探索和实践对员工的职业生涯进行设计和管理，构建终身培训平台，引导员工向技术技能型、复合型技能人才发展。积极开发多技能培训，开辟多技能证书制度，扩大技能人才的竞争和发展空间，引进市场经营机制，开办以市场化、专业化为导向的港口技能培训基地。

三、机制创新，建立和完善企业培训运行体系

1、体制上，实行“两级培训、三级管理”。

天津港员工培训涉及人员范围广、门类多，是一项复杂的系统工程。为切实搞好这项工程，天津港充分发挥各级教育培训组织机构的作用，建立了权责明确的培训管理体系，逐步形成了“二级培训、三级管理”的职业培训管理模式。即：二级培训：培训中心、实训基地和基层单位培训基地两级培训实施单位。三级管理：天津港职业培训委员会、基层公司、车间（队、站）三级教育管理网络。较好地解决了员工培训工作点多、线长、面广、量大所带来的一系列问题，使培训任务得到层层分解、层层落实。

2、机制上，重点实施了储备性的职前培训，实用性的岗位培训和提升性的学历教育。

天津港实行上岗准入制，加大职前培训力度。对新上岗、转岗人员和特殊岗位人员，实行先培训，后上岗，目前，员工持证上岗率已达100%。针对近几年天津港接收、安置的退伍军人逐年递增的情况，制定和推行了《天津港务局退伍军人接收安置暂行办法》，规定退伍军人进港工作，必须先进行两年的职业技能培训，取得技工学校毕业证书和职业资格证书后方可上岗。

3、保障体系上，确保有限的教育投入产生最大的经济效益。

天津港鼓励员工进行提升性的学历教育和职业资格证书制度，系统规范了天津港操作人员培训、考核、晋级行为，初步建立了技能人才的评价和考核体系，拓宽了技能型人才职业发展通道。

四、措施创新，建立和完善职业培训激励机制

天津港始终贯彻落实“尊重劳动、尊重知识、尊重人才、尊重创造”的人才方针，建立并不断完善科学合理、成龙配套培养人才，激发人才活力，促进人才潜能发挥和人才价值实现的激励机制。通过政策创新、制度创新、方法创新，让一切创造港口财富的源泉都能充分地涌现出来。

1、与经营责任制相结合，建立员工培训目标管理体系，制定切实可行的培训计划。在技能人才培养工作中，结合天津港建设世界一流大港的战略目标和天津港人才及人力资源发展总体规划，制订职业培训规划。

2、与用人制度改革相结合，满足员工职业生涯发展的需要。天津港推行了全员“竞聘任期制”，将员工获得学历证书、技术等级证书、岗位资格证书的情况作为员工上岗、任职、聘用和晋升的依据，建立起以能力和工作业绩为导向的用人机制，实现真正意义的竞争上岗。在劳务员工管理方面，加强了对劳务发包的动态管理，逐年提高劳务公司的准入水平，并实行了资质等级机制。

3、与分配制度改革相结合。天津港建立了一套符合现代企业要求的薪资激励机制，制定了《天津港务局员工薪酬支付办法》等制度，使技能人才的收入与业绩贡献相联系，充分体现了技能人才的知识、技能和贡献的价值，营造了一种“尊重人才，尊重科学”的环境。

五、方法创新，不断提高企业培训质量

1、拓宽办学思路，形成资源共享。依托社会，广泛与高校、研究机构合作办学，把管理和技术骨干送出去，或请专家来授课和培训。

2、创新教学模式，推广现代化教育和技能培训手段，摒弃“满堂灌”、“填鸭式”的教学方法，更多地采用场景模拟、角色扮演、案例教学、小组讨论、多媒体教学等形式，实现教育培训方法的多元化。

3、广泛开展形式多样的职业技能竞赛活动，营造人人争当高技能人才的学习氛围，鼓励各类技术能手脱颖而出，鼓励广大技术工人勤学苦练，走技能成才之路。

天津港认识到，要创世界一流大港、永保先进，要靠一流人才、一流培训来保障，而一流培训必须有适应时代要求的新知识、新技能相配套。随着“科教兴港”战略的逐步实施，天津港在教育体制改革、教育资源管理、岗位技能培训、职业技能鉴定等诸多方面的进行了大胆探索，取得了突出的成绩。□

开拓创新 追求卓越

天津石化公司培训中心

天津石化培训中心成立1999年1月，是天津石化直属职工培训基地、天津市劳动和社会保障局、中石化集团批准建立的石油化工行业特有工种职业技能鉴定站。培训中心就以开拓创新的精神积极吸纳先进的培训理念，不懈地探索企业职工培训发展规律，不断地尝试培训方式方法的变革创新，不停地追求培训事业的新境界，在发展之路上留下了拼搏的汗水和坚实的脚步。

培训中心面向企业开展以提高各层次员工综合素质及技能为核心的培训业务，积极践行现代培训思想，大力采用和推广先进培训方式，严格执行《培训质量管理规程》，创造性地走出一条符合企业需求、适应企业发展的新型培训的成功之路，取得了突出的业绩。

培训中心

五年以来培训中心累计开发新项目近百个，举办各类培训班500余个，培训员工30000余人次；完成技能鉴定万余人次。培训中心先后获得“全国企业职工教育培训先进单位”、“天津市‘九五’期间企业教育先进单位”、“天津市企业培训先进单位”称号。

目前，技术工人培训和技能鉴定已形成体系，培训和鉴定基地已具规模。已开展了包括特殊工种安全培训、通用工种和石化特有工种鉴前培训等十余个工种的岗位资格性培训和企业班组长、高级工过程研修班及部分工种专项强化培训等在内的适应性培训。2004年，承接了中石化集团公司分析化验工培训和鉴定基地的建设和中石化集团技师、高级技师培训考核任务，电气运行仿真培训基地也将于年内建成，技能培训实力大增。

培训中心立足企业发展需求，为企业“量身定做”了一系列培训项目，打造出了以集团公司物资供应处科长岗位资格培训、“企业班组长系列培训”、“领导科学与艺术”之“一把手”和新提拔副处级领导干部培训、处科级干部岗位资格的公共课程培训、全面质量管理培训、新大学生入职培训、电子商务培训、特种作业人员安全技术培训、各装置工种和通用工种鉴前培训等培训项目为代表的一批精品课程和品牌项目。

成功引进“时代光华”卫星直播管理培训课程，为天津石化和大港地区的各级、各类管理人员提供了一种形式新颖的、互动感极强的培训方式，坐在培训中心的教室里就可以享受到国内知名培训专家的现时培训。

培训中心在服务企业的同时，不断增强周边辐射能力，以回报社会和行业对培训中心的关爱和支持，先后为集团公司内部和相关行业及市、区企业提供所需的多项专项培训，已初步成为天津市企业班组长培训的重要场所和大港区特有工种安全培训基地。

按照企业培训质量国际标准（ISO10015）并结合企业实际制订的《天津石化培训中心培训质量管理规程》正式实施，培训运作的各个环节更加科学规范；职教理研工作取得丰硕成果，几年来有30余篇论文在全国职工教育和职业培训核心期刊及国家企业培训权威指导期刊上发表，有20项理研成果分别在中国职工教育和职业培训研讨会、集团公司职教年会上和天津市企业教育成果评选中获得多个奖项。

在天津石化培训中心改革与发展的进程中和培训实践中，师资队伍得到锻炼，培训手段持续改进，培训设施日臻完善，办学水平不断提高，培训效果得到各级领导的高度评价、企业的普遍欢迎、员工的一致认可，培训中心成为天津石化实施职工素质工程的主阵地，也成为天津石化持续发展的助推器。

在天津石化的统一规划和大力支持下，培训中心将坚持“培训科学化、管理规范化、服务人性化”的施训原则，努力向“把培训中心建成培训设施齐全、功能完善、管理规范、方法先进、队伍过硬、环境优美的现代化企业培训基地”的目标坚实迈进。□

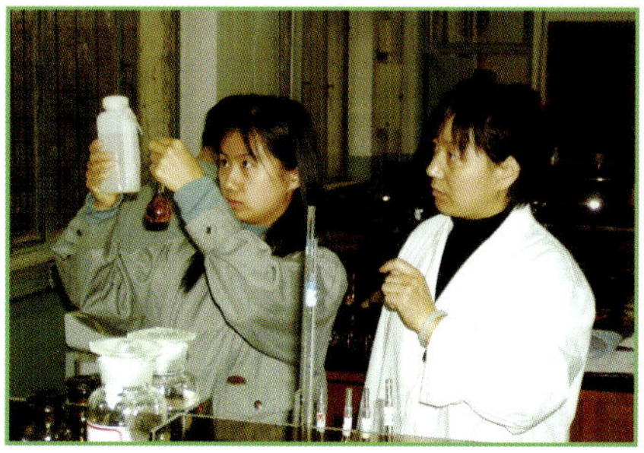
技能鉴定

多媒体数字语音室

“模块化教学 菜单式服务”

天铁冶金集团有限公司技工学校 刘忠立 董肇平 黄金侠

各类职工技能培训已成为天铁冶金集团公司技工学校工作的重要组成部分。其中通用工种的技能培训更是重中之重，通过几年实践，取得了很大的成绩。但也还存在某些不足之处有待探索和尝试，如：

1、同期培训学员中存在基础知识和技能参差不齐的问题，致使教学组织及效果受到一定影响。2、培训教学内容与实际需要仍有脱节的问题，现场中需要的知识和技能在学习中得不到充分满足。3、部分学员对培训的重视程度不够，主动学习的积极性不高，影响了培训质量等等。

为最大限度地发挥学校的教学资源和厂方的财力及人力资源，使培训教学真正为生产一线服务，培养输送技能型人才，培训教学的内容、方法、组织管理方式等也应该与时俱进，不断探索创新，使其更加规范化、科学化、有效化。基于以上考虑学校实施了“模块化教学，菜单式服务”的职工技能培训教学模式。该模式根据职工培训的要求，将教学内容分成各类不同性质的教学模块，再按各个分厂的生产实际特点和需求提供菜单式服务。

一 、培训教学模块可参考以下方式划分：1、培训性质：属“综合性”还是“单一性”的培训。通用工种为理论基础知识、工艺知识和实际操作的综合性培训，只要求某一专业方面技能的为单一性培训，如机械制图、计算机绘图、液压传动等。2、培训类别：是基础知识类、工艺知识类还是实际操作培训。3、培训层次：是初级、中级还是高级培训。

二、“菜单式服务”的实施—编写“教学讲义 “菜单式服务”，就是在培训教学环节中，有针对性地组织教学内容和实施教学的过程。确定“微观”形式的教学内容和要求，也就是具体编写教学讲义的过程，这是提供优质服务的前提和保证。

编写教学讲义，要按照培训教学模块，依据各个生产厂的具体培训需求为原则，如何提供好“菜单式服务”，保证培训教学质量，下面以钳工基础知识培训教学为例，简析组织编写教学讲义的几个环节。1、培训前收集培训教学信息。2、合理组织教学内容，编写教学讲义应遵循的原则。编写教学讲义和实施教学过程中，要求遵循“理论联系实际”、“少而精” 和“循序渐进”的原则。既要加强理论联系生产实际，学以致用，又要有理论的高度和深度；既少而精，又要注意知识的科学性、系统性、完整性；既要短期速成，又要使知识教学循序渐进。3. 教学过程中注重信息反馈，教学讲义时时做调整。在教学过程中，注重阶段性的教学信息反馈，做到及时征求学员的要求和建议，以对教学讲义进行调整、补充和完善。

三、实施“模块化教学，菜单式服务”需要注意的方面

1、要突出培训教学特点。在培训教学中要特别注重书本知识与现场应用之间的“链接”。灵活恰当地“设疑”，以增加教学的互动性和学习的主动性，把现场问题移到课堂来解决，感到所学为所用，学会分析和解决问题的方法。2、在教学中注重各类知识之间的综合性和衔接性。3、把理论知识通俗化、实用化，避免照本宣科。在教学中，结合教学内容列举工作现场实例进行教学，如：如何使用通用量具确定齿轮模数的问题，齿轮失效类型及分析，徒手画图表示机械零件等问题，教学效果特别好。4、充分利用教具和教学挂图，以增加教学的直观性，例如机械制图、液压传动、机械基础教学。

教师应适应培训教学的要求。承担职业技能培训教学，要求教师具有综合教学水平和能力，即：教师必须具有比较全面系统的专业基础知识；熟悉各个相关专业知识之间的衔接关系；有一定的实践能力，即具备“双师”型教师条件；同时还要熟悉冶金企业各生产现场的工艺及相关设备。“模块化教学，菜单式服务”职工培训教学模式在公司的实践中取得了很好的效果，职工素质和技能水平得到了进一步提高，也受到了集团各二级分厂的好评。

2004年为职工继续教育和岗位技能培训达到2306人次，2005年全年要完成各级各类培训约12000人次，其中，职工职业技能鉴定培训3000人次。□

以提升员工素质为目标 搭建人才成长舞台

大港油田集团有限公司

公司自1999年重组分立以来，面对残酷激烈的市场竞争形势，始终坚持人才强企理念，超前进行人力资源开发，把建设高素质员工队伍作为企业发展的基石，加大培训工作力度，强化各类人才培养，着力建设三支人才队伍，全面提升员工队伍素质，逐步建立起了以狠抓培训、技能鉴定、岗位练兵和技能竞赛为重点的人才开发模式，取得了显著成效。先后被中国职工教育和职业培训协会授予全国企业职工培训先进单位，被天津市评为职工培训先进单位。先后产生了6名全国技术能手，13名中油集团公司技术能手和110名局级技术能手。我们的主要做法是：

市场的竞争归根到底是人才的竞争，为确保企业跨越式发展目标的实现，培训、鉴定和技能竞赛工作始终坚持三个结合：一是培训、技能鉴定、技能竞赛与企业产业、产品生产和队伍结构调整相结合；二是培训、技能鉴定、技能竞赛与市场开发相结合；三是培训、技能鉴定、技能竞赛与企业长远发展目标相结合。狠抓了四个落实：一是组织领导落实。人力资源开发工作能否落到实处，关键在领导。为做好人力资源开发工作，我们把人力资源开发纳入到了企业“十五”发展规划和领导任期目标，建立了“三级管理、两级实施”的培训管理体制，并作为“一把手工程”加以落实；二是资源配制落实。在资金紧张的情况下，每年投入培训、鉴定经费1000多万元，保证了培训、鉴定工作的正常开展；建立的变电模拟仿真系统实现了远程网络教学，建立的井控模拟教学系统取得了国际钻井承包商协会井控培训认证，具备了国际井控培训资格。除对本企业员工培训外，已开始为古巴等国外石油公司技术人员进行培训。着力建设的大港钻井培训中心和供水供电培训中心，已进入中油集团公司确定的6个技师基地之列，已举办培训班4期，培训近200余人；三是规章制度落实。针对人才开发工作，公司先后制定了《培训管理程序》、《大港油田集团公司职工培训管理办法》、《高层次人才管理办法》、《调动各类人才积极性若干规定》和《职业技能鉴定实施细则》等制度，使人才培养工作有章可循；四是具体工作落实。各级党政领导和职能部门、专业人员以高度的事业心和责任感，振奋精神抓工作。重组以来，累计举办各类培训班3000多期，培训员工15万人次，为各类人才建立档案

在2004年全国石油石化行业职业技能竞赛中，大港油田井下作业工代表队获得团体总分第一名，图为劳动工资部副主任丁传峰同志和获奖选手合影

3万件，编发各类培训教材100余种，开发了近50个工种的题库，鉴定操作人员10万人次。

企业员工队伍整体素质的大幅度提升，使企业发展的“脊梁”更硬。近两年来，40%以上的收入来自外部市场，还有183支队伍打入国内外市场，其中30支队伍打入国际市场，出现了内外市场全面开花的新局面。员工以科学的管理水平和精湛的业务技能，为企业成功履行合同提供了可靠保证，也为企业发展提供了技术和声誉支持。□

大港油田集团公司始终把对员工的技术培训工作放在首位，采取多种形式进行培训，图为现场实战培训场景

以教研室建设为切入口 坚持培训与生产经营管理相结合

天津市电力公司培训中心　姜垚

培训工作与传统的学历教育不一样，不能沿用教师满堂灌的教学方法。要理论联系实际，要采用现代化的教学手段，要结合新设备、新技术、新工艺、新思想、新观点、新方法来讲，总而言之要培训创新。达到这样的要求，浮在中心不行，落在培训部门也不行，只有下沉到专业教研室，做到培训与生产实际的结合，培训与经营管理的结合，才能符合培训需求，进而达到送培单位的满意。为此我们结合公司实际和中心现状，确立了以专业教研室建设为基础的改革方案。它回答了培训与生产实际相结合、培训与人才培养相结合的问题，解决了培训中心发展核心业务的瓶颈。

——搞好教研室建设要以创新发展培训中心的核心业务为重点，紧贴公司的安全生产和经营管理实际。为做好这一点，中心教学培训部门积极组织培训教师深入生产一线，开展培训如何为生产服务、为经营管理服务的调研活动。他们走访车间、科室、班组，通过问卷调查、召开座谈会等方式，对原有的培训模式、培训内容进行了评估，对企业的培训需求有了新的了解。

在教研室建设中，我们按照职业培训的教学规律，刻意引进了加拿大CBE培训理论，把培训重点锁定在员工岗位工作内容上，围绕公司员工的工作职责、工作制度、业务流程、工艺标准等，深入进行培训内容的设计与培训项目的开发，使培训真正渗透到生产领域中去。

——搞好教研室建设要以教材建设为基础，不断提高培训的实用性和针对性。职业培训的变革首先从教材建设起步，强调培训内容的重点不再是系统的理论，而是与培训有关的工艺流程、技术标准、操作规范和预防事故的措施，所以理论讲授不再是培训的主角，而是有益的补充。

在抓好教材建设的过程中，按照成人教育的心理和认知特点，紧密结合生产现场管理实践，融入互动式、亲验式、讨论式，编写顺口溜、借用谚语、制作电子课件等形式，使培训内容和教学方法更容易为学员所接受。到目前为止，中心已设计出结合一线岗位实际的教材版本，制作完成变电运行、输电线路带电作业，以及政治、管理课程的多媒体电子课件；还开发出教学培训管理的系统软件；完成了17项焊接工艺和工艺评定；并协助公司编写出与职业技能鉴定的有关资料等。

——搞好教研室建设要与市场经济下的公司法制化管理相结合，突出依法经营、依法管理和依法维权的培训和学习。在当今市场经济条件下，企业的法制化管理已成为当务之急，我们通过调研了解到，公司窗口单位的业务人员法律知识欠缺，但在实际工作中经常遇到一些有关法律方面的问题。为此，在公司法律事务部帮助下，确立了在用电营销人员中搞一次以企业维权为核心，以经济法讲授为重点的法律知识培训。为做好这项工作，从2003年9月开始我们在有法律知识的教职工中进行选拔，在此基础上组织有关人员进行供、用电案例分析的法律知识研讨与培训，并集中编写了适用的讲义和案例教材。经过近一年的试讲和演练，8名培训师的培训教案得到了有关专家的认可，2004年8月已对全公司150余名用电营业人员进行了培训。

——搞好教研室建设要坚持思想性、多样性，拓展训练场的建立使培训内容更加丰富，更加具有吸引力。按照现代化培训发展的脉络，培训既要培养合格的专业技术人才、经营管理人才，也要注重团队精神的锤炼和提高。我们及时捕捉到这一信息，于2003年下半年开始利用闲置的礼堂，通过整修改建，建成了拓展训练场，并在蓟县九山顶的旅游场所建立野外训练场。

为提高拓展训练培训师的授课水平，中心分3批组织人员到北京、邢台等先进训练场进行强化训练，目前已有8人取得拓展培训师上岗合格证书。自2003年3月份教研室成立以来已为公司内外举办了8期培训，受到送培单位和学员的普遍欢迎。

——搞好教研室建设要从提高师资队伍水平入手，努力建设一支素质高、业务精、能力强的专业培训师队伍。由于学历教育的逐步淡出，培训中心的教学主体已发生变化，教师不再是学历教育的教师，而变成了为公司生产和管理服务、为提高员工素质的培训师。为适应培训教学的需要，我们以教研室建设为阵地，按照“一能三会”的要求，制定了专业培训师的培训发展计划，一是举办中青年培训师培训班，聘请高等院校教师、生产单位的专业技术人员、中心老教师讲课；二是与生产单位积极协调，为部分骨干教师配备一名生产技术专家当师傅，并举行拜师仪式；三是派有发展潜力的中青年培训师下基层，亲临生产一线学习锻炼；四是举办教研活动，进行教案评比，开展示范课讲评活动等。正是由于采取了培训师先培训自己的做法，使广大中青年培训师的业务能力都有了普遍提高。

——搞好教研室建设要坚持虚实结合、专兼结合，使培训和管理部门都能做到“一岗两责”。根据中心培训部门少，管理部门又分工过细的实际，提出由中心管理部门在做好本职工作的基础上，兼管起培训的职能，培训教学部门在搞好培训的基础上做一些为培训服务的管理工作。这样不仅弥补了培训部门和专业培训师的不足，又使管理部门增加了参与实践、参与培训教学的机会，同时也使教学管理人员的工作量更加饱满。

通过两年多的努力，中心在教研室建设和培训、生产、经营、管理一体化上已经取得一定成绩，先后建立了12个教研室，提出了24个专业的200多个培训项目，开发出15个技能工种的岗位职业能力分析表和与之配套的模块教材，涉及技能、管理、政治培训的50多门课程，实现了计算机课件的辅助教学。另外在行业培训上，2004年承办了开发区垃圾电厂新员工的岗前培训、天津石化公司员工技能鉴定等十几期。天津市电力公司培训中心在培训改革上已迈出坚实的一步。□

应用价值工程理论 提高培训的创造力

天津钢铁有限公司人力资源处 孙士强

价值工程是一种通过功能分析来正确处理功能与成本关系的管理技术，它要求用最低的成本，最佳的功能，获得最大的价值。因此，它所揭示的是获得最大价值的客观规律。

2001年，天钢提出了价值思维，要求每一个人，每一项工作都要考虑对公司的利益，建立增值思维的理念，这一指导思想被贯穿到天钢东移的各项工作当中。同样，培训作为一项重要工作，也要研究如何贡献自己的价值。很显然，培训工作的最大价值是能否具有创造力来改造和整合职工队伍，提高它的综合素质，满足建设工程及生产经营的需要。

价值工程的理论告诉我们一个原则：任何一项活动价值的最大化，提高功能是第一位的；围绕提高功能这个核心，研究如何降低它的成本，寻求功能与成本之间最恰当的比例关系。因此就培训而言，首先要提高培训的功能，要能使受训者改变他的心智模式，获得一定的职业技艺；其次要降低培训的管理成本，提高人力资源的利用率，这是培训价值最大化的保障。

在天钢东移改造中，我们应用价值工程的这一理论来指导培训实践，妥善处理了培训功能与培训成本之间的关系，采用系统分析、提高培训功能、控制成本来提高培训的价值，发挥培训的创造力。

——**系统分析**。分析职工队伍的现状、分析培训的价值目标、设计全盘培训规划三个步骤，对企业进行系统分析。从时间上把培训分为三个阶段，即初期的认识性培训，中期的岗位适应性培训，末期的生产实践性培训。将此贯穿到各个作业区的各个岗位序列中；从素质基础上确立一个明确的座标，关键岗位的操作工人必须经过本专业大专水平的教育；从职工队伍的构成上提出了建立三支队伍总体框架的指导思想，即建设一支懂技术善经营的高级管理人员队伍，建设一支精通专业的技术人才队伍，建设一支技术娴熟的过硬的工人队伍。

——**提高培训功能**。按照价值工程的理论，完成天钢建设过程中职工培训的任务，提高培训的功能很重要，它关系到培训是否具有创造力。这个工作是通过培训方式现场化、培训内容技能化、培训任务项目化和培训考核规范化4个方面的实践来完成的。

——**控制成本**。在价值工程的理论中，成本控制是提高功能、使价值最大化的一个重要因素。对于天钢建设工程中的培训而言，成本控制主要是通过提高时间利用率、提高培训效率、科学管理来实现的。如提高对时间效益的认识，快速领先。单位时间内的培训效益是个成本问题，特别是天钢建设工程工期要求紧，在有限的时间内不能保证培训的高质高效，则必然延长培训的周期，增加培训成本，影响培训的功能。因此，必须提高时间利用率，培训要走在工程之前。

经过实践，一支综合素质高，能够创造价值的职工队伍初步形成。

应用价值工程的理论，探索其中的客观规律，培训了自身的功能，创造力也得到提高，为今后进一步广泛深入地开展培训奠定了坚实的基础。□

把握时代脉搏 顺应市场需求 培养技能人才 服务企业社会

重庆长安汽车集团公司第二技工学校

重庆长安汽车(集团)有限责任公司第二技工学校创办于1940年，目前在校学生2400多人，学校常年开设有车工、钳工、铣工、数控车工、汽车制造与维修等十多个专业，是一所组织机构健全、教学设施完善、教学质量较高的国家级重点技工学校。

学校一贯把办学质量作为学校全面发展的中心任务，开展理论与实践并重、突出实训、强化技能的教学模式，极大地提高教学质量和学生实际操作技术的技能水平。学校组织学生参加重庆市组织的首届《机械制图》竞赛获得团体总分第一名和个人总分第一名，且连续三年参赛三年获奖；在参加西南兵工局组织的奥林匹克技术大赛中，我校学生获得第一名和第二名；及参加长安公司团委组织的青工技术大赛获得钳工第一、二、三、四和第六名的优异成绩。

学校办学质量的提高，有利地促进学校的招生工作，取得了良好社会效应和经济效益，为长安公司及社会培养了大批技能型人才。学校从诞生、成长到发展为今天的规模，能为长安及社会经济发展做出应有的贡献，是由以下多种因素促成的：

一、办学思路明确

学校始终坚持办学要立足于社会、服务于社会，紧跟企业需求，顺应时代潮流，一直将国家的需要、社会的需求作为己任。新中国建设初期及上世纪70年代至80年代，技术工人匮乏，学校急时代所需，培养输送大批实用型技能人才；改革开放时期，社会经济快速发展，需要大量的技能型人才，学校克服困难，开拓进取，扩大办学规模，尽力满足社会需求。

学校办学始终定位为中等职业技能培训，坚持这一办学主导方向，兼顾一定的高级技工培训，重点打造机械类专业,使之成为学校的特色、品牌专业。

主教学楼

计算机室

理论教学室

始终坚持以市场为导向，主动适应社会，走进市场，服务企业，满足各企业对人才的需求，提高学校应变能力。

二、办学管理规范

1、学校有精诚团结、励精图治的领导班子。八十年代中期，学校办学条件较差，没有好的运动场地，学校领导带头和全校教职工一起挖山、挑土，平整羽毛球场、篮球场地。为确保安全，学校领导带头和全校教职工一起修围墙。为了给学生提供更好的实训条件，增加办学经费，改善教职工的福利，学校领导多方努力，带头借款给学校创办校办工厂。

2、学校有良好的激励机制。学校建立了一年一度的职工大会制度，商议讨论学校年度工作纲要；建立了全校教职工参加评议学校领导年度工作报告会制度；学校

电工实验室

语音电教室

数控时训厂

中层干部进行年度述职及民主评议干部；形成了校务会讨论决策机制，商讨学校重要事项；制定了教职工绩效考核管理办法和教师进修学习激励办法。

3、学校十分重视师资队伍建设，形成了完善的教师培训机制，先后选送教师到广东高级技校、南京工程学院、西南师大、成都电讯工程学院、重庆大学、北京理工大学、华北工学院、天津职业技术师范学院等高级技校和高校学习或进修，提高教师的知识水平和技能，鼓励教师参加各类大赛，锻炼提高其综合能力，加快“双师型”教师队伍建设，为此多次组织教师相互学习(理论与实习)，要求在规定的时限内通过有关考试。鼓励教师深入生产实际，结合生产需要，解决实际问题，提高教学能力。

4、学校坚持把教学教改放在首位，抓好教学管理，确保教学质量，在办学中遵循教学规律，适度控制规模，力求稳步发展。

5、学校始终把学生的管理工作摆在首位，努力培养学生德育、智育、体育、心理全面发展的社会主义四有人才和敬业爱岗、团结协作的精神，全面提高学生综合素质和专业技能，增强经受挫折和适应环境的能力。

三、做好学生就业辅导与协调工作

做好毕业生就业指导工作，立足重庆，并积极推荐毕业生到长安公司、长安福特、力帆、宗申等企业工作，毕业生就业率(工作一年以上)稳定在90%以上，受到学生家长和用人单位好评。

2001～2003年学校连续三年被重庆市劳动和社会保障局评为“重庆市技工教育先进学校”。随着国家经济的快速发展、企业及社会对职业教育的要求也越来越高。长安二技校将顺应时代要求，保持努力进取的姿态，深入研究市场需求，进一步提高教学质量，为中国职业教育发展做出应有的贡献。□

开展职工教育 促进经济发展

河北省水利工程局

1999年以来，河北省水利工程局把创建学习型企业作为一种管理理念，融入各项工作之中。在实施管理中提高全员整体综合素质的同时促进管理水平的提高，收到较好的效果。职工教育培训工作取得了长足的发展。

一、领导高度重视职工教育工作

水利工程局是水利施工单位，工种多，工地分散，且职工的文化技术水平参差不齐，加之现代社会日新月异，新学科不断涌现，新技术、新工艺层出不穷，知识更新的周期越来越快，任何人都面临一个再学习的“充电”过程。水利局在做好职工教育的长期规划和年度培训计划的同时，着力构建适合自身特点的终身教育体系，并及时总结经验，调整培训方案，妥善处理施工和培训的关系，走出了一条适合自身发展特点的职工教育持续发展之路。

伴随信息时代知识的膨胀性扩展，企业的领导者也逐渐意识到，现代竞争的根本在于人才竞争。局党委一班人像重视经济工作一样重视职工教育工

作，带头学文化和各种管理知识，与时俱进，调整、改善心智模式，定期研究职工教育规划和年度培训计划，在人力、物力、财力方面都给予了大力支持。在按工资总额1.5%提取职工教育经费的基础上，还不断从其他经费中挤出一定数额资金用于职工教育工作。同时建立健全了从局到项目部的职工教育管理网络，形成了事事有人抓、处处有教育的良好局面。

二、职工教育围绕经济建设开展

水利局的职工教育工作一直围绕经济建设这个中心，立足于大工程、大项目的人才需求，在办学模式上与时俱进，勇于创新，不拘一格。通过企校联合(如与华北水电学院(邯郸)合作的电工班、测量班等，与河北师大合作的计算机班、英语班等)、企企联合(与葛州坝集团教培部合作的班组长培训班、技能工人强化班等等)，因地制宜地把施工现场作为人才培养和开发的主课堂，培养了一大批实用型人才。培训方式灵活机动，哪里有学员哪里就有课堂，使一线职工既不脱离工作岗位，又能及时参加学习。

近年来，水利局在做好短线技能储备的同时，在长线技能储备方面已迈出了可喜的步伐。如面对南水北调中线工程的即将上马，水利局针对其中的一些关键技术，提前咨询，超前培训，在学习中掌握新技术，在培训过程中有目的地遴选施工力量，优化施工方案。

三、建章立制、严格管理

96年以来，局党委在进行了一系列内部改革的同时，狠抓了职工整体素质的提高，改变了过去只重形式不重实效的陋习。本着更新观念是关键，强化学习是基础，提升素质是根本，优化机制是保证的思路，在建章立制和职工教育工作的管理上实现了质的飞跃。用定量考核的方法监督检查职工教育工作的实施情况，以公平、公正、公开为原则评选职工教育先进单位和先进个人，奖罚分明。

四、职工积极参加教育培训

创建学习型企业，增强团队的学习集合，是维持系统正常运转的保证，上至局机关，下至各处、厂，乃至到班组，职能不同，求知各异，通过由个人到组织的学习，逐步实现“自我超越”，以提高适应不断变革及创建未来的能力。实践证明，学习内容越接近受教育者现实需求，他们的学习兴趣和热情越高，培训的效果就越好。因此，调动学员认真学习文化技术知识的积极性是提高职工整体素质的可靠保证，激励和约束机制的建立激发了职工学习业务知识的紧迫性和主动性，为培养更多更好的实用型人才提供了强大的原动力。

五、对培训质量进行效果评估

水利局开展的各项培训，都把质量和效果作为重中之重，工人技术培训的“应知”、“应会 ”考试，均采用封闭式管理，杜绝虚假行为，保障参训学员在公正、公平、公开的原则下自由竞争，并在结业的一年内，由局教育考核组跟踪反馈，了解培训的针对性和实用性，根据存在的问题及时调整学习内容和教学方法。

六、积极开展职工教育理论研究和学术交流

水利局1996年成立职工教育研究会，同年创办内部刊物《水工科教》，职工教育的理论研究和学术交流步入良性发展的轨道。

近年来，在局领导的大力支持，全局职工热情参与，269239人次参与各类培训，职工的整体素质得到大幅度提高，在各个岗位上涌现了许许多多管理能手和技术标兵，他们在自己的本职岗位学科学、用科学，积极参与管理创新和技术创新，提高了施工科技含量和工效，降低了经营成本。为企业的可持续发展提供坚实的人力资源保证。□

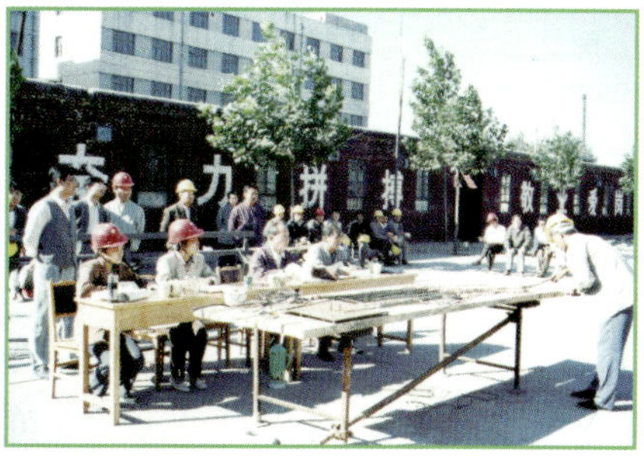

职工技能比赛

强化职工教育培训 持续提高风帆竞争能力

风帆股份有限公司 华吉元

风帆股份有限公司始建于1958年，历经40多年发展，现已成为全国蓄电池行业中规模最大、产值最高、品种最多、质量最佳、市场占有率最高的大型企业。公司曾连续7年进入全国500家最佳经济效益工业企业行列，先后荣获“全国蓄电池行业质量信誉最佳企业”、“全国名优产品售后服务优秀企业”、“全国质量效益型先进企业”、“全国思想政治工作优秀企业 ”、“全国全面质量管理教育培训先进企业”等荣誉称号，“风帆”商标是全国蓄电池行业唯一的“中国驰名商标”。

风帆股份有限公司由一个名不见经传的普通军工企业，经过“军转民”的阵痛后，连续十几年稳居行业龙头地位；由一个典型的国有企业，在市场经济的大潮中成为上市公司。其行之有效的招数之一就是创建学习型企业，实施人才工程，不断提高职工素质，为风帆可持续发展提供“智力能源”，推动企业扬帆远航。

一、健全体系、构建兴企育人的平台

理念决定行为。公司在提高认识、统一思想的基础上，确定了风帆员工教育培训的文化理念。风帆教育培训的方针是“兴企育人，挑战未来”。风帆教育培训的原则：实际、实用、实效。风帆教育培训的目标：为风帆战略的实现提供及时而稳定的人才支持和智力保障。风帆教育培训的价值观：投资教育培训，就是投资未来。

理念是导向，制度是保障。公司的主要做法：一是成立职工教育委员会，总揽公司职工教育培训全局；二是确定职能部门和管理机构，负责公司职工教育管理具体工作；三是建立完善的培训网络，形成公司、车间(部门)、工段三级培训体系；四是建立专兼职教师队伍。公司现有专职教师和职教管理人员5人，兼职教师57名；建立社会外聘专家、教授、培训师人才信息库，保证师资需求；五是建立《员工教育管理制度》、《中高级职员、业务骨干学习培训管理办法》、《新入厂员工岗前培训的规定》、《岗位证书发放、使用的规定》等职工教育培训管理制度；六是建立员工培训档案。公司建立员工培训档案2799份，可有针对性地组织各种专业知识和技能培训。

同时，加强硬件建设，保障经费需要。公司在现有教学设施基础上，2003年投资3万多元，购置卫星培训接收系统一套。从1999年至2003年，每年投入教育经费50多万元，用于购置教 学器材、设备、书籍、聘请教师、外培等。5年间，投入270多万元，基本满足了公司职工教 育培训的需要。

二、有的放矢，提高教育培训的针对性和有效性

公司在实践中认识到，衡量企业职工教育培训成功与否的重要标志是职工专业知识和技能的提升。只有从企业实际出发，有的放矢，针对性强，教育培训才能取得良好的效果。因此，公司一直坚持“干什么，培训什么；缺什么，培训什么；员工需要什么，培训什么”，使员工技能提升与企业发展保持同步。

首先，搞好培训需要调查分析，确定培训的重点人员和内容。公司每年通过问卷调查、座谈会、个别访谈等形式，了解各层次人员对培训内容、方式、时间的意见和要求；根据公司生产经营管理需要和发展趋势，制定年度教育培训计划，确定培训重点内容。同时，坚持根据公司生产经营需求、岗位在企业运营中的重要程度和员工个人的发展愿望及组织要求选择需要培训的人员。

其次，划类分层，形式多样。公司把全体员工划分为高层管理人员、中层和基层管理人员、一般职员和工人三个层次；把培训方法划分为外培为主、内外结合、内培为主三种形式。通常情况下，高层管理人员主要是发展战略、品牌管理、资本运营、创新经营、人力资源管理、企业文化建设等宏观方面新知识、新理念的培训，以社会办班和高等院校教育等各种形式外培为主。中层干部和基层管理骨干培训，坚持战略性与战术性相结合，重在战

术性。形式上或公司自己办班培训，或请专家教授来公司内培训。专业性较强、需培训的人员又较少的，则采取送出去参加短训班和专题讲座，或组织专题调研和参观学习。公司一般职员和工人主要是专业知识和技能培训，辅以适当的形势和思想理念教育，以内部岗位培训为主。

第三，编制岗位素质标准和应知应会。公司于2002年开始推行素质工程，编制了291个岗位素质标准，近9万字，完成72个岗位应知应会，320多万字。去年以来，公司分期分批地进行 岗位应知应会培训和考核，对提高员工岗位素质起到直接推动作用。

三、长短并重，满足当前需要与面向未来相结合

企业的教育培训工作既要满足当前生产经营的需要，又要有长远的战略眼光。只顾眼前需要 、不考虑长远发展，就会出现“青黄不接”、“人到用时方恨少”的局面。如果一味追求“ 十年树人”，不顾企业当前生产经营的需要，就会影响员工培训学习的热情。因此，在教育培训中正确处理二者关系非常重要。

紧密配合企业中心工作，满足企业当前需要，争取立竿见影的效果，是企业教育培训的重要工作任务。几年来，公司始终把它作为重点来抓。

——每年年初进行年度方针目标的全员培训。年度方针目标研究确定后，首先召开中高级管理人员大会，由总经理亲自进行诠释。随后，公司各单位组织进行教育培训，通过全员培训，使每一位员工对公司年度方针目标做到深刻理解。

—— 对各级管理者进行绩效管理培训。近两年来，公司先后派出9人次、两次聘请专家教授，两次自己办班进行绩效管理培训，通过培训，使各级管理者明确绩效管理的目的、原则、程序，掌握绩效考核、绩效沟通与绩效改进的方法和艺术。

—— 不间断的质量保证体系和TQM培训。几年来，公司先后多次组织全员ISO—9000、QS9000 、VDA6.1、16949体系培训，促进了全员质量意识和公司质量管理水平不断提高。

——经常进行新知识、新产品、新制度、新流程培训和新员工岗前培训及员工的转岗培训。为保障公司新理念、新制度、新举措顺利推行，公司多次聘请专家教授来公司举办培训班，先后组织了“市场经济与企业组织机构的调整”、到青岛海尔、深圳华为、河南许继、上海大众、北汽福田、广船国际、无锡小天鹅等国内先进企业参观、调研、学习。调研学习人员回来后，担任小教员，介绍先进企业做法，谈自己的感受和体会，效果很好。

风帆的企业目标是“中国第一、世界驰名”，风帆人的理想是“创世界名牌”。风帆的战略定位决定了职工教育培训应具有战略眼光，不仅要有兴企育人、挑战未来的教育培训方 针，还要有着眼发展、面向未来的具体措施。

措施一：以企业发展战略为依据，制定“员工教育培训发展规划”，再把发展规划分解，逐年制定年度教育培训计划，把年度计划分解成月计划，变成一个个具体的教育培训措施。

措施二：开展国际学术交流，加快科技人员知识更新。公司近年来先后派出37人次，到美、英、法、日、意等国进行学术交流、项目洽谈、参加国际性会议、中短期培训。同时，多次聘请国内外专家、教授来公司讲学，开展学术技术交流。

措施三：根据风帆市场不断扩展和营销水平提升的需要，2000年8月，择优选拔30名骨干，组成营销培训班，委托华北电力大学进行为期10个月的全脱产专业培训。2001年组织两期工 段长工商管理培训，委托河北农业大学经管学院进行每期3个月的全脱产培训，培训92人。2002年组织机电一体化培训班，委托保定高级技工学校进行每期320学时半脱产培训班两期， 共培训103人。

措施四：有计划地组织中层干部进行轮岗培训。专业性人才和复合型人才结构合理、适当搭配，才能真正形成人才优势。因此，公司在进行专业化培训的同时，对专业性不是很强，专业表现不十分突出而又具有较强组织能力和管理能力的中层干部进行轮岗，培养复合型人才，大批复合型人才的出现，对提升企业管理水平起到积极推动作用。

四、政策引导，激发职工学习热情

把一个企业建成学习型组织，光靠“要我学”是远远不够的，要激发职工“我要学”的热情，政策引导是关键。公司主要做法是：

—— 实行奖学金制度。对在职参加“五大”学习的职工，取得毕业证书后，

按学历层次、综合成绩平均分一次性给予不同档次奖学金，最低700元，最高5000元，仅2003年就支出奖学金136700元。

—— 实行中干副职、职员、工人热点岗招聘制度。公司各主要岗位都定有素质标准、学历和专业要求，实行招聘制后，跑关系、托门子的少了，参加“五大”学习的多了。从1999年到2004年上半年，公司大专以上毕业生达到421人，其中大专生349人，本科生61人，研究生结业9人，研究生毕业2人。

—— 实行特殊津贴制度。公司从2001年开始，对考取国家注册质量审核员、注册会计师、注册人力资源管理师和取得双学士的员工，每月发放津贴100元。

—— 实行岗位应知应会考试上岗制度。公司于2002年开始，编制各主要岗位应知应会。以应知应会为标准对在岗人员进行培训和考试考核。及格以上继续上岗，不及格者转岗。通过招聘竞争上岗者，必须掌握该岗位的应知应会，考试后按综合成绩择优录取。

——实行特殊工种持专业证书上岗制度。特殊工种如叉车工、锅炉工、电工、空压工等均严格按照各个部门要求，每年组织考试和考核，不合格者淘汰，做转岗或待岗处理。

——实行内部工人技师和骨干人才评聘制度。公司先后制定内部工人技师、骨干人才等级标准和评聘条件，按一定比例择优聘任，发给聘任证书，按月给予人才津贴。内部工人技师和骨干人才均实行动态管理，不搞终身制。

——实行产品开发项目承包和质量攻关项目奖励制度。公司每年对涉及产品开发和质量攻关项目、承担项目多并能按计划要求完成者，进行重奖。

以上制度激发了公司职工学知识、钻业务的积极性，形成公司内部学习钻研——提高素质——绩效提升——学习钻研的良性循环。

五、量体裁衣，抓好新员工入职培训

新员工进入公司后，一个关键性的问题就是帮助他们熟悉公司、了解工作，尽快适应环境，融入企业。近年来，公司每年都对新招收的大学生进行入职培训。

（一）是岗前培训。大学生进入公司的第一个月为岗前培训期。岗前培训主要内容有：欢迎会、厂情介绍、公司发展规划、用人制度、绩效考核制度、薪酬分配制度、招聘制度、企业文化、蓄电池基本知识、安全生产和职业健康知识、质量管理知识等。还有参观工厂、新老大学生座谈会、到将来对口见习单位参观座谈，了解他们将要工作的部门和岗位职责。还专门开设“努力适应环境、尽快实现三个转变”、“职业成功学”、“职业生涯规划”课程。

（二）是轮岗锻炼。岗前培训结束后，公司把他们安排到生产一线，按车间和工序轮岗，为期三个月。让他们从中熟悉蓄电池生产全过程，了解生产组织、了解基层管理、了解生产工人的喜怒哀乐。同时，公司也通过轮岗锻炼，观察了解他们各方面的表现。

（三）是对口见习。轮岗锻炼结束后，进行专业对口见习，见习期为一年，见习期间，为每个见习大学生配备一名职业导师。对口见习期满，进行考核，合格者正式上岗。

六、创新形式，不断开创新局面

随着形势和科技的发展进步，企业的教育培训也必须不断学习和创新。几年来，公司在形式创新上进行了积极的探索。

一是甩掉手写教案和板书，全部采用多媒体教学。二是选择适宜内容，推行案例教学。开展讨论，教学互动。三是开办远程教育。去年公司投资上了一套培训卫星接收系统，坐在教室就可多人同时参加高水平培训。四是利用公司局域网开办《风帆管理论坛》，通过论坛定期发布企业管理、企业文化、人力资源等方面的新观念、新经验、新措施，节选与企业和员工有关联的国家方针政策中的简短条文，摘录公司新出台的规章制度重要条款，公布公司涌现出的典型事例等，使员工在不经意地浏览中接受信息，增长知识，受到启发和教育。

几年来，从公司领导成员到普通员工，对教育培训的认识不断提高，公司培训制度不断改善，培训体系不断健全，培训形式不断创新，培训针对性不断增强，取得了明显成果。“兴企育人”使“风帆”乘风破浪，市场竞争力不断增强。□

寻求企业需求 主动搞好服务

中铁十九局集团公司职教科

中铁十九局集团公司现有职工15000余人，多年来，集团公司教育部大力开展职工教育培训工作，常抓不懈，常抓常新，在企业建设和施工生产中发挥了很大的作用，做出了巨大贡献。

集团公司坚持把学历教育作为提高职工文化、技术结构的重要环节来抓，采取多种渠道，多种形式，坚持专业对口、学以致用、按需送培的原则，"八五"以来，共有1453名职工参加了各类学历教育。为提高各级各类管理干部的专业技术和管理水平，公司加大了岗位职务培训力度。一是有计划、分期分批地选送202名现职局、处级领导干部到铁道部、总公司党校参加岗位资格培训；二是选送53名中青年干部参加铁道部、总公司举办的局、处级后备干部培训班；三是选拔53名优秀青年干部到北方交大、西南交大接受工程和工商硕士研究生教育；四是举办项目经理培训班9期，培训项目经理375名；五是举办段队长、支部书记岗位职务培训班29期，培训人员1280名；六是加强专业技术干部继续工程教育，实行了继续教育证书制度，自行举办了高速铁路等继续教育培训班18期，参训810人，委外送培619名工程技术干部参加高速铁路、高等级公路、高层建筑、城市地铁、高级测量技术等新知识、新技术培训；七是搞好干部的各类适应性短期培训，参训人数达2860人次。

公司开展以师带徒帮学活动，针对大、中专毕业生、技校毕业生、复转军人进入企业较多的特点，为了早出人才，加速岗位成才，引导青年敬业爱岗，钻研技术，尽快掌握老同志在多年生产实践中积累的丰富经验和独特技艺，组织开展对1996年以来毕业的大、中专毕业生、技校毕业生、复转军人进行帮学活动。目前，全公司先后签订3975份师徒结对子帮学活动合同书，收到了明显效果。

公司严密组织中专、技校招生工作，累计从农村招收中专、技校生2000余名，补充了企业的技术工人队伍，夯实了企业基础，保证了施工生产需要。

2003年集团公司开展了自上而下的素质教育，上至集团公司、子公司机关，下到基层干部、职工均参加了考试。使职工教育培训更加有效地为企业建设和施工生产服务，为打造学习型企业走出了坚实的一步。□

新形势下如何强化服刑人员的技术教育

黑龙江监狱管理局

多年来，我们一直在积极地探索服刑人员技术教育开展的新方法，努力提高技术教育工作。目前已初步形成了中等技术教育、岗前技术教育和职业技术教育多层次发展的较为合理的教学结构。师资配备、课时、入学率及教学质量等指标都基本达到了省局办学标准。特别是96年10月份全省服刑人员技术教育经验交流会在我监召开，进一步突出了技术教育在"三课"教育中的重点作用。全监共有1766人参加技术教育培训，并开设车工、电工、汽修等17专业，32

个培训班，及格率达94%，课时完率100%，我监QC活动及技术革新成效显著，全监共进行了120余次的QC活动，QC活动及技术革新参与人数达35%，获厂级科技成果奖5项，大队级76项，班组级121项，创造和节约价值达一千多万元。以上是我监97年服刑人员技术教育工作取得的成果。

随着国家科学技术的日新月异，监狱企业为进一步在改革大潮中求生存求发展，就需要不断地引进新工艺、新设备，努力提高管理水平。在新的形势下，给我监的服刑人员技术教育工作提出了新的课题。

一、分析形势，给服刑人员技术教育带来的新课题和新难点

认真地分析我监技术教育的现状和今后工作思路，我们除需要巩固已取得的成绩外，还必须解决如下问题：

1、岗前和在岗教育中新的课题和难点。2004年初我们调查了高压分厂铆焊、机加、装配、物资仓库、高压直属中队等五个单位，在124名“严打”期间，新投监服刑人员结果表明：这些服刑人员平均年龄为26岁，可文化程度却低的可怜。其中，高中以上文化9人占7.2%；初中文化34人占27.4%，小学和文盲81人占65%，小学和文盲服刑人员增加了23%。这势必给技术教育开展带来新的难度。

随着新技术的广泛应用，我监原有一些生产项目由于设备陈旧，技术性能落后，经济效益差，产品缺乏市场竞争力，只能寻求转型。这又给我们的技术教育带来了新的课题。为了提高产品质量和工效，节省原材料，引进新设备和新工艺是必不可少的。

2、我监以往开展的职业教育，严格地说，是和岗位教育密不可分的，如烹饪班开在食堂，护理班开在医院，汽修班开在汽修厂，由于工种不够多，职业教育未完全独立，服刑人员选择余地较小；而另一方面，由于科学技术发展迅猛，社会企业下岗人员增多，就业机会竞争激烈等现实情况，使服刑人员在服刑期掌握一门实用技术，以便日后新生有出路的愿望变得更加强烈。如何解决好这一矛盾，成为我监技术教育，特别是职业教育的主攻方向。

3、在开展中等技术教育中，97年司法部、省局和我监共同投资兴建的育新技工学校教学楼，相继还要购入新的教学仪器设施，教学条件的改善。给我们工作提出了新要求。一是专业的增加和调整。目前，我们的中等技术教育只有机加和电工两个专业，从长远的角度和全省情况看，这当然是不够的，二是办学形式的改进。我们考虑还可发挥我们在师资、设施等方面的优势，开办短训班，为全监和全省输送更多的技术力量。

二、解决新形势下服刑人员技术教育新的课题和难点

1、在解决服刑人员技术教育新的课题方面，我监领导班子统一认识，高度重视，保证资金投入和政策兑现，一致同意对服刑人员技术教育工作给予倾斜，经济情况再困难，也要保证相应足够的资金投入。同时，注意发挥政策的激励作用，及时兑现政策，在技术教育和革新发明上有成绩或取得突出成果的服刑人员，分别在评选技术教育优秀学员、“三手”改造积极分子以及记功减刑上得到奖励。政策的及时兑现，使服刑人员更加重视学习技术，较好地促进了服刑人员的思想改造。

2、积极发挥各科室督促协调作用，技术教育是教育改造工作的重要内容，它既能促进服刑人员加速思想改造，为服刑人员日后回到社会自谋生路，提供掌握一技之长，同时对监狱企业提高经济效益也起到了积极促进作用。

3、开展多种形式和机动灵活的技术教育，新形势下，引进新工艺、新设备增多，而商家也大都派专门人员上门负责技术培训。我们及时制定教学计划，编排教学班，最大限度地发挥厂家专业技术人员的优势为我所用，有效地提高了技术教育和掌握技能操作水平。

三、展望未来，进一步改善服刑人员技术教育

随着国际、国内科学技术飞速发展，培养实用型、技能型人才是关键，因此，我们要进一步探索和完善监内的技术教育。

1、立足监内技术教育培训体系，保障和提高监狱经济的发展，促进服刑人员积极改造。

2、加强职业教育。职业教育培训是我监技术教育的一种形式，使服刑人员能在较短的时间内学到一技之长，进一步提高刑释就业能力。

3、鼓励服刑人员参加各种中等以上教育，对于有一定文化基础的服刑人员，鼓励其参加“函大”、“电大”等中等以上的教育学习。对农村籍的服刑人员鼓励其参加“中国广播农业学校”的中等教育等。这不仅可以使他们获得国家承认的文凭，更重要的是有利于他们加快思想改造，从新做人，日后适应社会，服务社会。□

重视职工培训 增强企业动力

内蒙古莫尔道嘎森林工业公司 毕洪仁 王恩庆

内蒙古莫尔道嘎森林工业有限公司(林业局)现有职工5300人，公司一贯重视职工培训工作，职工培训为企业发展提供了知识、技能和人才保证。

一、培训机制日臻完善

公司“职工教育领导小组”负责宏观调控，教育培训处负责具体实施。公司以健全的规章制度，保证培训工作的健康发展。2001年制定了《莫森公司2001——2005年职工教育培训规划纲要》，同时各年度还制定具体的“年度培训计划”，目前共有职工培训制度28项。

二、培训经费舍得投入

近年来，培训经费的投入每年都在30万元以上，相当于职工工资总额的2.5%，远高于上级规定的1.5%的指标。在资金使用上，坚持“优先培训技术人员，优先培训短缺工种，优先培训新增产业”的原则，上述人员的培训费用，每年都达到总额的50%以上。公司每年都为教育培训处注入专项资金，公司还要求各单位积极筹措资金，做好本单位的培训工作。各基层单位的年均投入在5000元以上。

三、培训内容与时俱进

自“天保工程”实施以来，公司对培训内容进行了大幅度调整。紧紧围绕公司经济发展的需要、经营战略的转移，重点向非林非木产业、“天保工程”、森林旅游、营林、环保等方面的转移。1999年“莫尔道嘎国家森林公园”筹建，公司选派5名青年职工外培进修英语，培养旅游业专业人才人。同年，还自办了一期“导游培训班”，培训班成员现已成为公园的骨干。2000年曾派出2人到东北林业大学进修森林病虫害防治专业，为适应“天保”的需要，还举办了由70人参加的“检验员上岗资格认证”学习班。2003年，开办“北极狐养殖培训班”2期，培训70人。

四、培训方式多种多样

“科级干部培训班”学员参观太平农牧场“红景天”生产基地

采取自学和办班相结合的培训模式。公司大力提倡立足岗位，自学成才，现有读书自学活动小组52个，遍布生产、营林、教育、公安等各基层单位。集中办班则做到“三定”：根据季节定培训内容，根据忙闲定培训时间，根据工种定培训课程，集中和分散结合。2003年集中办班9期，培训761人，分散到基层单位办班72期，培训3854人。参加培训人数达到职工总数的87%以上。

五、培训成果惹人注目

培训工作的持续健康发展，极大地提高了职工素质，培养打造了一支技术全面的人才队伍，为企业发展积蓄了后劲。自2000年至今，公司有100余人通过自学或函授，获得大专或以上学历。为公司的持续发展提供了坚实的人才保证。□

企业留人 事业留心

内蒙古鹿王羊绒集团公司

内蒙古鹿王羊绒集团公司现有员工6348人，各类专业技术人员625人，工程技术人员354人，有高级职称的26人，有中级职称的206人，有初级职称的393人，本科学历者159人，专科学历者194人，中专学历者156人。

一、公司在人才开发与用人机制上走了四步好棋

第一步，1985年企业的初创阶段，在一无资金，二无人才的情况下，返聘离退休专业技术人员，让他们为企业再释余热。同时，把那些高层次的技术及管理人才，不惜高薪聘用，壮大了企业的技术和管理力量。

第二步，1990年在同行业中企业率先跳出计划经济的束缚，勇敢地站到了市场经济前沿。通过三次大规模的兼并，总计安排了4846名下岗职工，并且对兼并企业原有的管理人员和技术人员，根据其特长都安排录用。面对现实，与有关高等院校联系共同办学，培养人才。

第三步，聘请引进专业技术人员，面向全区招聘高级技术和管理人员，委以重任，使他们有职有权有责，充分发挥他们的聪明才智。

第四步，从市场上找人才与企业自己培养有用之才相结合。通过人才市场陆续招收大中专及大学本科毕业生572名。

二、面对日趋激烈的市场竞争，树立“四个观念”。

1、“以人为本”的观念。人才的开发、使用和管理，首先是“人”，然后才是人身上的“才”，只有合理、科学地使用人才，才能激发人才在实践中不断实现自我价值，永远保持工作的主动性和创造性。2、人才成本和人才资本的观念。对于人才资本，不能闲置或浪费，必须使用得当，人尽其才，使其作用得到充分发挥。3、“能力为主体”的用人观念。企业要靠机制留人、靠待遇留人，也靠事业和感情留人。对于人才要量才择用，不同岗位，要选用不同的人才，使不同的人才发挥不同的作用。 4、要树立人才资源市场化的观念，招聘人才。主要是通过人才市场，寻求适合本企业发展人才。实践证明，人才资源的流动促进了竞争，而灵活的竞争机制更能激发人才资源的活力。

三、公司坚持努力组织实施人才战略

公司通过引进、培养开发人才资源实施人才战略。一是技术创新内涵发展是企业生存发展的唯一途径。创新需要知识，知识需要人才。二是企业的发展离不开人才，但人才可以离开企业。如果不重视知识产权，不承认人力资产收益，就会引发职工挑槽，高级管理和技术人才会离开，会给企业带来不应有的损失。三是改革国有企业的产权体制，以产权留住人才。四是转换企业经营机制，吸引与激励高素质人才。只有最优秀的人才，企业才录用，就能得到快速提拔和重用。五是实施人才国际化战略。采取人才国际化战略，从人才价值观念、知识结构、教育培训、活动空间和成果评价等国际化入手，努力引进和培养新世纪管理与科技创新的高层次、复合型人才；重点发现和扶持拥有企业核心技术和产品研究开发能力的人才；具有组织实施和配套能力的风险投资与经营人才；努力引进和培养具有国际眼光、全球战略、熟悉世界市场的企业经营人才和按照资本社会化、人才国际化的要求，建立企业的人才高地。

企业和人，在本性上都是趋利避害的，要建立适应市场的快速反应机制，就必须考虑企业在市场经济中按照经济规律运作的基本要求，科学地建立正负双向有力拉动的激励机制。

(一)建立以业绩贡献为主的正激励机制，就是从正面引导激发职工趋利的本性，建立以业绩，贡献为主的激励机制。

1、建立充分尊重技术工人的舆论导向机制。在舆论导向上，尊重、宣传、鼓励技术工人，使所有工人相信他们肩负着光荣的使命、意识到企业的成功需要他们做出最大的努力，从而 不断开启自己奋进的源泉，为企业发展出谋划策，不遗余力。

2、建立岗位致富的利益驱动机制。依据“责、权、利”有机整体，认真解决职工中存在的平均主义，攀比思想，有效解决“干与不干一样，干多干少一样、干好干坏一样”这个企业普遍存在的问题，真正实现按劳分配，把职工的职业技能、职业效益，职业成效与他们的利益挂钩，切实拉开分配档次，以此激发职工爱岗敬业的创造精神。

3、积极营造良好的成才、展才环境。企业要为职工提供卓越的实现条件和优良的创业环境，要用事业留人、用感情留人、用效益留人、用环境留人，从而起到激励效应。

(二)建立以减人增效为主的负激励机制

所谓负激励机制，就是从反面激励职工避害的本性。也可以说，当人的某个需要不但得不到满足，反而受到威胁的时候，避害的本能就必然刺激主体做出符合刺激机制所要求的行为反应，从而提高该机制所希望的创造力和效率。就企业而言，其兴旺，不仅是继承而来，更是创造而来，要用法律维系创造性乃至企业的兴旺发达。□

以教育振兴企业

内蒙古大雁煤业公司 国汉斌 卢维国

教师在精心授课

鲁能集团和大雁煤业公司实行强强联合，进行优势互补，对职工队伍素质提出了新的要求。如何搞好职工教育，提高工作效率，促进企业发展与强盛，结合大雁煤业公司职工培训状况，谈几点粗浅的认识。

一、提高对职工教育的重要意义和作用的认识是搞好职工教育的前提

大力发展职工教育、努力提高职工队伍素质是一项十分紧迫的任务，只有确立正确的职工教育观，摆正职工教育在企业中的位置，妥善处理经、科、教三者的关系，才能增强职工教育的自觉性和使命感。如何使大量转产、转岗人员和其它富余人员再次走上适当的工作岗位，是确保社会稳定和企业改革顺利进行的一个重要的课题。解决这个问题的一条重要的措施，就是进一步强化职工科技教育和职业技能培训，让更多的员工掌握新的劳动技能。

二、人才的培养离不开教育，领导重视是搞好职工教育的关键

1、领导挂帅，才能抓出成效、抓出水平。几年来，煤业公司职工教育已形成了一把手主抓，技术业务领导具体分管的惯例，不管是公司领导还是矿(处)级领导都十分重视职工教育工作。公司领导多次提出，企业要在激烈市场中竞争求得发展，就必须提高职工素质，加大培训力度。

2、抓好职工教育，重在实效。主要领导在部署、检查、总结年度工作时把培训工作作为一项重要内容加以考核，坚持每季召开一次工作会议，分析研究职工教育工作情况，把教育培训工作纳入领导承包指标体系，并当作企业生产和管理的“左膀右臂”，克服过去存在的“重生产、轻培训”的思想。目前，全公司上下基本形成了领导重视培训，企业离不开培训，职工自愿接受培训的良好局面，使职工教育工作走上了良性循环的发展轨道。

齐心协力，共商职工培训改革、发展大计

三、为企业生产经营服务是职工教育工作的宗旨

大力发展职工教育是振兴企业的必由之路。同时，职工教育工作只有为企业生产经营服务，才能得到各级领导和职工的认可，才能有长盛不衰的生命力。为此要着重加强以下工作：

1、加强职工教育工作的计划性。公司培训中心每年结合企业的实际情况，根据人才需求计划制定年度培训计划，做到“以用定学，按需施教”。对各类人员的培训和专业的教学工作提前做出周密细致的计划、安排，包括培训对象、时间、地点、内容、授课教师、培训效果及考核标准等。

2、强化职工教育的针对性。根据生产和经营管理的需要，有针对性地开展职工教育培训工作，是企业职工教育培训永恒的主题。在教学安排上，强调根据

企业生产经营建设发展实际，超前准备培训工作，超前启动。在培训内容上，强调紧密结合公司生产经营实际和各时期的工作重点。本着“按需施教，学以致用”的原则，确定培训目标和培训对象，强调既要有针对性又要实用性，普遍提高职工技术业务素质，强化培训企业急需的专业人才、紧缺人才。在培训方式上，强调从实际出发，怎样培训有效、有利，就怎样培训，多开短、平、快的培训班，多开以业余为主的培训班，多在生产一线开培训班。

四、形式灵活的运行机制是搞好职工教育的保证

几年来公司针对企业的实际情况，就如何提高教育和培训质量，拓宽培训渠道，解决工学矛盾及采用灵活多样的培训形式进行了探索。

1、坚持以职工培训中心为“龙头”，矿(处)级培训机构为主体的教育培训体系，形成学历教育与岗位培训并重的局面。培训中心和矿(处)级单位的培训和内容有明确的分工，培训中心主要承担学历教育、干部继续教育、技术工人的特殊工种培训。各单位培训部门以安全技术培训为重点，充分利用公司内部教育资源优势，有利地促进职教工作的发展。

2、坚持以内培为主，外培为辅的原则。内培主要挖掘内部潜力，开展与区内外高等院校联合办学，加快培养留得住、用得上的高层次人才，坚持请进来，走出去的办法，培养紧缺人才。

职工培训中心

现代化的多媒体教室

3、坚持短期培训为主，长期培训为辅。短期培训是利用业余时间和生产淡季，见缝插针实施培训，解决生产中遇到的技术安全问题，不断提高业务人员的管理水平和操作人员的技术水平。

五、加强职教队伍建设是搞好培训工作的必要条件

1、专职教师要成为培训教学的骨干，要加大基础课教师向专业型，专业课教师向技能型转变的力度，要不断完善自我，在煤业公司引进新设备、新工艺、新技术上，教师要参与研究和调试，既利于教师专业知识的更新，又有利于将新的技术、信息及时应用在培训教学中。

2、各单位要把熟悉政策、精通业务、擅长管理、勇于开拓、热爱职教事业的人才选拔到兼职教师队伍中来，充实师资队伍建设，提高培训管理者的工作质量和效率。目前，煤业公司有在职职教人员90余名，其中教师50余名，各单位兼职教师350余名。

六、坚持依法治教，是搞好职工教育的重要保障

只有依靠法律法规和适合企业特点的规章制度作保障，才能实现发展和改革的目标。

1、煤业公司先后制定颁发了《职工教育管理办法》,《职工培训工作标准及考核办法》,《培训经费管理办法》等，不断组织完善职工教育管理制度。

2、激励职工自主学习，使职工的个人利益和企业的利益真正融合在一起，促进职工素质和技能的全面提高，增强企业在市场经济条件下的竞争力。

3、充分发挥培训中心职工教育的职能部门作用。培训中心在煤业公司的职教工作中既是组织者、又是执行者。作为组织者，培训中心围绕着服务企业，积极指导各单位创新工作方法，采用多种多样的培训形式，积极引导职工形成自发的学习性组织，为煤业公司建立学习型企业奠定基础。作为执行者，培训中心围绕国家相关政策法规，结合企业实际认真组织贯彻执行，加强企业职教的监督检查，坚持依法施教，使职教工作真正步入法制化管理轨道，为企业振兴注入原动力。□

培养新世纪人才 走新型工业化道路

神东煤炭公司教育培训中心 高国富

神东煤炭公司负责开发经营被誉为世界七大煤田之一的神府东胜煤田骨干矿井及配套项目。经过19年的开发与建设，尤其是1998年以来，加大了职工培训的力度，培养新世纪人才，走新型工业化道路，今天已成为“中国第一、世界一流”的现代化煤炭企业。

一、世界采煤奇迹的创造

神东公司自1998年成立以来，以人为本，通过强化职工培训，依靠科技进步，矿区高产高效建设连年居全国榜首，原煤产量从1998年的713万吨增长到2003年的7384万吨，产量增长了10倍以上，一跃成为全国最大的煤炭企业。2001年，公司荣获世界煤炭采掘业500强中国入选企业第一名；2002年，又荣获第二届“中国矿业十佳企业”称号。特别值得庆贺的是，2003年《神东现代化矿区建设和生产技术》荣获国家科技进步一等奖。五年内公司创造了产量增长速度、井工矿生产能力、工作面单产、建井速度、建井投资、矿井自动化程度、综采搬家倒面、连续采煤机单产能力等9项世界纪录，创造了规模、产量、效益等28项全国纪录。

2004年6月11日，黄菊副总理，来神东公司视察，关切地询问了神东矿区资源赋存情况和开采方式。王金力董事长介绍了神东煤田探明储量、规划面积和公司组建以来，连续五年实现产量千万吨级的增长，去年实现一年两千万吨的跨越，今年前五个月达到年产8300万吨的水平，神东矿区已经成为国内生产能力最高的矿区，煤炭现代化生产技术已经与世界水平接轨。2004年前五个月达到108吨/工，上湾煤矿全员工效达到140吨/工，远远超出美国全国60吨/工的平均采煤工效水平。

当黄菊副总理在煤矿生产调度室看到监视器上显示的矿井的各个生产系统的运行画面，调度员通过控制台上的计算机对井下生产系统的1400多个点进行自动化操作运行时，高兴地说：“神东公司是信息化带动工业化的具体体现，是煤炭工业先进生产力的代表，这样的大矿多一些，国家能源就会有可靠的保障。”

2004年8月26日，曾培炎副总理来神东矿区上湾煤矿井下视察，听完公司领导介绍后，高度评价了神东公司始终坚持高产高效的生产建设方针，充分发挥煤炭资源的比较优势和设备、人力资源潜能，不断创新，创出了辉煌的业绩，曾培炎副总理感慨地说：“神东的矿井是全世界采煤效率最高的矿井。”

二、职业教育培训和技能鉴定工作成效显著

神东公司的职业教育培训与技能鉴定工作在培养新世纪人才，走新型工业化道路，神东公司不断创造国内外煤炭行业的奇迹中功不可没。

神东公司成立的五年多来，为了保证生产快速发展对员工队伍业务技能的需要，先后创造性地举办了包括引进国外先进的综、连采操作技术，机电维修，安全技术，生产经营及其管理等各类职业教育培训355期，培训24470人次，为公司连续5个千万吨生产能力跨越式发展，提供了训练有素的人力资源保障，在神东集团公司起到了示范作用。2004年6月，神东教育培训工作获中国职工教育

和职业培训协会“2002~2003年度优秀科研成果奖”等五个大奖。

在全国85个获奖单位中，神东公司教育培训中心是唯一获得4类5个大奖的单位。

2004年12月17日中华技能大赛和全国技术能手表彰大会上，神东公司荣获“国家级技能人才培育突出贡献奖”，有11名员工获全国技术能手。培训中心主任及一名技术能手，参加大会并受到黄菊副总理的接见。

中国职工教育和职业培训协会及国家的奖励，是对神东公司职工教育培训与职业技能鉴定几年来工作的大检阅：

投入巨大力量，开发引进采煤设备职业教育培训与技能鉴定教材。神东公司主体生产的技术装备，几乎全是引进国际上最先进的设备，达2000多台(套)，价值46亿多元，外方设备厂家仅提供英文说明书，且对公司人员培训极其简单。为了培养引进设备操作使用与维修技能人才，公司投资30多万元，组织了40多位专业技术人员，历时10个多月，开发出430万字11本书组成的神东公司乃至我国第一套引进国外机电一体化高产高效综、连采系列培训教材。为公司这些工种生产能力的快速增长与相应的培训奠定了教材基础。几年来，用这套教材共举办了包括综采、连采及机电培训46期，向生产一线输送了2667名综、连采及其相关机电设备的操作与维修人员。现在，这套教材在北京、天津、山西 、大同等5所职业技术学院作为专业教材使用。

为了开展引进国外高产高效综、连采及其配套设备相关工种的职业技能鉴定，公司站在创建“中国第一、世界一流”现代化煤炭企业的战略高度，专门成立了“引进国外高产高效综、连采及其配套设备相关职业(工种)《技术标准》、《鉴定规范(考核大纲)》和《培训教材》编写委员会”，公司董事长王金力亲自任编委员会主任，组织了几十位优秀专业技术人员历时一年多，开发了15个工种，45万字的《技术标准》、《鉴定规范》和502万字的15种16本职业技能鉴定《培训教材》，全部投入职业教育培训和技能鉴定使用。在

2003年全国煤炭行业职业技能鉴定培训教材展示会上，与会专家一致认为公司开发的《培训教材》，不仅引领煤炭行业技术潮流，而且还填补了煤炭行业和国家的空白。

开展了引进设备职业教育培训技术的科学研究，成果丰硕效果显著。连续采煤技术是世界上最先进的采煤方式之一，为了使大量引进国际最先进的连续采煤机发挥最大的潜能与效益，2001年公司把“连续采煤机技术培训”作为一项科研课题由教育培训中心负责进行研究，并在劳动保障部立项，经过20名专业技术人员10个多月的艰辛努力，完成了课题的研究，形成四项应用型成果：一是将国际劳工组织推荐的模块单元式教学(MES) 方式应用在12CM18——10D型连续采煤机司机技能培训上，编写出了由23个学习单元组成的模块培训教材一套；二是开发出与模块单元式教材相配套的教学课件(电子讲稿)；三是拍摄制作了长达300分钟的连续采煤机及其配套设备，VCD教学片一套；四是将连续采煤机教学片转换成流媒体(CD—ROM)网络教学课件一套。该项科研成果获全国教学科研成果一等奖。

用“乌兰牧骑式”，把知识与技能送到偏远煤矿工人手中。为了解决地处偏远且机电一体化技术力量相对薄弱的煤矿员工培训问题。2001年，教育培训中心及时将培训向一线机电设备操作与维修人员倾斜，实现了三个重点转移：一是由原来的重点集中在教室培训向现场培训的转移；二是由以教师为中心向现场机电操作、维护及故障排除的生产工人为中心的转移；三是以教材为中心的知识传授向生产现场机电设备的正确使 用、故障分析与排除能力提高为中心的转移。组织了熟悉综采、连采机电设备的专业技术人员、外方现场服务工程师组成的现场培训小分队，像过去内蒙古把文艺演出送到农牧民家中 的“乌兰牧骑式”，“把知识送到偏远矿上，把技能送到工人手中”。先后在三个偏远煤矿开展了现场培训。使这些矿的员工进一步掌握了综采、连采设备的使用、维护、保养、故障 排查等知识与技能。降低了设备故障率，进而提高了设备的寿命，延长了使用周期，在提高技艺的同时，大大提高了劳动生产率。

开展技术表演、交流与比武活动。技术表演与交流是员工扩大视野、寻找差距、切磋技艺、提高职业技能的极好方式。公司先后举办了5次大型技术表演、交流与比武活动。所有这些活动极大地推动了广大员工学业务、学技术、争当岗位能手的积极性。

广泛借助社会教育资源，联合开展职业教育与培训。2001年，公司邀请包括西安交通大学、中国矿业大学等8所大专院校代表参加公司的职工教育培训工作会议。并先后与太原理工大学、辽宁工程技术大学、天津工程师范学院、中国矿业大学、清华大学等院校联合开展职业教育培训，先后培养800名生产、经营与管理人才，为公司的进一步发展开发与储备了各类人才。

开展引进国外先进技术装备相关职业(工种)技能鉴定。神东公司职业技能鉴定站与培训中心两块牌子一套班子，从2001年9月起，公司克服了引进 国

外先进技术装备相关职业(工种)没有可用的《技术标准》、《鉴定规范(考核大纲)》和《 培训教材》的困难，先后组织力量边开发边鉴定，到2005年底先后完成了包括主体技术工种在内的55个工种3458人次的职业技能培训与鉴定，合格2194人。

实施“1288人才工程”。2004年6月公司隆重召开了“人才工作会议”，会上出台了“关于进一步加强人才工作的决定”，确立人才队伍建设的战略地位，建立全新机制，实施“1288人才工程”，通过各种手段和方法强化职业教育和培训，用3年时间，在主体操作技术岗位培养造就1000名左右达到高级水平的生产技术骨干；在关键和重要操作技术岗位培养造就200名左右技师及高级技师，在现具有中、高级专业技术职称的专业技术与管理人员中，培养80名左右业务水平达到或超过国内同行业先进水平的各专业领域技术与管理带头人；在重要技术和管理岗位具有高级职称的专业人员中培养8名以上学科带头人。

强化现代管理技术的教育培训。用信息化带动工业化，在走新型工业化道路中，不断引进先进的管理技术。到2003年7月，用了近两年的时间，公司的资产管理系统(EAM)在全国煤炭系统率先建成，并通过集团验收，标志着神东公司

信息化建设再上新台阶。实现了以工单为导向的资产、设备全寿命管理。目前，设备管理、大修管理、备件管理、维修管理等资产管理的全部业务均已纳入了EAM系统中运行。通过强化教育培训与演练，使相关人员都掌握了这一先进技术。据统计，通过这个系统实施，对包括工单、设备和物资供应在内的44个资产管理流程进行了优化，使得管理近50亿资产的人员由原来的1000多人精简到730人，减少资产占用3000多万元，节约资金1000多万元，减少设备停机率50%，降低配件积压率40%，减少生产停机时间20%，延长设备运行寿命10%，提高资产使用率30%。

与此同时，公司还引进了南非NOSA五星级综合管理体系，通过对生产、技术、安全、机电相关部门与人员进行了NOSA理念、企业方针、目标、指标与标识的教育培训，使广大员工安全意识提高，安全保护技能提高，公司安全技术与效果走在全国煤炭行业的前列，受到国家安全局和国务院领导的高度评价。

实施跨国培训，培养专业化高技能人才。公司领导以战略眼光，积极发展和培养专业化高技能人才队伍，鼓励高技能人才自学成才，为他们搭建讯速成长的平台。公司先后组织两次出国培训人员选拔考试、考核，第一次从21人中选出4人去美国久益公司进行为期三个月的引进设备机械、电气培训。第二次从76人中选出11人送德国DBT公司、艾柯夫公司，英国BF公司，澳大利亚ACE公司培训。此举为优秀技能人才脱颖而出创造良好的环境，进一步激发了广大技术人才积极向上，潜心努力与刻苦学习的积极性。

用现代教育技术，提升职业教育培训手段与能力。2004年是公司职业教育培训手段与能力上台阶的一年，首先是投资260万元建成了电子图书馆和网络教育系统，广大员工可以充分利用适合的时间，通过公司局域网在电脑上阅读各类专业图书与资料，既解决了部分工学矛盾，又为广大员工参加职业教育与培训的学习扩大了空间与选择的内容。其次是加入了全国煤炭行业现代远程教育培训网，建成了公司自己的“空中大学”，已开设了“工商管理”、“采煤工程”和“矿山安全工程”三个专业课程，有110多人报名参加学习，今后还要继续扩大专业与学习人数，广大职工利用现代教育技术，听“名人讲堂”，学“现代科技”不断提高自己的业务知识与专业技能。

神东公司肩负我国能源建设的重大使命，公司职业教育培训工作为实现这一伟大使命，在培养新世纪人才、走新型工业化道路上继续做出更大的贡献。□

加强职业技能鉴定工作 培养高技能人才

包头铝业集团公司职工培训中心 高普明

包铝集团于2003年12月经批准，成立了技能鉴定二十五号站，设在包铝集团职工培训中心。在有色金属鉴定指导中心和包铝集团的指导下，积极推行职业资格准入制度，认真扎实地开展职业技能鉴定工作，形成了一套符合国家职业技能鉴定程序的工作步骤，造就了一支精干高效的专业技术考核队伍。为企业的发展和职工队伍素质的提高做出了应有的贡献。

一、加快高技能人才培养

公司以贯彻全国人才工作会议精神和全国有色金属行业职业技能鉴定工作会议精神为契机，加快了职业技能鉴定工作进程。2004年鉴定铝电解等4个工种591人，合格率为99.8%，其中初、中、高434人，技师157人，举办了考评员培训班。目前公司现有操作工人7691名，实际鉴定人数7398名，其中初级工677名，中级工1581名，高级工4136名，技师914名，高级技师90名。

二、加强基础建设，确保规范运行

1、建立健全各项规章制度。建站初期，我们制定了《职业技能鉴定管理办法》、《员工绩效考核办法》等相关的规章制度，为规范、高起点实施职业技能鉴定打下良好的基础，做到有章可循。

2、完善了鉴定设施，改善鉴定条件。鉴定站充分利用已有的教育资源，组织实施技能鉴定工作，对鉴定的过程进行全面管理。鉴定站针对职业技能鉴定所需设备庞大，不能进站考核的实际情况，按需要选定包括包铝股份两个碳素公司、四个电解公司建立操作考核基地。与此同时，包铝每个分公司都配备一名教员，承担鉴定的具体工作，在系统内形成较为完善的鉴定组织体系，为职业技能鉴定工作的正常开展打下了基础。

3、建立培养一支高素质的考评员队伍。从2001年开始，经严格考核建立了一支近30余人的通用工种考评员队伍和40人的行业特有工种考评员队伍。在实际工作中，鉴定站一直把管理人员和考评人员职业道德、业务能力的提高放在工作的重要位置，在鉴定工作中，坚持了严谨科学的态度，一丝不苟的工作精神，树立了良好的形象。

三、坚持标准，严抓质量，强化服务意识

1、建立激励约束机制。公司把职业技能鉴定工作当作企业劳动人事制度改革的一项重要内容来抓。近两年，公司把职业资格证书制度与企业劳动工资制度的改革紧密衔接起来，迈出了培训、鉴定与使用、待遇相结合的重要一步，使职业技能鉴定工作有了政策上的支持。

2、坚持鉴定质量标准。鉴定考核工作始终以国家职业技能鉴定规范标准为依据，然而在系统内又存在技术设备新老程度差距大等现实问题，对此我们采取了理论知识找共性，操作技能考核抓核心的办法，依照鉴定规范的标准，抓住核心技能进行考核，这样既能达到技术等级的要求，又得到了企业的认可。

3、职业技能鉴定与企业生产实际相结合。在鉴定时间上，避开企业生产旺季，根据企业生产周期，确定鉴定时间。在鉴定方法和内容上，结合企业生产实际，鉴定站在考核前按标准提出三个考核项目，由学员按自己的设备情况选取其中一个进行考核，避免不公开因素。

4、注重职业技能培训。鉴定是手段，培训是前提，鉴定工作开始前，鉴定站按计划组织必要的培训和辅导，聘请具有高级职称的专业技术人员对参加鉴定的员工按计划进行辅导，通过集中教学和辅导，使他们在平时工作和学习的基础上，理论知识和实际操作水平有了一个明显的提高。

5、严格考务管理。从鉴定的申报开始，资格审查、考评员聘用、考务工作准备以及实施鉴定等环节均做到层层把关，严格保密制度，严肃考场纪律，杜绝人情关系，并自觉接受各部门的检查监督。□

改革中发展 探索中奋进

内蒙古第一机械制造集团有限公司技工学校

内蒙古第一机械制造集团技工学校1985年10月经国家兵器工业部批准成立，1997年被兵器工业总公司和内蒙古自治区分别命名为省部级重点技校。经过近20年的发展，已成为内蒙一机集团输送和培养人才的重要基地。一机技校依靠内蒙古一机集团强大的财力物力支持，在20年不平凡的发展历程中，奋力拼搏，锐意进取，办学规模、教学培训质量不断提高，办学范围逐渐拓宽。现有教职工100余人，在校生1174人，每年培训在职人员（技师、高级技师、转岗下岗再就业人员）1000人次以上。

学校面积50000平方米，建筑面积10000平方米，其中实习工厂面积3000平方米，拥有机械动力设备80余台，配有物理、机械原理、液压、公差测量、电工、电力拖动、热处理、金相、PLC可编程控制、数控模拟等实验室，建有5个计算机室，三个分别能容纳50、100、300人的多功能多媒体教室，拥有250余台计算机。学校开设的主体专业有钳工、电工、焊工、车工和铣工，承担在职培训的还有铸造、冲压、锻造、橡胶加工、热处理、工程车辆等专业，形成了以机械类为主体、辅以相关学科的教学培训体系。

学校坚持“服务企业，面向社会，提高质量，争创一流”的办学指导思想，以适应企业生产经营和社会人力资源需要为导向，在教学内容上不断改革创新。2000年以来，学校专业设置都是采用一业为主复合相关专业的方式，培养一专多能的复合型人才，拓宽了就业选择渠道。在企业员工培训方面，学校结合生产单位产品类型、设备型号，举办不同类型的适应性、提高性技能人员培训班，为转岗、高一级别职业资格人员晋升、下岗人员再就业、在岗人员掌握新技术，为新工艺提供理论和技能的培训支持，学校已成为一机集团重要的技能人才培训基地。

加强教学管理，严格各项考核制度

学校根据教学任务和要求，每年都进行规章制度的完善和修改，重点在教学过程控制和教学事故处理上狠抓落实，强调管理的规范化、程序化、制度化，各项工作做到计划、组织、检查、控制、处理闭环式的规范管理；坚持工作内容明确、工作责任明确、工作程序明确、工作关系明确的岗位责任制度；严格执行“三检制度”即开学初、期中、期末教学质量检查制度；期末考试考教分离，实行统一命题，统一考试，统一评卷制度；严肃教学纪律，减少影响教学质量事故的发生。

教学质量是学校生存与发展的关键

学校坚持以教学为中心、教学质量第一的思想，坚持重视理论教学、强化实习教学的原则，突出培养学生的理论应用能力和技能操作熟练掌握能力。

强化师资培训，确保教学质量

建立一支高素质专、兼职的教师队伍，是保证教学质量的前提。学校重视双师型教师队伍建设。从建校初期开始，对新分配的教师有计划、有组织、有内容地进行强化师德培训。

加大资源投入力度，改善办学和实训条件

由于学校在向企业培训和输送人才方面做出了成绩，企业非常支持学校的发展，积极投入资金、设备改善办学条件。仅从2001年到现在就为学校实习厂更换条件好的厂房3000多平方米，提供改造资金60余万元，调拨镗床、电焊机，减免借用资金购置新型CA6140车床10台，铣床4台，改造数控车床、铣床各一台，学校也利用学费收入增置了PLC、计算机等实验室，绿化美化校园，改善了教学环境。

回顾学校走过的历程，之所以取得这样大的成绩，主要有以下几方面的因

素：1、学校紧紧把握正确办学方向。作为企业办技工学校，首先要服务好企业，为企业培养和输送人才是第一要务，服务好企业就能赢得企业的信任、重视和支持。2、面向社会办学，充分利用学校教学能力，取得经济效益，补充办学经费，改善办学条件，并在社会上赢得声誉。3、学校领导班子团结一致、齐心协力，带领全体教职工不断改革创新、锐意进取，使学校克服种种困难，走上了持续发展的道路。□

创新人才培养机制 促进企业跨越式发展

内蒙古霍林河煤业集团公司职工培训中心 张恒义

实践证明，企业特别是大中型国资企业要实现现代化，要在现代经济狂潮中立于不败之地，必须拥有一支现代化的人才队伍，而要创造和拥有一支高素质的人才队伍，首先就要建立和强化企业自身的培训机制。

霍煤集团职工培训中心是集团员工素质培训的主体。中心的主要职能是实施全员人力资源培训管理。中心2004年在校生1349人，其中电大生170人、技校生298人，电校生190人，联办本科236人，硕士生20人 。2004年岗前培训学员435人，职业技能鉴定培训逾千人。

霍煤集团职工培训中心担负公司员工素质培训的主要任务，在培训工作中逐步形成了六大教培机制：

——**员工职业技能培训鉴定机制**。技工学校和职业技能鉴定机构相配合，前者把握企业员工入口，后者负责员工在职提高。

——**安全培训机制**。中心拥有自治区安全部门颁发的三级露天煤矿安全培训资质，每年担负集团公司近千人的安全资格证书培训和特种作业人员上岗资格证培训。

——**学历教育机制**。中心拥有电视大学法律、财会、计算机、英语等5个专业的专、本科招生和教学资质，现在校生170多人，同时采取与相关正规大学联合办学培训企业所需专业人才。

——**继续教育机制**。中心每年有计划对在职专业技术人员分期分批进行知识更新，技术能力提高以及企业文化理念培训，每年培训300人以上。

——**信息化教育培训机制**。信息化是企业现代化的前提和基础，集团公司近几年除多次请著名专家学者进行信息化讲座外，中心2003～2004年组织管理岗位人员的计算机初级证书培训600多人，2005年将启动中、高级培训。

——**企业文化培训机制**。以“霍煤文化”为主，穿插优秀企业的典型案例，编写企业文化教材，讲授企业文化培训课程，传播、灌输以“两个最大化”（员工能力发挥和对企业贡献最大化，企业效益增长和对社会贡献最大化）价值观为核心的霍煤集团企业文化理念。

中心为适应集团公司“以快做大搏

职工培训中心主任 张悦义

强，五年三番百亿”发展战略的要求，将面向基层、面向生产一线、面向社会，充分利用各种培训资源，整合各种办学力量，形成多层次、多学科，集素质培训、学历教育、教学科研和考核鉴定为一体的综合性、现代化的教育培训基地。

现在，一个现代化，系统化，多渠道的企业员工培训机制已经在霍煤集团全面形成。在现代理念和现代培训机制支撑下，霍煤集团的人力资源开发必将源远流长，霍煤集团自身也必将作为“国内一流，国际知名”（自治区领导语）的以煤、电、铝产业链为依托的特大型企业崛起在祖国北疆。□

以企业文化为先导 创建学习型企业

鄂尔多斯集团公司

鄂尔多斯集团在20多年的发展历程中，通过不断地努力、探索和创新，逐渐走出了一条具有鄂尔多斯特色的员工职业培训新模式。

以企业文化为先导，打造学习型组织。王林祥总裁认为：与其说我们是在经营品牌，倒不如说是在经营一种文化。希望它能成为我们每一个鄂尔多斯人共同的追求，共同的价值理念，共同的思想行为准则。二十年来的实践证明，正是因为有了一支忠诚于事业，对企业、对社会负责、无私奉献的职工队伍，公司才有如此辉煌的业绩和如此巨大的发展。所以，公司在日常培训之中，将企业文化溶入到员工培训的各个层面之中，全面培养员工的忠诚度和依存度。

企业的竞争说到底是人才的竞争，更是一个团队学习能力、学习速度的竞争。为建立长寿公司，公司全力打造学习型组织，形成多种形式的职业培训格局。公司总裁以及高层领导亲自授课，传授经营、管理、技术、财务、法律、安全知识等；并在公司内部设立了兼职讲师团，建立起了兼职教练制度。

构建全方位、立体式的大培训格局。技能培训、继续教育（从中专层次到研究生层次）和定向委培多个层次办学。尤其在公司总体流程再造后，在培训上也实行了流程再造，最终形成了学历培训与脱产定期培训相结合，公司大学培训与各位员工自学相结合，分层培训与交叉培训相结合，技能培训与价值理念培训相结合，前瞻性培训与实践性培训相结合。形成一个多形式、多层次、多内容、全岗位、全流程、全企业、全员都参与活动的“大培训新格局”。上述各种培训方式又可交叉组合，相辅相成，综合应用。这也是公司在流程再造后推出的一个“三多四全五结合”的大培训新概念、新举措。

制订员工职业培训的长远发展规划。公司成立至今的23年里，公司领导一贯重视通过培训来提高员工的素质，始终坚持“培训是企业给予员工的最大福利”的全员素质观，将培训作为一项长期投资来抓，不仅根据公司事业发展的需要，制订了适时的各种短训计划，而且前瞻性地制订了员工职业培训的长远发展规划，致力于人才的培养和学习型企业的创立。□

用强大的培训 为企业腾飞插上翅膀

阳泉煤业集团公司职工培训中心

多年来，阳泉煤业集团致力于大学校般的团队式学习培训，在共同开创性的学习中提高企业的整体智力水平，用学习力推动生产力，用培训力提升企业的竞争力，形成了特有的阳煤培训文化，为企业持续健康的跨越式发展和实现“以大博强，十年双百亿”宏伟目标奠定了良好基础。

一、从战略高度充分认识培训工作的重要性，树立全员终身学习的培训意识。

企业兴盛，队伍为本，队伍建设，培训最重。90年代中期，随着国家经济建设的快速发展和国际跨国集团在全球范围内广泛并购的影响，煤业集团领导就敏锐地认识到，企业的竞争正在由设备、资金等硬件向全员职工素质这个软件较量过度。1996年煤业集团出台了全员培训发展战略，强调职业培训与岗位培训衔接，全员培训与重点培训结合，综合素质与专业技能培训互补的培训思想。进入新世纪以来，集团公司进一步认识到，企业最坚实的最终的竞争优势，在于其比竞争者更快的学习能力，以及把知识、信息迅速转化为行动的能力。让企业首先成为一所学校，而不是复制产品的工厂和赢利的机器，这是企业长盛不衰的强大动力源。

在全员培训战略基础上，集团进一步提出了建设学习型企业、学习型组织的培训战略，从长期推动企业前进的战略高度，重新认识了培训工作的巨大作用。

二、高度重视管理队伍人员培训，努力提高管理人员综合素质水平

劳动预备制采掘学员开训典礼

公司一贯重视管理人员队伍的培训工作，一是以党校为阵地加强矿处级干部的集中学习培训，以实地考察和案例学习为主要方式，分别成立专业学习小组进行培训。近年来，以沿海地区成功企业为考察为对象，以国内外著名案例和本企业典型案例为剖析对象，把学习宏观战略理论与专业技术方法有机结合起来，把实地考察与案例剖析有机结合起来，取得了明显成效。二是组织人事部门在管理人员队伍中大力开展学习一门管理知识，熟悉一门外语，掌握一种技能和每年精读两本好书，写两篇学习体会等活动。通过自学、辅导、考试取证、实践等环节，重点掌握工商管理知识，提高了管理能力。三是借助优势，提升品味，广请一流名家来企业讲学。近年来先后邀请著名经济学家、中央党校教授博士生导师邓荣霖、南开大学教授、经济学博士韩德昌、清华大学吴维库教授、魏杰教授等来公司讲学，赢得了矿处级领导干部的普遍好评。四是制定完善学习培训规划，把学习培训纳入战略管理，完善对班子和领导干部的学习考核机制及效果量化评价标准，使学习力成为评价管理人员队伍优先奖惩的一个重要指标 。

三、高度重视专业技术人员队伍的培训，使他们成为执行层的骨干力量。

以职工教育培训中心为主阵地，煤业集团建立了完善的专业技术人员培训体系。一是进行资源整合，明确职工大

培训中心大楼

技师现场表演

培训中心图书馆

学、技工学校、安全技术培训中心各自在专业技术人员队伍培养中的定位和发展方向。职工大学向高职高专教育发展，着重培养知识、能力、素质和具有创新能力的技术应用型人才；技工学校办成省内井下专业技术工人培训基地，成为培养各种技术技能骨干的摇篮；安全培训中心采用集中短期培训形式，负责公司下属各矿外区队长以上干部、生产业务部门骨干、专业技术人员的安全培训。二是调整专业设置，适应市场发展。职工大学先后开设了计算机应用、财会电算化、市场营销、企业管理、矿井通风与安全等二十几个专业，为企业非煤企业的迅速崛起培养了一大批专业技术人才。技工学校针对煤矿实际，强化专业设置，开设了发供电、无机化工、选煤、矿井通风、井下机电维护等专业。九五年以来，毕业生在全省煤炭系统组织的统考中，连续8年荣获第一，在各自工作岗位发挥着重要作用。安全技术培训中心紧紧围绕煤矿工作安全为天的主题，做大做强安全培训，2002年被国家煤矿安全监督局确定为全国煤矿“一通三防”培训基地，并成功举办了19期全国“一通三防”培训班，为全国煤矿安全形势好转做出了贡献。三是开展联合办学，拓宽培训渠道。近年来，教育培训中心先后中央电大、太原理工大学等开展函授及专本科教育和与中国矿业大学联合开办研究生课程进修班及南开大学研究生教育培养的办学格局，已为社会、企业培养各层次管理人员、技术人员1900多人，成为在各类专业技术人员中进修提高的重要渠道。四是进行资质认定，提升培训层次，职工教育培训中心已在多个专业具备了本、专科培训资格。五是积极探索订单式教育培训模式，紧跟市场需求，积极与各用人单位接洽，开拓培训市场，提供市场需求的实用型技能人才，在开展订单式培训的道路上迈出了实质性步伐。

四、高度重视操作人员队伍建设，营造全员终身学习的文化氛围

一是依托各矿处职工学校和井口、职教干事，广泛利用班前讲班事、讲评和每周“二五”活动日，深入开展学技术、学业务、学理论和安全宣讲。二是坚持持证上岗制度，持证上岗工种逐渐增加到20个，现已培训20000余人。三是坚持成建制培训。公司长期坚持把一个班组，一个队集中起来，根据形势需要进行脱产培训。四是实行劳动预备制，招工为招生。五是坚持开展全员职工技能比武活动，对涌现出的公司级技术能手、矿级技术能手给予表彰和重奖。

公司开展以管理人员队伍、专业技术人员队伍和操作人员队伍为重点的全员培训中，形成了覆盖全公司的三级培训网络，公司职工教育培训中心和各矿职工学校以脱产培训为主，井口(车间) 以非脱产培训为主，集团公司每个工种、每个岗位、所有员工必须无一例外地接受应知应会和岗位操作标准技能的学习、培训、考试、考核，成为学习型组织的有机组成部分。学习成为每个职工日常工作的一部分，成为工作考核的一部分，达到了培训工作与责任的高度统一。

公司在实现全员培训发展战略，建设学习型组织，促进企业跨越式发展方面，始终保持与时俱进、探索、进取的姿态，不断在实践中总结和发展，通过严密有序的培训网络和新颖的培训方法，使全体职工综合素质、技能水平有较大的提高，为建立和完善符合自身发展的职工培训体系，在建设学习型组织、学习型企业的道路上阔步前进。□

为企业做大做强提供人才保障

西山煤矿总公司职业教育培训中心

近年来，西山煤矿总公司职工教育在深化企业改革中，坚持“科教兴企”战略，坚持“装备、管理、培训”三并重原则，紧紧围绕增强企业核心竞争力的目标，积极探索，勇于创新，不断加大人才培养力度，突出职工技能和技术创新能力培养，突出“三高”人才（高级管理人才，高级工程技术人才，高技能人才）的培养，特别是2003年公司“新世纪素质工程”全面启动后，公司紧紧围绕企业发展目标进行全员素质工程建设，全面提升职工素质，每年培训职工4万多人次，在推动企业技术进步，提高职工技术、技能、业务素质和文化修养方面进行了有益的探索。

为适应西山煤矿企业迅速扩张和快速发展，公司采取了“走出去，请进来”的办法，从多方面，多角度、多层次、多形式组织开展高层管理培训，努力形成一支掌握现代化经营、管理知识，具有国际视野，创新能力强的经营管理队伍。

一、学以致用，学用结合，多种渠道培养高级工程技术人员

集团公司与一些著名大学采用了多种形式的联合办学，选拔优秀干部和技术人员脱产或在职学习，并且做到学以致用，学用结合，有效地解决了许多生产难题，提高了经济效益，现在他们中大部分人已成为各单位的技术骨干。

2002至2003年，公司与山西医科大学联办医学专业研究生班79名医务人员参加学习，为矿职工医疗、预防、保健等服务质量的提高提供了有力的支持。与太原理工大学，西安交通大学、中国矿业大学等高校联办或委培了选煤、地质、工商管理等专业硕士研究生班。这些优秀的专业技术人员主动承担公司的科研和技改项目，解决煤炭企业技术改造和科技创新课题，创造经济价值1000多万元。

公司还采取“请进来办学，送出去深造”的办法，每年都有3000多名工程技术人员参加知识更新学习。有300多名中青年技术骨干到国家级的各种专业和技能基地受训，让他们及时了解国内外煤矿综合采煤、产品加工的最新技术，及时补充和更新知识，始终站在采煤、选煤等领域的前沿，达到“人才立企，科教兴企”的目的。

二、不断创新企业培训形式，造就高技术，高技能的工人队伍

公司在抓好高级管理人才和高级工程技术人员的培养同时，在广大职工中坚持不懈地开展“学、练、比、推”活动，把“学与练”、“练与比”、“比与推”、“推与超”紧密结合起来，并不断深化和丰富“学、练、比、推”活动的内涵，不断拓展“学、练、比、推”的路子，不断完善各种培训激励机制，使“学、练、比、推”活动从小到大，由发展到成熟并产生了质的飞跃。公司构建了“一带”、“二带”、“三创新”的技术推广机制。“一带”即导师带徒弟活动。通过师带徒签约、传帮带教、建档跟踪、专题研讨、经验交流、定期考核、师徒评比等使先进的技能和技术有效传承，成为公司培养技能人才，开发人力资源的有效途径。2002年以来，共签订《师徒合同》4853份，并不时传出师徒包揽所比工种前3名，徒弟胜师傅的

佳话。“二推”即推广精湛技艺，推广先进操作法。近两年来，各单位通过百余场次的技术咨询、技术讲座、技术比武、技术指导等活动，让技术尖子谈经验、讲体会，阐述自己掌握的业务技能、先进技艺和绝招绝活，使20000余人次职工受益。“三创新”即技术创新、管理创新、岗位创新的立功竞赛活动。

三、深化企业文化内涵，建设知识化的职工队伍

为了加深企业文化内涵，逐步建立自己的人力资源开发体系和培训体系，实现依靠高素质人才队伍推动企业可持续发展，稳步推进“素质工程”建设，建设一支技能精干的职工队伍。公司一方面加强对培训理论的研究工作，针对培训工作中的专业设置、培训模式、培训内容、培训时间、教学方式、实习实验等问题，定期组织培训管理者、培训教师、工程技术人员等有关人员进行讨论研究并发表多篇成果论文。另一方面，为使培训更贴近生产，提高培训工作的针对性和有效性，从2002年开始，组织有关工程技术人员和培训教师编写了具有本企业特点的《特种作业人员培训教材》等10种培训教材。

2003年，山西焦煤公司开始企业文化培训系统工程建设，并决定编写《山西焦煤集团有限责任公司员工职业技能培训丛书》。丛书立足焦煤，兼顾国内所属行业，精心组织编审人员，以确保所编教材的实用性、权威性，争取在5年内将所有360余工种培训教材全部完成。目前首批60个工种教材已定初稿，西山承担了其中27个工种教材编写任务，并已有7个工种教材正式出版发行，受到了职工的欢迎和专家的好评。□

大力开展职业技能培训 为企业发展服务

山西霍州煤电集团公司职工职教中心

近年来，霍州煤电职教中心认真贯彻执行国家关于发展职工教育的各项方针、政策，结合公司的实际，大力发展职工培训教育事业。职工培训教育工作得到了长足发展，员工素质稳步提升，安全生产形势不断好转。

公司积极探索、构建新型职工教育培训管理体系。明确职教中心既是教学部门，又是职能部门，肩负管理集团公司职工教育培训工作的职责，负责制定集团公司职工教育培训发展规划和年度、月度培训计划。公司在各单位都设立了职工培训中心，做到了决策、管理和办学相统一、职前培训与职后教育相互贯通、学历教育和现场实习相衔接的现代企业教育管理模式，较好地解决了管理与办学、生产与培训相脱接的问题，促进了职工教育培训的稳步、健康发展。

因地制宜，创造新型的教育模式。公司职工培训教育中心始终坚持为公司生产建设提供“有效、试销、高效”性服务的办学宗旨，积极探索，创造了一套适合企业实际的、切实可行的职工教育培训模式，即业务培训与脱产培训相结合、集中培训与分散办班相结合。

一是加强岗前培训，持证上岗，坚持对国家规定的特种专业人员全部实行岗前安全技术强制培训，由集团公司职教中心组织，严格考核，持证上岗。

二是强化岗位操作训练，坚持技术尖子培养，中心经常地组织各工种作业人员，进行岗位练兵和技术比武活动，营造了一种你追我赶、争创一流的业务竞赛氛围，涌现了一大批业务“技术标兵”和“技术能手”。

三是根据班组生产特点，坚持业余学习培训制度，实行“末位淘汰制”，并在月评中对“参与率”、“参培率”等硬指标予以严格考核，有效地促进了职工的学习积极性，培训效果明显。

公司与大专院校合作，开辟新型的教学途径，在加强职工队伍技术业务素质培训的同时，集团公司采取了走出去，请进来的方法，开辟多种教学新途径，拓展了人力资源开发的广度和深度。一方面加强了与大专院校的横向合作，按需办学。另一方面强化了管理干部队伍的知识更新教育，经常从大专院校聘请教授对处、科级领导干部开展实用性讲座，有效地提高了管理水平，促进了企业的发展。

在创新教材，建立新型的课程框架方面，近年来，中心在引进教材的同时，根据培训对象，组织人员编写了大量的适应企业自身特点的教材、资料，使培训内容更好地与企业的实际情况相适应，培训教育对象更容易接受所学知识，有利地促进了职工培训的健康发展。□

企业人力资源管理之我见

山西三维集团公司人事教育处 李德才

21世纪、人类进入了一个飞速发展的知识经济时代，人才成为推动企业发展和社会全面进步的最重要的战略资源。如何抓住机遇又抓住人才，建立一支能担当企业重任的人才队伍，在企业未来的发展竞争中赢得主动地位，是企业应该认真研究的重要课题。人力资源的价值成为衡量企业整体竞争的标志，人力资源管理也被纳入到企业发展战略规划之中。因此，人力资源管理也势必成为企业管理的重点。对此，本人谈一点肤浅认识。

一、人力资源管理意义重大

随着社会主义市场经济体制的建立和企业内部经营体制改革的不断深入，企业人力资源的管理显得尤为重要。人才已成为企业健康稳定快速发展的关键所在，从一定意义上讲，企业间的竞争就是人才的竞争，科学合理的人力资源管理，将为企业的发展提供广阔的空间。反之，势必严重影响企业既定目标的实现，影响企业在市场经济中的实力，最终阻碍企业的发展。可见，任何一个企业绝不能忽视人力资源的开发、利用和管理，只有把人力资源管理放到重要的战略地位，积极开发利用，科学进行管理，才能真正发现人才、吸引人才、留住人才，才能增强企业的竞争能力，提高企业的可持续发展水平。

二、人力资源管理理念亟待更新

计划经济时代的人力资源管理模式，是把人作为企业的财产或工具，论资排辈，重关系轻业绩的现象十分严重，这种陈旧的管理模式阻碍了人才价值的释放，压抑了人才积极性、创造性的发挥。因此，在激烈的市场竞争形势下，企业人才资源管理理念亟待更新。必须坚持以能力、素质为重点，把思想道德、专业知识、综合能力、作为企业新人才观的重要标准，做好各类专业技术人才的引进、开发、培养、使用，强化人才队伍整体建设，运用现代化人力资源管理模式，充分挖掘人的潜能。只有这样，才能使企业的科技不断进步，企业的综合实力不断提高，企业在市场经济的激烈竞争中立于不败之地。

三、重视人才的引进和人力资源的开发利用

人才是企业的宝贵财富，社会的宝贵财富，吸引人才、使用人才、留住人才，充分发挥专业技术人才的聪明才智，是任何企业发展壮大的根本。因此，企业必须高度重视人才规划，建立选人机制、引人机制、育人机制、留人机制，注重人力资源的开发和利用，为有志气、有理想、有抱负的员工营造成长氛围、施展才华的舞台，使广大员工都能在这个大舞台上各显神通，体现人生价值，使企业充满生机和活力。

首先，要尊重和使用人才。尊重和使用人才就是要尊重他们的知识，尊重他们的技术，尊重他们的劳动成果。用好人才就是扬长避短，“智者取其谋，愚者取其力，勇者取其威”，量才用人，以求人尽其才。其次，要大胆引进人才。对一些重要岗位和特殊专业人才，尤其是企业所急需的人才，要敢于打破常规，重金聘用，委以重任，有效地吸引优秀人才为企业的发展壮大服务。

四、完善员工培训体系

一个企业重视员工培训的程度，加强人力资源的开发力度，将决定其未来竞争潜力的发挥，因此，员工培训必须列入企业的重要议事日程。全方位、多层次的员工培训，意味着员工综合能力的不断提高，意味着人才资源再生能力的增强，也意味着员工对公司的经济价值的更大提升。完善员工培训体系，重点要做好三方面工作。第一对员工进行全过程培训；第二进行多样化培训；第三加大企业内部培训力度。

五、建立薪酬激励体系

劳动薪酬是企业对员工进行物质奖励的一项主要内容，关系到员工积极性的发挥和企业经营效率的高低。合理的薪酬体系的建立，一是必须以岗位设计和岗位评价为基础。二是员工的薪酬必须结合岗位实际、技术含量因素、进行绩效与业绩挂钩，使每个员工的收入与他们的工作业绩的好坏、对企业的贡献大小紧密联系在一起。三是必须奖惩分明，关注关心生产一线任务重、环境差的工作岗位，政策向这些岗位倾斜，以达到充分调动员工积极性、创造性，为企业的发展多做贡献的目的。四是好的福利制度是企业薪酬体系的重要补充，对企业吸引人才，留住人才，稳定员工队伍，提升员工的满意度都发挥着重要的作用。五是关注本企业在同行业中的薪酬水平，考察本企业给员工薪酬是否具有市场竞争力，尽可能用一流的酬薪来吸引员工。六是加强内部沟通与教育。一方面应加强对实际情况的说明和信息的沟通，使员工真正理解以金钱和非金钱形式支付报酬的整体情况。另一方面进行企业文化理念教育、人生观教育，帮助员工树立正确的公平观，引导员工客观地进行比较，正确对待薪酬，增加满意度。这样才能使企业发展的动力越来越充足，发展的路子越来越宽广。□

挺立改革潮头 打造企业人才战略高地

太原钢铁(集团)公司职工教育培训中心 贾宝林

太原钢铁（集团）有限公司（简称太钢）是一个经历了70年发展历程的特大型钢铁联合企业和我国最大的不锈钢生产企业。在迈入新世纪之际，太钢为适应国际竞争，确立了建成最具竞争力的不锈钢企业的战略目标，同时加速实施人才战略、质量品牌战略，以确保总战略目标的实现。

首先，中心建立了高效、扁平的组织机构和运行机制，为中心的持续发展搭建了一座“立体交叉桥”。中心组建之初，按照改变和精简、集中管理、优化配制、主辅协调发展的原则，将原有的28个科室精减为11个科室，精减比例高达60.7%；职工总数由原来的225人，压缩为104人，精减比例达53.8%。实现了机构扁平化、流程短小化组织架构。同时，建立了优胜劣汰的用人机制，实施全员竞聘上岗。同时，开展了整章建制工作，将各项管理工作严格按照《ISO9001——2000版》的标准纳入认证范畴，使各项工作规范化、制度化，形成了一个横向到边、纵向到底的管理网络，为中心的持续发展搭建了一座“立体交叉桥。”

其次，创新了职工教育培训机构，为中心的业务建设铺设了一条“快车道”。中心更新了教育培训理念：知人施教、教人以搏、诲人不倦、育人求精。中心对职工培训工作，从内容到形式，大胆改革，初步形成了“开展培训需求调查，科学设置培训课程，精心设计和策划培训过程，各方位实施培训效果评估”的培训闭环管理模式，推动了太钢职工教育培训工作的蓬勃发展，2004年培训职工26000人次，占职工总数58%。

公司领导为博士后工作站奠基

再次，建立健全了激励机制，为中心的持续发展配制了一套“加速器”。中心在人事制度改革基础上，进行了分配制度改革，激励全体教职工在岗位上尽职尽责，多作贡献。中心坚持以按劳分配为主体、收入凭贡献的分配原则。按岗位价值度评价结果和绩效考评结果确定员工的收入，用系数拉开差距，最高和最低之比为3∶1。对科室，强化了绩效考评，使管理中心下移，按262活力曲线进行区分，区分结果与收入挂钩，极大地增强了职工紧迫感和责任感。对优秀拔尖管理和教学人员，予以奖励，鼓励广大教职员工岗位成才。激励机制的建立健全，加速了中心的改革和发展。

同时，建立健全保障机制，为中心的持续发展编制了一个“服务网”。开展了学习型组织创建工作，力求通过创建学习型组织，为教培中心改变、创新和发展提供不竭的源动力。通过进修和培养，调整教师队伍结构，强化了教师队伍建设工作。中心对教育培训设施进行了改造，建成了学术报告厅，计算机教室、多媒体语言教室、高标准视听教室、PLC可编程自动控制模拟实验室、校际网、图书馆、阅览室等，为教职员工学习提供保证。我们美化了教学环境，一个宽敞、明亮、现代、素雅的职工培训环境和人文环境已经形成。

我们坚信，通过我们从软件到硬件的持续改革、改造，一个现代化、综合性、多功能的培训中心，一个为太钢造就全球最具竞争力的人才队伍的优质平台正在十里钢城建成。一大批适应太钢发展需要的各级各类人才将从这里走向太钢的各个岗位。□

全面导入六西格玛管理

与时俱进　开拓创新
努力办好人民群众满意的职业培训

山西汾西矿业集团公司技工学校

山西汾西矿业集团公司技工学校，在多年的办学实践中，坚定正确办学方向，认真贯彻国家劳动和社会保障部提出的“调整布局、提高层次、突出特色、服务就业”的方针，适应市场，迎难而上，锐意改革，积极进取，努力打造具有行业和地方特色的职业技术教育航空母舰，形成了成人高等教育、技工教育、岗位培训协调发展的良好局面。

汾矿集团公司总经理王荣生来校视察

教育教学质量是学校的生命线，加强管理是学校永恒的主题。围绕提高教育教学质量，山西汾西矿业集团公司技工学校在加强学校管理方面，采取了一系列的新举措，概括起来主要有：

思想政治工作有的放矢。在市场经济条件下，职业技术学校的思想政治工作如何做？山西汾西矿业集团公司技工学校有的放矢的采取了几项措施。一是常规教育经常抓；二是课堂教育认真抓。有的放矢的思想政治工作，有机地结合学校的客观实际，不断赋予新的内容和时代特色，取得了很好的教育教学效果。

教学管理锐意创新。教学是学校的中心工作，在教学管理上，山西汾西矿业集团公司技工学校创出了一条适合自己发展的管理方法：

重视做好对教学计划、教学大纲的执行和完善。对开设的专业课程，如有国家统一制定的教学计划、教学大纲，就严格按国家颁布的教学计划、教学大纲执行。在坚持原则性的同时，学校根据实际情况不断调整和完善。如：2003年由学校教师韩鑫创、孙一刚、谢金贵等同志编写并已出版的《综采工艺》、《综掘工艺》讲义，就被成功地运用于教学中，效果良好。

重视做好教研教改工作。每学期教研室、教务科都要组织教师开展诸如公开教学、教案评比、板书比赛、说课活动、论文评比等教学竞赛活动，组织有能力的骨干教师自编讲义，推动教研活动向纵深发展。针对实际情况，对不同基础的学生开展分层分流教学，一切为了学生。

重视做好对教学各个环节的检查督导工作。教务科对备课、讲课、晚自习辅导、作业批阅、期中期末考试等教学各个环节都制定有详细具体的规范要求。并注意做好对教学常规的检查督导工作，实行教考分离，统一出题、统一监考、统一阅卷、统一登分，严肃考纪考风。对综合成绩居末位的15%的学生实行动态的自费管理，对鼓励竞争、调动积极性发挥了很好的作用。

重视做好学生实习工作。实习科深入实际、深入现场、深入基层，制定出台了《实习生管理办法》，为搞好实习教育提供了政策保障。对缩短上岗后的适应期，发挥了重要作用。

重视做好培养和选拔学科带头人的工作。2003年以来为了配合学校申报国家重点技工学校、创办山西煤化高级技工学校的工作，学校加大了学科建设力度，重点培养和选拔了综采、综掘、机电、运输、通风安全、煤化工等八门学科的11位教师为学科带头人，在加强师资队伍建设，提高师资队伍素质方面向前迈进了一大步。

实习工厂副厂长刘宝惠同志在给2003级机电专业学生上实习指导课

汾矿集团公司技工学校校长白文富，书记王利举同志在研究工作

重视做好班级管理工作。学生管理是教学管理的难点也是重点，政教科注重充分发挥班主任在班级管理中的重要作用，压担子、给任务、大胆管理、严格要求；注重充分发挥学生会、班团干部的重要作用，让学生自己管理自己、自己教育自己，坚持不懈抓好学生值周活动；注重加强纪律教育，弘扬正气，狠刹歪风邪气；注重典型引导，每学年都要召开班主任、三好学生表彰会。严格认真的管理，使校纪校风明显改观，促进了学校教育教学质量的全面提高。

重视做好素质教育工作。党政工团齐抓共管，师生员工通力协作、密切配合。学校的第二课堂活动，素质教育活动，如球类比赛、棋类比赛、演讲比赛、歌咏比赛、书法比赛、卡拉OK比赛、礼仪讲座、写作讲座、形势教育讲座等，井然有序、有声有色。效果很好。校园文化氛围浓厚，陶冶了师生高尚情操，促进了学生素质的全面提高。为地方区域性经济建设的发展，做出了重要贡献。□

面向市场 依托企业 突出技能 服务就业

太原重型机械集团有限公司培训中心 杜德胜

太重技校创办于1951年，建校53年来，为企业和社会培养合格毕业生15000余人，培训鉴定中级工、高级工、技师、高级技师8000余名。技校在校生达2100余人，各类培训鉴定3000余人。

一、以市场为导向、定单式培养为目标，创新办学理念

主动适应市场，跟踪市场，把自己放在“买方市场”的位置，根据用工信息和需求，按需办学。

重点选择用工单位，保证毕业生的实际就业率。

每年定期举办毕业生供需洽谈会，为毕业生搭建供需见面洽谈就业平台。连续三年毕业生就业率达95%以上。

二、以企业为依托、技能训练为重心，办学模式企业化

以企业做后盾，技能训练企业化，实施“预岗师带徒制”和“试岗考核制”。

学校与太重集团公司和用人单位签订实习合同、学生与师傅签订培养合同，学生的实习技能训练完全与企业的岗位要求、职责、技能、生产相结合。与师傅同岗、同时、同考核。

三、以生源为背景、教改为动力，分层施教，分类推进

教学模式多元化。学校依据市场用人标准和生源差异的现实条件，打破过去的传统教学模式，建立起“分层施教、分类推进，中高衔接，人人成才”的内部立交多元教学机制，即学生第一学期不分工种专业，统一进行文化基础课教学，根据考试成绩，分别编班，进入专业课教学。

专业设置复合化。学校打破过去学生进校“一个专业工种定终生”的做法，在专业设置上为学生搭建宽口径专业平台。允许学生在校选择第二相近专业进行选修，并实施每生两个以上的职业技能资格证书考核鉴定制度。

以三个层次教学模块确定“出口”。对文化基础较优的学生在专业的培养上，向高技能紧缺型岗位的需求确立培养目标，其出口目标为技术密集型用工单位；对文化基础较差的学生在专业培养上，向初、中级一般型岗位的需求确立培养目标，其出口目标为劳动密集型用工单位；对于文化基础优秀的学生，确立提高深造“直通车”升学目标。

四、以校企联合为平台，建立“双师型”教师队伍

充分发挥企业专业技术人员、技师、高级技师的人才资源优势，聘请实际技能技术人才为学校的兼职教师。

以专职教师为主导，兼职教师为主体，专、兼结合，校企互动。

产教研、产学能一体化。学校与企业共同联手，在生产、技术、教学、技能、培养等方面，共同制定培养目标，解决生产技术上的难题，发挥各自的优势，实现了生产技术、教学技能培养双赢目标，使专职教师能力企业化，兼职教师水平学校化。

五、以长短结合为切点，全方位多层次开发技能型人才

学校以企业办学的优势，创新特色教育，实现了中等职业技术教育、企业职工培训、高等职业教育、职业技能鉴定全方位、多层次的培训教育模式。

全面实施“四级培训教育网络”。即技工教育以培养中高级技能人才为主攻方向，机械类专业为特色标杆专业，做强做大，规模为2000人以上；高等职业教育以技师、高级技师、高技能紧缺人才培养为目标，全面实施国家高技能人才培养基地建设；培训中心年鉴定达2500人规模。

实施“六个并举”的多元化培训教育模式。学历证书与职业资格证书并举；职前培训与在职培训并举；规范性资格等级培训与短期适应性培训并举；企业内部培训与社会市场培训并举；办学规模与质量效益优化并举。

注重实效 强化质量 大力开展职业技能鉴定

山西通信行业职业技能鉴定中心

山西通信行业职业技能鉴定工作起步于1997年。7年来，在信息产业部职业技能鉴定指导中心和山西省劳动和社会保障厅的指导下，在山西省通信行业内先后开展了市话线务员、长途线务员、无线寻呼话务员、查号话务员、电信营业员、移动通信营业员、移动电话机维修员、电信业务营销员及邮政全部职业（工种）的鉴定。截止2004年底，共鉴定合格13200余人，合格率为63.5%。其中：取得三级（高级）职业资格证书的占23.1%，取得四级（中级）职业资格证书的占34.6%，取得五级（初级）职业资格证书的占42.3%。在实施鉴定的全过程中，始终坚持注重实效、质量第一的原则，紧紧抓住四个环节，不断改革创新、取得了较好的社会效益。

一、切实做好考评员队伍的建设与管理。

几年来，山西通信行业职业技能鉴定中心，十分注重考评员队伍的建设。首先对参加考评员培训班人员的资格进行严格的审查，对职业道德和业务技能提出较高的要求，广泛征求基层单位对待培训人员的意见，确保参加培训的人员的基本素质。其次是高度重视培训效果，每次培训班，均聘请信息产业部通信行业职业技能鉴定指导中心与山西省劳动和社会保障厅的领导授课，并按国家标准进行考评员的资格考核，对合格人员颁发劳动和社会保障部考评员证书。最后，也是最为重要的一点，就是利用考评的“实战”机会，现场总结，推广先进，找出不足，实践中提高考评员的考评能力。发挥优秀考评员的作用，提高考评小组的整体水平。对实践中发现的不称职考评员，取消其参加考评的资格。

二、制定切实可行的考核方案

随着通信技术的快速发展和通信新业务的不断推出，解决“考什么”的问题必须与时俱进。要在领会国家职业标准精神内涵的基础上，以改革、创新的姿态，大胆地对考核方案进行修改、完善。几年来，我们一直坚持既要保证国家职业标准的严肃性、权威性，又要紧跟发展的需要，服务于企业，注重灵活性、可行性。在各职业（工种）考核方案的制定过程中，认真学习国家职业标准，学习信息产业部新的考核大纲，学习新的业务和技术；深入调查企业的发展需求，研究新业务和新技术的发展动态。在学习、调查、研究的基础上，对原有的考核方案进行优化、改革，制定了一整套能够反映通信行业各工种员工真实技能水平的考核方案，并在鉴定的实施过程中不断完善、细化。

三、运用先进的考核鉴定手段。

传统的考试手段，人为因素所占比例较大。因此，中心从2001年起致力于鉴定考核软件的开发、研制，经过一年多的运用、修改、补充、完善，到2003年，所鉴定的工种，大部分使用鉴定考核软件。特别是理论知识的考试，全部利用鉴定考核软件，进行无纸化考试，由计算机随机组题、自动计时、自动评分，杜绝了互相抄袭、减少了考场作弊的机率。与之相应的是，建立了每个工种近千道的试题库，与过去的纸质卷面考试相比，成绩更加真实，既保证了考试的公平、公正，又提高了考试效率、节约了考试成本。对于操作技能的考试，只要是平时在计算机终端工作的人员，能够运用考核软件进行汉字、数字录入速度考核、计算机终端受理项目考核的，全部利用鉴定考核软件在计算机上进行。先进的鉴定考核手段的运用，很大程度上提高了通信行业各公司对山西通信行业职业技能鉴定中心的认同度，提升了中心公平、公正的信誉度，增强了鉴定的权威性。

四、努力做好职业技能培训工作。

职业技能培训是职业技能鉴定的前提，搞好职业技能培训是职业技能鉴定的根本保证。为了进入培训效果较为明显、鉴定质量有所保证的良性循环轨道，依托山西通信职业技能培训中心，按照国家职业标准和考核大纲开展鉴定前的培训工作。在培训的形式上，根据工种业务和技术的不同，采取了灵活多样的培训形式。从层次上分有班组培训、县级分公司的培训、地市分公司的培训和全省的集中培训。从内容上分有基础理论培训、业务知识培训、操作技巧培训。为了突出职业技能培训的特点，教师大部分由有较丰富理论知识和娴熟的操作技能业务技术骨干担任。培训工作的落实，确保了鉴定工作的质量，鉴定质量的提高，又带动了培训工作的持续开展，形成了培训促鉴定、鉴定带培训的良性循环。□

创新服务意识　树立发展理念

冀东石油勘探开发公司教育培训中心　李克州

面对国内外激烈的市场竞争，2004年冀东油区两公司不断深化改革、加快发展，生产经营呈现出跨越式良好发展态势。为适应油区不断发展壮大的需要，一年来，中心抢抓机遇，适时发展，职工教育培训工作取得了突破性进展。

开拓创新，不断强化职工教育培训为油区服务的意识

为适应油区生产经营的特殊性，中心更新培训观念，主动深入基层，了解员工培训需求，开展适应性培训；以抓好油区管理人员、技术人员、操作人员“三支队伍”建设为重点展开培训工作；建立“人事部门牵头、业务部门分工负责、培训部门组织实施”的良性运行机制，理顺了培训关系。

在充分了解油区两公司员工培训需求的基础上，做到集中培训、资源共享、费用分担。根据“先培训、后上岗”的原则，组织开展了适应企业发展需要的各类培训班31期，培训员工1737人；组织各类考试97场，2310人参加。

立足长远，寻求更广阔的发展空间

面对国内外人才竞争形势的加剧及我公司加快发展的迫切要求，我们今后的工作目标是：

以市场为导向，以企业为主体，积极整合优化现有教育资源，抓住培养、吸引、使用三个环节，着力抓好“三支队伍”建设，构建适应现代企业制度和跨国企业集团要求，结构合理、特色鲜明、自主发展的教育培训体系。

为确保以上目标的实现，我们将确立“一个指导思想”、树立“两种理念 ”、抓好“三项建设”：

1.确立“一个指导思想”。即以“三个代表”重要思想为指针，牢固树立科学发展观，全面贯彻落实集团公司领导干部会议精神，在公司党委和公司的正确领导下，以提高教育培训质量为中心，实施品牌化、现代化发展战略，促进教育培训工作全面、协调、可持续发展。

2.树立“两种理念”。即“以人为本”和“全面、协调、可持续发展”理念。把“以人为本”的理念贯穿于管理、服务、安全等各项工作中。树立“全面、协调、可持续发展”的理念，不仅要重视规模的扩大，更要重视结构的优化和质量效益的提高；不仅要加大设施投入的力度，更要加大师资队伍建设的力度；不仅要有阶段性的快速发展，更要保持全面协调持续的发展，在发展和提高中形成自己的优势和特色。

三、抓好三项建设

1.构筑适应性培训思路，使培训与发展匹配。实现企业的跨越式发展，职工培训也应与时俱进，树立与企业可持续发展相匹配的崭新培训思路。首先要准确划分培训层次，做到“因材施教”。同时加强继续教育，不断提高职工的学历档次。其次要科学制订各层次的培训规划、内容和方法，做到“能适用，有余地，可发展”，保证培训质量。第三要建立人才培养动态信息库，搞好培训对象的动态调查和信息反馈，及时调整培训策略。第四要加强对培训工作自身的研究，努力实现培训体制、机制、手段和方法的不断创新，按照ISO9000系列标准要求，建立教育培训质量管理体系。

2.实施人才强企战略，抓好“三支队伍”建设。人力资源是企业的第一资源，要把人才培养战略作为企业可持续发展的第一战略。一是抓好管理人员队伍建设，树立管理也是生产力的思想。对管理人员进行分层次的系统培训，逐步建立一支战略型高层管理人员队伍，技能型中、基层管理人员队伍和后备型管理人员队伍。二是抓好专业技术人员队伍建设。采取请专家来油区讲课与送外培训相结合、技能培训与技能鉴定相结合等培训方式，开展新技术、新设备、新工艺、新材料的培训，建设一支高技术、高素质、高水平的专业技术人员队伍。三是以抓“三基”为主线，以岗位练兵和技术比武活动为载体，抓好操作人员队伍建设。广泛开展岗位练兵、技术比武和技术攻关活动，扩大竞赛工种范围，规范竞赛管理。根据不同工种的人员数量、特点与施工需求，以强化基本功训练为主要内容，切实抓好各工种的适应性培训和应急能力培训。以技师培养为突破口，选择技能过硬、基础知识扎实、有事业心、责任感的技师为培养对象，强化培训，在生产实践中注重发挥他们的高端带动作用，开展行之有效的“师带徒”活动，通过实践培养大批青年技能人才。对特殊工种，采取现场岗位培训，实行“每日一题、每周一练、每月一试”的培训模式，提高操作工人的业务素质。对新入厂、转岗、在岗的初、中、高级工实施就业上岗准入制度，严格执行上岗前培训—技能鉴定—考核合格—持证上岗程序。按照集团公司要求，继续加强基层班组队伍建设，用1～2年时间将油区基层班组长轮训一遍。

3.继续加强培训基地建设，优化整合企业培训资源。不断加强培训基地建设，以满足培训工作需求。一是加强师资队伍建设，逐步建立起以专职教师为主体、兼职教师为骨干的专兼职教师队伍。二是加强培训基地制度建设，从培训管理、教学研讨到效果评估、检查考核，建立一套完善的培训管理制度，有效地规范培训管理和教学工作。三是在充分利用企业现有培训资源的基础上，建立远程教育培训网络，克服传统教育在时间、空间上的限制，实现从传统教育模式到现代教育模式的转换。四是加强教材建设。以求新、求实、求精为基本原则，以企业发展需要为导向、以适用优质为基础，建成以经营管理、专业技术、操作技能培训教材为重点，覆盖油区主要业务，适应不同层次培训需要，具有鲜明企业特色的规范配套培训教材。□

长风劲鼓鹏翅间

秦皇岛港务集团有限公司教育培训中心

为了港口的持续快速发展，为了职工队伍文化技术素质与港口现代化要求相匹配，1984年，港务局成立了职工教育委员会和教育培训中心。从此，教育培训工作作为港口发展中的重要环节纳入了企业最高决策范畴，得到了全面发展，并源源不断地为企业提供着必要的智力支持和人才保障。

20世纪末，信息技术迅速崛起，预示着一个崭新时代即将来临。教育培训工作再次随时代的前进而升华，开始发展高科技与高层次学历教育，尤其注重提升职工综合能力和管理者的管理理念，为港口与国际市场接轨做准备。1996年到2000年，职工培训人数高达53325人次，平均全员培训率为57.5%。

持证上岗制度和职业资格证书制度的推行给职教工作提出了一个新课题。教育培训中心等有关部门积极探索，认真落实上级关于《职业技能鉴定规定》、《招用技术工种从业人员规定》等有关要求，采取集中辅导与自学相结合、循环授课等方法，选派专业知识水平高、实践经验比较丰富的工程技术人员和技师、高级技师对通用工种、主体工种、港管铁路三大类56个工种进行技能鉴定和升级考核前的培训工作，截至2002年底，共有8130人接受培训并进行了职业技能鉴定，其中7554人取得了《职业资格证书》。

在按计划进行教育培训的同时，秦皇岛港还于1990年开始设立了自学成才奖，积极鼓励职工自学成才并不断攀高，至今全港有1021人获得了自学成才奖，奖励金额达92.91万元。

企业支持了教育培训，教育培训回报了企业。这种厚积薄发的力量，在企业未来的发展中必将显现出更大作用。□

加强技能人才培养与开发 为建设国际一流物探公司提供人才保障

东方地球物理公司

东方地球物理公司是从事跨国经营的石油勘探工程技术服务公司，现有员工近2万人，其中操作服务人员在半数以上。国际国内业务的持续增长，使培训工作成为公司创建国际一流物探企业的迫切需要。

长抓不懈的培训工作，使东方地球物理公司整体技术水平不断提升，技术革新能手不断涌现，员工队伍整体素质大幅增强。为公司海内外业务收入和利润保持快速增长提供了坚实的人才保证。2002年10月，东方地球物理公司被中国职工教育和职业培训协会授予了“全国企业员工培训先进单位”称号。2004年，我们共组织技能培训36期，培训1580多人次，通过培训和技能鉴定，在地震勘探工、测量工、驾驶员、可控震源工等主业工种中，共有1195人次提高技术等级，其中15人技术等级由技师提高到高级技师，25人技术等级由高级工提高到技师，352人由中级工提高到了高级工，340人由初级工提高到中级工，463人取得初级工证书。

在培训工作中，公司按照“树立2个观念，做好3个结合，做到4个优选”的工作思路，抓好培训重点工作，促进培训工作水平的不断提高。

围绕创建国际一流物探公司的目标，公司制定了2003～2005年人才队伍建设规划，着力打造操作技能人才培养的“322”工程，即到2005年，建成一支由国际技师30人，技师200人、各类操作骨干2470人组成的国内外主业操作骨干队伍。针对这一目标，公司始终坚持由培养单一的技能型人才向重点培养一专多能人才的培训方向转变。截止2004年底，培养高级技师20名，技师191名，各类操作骨干2300名。

为了防止专项技术流失和特殊技能失传，公司下大力气编辑成稿了12个岗位的《岗位作业指导书》共计700万字，对技术技能进行沉淀，使其有形化。东方地球物理公司给在国内外探区施工的人员全部配发了《岗位作业指导书》。该书以其简便实用，易于操作的特点，成为操作者的随身培训师。□

用国际管理理念进行培训制度建设

沈阳飞机工业(集团)有限公司

沈阳飞机工业(集团)有限公司坚持“科教兴企”和“以人为本”的发展战略，传统的培训制度体系进行了脱胎换骨的创新。

一、培训制度体系建设的原则

在实施培训制度体系建设中必须坚持以下原则：联系实际的原则。就是从企业培训的内部条件、外部条件、时代背景、产业要求等实际情况出发，在统筹考虑这些因素的基础上，培训制度体系的建立才具有实用性和操作性。国际化、标准化原则。在国际经济一体化的大背景下，培训制度体系的建立必须与国际接轨，按国际、国内的标准惯例执行。着眼于整体，以及组成整体的各个部分的关联性原则。培训制度体系本身是一个整体，它由规章、程序、职责、岗标等组成。而规章与程序，职责与岗标又是相辅相成，相互关联的。着眼于培训制度体系这个整体，剖析和掌握组成整体各部分之间的相互联系，就能取得事半功倍的效果。动态管理原则。要实施动态管理，做到能根据形势、情况的变化和实践的检验，随时、方便地修改换版，体系文件采用活页装订为好。

二、制度体系的框架与内容

沈飞集团公司培训制度体系建设已具雏形。1、职责范围。是对公司培训各部门工作职能的规定，是培训管理职能从横向和纵向上在各部门之间的划分，是各职能部门实施培训管理、开展培训工作的基本依据。2、岗位标准。是依据公司职工培训各职能部门工作分工和协作的客观要求制定的，是规范每个培训岗位人员的责任、权限、必备素质和相关考核要求的管理文件，是员工达到从岗资格的标准。3、岗位单元标准。是岗位标准的细化，是对每个岗位单元工作项目、内容、依据、要求、使用表格、时限、流程、审核与批准等内容具体操作的描述，是规范岗位单元工作的“桌面文件”，应力求做到全面、细致、具有操作性，达到即使一个不熟悉岗位单元工的人，只要按本岗位单元标准的要求与程序去做，也会规范地完成此项工作任务。4、管理规章(规则)。培训规章是公司各级人员开展培训活动所必须遵循的规范，以及为贯 彻执行国家有关职工培训的法律、法规、指令等，结合公司实际情况做出的具体规定。5、管理程序。是管理规章、管理规则的支持性文件，是对完成某项培训职能的工作内容、依据、职责、规定、要求、工作流程、实现工作目标全过程的综合描述，它是实现培训运作程序化、规范化、标准化和法制化的必然要求。

三、制度体系的特点

沈飞集团公司培训制度体系的特点主要体现在以下五个方面：1、全面的培训管理。一是建立完善了满足现代企业和国际、国内质量认证体系要求的从人到岗，从基层单位到公司管理部门全面、系统的企业培训规章制度体系；二是职工培训形成了公司－专业系统－厂(站)、科室的三级办学管理责任体制。三是规范了各专业委员会的职责、要求、权限，为从岗资格、人员培训、考核工作的认定、实施提供了技术支持和权威保证。2、全过程的培训质量控制。通过培训主管科培训员与承办培训单位相关人员的磋商、现场观察和资料收集，对培训四个子过程按培训需求确定、培训设计与策划、培训实施、培训效果评价，分阶段实施，责任到岗、管理到位的培训全过程进行质量监督和控

沈飞集团把“三高”人才培养作为开发人才资源战略的重点，每年召开总结表彰会议，不断推进高层次人才培养向纵深发展

沈飞集团公司重视职工队伍建设，定期召开职工素质运动会，有利地促进了职工素质的提高

制，获取满足程序要求的有效证据和预防、纠正培训过程的违规问题，从而保证培训每一个子过程输入与输出的信息质量和绩效，达到了培训过程按相关程序规定规范实施的目的。3、全方位的培训效果跟踪和评价。围绕着受训者能否达到培训目标和进一步改进培训工作，制定了《培训效果评价》程序，设计了全程、全方位的培训效果评价过程。4、全层面的职工培训需求确定。建立了“公司—单位—个人”全层面的培训需求确定程序，形成了“个人—单位—公司”自下而上的培训需求确定渠道；5、信息化的培训管理和程序化的培训运作。通过建立培训信息管理系统和在管理程序、岗位标准中规范程序化的工作流程，为培训制度 体系实施的现代化、程序化，提供了一个科学、准确、便捷的平台。

培训制度体系的实施，规范了培训管理，提高了培训的时效性和实效性，使沈飞集团公司质量体系的运作得到有效的保证，职工培训迈上了新台阶。□

追求创新 服务企业 突出特色
为建设高素质职工队伍提供动力支持

抚顺石化教育培训中心

中国石油抚顺石化公司教育培训中心是集企业职工培训技能鉴定、党干校教学、高（中）等职业技术教育、多种经营和中小学管理为一体的现代化多功能的教育培训基地。几年来，开展各类培训4万余人；完成职业技能鉴定1.6万人次。

完善企业内部培训管理体制和运行机制，为培训工作提供政策支持

抚顺公司制定了《关于加强职工培训工作的实施意见》，按照“人事部门牵头、业务部门指导、培训部门实施”的工作方针，规范培训运行程序，编写了《教培中心培训指南》、《培训员必读》，制定《关于强化培训系统工作协调机制的若干规定》，建立了公司全体职工培训档案，通过数据库和办公网络对职工培训情况、鉴定等级进行管理。

领导干部工商管理培训

加强培训基础设施建设，为确保培训质量提供有利的物质支持

近年来，抚顺石化两大公司通过多渠道筹措职工教育经费，加大了对职工教育培训设施的资金投入。一是按照国家的有关规定，每年提取职工工资总额1.5%的职工教育经费，实行专款专用，其中，用于技术工人培训的经费不低于50%；二是充分利用固定资产折旧和技改资金，增加对教育的投入；三是利用教培中心“双多”收入，实行滚动发展。4

年来，中心新增累计投资达600多万元，先后建成了与企业生产装置同步模拟运行的可以满足操作技能培训需求的高标准、现代化的电工、仪表、化验分析、炼化仿真、钳工、焊工等六大培训鉴定基地。按地区分布，设立了东中西3个培训部，建成了多个计算机教室、语音室、媒体教学系统和网络办公自动化系统。

分层次，抓重点，围绕三支队伍建设开展职工教育培训

一、加强经营管理人才培养。为满足"建设政治素质高，懂经营会管理的中高层管理干部队伍"的需求，定期举办直管干部培训班，政治理论培训班，成功举办了首期两大公司直管处级领导人员工商管理认证培训，36名学员全部获得国家经贸委颁发的工商管理培训合格证书。与大连理工大学联办MBA硕士研究生班，管理人员EMBA班等，有效地促进了管理干部政治水平、管理能力和经营理念的提高。

二、强化专业技术人员的继续教育。结合公司专业技术人员总量偏少、结构不合理的现状，强化专业技术人员的继续教育。开展了普及型知识更新培训，并将专业技术人员的计算机和外语水平作为职称评定和提拔使用的条件之一；采取"走出去，请进来"的形式，开展了各类解决复杂技术难题的专项提高培训，初步形成了一支精干高效、结构合理、有创新能力的专业技术人员队伍。

三、加大了操作人员队伍培训的力度。把提高职工的岗位适应能力和职业能力作为教育培训的重点，以职业技能鉴定为杠杆，推动技术工人的理论和技能培训。

公司先后下发《抚顺石化公司职业技能鉴定实施细则》、《抚顺石化分公司技术员工年度考核实施细则》《抚顺石化公司首轮职业技能鉴定不合格人员处理办法》等20余项规章制度，出台技术工种考试定级、晋级及以岗定薪的新政策，对全公司180多个工种进行了技术等级鉴定。

利用培训资源优势，通过东、中、西三个培训点、6个现代化技能鉴定基地，使职工就地就近培训，有效解决了工学矛盾。

通过精心的组织和培训，2001～2003年抚顺石化两大公司在集团公司技能大赛、辽宁省职工技术比武竞赛中有4名选手获得全国命名的十大技术状元，1人获全国技术能手称号，6人获集团公司技术能手称号。2004年8月我们成功举办了由1500选手参加的两大公司的技术比武竞赛。大力开展提高多岗操作培训能力的系统化培训。组成了由教培中心专业教师和企业工程技术人员参加的专家培训组，深入装置现场参与全程培训，对工人进行理论技能指导，使工人多岗操作能力大大提高。目前，抚顺石化分公司已实现了50%操作员具备三岗操作能力，80%操作员精通两岗以上操作能力的既定目标，中级工和高级工的比例分别比过去上升了18%和5%，不但保证了生产装置的平稳运行，而且推进了劳动用工制度的改革和生产效率的提高。

围绕技师、高级技师评聘工作，编写《抚顺石化公司2003技师评聘培训讲义》，对参评人员进行培训指导，保证了公司评聘技师工作的圆满完成。目前共评聘技师70名，高级技师9名，使抚顺公司技师和高级技师的比例从原来的0.5%上升到2.25%。

多年来，教培中心主动适应、积极工作，为公司提供了优质高效的培训鉴定服务，开办直管干部、技术干部、后备干部、党群干部等各类干部培训班50多期，培训2000多人次；完成两大公司首轮职业技能鉴定。分设在东、中、西部的三个培训部和各工种鉴定基地累计办班900多期，培训职工达4万多人，平均每名职工实现轮训1.2次。 □

比武竞赛电工赛场

采取积极措施 推动高技能人才队伍建设

沈阳黎明航发集团公司 许柏林

加强高技能人才队伍建设，是航空工业企业实现跨越式大发展的关键，是全面推进企业人才队伍建设的重要抓手，是提高企业人才队伍整体水平的迫切需要。

一、搞好总体规划

制定一个积极的高技能人才队伍建设的目标，到2010年，要培养造就一支数量充足、结构合理、专业工种配套、技艺精湛、素质优良的高技能人才队伍。高技能人才应占技术工人总数的40%以上，技师和高级技师应占技术工人总数的20%。以此应对航空工业企业跨越式大发展对技能人才的挑战。

二、充分发挥航空工业企业职业技术教育资源的优势，加快高技能人才培养

依托高职院校、技师学院和高级技工学校，充分发挥其职业技术教育基地作用，不断加大高技能人才培养培训力度。要依据高技能人才培训规划，加强统一协调，实行产教结合、校企结合、岗位培训与脱产培训结合、自学成才与组织培养结合，不断扩大高级技术工人的培训规模。加强培训基地建设，加大投入，加快建设步伐，尽快达到规模较大、技术先进、知名度较高的目标。

三、进一步完善职业技能鉴定运行机制

进一步加强职业技能鉴定站的建设，不断加大职业技能鉴定工作的力度。在搞好通用工种鉴定的同时，要扩大航空工业特有工种和复合技能工种的鉴定规模，完善技师评聘制度，努力突破比例、年龄、资历和身份界限，促进技能人才更快更好地成长。

四、广泛开展岗位练兵，技术比赛活动，创造多种培训载体，进一步完善高技能人才选拔机制

航空工业企业应坚持开展经常性的岗位练兵、技术比赛活动，努力完善高技能人才选拔机制。应广泛开展“名师带徒”活动，要以技师、高级技师为导师，以“名师带徒”的方式，让技师、高级技师传授“绝技”、“绝活”，发挥传帮带作用。

五、进一步健全高技能人才的激励机制

为发挥高技能人才作用，促进高技能人才成长，航空工业企业实施“首席技能专家”工程，即从重点型号研制、生产和技术攻关的关键工种、关键岗位中，评聘“首席技能专家”，并给与较高的薪酬；应扩大高技能人才享受“高新工程”津贴的人数，提高津贴的标准，使“高新工程”津贴形成一定的规模；应实行“长”“家”分离，构筑高技能人才培育平台，打破学历、职称、资历等界限，鼓励技能人才双向评聘与成长，在待遇、荣誉、福利等方面与技术专家拉齐，提高社会地位，以调动技术工人积极性，推动与促进高级技能人才成长。

六、营造高技能人才成长的良好氛围

航空工业企业应充分利用广播、电视、报刊等多种新闻媒体和各种宣传途径，大力宣传高技能人才的作用和贡献，宣传国家在技能人才培养使用上的政策措施，宣传技能人才的优秀事迹，大力弘扬“三百六十行，行行出状元”的风尚，形成尊重技能人才、争当技能人才的风尚。□

以企业需求为导向 建立和完善大培训体系

本溪钢铁（集团）公司教育培训中心

本钢教育培训中心在“立足企业强化服务、面向社会寻求发展”的战略方针指导下，紧紧围绕东北老工业基地振兴战略实施，以企业需求为导向，以全面提高企业核心竞争力为目标，坚持教育培训为企业改革发展服务、为企业科技进步服务、为企业全面提高劳动者素质服务、为地区经济振兴服务的办学宗旨，走出了一条多元化发展、企业化经营、市场化运作的创新之路。这条路上，本钢教育培训中心以构建结构合理、运转自如、符合企业发展实际的大培训体系，为企业提供了全方位的智力支持。

本钢集团公司教育培训中心教学楼

构建结构合理、运转自如、符合企业实际需要的大培训体系，是确保培训教育落实到位的有效载体和重要保证。而观念的转变，作为构建大培训体系的思想基础，其重要作用是不容置疑的。打破计划经济传统、封闭、落后等模式的培训观念，代之而树立与时俱进的先进培训教育理念，是做好新时期培训工作的重要前提。

本钢教育培训中心通过强化“四种意识”统一培训教的思想认识，保证培训工作的正确方向；强化“主动培训”意识，变“奉命培训”为“主动培训”，变“要我培训”为“我要培训”，以此增强培训工作的主动性；强化“系统培训”意识，变过去单项技能培训，为全方位的能力培养，从而增强培训工作的适用性、实用性；强化开放、前瞻性培训意识，变校内固定、封闭式培训为下企业调研跟进式培训，增强培训工作的参与性与渗透性；强化同步、超前培训意识，变传统滞后培训为先期介入培训，增强培训教育的针对性和先导性。观念的转变和意识的强化，为企业大培训体系的建立打下了坚实的思想基础。

本钢集团公司教育培训中心多媒体实验室

新观念的树立，还需辅之以扎实的工作，为此，学校提出了培训工作的“四个强调”，即在培训任务、项目的设置上，强调根据企业生产经营、技改、管理工作实际，超前准备、超前计划、超前启动；在培训内容上，强调紧密结合企业人力资源和岗位用工实际，为企业搭建多层次人才培养框架，全方位扩展培训内容；在培训对象上，强调既要着眼于职工技能、技术的普遍提高，也要突出企业急需专门、紧缺人才的培养，特别是企业领导者和经营者五种能力的培养；在培训形式上，强调必须因地制宜、形式灵活、不拘一格。如2004年，为提高管理者短时期内解决实际问题的能力，我们将MBA的“案例教学”引入培训教育中，收到了很好效果。由于本钢教育培训中心在培训教育中与时俱进，多层面构建培训内容框架，因此，其每年都以培训近万人次、学历教育近6000人的规模，而彰显办学成就。□

抓好核心骨干队伍建设 实现公司战略目标

中国石油辽阳石油化纤公司 张景仁

中国石油辽阳石油化纤公司是中国石油天然气集团公司直属的具有独立法人资格的大型国有企业，主要从事化工化纤生产、建筑安装、设备检修、加工制造和多种经营企业等业务。几年来，公司人事和教育培训部门紧紧围绕企业扭亏脱困和改革发展中心工作，积极探索人力资源开发与管理的新机制，在加强核心骨干队伍建设方面取得了一定成绩。

一、人才队伍已经初具规模

近三年来，辽化公司先后与大连理工大学、清华大学和东北大学联办工商管理、工业工程和机械工程硕士班，并选派30名同志攻读集团公司与北大、人大等著名高校联办在职硕士班，培养了一批管理、法律、财务、机械、石油化工等高层次复合型人才。目前，公司已毕业和在读的研究生达到100人，技术专家和中青年骨干140多人，工人技师96人，管理、技术和操作人员的核心人才队伍初步形成。此外，公司每年还斥资百万，举办各类继续工程教育培训班，年培训人数突破3000人次。

二、实现了专家评聘管理创新

公司在人才选拔上引入竞争机制，将专家评聘工作由考核任命转为竞聘上岗。通过采取竞聘形式评选专家，保证了各级专家技术水平和工作业绩的双优。目前，公司已经形成集团公司技术专家、辽化公司专家、厂级专家和中青年专业技术骨干4个梯次的技术人才队伍，专家与骨干总人数达到140人，占专业技术人员比例已达到6%。

三、全面推行技能操作人员职业资格制度

在技能操作人员培养方面，公司以职业技能鉴定工作为契机，全面开展鉴定前培训和技能竞赛活动。目前已完成了全公司200多个技术工种、6400多名技术工人的本等级鉴定考核工作，并进入升级鉴定阶段。通过开展技能大赛、岗位练兵、星级工考核等多种形式的活动，既锻炼了队伍，又提高了人员的业务素质。目前，全公司技能操作人员中高级工以上人员已经有1430人，占技术工人总数的22%。

公司在2003年的人事工作会议上，提出了人才培养的总体目标，即经过2~3年的努力，到2005年，培养20名公司级管理和技术专家，100名厂级管理和技术专家，10名高级技师，100名技师和1000名操作骨干。

企业呼唤人才，人才成就企业。人才是企业的财富，辽化发展离不开各级人才的无私贡献。辽化公司将一如既往地为各类人才创造宽松和谐的成长环境，加大培训力度，有计划、有步骤地加强职工技术业务培训，不断扩大核心技术人才队伍规模，努力搭建聚集、培养企业技术创新人才的平台，充分发挥各类人才的作用，引入竞争激励机制，坚持优胜劣汰，切实提高职工队伍素质。充分发挥专家和骨干的规范作用，带动一线技术和技能人员学习技术，让更多的人才尽快脱颖而出，为创建集团公司化纤纺织原料基地提供人才保证和智力支持。□

落实高技能人才发展目标
建设高素质技术工人队伍

中国北车集团大连机车车辆有限公司

中国北车集团大连机车车辆有限公司始建于 1899 年，现有在岗员工 8180 人。多年来，公司在强化技术进步和产品创新的同时，还十分注重提高员工的素质和能力，尤其是在对高技能人才的培养和使用方面探索出了一条适合本企业特点的实用之路，并收到了事半功倍的效果。

大连机车车辆有限公司

一、确立高技能人才培训目标

根据公司“十五”培训规划和经营发展的实际需要，制定出了适合公司发展需要的高技能人才培训目标，即到 2005 年底，公司的技师达到技术工人总数的 5%，其中高级技师要达到技师人数的 20%，高级工的人数达到技术工人总数的 30%。

二、建立培训、考核、使用、待遇有机结合的激励机制

为了激发员工不断学习、提高技能的积极性，公司不断强化机制作用，为高技能人才提供展示才能的平台，尽其所能营造出有利于引进人才、留住人才、培育人才的良好环境，在企业内形成了尊重知识、尊重人才的良好氛围。公司实行了评聘公司级专家、优秀青年人才和奖励突出贡献人员制度。近两年，公司共拿出400多万元奖励有突出贡献的员工，其中不乏高技能人才。

制定和落实了高技能人才津贴之后，高级技师享有同高级工程师相同的福利待遇，技师享有同工程师相同的福利待遇。此外，公司还对年度技术能手实行补贴，对参加市以上各种技能大赛获奖的选手，公司不仅给予一次性的奖励，同时还给其晋升一档技能工资。为了避免激励政策变成简单的提高待遇，公司还对高技能人才实行了聘任制，坚持定期考核，严格把关，使待遇与业绩挂钩，逐步形成和建立培训、考核、使用、待遇有机结合的激励机制。

三、加强高技能人才的培训管理

要想培训好高技能人才，首先必须要拥有一支业务素质高的师资队伍。目前，公司培训部门拥有一支专业理论知识扎实、实践经验丰富的专兼结合的教师队伍，为提高培训质量提供了人才保障。公司培训部门制定了多项有效的管理和监督办法，确保了培训的严谨性和科学性。在培训中，坚持“先进、实用、有效”的培训原则，以技能鉴定为契机，紧密结合生产实际，开发培训项目，制定出完善的教学大纲和周密的教学计划。

1995年以来，公司多次荣获大连市“职工教育培训工作先进单位”称号。2002年公司荣获了中国职工教育和职业培训协会授予的“全国企业职工培训先进单位”称号，同年，公司和所属的技工学校分别被劳动和社会保障部确定为首批国家高技能人才培训基地(机电项目)。□

加强高技能人才培养 提高企业核心竞争力

大连造船重工有限责任公司

大连造船重工有限责任公司作为国家机电项目高技能人才培训基地之一，高度重视高技能人才培训工作，充分认识到高技能人才是公司一线生产的主力军，加强高技能人才队伍的培养和建设对于提高企业核心竞争力，对公司在竞争激烈的国际船舶市场中立于不败之地将起到至关重要的作用。

一、组织完善，计划可行

公司成立由主管领导任组长，人事教育部领导任副组长的高技能人才培训工作领导小组，负责高技能人才培训工作的统筹规划和组织实施。公司各基层单位组成由行政主要领导任组长，有关职能人员参加的领导小组，负责本单位高技能人才的培养、选拔、使用和考核工作，形成一条明晰的组织链，切实保证高技能人才培训工作的顺利实施。

二、形式多样，注重实效

公司坚持岗位知识培训与实际技能培训相结合，注重能力的提高，形成和完善适应区域化生产需要的高技能人才培养机制。

1、举办系列针对性强的培训班。根据公司高技能人才培养实施方案，针对不同起点学员，分期分批举办了5个主体工种的中级工、高级工和技师培训班。

2、开展职业技能竞赛活动公司责成有关部门每年度组织同行业(同岗位)技术交流、技术比武、技术观摩活动。各单位结合生产经营实际，开展群众性岗位练兵，不断推动高技能人才培训工作深入、扎实、有效地开展。目前，焊工技术比赛已举办了七届。

3、承办集团公司高技能人才培训。根据中国船舶重工集团公司加强高技能人才队伍建设实施方案，公司承办了集团公司首期“船舶电焊高技能人才培训班”，集团公司所属主要造、修船企业的7个单位12名工人技师、6名高级工参加了培训。参训学员回到本单位后，带动了本单位焊接质量的提高，从而促进了集团公司焊工整体素质的全面提高，推动了同业交流。

4、“名师带高徒”，提高实际操作水平。公司在技术工人中开展“百名技师带徒弟”工程，通过100名工人技师对近几年加入公司大、中专毕业生进行“献绝招，传技艺”的培训活动，在主体工种和生产岗位中分期培养出200名左右的青年技术能手，推动技术工人队伍的快速成长。

三、政策支持，措施得当

1、实行技能工资，激励学员自主学习。凡经过培训和职业技能鉴定取得相应技术等级证书的职工，其技能工资标准按照《大船重工工资改革实施方案》有关规定核定。建立起培训、考核、使用、待遇相统一的政策，充分调动起员工的积极性和主动性，确保培训计划的完成和培训质量的提高，逐步建立和完善“培养快、使用好、待遇高”的高技能人才培养与使用机制。

2、奖励优秀大赛选手，营造良好环境。公司对参加国家级职业技能大赛，并取得前十名成绩的员工，可破格参加高级技师考评，对参加省、部级技能大赛前6名、市级技能大赛前3名、公司技能大赛第1名的员工，初级工、中级工可认定为高级工；高级工可参加技师考评。

3、加强师资队伍建设，完善技能培训基地。公司为保证高技能人才培训，在加强理论教师队伍建设的同时，进一步加强实践教师队伍的建设，配备技能培训实习指导教师，现已配备了焊工实习指导教师，并将逐步配备船体、装配等几个主体工种的实习指导教师，从而形成一支以专职教师为骨干，兼职教师为主体的师资队伍。

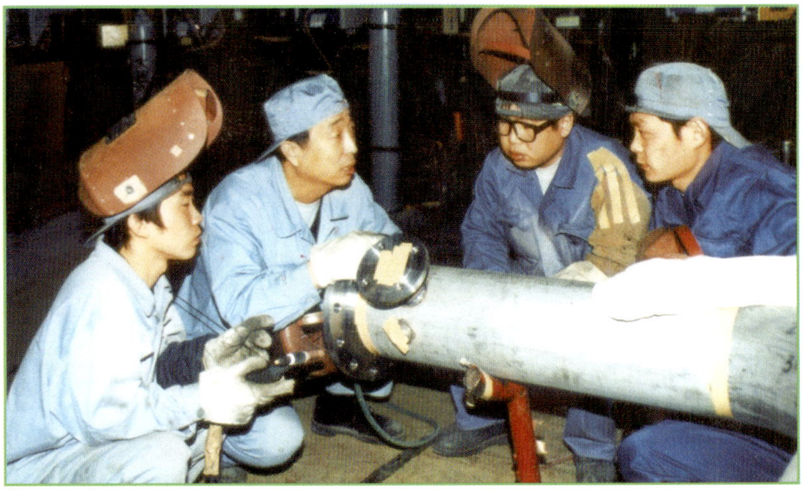

"名师带高徒工程"中，通过现场操作解决实际问题，提高了实际技能。图为师徒在现场讲学

经过努力，公司高技能人才培养工作取得明显成效。经过培训的学员理论水平和实际操作能力有了明显提高，很多学员已经成为本岗位工作中的骨干，在提高生产率和生产质量中发挥了作用。

2004年，公司选送出8个工种32人到中国船舶重工集团公司参加高级工人技师的评聘，全部通过考评。大连造船重工有限责任公司不断探索，制定长远的高技能人才培养发展规划，培养和造就更多的优秀高技能专业人才，为实现公司可持续发展提供人才保障，进一步推动船舶工业的发展与技术进步。 □

加强培训 严格考核
为企业稳定发展提供人力资源保障

辽河石油勘探局职工培训中心

辽河石油勘探局历年来坚持“以人为本，人才强企，全员培训，提高素质”的方针，紧紧抓住“经营管理人才，专业技术人才，操作技能人才”三支队伍建设这个中心，围绕辽河石油勘探局生产经营目标和人才强企战略，强化职工培训，严格考核，为辽河石油勘探局持续发展提供了有效的人力资源保障。

根据中国石油天然气集团公司有关精神和勘探局的具体实际，建立了职工培训规范制度和相应机制。

——**建立专业技术人员继续教育制度。**专业技术人员在聘任期内每年必须接受15天以上脱产培训，不参加脱产培训的不能参加高一级技术职称评审，不能参加高一级职务晋升，不能参加岗位工资考核晋级。

——**建立和完善职工文化达标制度。**凡在1965年1月1日后出生的职工，必须达到高中文化程度，没达到高中文化程度的必须参加文化补习，限期达到高中学历，考试不合格者，离岗自费参加补习。

——**建立培训工作考核和评估制度。**全局培训工作由局党委书记和局长负责，二级单位职工培训由二级单位主要领导负责，把职工培训工作纳入各级领导任期目标责任制条款中，作为考核各级领导的一项重要内容。每年对全局职工培训工作进行2次考核和评估，及时表扬、批评和总结。

——**建立培训经费使用制度。**辽河石油勘探局将培训经费由原来1.5%提

高到 1.5%～2%，培训经费专款专用，不得挪用。

——**建立培训计划和质量制度**。每年必须拟出具有科学性、实用性、创造性、可行性的培训计划，每年都用(ISO9000)质量标准来审定培训质量。

——**建立自学成才奖励机制**。对岗位自学成才、工作中做出突出成绩的优秀员工，进行表彰和奖励，各单位要不拘一格选拔使用。对做出突出贡献的人员可奖励到高一级学府进修，所发生的学费可按一定比例给予报销。

——**建立竞赛机制**。全局三年一次技能竞赛，二级单位一年一次技术竞赛。取得局级技术比赛第一名的职工，直接晋升为技师或高级技师。取得二级单位技术比赛第一名的职工，提前参加高一级别的技能鉴定。对在局级和二级单位技术大赛中取得名次或获技术能手和标兵的选手，都给予精神和物质奖励。

——**建立培训管理项目方式、方法，创新表彰制度**。对培训基地和二级单位及职业学校，鼓励他们在培训工作中大胆创新，将他们的创新成果，大力宣传和普及，并给予表奖。

近年来，辽河石油勘探局每年培训职工达到全员的80%，其中职工岗位培训3万多人次，科技进步和继续教育培训达1万人次以上；生产应急培训3千余人次，特种作业人员培训2千余人次，参加集团公司培训150多人次，管理干部3千余人次，其他培训1万余人次，每年培训职工6万3千人次左右。

几年来，勘探局自行培养了8个长城钻井队，18个甲级精品示范作业队，3个甲级物探队，3个甲级录井队，3个甲级测井队，形成一批能参与国内、国外竞争，具有国家级资质的对外施工队伍。目前，这些队伍在委内瑞拉、苏丹、俄罗斯、伊朗等国家都取得了良好信誉，为国家创造了很大的经济效益和政治效益。

几年来，在全国石油石化行业技术大赛中，勘局先后获得井下作业工种团体第一名，个人第一名；地震物探工种团体第二名，个人第一名，钳工个人第一名。共有7人获得全国技术能手称号，12人获得中国石油集团公司技术能手称号。在职业技能鉴定方面，制定了一系列的规章制度和激励机制，全面推行职业资格证书制度。技术工人必须有职业资格证书，持证上岗；必须先培训，后鉴定；对已取得资格证书的，定期验证，不参加验证者，视为不合格，岗位工资下调一档，普调工资不能晋级。对在工作中业绩突出，技术精湛的优秀工人和技术大赛中的优秀技工，可提前参加高一级的鉴定，鉴定合格者给予一定精神和物质奖励。技术工人工资与鉴定级别挂钩。全局有考评员1190名，几年来共鉴定13万多人，12万多人获得职业资格证书，通过鉴定对提高职工队伍的技术素质起到了积极的作用。为辽河石油勘探局稳定、协调发展提供可喜的人力资源保障。□

大力开展培训工作 造就优秀员工队伍

瓦房店轴承集团公司教育培训中心

提高员工整体素质，增强企业的核心竞争力，是瓦轴集团公司在发展过程中始终坚持的基本原则。培训中心以塑造“学习型企业”为宗旨，组织开展全员培训，有利地促进了企业的发展。

一、注重技术工人队伍建设，提高技术工人的专业技能

集团公司领导同参加大连市青工技能竞赛选手座谈，公司党委书记江忠元勉励青年努力钻研技术。

一是开展名师带高徒活动。这项活动以合同的形式确定了师徒的关系，对师徒双方在培养方向、培养进度、培养目标等方面做出了明确的规定。

二是在青年技工中开展评选“创新、创效”标兵活动。建立岗位业绩排行榜，通过定期评比，评选出创新能手、质量能手、维修能手，在公司《员工报》、有线广播、闭路电视上进行大力宣传。

三是开展内外技术比武活动。公司连续多年在10余个技术工种中实行技术比武活动，对获得各工种技术比武第一名的授予“技术状元”称号，符合条件的推荐参评技师，奖励一年荣誉津贴；获得二、三名的授予“技术能手”称号，符合条件的推荐参评助理技师，奖励一年荣誉津贴；获得四、五名的奖励一年荣誉津贴。通过开展技术比武和技能大赛等活动，培养了一大批技术工人骨干，使得一些年轻的技术工人迅速成长起来。

集团公司董事长王路顺(前排左一)观看技术工人技术比武竞赛

四是进行技术等级鉴定。自1999年开始，公司根据国家有关文件精神，成立了职业技能鉴定机构，对从事技术工种岗位的员工，进行先培训后考核鉴定工作。培训考核本着“干什么，学什么”的原则，采取理论和实际相结合的方式。对通过技能考核并获得等级的员工即时兑现工资。

二、加大对企业核心的“三高”人才培养

对“三高”人才实行“高素质、高速度、高起点”培训。高级经营管理人员，除派到中央党校、省市委党校、清华大学等高校接受专业知识训练外，还选派赴美国、日本、德国、新加坡等国家进行考察和研修，学习国外的先进管理和技术经验，使他们开扩视野，更新思路。2002～2003年共选派了59人次的高级经营管理人员出国出境接受各类培训。

对高级工程技术人员，除有计划、有目的的派出到国内国外考察研修外，还更多地利用公司近两年来加大技术改造，与美国、日本、瑞典等知名企业开展合资合作的契机派出考察研修，丰富他们的理论知识和实践经验。对高级技术工人，公司同样也通过选派到国外同行业企业参观考察的形式，学习先进的轴承生产加工技术和设备维修技术。

三、强化各级管理人员培训，提高整体管理水平

对各个单位的主要管理者，先后开办了经营、财务管理、《公司法》等培训班，聘请了瑞典SKF公司的管理专家，清华大学、大连理工大学和东北财经大学教授讲学，提高了各级管理人员的素质。

几年来，瓦轴的培训工作得到了上级主管部门的大力支持与肯定，先后被省、市等有关部门授予教育培训工作先进单位等荣誉称号。□

实施职业技能鉴定 开发人力资源

辽宁省大连海洋渔业集团公司

辽宁省大连海洋渔业集团公司（简称辽渔集团）是省属特大型渔业联合企业，现有在职员工4000多人。近海和远洋捕捞、国内外贸易、港口航运、水产品精加工、船舶修造、房地产开发、国际经济技术合作等产业已有长足发展，已成为代表中国渔业生产力水平的综合型集团。

实事求是地讲，在市场竞争异常激烈，国有企业举步维艰的今天，我们辽渔集团之所以能迅速完成优势积累，并实现生产力的发展，其中重要一条，就是辽渔集团领导层能够实施人才发展战略，使企业拥有参与国内外市场竞争的人力资本。为进一步夯实技工人才基础，辽渔集团在农业部领导的支持和帮助下，经过劳动和社会保障部批准，1998年建立渔业行业职业技能鉴定站（所），从而加大了职工培训的力度和全面性。在近几年的职业技能鉴定工作取得了一些成绩，共培训鉴定社会通用工种1470人和渔业行业工种1302人，而且还在企业技术工人中营造了一种讲学习、肯钻研、比技能的良好氛围，从而实现职工队伍素质整体提升。应该说，经过近6年的探索和实践，在职业技能鉴定工作方面取得了一定的经验。另外，由于渔业行业生产技术发展的需要，辽宁省渔港监督局与集团公司投资400万元新建航海模拟器，将实现电脑模拟航海操作和电化教学。这一有利条件，将给职业技能鉴定工作带来进一步发展。

辽渔集团经过几年的探索和实践，在实施职业技能鉴定工作方面积累了一定的经验。这其中既有丰富的感性认识，也有深刻的理性分析；既有反思过去的体会，也有关注未来的思考。抓住机遇，以提高职工素质和培养高技能人才为出发点，抓好关键岗位分析，确定新的培训重点，将职业技能鉴定工作做细做好。□

务实中求壮大 探索中求发展

东北特钢集团大连职业技术学校

东北特钢集团大连职业技术学校，隶属于东北特钢集团有限公司。经过多年的努力，目前学校已发展成为办学设施完善、教师素质较高、管理正规、办学效果突出、毕业生深受企业欢迎的省重点技工学校。

一、技工教育

1、明确教学方向。学校紧密围绕东北特钢集团公司的发展，牢固树立“建设国际化，科技型一流企业”培训基地的建校目标及培训为生产服务和培训与就业相结合的办学方向，突出技工教育的办学特色，以学生能力发展为本，结合生产实际需要，不断调整教学专业、计划，完善教材和大纲，按照企业岗位需求，加强培养学生的动手能力，使学生毕业后就能够表现出较高的职业技能水平。

2、注重职业道德教育。学校采取积极有效措施对学生进行系统正规的教育和管理，把培养学生积极主动、忠诚、踏实的作风当成教育的一个重要目标，并采取多种宣传、教育渠道进行职业道德教育。教学管理杜绝形式主义，教学活动力求有计划、有检查、有总结，使教育富有成效，学生得到全面的发展。

3、加强软硬件的建设，扎实做好日常教学工作。学校教学的最基本目标是使学生掌握真本领，熟练掌握操作技能。在抓好实践性教学环节的同时，加强基本技能的强化训练，充分调动教师的积极性，树立一切为教学和教师服务的指导思想，关心教师的知识更新，提倡教师“一专多能”。目前已形成了教师精心指导、学生刻苦练功的良好局面。

二、在职职工培训

围绕集团公司的经营目标，学校以不断提高企业职工队伍的综合素质为目的，以服务生产为宗旨，开展多层次、卓有成效的岗位培训。

1、严格培训各环节的管理，保证培训质量。建立“一级抓一级”的培训考核机制，按照“职责有分工、师资有标准、培训有计划、结业有证书、学员有档案”的要求进行管理。

2、不断改革和探索培训方法，提高培训效果。针对参训人员的不同层次，采用“学、议、讲、写”四个步骤的培训法：“学”，听老师讲；“议”，参培人员的讨论；“讲”，选派代表进行典型发言；“写”，最后写出心得体会。这种培训方式收到了良好的培训效果。

今后，我们还要在教学、培训方法等方面继续探索，使教育培训工作更具实效性。不断提高教育培训质量、改进方法、持续创新，使工作再上新台阶。□

打牢基础　抓住机遇　走质量建校的路子

中铁十三局职业技术学校

中铁十三局职业技术学校是国家级重点中等职业技术学校，始建于1987年，亦称中铁十三局技工学校，同时也是十三局培训中心、十三局党校和十三局职业技能鉴定站，在籍学生2660人。

近几年，学校自力更生，艰苦奋斗，逐步摸索出一条“以市场为导向，以发展为主题，以质量为生命，以效益为中心，以改革为动力，坚持以人为本，办名牌学校，创名牌专业，走特色化办学的道路”，取得了较大成绩。

打牢基础，抓住机遇，走质量建校的路子。教学质量是衡量一个学校水平高低的标准，是学校生存发展的根本。

一、把企业全面质量管理引入学校，制定学校全面质量管理办法。这个办法明确规定了每个岗位的工作职责、工作标准、考核办法，并把考核成绩与工资挂钩，好的奖、差的罚，调动了大家的积极性，教学质量、服务质量比过去有明显提高。

汽修专业实习车间

二、改善实习条件。职业学校不同于普通学校的重要一点是对学生实际操作技能的培养，这就要求各个专业要有相应的实习手段。为此学校加大投入，自筹资金200万元先后建成达到国家一级企业标准的汽车修理实习工厂（长春金车汽车维修服务有限公司），六个实习车间（机加车间两个、焊接车间、汽修车间、机修车间、钳工车间）、五个专业实验室（数控仿真实验室、PLC实验室、电工电拖实验室、两个电子实验室）、四个微机室、一个校外实习基地（局中心建材试验室），学校综合办学条件已达省内一流。学校还学习德国双元制教学法，把专业课及实习课比例调整为1：1，保证了教学质量的提高。

三、加强师资队伍建设。教学质量好坏的关键在教师。近两年，学校注重抓好教师的培训，通过办培训班和以老带新的方法，全面提高教师业务素质和职业技能。

四、加强教研教改。近两年，学校着手进行国家课题的研究，侧重抓“行为引导型”教学方法的研究。学校立项、申报的全国教育科学“十五”规划立项课题《情境——达标式》和《职业院校学生心理健康问题的特点和对象研究》，今年4月份结题。省级立项课题《职业学校学生健康人格培养的理论与实践研究》正在实施之中。学校又与德国维亚职校联合办学，引进德国先进的教学理念和教学方法，相信这种国际间的合作必将进一步推动学校的教研教改工作。

目前，学校正按以市场为导向的办学指导思想、抢占职教发展制高点的战略和低成本扩张、特色化办学的策略稳步前进。□

积极开展技能鉴定 加快技能人才培养

长春轨道客车股份有限公司培训中心

为适应企业改革和发展对提高职工队伍素质的要求，进一步深化人事、分配制度的改革，推行持证上岗，创建工人学习技术的平台，到2004年9月末公司4000多名技术工人都通过技能鉴定取得了相应的技术等级。2004年10月公司按技能鉴定的技术等级确定了技术工人的岗位工资，形成了培训、使用、待遇一体化机制，促进了职工学习的积极性，加快了技能人才成长的步伐,收到较好效果。

长春轨道客车股份有限公司培训中心

现场讲解焊接机械手操作技术

一、促进了三项制度改革，建立了培训、使用、待遇一体化机制

1、理顺了职业名称和工种名称。理顺职业和工种的名称是三项制度改革的基础工作，做好这项工作将有利于岗位设置和人员聘用等项工作。在技能鉴定工作中我们根据国家职业分类要求，取消了一些名存实亡的工种，理顺了一些叫法不一的工种名称，合并了一些知识相近的工种，规范了一些轨道车辆行业特有工种，确定了一些技术发展带来的新型工种。经过认真研究，反复推敲，最后确定79个技术工种，并且规定了79个工种的技术等级。

2、技能鉴定结果与岗位和工资紧密结合。公司技能鉴定工作与三项制度改革紧密结合。公司新的绩效工资方案确定了“工资分配向高科技人才、高技术岗位、关键管理岗位倾斜”的政策，合理确定了不同工种不同等级的岗位工资并按技能鉴定的结果及时兑现。这一政策，保证了高等级工人上高技能岗位，满足了产品质量的要求，理顺了工资关系，建立了培训、使用、待遇一体化机制。

二、激发了职工学习技术的热情

职业技能鉴定将工人的技术等级分为初级、中级、高级、技师和高级技师等五个级别，技术工人的职业生涯令人一目了然，有了学习的积极性，工人们看清了努力学习技术、刻苦钻研技术就有希望、就有前途，工人学习技术的积极性正在提升，刻苦钻研技术的氛围正在形成。

三、技能鉴定为增强企业凝聚力发挥了良好的作用

职业技能鉴定是一项政策性强、群众性强、涉及范围广的工作，从思想领域入手，结合公司近期发展战略以及技术引进的长远规划等方面，做了广泛的宣传动员工作。工人们清楚了技能鉴定的作用、目的后，理解了公司对生产技术工人的重视，看到分配向高技术岗位倾斜的政策，工人们进一步坚定了对企业发展的信心。

四、职业技能鉴定工作增强了公司生产结构调整和员工岗位转换能力

由于新产品、新技术的发展突飞猛进，新材料的应用层出不穷，公司生产布局需要适时调整，由此必然产生一些富余人员，职业技能鉴定工作为这些人员增强岗位转换能力提供了帮助。几年来公司有几百人转岗并通过培训考试取得了新的职业资格证书并形成了新的生产能力。

几年来，我公司的职业技能鉴定工作促进了技能人才成长和公司的制度建设，今后，我们要把职业技能鉴定工作作为常规性工作坚持开展下去，为加快技能人才的培养建设绿色通道。□

现代企业职工培训中存在的问题及对策

吉化集团公司人才培训交流中心 张晓明

如今，越来越多的企业领导，把企业员工培训如同生产经营一样摆上企业发展的重要位置，注重培养企业所需的高质量应用型、技艺型人才。尽管如此，仍然有一些因素，阻碍着企业培训工作的开展，其主要表现在以下几个方面：

一、企业职工培训的办学体制和运行机制还未完全走出传统体制的阴影

相当多的企业职工培训机构，视自己为“官办”的吃皇粮的事业单位，仍没有真正做到面向市场办学，办学效率低下，缺乏危机感。政府、企业、培训机构和学习者之间的关系还带有明显的传统体制色彩，政府对职业培训机构的管理还存在着“缺位”和“越位”的现象。

二、培训投入少，资源匮乏

一些企业经营者较偏重市场运作方面，在广告投入上，不惜一掷千金，却轻视了显效期较长的“培训”投资。一些管理者错误地认为：培训是一种成本，作为成本，当然应该尽量降低，因此，能省则省，在企业职工培训方面投入的资金甚少。

三、企业职工培训的内容、方法和手段滞后

相当一部分职业培训机构的教学内容陈旧，教学方法和手段落后，大多数采用班级授课形式，在学习发达国家职业培训的经验方面有简单化倾向。

四、只重视新技术培训，忽视基本素质和技能培训

一些企业认为，企业只需要进行新技术、新经营管理思想或方法的的培训，而不需要其他培训，使培训效果，事倍功半。

鉴于上述问题，笔者认为，企业职工培训应加强这几方面工作：一是与时俱进，转变观念，使企业成为“学习型企业”。“学习型企业”的最大特点是：崇尚知识和技能，倡导理性思维和合作精神，鼓励劳资双方通过素质的不断提高，以确保企业的不断发展。这使得培训和教育的功能发挥了巨大的作用。二是企业领导应高度重视职工培训工作。企业的职工培训能否收到应有的效果，在很大程度上取决于企业各级领导的重视与否。事实表明，领导的培训观念落后，人才意识淡薄，就会极大地制约人才的成长和优胜劣汰竞争机制的形成。同时，培训工作能否正常实施，很大程度上也取决于生产单位能否科学合理安排职工工作，有计划地把职工抽出来参加学习，在职培训尤其如此。三是职工培训紧紧围绕企业的发展来开展。企业职工培训工作是为企业的市场竞争服务的，只有立足于企业的需要、市场的需要，才能真正提高职工的素质，促进企业的发展。以生产为导向，以一线生产需求为根本，开展多层次、有针对性、高效的职工培训，应是企业职工培训工作的基本任务。四是合理解决培训需求与实际操作的问题。从道理上讲，企业的培训应是全员培训，这样才能提高公司的整体实力。但有限的培训经费如果像撒胡椒面一样撒到每个人头上，其效果与我们的期望值肯定差得很远。所以，培训应该确定相应的重点和范围。优先保证重点内容，不追求表面化的“全员性”效应，应该从实际和实效出发，保证重点单位、重点项目、重点人才的培训需求，确保职工培训的质量和效益，处理好全员培训与重点培训的关系。五是在企业职工培训工作中提高和改进方法和手段。在企业职工培训方向上要对准需求，做到“三主动”，即主动调研、主动适应、主动服务；在企业职工培训内容上要讲求实际。强调“三实”，即实际、实用、实效；在教育培训形式上要灵活多样。注意“三个结合”，即长短结合、业余与脱产结合、集中与分散结合；在企业职工培训方式上要分层次。培训高级管理人员与培训生产工人，在时间、内容、形式上各不一样；在企业职工培训的教材上要抓好自编教材。重视“三性”，即针对性、适用性、先进性；在企业职工培训的师资队伍上要专兼结合，充分发挥企业各类专业工程技术人员的作用，有利于理论联系实际。六是企业职工培训必须做到学以致用。目前，进行专升本、二学历、双学位、在职研究生等学历学习，这是需要肯定的，是好事。但毋庸置疑的事实是，也确实存在着所学非所用，有真学历而无真本事，经不起岗位工作考验的现象。职工培训应把重点放在学

以致用上，重点放在提高职工的综合素质，用所学知识解决工作中的难题，增强自己的工作能力和对竞争环境的适应能力，真正达到学习的目的。

国有企业改造这几年艰难的步履再次证明，没有一支能掌握知识和技能的现代化职工队伍，就无法从根本上改变企业管理和生产的现状。企业的决策者们在关注生产和销售的同时，也应关注企业职工培训工作，重视企业职工队伍整体素质的提高，使企业在激烈的市场竞争中永立潮头。□

强化培训 加速人才培养

双鸭山矿业集团劳动就业部

双鸭山矿业集团以干部岗位培训，技术工人等级培训为重点，抓好岗位练兵、安全技术培训，使企业员工的文化、技术素质有了明显的提高。

一、结合生产实际，大力普及全员培训

为使员工适应不断更新的新技术新工艺，给企业发展提供技术保障，以提高全员素质，推动企业的不断进步为目的，以煤矿的采、掘、机、运、通五大工种为主，采取分层次、分等级、分阶段、分岗位的办法强化培训。狠抓培训质量，循序渐进地进行脱产、半脱产、业余培训。按不同工种，本着缺啥补啥，用啥学啥的原则，采取理论与实际相结合、面授与电化教育相结合、集中教育与自学相结合、技能培训与安全培训及岗位练兵相结合的方式进行培训，计划五年内把员工全部轮训一遍。为切实提高员工的技术、业务素质和思想道德水准，针对岗位工种开设了采煤、掘进、机电、运输、通风5S现场管理，计算机、法律等培训班。为保证培训质量，营造学习氛围，对培训工作实行规范化管理，统一制定教学计划、教师考核制度、学员守则、学员经济考核制度、学员档案管理制度、三好学生评比制度。分工明确，责任落实到人头，通过强化培训，进行分专业考试，考试合格后持证上岗，对不合格人员进行下一期培训，但在培训期间停发工资。通过培训，切实提高了员工的文化，技术素质，也收到了较好的效果。

二、筹自强之策，谋发展之余

一个企业的兴衰，关键在于科技与技术人员、管理人员的素质，结合实际，有组织、有计划实施管理人员培训。各级各类管理人员的培训，主要以学历教育、继续教育、岗位职务培训为主，对全公司18000余人的初、中、高级管理人员进行离岗轮训，同时开办了CAD制图、工商管理、初、中级计算机培训，主要岗位已持证上岗。

三、强化培训和职鉴工作结合起来

2004年2月，公司领导提出，对优秀技术员工进行业绩评定，鼓励技术工人参加培训评聘，持证上岗。经过摸底调查我们对1200名技术工人进行技术培训，理论、实际操作考试合格的技术工人1050人，评聘上岗的860人，兑现了每人100～150元/月的岗位津贴。没有聘上的人员做为定期考评竞争上岗的后备力量，使在岗人员随时都有危机感，从而也激发员工学习技术和业务的积极性。

几年来，通过全员培训，促进了员工学习新技术的积极性，认识到了安全第一的重要性。我们将不断探索员工教育培训的新思路、新方法、新规律，更好的促进集团公司全面发展。□

矿领导为学员上电教课

初级管理班结业考试现场

学员在上计算机课

开拓奋进的石化培训基地

大庆石油化工总厂培训中心

大庆石油化工总厂培训中心下设仿真培训基地、干部培训基地、工人培训基地、技能鉴定基地、计算机学校、外语学校和总厂党校等7个办学单位，这些办学单位各具特点，优势互补，形成了培训功能齐全、整体实力较强的综合性培训基地。

近年来，培训中心坚持以企业为主体、以市场为导向、以质量求生存、以信誉求发展的原则，把提高培训质量放在首位，通过推选培训标准体系、开展“四个创新”活动，不断提高培训的质量和效果，增强培训的针对性、实用性和创新性。注重开发科技含量高和具有鲜明特色的培训项目，如仿真流程模拟培训及软件开发、工商管理培训、质量培训、班组长培训、安全培训、计算机培训、外教英语口语培训等。

培训中心以服从服务于企业长远发展与生产建设的需要为宗旨，以“诚信敬业、优质创新，精心培训、造就人才”为培训理念，按着培训中心“2345”的工作目标（即两个到位、三个突破、四个确保、五个提高），在大庆石化总厂的领导下，培训中心全体员工正在团结一致、发奋工作，为建成多功能、综合性、现代化的培训基地而努力拼搏。□

开展国际合作，成为美国ASPENTECH和加拿大 HYPRTECH 公司的技术服务中心

曾先后两次举办全国石化和中油系统的技能大赛

大庆石化总厂培训中心外景

员工教育培训是企业发展的基石

哈尔滨锅炉厂有限责任公司

进入二十一世纪，哈尔滨锅炉厂有限责任公司（以下简称哈锅）在激烈的市场竞争中，经济效益连年攀升，2003年完成工业总产值达20.7亿元，比上年增长50.3%，进入国家500强。取得如此飞速的发展，企业系统有效的员工教育培训，起到不可或缺的作用。

一、员工教育培训地位法制化

企业高度重视员工教育培训工作，坚持以人力资源开发为本，以科技进步为企业经济发展的动力源，以高素质员工队伍为企业经济发展的后劲，围绕生产、服务企业，以全面提高员工队伍为己任，积极开创学习型企业。五年来，培训技术工人9123人次，通过职业技能鉴定的高、中级工921人，技师、高级技师204人。选送优秀的工程技术、管理人员在职攻读研究生74人。依据国家《企业法》、《劳动法》、《职业教育法》等有关法规，把提高员工队伍素质做为治本措施，在组织上、制度上、经费投入上不断加大力度，充分发挥员工教育培训工作在企业可持续性发展的重要作用，使公司上下形成以人为本，素质先行的共识，走出一条具有哈锅特色的企业培训之路，使企业员工教育培训地位规范化、法制化。促进员工教育培训在企业改革中发展。

二、员工教育培训模式开放化。

哈锅在探索和实践中采取教育培训模式开放化已初见端倪。近年来，哈锅公司瞄准国际先进的管理、技术水平，以市场为导向，把着力点放在开发具有独立知识产权的关键技术和培训自主创新能力上，加大高层人才开发的力度。仅2001~2004年，公司共选送63名中层以上技术管理人才到哈工大等高等学府攻读专业和MBA研究生。其中副总经理级7人，中层以上干部24人，工程技术人员28人；派出国外学习研修260余人次；选送27名中青年专业技术骨干到国家重点院校，联合进行科技攻关，攻读硕、博研究生。

三、员工教育培训机制一体化

人力资源开发通过预测规划、教育培训、考核评价、配置使用、维护激励等一系列环节，系统开发人的能力，从而有效地实现社会、组织和个人发展的目标。哈锅为实现上述目标，将人力资源开发控制总量、培训存量、调整结构、激发活力有机结合起来，建立起人力资源的获取、整合、激励、控制、开发全过程一体化的管理体制和运行机制。

哈锅打破传统的薪酬分配体系，破除企业升资人人有份的惯例，不论资历、职务，只讲贡献，严格按工作质量进行考核。如将技术、资本等生产要素量化纳入分配范围，使科研人员工资始终是拿的最多的层面，从而不断激活人力资源，提升企业人力资源竞争力。

哈锅以50年的丰厚底蕴，正如蓬勃日出的朝阳，充满生机和活力。我们将抓住机遇、大胆创新、开拓进取，扎扎实实地做好企业教育培训工作，为企业不断培养高素质的人才队伍，走企业员工教育培训可持续发展之路，为企业的发展进步奠定人才基础和提供智力支持。□

创新培训机制 精心培育一流职工队伍

哈尔滨供电公司

哈尔滨供电公司始终坚持“安全生产为基础，经济效益为中心，优质服务为宗旨，职工教育为先行”的方针。公司领导班子坚持以人为本，科教并举，按照“科技要发展，教育必先行”的工作思路，充分发挥职工教育在企业可持续性发展中的基础保障作用，大力实施“科教兴企”战略和“经营管理型、专业技术型、生产技能型”三支人才队伍建设规划，将职工队伍建设纳入三项责任制目标进行考核和落实。

哈尔滨供电公司每年举办生产技术竞赛活动，通过赛前的培训和技术比武，培养生产技术人才(图为配电检修专业竞赛现场)

在培训内容上，坚持理论与实际相结合。在培训方式上，坚持常规培训与竞赛比武相结合。在培训效果上，坚持整体队伍素质提高与优秀人才重点培

养及脱颖而出相结合，形成较完善的职工培训管理体系。在电力体制改革过程中，公司大胆尝试“育人与用人相结合”的培训管理机制，推进了“职工培训考核、使用、待遇一体化”的全面实施，为职工培训工作注入生机。设立教育奖励基金，采取有效激励措施，营造尊重知识，重用人才的良好氛围，开创了职工培训工作新局面。尤其在职业技能人才培养和企业岗位内训方面取得可喜成绩，得到上级主管部门的表彰和奖励，连续多年被评为省公司职工教育先进单位。

为加强生产人员培训，公司编写了职业技能鉴定工作宣传提纲和操作手册，规范作业程序，强化动手能力训练，达到以考促培，全面提高生产人员的专业知识和实际技能水平的目的。同时，结合生产技术骨干培养目标，公司每年组织 1～3 项生产技术竞赛和安全知识、营销知识大赛，并采取推荐和任意抽取参赛队员相结合的办法，采取“普及、提高、强化训练”三段式培训方法，培养生产技术骨干。通过竞赛，增强了单位和职工的竞争和参与意识，并为生产骨干的脱颖而出和继续成长创造了条件。

几年来，我公司通过开展技术竞赛活动，培养出秦丽、郭建伟、罗洪舟等一大批生产技术尖子，他们在省公司及全国电力行业技术竞赛中取得多项冠军，并成长为中层干部或专业技术人才。 □

开创职工培训工作新局面

哈尔滨轴承集团公司职工培训中心

哈尔滨轴承集团公司是中国轴承产业三大生产基地之一，1950 年建厂，现有职工 12972 人。哈轴职工培训工作始于 1951 年，50 多年来，哈轴培训中心紧紧围绕以生产经营服务为中心，从业余办班到脱产办班，从单一办学形式到自主开放、灵活高效的办学模式，创出了一条特色突出、效益显著，充满生机和活力的培训之路。

80 年代以来，累计举办各种培训班 2553 个，培训员工 113131 人次。2002 年，哈轴培训中心被国家劳动和社会保障部指定为国家高技能人才培训基地，并被评为全国职工教育先进单位。同年哈轴培训中心分别被哈尔滨市劳动和社会保障局、哈尔滨市香坊区劳动和社会保障局指定为再就业培训基地。从此，哈轴培训中心在各级领导的大力支持和帮助下，在全体职工的共同努力下，充分发挥培训基地的作用，通过开展职前培训、岗位培训、职业技能培训、继续教育、下岗再就业培训以及三高人才的培养等机制灵活、形式多样、自我约束、自我发展的职工培训活动，不但促进了职工教育和职业培训事业的快速发展，为企业培训了大批新世纪实用型、技能型、知识型的专业专才，形成了一套比较科学完整的职工教育培训体系，而且为我国轴承行业的可持续发展做出了贡献。

装配技能大赛

哈轴员工培训由总经理主管，人力资源部制订年度培训计划，培训中心具体组织实施。哈轴员工培训紧紧围绕生产经营任务和目标，突出培训质量和办学效益，充分发挥培训基地的优势，以“质量第一、企业满意”为工作准则，全面贯彻“人才强企、科教兴企”的战略方针，坚持“加强领导，统筹规划、分工负责、通力协作”的原则，采取多渠道、多层次、多形式的培训方式，使劳动、知识和技能紧密结合，由“让我学”变成“我要学”，从而使人才脱颖而出，激发了员工工作的积极性、主动性和创造性。2000 年以来，年均培训各类人员 7252 人次。 □

全力打造港口高技能人才队伍

青岛港集团有限公司

青岛港是具有112年历史的国家特大型港口，现有员工16000多人。主要从事集装箱、煤炭、原油、矿石、粮食等各类进出口货物的装卸服务和国际国内客运服务。港口吞吐量从2000多万吨增至去年的1.4亿吨。集装箱吞吐量从2万多标准箱增至去年的424万标准箱，位列世界14强。

一、创新思想观念，营造员工成才氛围

公司认真贯彻尊重劳动、尊重知识、尊重人才、尊重创造的方针，牢固树立"四个观念"，努力营造人人可以成才、人人干事创业、人人岗位奉献、人人发展提升的良好氛围。

树立人人都可以成才的观念，鼓励广大员工成才。上世纪九十年代初，集团确立了建设现代化国际亿吨大港的战略目标，实施了人才强港战略，并提出了"凡是能够进行创造性劳动，为港口大发展做出积极贡献的，都是港口需要的人才"的口号，激发了广大员工自觉成才的积极性。目前集团已有技术工人4730人，其中高级技术工人3447人。并培养了259名技师，33名高级技师。

树立发展造就人才、人才支撑发展的观念，实现发展与人才培养的良性互动。公司一直在员工中倡导发展造就人才，人才促进发展的理念，大胆使用自己的员工，锻炼队伍，培养人才。

树立人才提升岗位、岗位检验人才的观念，激发员工岗位成才。集团公司先后研制了几十项装卸工具，不仅解决了装卸生产中的安全质量问题，而且每年创造几十万元的直接效益，并已有7项成果获得国家专利。

树立"工作学习化、学习工作化"的观念，不断提升员工素质。随着科学技术的日益进步，港口作业已由过去的手搬肩扛，发展成为机械化、自动化、流程化作业，由劳动力密集型港口转变成为技术密集型港口。

集团公司组织开展"创建学习型港口，争做知识型员工"等活动，促进员工不断学习新知识，努力掌握新技术，刻苦钻研新本领。

二、创新教育机制，培养员工成才

集团公司通过深入开展"学政治、学技术、学业务、学文化、学实践"的"五学"活动，培养了一支优秀的员工队伍。

加强思想教育，不断增强"三感意识"。公司每年都围绕党的中心工作和港口实际，集中时间开展全员主题思想教育，引导员工牢固树立爱港敬业的责任感、加快发展的紧迫感、不进则退的危急感意识。

加强理论培训，不断提升知识水平。集团公司以能力培养为核心，不断创新培训模式，按照"干什么，学什么；缺什么，补什么；练什么，精什么"的基本原则，每年投入上千万元开展培训。实施了"个十百千"工程，即建立了1个人才培训中心、推出了10个科技创新基地，建成了100个职工图书室和学习之家，设立了1000个职工学习园地，形成了"集团有中心，公司有基地，队里有阵地、班组有园地"的局面。

加强能力培养，不断提高劳动技能。集团公司根据直属单位的技术优势，成立了9个专业化培训基地，对技术工人分批进行技能培训，提高了他们的技能水平。青岛港职业技术学院每年开展技师、高级技师资格培训，今年被青岛市指定为"金蓝领"培训基地，享受政府专项补贴。每年将港口急需解决的业务、技术等方面的难题，通过招标等方式组织攻关，为广大员工成才和建功立业创造条件。

三、创新分配激励机制，激发员工成才

近年来，集团公司坚持以鼓励劳动和创造为目的，不断加大对人才的激励力度，激发了员工成才的积极性。

"岗位"与薪酬一致。一是坚持向技术岗位倾斜。技术工人在每年开展的考工晋级中通过理论考试和操作技能考试

后，上浮一级工资，第二年再次考试考核合格后，将上浮工资固定。在每年增资中对装卸一线机械司机、大型装卸机械设备主管、维修工、港机设计与制造人员等，按照集团人均增资标准的1.1倍增资。对大型机械设备技术主管每月给100～300元的岗位激励奖。二是坚持“责、权、利”相统一。每年集团与公司、公司与科队分别签订“目标责任书”，对三个文明建设全面负责，实行以经营业绩为核心的多元分配形式，公司经营层实行年薪，基层队长的工资由集团统一制定。对在生产(工作)中起关键作用的人员，按本单位员工年平均工资的1.2～3倍试行年薪制。三是严格考核。全面推行满负荷岗、满意岗的“两满”考核，对不实行计件工资的员工，建立健全了考核标准，每月进行考核，根据考核结果分配绩效工资，拉开差距，激励先进。

成果与奖励一致。牢固树立“科学技术是第一生产力”的理念，坚持有成果就有奖励，调动了各类人才争先创新的积极性。每年进行科技进步奖、管理创新成果奖的评审奖励。近年来，先后表彰奖励了优秀科技成果1600多项，其中有400多项被评为国家、省部和市研成果，208项获得国家专利。

技能与津贴一致。坚持鼓励岗位成才，引导员工提高技能水平。对集团级专业技术拔尖人才实行津贴制度。推行高技能岗位津贴，在技术含量较高的岗位中，实行岗位首席制度，每年评选一次。

贡献与表彰一致。集团十分重视精神鼓励，设立了优秀党员、劳动模范、先进科技工作者、专业技术拔尖人才等十几项个人荣誉称号，对在港口各项工作中做出突出贡献的各类人才进行表彰奖励。激励广大员工在港口建设发展中建功立业。

四、创新选拔使用机制，促员工成才

始终坚持科学的发展观和人才观，唯贤是举，唯才是用，为广大员工发挥聪明才智和实现自我价值创造广阔的舞台。

坚持德才兼备，谁能干谁干。集团公司选拔人才一直注重德才兼备的原则，特别注意从优秀党员、优秀工人、优秀知识分子中选拔高技能人才。以发展论英雄，以干事创业论英雄，谁最能胜任工作就选谁，谁最能干好事业就用谁，谁最能加快发展就让谁干，不唯学历、职称、资历、身份，干部可以在工人岗位，工人可以在管理岗位。港口形成了正确的用人导向。

坚持能上能下，谁干得好谁干。牢固树立岗位竞争的观念，努力创造谁勤于学习，勇于投身港口事业，谁就能获得发挥聪明才智的机遇的氛围。每年坚持进行全员考核，干得好的该重用的重用，该聘用的聘用。不胜任现岗位的，区分不同层次进行处理。对各级领导 干部，凡是工作不称职、群众不拥护的，该免降职的免降职。建立了一种能上能下，能进能 出，充满活力的进退留转机制。

集团公司表示，要更好地树立和落实科学发展观和人才观，坚持以人为本、人才强港，促进青岛港的发展与腾飞。□

创新培训工作 服务莱钢发展

莱芜钢铁集团培训中心

莱钢的培训工作伴随着莱钢的发展而发展，在莱钢的不断改革中凸显其作用。根据莱钢机构改革的要求，2002年6月成立了莱钢培训中心。中心成立以来，发挥整体优势，积极探索，初步形成一个从初等、中等到高等教育，从政治、技术、管理培训到科技开发、全员培训于一体的职工教育主阵地。三年来，中心举办各类培训班400多个，培训、考核40000余人次，各项工作取得了长足的发展。

树立办学新理念。针对新的形势和要求，中心先后确立了“发挥优势创品牌，紧贴企业求发展”、“有提高职工素质的作为，才有培训工作的地位”、“注重培训效益，坚持质量第一”、“培训工作无小事，求新求效快发展”等培训工作理念。

探索办学新模式。中心从适应莱钢快速发展的需求出发，凸现集中办学优势，朝着多层次、全方位、多功能的培训网络发展。将单一的校内办学转向内外结合，集中与分散结合；从注重学历教育转向与开展各类培训、推行资格证书、实施技能鉴定相结合，使职工的培训学习走上了“一技之长、一专多能”的成长道路；由面向厂内培训转向厂内外结合，适度承担了社会和各兄弟企业的培训，为兄弟企业及社会培训了1100多人，取得了社会、经济两种效益的双丰收，既满足了社会的需求，也锻炼了队伍，还扩大了培训的知名度。

在实施办学新举措方面。一是公开做出办学三项承诺：在培训的时间和内容上满足需求，在培训的方式和方法上灵活方便，在知识和能力的提高上给予保障，最大限度满足单位培训、职工学习的要求；二是完善激励机制，先后开展了名师工程，学科骨干和名师评选、教学技能竞赛等活动，对评出的骨干名师给予一定数额的月补贴，对竞赛优胜者给予奖励，制定了留住骨干、促进师资队伍提高的政策；三是建立和完善教学质量过程控制和评价体系，建立了督导员队伍，实行教学督导制度，加大了考核力度，将考核结果与个人收入、奖励、技术职务评聘挂钩。

与高校联合办学为工程技术人员更新知识举办新技术培训班

先进的多媒体教室

要促进素质提高，提升办学质量的关键是有一支高素质的师资队伍。为此我们以创建学习型学校为目标，强化学习理论和各种先进理念，组织共识营活动，全员参加品格训练和军训，力争达到思想观念上共识、行动上共识、形象上共识，使大家都能按照“为人师表、甘为人梯、追求卓越”的工作准则，自觉“讲好每一堂课，做好每一件事，珍惜每一天”，追求办学最佳社会效应和经济效益的“双效”理念和用心工作和用脑做事的“双用”理念。

在拓宽工作新思路上，我们在培训工

作中坚持“严、细、实、新、快”的管理作风，坚持为企业长远发展提供智力支持和人才保证，矢志不渝。

围绕“出人才比出产品更重要，坚持培训事业第一、教学第一、服务学员第一”的要求，服务企业发展，大力培养实用型技能人才，实现两个提高：努力提高自身能力，全面提高办学质量；突出三个重点：完善激励机制，扩大办学规模，提高办学效益；抓好四个切入点：从每人做起，从每天做起，从每件事做起，从求新求效做起，努力打造培训品牌。如：在开展创建学习型组织理论学习培训方面，自2004年3月以来创建学习型组织已开办92期，培训5800多人次，基层管理培训自6月份开办以来已办20期，培训1300多人。多层次、全方位有效地培训工作得到了广大职工的认可和各级领导的赞扬。

集团公司每年都组织举办职业技能比赛活动

钳工职业技能鉴定

“要出好钢材，先出好人才”，站在莱钢发展的又一个新起点上，培训工作任重而道远，我们不断总结经验，科学施教，创新培训体系，为莱钢的超常规跨越式发展提供强有力的智力支持和人才保证。□

实施“人才强企”战略 提升企业竞争力

山东百年电力发展公司 袁祖涛 吕海燕

山东百年电力发展股份有限公司大力实施“人才强企”战略，以建设经营管理型、专业技术型和操作技能型“三支队伍”为主线，加快公司从“人员大厂”到“人才强厂”的转变。近几年，公司进行了多项重大技改项目，创造了数千万元的经济效益，连续安全运行2200余天，各项经济技术指标均达到历史最好水平，提升了企业的综合竞争能力，构建符合自身企业发展的培训模式。

一、树立“大培训”理念，建立和完善新型教育培训管理体系

树立提高职工综合素质和专业技能并重的“大培训”管理理念。公司加大宣传力度，提高职工的思想认识，让职工从内心深处体会到培训是最大的福利，培训创造机会，能力改变命运。公司大张旗鼓地表彰和重奖在各类技术比武和技能竞赛中涌现出的“技术标兵”，鼓励职工岗位成才。

公司不断提高培训队伍的自身素质和对教育培训工作重要性的认识，认真查找教育培训工作中存在的问题和不足，加大教育培训的创新力度，落实各级培训人员的责任，明确任务，分工负责，齐抓共管，积极主动地、创造性地开展工作。

加强教育培训的全过程管理，注重培训工作的事前、事中监督和事后的检查、验收、考核。加强教育培训工作的考核力度，建立健全教育培训工作的年度综合评价制度，对各单位的教育培训工作进行综合评比，褒扬先进，鞭策落后，确保教育培训工作取得实效。

二、围绕公司人才需求开展工作，突出特点和“亮点”，提高职工队伍综合素质

提升管理、专业技术人员和班组长综合管理能力是公司管理中的关键环节之一。大力开展管理、专业技术人员培训工作，尽快提高其综合管理能力，

2004年7月12日，公司班组长培训班开幕，公司总经理高玉君、党委书记徐国荣、副总经理孙忠军、副总经理张霞出席了开幕式

是公司深化改革、加快发展和创一流发电企业的重要举措之一。

公司把班组长纳入管理干部培训范围之内，认真、系统地学习了怎样当好班组长、安全生产管理、ISO质量管理体系、管理学、领导方法与艺术、电力应用文、班组思想政治工作、电力体制改革趋势等8门课程，意在提高班组长的管理能力、协调能力、开拓创新能力和知人善任能力，促进了班组建设。

公司强化生产工人的岗位技能培训是岗位培训的重点，以常规培训为主，关键在实效，重点在落实。各分场按照公司总体计划要求，从实际需要出发，制定详细、可操作的年度、月度培训计划，并分解落实到班组、个人，按照逐级管理的原则，做好检查监督，做到有布置、有检查、有记录、有总结、有考核。各部门举办的培训班，做到责任单位、师资配备、计划目标、效果评估及责任考核"五落实"，确保常规培训落到实处。

公司针对部分青年工人基本功不扎实、动手能力不强的状况，开展了"青年工人钳工工艺达标"活动，苦练内功。对40岁以下的检修工人进行每人五个星期的钳工培训，现已举办14期，每期15人左右，大大增强了青年工人的检修技能，提高了设备检修质量，保证了机组、安全经济运行。

对新上岗和转岗人员实行"导师带徒制度"。聘请公司内有丰富工作经验的高技能操作能手作为"导师"，通过签订师徒合同，充分发挥师傅的示范带头作用，一对一帮助、指导技能水平较差的青年职工提高理论知识和专业技能水平，达到师徒共同进步、共同提高的目的。

积极鼓励职工参加继续教育或后续学历教育，促进职工自学成才，岗位成才，增强企业发展后劲。93年至今，共有1446人参加了后续学历教育，并取得了相应的文凭或证书，其中中专407人、大专857人、本科110人，双学士7人、硕士4人，MBA课程证书61人。

三、保证培训质量，促进培训工作的落实

1、"以考促培"。坚持岗位资格年度复考制度。现有1061名职工通过了达标考试，占应考职工的80%。2、"以赛促培"。公司去年举办钳工、电工、焊工及检修运行知识技能竞赛35次，1536人次参加。3、"以证促培"。现有1510人经过培训、考评、鉴定取得各类职业资格，其中技师42人，高级技师9人，高级工684人，中级工598人，初级工177人，逐步建立起一支以中级工、高级工为主体，技师、高级技师为骨干的高技能人才队伍。4、"以用促培"。推行职工绩效考评管理体系，即在部分分场建立"职工素质档案"，并将业务素质、操作能力、专业技术和培训结果与职工个人岗位晋升评优挂钩，极大地调动了职工主动学习业务的积极性。□

与时俱进 全面提升学校综合办学水平

枣庄矿业集团高级技校 李兴智 吴建明 赵绪琢

枣庄矿业集团公司高级技校始建于1958年。现有教职员工226人，专任教师130人，教师中具备大专以上学历的113人，中、高级以上技术职称人员85人，拥有中技、高技、中专、大专班在校学生3300人。学校先后为矿区和

实习教师正在指导实习

社会培养输送30000余人专业技术人员。

枣庄矿业集团公司技工学校精诚团结，锐意创新，取得了办学规模、教学质量、学生管理、经营管理、后勤服务、文明建设等各项工作的全面发展。其主要标志是：

——坚持与时俱进，积极开展创名牌专业活动。

——以教学为中心、努力提高办学质量。学校突出理论教学与实习教学的有机结合，注重强化学生实践技能训练。

——坚持管教结合方针、全面提高学生综合素质。学校不断加大封闭式管理力度，充分发挥挂班干部、班主任和学生会的职能监督作用，学生管理工作形成了党政工团齐抓共管的局面。

——减亏增盈、全面完成各项经济工作任务。学校进一步加大内部经营承包力度，积极开展各种形式的节约挖潜、减亏增盈活动。

——围绕教学、全面提高服务质量。机关和后勤服务部门转变作风、提高效率，做到了优质服务及时到位，为师生员工工作和生活创造了良好氛围。

——加强思想政治工作、推动文明建设全面发展。学校按照“外塑形象、内聚人心”的准则，努力加强党的组织、思想和作风建设，大力开展德育工作，取得了文明建设的长足发展。

回顾取得的上述成绩，其主要做法有以下几点：

一、坚持与时俱进、积极开展创名牌专业活动

学校努力在扩大办学，提高质量上下工夫，进一步提高教职员工牢固树立质量意识、品牌意识、服务意识，以建设“双师型”师资队伍为目标，围绕重点名牌专业建设，大力倡导名校、名师、名专业思想意识，在学科专业建设上，学校以抓教学质量提升为目的，努力打造专业品牌。

学校十分重视软、硬件建设，尤其在硬件建设上，克服资金困难，经费紧张的矛盾，想方设法多方面筹集资金，先后投入资金200余万元改善办学条件，增加实训设备，满足学生实训需求。近年来共招收各类学生2350人，尤其是2004年度，招收中高技、中专学生1200名，培训各类技术工人400余人，技能鉴定1200余人，为矿区生产建设和经济发展提供了人才资源保证。

二、以教学为中心、努力提高办学质量

学校始终坚持以教学为中心，大力加强教学工作的标准化、制度化和规范化建设，积极探索新形势下教学管理的新路子，不断加强全方位的教学管理，提高教学质量。

三、坚持管教结合，全面提高学生综合素质

学校在不断加强学生思想政治工作的同时，积极贯彻“以教为主，管教结合”的方针，对学生从严要求、从严管理，强化德育工作，培养学生德、智、体、能全面发展。

四、减亏增盈、全面完成各项经济工作任务

为保证学校健康发展，近年来学校不断提高市场竞争意识、培育市场竞争优势，健全制度、完善管理、加强经济承包、激活经营机制，加大了对有创收能力和节支潜力的单位的经济承包力度，加强了对机关和部分单位实行经济包干的管理。

五、围绕教学全面提高服务质量

学校机关和后勤服务部门，围绕教学服务始终坚持“急教学所需”的原

校园风景一角

则，加强管理、转变作风、强化智能作用、努力提高服务质量和办事效率，注重加强后勤工作的社会化建设，引入竞争机制，做到了设施达标化、供给保障化、维修及时化、服务优质化。

面对机遇与挑战，枣庄矿业集团高级技工学校全体教职员工认真学习“三个代表”重要思想和全国人才会议精神，锐意改革，全面提升学校综合办学能力，为争创国家级职业培训示范基地而努力。□

学生实习课

强化职业教育 培养高素质职工队伍

济南锅炉集团有限公司技工学校

济南锅炉集团有限公司是个拥有资产十多亿元，年销售收入近十亿元的大型国有企业，现有职工2400人。十几年来，济锅坚持以人为本，大力实施人才强企战略，强化职业教育，培养了一支高素质的职工队伍，提高了企业的核心竞争力。

一、人才强企 教育先行

济锅是一个具有五十年历史的老国有企业。为了加快循环流化床锅炉的发展，多年来公司努力加强教育培训，在实践中锻炼出了一支素质过得硬，能够从事研究开发和生产制造的工程技术人员和技术工人队伍。目前，在企业的人员结构中，具有中级以上职称的各类专业技术人员达到同类人员总数的44.2%，具有高级工以上水平的技术工人达到技术工人总数的67.99%。他们深深体会到，教育培训是人才资源开发的重要环节，是企业发展的先行官。济锅这些年突飞猛进的发展，得益于有一个好的产品，更得益于有一支能征善战的高素质职工队伍。

二、创新机制 完善制度

教育培训在企业发展中举足轻重，要真正把教育培训的任务落到实处，就要在机制上有所创新，有所突破，在制度上更加完善，更加规范。

如何调动职工参加教育培训的积极性，这是加强企业教育培训工作首先要解决的问题。公司将市场机制引入企业，以利益为导向，改革选人用人办法和工资分配办法，变“要我学”为“我要学”，引导鼓励职工学习技术业务，提高自身素质。近五年来，公司参加职工教育培训的人数总计达8938人次。

如何调动教育培训工作者的积极性，也是加强企业教育培训工作需要解决的重要问题。为了落实职工教育培训任务，公司一方面加强对职工教育培训工作的领导，成立了企业教育培训中心，制定了相应的激励政策。另一方面，加大对教育培训设施的投入，购置了现代化的教学设备，维修改造了教育场所。

三、突出重点 全面提高

公司职工教育培训的目标任务是着重打造三支队伍：一是中高级专业技术人才队伍，二是中高级经营管理人才队伍，三是高技能人才队伍。近几年根据企业的发展，公司把重点放在了建设高技能人才队伍上。在具体操作中，为了从根本上改变技术工人队伍的素质结构，我们采取了三项措施。一是充分发挥厂办技工学校的作用，变招工为招生，把住职工队伍入口关。从1986年技工学校创建到1999年，已经为企业输送了300多名素质较高的中级技术工人。2000年以来，为了满足企业对高技术工人的需求，技工学校按照“调整布局、提高档次、突出特色、服务就业”的十六字方针，在全省技工学校中率先开办了以大、中专毕业生为招收对象，以定向培养高技能人才为目地的铆焊技术专业高级技工班，至今已为本企业招生460多名，培养高级焊工200多人。二是加大对在职职工培训的力度，提高在职职工的技术素质。通过职工学校，先后多次举办高级工培训、技师培训和高级技师培训，累计培训908人次。三是大力开展群众性的岗位练兵和技术比武活动，对取得优异成绩的职工授予“技能带头人”“技术明星”等称号，载入人才档案，重点培养。

济锅集团近几年快速发展的轨迹清楚地表明，加强职工教育培训，建设一支高素质的人才队伍是推动企业发展的根本。现在，“企业发展，教育先行”已经成为公司各级管理者和职工的共识。□

煤炭技工学校发展之我见

淄博矿业集团高级技工学校

技工学校作为职业教育的主要场所，长期以来为国家和地方经济建设培养了大批的专业技术人才。但是，随着社会的发展，科技的进步，技工学校暴露出了许多问题：一是长期以来受计划经济的影响，全国煤炭技工学校一直按照国家统一的教学计划、教学大纲和指定的教材实施教学，形成了传统的封闭式的教学模式，出现了教学方式单一、教学方法呆板、教学内容固定、理论教学与实习教学脱节等问题，导致了教学与市场经济的许多不适应。二是大多数技工学校不同程度存在着知识老化、教学设备设施陈旧落后的现象，远远落后于数控技术、多媒体、信息网络化的现代化教学发展目标的要求。三是计划经济时期的统招统配招生方式，在全国煤炭技校中普遍实行，还未完全面向市场进行招生。四是由于煤炭行业工资待遇低、工作环境艰苦、安全条件差，许多学生不愿意报考技工学校，由于以上种种原因，制约了煤炭技工学校发展。目前，煤炭技工学校必须抓住机遇，迅速跟进，努力实现大发展。应做到如下几点：

一、确立以服务为宗旨、以就业为导向的办学指导思想

学校毕业生能否顺利就业，直接关系到办学的成败和办学效益。因此，技工学校必须确立以服务为宗旨、以就业为导向的办学指导思想。首先应积极进行市场调查和预测，市场需要什么样的人才，就培养什么样的人才；市场需要什么样的专业，就设置什么样的专业，最大限度地满足市场需要。

二、以培养高素质的劳动者为目标

培养目标是技工教育的出发点和归宿，是一切教学活动的中心与方向，对各个方面都起着制约和导向的作用，因此，技工学校必须把培养目标作为教育的第一要务来抓。技工学校应以培养一专多能的复合型人才为目标：一是让学生学到够用的理论知识，为以后工作打下良好的理论基础；二是让学生学完必备的理论知识后，着重进行基本操作技能的训练，在校期间达到能懂会干，既专又精，毕业安置后就能顶岗操作；三是加强学生的就业指导，要对学生进行择业观教育和职业道德教育，培养学生爱岗敬业意识，提高学生的整体素质。

三、建立与市场经济相适应的办学机制

为适应市场对不同层次人才的需求，技工学校应建立相应的办学机制。一是多功能办学机制。学校根据市场需要，实行了“攀高、嫁接、联姻”办学。攀高：即通过社会力量办学，与高等院校挂靠，提高办学层次；嫁接：即实行技校、职业中专互相兼报，长班和短班互相渗透，搞活内部机制；联姻：即与企业、中介机构和其他学校联合办学，优势互补、责任共担、效益共享、拓宽办学渠道。二是招生安置机制。在当今生源竞争激烈的情况下，建立面向社会自主招生、自主培训、自主安置就业的新体制。在招生实践中，应采用订单式、定向委培、全员性等多种招生方法，保持生源稳定。同时，技工学校也要

实行校校联合、校企联合等方式，搞好学生的安置工作，形成招生就业一体化。目前，我校与省内30多家企业和集团公司合作，学生安置率达到100%，实现了招生就业的良性循环。三是考核评价机制。技工学校为确保培训质量，必须建立相应的评价标准。从技工学校进入市场的要求看，所培养的学生只有在规格、层次、数量、技能、素质结构等方面充分满足社会需要的前提下，才能谈的上自身发展，这是技工学校进入市场的接轨点。所以，技工学校必须重视社会评价方面的内容，将社会认可、企业欢迎、学员满意、就业率、创业率等内容作为评价的主要内容。

四、实行灵活的教学方法

技工学校应根据市场的需要，积极探索灵活多样的教学方法。一是要实行包班教学法。为优化教师资源配置，提高教学质量，实行包班教学：即不同的学科教师可自由结合，写出包班申请，经学校同意后签订包班责任书，对某班级实行包教包学包管理。二是实行教考分离。组织各专业教师对各门教材进行认真研究和分析，建立试题库，实现统一命题、统一监考、统一阅卷，以提高学生的学习积极性。三是提升现代化教学手段。充分利用教育科研网络和卫星视频系统开展远程教育，应用计算机网络、闭路电视系统建立和完善"主讲"制度。在基础课教学中，教师的口授和板书将被更直观、更具感染力的声像教材所替代；在专业课教学中，将完全采用微机编辑体现新知识、新技术、新工艺和新方法的自编教材和讲义，以增强专业适用性；在实习教学中，将彻底打破照搬普教的学科教学模式，更多地采用"一体化"、"双元制"、"模块式"等多种更为先进、更为科学的培训模式。

五、加强名牌专业建设

在竞争激烈的市场经济形势下，技工学校要生存发展，必须提高自身素质，创名牌学校，名牌专业，提高知名度。要在培养目标、专业设置、教学手段及内容、培训设施、安置就业措施及学校内部管理制度上体现出自己的特点，办出优势、办出特色。实现"人无我有，人有我优，人优我特"的办学格局。多年来，我校致力于名校、名师、名专业建设，取得了良好的名牌效应。

党委书记、校长范洪春

六、建立高素质的教师队伍

按照现代化教学要求，技工学校师资的素质应向高学历、高技能的"一体化"和"双师型"方面发展。培养一批专业带头人或较有影响的职教专家，将成为一个学校教育水平的标志。学校积极加强对教师的职业道德培养，鼓励教师通过电大、自学考试等多种途径进修深造，提升学历水平，满足教学需要。还应大力进行人才引进，吸收企业优秀工程技术人员加入教师队伍，同时根据专业设置需要，广开才路，面向社会择优招聘专业教师，充分利用社会人才资源。总之，搞好煤炭技工教育有多种途径和方法，必须根据不断变化的新形势、新变化，进行改革创新，才能办好技工学校。□

关于技工学校实现可持续发展的几点思考

肥城矿业集团公司技工学校　牛宪民

从建国初期到现在，技工教育为各条战线输送了一批又一批的合格技术人才，为国家的经济建设和社会的发展做出了不可磨灭的贡献。但是，不可否认，技校今天出现了招生难、办学难、安置难等问题，在一定程度上阻碍了技校的发展，甚至威胁到了技校的生存。只有理清技校发展的思路，才能明确技校发展的方向。

一、技校的现状分析

统计表明：一方面是技工学校的经营惨淡，全国技工学校数量在不断减少，从1997年开始，全国技校招生数量持续走低，到2000年，全国招生人数降至50.4万人，下降了22.9万人，这些年来，不少技校在招生时常常门庭冷落。另一方

教学楼

面却是专业技术工人尤其是高级技工的急缺、稀缺，呈老龄化趋势。据国际劳工组织的研究成果可知，劳动者技能水平对经济发展具有决定性的作用。在发达国家的技术工人构成中，高级、中级、初级技术工人分别占35%、50%、15%。而在我国，高级工、中级工在技术工人中所占的比例分别为3.5%和35%，两者相加还不足40%，

二、技校发展的制约因素以及面临的机遇

1、目前技校发展的制约因素

一是人力资源配置方式的转变，由原来的统招统分转为市场调节，导致了技校毕业生的就业压力增大。二是受前些年劳动力市场对高学历人才的器重，学生求学择业观念发生了变化，追求高学历的多，追求高技能的少。三是大、中专院校，高职、高中的扩招，致使技校生源减少。四是受企业改制的影响，企业接受劳动力的能力下降。五是受传统思想意识的影响，认为体力劳动者低下，高学历者是人才，技术工人不是人才的错误思想仍然存在。六是激励机制不健全，不少单位只注重管理科研人才，而忽视一线技术工人的待遇，人为制造脑力劳动和体力劳动的差距，造成了多数学生不愿上技校、当工人。七是技校自身不适应市场经济发展的要求，主要表现在学校的办学理念、教学方法、专业设置、实习条件简陋等方面。

2.技校发展面临的机遇

一是党和国家对职业教育的关心和重视。二是劳动预备制度的推行。劳动预备制度是对所有新生劳动力和其他求职人员在就业前，接受1--3年的职业培训和职业教育。三是企业结构的调整和大批新兴产业的崛起与快速发展，必然需要大量的技术人才。四是劳动保障部门和相关企业对技校管理职能的转变，由微观管理变为宏观指导。五是随着改革的不断深化和科技的不断进步，势必存在着一部分在岗人员的下岗再就业培训、转岗培训和提高技能培训。六是中国加入世贸组织后，与国际市场接轨和参与国际市场竞争，为技工教育的发展创造了前所未有的机遇，带来了新的挑战。七是知识经济时代的到来和信息技术的迅猛发展，为加快技工教育的发展步伐创造了条件。八是随着“科教兴国”、“科教兴企”战略的实施，技术工人的重要作用日益明显，如今技能人才需大于供。

三、技校实现可持续发展的对策

技工学校应发挥自身的主观能动性，采取切实可行的措施，利用有利条件，克服不利因素，努力提高办学效益、社会效益和竞争能力，使学校的发展既能与当前企业的发展相协调，又具备与社会经济的发展要求相适应的能力。

首先要牢固树立“以学生为中心，以技能为核心”的指导思想，突出实践教学。提高学生的技能素质，适应企业的发展对技术工人的需求，是学校实现可持续发展的必然要求。

其次，努力构建“以操作能力培养为重点，以技术应用能力和基本素质的培养为主线”的教学体系。社会需要哪种类型的技术人才，学校就应开设相应专业；学生需要具备什么样的职业能力和职业素质，学校就应开设相应的课程。因而，构建教学体系和制订教学计划的决策者和设计者的主体应是社会企事业，而不完全是学校，这是以就业为目的、以技能为核心的职业教育所决定的。

第三，广开办学门路，搞好人才市场调研，培养“适销对路”人才。

第四，要坚持“质量为先，规模适度”的发展原则。未来学校之间的竞争，将不再以规模为主，而是由规模逐渐转向培养学生的质量竞争，以质量求生存、求发展是大势所趋。

第五，按照“制度规范化，管理科学化”的要求，逐步建立现代技工教育管理体制。

第六，调动、发挥各级、各类人才特别是教师在学校发展中的作用。学校要实现可持续发展，就必须有一批符合市场经济需求、具有开拓能力的人才，特别是要有一支适应学校专业教学需要、掌握现代技术教育手段的高水平的教师队伍，因此必须开展多层次、多形式的教师培训活动，教师培训工作要做到经常化、制度化，要建立相关的激励机制和竞争机制，调动广大教师学习知识、钻研业务的积极性。□

培养高技能人才 造就一流员工队伍

中国南车集团四方机车车辆股份有限公司

为了提高技术工人队伍的技能水平，构建核心技能人才群体，增强公司的核心竞争力，我们围绕公司发展大计，以科学求实的态度制定了企业人才开发战略，即用三年多的时间，造就一支技术过硬、素质较高的高技能人才队伍。

一、强化学历教育，奠定技能转化基础

员工技能水平的提高，有赖于文化理论知识的支持。因此，为了激励员工学习文化知识，扩大知识内存，提升知识层次，我们从完善政策入手，做到从机制上保护员工学习的积极性，出台实施了《员工学历教育管理办法》，将员工的学历层次、文化素质和技能水平与劳动合同挂钩，与经济利益挂钩，即员工利用业余时间自学成才取得毕业证书且专业对口者，根据不同层次给予300～20000元的补助。据统计，技术工人队伍中现已有近400人获得了大专及以上学历证书，有700余人获得了中专毕业证书，使技术工人队伍的学历层次得到了较大幅度的提升。

二、瞄准培训重点，完善既定目标

根据公司关于三年内要向国外市场推出全不锈钢车体，五年内推出铝合金车体，轻轨地铁在国内取得零的突破，努力打造国际化公司的目标定位。2002年，制定了《公司高技能人才培训工程》，围绕这个目标，我们采取切实有效的培训手段，组织了焊接技术骨干到日本、哈尔滨国际标准焊接中心参加不锈钢和铝合金培训考证；组织了业余、脱产高职培训等等，效果都非常明显，有的指标现已超额完成。

三、规范竞赛机制，营造尊重人才氛围

多年来我们探索形成的“双元三层”式的技能竞赛模式已经成为激励员工提高技能非常有效的途径。“双元”是指竞赛活动有公司的有效组织管理和员工的积极参与。“三层”是指竞赛的层次模式，即由分厂级、制造厂级和公司级的技能竞赛三级构成。这种竞赛模式，既考虑公司重点技术工种，又兼顾了制造厂级生产的薄弱环节，做到了层层有领导，并有明确的目的性和很强的针对性；层层竞赛有物质和精神奖励，使参赛员工的内在价值得到充分的体现，奖励的幅度也由最初的200元提高到现在的10000元。通过这种“双元三层”式的技能竞赛，不但调动了员工学技术的积极性，解决了生产中一些主要工种技能水平不高的问题，而且在平时的工作中也形成了一种

学技术创佳绩的良好氛围。从多年来参加铁道部、中车公司、青岛市的技能竞赛的轨迹中可以发现，我们公司技术工人在不断超越自我，不断挑战极限。

竞赛机制的建立和不断完善，不仅体现在技能竞赛中，而且渗透于员工竞争上岗的工作中。去年，为保证高级车的生产质量，我们对四方制造厂钢结构分厂的400多名电焊工、铆工、钻床工，按技能、技术素质进行ABC分档，分别进行了基础理论、识图知识和实做考试，对关键岗位、关键车型、关键部位选拔优秀员工上岗，从而保证了工作物等级要求的产品质量。

四、实施持证上岗，满足岗位需求

推行职业资格证书既关系到员工的切身利益，更关系公司的发展大计。为了满足技术工人的需求，为每一位在岗的技术工人提供培训的机会，我们在积极搭建培训平台同时，出台了一些配套政策，如《员工培训管理程序》、《息工期间培训管理办法》、《员工技能鉴定管理办法》及签订劳动合同有关规定等等，使员工感觉到了参加培训的动力和没有职业资格的压力。如公司规定，凡取得职业资格证的员工，除报销全部学费外，还给予100元的补助，否则，将与岗位合同、经济效益挂钩。这样一来，极大地推动了员工参加培训的积极性，通过组织三次较大规模的技能鉴定培训，先后有2600余人通过了高、中级技能鉴定，取得了相应的职业资格证书。

五、构建宝塔格局，促进培训平台升级

技师、高级技师是技术工人的领头雁、排头兵，他们的技能水平从某种意义上说体现着一个公司的制造水平。公司现有技师106名，占技术工人队伍的3.5%；高级技师11名，占技师队伍的10%。为加强这支高技能人才队伍的建设，不断提高他们的技能水平和创新能力，我们设立了技师委员会，委员会下设六个专业组，各专业组按委员会的章程开展技术攻关、质量攻关、解决生产技术难题、推广应用“四新”等活动。技师委员会的成立，为技师开展技术创新活动提供了组织保证，提供了互相学习、互相交流、互相促进的机会和不断学习的平台。

六、立足公司现实，放眼未来发展

我们公司在着眼于公司当前需求培训的同时，还十分注重培训的超前性和技能人才的适应性、复合性。为储备地铁生产的技术人才，近几年来，公司先后派出三批50人到上海地铁公司参加技术培训；有100多名焊工分别取得了日本、哈尔滨国际标准焊接中心认证的不锈钢和铝合金的焊接证书；有近200名技术工人取得第二技能、第三技能职业资格证书，从而为拥有多技能的技术工人进行多岗位选择奠定了基础。

一流的产品来自一流的设计，一流的设计来自于一流的制造，一流的制造来自一流的技术，一流的技术来自一流的技能人才，一流的技能人才来自一流的培训，一流的培训将为公司插上腾飞的翅膀。□

完善现代企业教育制度 构筑终身学习体系

齐鲁石油化工公司

齐鲁石油化工公司隶属于中国石化集团公司的国有特大型石油化工企业，现有职工4万余人。公司实施人才强企战略，制定了“以人为本、科教兴国、终身教育”的教育思想和“创一流企业，育一流人才”的教育目标。

公司从企业发展和职工发展的实际出发，形成了具有自己特色的企业学习化体系。以提高职工素质和技能水平为中心，开展全员学习活动。以提高个人学习能力为中心，争当学习职工。以提高组织学习能力为中心，争创学习型工厂、学习型车间、学习型班组、学习型家庭。建立自学为主、全员学习的目标管理机制，鼓励职工自学成才岗位成才。

公司开展“信得过”活动，形成了一套基层管理创新体系。引导员工在学习中紧密结合公司生产经营和改革发展形势，企业精神文明建设和企业文化建设，超越自我，全面发展。

在培训管理上目标明确，重点突出，在管理内容上规范化，在管理过程上序列化，在管理体系上科学化，加快与国际先进管理经验接轨的步伐，在国内培训管理方面处于领先水平。

在激励机制多元化上，依据对人力资本有效激励的理论，不断完善收入分配制度、奖励制度和福利制度，建立健全多元化的人才激励机制。主要包括三个方面：经济利益的激励，主要是奖金和薪酬驱动；精神利益的激励，主要是名誉、权力和地位驱动；企业文化的激励，主要是理想、价值和团队精神驱动。

公司对教育培训质量和效益的评估实施系统管理。一是办学单位微观的评估系统，主要对本单位培训计划、教育管理、教学质量、教育水平等进行评估。二是公司的宏观评估系统，主要对直属单位教育理念、管理体制、办学模式、运行机制、资源优化、质量效益进行评估。

公司注重教育资源的合理利用，不断优化整合教育资源，构筑终身化、网络化、开放化的学习平台。

教育基地平台。两个教育主平台，即工人培训基地和干部培训基地，每年各有数万人次进行学习；三个高层平台，即承办中国石化炼油继续教育基地、化工继续教育基地和高级技师培训基地；与几十所高校建立联合办学基地。

信息高地平台。先后在干部培训基地建立清华大学远程教学站、人民大学网络教学站和千兆以太网、百兆到桌面的校园网络，实施开放式网上教育。为新上岗工人提供以心智技能为主、系统优化的全部培训平台。为职工全员学习、全程学习、终身学习开辟了黄金通道。为职工自主学习，提供了全开放平台，“九五”期间，公司教育培训经费总投入超过3亿元。

“九五”以来，公司全面贯彻党的教育方针，认真执行《职业教育法》，坚持“实际、实用、实效”的培训原则，教育质量和培训效益取得显著成绩。为企业发展提供了丰厚的人力资源。公司职工参加各类培训超过25万人次。为迎接入世挑战，13000多人参加了外语培训考核，15346人参加了计算机应用技术考核，25268人次参加了52个工种的技能鉴定，7000余人完成资格证书审验换证，12000多名管理干部参加了岗位资格培训，4198名专技术人员参加高层次复合型人才培训等等。培养“星级”操作员6600多人，厂级生产技术能手360人，生产装置专家100多人，专业技术（学科）带头人100多人，高级经济管理人才100多人，高级应用型工人技师400多人，创新创效标兵150人。有效地推进企业生产、经营、建设、科技的创新和发展。

“九五”以来，开展各种学术交流1500多次，70000多人次参加，实施科技创效金桥工程405项，技术攻关项目1200多个，经济创新点题1792项，完成科研课题950项，成果鉴定169项，获得专利93项。

“十五”期间，经过改革洗礼的齐鲁石化公司，依靠教育培训的强健翅膀，在入世竞争的挑战中，必将会飞得更快更高。□

实施员工培训 打造企业精兵强将

兖矿集团有限公司教培中心

采煤机司机比武

兖矿集团有限公司是国有特大型现代煤炭生产企业，是中国重要的煤炭生产和出口基地。兖矿集团常年开展职工教育培训，为企业发展奠定了坚实的人才基础。

一、实施三大工程

1、实施高层次管理人才培训工程，造就企业家队伍。

公司采取全国考察，与高校联合办班，选派人员到高等院学习、委托高等院校举办高级管理人员工商管理硕士和鼓励开展硕士研究生教育等方式，实施对新提升的副处(矿)级以上管理人员举办培训班。几年来共计培训副处级以上干部1634人。

2、实施继续教育工程，打造技术专家队伍。

对各类管理人员、专业技术人员进行继续教育，每年培训量达2000多人。通过博士后工作站，带动培养专业技术人才；通过技术攻关，培养技术队伍；通过产、学、研方式与高等院校和科研机构合作开发项目，锻炼科研队伍。管理人员队伍和专业技术队伍素质的提高，为跨国经营、技术输出、技术开发、参与国际竞争提供了人才保证和智力支持。

3、实施高产高效矿井人才培训工程，精干煤炭生产一线队伍。

按照“强制培训，分级管理，考核发证，提高素质”的原则，把安全培训作为重中之重来抓。全公司共投入700余万元，建成了安全培训网络，强化生产管理人员、煤炭特殊工种培训，做到煤矿井下人员持证上岗率100%，保证了煤炭安全生产。抓技术岗位练兵比武活动。集团公司每3年举行1次大规模的职工技术岗位练兵比武活动，每次均有万余人参加。通过学、练、比活动的开展，极大地调动了广大职工学技术的积极性，涌现出一批技术尖子和能工巧匠，有力地促进了生产效率和产品质量的提高。开展等级技术培训和技能鉴定工作，进行初、中、高级技工和技师培训。3年来共鉴定技术工人4500多人。

二、把握二条主线

1、紧紧把握群众性学技术、学业务主线，构建“培训一考核—使用—待遇”相结合的运行机制。

公司每年都要组织岗位员工依据岗位技能标准开展培训或员工自学，在学习培训的内容上，坚持“三个结合”，在学习方式上，采取公司分公司(矿、处、厂)办班、班组互教和员工自学结合的方法，大力开展岗位练兵、技术比赛和拜师学艺活动。在职工教育培训机制上，实行“培训—考核—使用—待遇”相结合的机制，用人单位根据学历证书、岗位资格证书聘用上岗，工资部门凭技术等级证书给予相应的待遇。

2、紧紧把握员工继续教育主线，推行人才结构目标的实现。

按照“内培外引、以培为主、培引结合”的方针，优化人才结构，构筑人才高地，逐步实现了员工素质教育达到高中(含技校)以上文化程度占员工总数的70%，受系统教育和规范性岗位培训比例达到80%，各类专业技术人才占25%，员工平均受教育年限达到11年。

三、构建二个平台

1、构建完善教育培训体系平台，确保培训目标实现。

实行“一级决策、两级管理、两级办学”的体制。公司制定了《职工教育培训条例》、《教育培训中心办学标准》、《培训考核标准》和《培训控制程序》等一系列规定办法，保证了教育培训计划的有效落实。教育培训部门通过定期评估办学质量，审定专业设置、教学大纲、考核教师水平，跟踪教学过程，抽查学习成绩，了解学员对培训的建议和要求等形式，提高教育培训质量。人力资源部门对培训合格的管理人员和专业技术人员，在职务晋升和职称晋级中优先考虑；对经过培训的操作人员进行技能鉴定，合格者颁发技术等级证书。

2、构建良好学习环境平台，率先在行业中创建学习型企业。

公司着力构建学习平台，不断加大对教育培训的投入，建立了两级教育培训基地。三年来各矿(处、厂)教培中心用于基础设施、设备的投入共计达592.58万元。

从企业发展的战略高度着眼，在全国煤炭系统率先开展了"学习型企业"创建活动，确立"企业的共同远景"，教育引导员工牢固树立"终身学习"的理念，创建了不同层次的学习型组织，实现了信息、知识和经验共享，增强了员工的创新意识和团队精神。

兖矿集团第三届职工岗位技能比武采煤机司机操作技能现场

兖矿集团公司通过开展职工教育培训，大大提高了员工队伍素质，在竞争激烈的市场经济中为企业赢得了社会声誉和经济效益。□

创建学习型组织　争做知识型职工

徐州矿务集团公司教委

徐州矿务集团在开展"创建学习型组织，争做知识型职工"的活动实践中，不断拓宽学路，优选形式，提升层次。

一、靠学习力，提升竞争力。徐矿注重学习能力、学习动力、学习毅力的全面提高，把学会学习、终身学习，作为积蓄竞争优势、提升竞争能力的先决条件。首先提高领导干部学习力。集团公司每年向矿处级领导干部推荐一批必读书籍，召开读书学习感悟交流会，检验学习成果。同时加强职工教育培训，邀请专家学者授课，分层次举办培训班，仅2004年全公司培训职工6.2万人次，干部职工受教育面达80%以上。学习力提升了企业技术、产品、营销、管理等方面的竞争力，推动了科技进步，煤炭生产集约化程度进一步提高。

二、靠文化力，激活生产力。在发展企业、开发市场中，公司致力于打造企业文化竞争利器，坚持"公司的经济是文化的，公司的文化是经济的"这一主打方向，将兼容并蓄、博采众长、体现共性、张扬个性融为一体，把先进文化理念与市场经济的要求全面对接。在全面导入企业理念的过程中，不断交流碰撞，得到了有机融合和优化，使文化力激活生产力。制定并实施公司企业文化建设规划和创建学习型企业规划，宣传公司核心文化理念，通过上上下下的广泛传播培育，使职工思想观念较快地向企业倡导的文化理念趋近。宣传公司广告用语，煤炭产品注册了商标。依据确立的文化核心内容设计企业视觉系统，以图形化、符号化形式传递文化信息和理念内涵，导入CI策划，用战略眼光塑造公司品牌形象，促进了经济效益的提高。

三、靠执行力，生成战斗力。在"创争"活动中，公司以服从和执行力为基点，凭借比竞争对手更加优秀的文化，打造一支兼有"铁的纪律"和"水的活性思想"的优秀团队。公司崇尚执行力方面的理念主要有："执行没有借口，服从就是美德"、"说到做到，干就干好"、"把复杂的过程简单化，把简单化的东西量化，把量化的因素流程化"。为了增强职工服从与执行意识，培养和建设一支思想进步、训练有素、作风顽强、纪律严明、素质过硬的团队，公司利用地处云龙湖畔的休养院和卧牛山防空洞，分别建起了职工品行习练基地和安全品行习练基地。2004年四季度以来，矿区有1万多职工参加了品行习练，初步展现出超越自我、纪律严明、团队协作、自动自发的精神风貌。□

建设高技能型人才队伍 为实施公司发展战略奠定坚实基础

江苏省电力公司

近年来，江苏省电力公司大力倡导“为员工创造发展空间，为公司构筑人才高地”的人才理念，坚持以人为本，努力拓宽员工成长的渠道，努力造就一流的职业化高级经营管理人才队伍、一流的高素质专业技术人才队伍、一流的高水平生产技能人才队伍（以下简称“三支队伍”），为各类员工提供施展才华的舞台，实现企业发展与员工个人成长的“双赢”。至2004年底，公司系统生产技能人员总数为2.7万余人，其中高级技师266人，技师2019人，占技术工人总数的7.4%，高级工8263人，占技术工人总数的30.4%，中级工11958人，占技术工人总数的44%。

一、提高认识，加强领导，从战略的高度大力加强技能人才队伍培养

江苏省电力公司制订了《2002～2005年创建国际一流电力公司，构筑人才高地工作要点》，提出了构筑江苏电力人才高地的人才战略规划，把技能人才队伍放在与经营管理人才队伍、专业技术人才队伍同等重要的位置，坚持“三支队伍”同步建设，加强组织领导，层层分解落实责任，制定明确的年度工作目标并纳入对基层单位的综合承包考核，进一步加大投入，使公司生产技能员工队伍结构逐年改善，职工队伍整体素质不断提高。

二、加强制度建设，整合培训资源，充分应用现代化技术手段，为创建一流的培训体系奠定基础

一流的培训体系，必须有一流的管理、一流的基地、一流的设备和手段为前提，为此公司重点抓了以下三方面工作：一是制订《江苏省电力公司培训体系建设意见》、《江苏省电力公司技能专家队伍建设实施办法》、《江苏省电力公司职业技能鉴定工作实施细则》等一系列规章制度，为技能人才队伍建设提供制度保障。二是整合培训资源，成立省公司生产技能培训中心与基层企业技能培训基地组成教学设备先进、师资力量充足的技能培训网络。三是重视计算机、信息网络等新技术在培训中的应用。一方面在培训教学过程中逐步采用电子教案、课件、网上教学等手段，另一方面重视仿真培训系统的开发与运用，目前已建立9家500 kV，4家220kV，1家110kV变电运行仿真培训基地。

三、注重教学质量，不断探索符合企业实际的培训模式、手段和方法，加大技能人才培养力度

一是建立完善的教学大纲和计划，提高技能培训的规范性。到目前为止已经建立了61个工种的高级工培训大纲和60个工种的技师培训大纲。二是坚持理论教学与技能实训相结合，不断提高技能培训的实效性。在原有技工学校教学模式的基础上，大胆探索技能培训的新手段、新方法，认真组织培训师深入现场生产实际收集培训需求和工作实例。在教学过程中，运用活生生的案例和技能实战训练相结合的模式，加大技能人员实际操作技能、故障理论分析以及操作流程原理分析等方面的训练，提升技能人员实际工作能力。三是坚持专职与兼职培训师互补的原则，不断提高技能培训的质量。公司专门组织建立了一支由专业技术人员、技师、高级技师以及技术能手组成的兼职培训师队伍，采取专职培训师进行理论教学，兼职培训师进行案例讲解和技能实训指导的培训方式，确保培训质量。

四、开展职业技能鉴定工作，提供多种平台，逐步完善技能人才成长机制

公司广泛开展技能鉴定、技能竞赛、岗位练兵、技术比武、评选专家等工作，为高技能人才成长使用营造良好环境。2003年，公司开展了以“在工作中练兵，以练兵促进工作”为主题的“员工技能练兵年”活动，举办了9个工种、8个专业的技能大赛。公司高度重视并积极开展技术能手选拔与技能专

家评选工作，出台《技能专家队伍建设实施办法》，选拔与培养了一批独具高超技能、能够解决现场生产中的难题、在同行中享有较高声誉的技能专家，给予专家津贴以及有关待遇。目前，全公司有5人获“全国技术能手”称号，12人获“全国电力行业技术能手”称号，43人获“江苏省技术能手”称号。

几年来，江苏省电力公司围绕企业发展战略，坚持继承与创新相结合，在培养高技能人才方面做了积极的探索和尝试，初步形成了一定规模的高级技能型人才队伍，为企业发展战略分阶段目标的推进和实现奠定了坚实基础。□

推行职业资格证书制度　促进职工队伍素质提高

扬子石化股份公司培训中心

培训工作是人才队伍建设的基础，是企业应对市场竞争的战略性措施。面对新的形势和要求，紧紧围绕主业，加大职工培训力度，不断提升培训质量，提高职工队伍的整体素质，是扬子石化公司职工培训工作面临的一项重要而紧迫的任务。多年来，公司始终把提高员工队伍素质作为一项重要战略措施来抓，并把全面开展职工培训、推行职业资格证书制度与职工的上岗、薪酬、职业生涯设计等密切联系起来。

开展职业技能鉴定，实行资格准入和持证上岗，既是政府行为，又有社会服务的功能。为此，公司建立了鉴定与使用相结合、与薪酬密切挂钩的激励和约束机制。大大提高了职工参加职业技能培训和职业技能鉴定的积极性。同时，坚持技能鉴定从企业的实际出发，服务企业、服务生产，在鉴定内容和方法的选择、鉴定场地的确定，鉴定时间的安排上，充分结合各单位生产实际，灵活安排设置，受到了各二级单位和职工的好评。通过对鉴定结果的分析、评估、客观、公正地评定职工的技能水平，为各单位调整培训方向，优化人力资源配置提供了重要的参考依据，同时也为公司不断发现人才，储备人才、交流人才做出贡献。我们还建立健全了鉴定机构及鉴定网络体系，以各通用工种国家题库为基础，结合公司实际，建立和完善了企业特有工种的鉴定题库，建立了一支由300余名专家组成的考评员队伍，每年鉴定各工种初、中、高、技师及高级技师2000余人次。

中石化集团公司首期脂肪烃、环烃生产工技师班结业

近年来，公司每年完成7000余人次的职工培训任务。1999年以来，公司已对60多个工种初、中、高、技师、高级技师五个级别12000人次实施了鉴定。随着扬子石化公司改革工作的深化及减员分流工作的开展，岗位员工人数将进一步减少，在职职工素质的提高更加紧迫，我们将进一步加大职工培训工作力度，加强技能操作人员培训及鉴定工作，强化一专多能复合人才的培训，为提高公司职工的整体素质做出更大的贡献。□

加强员工培训 促进企业发展

厦门国际航空港集团有限公司

厦门国际航空港集团有限公司(下称:厦空港集团)是以经营民航地面运输服务为主业的专业化机场集团。公司成立二十多年来，连续多年获得旅客话民航第一名，2002年集团公司被中国职工教育和职业培训协会授予“全国企业职工培训先进单位”荣誉称号。

厦空港集团十分重视培训工作，始终把培养决策管理层更新观念、学习现代企业管理知识、提高理论水平与管理能力、提高广大员工岗位技能和文化素养，使员工素质适应民航业发展的需要视为至关重要的工作。从1997年开始，每年从集团董事长、总经理到部门经理以及各下属公司总经理都要面向广大员工轮流进行公开管理讲座，并接受员工的打分评价，这项举措对于强化集团公司部门正职以上及下属公司正职管理干部生产营销意识，促进其对各自岗位运作的思考，提高自身理论水平和表达能力起到了良好的推动作用，到今此项制度已坚持了八年，成为公司传统之一。

公司不仅常年聘请外教担任集团英语顾问，针对不同层次员工水平开展英语培训，还开展了日语、韩语培训活动，有外语要求的一线服务人员至少都有一门外语上岗证书。还利用设置在厦门机场的中新机场管理培训学院的师资优势，组织近百人次参加了学院各种专业课程的学习。

安全教育始终是公司培训工作的重点之一。公司坚持把安全教育列入职工教育的重要内容，新员工上岗前必须接受安全教育，安全教育贯穿于日常生产活动中。

中国民航总局局长杨元元（右）和新家坡交通部长姚照东部长（左）共同为中新机场管理培训学院揭牌

为了搞好员工继续教育的管理工作，公司各部门设有专兼职职教员，他们在学分制培训工作中起到了上下沟通与桥梁的作用。几年来，公司职教员例会已形成一种制度，通过职教员例会，集团人事部培训科及时与各单位职教员交流与总结学分培训的经验，将各部门及员工学分培训情况及时通报、反馈，同时了解各部门各岗位的培训需求，以便下一阶段培训工作的开展。

厦空港集团认识到企业员工拥有的知识创造了代表现代企业无形资产的人力资本。而管理和加强与知识资产有关的开发和利用的核心是建立一套有效的知识管理体系。要建立一套有效的知识管理体系关键是制度，经过多年探索和努力，厦空港集团已经初步建立了一套以“学分制”为核心的培训管理体系，并通过配套的管理制度不断充实完善培训管理体系以适应公司发展需求。

在厦空港集团，各类培训费用都详细规定了个人和公司的分担比例，培训是提高自己能力适应岗位要求并获取更适合自己岗位的手段，这一观念逐渐得到普遍认可。

我们正积极借鉴国际国内先进公司培训管理经验，逐步按照《ISO10015》培训管理国际标准的要求，不断对培训需求调查、设计和策划培训、培训提供、培训效果评估四循环过程进行规范管理。朝着建立一套适合公司战略发展、扎实有效的有自己特色的知识管理体系目标迈进。 □

通过教育培训 锻造高素质职业化员工队伍

福建电力有限公司 林金义

福建省电力有限公司积极推进教育培训管理体制改革和机制创新，努力构筑符合企业实际的培训体系，大力实施全员素质提高工程，实现人力资源的保值增值。

一、积极推进教育培训管理体制改革，构筑人才培养的教培网络体系

为适应电力体制改革和培养高素质职业化员工队伍的需要，以优化结构，整合资源、加强力量、办出特色为目的，改革教育培训管理体制。组建了福建电力培训中心，建立了省公司教培骨干基地。将原电力中专学校泉州电力学校升格为福建电力职业技术学院，提高办学能力，提升高级技能人才培养水平。建立和完善国家职业技能鉴定网络站和技能培训网络分基地，成立了福建省供用电等12个国家职业技能鉴定站，建立电缆、送配电、继电保护、带电作业、变电检修等八个技能培训分基地，形成了符合省电力公司发展目标相适应的、多层次人才教育培训网络体系。

二、理顺教育培训管理职能，建立教育培训分级负责制

根据省公司人才战略对教育培训工作的需要，成立了以公司一把手为主任的省公司人力资源管理委员会，加强对实施全员素质提高工程的领导，建立管业务与管人、管培训、管发展相统一的人力资源开发管理责任机制，进一步明确了省公司教育培训管理部门的职责、任务、权力，理顺省公司教育培训管理部门与培训中心、下属单位的管理和业务关系，根据公司教育培训工作的实际需求，按照统一规划、分级管理、分级实施的原则，建立并完善了省公司及基层企业、分场（工区）三级培训网络，完善了归口管理、分工协作的培训组织模式。

三、优化整合教育培训资源，实现教培资源的集约化管理

加强对公司系统教育培训资源的优化整合。一是优化培训设施建设，开发建设了能提供真实环境又能让调度员、变电站运行人员真枪实弹进行事故处理操作的电力系统动态数字仿真培训系统，建设了110KV、220KV、500KV变电站仿真培训体系，建设了集电能计量、抄表核算、营销服务规范、营业窗口、用电检查、装表接电等功能的全省电力营销仿真实训室。二是以电力营销教材编写为突破口，加快具有福建电网特色的培训教材、课件和题库建设。三是加强了专兼职师资队伍建设，并建立了省公司专兼职师资库。四是制定《福建省电力有限公司教育培训集约化管理办法》，按统一规划、统一标准、高效共享、分级负责的原则，加大了教育培训计划、经费、培训基地、师资库、培训教材、课件、题库、网络中心、培训协作网等培训资源的集约管理力度，变业务、资源分散管理为集约

化管理，实现教育培训资源、培训质量效果的可控、在控。

四、建立岗位培训规范，构筑能力培训体系

为建立以岗位工作需要和能力培养为导向的培训标准，按照岗位规范、岗位职责、员工职业发展方向等要求，建立岗位能力培训规范，使每个岗位的员工可以根据所从事工种技能等级的能力要求，结合本人实际，明确自己的培训目标和要求，促进“一专多能”和转岗、轮岗培训，有效促进了员工立足岗位成才。

五、健全、完善培训管理制度，着力建立培训管理新机制

为实现培训工作管理的制度化和规范化，省公司先后制定并出台了《福建省电力有限公司建立员工培训管理新机制的规定(试行)》，有效地促进了培训管理工作的健康发展，建立了与新酬待遇、上岗、职业资格晋升相挂钩的学分制，使学分与员工收入、竞聘上岗、技术、技能等级的晋升等有机地结合起来，实行绩效评价结果与培训待遇相挂钩制度，以激发员工的工作和创造性。

六、开展灵活多样的教培工作，努力锻造高素质职业化员工队伍

公司以提高素质和能力建设为重点，加强职业教育和培训，发展继续教育，构建终身教育体系，促进全员学习，努力锻造高素质职业化员工队伍。采用脱产集中办班、远程培训、分级培训、送培上门、现场讲座、师带徒等多种方式，强化对员工培训。重点抓好一线生产、营销人员、班组长等的持证上岗培训，开展“百日”技术、技能练兵和比武活动，评选岗位能手，促进员工立足岗位成才。实现教与学、学与用、教与用的统一，做到“工作学习化，学习工作化”。强化员工职业技能鉴定工作，坚持“质量第一，社会效益第一”和“抓管理保质量，抓服务树形像，抓开拓增数量”的要求，电力行业特有主要工种的技能鉴定覆盖面达100%。近年来，鉴定和评审的高级技师、技师有252人，鉴定通过的高级工有2628人，中级工2486人，初级工2835人，一支爱岗敬业、技术精湛、勇于实践，作风过硬的技能人才队伍逐步建立起来。

公司将进一步加大人才队伍教育培训工作力度，使公司的人力资源开发和人才工作再上新台阶。□

优化培训模式 高质量快速培训焊接技工

浙江火电建设公司培训中心

浙江火电建设公司领导十分重视职工的培训工作，于1984年成立了培训中心，主要承接系统内、外焊工的技术培训、焊接工艺评定、工程焊接试验等工作，并提供焊接技术咨询。同时承接电力行业19个工种的技能培训、鉴定工作。

1995年培训中心通过电力部验评合格，获得了具备电力部Ⅰ、Ⅱ、Ⅲ级焊工培训及考试资格的资质，是浙江省唯一有此双重资格的焊工考试机构。2003年改名为浙江电力杭州焊工技术考核中心。

中心成立以来，为电力系统和其它系统的300多家单位培训了合格焊工5000多人次，同时为秦山、大亚湾核电建设输送了数十名合格焊工，完成工程割样试验5000余件，焊接工艺评定300多项。多次举办初、中、高级工和技师专业技术理论培训班。先后承办了电力行业、浙江省大型焊接技能比赛工作。

随着国家经济的快速增长，加快电源建设成为浙江省的重点基础项目，迫切需要培养一批焊接技术工人，于是公司决定从浙江贫困山区招收新工人，进行针对性的、快速有效的开展焊接技能培训，早日使这批工人成为焊接技能人才。

中心在培训模式上作了大胆的改革和有效的尝试。首先，新学员开课，讲授基础焊接理论课，重点讲解焊机等机工具的调试、焊接电特性参数的调试、焊前的准备工作等，组织进行现场观摩，观看由全国比赛的优秀选手进行操作演示，让学员懂得焊接技术的基本要领，掌握焊接、试件、焊缝等的整体实物模型，提升当一名优秀焊工的信心，同时树立当焊工的荣誉感。

中心力求理论授课和现场施工紧密结合，把现场施工的特点、要求、技术也逐步地对学员进行灌输，使学员从心理和技术上更快地适应各种特殊条件下的现场施工。每周制订教学重点，安排2–3次的集中对焊接技巧、存在的共性问题进行集中授课，分头辅导，对一些重点的焊接技术要领和参数，在集中授课的同时加大理论及文字阐述内容，方便学员领悟并掌握相关技术。通过这种教学方法，提高了教师的教学水平和效率，保证学员的学习实训进度。

为提高教学质量，每周进行教学和实训总结，召开教师专题研讨会，分析存在的问题，寻求解决方案，及时调整教学计划，制定下周教学重点，做好实施措施工作。

另一方面，利用教学方案开展模块教学，把培训教案制作成POEWERPOINT模块教学的子模块，结合施工实际描述操作的过程，并及时测试学员的理论与技能掌握情况，评估学员成绩，进行表彰和排名，从而促进了学员竞争的意识，激发他们互相交流学习和共同提高的积极性。同时注重学员综合素质的提高，开展安全文明施工教育、职业道德教育、评选优秀学员等活动，树立学员敬业爱岗的职业素质。

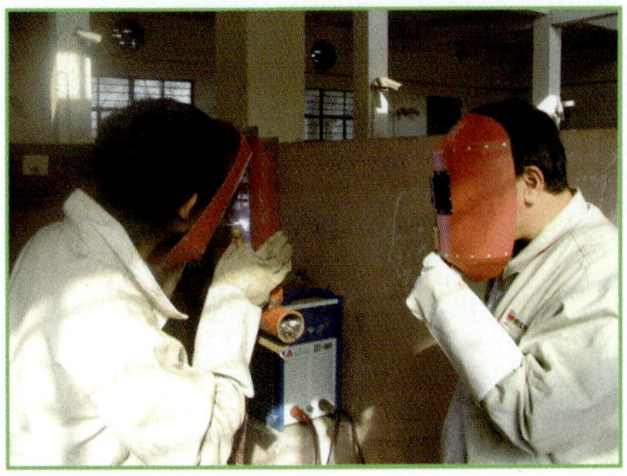
新焊工培训

通过探索我们认识到，培训中心作为职业教育培训基地，把学员作为学生，充分发挥自身资源优势，使学员通过在知识、技能、生活、思想品德等教育，掌握必要的职业技能本领，服务社会发展需要，同时为以后大批开展培训焊接技术学员提供了一种有效的模式。□

开展职业技能鉴定 提高技能人才素质

中国镇海炼油化工公司教培中心 高 源

中国石化镇海炼油化工股份有限公司始建于1975年，现有职工9125名。公司坚持“以人为本，培训为先”的人力资源开发方针，紧紧围绕企业生产经营、改革发展需要，以增强职工岗位业务技能为宗旨，做好企业内职业技能鉴定工作，促进了技能人才素质的提高。

一、明确工作目标，加强组织建设

公司明确了职工培训和职业技能鉴定工作发展战略，健全了职业技能鉴定组织体系，充实调整了考评员队伍，保证了职业技能鉴定工作的有效开展。确立了“企业需要、职工欢迎、社会认同”十二字工作目标。

“企业需要”就是鉴定工作要促进职工岗位职业技能开发，有利于企业安全生产。

“职工欢迎”就是鉴定方式和鉴定内容要与企业生产实际相结合，通过鉴定提高职工操作技能，增强竞争上岗实力。

“社会认同”就是鉴定工作要坚持职业技能鉴定标准，符合国家鉴定规范，颁发的职业资格证书获得社会公认。

建立健全机构。在原有工人技术考核委员会和宁波市石油化工职业技能鉴定站的基础上，健全了职业技能鉴定组织。一是成立了公司职业技能鉴定委员会。二是在公司人事教育处设立了公司职业技能鉴定委员会办公室，负责制定公司职业技能鉴定管理制度。三是成立了公司职业技能鉴定站，负责公司职业技能鉴定的考评工作。四是按照专业技术分类，成立了17个考评小组，负责相关工种应知试卷的评判和应会考评工作。五是充实考评员队伍，考评员的基本任务和职责是在规定的工种、等级和类别范围内对鉴定对象进行考核和评审。

根据鉴定工作的需要，不断充实考评员队伍。按照考评员任职资格条件，聘请了138名工程师、技师担任公司职业技能鉴定考评员，初步建立了一支责任心强、作风过硬且精通本职业务的稳定的考评员队伍，基本满足了工作要求。

二、加强制度建设，规范鉴定工作

为进一步规范职业技能鉴定工作，制订了《职业技能鉴定试点工作实施细则》等7个工作制度，并在公司信息网上公布，方便基层单位查阅使用。进一步明确了工作原则、鉴定范围、鉴定内容、鉴定方式、申报条件和鉴定程序。

工作原则 坚持职业技能鉴定社会化和职业技能鉴定与企业生产经营实际需要相结合的原则。

鉴定范围 在确定鉴定工种范围时，围绕鉴定工作目标，多次组织公司生产技术、生产管理、劳动人事和培训考核等方面的专家，从工种地位、人员数量、鉴定所需条件等三方面着手，对全公司96个工种进行了系统的分析论证。

鉴定内容 公司职业技能鉴定分为理论知识(即应知)考试和操作技能(即应会)考核两大部分，具体鉴定内容按照相关职业的《国家职业标准》《职业技能鉴定规范》等执行。

鉴定方式“应知”考试主要采用笔试的方式。“应会”考核主要是结合企业生产实际和工种特点，采用口答、笔答、实际操作、计算机仿真模拟操作、典型工件制作等不同方式 。

申报条件 根据国家职业标准有关规定，制定了初级、中级、高级、技师、高级技师申报条件。

鉴定程序 基本程序是征询鉴定要求、编制鉴定计划、发布鉴定公告、报名、资格审查、考评、阅卷评分、结果审定、证书核发。

三. 提高管理水平，保证鉴定质量

公司不断优化技能鉴定的各项管理工作，有力地保证了鉴定质量。根据鉴定工作需要，结合企业实际，自行编制了职业技能鉴定计算机日常管理程序。对每一个环节的工作都要涉及若干个部门、单位和个人，因此，必须要有一个有效的调控体系来保证各个职能部门到位。公司在中国石化集团职业技能鉴定题库基础上，结合石油化工新技术、新工艺、新设备、新材料应用实际和劳动组织变革的实际，对41个石化主体工种的鉴定题库进行了充实完善，增加了应知、应会的深度和宽度。严格考试管理。职业技能鉴定分应知考试与应会考核。不论是应知考试还是应会考试，都能严格把关。

四. 坚持以考促培，深化技能培训

公司坚持以考促培，通过开展职业技能鉴定工作，不断深化高级技能人才培养和“一专多能”的培训，极大地激发了职工学技术、提升技能的热情。随着技师、高级技师等高级技能人才鉴定工作的开展，广大技术工人参加培训的积极性和自觉性得到明显提高。

目前公司已有高级技师40名、技师225名，为了适应生产发展的需要，我们进一步拓展了技能鉴定工作：对通用工种实行“一专多能”鉴定，从原来一人只能取一个证，拓展为一人可以取多个证，从而带动了“一专多能”培训，提高了作业人员了解掌握相关工种的综合能力，培养了一批“一专多能”的操作骨干，大大提高了工作质量和效率。把鉴定工作与技术比武结合起来，促进了岗位练兵和技术比武。

近两年来，已有10名破格申报了高级技师、有20名破格申报了技师。这些激励措施促进了技术工人参加岗位练兵和公司技术比武的积极性，2003年百日练兵技能竞赛活动中，职工参赛总数达5800多人次，提高了广大职工的岗位胜任能力和实际操作水平。

公司将围绕健全完善技能人才评价体系，进一步推动职业技能鉴定工作和职业资格证书制度建设。以提高劳动者的素质和培养高技能人才为出发点，不断深化职业技能鉴定工作。□

以制度为保障 建立健全具有合钢特色职工教育培训体系

合肥钢铁集团有限公司教育中心

企业发展，职教先行，这已经成为合钢公司各级领导的共识。如何把这种共识转换成现实的生产力？关键是要有一套符合企业实际的职工教育培训保障制度。

一、建立职工教育培训管理网络

合钢公司按照“统一领导、集中管理、分工协作、精简高效”要求。设立由公司教育、工会、劳资、组织、科技、资财、团委、宣传、规划、综合等部门负责人组成的教育委员会，公司领导亲自挂帅，负责统筹规划职工教育工作。教育中心作为业务归口部门，下设成人中专、职工学校两所培训学校，开展管理人员与工人培训。公司各二级单位也设有教育科并配备专兼职教育干事，负责学员选送外培及本单位培训工作。

二、把职工教育纳入企业生产经营发展及经济责任考核目标

在培训计划制定上，教育部门深入二级单位，了解培训要求，并根据公司资产经营计划对人员素质的需求，制定年度计划经教委会讨论通过后作为公司年度整体工作任务一部分，以公司文件形式下发贯彻执行。在培训实施中，我们根据各部门培训需求，与各有关单位联合办学，既密切部门之间协作，也促进班级管理。通过及时反馈学员学习、考核情况，使培训更具有针对性、可行性。在培训考核上，教育部门根据年度计划提出的培训任务及要求，对各单位培训工作开展情况进行定期检查、指导、考核，公司还把职教工作考核情况作为各单位年终评优评先的一项重要依据。

合钢集团公司开展厂处干部工商管理培训

三、制定规章制度

出台了《职工培训与晋级考试挂钩管理办法》、《专业技术人员继续教育实施细则》、《职工自学成才奖励办法》、《专业技术人员研修实施意见》等一系列政策，并提出工人职工技能鉴定、技师评聘、专业技术人员职称评聘必须参加相应的培训的要求，调动职工学习文化、学习技术的积极性，完善了“培训—考核—上岗—待遇”一体化职工培训激励、约束机制。

此外，为适应企业长远发展对员工素质要求，公司还出台了《合钢“十五”职工教育发展规划》，对企业“十五”期间职工教育目标与任务以及实施措施都做了明确规定。进一步确立了“教育是服务”观念，提出了“ 科学管理，提供优质服务；关注需求，确保员工满意；持续改进，提高培训质量”方针，为公司职工教育向规范化、制度化方向发展指明了方向。 □

围绕“三支队伍”培养目标 加大教育培训力度 实施人才强企战略

马鞍山钢铁(集团)公司教育培训部

马鞍山钢铁(集团)公司(下称:马钢)能够实现跨越式发展的基本经验之一就是全公司上下形成了“人才是企业的第一财富，职工教育是企业发展的第一大计，职工培训是生产经营的第一道工序”的共识，全面实施了“人才强企”的战略，提出了着力培养一批懂得经营、善于管理、胸有韬略的经营管理者队伍，着力培养一大批掌握和运用现代科学技术、勇于创新实践的专业技术带头人队伍，着力培养一大批技艺精湛、素质优良的知识型技术工人骨干队伍的“三支队伍”目标。围绕这一目标，公司在推进人才培训工程中着重采取以下一些措施：

一、委托高校对公司中高层经营管理人员开展高级工商管理课程培训，提升公司中高层经营管理人员综合素质，培养打造一支企业经营管理者队伍。1999年起，马钢就与上海财经大学联合办学，每年开办一个以公司中高层经营管理人员为主的工商管理研究生课程班，近三年公司又选拔部分优秀的中青年管理骨干送南京大学、西安交通大学、上海财经大学接受MBA教育。有计划的安排公司领导和部门高级经理到英国雷丁大学工商管理学院、清华大学经济管理学院、复旦大学管理学院接受EMBA教育或参加CEO、CFO班的培训。与此同时，公司还根据马钢生产经营与贸易全球化的需要，选择市场经济发达的美国、日本、韩国等国家作为国外培训基地。先后有80多名学员到美国、日本、韩国研修考察。通过对公司中高层经营管理人员开展高级工商管理知识培训，一批懂得经营、善于管理、胸有韬略的经营管理者队伍逐渐形成。

二、对优秀中青年科技人员采取多种途径培训，提高各专业各学科技术人员的专业技术水平，形成一批专业技术带头人的队伍。一是“外联”。公司先后与6家科研院所和高校签订了“产、学、研”合作协议，通过校企合作渠道开展研究生培养和培训工作，近四年马钢每年按照10-20名定向培养计划，选派优秀科技人员在职攻读博士、硕士学位研究生，先后75人在职攻读博士、硕士(工程硕士)学位；100多人接受研究生课程班教育，已培养了400多名专业技术研究生。二是“外委”。通过中英合作培训项目、技术引进合作项目，选派专业对口的优秀中青年技术骨干到国外参加技术培训和专业研修。四年来马钢先后选派了423人赴美、英、法、日等十多个国家和地区，参加环境工程、质量认证、技术创新等培训班和专业技术研修班。还与美国匹兹堡大学签订了人才培养协议，分批选送5名科研骨干赴美参加科研技能中长期培训。目前，大多数参加国外培训的人员都已成为各专业领域的业务骨干。三是创造适合的环境，让中青年技术人员锻炼成长。公司通过国家引智项目计划或技术合作方式，邀请外国专家为专业技术人员开设专题技术讲座或学术报告，安排专业技术人员参与项目技术交流、研修活动或问题研讨，学习国外最先进的技术。还积极开展科研成果论文评比活动，激励科技人员学用结合，解决生产技术难题，在工程项目和应用技术上有所创新。通过多渠道多形式的人才培养活动，目前马钢已建立和形成了500名平均年龄39岁，由本科生、硕士生、博士生组成的专业门类齐全配套的后备人才队伍，建立和形成了112名马钢的技术专家、专业带头人、享受省和国家专家津贴的专家级人才队伍。

三、通过多种形式组织技术技能培训，培养专业工种带头人，带动技术工人骨干队伍形成。马钢在实施高技能人才培养方面，主要抓好三个环节：一是推荐选拔关。根据公司生产建设的实际需要，确定高技能人才的后备人选。采取个人报名和组织推荐相结合的办法，确定工人技师和高级技师的对象。二是抓好培训关。为了保证高技能人才培养质量，从培训过程管理入手，对培训过程进行精心策划。针对学员的不同情况，确定培训课题，设计培训的内容，组织安排教学。三是把好考核评审关。结合生产实践中课题，进行有针对性的实践考核和技术答辩。根据理论和实践考核成绩，组织专家成立评审组进行认定。经过4年的努力，马钢已培养出70名高级技师，1014名技师、23名公司级技能专家和120名技术能手。为进一步做好高技能人才的后备队伍的培养，提高高技能人才队伍的理论素养，我们还采取二种形式培养后备人才。一是每年都从生产岗位工人中选拔200名技术骨干，送到高级技工学校进行为期2年或1年的脱产系统培训；二是有针对性地对已经取得高级工证书的人员，结合生产实际，在实践中寻找课题，进行提高性培训，为实现知识型工人技师队伍创造条件。

“十五”以来，全公司上下学习氛围浓厚，职工参加学习的积极性高涨，形成了良好的氛围。同时通过实施人才培训工程，锻炼了队伍，提高了应对市场变化和驾驭企业的能力，有力地促进了企业的发展，产品产量、质量和经济效益有了明显提高。在“十一五”期间，马钢的发展目标是努力从“大钢”向“强钢”迈进。为实现马钢宏伟的发展战略目标，马钢的教育培训工作面临新的挑战和全新的任务。 □

职工教育—企业腾飞的源头工程

中国石化集团九江石化总厂

九江石化现有职工4000多人，其中管理人员1400人，具有高级技术职称的80人，具有中级技术职称的800人。工人2600人，具有高级技师8人，技师50多人，高级工850人。

九江石化正是沐浴改革开放春风产生和成长起来的新兴企业，20多年来的改革和建设实践，工厂实现了由单一炼油型企业向“炼油—化肥—化工”型联合企业的转变。回顾总厂的建设和发展历史，正是我国改革开放20多年来取得丰硕成果的最好见证。而职工教育——这一使企业腾飞的源头工程，伴随着九江石化筹建——建成投产——发展的全过程，总厂紧紧依靠“科教兴厂”方略，努力提高职工整体素质，来提高企业经济效益。历任厂级领导都十分注重加大科技投入，十分重视职工素质的提高，建立以党校为主体的党员、干部培训基地，以职工学校为主体的职工技术培训基地，全面开展职工教育培训。“七五”以前职工教育主要是对职工进行政治理论、基础文化教育的“双补”和基本技能培训，以及大批新工人的岗前培训，适应当时装置开工和工厂机械化的生产。随着改革开放的不断深入，市场经济、现代企业制度的建立和不断完善，九江石化从“八五”开始，职工教育有了质的飞跃，将重点放在对职工岗位培训和继续工程教育、提高岗位操作能力和技术进步上。“九五”期间全面推行职业资格证书制度，突出加大“三支人才队伍”培养力度，为总厂的经济发展、企业的腾飞作出了应有的贡献。

从1991年到2004年10月底，共举办各类培训班1832期，49090人次参加培训，新装置操作工和技术人员上岗培训3242人次，专业技术人员继续教育11411人次，以业余自学为主的成人大、中专学历教育1277人，共培训65020人次，年均参加培训4644人次。

多年来，九江石化培训工作适应改革和发展需要，牢固树立人才资源是第一资源的观念，做到五个坚持：坚持普及与提高相结合；坚持培训与生产经营相结合；坚持思想政治教育、党性教育与业务知识、能力培训相结合；坚持层次培训与重点突破相结合；坚持持证上岗制度。 □

适应国企改革需要 不断深化企业培训工作

中国长城铝业公司

中国长城铝业公司是中国铝业公司的成员单位之一，是集生产、建设、科研、经营于一体的综合性国有独资企业。公司现有职工5600多人，资产20亿元。通过近两年改革改制、二次创业、加快发展等方面的不懈努力，扭转了2002年重组改制初期严重亏损的局面，提前一年完成了中国铝业公司扭亏为盈的要求。

公司教育培训中心（以下简称长城铝教培中心）由长城铝工学院、党校和技工学校组成。在长城铝改制后，长城铝教培中心能够正视现实，更新观念，勇于创新，牢固树立职工培训是产品的观念，以为中国铝业公司河南分公司和长城铝的职工培训服务为立足点，以对外开展订单式的职工培训为实现培训产业化的切入点，争创精品培训，不断提升职工培训系统的生存能力。近几年，长城铝教培中心在开展成人专科和技工学历教育的同时，把办学重点逐步转到了职工培训上来。工学院和党校已初步建成了干部培训基地：先后取得了科技人员继续工程教育基地、管理人员工商管理培训教学点、计算机应用能力培训和考核点、时代光华管理培训学院卫星远程培训接收站、中国企业远程培训示范基地、中南大学网络教育教学点，营销管理、物流管理、信用管理、企业培训师、人力资源管理职业资格培训认证点培训基地，有色金属行业IPMP培训点和考点，会计人员继续教育培训点等资格，并开展了相应的培训工作。2004年培训各类管理人员1000多人。

技工学校在具备车工、电工、焊工、钳工、轻金属冶炼等技术工种的理论培训和实操训练基地的基础上，又成为再就业培训基地、特种作业人员安全培训基地。建立了长城铝国家职业技能鉴定所和有色行业特有工种职业技能鉴定站，考评员140名，具备车工、钳工等16个通用工种和氧化铝制取工、铝电解工等52个特有工种初级、中级和高级鉴定资格。2004年培训和鉴定各类技术工人2000多人。

公司的职工培训以增强培训的针对性、优化培训过程服务、切实提高培训效果为宗旨，实施精品战略，打造精品培训。按照ISO10015（企业职工培训质量管理标准）的要求做好每个培训项目的培训需求分析、策划设计培训项目、实施培训、评估培训成果的各步骤工作，切实提高了培训质量，为长城铝持续创业、持续创新和持续发展提供了可靠的人力资源保证。□

采取有效措施
提高职业技能培训和鉴定工作水平

河南石油勘探局人力资源处 赵华

近年来，河南石油勘探局紧紧围绕油田的发展战略和高技能队伍建设目标，结合油田发展主营业务和对外闯市场的要求，加大操作技能人才培养力度，加快培养急需的技术技能型、复合技能型人才，不断提高职业技能培训和鉴定的管理水平，探索出一条适合油田实际的工作模式。

随着油田勘探开发生产建设的发展和改革的深化，技能人才的缺乏已经直接影响到员工队伍的素质和企业的素质，影响到油田的进一步发展。根据这种情况，分层次开展了高技能人才队伍建设工作，在决策层成立了以局长为首的高技能人才队伍建设领导小组，明确技能人才队伍建设目标，制定技能人才培养计划。在管理层提高对技能人才重要性的认识，从人才是“第一资源”的高度出发，确立各单位一把手抓第一资源，促第一要务的工作体系，加大技能人才培养开发力度。在操作层进一步转变思想观念，树立“培训是对员工的奖励”和“优秀技术工人也是人才”的思想，促进员工自觉努力学习，积极参加技能培训和鉴定，上下密切配合和共同努力，促进学习型组织的建立，保证了高技能人才队伍建设工作的顺利进行。

操作技能队伍整体素质得到提高

近两年共完成了38000人次的职业技能培训和16400人次的技能鉴定任务，全局操作技能队伍素质得到较大提高，员工持证上岗率达到100%，高级工以上的员工人数已达到技能操作人员总数的30%，其中技师和高级技术师达到3%。

河南油田第十一次职业技能竞赛开幕式

职业技能竞赛连续取得好成绩

2004年，在全国石油石化行业第三届职业技能竞赛中获得团体公平竞赛奖。在中石化公司职业技能竞赛中，取得铣工第二名、车工第四名。在河南省首届技术运动会上，取得了电焊工第二名。2005年，在中石化集团公司职业技能竞赛中，取得团体第二名、焊工第二名。

积极参与“青年技能振兴计划”

按照团中央实施“青工技能振兴计划”活动的统一部署，局职业技能鉴定中心被集团公司职业技能鉴定指导中心推荐为“全国青工技能鉴定示范单位”。

职业技能培训和鉴定工作必须得到各级领导高度重视。只有领导重视，才能得到人力、物力和财力等方面的大力支持，培训和鉴定工作方能顺利进行。

职业技能培训和鉴定工作的主管部门要发挥关键作用。即要确定工作的目标和规划，又要制定相应的制度和措施，上为领导做好参谋，下为员工提供服务，扎扎实实地做好有关的各项工作。

充分调动相关部门参与培训和鉴定工作的积极性。与工会、团委、安全等部门密切配合，开展基本功训练、技术比赛、安全HSE培训和青工技能振兴等活动共同促进员工队伍素质的提高。□

人才是安彩振兴之源

河南安彩集团有限责任公司

以人才开发为契机，建设跨世纪人才工程

今年是安彩实施“第七个”职工教育规划的关键阶段。把安彩集团建成三个基地，是公司总裁李留恩构想的宏伟蓝图。一是彩玻生产基地；二是科研开发基地；三是人才培训基地。三个基地一起抓，三个基地互相促进，才能保证安彩在竞争中兴旺发达，长久不衰地进入彩玻先进行业。

几年来，安彩员工的素质上了一个大台阶，两个文明建设得到了进一步提高。累计培训总量达73883人次，年均4925人次，年人均培训1.5次。培养高级人才150余人，专科以上966人，高级操作型人才610人，专业以上人才1034人。公司的职工教育工作始终坚持 “与时俱进，人才强企，可持续发展，为人类社会文明做贡献”的宗旨，立足于高新科技，配合新产品研制开发、技术改造和员工整体素质的提高，开展了包括研究生培养与工程技术类、应用科学与岗位培训、MBA与管理类、微机与外语类、学历教育与基础科类、职业技能鉴定、创建学习型企业及国外培训等八大方面，1238个班126个科类内容的培训，既更新了知识，又拓宽了知识面，缩短了新产品开发周期，走出了一条新产品研制开发之路。几年来，共发表科研论文100余篇，技改项目1500余项，改造设备1200余台，研制新设备150余台，分别有60%、85%、65%是通过培训解决的。重大科技成果18项，有73%是通过边学习边工作边实践研制成功的。

统揽全局，以人为本，确保人才高起点

人源即财源，欲争天下之市场，必先争天下之人才，欲争天下之人才，必先广开财源，广开才路，广收信息。“广”是选择人才的基础，“严”是培养人才的关键，“精”是培养人才的目地。通过几年的实践和探索，该公司已初步形成一套适应市场经济发展需要的企业职工教育机制，摸索了一些经验。

把住高技术人才“三道关口”。即新进厂人员的入口关、上岗关、提高关，形成强有力的控制机制。

建立了职工培训的“六个等同”。即学习等同工作，上课等同出勤，学员守则等同员工行为规范，完成学习任务和作业等同完成工作任务，违反学员守则等同违反公司纪律、培训中心处罚等同公司处罚。形成了强有力的约束机制。

制定了两个视同的激励机制。消化吸收视同科研，创新视同发明创造，为职工教育施展才能开辟了广阔的天地。经过几年的改革和探索研究，已初步形成了“四个一体化”的职工教育新思路，即教育、科研、生产一体化；思想、文化、技术教育一体化；人才开发、人才使用、人才管理一体化；培训、使用、晋职（升）一体化。

立足于21世纪，以“安玻集团博士后科研工作站”和“安玻集团国家职业技能鉴定站”为契机，充分利用发挥远程教育网络的功能，培养和传帮带一批青年专业技术骨干，架设高校为企业培养“现场工程师”和“思考型实践家”的立交桥，形成一个跨世纪的人才基地，增强安玻的辐射能力，把安彩建设成为一个百年老店。□

河南安彩集团办公大楼

规范培养 建立技能人才发展通道

中国一航空空导弹研究院

第六届“中华技能大奖”获得者鲁宏勋在颁奖典礼上发言

中国一航空空导弹研究院是科研生产经营一体化的航空武器系统研究发展中心。多年来，该院注重长远规划，规范培养，完善机制，在技能人才队伍建设方面取得了较大成绩。

岗前培养，做好基础培训工作

一是从源头做起，严把进入质量关。坚持做到凡分配到生产一线的青工必须拿到“双证”，即中技学历证和中级操作证。二是坚持先培训、后上岗制度。三是结合任务需要加大脱产培训力度。为加速数控操作工人的培养，我们在通用机加工种选拔部分优秀青工到技校全脱产进行专门数据理论和操作技能培训，充实到数控加工岗位。目前，从事数控加工岗位的技术工人既懂操作，又能编程，适应了研制过程多型号并举，小批量生产的发展要求，对于富裕的辅助岗位普通工人，择优集中进行脱产转岗培训。取得岗位资格后充实生产一线。

岗位锻炼，做好技能培养提高

“高师带高徒”活动。成立了由主管副院长任组长的活动领导小组，通过不断完善活动组织程序和高师高徒选拔条件，严格签订师徒合同，加强对师徒合同的检查与考核，做好总结奖励与表彰工作，促进了活动的制度化、规范化。

依托重点型号，造就高级技能人才。在重点型号的工艺攻关中，在关键岗位，配备青年技术工人承担关键零部件试制加工；外场实验、排放，均安排工人技术骨干参加；工艺攻关课题结题时，要求参加的技术工人撰写论文、总结或技术报告参加评比。

通过职业技能鉴定，建立技能人才成长平台和晋升通道。院明确规定工人技术等级晋升必须通过职业技能鉴定，工人每次晋级与工资晋升挂钩。根据每年的人才培养计划，把岗位需求多、人才培养重的专业工种列入当年技能鉴定计划，适当加大院级主体专业工种鉴定次数，做到技能鉴定工作日常化。其次实施“凡考必培”的晋级制度，明确规定凡申请技能鉴定的技术工人，必须按规定参加足够学时的考前培训课程后，方可获得技能鉴定资格。近年来，我们坚持对100多个工种开展了定期技能鉴定工作，通过技能鉴定，共晋升高级技师50名、技师218名、高级工1084名，技师以上高技能人才达到技术工人总数的10%左右，高级工以上的技能人才达到50%以上。

重视培养，不断提升技术素质

通过高级技校培养高级技能人才。充分发挥高级技校作为院级主体专业工种高级工以上技能人才培养主渠道作用，要求40岁以下技术工人晋升技师以上必须具备高技以上学历。近年来，我院共举办了10余个脱产、业余高级技校班，同时，选派10余个特殊工种技术工人到部内外高级技校学习，共培养造就了200余名高级技能人才。

加大技能人才出国培训力度。根据重点型号研制需要，我们引进了大量的先进制造设备。为此，我们充分利用技改设备安装前的国外操作培训，重点培养自己的操作能手。明确规定，出国验收设备、参加操作培训必须配备将来操作设备的技术工人参加。80年代以来，我院先后派遣三十余名技术工人到美国、德国、英国等二十多个国家参加技术培训，学习掌握了大量先进加工技术。

定期组织参加各种技能竞赛活动，促使高级技能人才脱颖而出。通过积极选拔技术尖子参加全国、集团公司、省市组织的技术比武，涌现出了一批知名的技术能手。为在技能竞赛中取得好的成绩，每次在参加比赛前都要专门抽出时间，对参赛选手专门进行理论和实践方面的脱产强化训练。通过比赛，共有30余名获得市级以上竞赛名次，1人获第一届全国数控技能大赛金奖，3人获全国技术能手称号，2人获中央企业技术能手称号，4人获航空技术能手称号，8人获省级技术能手称号。□

"全国技术创新示范岗"，院科研生产团队先进集体"鲁宏勋班"授牌仪式

加强培训 为行业发展提供人才保障

中国烟草总公司职工技术培训中心

2000年2月，国家烟草专卖局决定将中专学校改制为行业职工培训中心，明确了培训中心"坚持以服务行业为宗旨，以建设高素质烟草职工队伍为目标，充分利用现有师资、校舍、设备等教育培训资源，建成烟草行业管理人员、专业技术人员和高级技工的培训基地，为烟草行业的发展提供智力支持和人才保障"的发展目标。

培训中心现有教职工97人，其中教师57人（硕士研究生以上学历29人，高级讲师15人，讲师30人）。从行业内外选聘专家学者、工程技术人员、管理人员、有特殊技能人员300余人，担任兼职培训教师。初步形成了学历层次和教学水平较高、实践动手能力较强、涉及烟草行业各个专业（课程）方向的培训教师队伍。教师队伍学术气氛浓厚，主编、参编教材、教学参考书103本，在省部级以上刊物发表论文210篇。

几年来，在国家局的正确领导和关心支持下，中心积极稳妥地调整工作重点、办学模式和教学方法，始终坚持以服务烟草行业为宗旨，以提高行业职工队伍素质为目标，积极改善培训条件、大力开发培训项目、拓宽培训渠道、规范培训管理、强化服务意识，使培训规模逐步扩大、培训质量稳步提升。2000年举办行业职工培训班23期,培训2570人次；2001年举办行业职工培训班30期，培训3260人次；2002年举办行业职工培训班48期，培训3998人次；2003年举办行业职工培训班78期，培训6309人次。□

加强人才培养 增强企业核心竞争力

武汉钢铁（集团）公司

武汉钢铁（集团）公司是新中国成立后兴建的第一个特大型钢铁联合企业，40多年持续的经济增长和技术创新，打造了企业的核心竞争力，已经实现了由“大”到“强”的历史性跨越。武钢正在向形成1400万吨钢的生产能力，成为我国硅钢片和汽车板材主要 生产基地的发展目标奋进。

多年来，武钢始终坚持把人力资源开发提上重要议事日程，大力推进人才强企战略，不断加强高层次人才的培养。武钢有计划地实行“双导师制”培养在职研究生，并注重结合技术引进培养高层次复合型管理和技术人才。2004年，为加强武钢国际化进程，22名杰出青年去美国攻读MBA学位，开中国企业界一次性选派大批优秀人才赴美深造之先河。目前，武钢已拥有博士、硕士研究生600余名、技师1774名、高级技师184名。

建成国际一流企业和精品名牌生产基地，是武钢改革与发展的战略目标。近几年来，武钢先后大规模地对全体干部进行了工商管理知识、法律知识、WTO知识和现代管理知识培训。职工培训，重点是紧密围绕新技术、新项目开展，随着三炼钢、硅钢改扩建、六高炉、二热轧、整体产销咨讯系统等一批重点工程相继建成或投产运行，组织了大规模的岗位人员培训，确保了重点工程的顺利实施。两年一届，每届近8万职工参加1500多个工种的岗位练兵和技术比武的职工技术运动会，是职工展示、学习、提高技能技艺的常设舞台，大批生产精品名牌的岗位能手脱颖而出。广泛开展的导师带徒、拜师学艺、总结推广先进操作法等活动，使群众性学技术、学业务的热潮经久不衰。从1997年开展职业技能鉴定工作至今，已有6万余人次取得了国家职业资格证书，在岗职工持证上岗率达到90%。继续教育工程紧密结合武钢生产经营和技术进步的需要，不断加大服务企业的力度。仅“九五”以来，武钢就有4.8万人次参加了研修、进修，获得成果240余项，创经济效益近6亿元。

车工技能大赛

武汉钢铁厂

经过多年的发展，职工教育培训形成了完整的教育培训体系和教育培训格局。“七五”至今，共培训职工190.5万人次，为公司的改革和发展提供了强有力的智力支持，有效地提高了武钢职工队伍的整体素质。继1991年武钢被评为“全国职工教育先进单位”后，2002年，武钢再次获得中国职工教育和职业培训协会授予的“全国企业职工培训先进单位”光荣称号。

面向未来，武钢将进一步加大高层次人才的培养力度，全面提升职工素质，努力造就一流队伍，不断增强企业的核心竞争力，为实现宏伟目标而努力奋斗，再创武钢辉煌。□

建设适应企业发展的员工队伍

武汉重型机床集团有限公司

武汉重型机床集团有限公司是我国制造重型机床、数控机床和超重型机床的大型骨干企业。集团公司现有职工3759人，其中具有大专以上学历的787人，享受国家、省、市级专家津贴的20人，高、中级专业技术人员383人，高级技师、技师72人，高级工394人，中级工342人。

——贯彻、执行《劳动预备制度》、《就业准入制度》、《职业资格证书制度》三项制度。为确保“三项制度”的贯彻落实，经武汉市劳动局批准，1994年12月成立了武重职业技能鉴定站（1997年站改所），至今已为社会及本企业鉴定初级工296人、中级工1263人、高级工2384人。培养了一批复合型人才，为贯彻执行好“三项制度”发挥了一定的作用。

——实施公司内“人才工程”激励机制。为确保生产经营目标的顺利完成，促进企业的发展，2002年公司实施了“人才工程”。鼓励已取得职业资格证书的技术工人参加武重集团“人才工程”的选拔，选聘者可享受“人才工程”专项津贴，标准分别为每人每月200元、400元。每半年作一次基本考核，年终总结考核，年度考核不合格人员不再享受下一年度津贴。2004年武重已有享受“人才工程”待遇的技工2100人。

——贯彻国家规定，认真执行技术工种从业人员持证上岗。公司为了进一步提高技术工人的业务素质，配合执行技术工种从业人员持证上岗工作，针对企业内部的技术工作岗位进行了6类人员的培训，参训人员累计达605人次。

——全面执行省、市对专业技术人员的要求，积极组织好继续教育，坚持“科教立厂、尊重知识、尊重人才”。为了贯彻落实、执行好《武汉市专业技术人员继续教育规定》及“武汉市专业技术人员继续教育年度计划”，共开设了公共课《创造性思维与方法》、《知识经济与技术创新》、《武汉走进WTO》，专业课《现代企业管理》、《机遇与挑战》、《数控机床》等课程，使专业技术人员更新了理论知识、开拓了思路。企业还出台了对专业技术人员待遇倾斜的有关政策，确保了企业的正常发展。

通过多年来的努力，武重培养造就了一批又一批高技能的、能适应社会主义市场经济要求和企业生产经营发展需要的高素质的职工队伍。□

创特色教学模式 推进职教事业发展

东风汽车投资有限公司高级技工学校

东风汽车公司高级技工学校于1973年筹建，1985年1月在国内率先引进被誉为德国经济迅速发展“秘密武器”的“双元制”职业培训模式，并与德国汉斯·赛德尔基金会签署了合作办学协议。经过三十年创业，学校已发展成为能全面培养初、中、高级技术工人、现场技术员、基层生产管理干部、职业学校实习教师、专业教师和管理干部的综合培训基地。

学校把产品定位为“教育服务”，确立了学校要为学生、家长及社会提供合格教育服务的办学思想，把学生视为顾客，高度重视过程管理。在学校大力推进国际上先进的教育理念与教学方法，抓住了教育观念转变的核心问题，使现代管理中“以人为本”的管理思想得以充分发挥，在教师和学生之间建立起了一种新型的教学互动、教学相长的平等和谐关系，推动了整体工作向着更加符合“学生为主体”的方向发展。

多年来，学校十分重视教师的业务技能培训工作，制定了各类人员素质标准，初步建立了终身教育体系。以在岗培训为主要形式，以基本功训练为突破口，培训中做到单科加深与多科发展并重，知识更新与能力增长并重，培养出了一支过硬的“双师型”教师队伍，增添了办学活力。学校专职教师110余人，具有中高级教师职称的有70多人；实习指导教师中，全部具有中级以上技能，其中60%具有高级工技能等级证书；有50余人在德 国、日本、俄罗斯接受过一个月到两年的培训，10余名教师和管理人员被录入德国汉斯·赛德尔基金会驻华协调中心人才库。

学校坚持“博采众长，一专多能，竭诚奉献、持续改进”的办学方针，以就业为导向，以服务为宗旨，紧紧围绕社会需要开展教学工作，紧跟科技进步的步伐，不断改进教学质量，为社会培养全面发展的高素质人才。为适应市场对人才不断变化的需求，学校及时对老专业进行调整，以新知识、新技术、新工艺和新设备等充实教学内容，同时新开辟了电子电工、电子商务、热处理、计量检测、工业营销、微机应用、数控加工、数控维修等新专业，使学校的专业设置与就业需求紧密结合，始终处于“人无我有、人有我优”的超前发展状况。在引进德国“双元制”办学模式的过程中，学校本着“引进、消化、吸收、改进”的原则，积极对教学课程、教材体系等进行大胆改革，开展“订单式”教学服务，实行学分制管理。在办学过程中，突出实践环节，优化训练手段，着重操作技能训练和扩大技能培训范围，使学生一专多能，增强在企业和社会的适应能力和竞争能力。通过改革，学校教育教学实现了“五大转变”。一是在培养目标上，实现了向多种职业技能和全面素质的综合型人才转变；

二是在教学内容上，实现了向浅易、实用、新型的理论传授与宽而实的专业技能训练转变；

三是在教学组织上，实现了向灵活弹性化的学分制转变；四是在教学手段上，实现了向口授与行为导向、多媒体网络现代化教育技术相结合模式转变；五是在教学评价上，实现了向内部评价、结果评价与社会(市场)评价相结合的转变。

同时，学校充分利用教育资源，挖掘办学潜力，着眼于构建长短结合、内外结合、上下结合，多层次、多渠道、多规格的立体办学模式。通过学历教育与非学历教育相结合、职前培养与职后培训相结合的形式，以及长班求稳、短班求活的策略，按照“实际、实用、实效”的原则，采取“短、平、快”方式，积极培养企业急需的各种层次实用型技能人才。学校先后为在职员工开办中高级短训班40多期，培训学员6000多人次，取得了良好社会效应和经济效益，受到了社会和用人单位的广泛赞誉。□

实施技能振兴工程
为企业持续快速发展提供技能人才

湘潭电机集团有限公司

湘潭电力集团有限公司创建于1936年，公司资产总额30.1亿元，员工总数9807人，其中技术工人4136人，技师178人，高级技师18人，高级技工1079人，三者合计1275人，占职工人数的13%，占技能工人数的30.82%。

一、更新“观念”，实施技能振兴工程

公司建立了高技能人才进修和培训制度，通过各种途径加大培训力度。首先是传统教育与现代教育相结合，教育方式采用“传、帮、带、教”培养技能人才。1996年开始，公司在全省企业中率先开展了“导师带徒”活动，通过多年的努力，取得了显著效果，师徒队伍由最初的11对发展到现在的1500余对，师资由股份公司、子公司独有发展到全集团公司共享。其次是采取“四结合”，即：“企业与培训中心相结合”、“理论教学与实际生产相结合”、“自学与辅导相结合”、“课堂演练与岗位训练相结合”的方式开展岗前培训、技能提升培训、岗位培训、后继教育和素质提升培训。公司每年根据发展需要，挑选部分有发展潜力的青年技工到其他企业、高校、甚至国外去学习、研修，以培养各类知识技能型、技术技能型复合型的人才。

二、提供“平台”，鼓励岗位成才

公司实行技能振兴工程以来，不仅加大了对技能人才的培养和培训力度，还为他们的成长创造了良好的环境和展示的舞台。

1、开展各类技能竞赛。公司通过不同层次和形式的技能竞赛、技术比武和岗位练兵活动，不断地发现和培育了新的技能型人才，为企业的发展输入新的活力，增加新的血液，也让广大技能人才从岗位中脱颖而出。

2、开展技术、技能交流活动。充分利用公司高技能人才的优势，成立了技师协会，定期或不定期开展技术技能交流活动，并逐步形成制度化，经常化，规范化。此举不仅可以推广先进的加工方法、绝技绝活，还可以集集体智慧解决某些工艺、设计难题。

3、树立“榜样”。公司在加大技能人才培养力度的同时，不断创造各种条件使技能人才脱颖而出，并且树立为“典型”。

三、推行“技能鉴定”，完善评价机制

技能等级鉴定反映了技能工人所具有的技能水平。2000年国家劳动和社会保障部在全国推行职业资格证制度，2001年全公司推行该项工作。经过多年的努力，已完成60个工种，共计2645人的鉴定工作，占技能工人总数的90%，鉴定合格1883人，其中高级工998人，中级工685人，初级工100人。在推行技能等级鉴定的同时，完善了技能人才评价方式，建立了新的评价体系，实行以职业能力为导向、以工作业绩为重点、注重职业道德和职业知识水平的评价体系，打破比例、年龄、资历、身份的界限，破除了论资排辈。特别是对有突出贡献的年青技工，公司更是不遗余力地培养和使用，不断扩大技能工人成才的辐射面和影响力，拓宽技能人才成长的通道，使技能人员看到自己在岗位上的价值，明确自己的成才方向，有效地提高其综合素质。

四、提高“薪酬”，发挥杠杆作用

近几年，公司一方面加大对员工企业文化理念灌输，积极开展以“诚信教育”为主题的职工系统教育活动，不断增强企业凝聚力、向心力。另一方面建立凭业绩贡献确定收入的薪酬激励机制，提升技能人员的工资福利待遇。

在完善培训机制的同时，公司对获得各类型荣誉的技能人才均给予了相应的奖励或津贴，把培养、使用和激励有机地结合起来，充分调动广大职工学技术、练技能、实现自我价值的积极性与创造性。□

坚持创新求实 加快高级技能人才培养

中国石化荆门石化总厂

荆门石化总厂是国有特大型企业，拥有生产装置37套，职工7566人，其中技术工人4062人，占53.6%。总厂始终坚持把开发人力资源，培养高素质人才放在企业生存与发展的重要地位。

一、坚持以能力培训为中心，优化培训过程

总厂从1994年起，在管理人员岗位资格培训中引入了以能力训练为基础的CBE培训模式，这种以知识为铺垫、以实例为教材、以解决实际问题为目的的教学方法。

1、认真进行培训需求分析

培训的需求分析是实施技能培训的基础。全面、科学的分析，准确的需求定位是避免培训投入浪费，提高培训质量与培训效益的关键环节。总厂十分重视培训的需求分析，针对每一培训项目，组成“三结合”的分析组，即基层工程技术人员（工人技师）、教育管理人员、日后直接参与教学的教师相结合。

2、开发培训教材，精心组织教学

依据岗位能力分析表，将专项能力按一定规则划分为教学模块，进行教材开发。近几年来，组织编写了高级技能人才培训教材60余套。在实施教学的过程中，他们力求突破“以课堂教学为主，以书本知识为主，以教师传授为主”的普通教育模式，以实际技能培训为主，以现场教学为主，注重师生智能互补，注重学员潜能的发挥、经验的提炼与升华，综合运用技术讲座、仿真培训、专题研讨、案例教学、装置会诊、经验交流等教学方式方法，收到很好的效果。

坚持脱产培训与业余自学相结合。采取“脱产讲授---自学---集中辅导”“分段教学法”，进行强化培训。

坚持课堂教学与现场培训相结合。现场教学是学员解决生产中遇到的难题的好机会。采用简单、明了、直观的现场实际教学方法，可以解决在教室里讲不透、听不懂、不易理解的抽象问题，收到良好的效果。

二、注重考试考核与质量评估

对培训班所开设的每门课程，都要进行结业考试。考试坚持高标准，严格按技术等级标准与职业技能鉴定规范要求命题。对于现场教学的内容，结合生产或技术攻关课题，让学员们到生产实践中追根求源，得到答案，并写出技术分析报告或总结，以考核学员解决实际问题的能力。注重培训的跟踪评估，总结培训的得失，为下一个培训项目提供新的需求素材，使培训过程构成封闭循环。

三、以赛促练，促进高级技能人才脱颖而出

总厂将已实施多年的技术比赛方法进行了全面改革，提出了“三比三争”的竞赛理念，即比思想、比技术、比贡献，争能手、争尖子、争状元。把思想表现、工作态度纳入了人才评价的重要条件，使高技能人才的素质更加全面。建立三审三赛的“三三”制技术比赛新模式，即

参赛资格通过车间、分厂、总厂“三审”确定，优胜人员经历车间全员竞赛、分厂技术选拔赛、总厂决赛“三赛”形式。“三三”制比赛方法，强调全员性，分层递进性和重奖激励性，使比赛选拔的优胜者真实可信，的确是技术上的佼佼者。

四、建立“全程激励”的措施体系

通过研究技术工人的成长过程，总厂制定了职前职后有机衔接、成龙配套，全程激励的工人岗位成才引导措施体系。该体系包括推行新工人“三证”制度和建立企业内部工人技术职务系列两大部分。新工人“三证”是指毕业证、技能鉴定等级证以及岗位资格证。“全程激励”措施体系的建立，强化了竞争意识，解决了生产骨干脱产培训难的问题，将“要我学”转变为“我要学”，将高技能人才的成长年限大大缩短。这些制度和规定较好地调动了职工参加培训的积极性，促进了高级技能人才的快速成长。

五、严格考评程序，保证高级技能人才的质量

总厂在高技能人才的考评上，制定了一套较严格的考评程序，分五个阶段进行：技师考评按照个人申报、单位推荐、资格审查、应知应会考试、论文答辩、思想政治表现及工作业绩考核，总厂技师考评委员会评审。在评审过程中，一是认真组织考试，二是论文答辩，三是思想政治表现及工作业绩考核，四是总厂技师考评委员会评审。总厂将技师考评的全过程，作为厂务公开的内容向全厂公布，接受广大职工的监督，保证了技师考评在公正、公平、公开的原则下进行。

六、加强职工培训基础建设工作

总厂现有职工教育专职老师和管理干部 45 人，常年聘请 96 名各专业技术带头人和工人中的能工巧匠担任职工培训的兼职教师。多年来，无论总厂多么困难，我厂职工教育经费均未受到影响。重视职工培训的基础建设，为加快高级技能人才培养奠定了坚实的基础。

建坝育人　回报社会

中国三峡总公司培训中心

十年建设、十年成长。中国三峡总公司培训中心“从无到有”教育培训功能日臻完善，得到了总公司、三峡大学、全国各实习高校及三峡坝区管委会的关心、支持和鼓励。

一、培训功能日臻完善

总公司党组非常重视培训中心的工作，要求建成一个大坝，培养一批人才。“建坝育人、回报社会”成为培训中心创建的宗旨。培训中心十年的建设中，艰苦创业、培训设施逐年完善，培训能力不断提高，现在可同时接待 550 人的培训及食宿。

几年来，培训中心以市场为导向，对原有组织机构进行了多次调整，理顺了各部门的职责关系，走以教学培训为龙头，后勤保障为基础，会议接待为纽带的发展道路。

培训中心现有员工 78 人，其中大专及以上学历的有 39 人，占员工总数的 50%，获高中级职称有 7 人，占员工总数的 9%。

二、“三基二站”相继建成

回顾十年，培训中心不论遇到什么困难，始终如一地坚持创建宗旨，并

不断解放思想、改革创新、经过十年的磨砺，培训中心已建成“三基二站”（即三峡总公司员工培训基地、国家大学生教学实习与社会实践基地和全国水利水电工程师培训基地，三峡大学三峡培训中心函授站、中国三峡总公司博士后科研工作站）取得了显著的社会效益和经济效益。

三峡总公司员工培训基地。十年来，培训中心始终围绕三峡工程建设和电力生产，充分利用各种人力和物力资源，先后举办了不同层次的质量培训班、监理培训班、职业技能培训班、岗前培训班、专业技能培训班等，为总公司培训各类人才近6000人次，积累了丰富的培训经验。

国家大学生教学实习与社会实践基地。培训中心从1995年开始接待来三峡工地实习的有关高校大学生，当年接待量为9所高校1110名学生，以后实习学生接待量逐年上升。截止2004年上半年，共接待来自全国70多所高校总计40000余名实习大学生。其中，接待香港实习生200多人、台湾实习生49人。同时，还接待了日本、新加坡等国家高校学生15人。

全国水利水电工程师培训基地。面向全国水电培训市场，不断开发优质、高效的培训产品是培训中心发展的方向。从1995年起，就积极利用自身的培训优势，承办水利水电系统的各类培训班，并在市场上宣传、培育新的培训产品，努力创造良好的社会及经济效益。

一是积极主动承办全国水电工程造价师培训班。积极承办全国水电工程造价师培训班。1995—2000年承办了6期，共计500多名学员。2001～2004年，共培训学员560人。

二是及时建立“美国PMI项目管理资格认证考试”三峡培训点。总公司于2004年同国家外国专家局培训中心签署了在宜昌及三峡地区开展美国PMI项目管理资格认证考试和培训工作的协议，建立了“PMP考前三峡培训点”。2004年培训中心已承办了2期培训班，共有80人参加了培训。

三是承办各类短期培训班。培训中心结合三峡工程建设需要及水利水电系统对专业人才的需求，承办了各类短期培训班。1996年以来，承办了“水利水电设备监造工程师培训班”、“监理工程师培训班”、“三峡工程监理工程师培训班”、“三峡工程特种行业培训班”、“安全生产管理培训班”、“计算机知识培训班”，以及协助水电规划总院举办全国水电工程造价专业人员换证培训班等。

四是积极筹建中国企业远程培训示范基地。2003年，培训中心与中国企业联合会和中国企业家协会签署协议，建立了中国企业远程培训示范基地。

三峡大学三峡培训中心函授站。1995年10月19日，培训中心与三峡大学合办的“经济管理大专班”正式开学，并成立了三峡大学三峡培训中心函授站，使三峡坝区有了第一个成人学历班，解决了三峡建设者就近学习的问题。培训中心成人学历教育，严格按照三峡大学编制的教学计划、教学大纲及学籍管理规定等组织教学活动。对每学期新设的专业，都进行深入调研、精心选择，努力在学员与学校之间架起沟通的桥梁。截止2004年7月，已为三峡工程建设输送了200多名合格的毕业生，目前，培训中心函授站在册学员有356名。

中国三峡总公司博士后科研工作站。2001年12月11日，国家人事部批准设立中国三峡总公司博士后科研工作站。2002年12月22日博士后科研工作站在培训中心挂牌成立，来自河海大学和四川大学的3名博士首批进入工作站。

三、管理工作不断加强

1.提供一流服务，加强质量管理。

近几年来，随着坝区各类服务设施趋于完善，市场竞争日益激烈。在这种情况下，培训中心坚持把“提高服务质量”放在首位，要求员工转变思想，树立“客人第一，服务至上”的观念，一切做在客人想到之前。在服务方式、服务态度上注重服务细节，做到“服务无小事”，坚持“服务千次百次如第一次”的服务信条，尽可能地为客人提供详尽周到、方便快捷的服务。

2.引入竞争机制，加强队伍管理。

1997年培训中心从差额管理转变为自收自支管理，财务由总公司财产财务部直接负责。财务管理的变化，意味着管理“机制”的变化，意味着管理必须创新。培训中心首先从更新员工思想观念入手，主动把培训服务推向市场，增强员工的紧迫感和危机感。其次，引入竞争机制，实施内部目标管理。2005年中心首次推行“部门绩效考核责任制”，对外主动联系客源，改变了以往坐等上级下达接待任务的状况，全面取得了良好的经营业绩。

在今后的实践里，培训中心将坚持贯彻“建坝育人、回报社会、以人为本、诚信服务”的服务宗旨，继续向管理要效益，向员工素质提高要效益，向服务质量提高要效益。争创一流的质量、一流的管理、一流的品牌。□

面对全球化挑战　培养适应型人才

中国南车集团株洲车辆厂

中国南车集团株洲车辆厂面对经济全球化挑战，以打造“具有国际竞争力的铁路货车研发制造企业”为目标，培养高素质适应型人才。2002年以来，举办各类岗位培训班118个，参培员工7390人次，委外培训1417人次。培训费340余万元。2004年国内外市场新造车销售收入突破10亿元，实现利润总额1080万元。

经济全球化，国际技术资本流动，对适应型人才队伍培训影响深远。目前，株洲车辆厂已形成“厂长统一领导，主管部门组织协调，厂级与分厂两级落实、积极组织齐抓共管”的领导机制；“内培与外培相结合、集中培训与分散指导相结合、理论提升与实践能力培养相结合”的工作机制，从而初步构筑了以高端、主体、基层三大板块结构的互补型培训体系。

高端板块。联姻高校资源，积极与国内外高校合作办学，适应国际化竞争对高端人才队伍的储备壮大，为工厂产品走向世界添加了砝码。

主体板块。凭借工厂培训平台，紧贴产品创新，打造一支适应“中国制造”的技能技术管理人才组合团队。意在弥补高端培训难以大面积渗透到企业经营热点，实时性差的不足，提高企业的核心竞争力。

其做法，一是坚持按国际技术标准“对标”培训。2003年来，先后按AAR（北美铁路技术标准）和WSD（美国铁路技术标准），进行了生产技能培训。打造了两支适应国际市场挑战的技能人才队伍。二是加强以新产品开发为着力点的高新技能培训。工厂近年为服务铁道部跨越式发展战略，面向国内电煤、石油、矿业能源运输市场需求，企业培训适时从传统基本功训练专向高新技能培训，锤炼出多支高新技能人才团队。加强高新技能培训同时，拓宽员工成才通道，在企业内实施，《2003—2005年职业技能鉴定工作规划》，取得高级技师、技师、高级工职业资格的，占技工总数31.67%的员工。

基层板块。发挥基层主观能动性，落实全员培训，使培训渗透到每一个岗位，弥补前面两个培训板块只能集中关键性和主要岗位的不足。依据“厂级与分厂两级落实”的机制，基层自主进行针对性培训。

近年来，株洲车辆厂在应对全球化挑战，培训适应型人才队伍取得了一定的进展，由相辅相成、相得益彰的三个板块组成的培训体系，发挥了明显作用，为实现企业打造具有国际竞争力的铁路货车研发制造企业的目标，奠定坚实的基础。□

人兴企业旺　才俊钢花艳

涟源钢铁集团有限公司职工培训中心

地处湖南中部的涟源钢铁集团有限公司，坚持以人才为根本，以员工培训、人力资源开发为依托，力克企业区位局限和资源劣势，赢得了企业改革发展的良好势头。

涟钢现有在岗员工18600余人。从1958年建厂，到2004年2月热轧薄板建成投产，走上发展的快车道。目前，涟钢拥有专业技术人才2400多人，生产操作人员14500多人；大专以上学历人员5400多人，其中博士、硕士研究生近40人；高级职称人员500多人，高级工级技师和高技师4000多人。

基于对“人”的深刻认识和对员工培训的独到理解，涟钢以人为本的思想深深蕴含在“人和为本，诚信是天”的企业核心价值观和“为用户创利，为员工造福”的企业使命之中，员工培训更是始终贯穿在企业发展的全过程。

一、结合员工发展和技改建设需要，多管齐下全面推行引导式和主动式培训

涟钢打破传统的思维和培训方式，从人本角度和促进员工职业生涯发展的高度，明确企业的职责和义务主要是设发展平台、创培训条件、建公平机制、畅晋升通道，多管齐下创新培训机制和方式，教育引导员工在企业大改造、大发展的关键时期，主动抓住机遇，积极参与培训，自觉提升素质，谋求更好发展，全力促进员工发展和企业改造建设，实现双向互动、良性循环。

三年累计培训经营管理人员8900余人次，专业技术人员15000余人次，生产操作人员26000余人次，较好地满足了企业快速发展对人才的迫切需求。

设发展平台。根据企业发展规划和技改建设需要，把人才成长纳入企业发展规划，超前做好培训需求分析，及时发布企业岗位需求计划，帮助员工结合实际设计个人职业生涯，明确职业发展目标，让每一个爱岗敬业的员工在企业提质增量中都有创业奉献的岗位舞台。

创培训条件。每年投入近千万元加强员工培训，并设立85万元专项培训奖励基金。建立省级技能鉴定所和湖南省高技能人才培训基地，开展电工、钳工、仪表、冶炼、轧钢、化验等专业的初、中、高级工和技师、高级技师培训。联合创建特有工种培训基地，培训电、焊、煤气等大特种作业人员。建立涟钢培训网站，整合和丰富网络资源。加强教材建设，结合实际组织编写烧结、炼铁、炼钢、连铸、轧钢等60多个主要工种的技能培训教材。采取定向外培、与重点高校联合办学的方式，大力培养高层次专业技术骨干。拓宽国外培训渠道，选派优秀高中层管理人员、优秀青年拔尖人才到国外先进钢铁企业、院校或著名科研机构学习考察、进修深造。

二、优秀人才队伍支撑企业快速发展

涟钢采用项目培训责任制的办法，为200万吨热轧薄板及2200m^{2}高炉等重点技改项目前期培训近4000人次。共举办技能等级培训班300多期，通过鉴定考试的员工达9000余人，其中3000多人通过高级工鉴定。培训特种作业人员11000余人次。择优选送了53名专业技术人员进行2年期的定向专业技术培训。与中南大学、武汉科技大学、湖南大学等联合建立研究生培养基地，招收信息技术、控制工程、软件工程、机电工程、机械工程、冶金工程、管理工程7个专业的研究生123名。先后输送31人到华中理工大学、中南大学、北京科技大学、国防科大学习新知识、新技术。开发80多个技能培训项目，对4000多名关键岗位人员和高新技术岗位人员进行了新技术、新设备、新材料、新工艺等应用技术培训。开发适应性应急培训班117期，培训员工9000余人次。强化计算机应用培训14000余人次。

涟钢职工培训中心承担着企业员工培训的任务，是湖南省高技能型人才培训基地，现开设了电工、钳工、焊工、仪表等专业的高级工培训班。为提高员工技能水平，采取现场实习，模拟训练，带徒学艺等方法，提高操作人员的操作水平，经过特色鲜明的焊工培训，涌现出一批高水平的指导教师和拥有高技术水准的焊工，在省内和全国的焊工比赛中，都取得了骄人的成绩。□

车工技术比武

高级电工技师培训班学员在进行PWM变频模拟实验

焊工指导教师在现场示范教学

专业技术人员为高炉发电系统操作人员进行现场操作指导

着眼企业发展战略 加快技能人才培养

茂名石油化工公司

中国石化集团茂名石油化工公司本着“以人为本，科技兴企”的宗旨，强化职工培训管理，创造性地开展技能人才的培养，造就了一批又一批企业发展急需的人才。

一、适应市场经济需要，构建技能人才培养新机制

在国有企业由计划经济向市场经济转变的深刻变革中，茂名石化公司始终将培养一支“政治成熟、思想先进、技术过硬、作风优良”的技能人才队伍作为公司的一项主要工作。

公司为抓好技能人才培养工作，实行“五五五”制，建立技能人才培养激励机制，坚持“五项制度”“五个卡住”，实行“五个挂钩”。五项制度是：持证上岗制度、考试考核制度、岗位练兵制度、技能竞赛制度、职工教育专业红旗竞赛制度。五个卡住是：未经培训合格的新职工不能上岗；未经考核合格的班 (组)长不能上岗；未经培训的转岗人员不能顶岗；未取得培训合格的关键岗位人员不能上岗；在实行系统操作的装置中，未取得培训合格证的人员不能上岗。五个挂钩是：职工考试考核与竞争上岗挂钩；工人的技术竞赛成绩与技师、高级技师考评挂钩；技术工人所持的职业资格证书与上岗的级别挂钩；高技能人才培养与个人切身利益挂钩；二级单位技能人才培养工作与经济责任制考核挂钩。

公司严格规范的“五五五”管理制度体系的实施，推动了公司技能人才培养工作的发展。1997-2003 年，参加技术工人职业资格培训和考核鉴定达到 11067 人，其中 6750 人获得了职业资格证书。

二、做好“五个配套”，完善职业技能考核鉴定运行机制

为建立职业技能考核鉴定机制，公司重点抓好五个方面的配套工作：一、是 1993 年率先在全国石化行业创办了炼油化工专业技能考核鉴定中心 1996 年申办了石化行业特有工种职业技能鉴定所。二、是建立了一套管理制度，使职业技能鉴定工作实现制度化、规范化的管理。三、是建立了一支考评员队伍，择优选拔 100 名职业道德优良、专业理论知识扎实、工作经验丰富的工程技术人员、技师、高级技师进行培训，经考核取得了广东省职业技能考核鉴定考评员(高级考评员)资格。四、是建立了试题库，完成了 186 个技术工种岗位的初、中、高等级配套的智能型试题库，题库内存题量达 23 万题。五、是建立了 13 个培训考核鉴定基地。职业技能鉴定机构累计为中国石化集团公司考核鉴定高级技师 36 人，为公司考核鉴定初、中、高级技术工人和技师、高级技师 13368 人次，为地方企业和社会待业人员提供特有工种的考核鉴定 1326 人。

三、进行“三个优化”，加强技能培训基础建设

茂名石化公司讲求实效，对培训资源实行 优化配置、优化管理、优化使用。在师资队伍方面：采用聘任制建立"兼职教师人才库"，实行动态使用和管理。目前在聘的兼职教师 932 人，512 人具有高级职称，这支兼职教师队伍

素质高优，专业知识面广，实践经验丰富，专业分布和层次结构合理。使技能人才的培训在适应性、培训效果和培训成本等实现了最优化。在基地和教材建设方面：一方面，按照高规格、高标准和规范化的要求及时完善培训设施。另一方面，按实际、实用、实效的原则，自编教材196册(套)，38000多本。

四、突出职工技能培养，打造拔尖技能人才队伍

公司围绕让一线优秀操作人员成为技师、高级技师的培养目标，多途径加大对技能人才队伍的培养力度，明确到2005年培养100名高级技师，技能人才培养已成为企业行为和目标之一，不断拓宽技能人才培养渠道，把那些年纪轻、思想好、技能水平高的操作人员列为高级技能人才重点培养对象。采用“多师一徒”的培训方式，从理论知识、实操能力、绝技绝活等全方位全系统地强化培训，取众人之长集于一人之身，促使一批优秀技能人才脱颖而出。

公司在技师考评中打破工人干部身份界限，实行技师考评与职称评定“双轨制”。对长期从事生产一线的干部也可自愿申报参加技师、高级技师考评，同时保留其原专业技术职称。公司坚持每年开展一次技师、高级技师考评，共培养技师14批，高级技师7批，技师培养力度明显加大，极大地调动了干部职工争创技术能手的积极性。技能竞赛与技师考评挂钩，职业技能竞赛全面活跃。公司年均开展不同层次的技术竞赛活动达350多场次，8000多人次参加，技术工种岗位练兵面(率)均达100%。

五、本等级考核与高一等级鉴定齐抓，职业技能培训鉴定有序开展

1990～2000年期间，公司完成了全公司186个技术工种近万人参加的本等级技能培训和考核鉴定。公司年均完成初、中、高级技能培训鉴定1000人以上。目前，茂名石化公司已拥有合格高级技能操作人员2135人、技师372人、高级技师62人。在过去的时间里，茂名石化公司在技能人才培养方面做了有益的探索和尝试，取得了可喜的成绩。□

红色技工的摇篮

中国南方航空动力机械公司高级技工学校

中国南方航空动力机械公司高级技工学校，隶属于中航二集团中国南方航空动力机械公司，始建于1952年。是一所培养机械加工中、高级技术工人的高级技工学校。

随着市场经济的发展，学校伴随着公司转型走入市场，办学思想不断调整，由单一服务转向多项服务，由面向本公司转为面向社会，走出一条依托企业，面向社会、走入市场、保持传统、突出特色的办学路子。

多年来，学校坚持面向社会和用人单位，注重理论与实践的结合，培养出一批拥有较高技能的优秀老师和学生，赢得了社会的普遍好评。教师张万里荣获全国优秀教师称号；教师黄道芳，发明了“宇宙星盘”获得第十四届日内瓦国际发明银奖和全国“五一”劳动奖章。毕业生易勇在1990年全国应届毕业生操作技能大赛中，获得钳工第二名的好成绩。1995年劳动部、全国总工会、共青团中央、中航总公司共同举办航天工业技能大赛，公司获得的8个冠军，其中有6个冠军是我校毕业生。学校培养的学生中，有4人获“全国青年技术能手”称号，2人获“全国技术能手”称号。

2001年，湖南省劳动和社会保障厅组织全省数控加工比赛，学校代表队获高技组团体一等奖，中技组团体二等奖。在毕业生跟踪调查中表明，该校毕业生走上工作岗位后，上手快、技能较好，适应能力强。学校的教学质量多次得到上级领导的认可和赞扬，获得用人单位的好评，并被湖南省劳动保障厅授予“红色技工的摇篮”称号。□

学院实习场地

建立激励机制 促进技能人才的快速成长

广西柳州钢铁（集团）公司

广西柳州钢铁(集团)公司是广西国有大型工业企业之一，拥用在岗职工1.5万人，其中技术工人10527人，高级技师23人，技师172人，公司内聘助理技师239人，持证高级工3964人，占技术工人的37.66%。

近年来，为保证技改目投产后，顺利达产，顺产，获得应有的经济效益，公司重视技能人才队伍的培养和建设，制定了“技师带头人”制度、开展“一专多能、操检合一”工作，规范企业内技能人才的培养选拔机制，取得较大成效。

实行职业资格证书与岗薪挂钩制度，明确持证初、中、高级技术工人及助理技师、技师、高级技师岗薪的不同起点。

集团公司实行技师评聘公开，差额聘任，等级津贴的制度，给予受聘工人技术职务的员工，享受技术津贴待遇。并逐步提高津贴标准。

对经培训考核合格取得兼职工种《工人技术等级证书》的职工，给予一次性奖励，对取得《一专多能上岗证》并从事“一专多能”岗位工作的职工每月发放300-500元的津贴。

对在技术技能方面有突出贡献的青年技术工人特设了公司内聘工人助理技师职务资格，破格提拔公司历次各工种技术竞赛第一名选手为助理技师；对在工人岗位的大、中专以上学历的技术工人，缩短参加等级培训的工龄要求，提前进入等级培训，使这些毕业生走工人岗位成才之路，同时提高技师队伍文化素质和专业知识水平层次。

对荣获“全国冶金行业技术能手”光荣称号的员工分别给予5000-10000元的奖励。对每年公司技术大赛各工种的第一名选手授予“柳钢技术状元”称号，前十名的优秀选手授予“柳钢技术能手”称号，每年组织到外地旅游，并给予物质奖励。

对职工文化素质提出进一步的要求，鼓励职工参加学历教育和职业资格培训。五年后，40岁以下的钢铁主业管理岗位人员应具有大专以上文化程度，非管理岗位人员应具有高中或中专（含技校）以上文化程度，凡末达到要求者一律调离原工作岗位，重新分流安置。利用公司技校、柳州市高级职业技术学院的教学优势，开办通用、专用工种（专业）的职业中专班，满足职工学习要求。

组织开展工人技术等级培训和技师考评工作，为高技能人才成长疏通渠道。

经过多年的努力，柳钢已经拥有了一批能够适应建立现代化企业、实现跨越式发展的高技能人才队伍。他们与专业技术和管理人才共同构成了柳钢最宝贵、最有生命力的人力资源宝库，成为推动柳钢发展的一支不可缺少的重要力量。□

如何发挥企业培训工作的作用

广西柳州华锡集团职工培训中心　刘裕华

随着知识经济的到来，一个企业如果没有高素质的人才队伍作支撑，根本无法维持发展下去，一支数量足够、结构合理、能适应企业发展要求的人才队伍要靠我们精心打造。这里就如何发挥企业培训工作的作用浅谈一点认识：

一、更新观念，为企业培训工作顺利开展营造良好的氛围

“培训不是企业生产的辅助，而是企业生产的重要组成部分”，更是为企业可持续发展提供原动力的基石。我们要利用各种机会和采取各种形式，逐步树立起这种观念，使教育培训工作成为企业可持续发展和各级领导、部门的首要任务，企业要抓住机遇，充分利用开展“创建学习型组织，争当知识型职工”活动的良好氛围，实现培训观念的创新，使“终身学习”理念深入人心，使参加培训变成员工的自觉行为。

二、围绕企业的生产经营管理有效地开展培训工作

围绕企业的生产经营管理开展培训工作是企业培训的内在要求，开展职工教育培训必须做好两项工作：

1、把握企业经营管理现状，明确企业的发展方向，深入调研、科学预测企业对培训的需求，采取多种形式开展职业培训。如现场调查，会议分析，问卷调查等，特别要做好综合分析，区别缓急。

2、把握好职工队伍文化技术现状，明确差距，找准教育培训的切入点，提高职工的素质从而增强企业的竞争力是培训工作的立足点和出发点，因为人是企业要素中最具活力，最具创造力的要素，只要人这个要素激活了，其他要素才能充分发挥作用，如何通过培训激活人这个要素，我认为最关键的是要做好职工培训需求分析，只有分析到位才能有的放矢地策划，开展培训项目才能有效地提高职工的素质。1、了解岗位信息，明确岗位的工作职责、工作内容、工作流程，所必须具备的知识与技能等；2、了解企业生产经营管理、发展目标并将其细化到各个工作岗位上；3、建立员工详细的信息系统，包括所学专业、培训过的内容、目前的技能与知识结构等，将其与岗位的要求相比较，找出差距，这样才能有针对性开展职工培训，职工通过培训自身素质提高了，竞争能力增强了，才能保证企业的竞争优势。

三、创新培训机制，完善培训制度，根据实际情况选择合适的培训管理模式

机制和管理模式上要根据企业形势的发展变化，敢于打破原有的惯性和思维定势，本着有利于培训工作顺利开展的原则，不断理顺创新培训机制，选择适合本企业的职工培训管理模式，制度上主要是加大落实的力度，并不断充实、完善，形成以制度管人管事的运行机制。

四、完善员工培训激励机制

如何促使员工自觉参加学习培训，从根本上把“要我学”转变为“我要学”，激励机制很关键，我认为把人力资源开发与管理有机结合起来，把企业员工的培训、考核、使用、待遇的各个管理环节形成一体化，才是有效的培训激励机制。首先要建立员工参培的档案。其次要落实好竞聘上岗制度，在公开、公平、公正的基础上，把富有创新能力、专业技术高、操作技能好的员工放在合适的岗位上，并实行动态管理，能上能下，能进能出，建立企业自身发展的培训考核与工资分配挂钩激励机制，第三要完善培训本身的激励机制，如学分、技能、优秀的员工优先提供再次培训机会等。只要抓主了培训激励机制这一牛鼻子，学习型组织自然会建立起来，企业的竞争力自然会得到提高。此外，要搞好培训工作自身建设，建设一支能根据企业培训工作出现的新情况、新问题，敢于探索、勤于钻研的职教队伍，加大开发企业员工岗位需求的适应教材，创新培训方法和手段，只有这样，才能保证开展培训的质量，企业培训的作用才能有效充分的发挥。□

加大人力资源开发力度 适应企业改革发展需要

云南锡业集团有限责任公司 沈裕昆

近年来，集团公司紧紧围绕科技进步和管理创新，以全面提高员工综合素质为目标的人力资源发展战略，系统开展劳动、人事、分配制度改革，搭建人才创新平台，为各类人才施展才华提供空间，充分挖掘和发挥人才的积极性、创造性进行了有益的探索，有力地促进了集团公司的改革发展。

一、多层次、多渠道、有针对性地开展员工培训

公司积极探索具有企业特色的现代企业教育，在员工职业培训中，注意突出“三个中心”，即以岗位培训为中心；以提高员工技能培训为中心；以有效服务企业生产培训内容为中心。培训模式上坚持“六结合六为主”，即上下结合，厂矿为主；知识能力结合，能力为主；自培外培相结合，自培为主；系统性专业性相结合，专业性为主；理论性适应性相结合，适应性为主；业余培训脱产培训相结合，业余培训为主。采用统一与分散的培训办法，使集团公司职业培训常抓不懈，取得较好的效果，2000年至2004年共培训员工达51325人次，年培训面达35%。

1、公司为提高厂矿长、处长工商管理知识，与昆明理工大学、云南师范大学联合举办有66人参加的工商管理、经济管理、党政管理研究生学历进修班。为提高中初级管理人员知识，与昆明理工大学联合办班，对集团公司265名中级管理人员和部分优秀中青年管理人员进行为期三个月的工商管理知识培训。对有培养前途的886名员工送到有关大专院校进行学历培训，其中：博士2人、硕士91人、本科314人、专科449人、中专30人。针对矿山专业技术人员紧缺情况，与昆明理工大学、昆明冶金高等专科学校联办了地、测、采、选专科学历班，有195人参加培训学习。

2、大力开展对工程技术人员实施继续教育工作，公司送到大专院校和培训机构培训2371人次，集团公司培训3211人次。积极推行职业资格证书制度，加强对操作员工职业技能培训和鉴定工作，到2005年3月末，初级工、中级工、高级工、技师、高级技师分别占操作人员的25.2%、52.8%、19.5%、2.4%、0.1%。

3、抓好基层班组长培训为主，注重做好“兵头将尾”的管理知识和领导能力培养，培训班组长2932人次。以岗位需要为重点，专项性、应急性、实用性培训技工26570人次。

4、为了提高效率，减少人工成本支出，加大对复合型人才培训力度。管理岗位培训学习相关业务知识686人次；操作岗位人员加大“大工种”、“宽作业”、“全线通”、“区域工”培训力度，共培训人员1081人次。

二、建立激励机制，充分调动员工的积极性、创造性

集团公司多年来把继续教育，岗位培训、学历教育情况同专业技术职务晋升管理岗位、人员聘任、工资奖励紧密挂起钩来，促进员工自觉学习，不断提高自身素质。

1、对从事科研与产品开发的科研人员，实行项目收入工资，即按完成的科研项目，按评估价值或产品投入市场后销售收入和产品投入市场后实现利润的一定比例提取工资奖金。

2、建立集团公司科技进步奖。根据科技成果取得的经济效益和社会效益大小分为五等奖，奖金5000-50000元，获集团公司特等奖和一等奖的主要有功人员，可享受终身津贴。在引进人才方面，对人才试行协议工资制，协议工资标准30000-60000元/年。对重要生产岗位和操作技能要求高的岗位，试行首席操作工制度，首席操作工每月享受300-500元的津贴。

3、为了稳定和调动专业技术人员的积极性，集团公司每年开展一次内部专业技术职称和工人技师评审工作，2000年以来有2169人取得了专业技术职务任职资格，有460人取得了工人技师任职资格。从优秀高技能人才中，选拔

基层管理人员和专业技术人才 325 人。公司每年都要组织 2-3 个工种的岗位练兵技能比武活动，对岗位练兵技能比武荣获第一名的选手，授予技术明星称号，颁发技师任职资格证书，奖励出国旅游观光。

4、集团公司工会多年来坚持开展创新创效、“五小”（即小发明、小设计、小改造、小革新、小建议）和合理化建议活动，2000 年到 2004 年共评选出“五小”优秀成果和先进操作方法 598 项，合理化建议 5648 条。

5、建立末位淘汰制度。通过年终考核排序最后2%的人员给予待岗培训，培训后再竞争上岗，待岗期间发给生活费。

三、从制度入手，保证人力资源开发工作顺利地开展

公司重组教育资源，成立云锡集团人才培训中心，中心除继续搞好学历教育外，重点组织实施好集团公司确定的人才培训计划任务，高起点、高标准、高水平培养适应集团公司改革发展需要的实用型、复合型人才。在员工中广泛宣传“收入凭贡献，岗位靠竞争，竞争靠实力，实力靠不断提升学习能力”，集团公司实行了岗位绩效工资制，经营者经营业绩考核奖励，协议工资，首席操作工津贴等办法，充分体现了人的价值，岗位的价值，学习的价值。

集团公司把职业培训和人力资源开发规划纳入企业发展的总体规划和年度计划，员工培训纳入质量、环保认证检查体系，实行目标管理，职业培训情况与生产经营情况一起作为考核厂矿单位经营者工作业绩的一项重要指标，把员工超前培训、跨岗培训、转岗培训、学历培训写入集体合同，年终考核时，职工代表对实施情况进行巡视检查。

公司继续加大人才培训投入、拓展人才培训渠道、创新培训模式，加快人才培养步伐，不断提高员工学习能力和创新能力，充分激励员工积极性和创造性，为企业持续健康发展提供智力和人力资源保证。□

培养高素质技能人才的摇篮

中国铝业贵州高级技工学校

中国铝业高级技工学校是中央在黔企业---中国铝业公司贵州铝厂所办，学校坚持“面向社会、服务企业、突出特色、加快发展”的办学理念，积极探索适应社会发展和企业需要的职业教育规律，成功地走出一条以市场为导向的办学之路。

一、坚持“四个必须”居安思危、未雨绸缪

在计划经济时期，这所学校是“生源滚滚”，其毕业生更是“皇帝的女儿不愁嫁”，100%的就业，学校先后为全国十余个省市培养和输送近万名技术工人，为行业和地方企业事业单位培训了数万名技术工人。在拥有数万名职工的中国铝业公司贵州企业中，每7个职工中就有一人来自这所技校，生产一线的大部分生产骨干也是从这所技校毕业的。

随着我国市场经济逐步完善和国有企业的改革改制的深入，学校领导层清醒地意识到：生源不愁、就业无忧的计划经济带来的优势是暂时的，计划经济的办学模式迟早会被打破。对此，必须未雨绸缪。

二、认清形势迎挑战，抢抓机遇创新业

尽管学校曾做过一些市场办学的尝试和准备，可面对变化莫测的市场，对于一个建校二十多年一直年是计划模式的企业所办学校来说，无疑是一个全新的课题，面对生存与发展的严峻挑战，学校领导班子无不感到责任和压力的巨大，然而他们也深知，转换机制、深化改革是企业发展的必然趋势，作为企业办学无疑必须服从这个大局，面向市场办学是唯一出路，别无选择，只能勇敢地面对市场，迎接挑战，义无反顾地带领全校教职工朝着这条充满艰辛与风险的路走下去。学校领导曾反复学习，研究企业改革改制的有关政策和措施，提出了“转变观念、统一思想、认清形势、坚定信心”的方针。

为适应新形势，建立市场办学新机制，学校确定了“以市场为导向，以发展为第一要务，以改革为动力，以顾客为中心，更新观念，抢抓机遇，二次创业，”的

办学方略，在适应社会主义市场经济发展和科学技术进步，适应企业改制、改革需求，面向市场办学的进程中，牢牢把握行业特色，抓住全国铝业转机建制和蓬勃发展的大好机遇，采取了内强管理，调整机构，改革传统招生方式，按市场需求设置专业、组织教学，增开就业指导课，推行新的就业观念；外拓市场，不断扩展生源与就业渠道，开展联合、委托办学、学历教育、职业培训等多层次、多渠道、多元化办学。

经过努力，学校逐步建立了面向市场的招生、教学、管理、实习、就业、服务办学新机制，形成了自主办学、联合办学、定向委托培养和长期与短期培训相结合的多渠道、多层次的职业教育体系，顺利完成了向市场经济体制下办学的过渡。

三、面向市场谋发展，突出特色创品牌

在“面向市场谋发展，突出特色创品牌”办学方略的实施进程中，学校办学实力显著增强，其办学规模由建校初的600人发展到1200人，所设专业由最初的五个增至目前的三十余个，毕业生推荐就业率一直保持100%。

中国铝业贵州高级技工学校将在党和国家的职业教育方针、政策指引下，坚持以市场为导向，突出办学特色不动摇，创建职教品牌不松劲，坚持市场导向不偏离，加强内部建设不懈怠，进一步提升办学实力，把学校建成多层次技工教育、技能培训与鉴定、就业指导和推荐为一体的多功能综合基地，为我国职教事业的蓬勃发展和西部大开发的实施做出新的贡献。□

把为社会培养技能型人才作为根本目标

贵州钢绳集团有限责任公司技工学校 郑德沛

贵州钢绳(集团)公司技工学校创办于上世纪70年代。通过长期不懈的努力，学校从原来只有单纯金属制品专业发展到拥有压力加工、机电、设备维修、电子信息、计算机应用、酒店服务与管理等多项专业。

学校始终把全面提高学生素质，为社会和企业培养专业技能人才作为根本目标，学校坚持“德育为首”的原则，根据学生特点，建立了德育工作责任制，选择思想素质好，工作能力强，热心学生工作的教师担任班主任和教学骨干，形成了以学校党支部为核心，发挥政教处、班主任、校团委、学生会等组成的教育网络，社会与家庭为两翼的德育工作。

学校本着“上挂、横联、下辐射”的办学思路和原则，“上挂”就是与大中专院校挂钩，聘请专家教授来校讲学，先后与贵州工学院、贵州机械职工大学、贵州大学等院校联合办学，开办大专班、本科班，现就读的大专、本科生有500多人，不仅取得了一定社会效益和经济效益。“横联”就是基于地区经济不发达现状，连续多年与广州市冶金高级技工学校，联合开办机电一体化、酒店与旅游专业，并争取到广州市政府的支持，减免部分学费的优惠政策。“下辐射”就是与遵义地区的县、镇等中学联合办学，为联合办学的学校提供师资、就业渠道。

学校为顺应时代潮流，狠抓创新教育，要求教师渗透“以人为本挖潜能、发散思维求创新”的先进教学理念，着眼于开发学生的个人潜能，尊敬学生自我发展与创新。重视教学方法的研究与改革，着重“理论够用，注重技能，强化实践”的教学原则，以学生为本，注重实用，提高学生技能操作能力。

为做好招生和就业工作，学校深入乡镇中学进行广泛宣传，以诚信取人，以质量立校。在开展就业指导和培养就业观念方面，学校指导学生把握人才需求趋势和了解用人单位动态，使学生树立新型的择业观、就业观和创业观。为促进学生就业，学校利用企业办校优势，把金属制品专业的学生输送到本公司实习实训，毕业后积极与公司协调并推荐就业。另一方面，学校与本地区实力雄厚的知名企业合作签订实习协议，实现优势互补，积极开展订单培养。

学校“立足本地，立体交叉”的就业机制已经形成，开创了技工教育与就业安置良好互动的局面。使毕业生一次性就业率始终保持在98%以上，受到学生，家长及用人单位的好评。□

创建学习型企业 实现跨越式发展

水城钢铁（集团）有限责任公司

水城钢铁(集团)有限责任公司是“三线建设”时期为改善我国钢铁工业总体布局于而兴建的。经过30多年的艰苦创业，已发展成为以钢铁为主业，集矿业、煤化工、建筑安装、机械加工、运输、耐材、水泥、进出口贸易等多种配套产业为一体的国有大型钢铁联合企业。现有职工25760人，主体生产设施已具备年产铁165万吨、钢180万吨、钢材175万吨的综合生产能力。近几年来，水钢在深化内部改革，加强企业管理，推进科技进步的过程中，努力构筑职工终身学习体系，创建学习型企业，使企业实现了跨越式发展。到2005年，将达到300万吨铁，300万吨钢的生产能力。

一、提高认识，把创建学习型企业作为提高职工队伍素质，增强企业核心竞争力的重要任务来抓

水钢领导层充分认识到，市场竞争的实质，是人才的竞争，是全体员工综合素质的较量。而企业经营管理者和员工的水平、能力、素质的提高在于学习。2001年底，公司提出了从2002年起“五个年”的工作定位，即：“学习年、管理年、效益年、环境年、升级年”，把创建学习型企业作为全公司的大政方针提上了议事日程。2003年水钢举办各类短期技术技能学习培训班477个，参加培训达到3万多人次。2004年举办各级各类培训班648个，培训职工近4万人次。

二、加强领导，建立完善的管理制度和激励约束机制，为创建学习型企业提供保证

为加强对创建学习型企业的领导，公司成立了职工教育培训工作委员会，董事长、总经理担任委员会主任。制定了《关于加强学习型企业的有关决定》和《推行管理（技术）岗位人员学时制和生产操作岗位人员学分制的实施细则》，分别对两类人员的学习以学时制和学分制进行考核。实施细则还规定了奖罚措施。对于超额完成学时、学分者，由公司和各二级单位给予一次性奖励，并作为竞争上岗、调资晋级，评先选优的依据之一。

三、转变观念，切实加强职工教育培训工作，让“培训是最大的福利”成为全体员工的共识

公司不遗余力抓培训，广大干部、职工积极主动接受培训。仅2002年，公司获得了中国职工教育和职业培训协会授予的“全国企业职工培训先进单位”称号。通过培训，使职工提高了素质，提高了工作效率，更好地实现自己的人生价值，享受到培训这种“最大的福利”。

四、结合实际，以创建学习型班组为突破口，推动创建工作

随着学习型企业创建活动的全面开展，公司各二级单位，如煤焦化公司，明确提出创建学习型班组的指导思想、工作目标，树立“学习为本”，“终身学习、终身教育”，“工作学习化，学习工作化”，“团队学习”，“学习重在创新”，“系统思考”的六种理念，将现有的20个特级班作为试点班组，通过学习不断解决实际工作中出现的新问题。二轧厂工会下发

创建学习型班组的实施意见，提出以“五项修炼”实现创建目标。近两年来，全公司职工共提合理化建议和进行小改小革545项，创经济效益达5836万余元。

水钢在创建学习型企业的过程中，始终强调全方位的学习。不仅仅是学习技术、文化，还学习新思想、新观念，先进的管理，先进的社会科学理论和自然科学理论等等，而且把创建学习型企业与企业文化建设有机结合起来，使水钢上上下下，方方面面都得到了提升。2003年，全年产铁146万吨，钢173万吨，钢材166万吨，完成工业总产值24.6亿元，实现销售收入45.72亿元，税金5.16亿元，利润1.1亿元。3个钢铁品种的多项主要经济技术指标居全国行业先进水平，工序能耗达到国家特等工序能耗。随着生产力水平和公司经济效益的提高，职工收入也在不断地增加，职工队伍稳定，士气高涨。□

艰苦奋斗　开拓进取

贵州省水城矿业（集团）有限责任公司技工学校

多年来，水城矿业(集团)有限责任公司技工学校在各级领导的关怀重视下，经过历届领导班子带领全校师生员工艰苦奋斗、开拓创新，使学校成为六盘水地区规模最大，人数最多、专业齐全、实习条件优越、综合实力较强的一所集学历教育、短期培训、职业技能鉴定为一体的综合型煤炭工业职业技术学校。学校现有教职工133人，其中教师75人，开办20多个专业，现有19个班级，在校学生1182人。

到目前为止，学校已累计招生8192人，为企业和社会输送毕业生7010人，培训职工6036人次，培训鉴定各类工种等级3407人次。

坚持教学改革，完善办学条件，不断提升办学水平

随着企业体制改革的不断深入，学校办学经费从最高每年360余万元逐步削减到现在的每年180万元，随着企业减人增效步伐的加快，学校教职工从最多260人压缩到现在的133人，随着用工性质的改革，招生由企业内部分配指标、考试入学、统一分配到学校面向社会、自主招生、推荐就业，特别是随着大学扩招、普高扩容，技工教育步履维艰，学校一度陷入困境，走入低谷，最低年份只招了60名学生。面对巨大压力学校党政一班人，带领全校教职工解放思想、转变观念，认真探索市场经济条件下技工教育的新途径、新方法，确立了“适应市场、立足矿区、服务社会”的办学指导思想和“以教为主、以厂养校”的办学思路，积极采取变单一中技教学为多元办学，注重学生动手能力的培养，改革采用新教材，调整专业设置，改革招生办法，扩大办学规模等措施，经过几年的艰苦跋涉，学校步入了全面发展的新阶段。经济效益好转，职工收入不断增长，2004年职工人均收入为14700元。近两年来，通过公司的支持和自筹，学校建设投入达180多万元，改善了学校基础设施和教学设施。

不断拓展职业技能培训鉴定空间

学校坚持推行国家职业资格证书制度，不断加强培训鉴定工作，拓展培训鉴定空间。一方面完善鉴定设备和检测仪器，加强考评员队伍建设，提高鉴定水平；一方面按照公司安排，根据产业结构调整和老矿区改扩建及新矿区开发对技能人才的需求和全面提升在职职工素质的要求，申办成立了特有工种鉴定站，扩大了鉴定范围，增加了50个鉴定工种。并在此基础上，广泛开展职工安全技术培训、新职工上岗培训、职工转岗培训、新技术新工艺培训，较好地满足了企业安全生产和职工学习培训的需要，培训鉴定人数逐年递增。学校还针对社会下岗、转岗人员培训需求，面向社会开展通用工种和煤炭行业特有工种技能等级培训鉴定，共培训鉴定初级工、中级工和高级工754人次，在企业建设和社会发展中发挥了鉴定所（站）应有的作用。

发展校办产业，初步形成“以教为主，以厂养校”的办学模式

针对教育经费不足，职工收入低，学校发展受到制约的实际状况，学校

按照集团公司“做强主业、发展辅业”的要求，借鉴兄弟学校的经验，自筹资金，发展校办产业，有效提高了办学效益。形成“以教为主，以厂养校”的办学模式。

学校确定了“适应市场、立足矿区、服务社会”的办学指导思想，按照“以教为主、以厂养校”的发展思路，以服务为宗旨，以就业为导向，以国家大力推进职业教育改革发展为契机，以申办国家重点技工学校和二级安全培训中心为动力，围绕培养技能型人才服务主线，加强教学设施及实习场地建设，加强师资队伍建设，加强校园文化建设，严格管理，做强主业，做大校办产业，努力实现“让校园美起来，让职工富起来，让学校的声誉响起来”的奋斗目标，提高办学效益。

今后，学校在抓好教学培训、生产经营和其他正常工作的同时，加强三项建设，重点加强教学设施设备及实习场地建设。□

省教育厅、市教育局领导检查指导工作

钳工实习操作

结合实际 创新机制 为企业发展培训人才

八一二厂职工教育培训中心

中国核工业集团公司八一二厂职教中心以本企业职工的岗位培训、特种作业人员培训、干部培训、职业技能鉴定培训为主，对全厂职工培训的计划、实施、考核等工作进行管理，设有国家职业技能鉴定站，具备培训、鉴定多个工种的能力。

为提高技术工人的文化和操作技能水平，鼓励生产岗位职工努力学习业务、钻研技术、立志岗位成才，根据国家及中国核工业集团公司的安排，八一二厂于2003年启动了职业技能鉴定工作。依托八一二厂职业技能鉴定站，组织开展核特有工种和通用工种职业技能培训和鉴定。2003年，启动并完成了维修电工、机修钳工、锅炉操作工、车工、加工中心操作工、焊工、管工、装配钳工和铣工等通用工种共791人的培训和鉴定工作，并于年底完成了对80多名电工鉴定补考工作。2004年9月，又开始举办适用工种技师技能鉴定培训，参加此次鉴定的有车工、电工、锅炉工、化学检验工、加工中心工、管工、钳工、焊工8个工种103人。厂部印发了《国营八一二厂技师、高级技师评聘管理暂行办法》，根据国家关于做好高级技能人才培养工作的有关文件精神及集团公司要求，结合本厂生产需要和技能人才队伍的实际情况制定具体措施，推进技师培训、评聘工作。

在提高技术工人的文化和操作技能水平方面，重点提升中高级技术工人的素质和能力，结合岗位培训，开展技能提升培训。对岗位所需的高级工、技师的职业技能鉴定人数和参加职业技能鉴定培训的人数最低按1：2设定。

企业的竞争就是员工队伍整体素质的竞争，企业要进步、要发展，人才是根本，培训是基础，创一流企业必须有一流的人才。八一二厂在职工培训工作中，坚持以推进“现代管理工程和科技创新工程”为出发点，以培养高素质应用型人才为重点，以提高职工专业技能和创新能力为核心，本着“按需施教、学以致用、注重实效、内培为主、外培为辅，脱产、半脱产、业余相结合”的原则，采取了多渠道、多层次、全方位立体式的全员培训模式。□

围绕经济抓培训 面向企业育人才

攀枝花钢铁（集团）公司人力资源部

攀枝花钢铁（集团）公司是我国西部最大的钢铁基地，全国最大的铁路用钢基地，品种最全的无缝钢管生产基地，最大的钛原料和钛白粉生产基地，世界三大产钒企业之一，是我国具有较强市场竞争力和较高知名度的大型企业集团。

长期以来，攀钢以党的教育理论和教育方针为指导，树立“围绕经济培训，面向企业育人才”的观念和“人才、培训、经济同步发展”的战略思想。瞄准攀钢经营发展方向和目标，以适应国际化竞争为总要求，积极有效地开展职工培训，年全员培训率一直保持在20%以上。

一、以提升员工素质为核心，支撑企业跨越式发展

“十五”期间，攀钢跨越式发展，对职工素质和职工培训工作提出了更新更高的要求。公司制定和下发了《攀钢（集团）公司关于实施职工素质工程的意见》，明确“以提高职工队伍学习能力、实践能力和创新能力为重点，加快建立富有市场竞争力的人力资源开发机制，有利于人才脱颖而出和富有吸引力的人才激励机制”的总体目标。成立了由党、政、工主要领导和相关部门组成的领导小组，加快提高职工素质已成为攀钢实现跨越式发展的重要途径。

二、以建立政策机制为动力，科学运营和推进培训工作为重点

公司以提高职业能力和岗位技能为核心，把培养和造就高层次、复合型、紧缺型、多元化人才放在十分突出的位置，先后制定下发了《攀钢职工签订参加培训项目协议的规定》、《攀钢（集团）公司关于实施职工素质工程的意见》、《攀钢（集团）公司技能拔尖人才暂行管理办法》、《攀钢（集团）公司突出贡献人员奖励办法》、《攀钢（集团）公司技术带头人暂行管理办法》、《攀钢（集团）公司青年技术拔尖人才暂行管理办法》等。2004年举办了覆盖89个工种的职工技术运动会。通过政策机制的逐步建立，有效解决了为什么学，学好了有什么不同，不学好将会怎么样，学习的方向与途径是什么，如何确定学习目标和构建职业生涯等问题。

三、以提升培训管理者与师资素质为前提，确保培训发展目标的实现

企业培训工作不但是人力资本的经营者，企业文化的建设者，也是企业知识管理的参与者，这些新的工作目标定位，决定了企业培训管理者与师资必须紧跟时代发展要求，适时改变观念与思路，站在战略的高度来科学运营培训。因此培训管理者与培训师资的素质尤为关键。随着改革的深入，通过优胜劣汰和培训两个提升，有力的促进了培训管理者和师资素质提高，新的培训优势和创新能力正在形成。

四、以适度递增培训经费为保证，确保培训工作快速和持续发展

培训也是“一分钱一分货”，高效培训才会有高效产出。科学运营培训，即要有投入产出意识，更要有价格链增值意识，算大帐、常算帐、会算帐，把

有限的经费用在刀刃上，体现在增值上。攀钢“十五”期间每年职教经费投入都在2000万以上，且逐年有所递增。培训条件逐年有了显著改善，其中焊工培训基地被有关部门评价为省级第二。培训规模和办学质量有了显著提高。高层次培训、高含金量培训项目逐年增加。可以说，没有经费的充分保证，就谈不上培训的发展和培训的绩效。

攀钢培训发展一直与企业发展紧密相连，随着企业发展的加快，攀钢职工培训从“九五”、“十五”即进入快速期，先后获得国家、省、市职教优秀单位荣誉称号。□

促进企业良性循环 构建科学的人力资源管理机制

四川全兴股份有限公司 邓禄银 谭晓琳

总结近几年的工作实践，结合四川全兴股份有限公司下步改革和发展的需要，公司在人力资源管理上应着重抓好以下几方面工作：

一、实行效率型用人方式，深化减人提效工作

为了更好地适应改制后公司发展的需要，2003年3月公司劳动管理部门对全公司生产规模及设备情况进行了全面的调查，并测算出了每个单位的机构编制和定员数额，调整了新的组织架构，公司处室由原来的24个合并为10个，全公司处室减员30%，车间减员25%。用工情况基本趋于合理。通过减人提效工作，不仅提高了劳动生产效率，也使全公司职工的收入水平得到改善。

二、加大系统培训力度，提高队伍整体素质

公司的人力资源管理不仅应注意数量上合理，更重要的是把人力资源的质量提高上去。提高公司人员质量，一方面，公司培训教育工作由注重学历教育转移到注重在职系统培训上来。根据公司专业技术人员及职工队伍的素质状况和公司生产经营的发展需，本着“干什么，学什么；缺什么，补什么”的原则，从高层次到低层次，分别制定出相应的系统培训计划及实施方案，抓紧组织实施。另一方面，对有一定能力和培养前途的骨干，要继续采取与大专院校挂钩的办法，送出去进行学习和深造，为公司培养高层次的人才。

系统培训能否收到预期的效果，关键在于抓好培训质量。首先要解决好师资队伍的问题，抽调公司内部符合条件的有志于科技和教育培训工作的专家、专业人员帮助培训；对公司高层次人才的短期培训，可临时聘请有特长的高级专家担任培训教师。其次要调动被教育者的积极性。各级领导应坚持把参加培训获得岗位证书作为上岗和任职的必要条件，实行能力资格制度；完善教育培训、考核、使用、待遇相挂钩的动态管理机制，激励广大职工参加学习的积极性。此外，要认真把住培训过程中的考核、考试关。

提高职工队伍素质，是一个全面的概念，既包括增强专业技能知识，又包括思想道德品质。因此，在组织培训中，都应把德育作为一个重要内容列入培训教育计划。搞好职业道德教育、艰苦奋斗传统教育、法制教育，提高做“四有”职工的自觉性。

三、加强集中统一管理，优化公司人力资源结构

随着体制改革，传统的用工方法和人才部门所有的旧观念，已经不适应客观要求，应当确立以公司为整体的人力资源管理体制，要结合公司体制改革和建立现代企业制度，在重点抓好改革和完善用人机制的基础上，着重抓好各类专门人才的培养工作，壮大公司骨干队伍。人才概念应是广义的，公司人力资源开发必须拓宽，大力培养各类专业专门人才，公司提出“资源整合、品牌创新、提升质量、建设市场”的企业口号，这些对公司人力资源的管理提出了更高的要求，为建立与之相适应的公司人力资源管理的整体模式而努力 。□

培训就是服务

四川省电力公司培训中心 王旭

一、培训是一种服务

培训不是一个新名词，早有《中庸》曾记载："培者，益也，养也，故载者培之。"诗经《大雅》中也提到"四方其训之"，其"训"之意为教诫。可见，几千年前的古人已经意识到对人进行教育、指导、培养、训练是使其成才的必不可少的手段。近代《辞海》中更有明确释义：培训谓指导学生为种种之活动，以养成其善良习性，锻炼身体与获得知能也。今天，培训已经是教育体系中不可或缺的部分，人们除了接受基础的和系统的教育外，为了适应社会的需要，还必须不断接受各种知识技能的培训。就培训和企业的关系而言，培训是企业生产经营活动的一个重要环节，在企业的生产经营中起着至关重要的作用，是对劳动者的技能进行培养和训练，使其达到从不知到知、不懂到懂、不会到会的这样一个不断适应企业生产经营活动发展，不断提高其知识和技能的过程。

换句话说，培训就是一种服务。

二、培训具有鲜明的服务特征

1、从服务和培训的含义看其相同的特征。关于服务一词，不同类型的企业和不同风格的经营者对服务有着不同的解释："服务是一种产品，"这是从服务与营销的关系而言；"服务是一种价值"这是就服务与发展的关系而言。综合各家所言，可以认为服务是由一系列或多或少具有无形性的活动所构成的一种过程，整个过程是在顾客与员工、有形资源的互动关系中进行的，是以"客户至上"为目标的。这种互动关系可长、可短，有的甚至是间接的，如通过电话接线生来获取想要得到的服务。而从服务的角度来看培训，它也是一个培训机构通过提供各个环节的服务来满足学员需求的过程。这个过程的时间可长可短，形式多种多样，但只要培训进入实施阶段，培训机构和学员之间就是一种互动的关系，缺少其中一个主体则培训都不存在，综上所述，无论服务还是培训都存在提供者和接受者双方。而这两者之间相互联系、相互作用，并且均以满足接受者的需求为目标来实施和完成服务和培训的过程。

2、培训充分体现服务的主要特征。服务是一种非常复杂的社会活动。首先服务在购买之前是看不见、抓不着的。例如顾客在做美容手术之前是看不见成效的，在饭店吃饭，上菜之前是不知道菜是否合口味的，正是由于服务的无形性，人们通常只能用主观的方式来感知服务：如"信任""感觉""安全"等。其次，服务不能与服务提供者和接受者分离，如果服务人员向顾客提供了服务，那么这位服务人员和顾客都是服务的一部分。同时，服务也不是顾客可以保有的一件有形物品，它是"易腐的"和不能被储存的。正是由于服务的以上特征，服务因而具有可变性，也就是说服务的质量取决于服务人员以及时间、地点和方式。例如香格里拉饭店，因提供较好的服务而著称，但即便在同一家香格里拉饭店中，一位登记台服务人员可能笑容可掬，效率很高，而离他几米远的一位服务人员可能心情不佳，效率也很低，甚至同一服务人员也可能因他在接待顾客时心情的好坏而导致服务质量大相径庭。

透过服务的特征来重新审视培训，对培训会有全新的认识。首先，培训本身是无形的，只是通过各种手段、措施使其通过有形的方式达到使学员收益的目的。其次，培训不能与培训的主体即教师和学员分离，也就是说，教师对学员具体实施培训，工作人员为学员提供各种保障，则教师、工作人员和学员

都是培训的一部分。再次，培训是一项工作，学员通过培训获得知识技能的提高。如果说知识、技能可以被学员储存，那么培训本身是没有存货性的。最后，培训的可变性在具体培训的实施中也表现得十分明显。例如，学员可能因为不同教师的水平差异或某个工作人员的疏忽，而对同一个培训机构产生不同的评价，也可能对同一教师的教学方式、方法，不同的学员有不同的评价。综上所述，培训与服务的特征通过对比，两者丝丝入扣，相互吻合，因此说培训具有鲜明的服务特征。

3、培训是一个贯彻服务意识的全过程。服务是一个由一系列活动组成的过程，这些活动消耗各种资源，包括人力资源和其他资源，通过服务提供者与接受者的互动来完成。而培训也是一个以学员的需求为核心，把一系列工作用服务的意识来贯穿的过程，也可以说是一个服务链。这个服务链包括按学员要求进行培训项目的发掘、策划、论证，培训计划、大纲的制定，教材的编写，师资的调配，培训的实施，培训意见的反馈，培训的阶段性小节和总结等等。而在整个过程的实施中，只有每个具体环节都深刻融入服务的理念，才能充分满足学员的实际需求，才可能完成一个高质量而具有竞争力的培训过程。□

四川美丰的人力资源开发

四川美丰化工股份有限公司 王世兆 薛晓燕

四川美丰化工股份有限公司于1997年批准在深交所上市，现有总资产13亿元，净资产近9亿元，员工2000余人，2003年实现净利润1.12亿元。2002年公司重组后，全面实施人力资源开发战略，不断创新人才培养机制，全方位、分层次，多渠道地进行人才培养，人力资源的有效开发和合理利用为公司生产经营的正常、高效运行打下了坚实基础。

2004年新员工培训会

以人为本，是一种变革管理，具有战略性、前瞻性，属预警式，能为实施企业战略而提供人力资源保障。2002年重组后的美丰管理层，首先树立人力资源是企业的最有价值资源的理念。优化人力资源配置，鼓励全体成员参与企业管理，重视人的存在和人的价值，重视员工潜力开发与技能培训工作，提倡在企业内部形成尊重人、理解人、关心人、培养人的良好氛围。推行“企业增效、员工增薪、

2003年度技术比武现场

各有所得、永不满足”的激励机制，让员工表现自己，不断创新，张扬个性，最大程度地发挥自己的潜能，以实现企业发展战略和个人自我实现的双重价值目标，达到“双赢”。

美丰正处在一个飞跃发展的时期，为了突破公司“通过新建、并购方式发展到300万吨/年尿素生产规模，成为化肥领袖企业”即将遭遇的人才瓶颈，公司管理高层决定，从2004年起加大培训投入，准备每年投入20余万元，选送10名骨干员工参加各种专业的研究生层次学习。目的在于通过工商、营销、化学工程等专业研究生层次的学习，让美丰的核心员工在管理、营销、化工等领域，成长为具有国际视野、战略眼光、全局观念和掌握前沿技术和思维的实用型、复合型高级管理人才和技术人才。

四川美丰的人力资源开发在博采众长的基础上，不断探索创新，抓住培养、吸纳、用好人才三个环节，大力培养、造就高素质人才，从而从人力资本角度大大提升美丰的核心竞争力，实现企业的长远发展战略目标。□

服务企业　面向市场

十九冶职业教育培训中心

十九冶职业教育培训中心隶属于中国第十九冶金建设公司，办学50年来，十九冶职教中心共培养技校毕业生6789人，中专毕业生2849人，大专毕业生488人，培训技术干部5446人，培训技术工人9186人，他们中的大多数都已成为施工生产、技术和管理骨干，活跃在祖国大江南北的冶金施工各条战线上，为祖国的经济建设和发展建功立业。

近年来，随着社会主义市场经济的深入发展，企业改革步伐的加快，十九冶职教中心转变观念，抓住机遇，顺应市场，加大市场开拓力度，充分发挥职教功能，在努力办好技工学校的同时，大力开展下岗再就业培训和职业技能鉴定工作，通过不断进取，顽强拼搏，形成了十九冶职教中心既服务于企业，又面向市场，实现了学历教育与短期培训并重，常规教育与应急培训相结合的良性互动的办学格局。

十九冶职教中心是中国第十九冶金建设公司职工培训的主要阵地，近年来，围绕企业的改革发展，坚持以人为本，注重将人力资源转化为人才资本，注重技能型人才培养，特别是高技能人才培养，促进企业增强市场竞争力。2004年经十九冶职教中心培训的三名电焊工，参加全国冶金焊工技能大赛，在17个团体51名选手的激烈角逐中，夺得团体总分第二名的好成绩，使得过去在全国性大赛中一直默默无闻的十九冶人，突然一鸣惊人，受到了中冶集团领导的表扬。

从2002年开始，在十九冶领导的大力支持下，以开展职业技能鉴定工作为契机，从工人技师抓起，在全公司开展高技能人才的培训考核鉴定，并带动高级工、中初级工的技能鉴定工作，促进了国家职业资格证书制度的推行，掀起职工学技术、钻业务、做技能型人才的高潮。

通过两年多的工作，培训、鉴定技师资格168人，使技师占工人总数的比例由原来的0.7%上升到5.2%；培训、鉴定高级工资格800多人，使高级工人数的比例由原来的10%提高到现在25%；培训、鉴定中级工1200多人。技师、高级工等培训鉴定工作给公司在市场竞争中带来了活力，增强了企业在市场的竞争力。□

以学分管理模式 实施全员培训

东方电机公司职工教育培训中心

21世纪的东方电机公司以面向市场、抓住机遇、勇于创新，三年实现了1200千瓦制造能力的历史性关口。随着企业生产的快速发展，建立一支综合素质高、技能精湛的职工队伍工作已成为公司发展的首要任务，2004年公司全面开展职工教育培训工作，加快了“创建学习型企业、学习型组织”的步伐。

一、全员培训实施效果

公司开展全员培训工作至今，在建立培训机制、完善培训制度、创新培训管理模式、拓展培训形式和内容上，建立了符合公司自身发展需求的职工教育培训模式，在培训项目、参培人次、培训学时等方面，已完成各类培训659项，参加培训共26907人次，人均参培项目约四项，完成总培训学时255276学时，人均培训学时约40学时。

二、全员培训实施过程

公司制定了“实施全员培训，创建学习型企业”的发展目标，于是立足创建符合东电特色的培训体系。一方面选择了分厂、子公司、技术部门、管理部门等不同性质的五个单位进行试点，成立了五个试点小组，按不同的方式试行全员培训。第二方面坚持“持续改进、务实培训”的培训目标，注重具体培训项目的需求与反馈，及时进行综合评估和改进，保证培训工作按着预定目标推进。第三方面，选定重点项目成立相应的“数控”、“设备维修”、“工段长”等培训项目组，适时跟踪培训需求，及时组织培训。第四方面，打破培训方式单一的局面，将面授、自学、讲座、技能训练、导师带徒、岗位练兵、发表专业论文、技术交流、授课等视为不同方式的培训，充分满足不同培训项目、不同参培对象的培训需求。第五方面，引入信息化管理平台，逐步开发完善的“东方电机全员培训管理系统”的数据库，基本形成了数据记载、信息处理、过程管理等功能的集合平台，在全员培训工作中发挥了越来越重要的作用。第六方面，夯实基础管理工作，逐步形成具有东电特色的培训标准、教材及题库体系。

三、“学分管理模式”的东方电机全员培训体系

“学分管理模式”的培训体系包括计划、实施、评估、考核四大体系。

一是培训计划体系。1、由职教中心负责编制并组织实施的计划，含非专业技术类的素质培训及针对技术人员、管理人员、营销人员，工人、中层及以上干部的专业技术类培训计划。2、工人技术等级(理论和操作技能)培训计划。3、工人特殊过程、特种作业、特种设备、设备操作证、数控操作人员等的持证上岗取证培训计划。4、岗位练兵计划。一岗多能培训、竞聘上岗培训、新员工培训计划。

二是培训实施体系。各单位负责编制并组织实施的本单位的二级适应性岗位培训计划。建立了以分管人力资源工作的副总经理为负责人和以职教中心为培训归口管理和执行部门。

三是培训评估体系。分为向受训学员进行的培训课程满意度调查和向用人单位进行的培训效果跟踪调查。

四是培训考核体系。建立了学分模式的考核体系(1学分 = 10学时)，要求每位员工每年必须完成规定学时的培训，最低培训学时为10 – 50学时不等。

四大体系构筑了东方电机全员培训工作的支撑框架，保证了全员培训工作的顺利进行。

四、实施全员培训的几点体会

1、做好全员培训工作必须在四个方面下功夫，立项要“精”，培训立项要少而精，注重项目的针对性。实施要“实”，力求务实培训，注重培训内容的实效性。目的要“明”，明确通过培训要达到的目地和效果。考核要“严”，严格执行《东方电机全员培训管理办法》考核规定。

2、需进一步在用工、分配等方面探索建立有效的激励和考核机制，同时聘请更多的技术能手、技术骨干共同参与员工培训任务，逐步培养和建立一支企业内兼职培训师资队伍，满足全员培训的需求。也需通过与高校联系建立“工程技术人员培训资源信息基地”和“管理人员培训资源信息基地”，确保企业重点人

员培训内容的深度、广度和前沿性。

3、随着全员培训工作的推进，应逐步探索建立一套“员工职业生涯培训路径”，构建起员工职业生涯培训课程体系，紧密结合员工职业生涯发展的需要，明确阶段性的培训目标和培训要求，提供适时的培训内容和培训方式，确保员工在职业生涯的历程中始终能得到必需的培训，以满足企业发展对人才的需要。

4、“创建学习型组织，开展全员培训”。首先面临的是“职工转变观念、提高认识，规范学习行为”的问题。企业高层要有高瞻远瞩的战略眼光，企业中层管理者要能充分领悟高层领导的战略意图，通过管理机制的建立和分层次地有效的学习宣传，形成激励机制和舆论氛围。

5、“以学分管理实施全员培训，分步推进创建学习型组织”是东方电机面向新世纪的战略举措。全员培训是第一步，是基础工程，是人力资源开发的系统工具。全员培训的核心内容，是以学分管理为支点，撬动企业全员的学习热情，营造企业的学习氛围，进而推动学习型组织的创建。

我们在刚修订的《东方电机全员培训管理办法》中增加了建立两项培训机制的规定，一是有一定资质的员工，必须作为培训教师承担相应培训任务。二是规定一些特定的项目作为必培内容，并且规定专业技术人员所承担的培训任务记入每年的“专业技术人员考核”中的人才培养栏目，作为年度考核项目之一。工人所承担的培训任务记入工作业绩中的人才培养栏目，作为晋升技师、高级技师的工作业绩考核项目之一。□

重视培训工作　打造职工培训基地

攀钢集团成都钢铁有限责任公司

攀钢集团成都钢铁有限责任公司是原攀钢集团成都无缝钢管有限责任公司和成都钢铁厂联合重组设立的钢铁联合企业。2002年5月28日正式成立。公司非常重视职工教育培训工作，拥有专门的职工教育培训中心，教培中心现有教职工120人，其中高级职称23人，中级职称77人。职工在教培中心就读大、中专的有2039人。除此之外，公司每年还有4000人次左右的职工参加各类技术、职业培训，有2000人次的专业技术人员参加继续教育学习，有1800人次左右的职工参加各工种、各专业的技能鉴定。

一、提升干部管理水平　加快企业持续发展

公司近几年以工商管理和财务成本管理培训为重点，采取了多种有效措施，加大了管理人员培训力度，全面系统提高经营管理人员的管理水平。

1、公司每年选送5名公司级管理人员参加国家有关部委、省市的培训和集团公司举办的以经营管理知识、WTO基本规则和现代企业制度基本规范为主要内容的培训。

2、选送2名优秀年轻干部到国外参加经营管理培训。邀请四川行政学院来公司举办现职中层管理人员高级工商管理职业资格培训班(举办了5期、共150人参加)，对所有中层管理人员进行了轮训。举办工商管理职业资格培训班(举办了19期、共900多人参加)，对所有科长(车间主任)级管理人员进行了轮训。

3、邀请四川省注册会计师协会财务成本管理专家来公司举办了财务成本管理培训班(举办了6期、共300多人参加)。各生产单位中层管理人员和车间主任全部参加了培训。从生产一线选拔了30名工科大学本科生参加“工转财”财会培训班，提高生产骨干财务管理知识，做好降低成本工作。

4、公司对重点专业管理人员进行素质与能力的培训，近两年共有1000多人次参加采购管理、知识产权、质量管理、项目管理、合同管理、预算定额、工程监管、审计、5S管理、招投标等专业管理培训班。

5、从去年公司开始陆续组织营销、物流人员参加市经委举办的职业资格上岗培训，对信息、金融、财税、外贸、法律、现代管理和反倾销专家等急需专门人才进行培养和培训。近两年共开办此类讲座十多期，200多经营管理人员参加了学习，有效地提高了管理水平。

6、结合公司的技改规划和发展目标，公司每年选送30名管理人员和工程技术人员攻读硕士或博士学位。与重庆大学材料科学与工程学院联合开办冶金及材料领域工程硕士研究生班，60名职工参加了学习。

7、加强对工程技术人员的继续教育。围绕公司科技攻关、技术引进、技术改造、产品研制等项目，同高校、研究院、产品使用企业建立合作关系，通过点面结合、形式多样，对工程 技术人员开展“六新”为主要内容的相关培训，为公司三大基地建设做好技术和人员储备。

二、加大资金投入 开展职工培训和基地建设

公司十分重视职工教育培训工作，采取多种有效措施，提高全体职工的思想道德素质、科技文化素质，促进技能人才的全面发展。公司把大力开展职工培训工作，作为当前和今后一个时期一项重要任务，摆在突出的位置，抓紧抓好，抓出实效。

2004年公司投入教育培训经费达500多万元，扩大培训中心基地建设，加大职工教育培训工作力度，通过出台优惠政策和激励机制，鼓励职工参加职业培训和技能鉴定，使职工学习热情如春潮涌动，极大地调动了职工争创技术能手的积极性，有效地提高了职工队伍的综合素质。

为加快“双师型”教师队伍建设，提高教育培训质量，鼓励教师自学成才和岗位成才，积极组织教师参加业务学习和技能比赛，不断提高教学水平，在“双师型”教师队伍建设上迈出了坚实的步伐，为企业的健康持续发展提供智力和人力资源保障。□

深入开展技能培训　造就企业技术精英

中铁二局集团机电有限公司

中铁二局集团机电有限公司为贯彻落实“以人为本”的发展战略，紧紧围绕重点工程建设，大力开展职业培训和技能鉴定工作，有效地提高了职工队伍的综合素质和技能水平，取得了明显的成效。

一是加强对重点岗位和关键工种的培训力度，重点抓好对项目经理的职业培训和继续教育工作，完善项目经理的各项考核制度及申报手续，加强对特种作业人员培训力度，坚持持证上岗管理，持证率100%。

二是针对企业发展的需要，积极开展高层次的员工学历教育培训，在改善和提高不同层次管理干部的知识结构和能力水平的同时，加快提升高层次、高素质人才的管理水平，从而促进了企业的快速发展。

三是紧贴重点工程建设，培养适应工程建设急需的专业技术人员，大力开展职业培训和技能鉴定，在培训方式上坚持脱产培训与在岗业余培训相结合，采取了多渠道、多形式的培训方法，较好地解决了职业技能培训过程中的工学矛盾，提高了工人综合素质和技能水平，保证了重点工程建设对专业人才的需要。

四是大力开展职业技能鉴定和特种作业人员的安全技术培训工作，从2000-2003年培训新职人员305人，同时做好复检人员的统计申报工作，有222人顺利通过了复检验证。

五是加大再就业培训工作，为提高待岗、转岗员工的上岗能力，拓宽上岗渠道，本着先培训后上岗的原则，提倡一专多能，爱岗敬业，定期安排下岗人员进行转岗的专业培训，把“以人为本”体现在整个教学培训中，注重培训的有效性和针对性及实际考核效果，向用人单位推荐合格的人员上岗。

多年来，中铁二局集团机电有限公司非常重视员工的培训工作，先后培训各类管理人员及专业技术干部490人。组织职工参加了局及处举办土方机械司机、工程机械修理、汽车驾驶员、电工、汽车修理工等培训，其中工人参加岗位技能培训352人，初、中、高级技术工人职业技能鉴定123人，特种作业人员的安全技术培训305人，较好地完成了员工培训计划，提高了员工队伍素质和技能水平，为企业的可持续提供智力人力资源保证。□

为社会培养实用型技能人才

四川锅炉厂技工学校

川锅技校始建于1978年，是一所有20多年办学历史的企业技校。多年来，学校以四川锅炉厂为依托，本着精心育人、严谨治校的办学宗旨，为社会培养了一大批专业技术以及动手能力强并有较好综合素质的中、高级技能人才。

回顾这二十多年的风雨历程，学校始终坚持打造品牌专业，提高学生综合素质为办学核心，通过提高教学质量和学生专业操作能力打开就业门路，用学生就业率、家长的满意率以及社会的承认率逐步占领市场，使学校逐渐发展壮大。

九十年代初期，学校根据市场需求的变化，紧紧抓住技能要求高、市场需求量大、能依托四川锅炉厂实习的重点专业，从理论课教学、实习教学的配备、实习时间(绝对保证1：1)实习材料等方面都给予最大程度的保证，并且所有学生第二学年的实习全部放到车间，让他们初步接触生产实践并参与实践，所以学校的毕业生有较强的专业技能，他们出校后几乎都能很快独立操作，经用人单位试用后，得到最大程度认同。

技校生除了要有一定的技能知识，更重要的还要有较高的素质，对他们综合素质的培养一直是学校重中之重的工作。从学生踏入川锅技校的第一天起，就要求他们不但要学技能、学技术，还要服从严格的管理、遵守铁的纪律。就业率只是考核学校的一个方面，而学生毕业后的成材率才是考核学校办学效果的根本性指标。

20多年来，学校先后为本企业培养了近2000名中高级技术工人。这些同学经过自己的努力取得了令人瞩目的成绩，得到了社会的认同，人们的尊重，找到了自身的价值。

回顾过去，展望未来，学校虽然取得了一些成绩，但任重而道远，学校全体师生将继续努力，克服企业技校的困难，在做大、做强、做好职业教育路上坚定不移地走下去，为社会培养实用型、技能型专业人才而努力。□

坚定信念 锐意进取
努力开创职业教育培训新局面

成都飞机工业（集团）公司成飞职业技术学院

成飞职业技术学院是成都飞机工业（集团）公司举办的一所多层次、多形式，融职业技术教育和学历教育为一体的综合性学院。在校生3000余人，非学历职业培训年均15000余人次。

生产现场实习

成飞公司从政策和经费上给予学院大力支持，每年拨给学院经费400多万元（不含专项资金）。多年来，无论机构怎么调整、组织怎么整合，成飞公司领导一直重视技术工人的职业教育和培训工作。一方面通过学院开办成飞公司高级技工班、岗位适应性培训、岗位取证培训，加大技术工人队伍的培训力度，仅2001年至2002年就开办了各类培训班1047期，培训总人数达33225人次。另一方面建立健全激励机制，坚持技师评聘制度及技术能手评选表彰制度。公司积极组织开展各种形式的岗位技术练兵比武活动，从中发现人才、培养人才、使用人才。

实习工厂

成飞公司拥有一流的机械制造、装配、加工能力和先进的工艺设备，不但能为学生提供一流的教学实践、实习、实训场所，而且能为学院的兼职教师队伍提供具有丰富实践经验的制造（管理）工程师和专家，使学院拥有培养具有较高理论知识和较高实际操作技能技术应用型人才的天然优势。

目前，学院根据成飞公司高技能人才队伍现状及军民机生产发展的需求，以培养智能技艺型高技能技术工人为目标。通过建立国家高技能人才培养基地，力争2005年使公司高级技术工人达到技术工人总数的30%以上，技师人数达到500人、高级技师达到100人。

运动会

职业技术教育的春天已经来临，而深化教学改革，提高教学质量，打造特色品牌，实现学院的跨越式大发展，仍然任重而道远。不断发展的成飞职业技术学院将不懈努力，与时俱进，发挥优势，做强做大，服务航空，奉献社会。□

努力培养高层次管理人才和技术人才

西藏地勘局职工培训中心

西藏地质矿产厅从科技进步，经济繁荣和社会进步这一高度去认识，勇于探索，勤于思考，全面推进职工培训工作。

一、建立完善培训机构、培训设施，拓宽职工培训渠道

地勘局职工培训中心成立于1997年10月，主要开展全局职工继续教育和学历教育、岗位培训和技能培训、特有工种职业技能鉴定等工作。1998年，为完善职工培训机构，更好地做好职工教育培训工作，地勘局对职工培训中心进行了重组。首先，选派专业人员到培训中心，加强培训中心的各项管理工作；其次，投入大量资金，对中心的环境及各种教学设备、设施进行购置、修建、改造和更新。

二、解放思想、拓宽教学渠道，全面加强职工培训、再教育工作

培训中心坚持面向基层、主动适应、主动服务的原则，通过不同渠道，不同形式开展培训工作。为进一步拓宽教育领域，提高职工队伍素质，培养较高层次的管理人才和技术人才，本着提倡自学，立足岗位成才的精神，让局系统部分青年技术骨干和管理人员有机会接受教育，培训中心积极与教育行政部门、协作院校合作，正式取得了社会力量办学许可证及成都理工学院、北京地质管理干部学院两所院校在拉萨设立函授站的备案登记手续。

在1998年至2003年的5年间，培训中心与内地高校合作举办《行政管理》和《地质勘查与开发》函授大专，培养班毕业生68人，毕业生专升本升学率达86%，在当年同类函授班中升学率名列前矛。接待进修教师30余人，举办文秘、档案、法律、税收、矿山环境、矿山资源登记、资源储量、财务软件、物化探新方法等各类培训班40余期，培训干部职工1000余人次；举办计算机初、中级培训班5期，参加培训学员达150人次。

三、抓住机遇，投身市场，全面发展

地勘局职工培训中心为进一步适应时代要求及加强培训工作的需要，依照不等不靠、自我发展的基本思路，抓住西部大开发及国家开展新一轮国土资源大调查的大好契机，积极投身于市场，努力开创职工教育培训的新局面。□

搭建两个平台 提高员工素质

中国北车集团西安车辆厂 张安瑞

"以培训就是服务为理念，以技术工人职业技能鉴定和管理技术人员知识更新为途径，逐步提升员工队伍整体素质，实现为企业发展战略服务，为产品制造过程服务"，是中国北车集团西安车辆厂的员工培训指导思想，近年来，遵循这一指导思想努力搭建技术工人培训鉴定和管理、技术人员继续教育培训两个平台。

技术工人培训鉴定平台。即用3年时间，对全厂和产品作业过程相关的55个工种的技术工人，通过职业技能培训、鉴定、取证，进行现有技能水平确认。按鉴定的结果颁发初、中、高、技师等不同层级的等级证书，为工人上岗和工厂薪酬改革奠定基础。在技术工人全部鉴定取证完毕后，对高级工以上（包括高级工）定期实施复证培训和鉴定。每一技术工种复证鉴定周期为三年一轮，按照所处层次的技术要求，进行专业知识鉴定和岗位实作技能鉴定。鉴定的优秀者可参加高一等级技能鉴定；对达不到所处层次技术要求者可分别采取降低职业资格等级和向下浮动岗位工资等负面激励手段；复证鉴定淘汰的比例为各工种同层次持证人数总量的20%～30%。这样，使高等级的技术工人也有危机感和反向压力，从而始终坚持学习技术和技能。而低等级的技术工人则通过参加培训鉴定提高自身能力，并有一个发展平台和晋升的空间，增强学技术、练技能的积极性和动力。

管理、技术人员继续教育平台。对全厂中级职称以上管理岗位上的280多人，从2004年起，用三年的时间实施以知识更新为主要内容的继续教育培训。即通过每年举办一期管理人员MBA精典课程培训，达到更新管理理念、拓宽管理知识、增强岗位执行力、提高整体管理水平的目的。同时规定，今后每三年为一周期，对全厂中级岗位以上管理人员实施管理新知识、新理念系统培训，建立一种滚动培训的管理机制，使管理人员队伍保持与时俱进的态势；对全厂技术人员在中级以上岗位工作的260人，采取定期开办以拓宽专业知识为主的知识型专题讲座和以推广新产品、新技术、新工艺为主的技术型讲座，搭建推广新产品、新技术平台。为保证管理、技术人员继续教育的有效实施，出台《关于实施继续教育证书管理办法》等相关文件，对管理和技术人员参加继续教育培训的形式、周期、课时、考试和测评方法都作了相应的规定，并制作了继续教育证书，推行继续教育学分制，把学员参加培训情况和考评成绩纳入绩效考核的内容，从管理的角度保证了继续教育的持续性和有效性，为管理和技术人员增强岗位执行和技术创新能力创造了条件。

员工培训工作得到了工厂领导的高度重视和大力支持，在2003年底和2004年初，工厂制订工资改革方案时，出台了对应国家《职业资格等级证书》的技术工人条件（素质）工资条款，使"持什么证上什么岗，上什么岗定什么薪"落到了实处，进一步调动了全厂职工学技术、参加培训和鉴定的积极性。□

铁路罐车基地——中国北车集团西安车辆厂

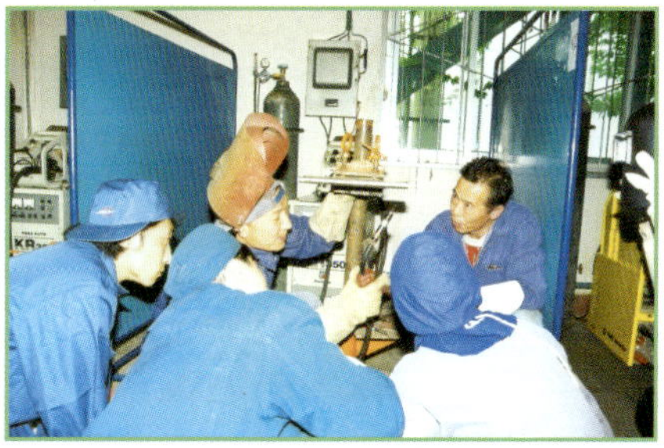

焊工实作指导教师在指导教学

学员实作演练

教育培训与企业发展同行

西安航空发动机(集团)有限公司

西安航空发动机(集团)有限公司的职工培训工作在企业的发展中发挥了重要作用，展现了培训的魅力。

一、把学习作为企业的核心价值观，在培训中塑造企业创新的灵魂

西航集团公司针对人才资源欠缺的矛盾，提出“不断改进”的观念。把建立学习型企业作为在日趋激烈的市场竞争中获胜的基础，把构建一流团队、一流管理者和一流员工队伍作为企业可持续发展的关键。

从管理层入手，以提高干部管理水平、提高干部创新和沟通能力、加快观念转变、解决信息传递不畅等问题为宗旨，自2002年起每年都举办一轮企业三级领导干部的专题培训，先后进行技术状态管理，质量体系管理，六西格玛项目，人力资源管理，财务管理，工艺技术管理，生产管理，企业文化，思想政治工作等专题培训，累计培训1200人次。经过几轮的干部培训，企业的创新和凝聚力得到了迅速的提高，形成了学习和持续改进的良好氛围，推动了企业管理水平和技术的进步，促进了生产经营工作的快速

发展。2005年，公司将以提高干部的沟通力、协调力、执行力为目标进行新一轮培训 。

二、全员培训在企业已形成气候，提升人力资源已成为共识

公司的培训工作，以紧贴企业发展实际，注重培训效果和质量，采用多样化培训形式为特点。公司与西北工业大学联合开办的航空工程硕士班，有105名工程技术人员攻读在职硕士学位；对非航空发动机专业培养的大学生，进行航空发动机专业的集中培训，连办3期，共157人受训，为发动机的制造储备了专业人才；积极开办数控技术编程和数控机床操作工培训，保障了数百台数控机床的运行；举办六西格玛培训，推进了公司的技术管理水平，现有黑带4人，绿带56人，在学绿带50人。公司已开始对中层领导进行六西格玛知识的普及培训，已有200名中层干部受训。

公司举办的技术讲座，突出高新技术和前沿学科的普及，进行知识的拓展与储备；进行的高级工、技师和高级技师的培训，已成为提高操作工人技能和晋级的重要渠道，仅2004年申报晋升的人数就达1300余人。公司还开展形式多样的培训活动，每年办各类培训班在100期以上，受训员工达5000余人，培训面达45%。

三、加快培训基础工作建设，推动培训进入良性发展的轨道

伴随着西航集团公司的发展与进步，公司的培训工作逐渐向规范化、程序化和标准化的目标迈进。在“一网三层两基地”管理模式的基础上，相继制定了20多个职工教育制度，有效地保证职工教育培训工作的顺利实施。形成了新员工入职培训－持证上岗培训－提高性(专项)培训－继续教育－中层(高层)领导干部的培训模式。

公司还编纂了一批具有西航集团公司特色和独立知识产权的系列实务性培训教材与试题库，分管理类、技术类、技术工人类、教学VCD碟片等。与此同时，还加快培训硬件投入，先后在培训基地建立了数控编程实验室、数控维修实验室、数控机床操作实训车间、数控机床操作仿真模拟教室，电工电子实验室等，有效地保证了实习效果。

西航集团公司职工培训，支撑着企业的技术进步和人力资源的开发，并将在企业的生产任务完成中体现企业通过自主培训所达到的明显效果。公司的教育培训将与时代共进，与企业的发展同行。□

探索企业高技能人才培养新途径

西安北方光电有限公司人力资源部

西安北方光电有限公司是中国兵器工业集团公司所属的集光、机、电、高新技术为一体的国家重点保军企业。近年来，围绕培养高技能人才，特别是“复合型高技能人才”这一课题，进行了一些探索。

一、创新培养模式，进行科学尝试

1、培养目标和方式。培养目标为“复合型高技能人才”。通过培养，使学员专业理论水平达到大专层次，10%的优秀学员达到技师水平，90%以上学员达到高级工水平; 30%以上的学员取得第二专业中级职业资格证书，实现“一专多能”。

2、培养对象。培养对象为35岁以下、中技学历以上并持有中级职业资格证书的中青年优秀技能员工，以保证培训目标的实现。

3、专业设置。专业设置为机械加工和光电装配两个专业班，每班30人，同时吸收部分相关专业人员参加。采用多工种混合编班，其目的是通过各工种学员之间的互相交流。

二、甄选培训内容，满足企业需要

举办高技能人才培训班，重点强化实际操作训练，以典型的工艺加工案例为主导，使培训在不断创新中获得成功。

1、培养学员编制加工工艺的能力。编制加工工艺这一环节，是介于专业技术理论与专业实际操作之间的一个重要知识点，也是知识向技能转化的链接点。学员只有经过自己编制工艺，并将其运用于实际加工之中，才能真正融会贯通。在整个编制工艺过程中，经过反复实践和专家的指导点评，使学员们掌握了工艺编制的基本方法。

2、广泛征集技能训练课题，强化技能培训。技能培训首先是选好技能训练课题。为了做好此项工作，专门聘请有关专家，结合生产实际征集各工种、专业的技能训练课题35套，使培训与企业的生产紧密结合，为做好技能培训奠定了基础。

3、普及应用AutoCAD知识。开设AutoCAD制图课程，其目的是为了让学员掌握新知识、拓宽新技能。为了体现“重在实用”的培训理念，研究制订了一整套学习应用AutoCAD的实战方案，让学员应用所学的知识绘制零件图——编制加工工艺——加工出零件，以培养学员的综合实战能力。

4、实践复合型人才的培养方法。为了实现培养“复合型高技能人才”这一目标，在培训过程中，采取让学员首先立足本岗位(工种)主修第一专业，同时选报其他工种为第二专业。通过培训使学员第一专业技能达到高级工以上水平，第二专业技能达中级工以上水平。

首届高级技能人才培训班通过两年的尝试和努力，已于今年八月按计划毕业。学员们通过参加国家技能鉴定，有2人获得技师资格、52人获得了高级工资格、21人获得了第二专业中级工资格，基本完成了预期目标，初步探索了一条培养高级技能人才的新路。□

抓住机遇 努力搞好“三高”人才培养

陕西航空电气有限责任公司

陕西航空电气公司现有各类专业技术人员1654人，其中工程技术人员527人。在各类专业技术人员中，硕士研究生20人，本科生610人，专科生1145人；研高工10人，高级职称115人，中级职称571人。公司现有生产工人2786人，其中，高级技师11人，技师113人，高级工776人。

公司职工队伍现状，在文化素质、知识结构、人员层次结构等方面，还不能适应企业发展的需要，不能应对当前绝好的发展机遇与挑战。为解决人才问题，公司确定了加强管理，服务发展经营目标，追求培训质量实效，加速“三高”人才培养力度，全面提升职工队伍综合能力的总体思路。完善两种制度，把培养和建设三支队伍做为企业现阶段职教工作的中心任务。

三支队伍，即培养和建设一批高级经营管理人才、高级专业技术人才、高级技能人才。

一、高级经营管理人才培训

岗位培训。主要是加强对企业现代管理知识和现代技术发展动态及科研、生产现状的培训，突出关于市场、经营决策及国际商贸方面的培训。近几年来，企业共举办工商管理(生产管理、财务管理、市场营销、现代企业管理等)专题讲座15次。

参加国内外高研班。每年选1～2名公司级领导干部参加集团公司组织的高层次研讨班及出国考察、学习、交流，了解和掌握国内外科技发展动态及相关市场信息，为企业的科研、生产、经营决策提供优质服务。

采取“送出去”、“请进来”、“进校不离岗”等形式，对优秀中层领导干部(处级以上)和后备干部进行MBA课程的培训。

二、高级专业技术人才的培养

1、与高等院校合作，采取“送出去，请进来”或“进校不离岗”等形式，以企业主要专业为重点，选派青年技术骨干参加“工程硕士研究生”班，培养高层次的学科带头人和专业技术人才，为企业的发展储备人才。

每年选送10～15名具有中、高级职称的专业技术人才，参加“航空专业技术高级人才研修中心”和航空重点院校举办的航空领域高新技术及相关学科的高研班学习。

开展“高师带高徒”活动。其主要做法是：聘请企业现有专业学科、技术带头人为导师，所带徒弟为正在从事工程技术专业，并具有一定工作经验的本科生。目前在工程技术人员中已形成了良好的师带徒“人才链”，充分发挥了老一代专家对青年人才的传、帮、带作用。

举办高新技术讲座，开展科技学术交流活动。为了使各专业技术人才及时学习、了解和掌握当前国内外航空领域中的新技术、新工艺、新方法，公司经常举办“产品现代化设计方法”、“CAD／CAM”、“电力电子技术”、“机电一体化”、“先进制造技术”、“可靠性、保证性、维修性”、“四新知识”等系列专题讲座和培训。

三、高级技能人才培养

采取业余、半脱产、函授自学等办法，按企业所需专业开办“高级技工班”，对生产一线青年骨干进行专业理论深造和操作技能强化训练。

对现有技师、高级技师每年实施继续教育，学习本工程专业的最前沿知识。另外，对现有各类生产操作工人进行职业资格技能鉴定。仅2004年，鉴定合格高级工426人，技师81人，高级技师4人。

开展“传技学艺”活动。由身怀绝技的高级技师、技师和优秀老技术工人传、帮、带中青年技术工人骨干，把生产中的高难技术和绝招，手把手地传给学艺人，使学艺人，真正成为本工种智能、技艺相结合，具有高超绝技的能工巧匠。

积极组织和开展专业技能大赛活动。□

用延安精神打造坚实的职工教育培训平台

延安供电局

近年来，通过全局职工的共同努力，延安供电局建成了省级一流供电企业，并跻身于国家电力公司一流供电企业行列，2004年荣获全国总工会授予的“五一劳动奖状”，连续多年保持了省电力公司、国家电网公司的“双文明单位”等荣誉称号。荣誉的取得，离不开职工教育培训工作的支撑，职工教育培训工作为延安供电局的安全生产、电网建设、队伍建设、经济发展奠定了扎实的基础。

延安供电局职工教育培训工作在各级领导的重视下，以党的十六大精神为指针，用延安精神激励全体职工，紧紧围绕全局中心工作，坚持科教兴企的战略，以培养适应本局可持续发展的高素质合格人才为目标，立足于岗位技能培训，树立以人为本的观念，不断改进培训方式和手段，与时俱进，不断加快培训基地的硬件、软件的建设，进一步完善了培训、考核、使用、待遇等制度，为西部经济建设、电力工业的发展与创新，培养和造就了一批实用型、技能型、复合型专业人才，为延安供电局的可持续发展提供了人才保障。2004年举办各种培训班49期，培训1300多人次，省内外送出培训43批，160人次。近年来，接待来延安进行传统教育的师生151批，18000余人，受训青工6000余人次；全面完成了上级下达的教育培训任务。延安供电局曾两次被中国职工教育和职业培训协会评为“全国职工教育培训先进单位”，被陕西省电力公司评为“教育培训先进单位”和“尊师重教先进单位”，两任局长都被陕西省电力公司评为“尊师重教先进个人”。

人才是企业之本，人才兴则企业兴，企业的竞争最根本的是人才的竞争，劳动力素质的高低，决定着一个企业的生存和发展，因此时代呼唤人才，企业呼唤人才，人才从哪里来？等，时不我待。靠，望尘莫及；要，远水解不了近渴；延安供电局领导审时度势，不失时机地提出了“发扬延安精神，以业务培训为突破口，不拘一格育人才”的人才培养战略，职工教育培训工作取得了斐然的成绩。□

为企业做大做强 实现跨越式发展保驾护航

金川集团有限公司职工培训中心

金川集团有限公司职工培训中心是一个集职工教育、职业培训管理和办学为一体的综合性教育培训基地。21年来，职工培训中心始终坚持为公司的生产经营和基本建设提供“有效、实效、高效”服务的办学宗旨，积极开展工作，累计为公司培训职工32万人次，为企业和社会输送各类大中专毕业生与合格劳动者1.3万人，为“镍都”经济的两次腾飞和企业做大做强实现跨越式发展做出了突出贡献。为此，职工培训中心先后获得“全国职工教育先进单位”等殊荣20项，其中获国家级荣誉9项。

一、确立职教优先发展战略，加大对教育培训的投入

围绕“资源、技术、人才”三大开发一起抓和“创建一流企业、生产一流产品、争创一流效益、培养一流人才”的企业发展战略，按照“出资者满意、员工幸福”的经营理念，不断增加教育培训投入，大力发展职教事业，全面提高职工队伍素质，使企业逐步走上了教育、科研、生产同步发展的轨道。据不完全统计，“九五”至“十五”末期，公司对职工教育的总投入超过1.8亿元。教育培训投入的不断增加，促进了职工素质的提高和企业经济效益的增长。“九五”期间，公司实现工业总产值103.41亿元，而2001年至2003年工业总产值却达到108.26亿元，增速明显加快。可见，高质量的人力资源开发在企业中的重要作用。

金川公司董事长来中心指导工作

苦练技艺提高素质

二、形成有效的运行机制，保证人才脱颖而出

为进一步强化人力资源开发，在原公司、厂矿、车间三级职教管理网络的基础上，成立了人力资源开发与培训管理委员会；建立和完善了企业教育法人代表目标责任制；出台了一系列与国家有关教育法规相配套的规章制度；构建了能够调动职工参加培训学习的新的职工薪酬制度、证书制度和新职位体系；建立了与职工素质直接挂钩的绩效考核制和末位离岗、转岗、晋级、提职等竞争机制；设立了“振兴镍都职业培训基金”；建立了有利于骨干教师和学科带头人成长的竞聘机制；构建了以学科建设为主体创设优质培训项目、带动培训质量提升和员工队伍素质全面提高的质量目标体系。这些保障措施的建立与形成，促进了职教事业的发展，为公司人力资源开发和人才成长创造了有利条件。

三、以建立高质量培训基地为目标，着力打造高素质的员工队伍

——立足于劳动生产率提高，强化员工的岗位技能培训。“九五”以来，职工培训中心先后有重点的对生产人员开展技术业务考核培训、技术等级培训、岗位技能培训、职业技能鉴定培训、特种作业及相关工种取换证培训、一专多能培训、班组长培训、职工转岗与轮岗培训等121383人次。建立了包括39个通用技术工种、55个行业特有工种的国家职业技能鉴定站94个。全公司有近3.3万人次参加了不同工种的职业技能鉴定考核，有近2万名职工获得了国家职业技能鉴定等级证书，180人获得行业状元，320人被公司树为技术

能手，526人晋升为技师，116人晋升为高级技师，有效地促进了员工队伍整体素质的提高。为企业规范化管理，进一步扩大经济总量，拓展国内国际市场，实现经济持续、稳步、快速发展奠定了可靠的基础。

——致力于提升企业管理水平，加大管理和专业技术人员培训。近些年来，根据现代企业管理对人才高素质、多元化的要求，职工培训中心先后举办了初中高级工商管理培训、党员政策法规轮训、WTO知识培训、计算机辅助设计和网络知识培训、英语、《合同法》和新会计制度培训等培训及讲座268期，培训管理人员和专业技术人员12526人次。通过培训，提高了管理和专业技术人员的业务素质，提升了企业的现代化管理水平，增强了企业开拓市场和驾驭市场的能力。

——着眼于企业未来发展，加强高层次人才培养。一是从开发新产品、优化产品结构和技术创新的需要出发，在抓好科技当班人继续教育的同时，突出接班人的培养；二是从企业的长远利益和发展前景着眼，加强复合型人才的培养；三是加大国内外委托培养工程硕士、研究生和研修生的力度；四是设立硕士和博士后流动工作站，为科技人员科研开发搞好服务；五是建立高新技术科技园，以优惠条件吸引高新技术人才，为科技人员技术创新创造优越条件。"十五"至"十一五"期间，公司将通过送培高等院校或与高校开展联合办学等形式培养工程硕士、研究生和研修生200名，培养或吸收博士后30名，为公司参与国际竞争、实现跨越式发展提供强大的人力保障。

进入新世纪，面对我国全面加快小康社会建设步伐和公司"做大做强"、实现跨越式发展的历史机遇，职工培训中心将以崭新的风貌迎接挑战，加快企业教育培训改革步伐，不断优化教育培训结构，建立起体制规范、资源优化、机制完善、管理科学，具有金川特色的现代企业教育培训制度和高质量的培训基地，为把公司建设成为具有国际竞争力的有色金属及无机化工大型联合企业和国内一流、国际知名国家级镍钴铂族金属技术中心而努力奋斗。□

立足岗位 提升技能 加强技能人才培育工作

玉门石油管理局

近年来，玉门石油管理局处在一个重大的转折时期，加快调整，扩张内外市场，精心实施发展战略，已成为全局上下共同努力的目标。实现上述目标，离不开一支高素质的职工队伍。为此，局党政领导将人才培养和开发工作上升到战略高度，在制定发展战略时首先把人力资源开发列为油田发展战略之一，积极实施人力资源开发工程。由于重新定位，积极实施人才战略，在技能人才的培训等方面上做了一些工作，取得了显著成绩。

一、完善激励机制，积极搭建技能人才成长的平台

一是制定下发了《关于加强人力资源开发工作的若干规定》、《员工培训管理规定》、《关于大力推进职业资格证书制度建设的若干意见》、《技术能手评选表彰实施办法》、《名师带徒制度》、《员工培训经费管理办法》等，用制度保证员工培训工作的实施；二是设立"优秀人才专项奖励基金"，对在本职岗位上做出突出贡献、取得重大成果的技能人才，每三年评选一次"十佳工人技术明星"，每人一次性奖励3000元。设立"操作人员技能竞赛大奖"，每两年在局主干工种中开展技能竞赛，优胜人员分别授予局一、二、三级"技术能手"称号，并分别给予3000元、2000元、1000元的奖励。重组以来，我局获得"技术能手"称号和奖励的员工有96名，对促进全局员工技能水平的提高起到了极大的推动作用；三是树立"培训就是奖励"的观念。对各级各类"技术能手"和生产技术骨干，进行跟踪培养，并通过各种方式不断"充电"加油，及时给他们提出新的奋斗目标，使其继续努力，不断前进。

二、大力开展技能竞赛，打造职业技能精英

我局职业技能竞赛以"交流经验，切磋技艺，提高技能，增进友谊，促进生产和经济发展"为指导思想，每两年一次局

级职业技能竞赛已成为制度，迄今已进行了七届，形成了重视技能、崇尚技艺、尊重技能人才的良好风尚。自开展技能人才选拔以来，我局涌现出了2名“全国技术能手”、7名“甘肃省和集团公司技术能手”、193名局级技术能手。

三、注重培训创新，培育优秀技能人才

2003年是“国家高技能人才培训工程”在全国启动的第一年,我局也积极加入了技能振兴活动行列。首先落实了技师、高级技师脱产轮训制度，选送钻井、井下作业、电工、焊工等工种的23名技师到中石油集团公司参加培训,受训技师及时总结先进的操作方法、介绍推广先进的工艺设备,培养了职工技能开发的创新意识。全面展开班组长轮训，除坚持常规培训外，还进行了本班组岗位基础理论、专业理论、科技发展趋势等方面的培训，使班组长成长为实践型、应用型、技能型人才。

以上是近几年我们在职工培训工作中的一些具体做法,通过对各级各类人员的培训，为局“四加一”发展战略的实施提供了坚强的智力和人才保障。□

推行就业准入制度开展技能鉴定工作

兰石化集团有限公司人力资源部　白凤刚

甘肃省职工技能大赛(兰石赛区)隆重开幕

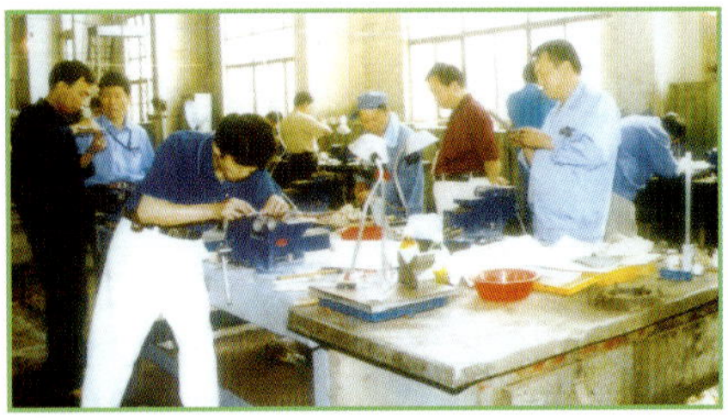

兰石集团职工获全市职工技能大赛的优胜选手

兰石集团职工参加全省职工技能大赛钳工决赛

兰石集团公司适应市场需要，实施改革改制，在创新中发展。尤其是进入新的世纪后，兰石集团公司加大企业改制力度，取得长足的进步。企业的生产经营在经历了多年的低谷之后，开始稳步回升，再现了升级和希望。这些可喜变化，其中一条很重要的原因就是与企业多年来下大力气开展技能人才培育，培训基地建设，促进高素质、高技能、高水平的技术工人队伍建设分不开。

为了使兰石集团公司工人队伍技能水平整体提高，逐步实现职业资格证书与学历文凭并重，为职工创造公平竞争的条件，兰石集团公司制定了《兰石集团公司推行就业准入制度和职业资格证书制度实施办法》《兰石集团公司技师、高级技师考评管理办法》，在广大职工中广泛宣传动员，提高全体职工对就业准入制度和职业资格制度的认识及钻研业务、技术的自觉性，激发职工积极参与技能鉴定的热情。通过多年的工作，全集团公司职业技能鉴定工种达45个，覆盖了企业的所有主要技术工人岗位。参加各工种、各等级技能培训达3374人，取得各类职业资格证书的2618人，分别占工人总数的87%和68%。其中获中高级职业资格证书的有1906人，占技术工人总数的73%。经过多次技师考评，先后有230人获技师资格证书；有25人获高级技师职业资格证书。

多年的实践证明，在培训技术工人的基础上，培育一支高技能人才队伍是企业搞好生产经营、立足市场、开拓发展的现实、迫切和长远的需要。兰石化集团将认真总结经验，弥补改进不足，在指导思想、实施管理、具体操作上不断创新，为企业寻求发展、夯实基础、增强后劲、扩充竞争实力而努力。□

加大职工培训 促进企业持续健康发展

甘肃靖远煤业有限责任公司 冯兵 朱勇

靖远煤业有限责任公司位于甘肃省白银市境内，现有职工22309人。公司职工教育培训伴随着企业的发展而发展，培训处现有职工106人，其中本科学历24人，专科学历36人，高级职称8人，中级职称27人，建处以来，已培养3074名合格大中专人才。尤其是近十年来，年均培养244名大中专生，培训2287人次，为企业的发展与进步源源不断地提供了人力资源保证。目前，学校学历教育共有28个班731名学员，分别为普通中专6个班170人，函授大专、本科22个班561人。另有少儿英语、美术、武术、舞蹈、书法等特长班9个546名学员和老年大学56名学员，同时平均每周有短期培训班10个班300名学员。

为实施科教兴煤、人才强企战略，建立新的企业培训制度和机制，推进和保障企业职工教育培训工作的健康发展。公司采取了以下做法：

一、更新培训理念、完善培训机制

为适应企业新的发展需要，公司坚持把开展职工教育培训工作作为“第一要务”来履行，作为“第一资源”来开发，作为“第一责任”来落实。首先对培训计划的制定，公司紧密结合安全生产、经营管理的实际，广泛征求各业务部室和基层单位的意见，突出了培训工作的针对性和可操作性，注重了培训效果，提高了培训质量。

二、加强培训管理，保证培训质量

培训处作为公司主管职工培训的管理机构，坚持改革、完善培训和考核管理体系，对各级各类培训班严格审批，强化管理，逐项落实培训办班的条件，做到了按培训计划和要求征订教材，按规定标准选聘教师，严格教师教案审查制度和学员考勤制度，严肃考风考纪制度，对基层各单位培训办班坚持事前调研审批，事中抽查督促整改，结业考试巡视监考的管理制度，从根本上保证了培训质量。

开展法制教育讲座

卫校学员在上实验课

公司领导参加职业技能培训班开学典礼

三、突出安全培训，严肃考核发证

公司坚持“安全第一，预防为主”的方针，坚持“管理、装备、培训并重”及“统一规划，归口管理，分级实施，分类指导，教考分离”的原则，以提高安全生产监督管理、监察人员和各类从业人员的安全生产素质为重点，坚持抓好煤炭生产管理人员的安全资格培训、特种作业人员持证培训及安全质量新标准化培训。严格按国家煤矿安全监察局的规定，公司领导层参加国家一级安全培训；矿长、总工程师到国家二级安全培训中心进行培训；要求区队、现场工程技术人员、矿井科室长、安监员等管理技术人员参加公司(三级)举办的安全资格培训，做到持证上岗。并要求按期参加复训，从根本上提高了安全管理人员的意识和素质，为公司实施安全生产奠定了坚实的基础。对参加各级各类培训的学员严格考核，对不合格者绝不颁发证书，从源头上预防了安全事故的发生。

四、鼓励职工参加培训和提高学历水平

综合办公楼

公司坚持实行职工教育经费分级管理分级使用的办法，即按职工工资总额1.5%提取的职教经费，70%由公司统筹使用，30%留作各单位开展职工培训工作使用。公司统筹提取的职教经费，用于纳入公司培训计划内举办的研究生以下学历教育学费、特殊工种培训费、专业技术人员继续教育培训费、岗位资格培训费、短期适应性培训费、职业技能鉴定培训费，外派进修人员的进修费，包括职教人员的公务费、课酬金、业务费等。公司年均有400余人参加学历教育，2000余人参加各类培训。

五、开发培训资源，完善管理体系

公司充分认识到开展职业技能鉴定工作的重要性，以职业技能鉴定为主线，以生产现场为基础，以全员参与的岗位练兵为主要形式，努力营造讲学习比技术的氛围，坚持完善"培训、考核、使用、待遇"一条龙管理体系，使职工感到学有所用、学有所值、学有所望，充分调动其参加培训、争做知识型、技能型职工的积极性。□

加快发展职工教育培训

中国核工业集团公司五0四厂培训教育中心 冯昭

中国核工业集团公司五0四厂始建于1958年，是我国首座铀浓缩工厂，现有在职职工近4000人。工厂历来十分重视人才队伍建设，持之以恒地加强职工培训教育工作。

工厂一贯坚持"三个第一"。即：人力资源是企业的第一资源、人才素质是企业发展的第一个动力、人才培训是企业生产的第一要素。

突出"四个更新"。培训是内涵，创新员工队伍应在更新思想、更新知识、

更新技术、更新技能上下功夫。

职工培训工作强调“四条方针”。坚持经营管理、专业技术、技能人才三支队伍一起抓，急缺专业优先培训，优秀人才重点培训，重要岗位反复培训，全体职工全员培训。

方法上注意“三个突出”。即：在抓好办班培训的同时，突出岗位培训；在抓好知识培训的同时，突出能力培训；在抓好全员培训的同时，突出高层次人才培训。

措施上抓好“四个环节”。为提高培训效果，多年来工厂坚持：学为基础、练为核心、以考促学，以赛促练。

在舆论导向方面。从宣传教育和舆论引导入手，大力宣传人才的价值、宣传培训教育的作用，并在职工中广泛开展"爱岗敬业"、"岗位成才"两项专题教育，推进培训教育工作发展。

在体系建设方面。厂部成立教育委员会和考试委员会，加强培训教育中心培训管理与教育实体相结合的一体化建设，充分发挥管理处室专业培训和基层单位岗位培训为重点的培训作用，增强职工自我学习提高的主动性。

在基础建设方面。以厂培教中心为基地，建有三校三站(所)，甘肃核工业职工大学先后开设了8个专业大专层次的学历教育，甘肃电大五0四工作站开设了4个专业的“专升本”教育，厂技工学校先后开设了6个专业(工种)的教学班，甘肃省特种作业五0四厂培训站有7个工种培训资格，甘肃省第十国家职业技能鉴定所鉴定范围有15个职业(工种)，国家核特有工种五0四厂职业技能鉴定站鉴定范围有10个职业(工种)。培教中心拥有培训大楼、实习车间等场地，有专职教师26人，聘请各专业兼职教师、考评员300余人。

在激励机制建设方面。把培训教育与劳动用工、分配收入紧密挂钩，工厂围绕建立人才队伍建设的四个机制(以职业能力为导向的人才培养机制，以素质业绩为导向的人才评价机制，以要素贡献为导向的人才分配机制，以竞争选优为导向的人才使用机制)，在员工中实行聘任制和竞争上岗制，培训工作列入厂文明建设及奖金分配考核内容，培训效果与工资分配挂钩，有效地促进了培训工作的开展。

大力开展技能培训和技能鉴定工作，完成15个通用工种(职业)和7个核特有工种(职业)的高、中、初级职业技能培训鉴定469人，在13个工种(职业)中评聘工人技师30人，高级技师8人。完成电工等四个专业的特种作业共118人的培训和取、换证工作。

加快专业技术管理人员的继续教育工程，一年来共办50学时以上培训班6班，有328人(次)专业技术人员接受了培训，培训率达到34.53%。

技术人员综合素质和专业技能及新知识的需要，主要采用举办培训班的方式，一年来，全厂共开办专业知识、岗位知识、新工艺新技术等各类厂内培训班122期，培训人数达4584人；组织外出培训130余人。厂全员培训面达135.26%，其中50课时以上全员培训率达41.63%。

全厂各单位共组织技术工人岗位练兵467项，每季度参加练兵率达93%。职工中现在参加学历教育者达468人。工厂将以建设一流企业、培养一流队伍、创造一流业绩、营造一流环境为方向，坚持三支队伍一起抓，技术工人实现持国家职业资格证书上岗等培训目标。□

坚持以人为本 强化职工技能培训

中铁二十局集团公司

中铁二十局集团公司实现跨越式发展的一个重要原因是坚持以人为本，把人才资源作为企业发展的第一资源和企业核心竞争力，注重技术工人的技能培训工作，为企业的跨越式发展提供了强大的发动力，加快了企业的快速发展。

一、强化制度建设和落实，为职工培训工作提供有效的保证。

首先，中铁二十局集团公司制定《内部劳务管理办法》、《职工培训管理使用办法》、《农民合同工使用管理规定》、《科技创新管理办法》等相关规章制度，使企业职工培训和管理科学化、规范化。

1、为保证培训计划的落实，集团公司建立人才培训目标责任制，从企业党政主管到各职能部门、基层单位都明确培训责任，把职工培训与技术水平的提高作为各单位领导工作业绩考核的重要指标，实行奖罚兑现。

2、建立人才技能津贴制度，形成有效激励机制，以调动职工参加培训的积极性，实行岗位绩效薪酬分配制度，对获得相应证书并得到聘用的技术工人、技师、高级技师、实行有限推荐上岗的政策，保证职工培训工作的顺利推进。

二、强化培训基地建设，为人才技能的培训打造良好的平台。

2000年公司将原职校、技校、党校的教学资源重新整合成立集团公司职业教育培训中心，承担职工培训工作。集团公司培训中心已经建设成为中铁建总公司高级工、高级技师培训考核基地、陕西省劳动预备制培训定点单位、陕西省青工岗位培训基地，并已成为国家和陕西省两级职业技能鉴定站。

三、培训形式多样，教育方法灵活，确保培训质量

1、岗前培训。集团公司每年接受大专技校毕业生和面向社会招收合同制农民工，由培训中心进行定期的专业技术培训和职业水平培训，使其掌握新技能，适应新工作，“十五”期间共招收培训合同工500多名。

2、岗位培训。一是在岗职工全员轮流培训制。二是特种作业人员的安全培训，对从事特种作业人员安全操作要求进行与本工种相适应的、专门的安全技术理论知识和操作训练。三是班组长、工班长培训，班组和架子队是施工单位生产的基本单位，直接连接管理层和生产一线。四是通过职业技能鉴定带动培训工作。按照国家职业技能鉴定标准和《中铁建总公司职业技能鉴定实施办法》，实行先培训后考核的办法，“十五”期间公司鉴定站为本集团培训鉴定职工共8000人次，有350名技术工人获得技师、高级技师职业资格证书，高级工、技师在工人中的比例超过了50%以上，实现了集团公司“十五”人才培训规划的总体目标。

集团公司努力为员工打造了良好的提高技艺的平台，营造和谐的发展空间，真正把“科技兴企”的人才战略落到实处，为企业发展注入强劲的竞争力，促进企业实现跨越式发展。□

企业职工培训基地的战略地位

乌鲁木齐石油化工总厂教育中心 张建华 潘西华

在激烈的市场竞争中，企业有着很多种生存和发展的诀窍。而且随着企业的类型不同、运营机制不同，也各有不同的企业宗旨和企业文化。但企业无论选择什么样的发展道路，企业的人才素质是相同的。由于企业的竞争最终归结为人才的竞争，而高素质的人才靠培养，所以企业的人才培训基地就凸现在企业面前。

组织电气焊工进行技术培训

在市场经济中，一个企业既是一个作业军团，也是一个相对独立的有机整体，它应该有独立的思想，旺盛的生命力和战无不胜的行为能力。

职工培训事业恰好能起到培育企业文化、提高职工素质和给企业提供原动力的作用，职工培训基地是企业生产力再生产的工厂，是企业在市场经济中生存与发展的秘密武器与保证。

一、职工培训基地是企业生存的可靠保证

在市场经济中，企业的人才培养主要有三个途径：委托他人培养、企业自己独立完成或企业与他人合作完成。这三种途径各有特点，单纯只选用任何一种方式，都满足不了企业人才培养的需要。事实上，企业人才的培养，往往是这三种培养方法联合使用。根据企业各种不同的人才培养需要，选择培养方法各有不同的侧重。而如何做到科学合理培养人才，使人才的培养既能保证质量，又能使其人才培养的投入最低，则是每个企业在做人才培养规划时必须考虑的一个经济指标。

实际上，一个企业自己培养人才应该是针对企业的特殊人才或员工的特殊才能的培养问题。它不是指一般人才的培养或人的一般才能的培养。企业的这种特殊人才或员工的特殊才能的培养能否依托它人完成？回答是否定的。由于企业的专业性过强，任何一个培训机构都难以提供针对性很强的培训服务。这就迫使企业必须建立本企业特有的专业人才培养基地。企业职工培训基地担负着本企业特殊人才或员工的特殊才能的培养。因此说，企业职工培训基地是企业生存与发展的可靠保证。

乌石化职工培训基地

二、职工培训基地是企业文化的培育中心

一个企业一旦形成强烈的文化氛围，就会对员工构成约束和导向，形成无形的行为准则。因此说，企业文化是移笠档牧榛暧。企业文化的培育渗透在企业的各个方面，最终将形成员工的价值观念和行为准则。根据企业每一个不同战略的实施，企业文化都在不同程度上以不同的焦点为中心，调整员工的价值观念和形成行为准则。

企业文化的形成，需要有一个过程，这个过程科学合理与否，直接关系到企

业文化是否能起到调整员工价值观念和形成行为准则的作用。因此说，企业文化的形成不能单纯凭企业领导的一个讲话或一个报告，更不能凭一个规定或一个文件来形成，它需要一系列的培育过程来完成。企业的职工培训基地恰好承担了这个使命。它可以长期不断地、系统地把企业的管理思想、方针政策、规章制度以及企业的发展形势渗透在企业各类培训活动中，使员工明白道理、形成共识、调整个人思维方式，以便把个人的理想、事业、价值观念与企业统一起来，使企业这个有机体形成一个具有很强生命力和凝聚力的团队。

2003年企业组织职工开展生产装置操作技能竞赛活动

三、职工培训基地是企业的动力站

企业的生存需要发展，企业的发展是为了更好的生存。企业的发展要靠技术、靠资金，但更靠人才。技术和资金可以引入，人才也可以引进，但更主要靠自己。技术和资金一旦被企业引入，便成了自己的东西。人是活的资源，引进的人才要成为企业自己的人才，要有一个培育的过程并要付出一定的代价。由于激烈的市场竞争，企业与企业之间也展开了人才大战，优秀人才流动的速度也明显加快，这就迫使企业利用各种方法吸引和留住人才。基于人力资源是活的资源这一特点，人本身含有丰富的情感，在这种情感的作用下，一个企业的人才主干队伍趋于一个稳定态势，这种情感主要来自于企业日积月累对员工的培育。所以，企业的人才培养成为企业发展的一个重要方面，而职工培训基地起着培养企业主干队伍的培养作用。如果说技术和资金是企业发展的依托，那么人才便是企业发展的动力，职工培训基地是企业发展的动力站。

四、职工培训基地是企业制胜的秘密武器

作为一个企业要在市场经济中立于不败之地，就要有一支训练有素的职工队伍。不同企业对职工队伍有着不同的技术素质要求，相同类型的企业却有着不同的企业文化，企业的职工培训方法也各有特色。而对职工不同的科学合理的训练，这正是企业之间人才竞争的秘密。企业应该把职工队伍的建设当作企业可持续发展根本大计来对待，职工队伍素质的提高，企业就会充满活力，就会屹立于市场经济发展的最前沿。所以说，职工培训基地是企业制胜的秘密武器，谁拥有了这个秘密武器，谁就取得了企业生存与发展的战略主动权。□

加大培训经费投入 强化技能人才培训力度

宁夏煤业集团有限责任公司

宁夏煤业集团有限责任公司（以下简称宁煤集团）现有员工及各类从业人员57000人，其中一线操作技能人员近35000人，中级以上技能操作人员近3000人。2003年，煤炭产量为1867万吨，销量达到1934万吨，实现销售收入35亿元，职工收入增加21%，安全百万吨死亡率为0.27，达到全国最好水平。2004年煤炭产量、销量将突破2000万吨。

一、健全机构，强化管理

为了加强员工教育培训工作，成立了集团公司员工教育培训工作委员会，人力资源部内设了培训处，具体负责员工教育培训工作的日常事务，编制集团年度培训计划，组织实施员工教育培训计划，编制教育培训经费预算等。集团所属各基层单位也都成立了相应的员工教育培训工作委员会，配备了专兼职工作人员。这样就形成了“一级管理、两级培训、资源共享”的员工教育培训管理体系，从而确保了集团员工教育培训工作能够持续、快速、健康发展。集团14个煤矿和3个洗煤厂都设有教育培训点，设立教育科等独立的培训机构，配备了专职人员，目前，全集团共有专兼职继续教育教师539名。

二、预算管理，经费到位

2003年，按集团工资总额1.5%的比例提取费用，作为教育培训经费，共提取738.34万元。为了确保培训经费的落实到位并真正花在职工培训和技能鉴定上，培训经费全部实行预算化管理，专款专用，严格使用审批程序，不得挪作它用。2004年共提取828.26万元，截止5月底已使用337.94万元。在搞好员工教育培训工作的同时，为了改善教育培训工作的条件，增加设施的配备，引入网络技术、远程教育等先进的现代信息技术手段，实现教育培训工作的信息化、网络化管理。

三、建章立制，严格考核

为了规范和加强一线操作人员培训工作，实现科学化、制度化管理，集团公司先后制定出台了《宁夏煤业集团员工培训管理办法（试行）》、《宁夏煤业集团员工教育培训目标管理考核细则》等规章制度，下发了《集团公司员工教育培训计划》等文件。这些规章制度和文件的下发确保了集团公司员工教育培训工作有章可循，有了目标和方向。为了督促各项制度规章在基层各单位的贯彻落实，相关部门组成检查组，对各基层单位制度的贯彻执行情况进行了一次全面的检查，对于存在的问题立即进行整改。与此同时，实施了培训评估机制，由集团人力资源部负责考核，每年对集团员工培训情况进行培训效果评估，培训效果评估从反应层、学习层、行为层、结果层四个层面逐步深入展开，根据评估结果改进培训工作，对成绩突出的单位和个人给予表彰，对工作成绩一般，重视程序不够的单位给予通报批评。

四、突出重点，强化培训

按照集团公司“统一管理、分级培训”的总体思路，集团与矿厂两级分别定期或不定期举办各类专题性短期培训班、讲座及送出国内外的中长期培训。基层矿厂主要负责举办各类以知识更新为主的日常性、基础性培训及各类一线管理、操作技术人员生产安全、岗位技术比武、技能竞赛等短期培训。按照理论联系实际、学用结合、按需施教、讲求实效的原则，分层次、有重点、有步骤、科学合理地安排培训项目。为提高培训工作的针对性、实效性和先进性，在设置培训项目时，按照员工的专业结构、知识结构、工作任务、工作能力等情况，认真分析其培训需求，制订出具体的培训计划，并严格按照培训计划组织实施。2003年以来，集团公司共举办各级各类一线操作技术人员岗位技能培训班100余期，30000余人次接受了培训，通过培训都取得了各自工种的上岗资格证，一线操作技能员工培训覆盖率达到了90%以上。

五、实施就业准入制度，严把员工入口关

逐步树立“变招工为招生”、“先培训，后就业”的用工理念，在关键性技术岗位上逐步推行“就业准入制度”。从去年开始，部分新招录的综采综掘综放员工只有具备技校、中专以上学历并经过职业技能鉴定取得职业资格证书后，方可就业上岗。

六、积极开展职业技能鉴定，推行职业资格证书制度。

宁夏煤业集团公司于2003年7月被国家劳动和社会保障部授予“特有工种职业技能鉴定站”资格。为了充分发挥集团煤矿特有工种职业技能鉴定站的“社会考核”职能，集团还积极申办通用工种职业技能鉴定资格，扩大鉴定覆盖面，为操作层员工的技能鉴定、等级晋升敞开大门。从2003年至今已经先后为15个工种6000余名一线操作技能人员鉴定，有3952人获得了职业技能资格，其中初级工3137人，中级工612人，高级工203人。这样既为各煤矿培养了高技能人才队伍，又为技能劳动者铺设一条通过终身教育培训，从初级工、中级工、高级工再到技师、高级技师的职业生涯通道，为技能人才的健康成长和在岗位操作中充分发挥作用创造良好条件。□

职工培训十大法

乌鲁木齐石化总厂职工培训总校 吴厚义

中国石油乌鲁木齐石化总厂职工培训总校（以下简称总校），是一所具有26年办学历史的学校，为企业和社会培养出了中专、技校毕业生4785名，开展岗位培训和继续教育8万多人次。2002年荣获中国职工教育和职业培训协会授予的“全国企业职工培训先进单位”称号。

学校领导班子

近年来，总校深化改革，转变机制，找米下锅，送培上门，培训人次年均4000人左右，培训创效连年增加，受到了企业的好评。为了不断提高培训的有效性，我们积极探索培训方法的改革，总结、创造出了十大培训法：

一、五环节培训法。即确定需求、教学设计、选派学员、确保运行、及时反馈，这五个环节环环相扣，自成一体，确保质量。培训项目按此运作，培训效果就十分显著。

二、案例培训法。通过案例教学，提高学员分析问题、解决问题的能力。训练独立思考和判断能力。安全、消防培训主要采用此法。

三、导师带徒法。这是传统培训法和现代培训技术的结合。即一个高工要带一个或交叉带几个青年技术人员。在少数民族职工的文化、技术学习中，

一个汉族职工要辅导和帮带一个或几个少数民族职工学习。

四、论文评比法。要求职工定期撰写科研、学术论文，在动脑动笔中升华自己。

五、专题讲座法。讲座者有专家学者，有领导干部，也有工人技师等能工巧匠。

六、三三一体培训法。即三个层次，三位一体。“三个层次”就是根据培训对象的不同，有针对性地实施培训战略。对管理人员的培训称为A层培训，对专业技术人员的培训称为B层培训，对工人的培训称为C层培训。三个层次的培训都要做到三位一体。就是抓形势教育，确保思想意识到位；抓技术学习、岗位练兵，确保技术到位；抓检查考核，确保落实到位。通过抓“三位”实现培训工作“体系化”。

七、参与项目法。在参与项目中提出培训的目标和要求，使培训对象得到锻炼和提高，丰富自己的新知识、新理论。

八、脱产培训、考察法。培训与考察相结合，就会产生事半功倍的效果。

九、每月一考法。即通过每日一题、每周一课、每月一考、每季一评促进学习培训。

十、取证上岗法。不断进行继续教育，确保职工的知识与技术不陈旧，不落后。

“十大培训法”在实践中得到了普遍运用，汇成了乌石化群众性培训热潮，有力地促进了企业的改革发展、职工的文化技术素质和企业效益的不断提高，为生产力发展和先进文化的弘扬做出了贡献。□

电工培训实习

技能比赛

加快技能人才培养 营造人才成长环境

独山子石化总厂劳资处

多年来，独山子石化厂大力实施人才开发战略，全面创建学习型企业，狠抓员工队伍建设，通过机制和制度的创新来调动广大职工学习技术的积极性，为技能人才的成长创造了良好的外部环境。

一、定期举办职业技能竞赛，选拔优秀的技能人才

从1996年以来，独山子石化已举办了五届职业技能竞赛，设置的竞赛工种累计60个，参加总决赛的人数累计达1387人。在2000、2002及2004年全国石油石化行业职业技能竞赛中，独山子石化派出的选手先后取得常减压蒸馏操作工、催化裂化装置操作工、乙烯装置操作工三个第一名，一个第二名。田海波、张其军、李军令、薛魁等五名同志也因此授予“全国技术能手”荣誉称号。为西北地区、为新疆、为独山子石化争得了荣誉。技能竞赛的开展，为年轻技术工人脱颖而出，早日成才创造了条件。

二、技能人才评选表彰制度，定期推荐奖励技能人才

独山子石化根据国家、集团公司有关技能人才评选表彰的有关办法，制定下发了《独山子石化技术能手评选表彰实施办法》，定期开展技术能手的评选表彰活动。截止2003年底，铆工高级技师朱培军同志经推荐先后被评为“新疆维吾尔自治区技术革新能手”和“全国技术能手”，马克、孙存辉、张海涛、徐凯军、吴强等七名同志被评为“中国石油天然

气集团公司技术能手”，还有20名同志被评为“新疆石油管理局技术能手”，84名同志被评为“独山子石化技术能手”。

三、定期开展技师考评工作，选拔优秀技能人才

独山子石化于1988年开展了首批工人技师的考核聘任工作，截止2003年底，累计聘任工人技师333名，高级技师39名。开展技师考评工作，对调动职工学习技术的积极性，促进技术工人岗位成才起到了积极的作用。重视提高工人技师的待遇，技师津贴从过去每月20元，逐步提高到现在的每月150元。高级技师则提高到每月280元。技师、高级技师在住房、体检、出差等方面还享受与工程师、高工同等待遇。从1997年开始我们每两年还举办一届工人技术成果发布会，对做出突出贡献的技师、技术骨干给予重奖。

另外独山子石化还先后出台了《名师带徒管理办法》、《少数民族技师后备力量培养办法》，加快工人技师尤其是少数民族技师后备力量的培养。

四、开展技能鉴定工作，提高职工队伍整体素质

为加快职业技能开发的步伐，积极推行职业资格证书制度，在企业人才培养上形成“考培结合，以考促培”的局面。1996年就制定下发了《职业技能鉴定管理办法》，规定在操作服务岗位上的所有人员都要参加技能鉴定。从1996年初到2004年底，独山子石化先后有13000人次参加了138个技术工种的中、高级工技能鉴定，其中6850人取得中级工职业资格证书，1980人取得高级工职业资格证书。

围绕着企业发展战略而开展的各种培训、竞赛、考核、鉴定工作，使独山子石化的员工素质进一步得到提高，职工队伍的结构进一步得到优化。目前在技术工人队伍中，中级工比例由99年的30%提高到60%，高级工由7%提高到23%。现有在职技师160名，其中高级技师25名，技师占技术工人的比例约为2.5%。

目前独山子石化面临着千载难逢的大发展机遇，这支高素质的技术队伍正成为企业持续发展的源泉和动力。□

独山子石化职业技能竞赛闭幕式会场

独山子石化职工正进行仪表维修工的实际技能鉴定

全面提高职工队伍素质
开展多种形式的职业技能培训

包钢职教中心 张殿富 闫占清

为了加快技能人才培养，包钢相继制定了《包钢（集团）公司关于加强操作人员队伍建设的意见》、《包钢（集团）公司职业技能鉴定实施办法》、《包钢（集团）公司关于进一步加强操作人员队伍建设的意见》等制度和政策，进一步规范了职业技能培训工作。“十五”以来，主要进行了岗位培训、技能鉴定培训、技能竞赛培训、特岗培训、新工人培训、班组长培训等多种培训，切实保证了培训计划、培训内容、培训时间，确保操作人员三年培训一遍，年培训率达33%，并取得了良好的培训效果。

一、强化职业技能鉴定前培训

按照冶金职业技能指导中心的工作部署，包钢专门成立了技能鉴定临时小组，组建了职业技能鉴定队伍，积极开展职业技能鉴定工作，进一步推进职业资格证书制度，使职业技能鉴定与职业培训结合起来。

为了确保鉴定工作的有效进行，重点抓了以下几个环节的工作。一是强化对技能鉴定前培训重要性的认识，明确规定签订前培训合格者才能参加职业技能鉴定。培训课时严格按照《包钢（集团）公司关于加强操作人员队伍建设的意见》的规定，技术工种不低于初级工80学时、中级工140学时、高级工180学时；特有工种不低于初级工60学时、中级工100学时，高级工140学时；技师、高级技师不低于240学时。二是加强教材的建设。近年来，公司组织有关部门的技术人员，按照职业技能鉴定的标准，结合包钢的生产实际情况，编印完成了5个通用工种和近200个特有工种培训教材，同时建立了相应工种的试题库。三是严格按鉴定的程序和要求进行，认真组织理论和实际操作考核，极大地促进了员工队伍素质的提高。

职业技能竞赛车工工种实际操作比赛赛场

从开展职业技能鉴定前培训以来，共有206个工种20467人参加了培训和鉴定，鉴定合格人数19410人，合格率达94.8%，岗位鉴定比例达42.9%，操作人员中高级工人数达到10089人。

二、狠抓职业技能竞赛，提高职工队伍的操作技能。

近年来，企业操作人员队伍逐步年轻化，但是由于青工整体技术水平还不能完全适应生产建设的需要，对青工技能培养就成为提高职工整体素质的关键。为此，包钢制定了《包钢（集团）公司技术能手、技术状元评选暂行办法》，以每年一届的职业技能竞赛前的理论和实践培训为契机，带动广大青工学习技术，钻研业务。从1984年到现在职业技能竞赛已举办了20届，这已成为包钢的一项品牌工程，形成了一套完善、科学、合理的竞赛及选拔人才的机制。每届竞赛前都进行有针对性的赛前培训，年培训青工2~3万人。职业技能竞赛培养造就了一大批高技能人才，他们已成为包钢建设大军中的骨干和中坚力量。现任包钢（集团）公司副总经理孙国龙、包钢电气公司经理袁宜斌，就是职业技能竞赛中涌现

实习指导教师在指导学生进行电工实际操作

实习教师在指导学生进行车工实际操作

出来的杰出代表。

三、政策落实，措施得力，一大批技能型人才茁壮成长

政策落实，措施得力，管理到位。从岗前培训、岗位培训到转岗培训、职业技能鉴定前培训和职业技术竞赛培训，呈现出全面发展的态势。

通过培训，进一步增强了各级领导和全体职工对培训工作重要性的认识，在全公司范围内形成了尊重知识、尊重人才、尊重劳动、尊重创造的良好氛围；通过培训，职工队伍素质得到了极大的提高；通过培训，进一步在全公司形成了学习氛围，尤其是生产一线的技术工人把学理论、学技术作为自觉行动，为包钢正在开展的“创建学习型企业，争做知识型员工”活动奠定了坚实的基础；通过培训，包钢技术水平不断提高，技能人才大量涌现，吸引了国内外企业与包钢在人才培训方面的合作与交流。

2004年初，包钢（集团）公司提出了实现第三次跨越的宏伟目标，我们坚信在包钢未来的发展史上，职工培训及高技能人才培养必将取得更大的成就，为包钢的改革和发展做出更大的贡献。□

与时俱进 开拓创新 争创一流技工学校

大同煤炭高级技工学校

大同煤炭高级技工学校创建于1954年。建校五十年来，为大同煤矿培养了16000多名合格的技术工人，为大同煤矿的建设和发展做出了积极的贡献。

一、充实教学内涵，完善办学条件是学校发展的前提条件

完善的办学条件是保证一所学校进行正常教学活动，不断提高教学质量的必要条件，特别是技工教育脱离计划经济，走上自主招生、自主择业轨道之后，显得尤为重要。从1995年以来，我校在改善办学条件方面逐年加大投入力度，取得了明显效果。先后完成了实习工厂扩建、建设标准操场等大型工程，配置了现代化教学所需的微机教室、投影设备、最新的实习教学设施等。

二、把握机遇，深化改革是学校发展的关键所在

学校要占领市场，求得发展，必须具备先进的办学理念和科学的办学机制，这就需要抓住机遇，不断改革。

学生在综机车间上实习课

省委书记田成平(右二)、大同煤矿集团董事长彭连勋(右一)到校视察

打造品牌专业，创建特色学校。一所学校如果没有特色，就不会为社会所瞩目，也就无法树立形象，赢得市场。前几年，技工教育刚刚脱离“统招统分”的计划经济模式，生源锐减。为尽快走出困境，学校曾设置了如酒店管理、餐饮等许多新的专业。但事实证明，这些新专业的开设，难以发挥我校的办学优势，教学质量也就难以保证。在认真分析、科学研究的基础上，学校根据市场需求状况及我校设备、师资优势，确定了“打造品牌专业，创建特色学校”的办学思路。2002年，确定“焊工”专业为我校品牌专业，并在师资，教学条件等方面给予了优良配备。同时，通过加大教学检查力度，推行理论实习一体化教学，聘请高级焊工技师任教等措施，确保了教学质量。品牌专业的成功打造，将使我校真正走上良性发展的轨道。

建立科学完善的办学机制。学校要树立品牌，办出特色，提高质量，占领市场，必须要有一个科学完善的办学机制作为前提，而做到对市场信息的及时收集和分析，则是形成良好办学机制的重要环节。为此，学校成立了信息中心，专门负责对各类信息的收集和分析，为决策提供参考。通过对市场人才需求信息的收集和分析，为学校调整专业设置和确定招生规模提供了参考；通过对最新设备使用信息和上岗标准信息的收集分析，为学校更新教材，改革教学方法提供了参考；通过对用人单位的考察，与用人单位建立联系，为学生就业拓宽了渠道。信息中心的建立和有效运作，使我校形成了集“人才预测——招生——培养——技能鉴定——推荐就业”于一体的办学机制，为学校的可持续发展奠定了基础。

充分发挥资源优势，实行多层次办学。我校是一所具有五十年办学历史的老校，学校师资力量雄厚，教学设施齐备完善。为充分发挥资源优势，增加办学收益，在集中精力打造品牌专业，扩大学校影响的同时，我们积极开展多层次办学。目前，学校的在校生中有四个层次——高级技工班、中级技工班、短期培训班以及与高校联办的大专班，可谓多管齐下。经过几年的实践，我们发现多层次办学与单一办学相比，其优势十分明显：一是促进了学校办学条件的改善和综合办学能力的提高；二是锻炼了教师队伍，促进了教师队伍整体素质的提高；三是提高了学校的办学层次，加强了学校与社会各界的联系，扩大了学校影响；四是增加了学校创收，使学校办学投入得以逐步加大，形成良性发展趋势。

三、建立科学有效的管理机制是学校发展的根本保证

经过多年的实践和不断完善，我校已形成了一套科学有效的管理体系，科学有效的管理保证和促进了学校的不断发展。

一是以“教育教学优质奖”评选为主线，形成了一整套完善的教学检查激励制度。这项措施有力地促进了教师和学管人员的工作积极性，对促进教学质量的全面提高起到了积极的作用。

二是以评选文明班级和三好学生、优秀班干部为主线，加强班级管理和学生管理。努力培养既具有创新能力和一技之长，又爱岗敬业、德才兼备的新一代技工人才，以适应社会的需求。

三是对部门和员工的管理做到了制度化、经常化。学校考核委员会逐月对全校各部门的工作质量进行量化考核，并根据考核结果进行奖惩，对部门工作起到了有效的促进作用。在后勤系统中，推行了服务工作“巡视报告制”使后勤服务变被动为主动，有效避免了部门之间推委扯皮不负责任现象的发生，提高了工作效率。

几年来，学校不断探索新形势下技工教育的新路子，更新办学理念，改善办学条件，突出办学特色，加强科学管理，使学校的办学能力得到了明显的提升。学校连续多年被大同市和大同煤矿集团公司评为“先进单位”和“文明单位”，2000年，进入“省级文明单位”行列。□

就业为本 千方百计拓宽就业渠道

国营五四一总厂技工学校

山西省劳动保险厅副厅长邢林光到该校视察指导工作

该校2003年12月24日被山西省人民政府批准为省部级技工学校

该校学生进行车工生产实习

在特定意义上讲，职业教育就是就业教育，技工学校要培养一专多能、懂理论会操作的技术工人。

当今社会对学校教育质量、办学效果的评价，由自我评价、业内评价为主向社会评价、用人单位评价培养对象为主的方向转变。社会认可，用人单位欢迎，学生满意，就业率高已成为办学质量的核心。学生就业难已成为制约学校发展的瓶颈，学校只有主动面向社会，进入市场，营销学生这个特殊产品，提前实现软着陆，才会在市场的大潮中立于不败之地。541技校正是有了这种认识，才真正确立了“一切为了学生未来”的办学理念，把学生的学业当成学校的事业，把家长的希望当成学校的愿望，把用人单位的需求当成学校的追求，把学生就业当成了责无旁贷的头等大事。实行定单式教学，为学生就业铺平了广阔的道路。2001年170名学生全部就业，2002年197名毕业生全部安排了工作台，2003年春季13家企业在学校召开现场招聘会，毕业生和企业面对面双向选择，299名毕业生全部被企业招聘，还有106名在校生被企业预聘，2004年714名毕业生提前走上工作岗位，连续4年就业率达98%，真正走上了一条招得来，管得住，学得好，分得出的良性循环轨道。

541技校在办学过程中，励精图治，共创辉煌，取得了令人瞩目的成就，先后被评为“教学先进单位”、“招生工作先进单位”、“成人教育先进单位”、“技工教育先进单位”等光荣称号，走出了一条以学生就业为轴心，产、教、学一体化具有现代技工教育特色的办学之路。□

铸造职教辉煌 共创美好未来

侯马铁路运输技工学校

校领导班子

侯马铁路运输技工学校隶属于北京铁路局，建校20多年来，先后为生产一线输送了1200余名技校毕业生、2600余名电大高函毕业生，其中有百余名毕业生走上了主任、站长等各级领导岗位，有的当上了企业的厂长、经理，为铁路、为社会做出了积极的贡献。

一、立足主体，服务运输

安全生产是铁路运输的主旋律，作为为企业输送人才的技工学校，培养

高素质人才是工作的重头戏。因此，我们在充分发挥多功能办学优势的前提下，致力于学校的改革发展，实行了管理工作的服务化、后勤服务的社会化、教学一线的电气化、饮食住宿的公寓化，以及一日规范的军事化管理模式。在教学中，首先强化教师创新素质的提高。采取任课教师到生产一线和大专院校考察、学习，掌握现场的新技术、新设备以及铁路运输产品的发展方向，积极开展学术交流，提高教师素质。其次是树立良好的校风，我们充分发挥学校党团组织的战斗堡垒作用和党团员的先锋模范作用，对学生进行法律知识的教育培养。再次是瞄准铁路运输发展的方向。建校多年来，我们始终牢记“服务运输生产”的办学宗旨，想领导之所想，急一线之所急，企业需要什么样的职工，我们就想尽办法、竭尽全力，尽快“生产”什么样的“产品”，一线需要什么样的服务，我们就送教上门提供什么样的服务。

二、面向市场，迎接挑战，积极拓宽技工教育的发展平台

近年来，随着我们经济体制和劳动就业制度改革的深入，我校与全国各技工学校一样，遇到了前所未有的挑战。能否适应市场，贴近市场，成了学校生存发展的关键。为此，我们经过认真思考，反复研究，确定了依托铁路的优势和品牌，实行“招工招生一体，知识技能并重”的办学思路，努力开创技工教育的新天地。仅2004年，就有400余名有志青年积极踊跃报考我校。□

崛起的潞安职业技术学院

潞安职业技术学院 赵君士

潞安职业技术学院成立于2004年3月，是在原山西煤炭职工联合大学潞安分校基础上改建而成。学院自成立以来，认真贯彻党的职业教育方针，坚持以人为本，树立了“立德自强、全面发展”的校训精神，尤其是在安置学生就业方面在全国职业院校中独树一帜，开辟了学生就业前的实习实训新领域。成建制组织大批学生到改革开放的前沿阵地—珠江三角洲实践锻炼，在那里他们不仅学到了知识，培养了自制自控能力，而且塑造了完美健康的人格。他们在“世界工厂”里实践，成为潞安第一批不出国门的“留学生”。

潞安职业技术学院

学院十分关心学生在外的成长，有组织有计划地输送一批批学生，在珠海成立了“同学联谊会”，建立了“潞安第花园式庭院和园林式单位。广大职工爱岗敬业、积极进取，涌现出一大批模范先进人物，有40余名同志受到市以上行政部门的表彰奖励。培养的9000余名毕业生受到了企业的普遍欢迎，并赢得了良好的社会声誉，毕业生就业率达到100%。学校自1991年至今连年被评为省先进技工学校，1997年被评为河北省教学质量管理优秀单位。继1993年成为省重点技校后，1998年6月被国家劳动和社会保障部命名为国家重点技工学校，1999年被国家劳动和社会保障部、国家计委批准为高级技校，2003年6月经省厅批准举办技师学院，增挂石家庄技师学院校牌。经过多年抢抓机遇、艰苦奋斗，已初步把学校建成为多层次、多功能的技能型人才培训基地。

目前，全校教职工在邓小平理论和“三个代表”重要思想指引下，适应建立社会主义市场经济体制的要求，与时俱进，开拓创新，为把学校建成全国一流技工学校而努力奋斗。□

计算机课

面向社会 服务就业 促进学校发展

秦皇岛市高级技工学校

秦皇岛市高级技工学校是一所同时具有高等职业学历教育和高级职业资格证书教育的高等职业技术院校。

学校坚持面向社会、服务就业的办学方向，不断调整专业设置，完善办学层次，开设有中级技工、高级技工、技师、高职大专等不同层次近百个教学班。目前，在校生3100人。

学校高度重视教育教学质量，2003年引入ISO9001认证，使学校的质量管理水平迈上了一个新的台阶，成为河北省首家通过认证的技工学校。建校46年来，学校的办学质量稳步提升，毕业生“双证”考试合格率达95%以上，在国家、省、市各级职、技校学生技能操作比赛中均取得前三名的优异成绩。学校已为社会输送了达3万余名合格的技术工人，成为秦皇岛地区培养中、高级技术工人的摇篮。

理论教学

学校领导强化“人才是第一资源”的理念，大力加强师资队伍建设。目前，学校在职教职工252人，其中专任教师129人，具有高、中级职称的教师占总数的85%，35岁以下的年轻教师占总数的54%，师资队伍结构合理、力量雄厚。

学校充分利用教学资源，建成了秦皇岛市高级职业技能培训学校和国家职业技能鉴定所，积极开展在职职工、下岗

完备的实习设备设施

职工、转岗职工的培训工作。经过近十年的发展，现已能够开展190多个工种的从初级工到高级技师的技能培训与鉴定工作，每年培训与鉴定人数在80000人次以上，已成为秦皇岛市十几个机关、企事业单位的定点培训基地，每年还承担包括国家A级考试项目在内的各级各类考试考核任务数十项。

学校秉承“抓就业促招生”的工作方针，高度重视毕业生就业工作，为毕业生建立稳定的就业基地，使学校每年的毕业生就业率均在95%以上，骨干专业甚至出现供不应求的良好势头，带动了招生工作，自2000年以来，学校年招生量均在500人以上。

目前，学校正在秦皇岛市北部工业区兴建占地近400亩的新校区，投资2亿元，建筑面积12万平方米，可容纳在校生6000人，在职职工培训20000人，新校区落成后，将使学校步入“全国一流、全省最好的”高级技工学校行列。□

全面推进产学研结合 培养应用型人才

唐山市技师学院

唐山市技师学院是在2003年12月获准成立的，与2001年4月建立的唐山工业职业技术学院实行一体化管理。其前身是始建于1975年的唐山职大陶瓷分校和始建于1980年的唐山高级技校。2003年10月以前隶属于唐山陶瓷集团，以后由唐山市政府主办、市教育局直接管理。学校高举邓小平理论伟大旗帜，认真实践“三个代表”重要思想，坚持“以需求和发展的观点看职教，以顽强和创新的精神办职教”。在职教“滑坡”，很多学校相继撤销的形势下，不仅幸存了下来，而且在短短的几年间，在依靠自筹自支办学的情况下，实现了“四上台阶”跨越式发展。

1994年主管公司将处在“开学愁招生、办学愁经费、毕业愁分配”，和唐山震后“破大门、乱操场、土设备、简易房”的陶瓷职大与技校合并实行一体化管理之后，学校在总结过去、分析现状、展望未来的基础上，提出了“面向市场找出路，争创重点求发展”的工作思路，确定了“向省厅要政策、向主管公司要工厂、向改革要效益、向时间要速度”的工作方针。抓住一切发展机遇，开拓创新，与时俱进。1996年创建成省级重点技校；1998年创建成国家重点技校；1999年创建成河北省第一所高级技工学校；2001年经过省人民政府批准升格为高职院校。由于我们的办学贴近了当地的经济建设，突出了职业教育特色，体现了有所作为开拓进取精神，有较大的发展潜力，在唐山市高教育格局中占有一定的位置，又属于困难企业办学，所以深受各级领导关注。为有利于实现职教与经济的互动及学校今后的可持续发展，经省、市人民政府批准，将学院整建制地归划政府管理。

在极其困难的条件下，学校之所以能生存下来，并实现了快速发展，关键在于紧紧把握培养目标，走产学研一体化的道路，突出职教特色，创造必要条件，坚持改革创新，不遗余力地培养应用型人才，赢得了社会的认可。□

立足市场 为企业培养技能型人才

天津市津工技术学校

学校创建于1984年，是由天津市劳动和社会保障局批准成立的以培养中级技术工人为主、兼顾各类中短期职业技能培训的全日制技工学校。学校师资力量雄厚，中、高级讲师、技师占30%，讲师、一级实习指导教师占60%。

学校与天津机电职业技术学院具有师资、实验、实习设备的资源共享关系，并在多家大中型企业建立了校外实训基地，学校的实习工厂具备高精度量具的加工、检测能力，除完成生产任务外，还为学生提供了生产实习的训练科目，使学生在走出校门前就能够熟悉企业的生产与管理，为学生走进社会做好技术与心理准备。学校坚持对学生进行素质教育，亲情管理，引导学生"进校门学做人，进课堂学知识"，"把孝心献给父母，把才智献给社会"。学校实行奖学金制，激励学生勤学上进，中级工考试合格率达96%以上，学生毕业后大多成为了企业的骨干力量。

车工专业实习

学校把市场经济机制引进到学校日常工作管理中，提出了办学要既讲成本又讲效益，既讲投入又讲产出，既讲社会效益又讲经济效益的先进的办学理念，制定了"以市场为导向，贴紧经济，立足行业，突出特色，拓宽领域，服务社会"的办学方针，从而使津工技校步入了快速发展的轨道。从99年至今，学校每年招生人数均超过500人，现在校学生已达2000余人。

学校全貌

学校为提高毕业生的就业机会，与多家企业建立了长期合作关系，形成了稳定的就业渠道。几年来，为几十家中外企业培养输送了大批实用型技术人才，受到了学生及家长的欢迎。□

与时俱进 不断探求技工教育新路

天津市公用技工学校

天津市公用技工学校创建于1963年，42年来为天津市的公用事业和社会各界培养输送了11000余人合格的毕业生。随着市场经济的确立和发展以及天津市产业结构的调整，学校始终紧跟时代的潮流，认真分析技工教育发展趋势，树立了以市场为出发点和归宿点，提供职业教育服务的新观念，根据市场需求，增加专业设置，招生工作一年比一年好，2004年招生545人，在激烈的生源竞争中站稳了脚根。

一、贴紧时代新特色，求得教育新成效

学校确立"以人为本、育人为先"的教育理念，贴紧时代特色，努力办出成

效，不断加强基本建设。先后购置了大量教学设备，拥有先进的专用实物教具，测试仪200余套，理论教具资产达86万元，实习教具资产达576万元，为增强办学实力打下坚实的物质基础。在专业实习、设施建设方面已成为本地区技术领先、装备齐全的重要实习基地。在师资力量和教学管理上，狠抓内部素质提升，大力开展人才建设，造就一支理论水平高、动手能力强、教学经验丰富的教师队伍。在教学上借鉴先进经验，注重学生动手能力培养，引进世界先进的“双元制”职业教学法，紧紧围绕技工教育特点，有效地实施校企联办、联合培养、开发、挖掘学生的潜力和创造性思维，取得了明显的效果。

学校在素质教育上，强调以人为本，营造人性化的教育氛围。提出思想素质“三化”教育法：一是品德教育低龄化，二是理想教育具体化，三是日常管理人性化。在具体工作方法上，结合实际，注重在三个方面做文章：一是表彰与惩罚的有机结合。二是学生文娱团体建设和不间断开展活动的有机结合。三是应用科技手段注重学业教育和素质教育的有机结合。近年来，学校不断探索，勇于创新，结合社会和企业需求，培养出了一批又一批懂理论、有技能、素质高的合格毕业生，学生毕业率、就业率都保持100%。

学校风貌

发动机实习车间

二、全力打造新品牌，努力提升新高度

学校在多年的教学改革实践中，取得了一定的社会效应和经济效益，在职教行业赢得了良好的声誉。学校面对市场办学，努力实现6个重点转变：一是培养层次上的转变；二是办学学制上的转变；三是办学形式上的转变；四是生源渠道上的转变；五是就业渠道上的转变；六是办学专业上的转变。同时要在办学指导思想，工作作风上不断提升和转变。坚定走技工教育之路，努力把学校整体工作推向一个新的高度，把学校办成“中国制造”人才培养的基地和摇篮。□

以市场为导向 就业为核心 探索和实践职业教育之路

天津连邦职业技能培训学校 孙惠民

在职业培训的教育实践中，天津连邦教育始终秉承“以市场为导向、以就业为核心、以技能训练为主干、以教学质量为根本”的办学思路，努力探索适应现代化建设对人才需求的职业教育模式。

一、推行职业资格证书制度，引进开发适合市场需求的培训项目

连邦教育致力于培养高素质职业技能人才，面向社会各阶层普及国家职

业资格认证，开展物流师、人力资源管理师、速录师、室内设计师、动画设计人员、计算机技术、秘书、营销师、项目管理师、职业经理人等多个热门行业认证培训课程。

连邦教育率先启动天津市“小语种”培训项目，面对市场需求日益增大的小语种人才，连邦教育的研发教师亲赴京、沪等地吸取经验，开发出领先全国的语言培训体系并取得优异成效。

二、注重学有所成，学有所用，建立完善就业服务体系

连邦教育的统计数据显示大致有三类人群参加培训：青年学生、在职人员、就业困难人员，这三类人群的核心问题是就业问题。连邦教育确立了以就业为核心的办学宗旨，各学科成立就业指导部门，选派专职就业指导人员为掌握了相关技能的人才提供就业服务。

连邦教育重视对在职员工的培训，先后为多家企业实施其系统或企业所需要的技能培训，既提高员工整体业务水平，还实现企业员工持证上岗，达到一举两得、一箭双雕的效果。

连邦教育先后与近千余家企业签订了人才推荐合作的协议或意向书，部分培训课程与学员签订就业协议。在物流、日语专业课程开设了定向就业班，实现入学学员培训、实习、就业一条龙服务。

三、以技能训练为主干，增强学员实践能力

连邦教育深谙职业技能培训与就业的紧密联系，注重技能训练，通过强化技能训练完善职业培训，使之作为学员就业前的最有利的“充电”，为社会培养了大批既有理论又懂技术的复合型技能人才。学校坚持“随讲随学、随讲随练”的训练方法，强化动手能力、强化实操技能。在物流人才的培养上，引进国内先进的智力，研制开发了一套“ERP教学系统”，在速录人才的培养上，在教研团队的共同努力下，创造了目前在国内具有领先技术水平的“五元素”教学法，“生产线”教学法和“4 + 1”教学法。

四、以教学质量为根本，改革创新，实施科学有效的教学方法

联邦教育在实践中，注重抓好教育质量中的四大环节，即“职业标准、课程体系、教学研究、教学实践”，围绕应用型教学的特性，本着让学员毕业就能实习就业的原则，研发了一系列的教学方法。连邦教育积极改革课堂教学模式，变传授知识为培养能力为主的开放式教学，注重学员创意实践，充分运用现代多媒体技术教学，营造开放活跃的课堂氛围。同时定期组织教师培训，开展教学大赛，提高教师教学水平取得明显效果。□

崛起的西南职业技能人才培训基地

重庆市工业技师学院

综合教学楼

学院创建于1978年，是重庆市经济委员会直属的一所以培养中高级技术工人和技师技能型人才为目标、实施大中专技校全日制学历教育的高级职业技术学院，与重庆市工业高级技工学校、重庆市工交职业教育中心三块牌子一套班子。2000年被劳动保障部评定为国家重点技工学校，同年被重庆市政府表彰为先进职业学校，2001年被命名为重庆市安全文明示范小区，2001 至 2004 年连续四年被评为重庆市“技工教育先进学校”，2003年升格为高级技工学校，2004年批准设立技师学院，同年被命名为重庆市文明单位，学院建立有国家职业技能鉴定所、计算机信息技术考试站。

学院教学、实习、实验及生活设施配套完善，设备先进，建有电子信息实训大楼和数控技术、普通机床、钳工、焊工、电工、电子实习车间和电工电子、电拖、家用电器、通讯高低频数字电路、机电一体化(PLC)、数控模拟实验室及计算机网络教学中心，是渝西数控、机械、机电、电子、通讯类龙头示范学校，是全国数控技术职业教育培训基地协作学校，永川市农村劳动力转移培训基地。

学院坚持德育为首、教学质量为中心、技能训练为重点、市场导向为目标的办学宗旨，从严治校，严谨治学，重视素质教育。教育学生学会做人、学会做事、学会创业，强化职业道德，强化职业技能，学生选学第二工种，一专多能，技能复合。

学院特别重视学生就业，与重庆、成都、广东、福建、江苏、浙江、上海等地企业建立了稳定的人才供需关系，保证了学生就业，拓宽了学生的就业渠道。学院对安置的企业均先实地考察，学生自愿选择、报名、面试，然后派专人送学生到工厂，并跟踪服务2年。2年内凡因企业的原因明显达不到当初宣传的要求，学院免费再安置。在安置就业过程中，学院努力做到“五不安”(即没有考察好的企业不安、效益差的企业不安、无发展前景的企业不安、规模小的企业不安、不执行《劳动法》的企业不安)、“四满意”(即企业满意、学生满意、家长满意、学校满意)。多年来，学院毕业生供不应求，就业率100%，稳定率96%以上。《重庆日报》2003年11月9日、《中国青年报 》2003年8月28日均报道我校学生"尚未毕业便被一抢而空"。2005年毕业生现已被选聘完毕。

面对机遇与挑战，重庆市工业技师学院锐意改革、开拓进取，以学科建设为龙头，以教学科研为中心，以师资队伍建设为基础，以办学条件改善为支撑，开创品牌办学新路子，努力向着一流全国示范性职业教育培训学院目标奋进。□

电子电工电拖实验室

计算机实训室

电子实验室

数控技术实训车间

努力培养复合型技能型人才

张家口市技工学校

学校创建于1960年，现在校生达1500人。建校以来，为社会培养各类技术人才近万名，2004年被劳动保障部评为国家级重点技工学校。

学校本着“以经济建设为中心，以市场需求为导向”的办学原则，积极开办市场紧缺专业，加快机械制造与计算机辅助设计、电气自动化、广告与室内艺术设计等专业的发展，现四年高级技工专业已成为学校的骨干建设专业，同时积极开办焊接技术、家电维修等短期培训班，从2000年开展下岗职工再就业培训、创业培训和技师培训，现已形成高、中级技工教育并举、长、短期培训相结合的办学体系。我校开展的《创业培训 --SYB创办你的企业》的培训，受到了社会各界的好评和下岗职工的欢迎，也得到了劳动保障部以及省市有关部门的重视肯定，在2002年全国激情创业大赛中，我校学生赵红卫荣获10万元奖金，在省内乃至全国都产生了良好的影响。仅2003年我校毕业生创业就达250余人。

外企到校录用毕业生

为完善管理制度，学校制定了《制度汇编》和《岗位责任制考核奖惩办法》，成立了以校领导为组长的考核小组，严格管理，严格考核，实行效绩挂钩，极大地调动了教职工争先创优的积极性，在教师中以提高综合素质和技能水平，扎实工作、勤奋学习的氛围已经形成，“团结、勤奋、求实、创新”已成为全校师生的共同行动，为教师、学生的工作和学习营造了良好的学习和育人环境。

三年以来，学校毕业生合格率达98%以上，中级工合格率达到97%，2001年在河北省职业学校技能比赛中，我校学生获车工专业团体第一名，计算机应用团体第三名，2003年在全省职业学校技能比赛中，我校学生获维修电工专业团体第三名。

通过努力，学校现已发展成集“技工教育、区域培训、职业技能鉴定和就业服务”为一体的多功能、全方位的综合培训基地。□

“质量立校”创办诚信学校

山西省劳动技术学校

山西省劳动技术学校创建于1998年。建校6年来，学校坚持以“质量立校”的办学理念，不断探索新时期办好职工培训和技工教育的新观念、新途径、新办法，取得初步成效。连续几年职工培训合格率100%，技校毕业生

校长高卫星

旅游专业学生在实习

就业率98%以上。

学校紧扣当地经济发展趋势，培养社会、企业所需求的高素质技能人才。首先是培养目标定位准确，做到急社会和企业之所急。在职工培训方面，面向下岗人员和中小企业，本着缺啥补啥，学以致用的原则，先后培训28000多人次，为改善、更新职工知识结构和技能水平，提高企业员工素质和再择业(创业)做出了贡献。在技工教育方面坚持贴近市场办学，面向全省农村特别是贫困地区农村招生。6年来招收新生3000多人，其中60%来自农村，输送毕业生1800多人。不仅为地方经济和社会发展培养了大批生产、建设、管理、服务第一线的技能人才，还为广大农村青年走出去就业难打通了道路。

学校在专业设置上紧贴市场需求，紧紧围绕当地经济结构调整和社会需求，根据变化适时调整专业设置。在教学培养模式上，力求与用人单位对接，做到三个突出：

一是突出技工教育的特点。在教学上以文化理论课为基础，以技能训练为重点，建立以培养职业岗位能力为中心的模块式教学模式。

二是突出专业实习环节，保证实习课的数量和质量，根据不同专业需求，理论知识与实习课教学的比例达到40%-50%。学校除根据需求投资建设、装备部分设施外，主要依靠合作办学方式，在企业建立生产实习基地。同时聘请有经验的高级工程技术人员或高级技师、技师和有技术经验的工人，担任实习指导教师。

三是突出一专多能的训练，加强复合型人才的培养，使学生成为具有较扎实的理论知识、技能精良、择业口径宽的实用型、复合型的人才。

通过几年办学实践，我们深深体会到，现代化的教学设施固然是学校必不可少的物质基础，但教学质量是学校赖以生存发展的生命。学校在改善办学条件的同时，加强师资队伍建设，坚持专、兼职并举的方针，建立一支素质高、专业门类齐全的“双师型”教师队伍，提高办学层次和教学质量，为把学校建设成省内一流的职业教育培训基地而努力。□

坚持以人为本 实现管理创新

太原粮食技校 杨武生

学校于1991年成立，占地面积近30亩，建筑面积约2万平方米，教职工60人。目前学校开设有计算机应用专业、数控技术专业、酒店和旅游专业、口腔专业、汽修专业、编织专业、会计专业、学制三年，现在校生958人。

建校十几年来，学校遵循“以人为本”的办学理念，面向市场，服务就业，一心一意谋发展，积极推动学校教育教学全面改革。学校认识到，职业教育学校，是培养职业人才的圣地，其使命就是使更多的人接受职业技术教育。“以人为本”是职业教育的出发点，通过提高劳动者的素质使其办学水平、社会服务水平的不断提高。要使受教育者自身得到全面发展，使他们进入社会以后能够不断增强自身的就业能力，更好地适应和融入社会，成为社会财富的创造者，同时不断提高自身的生活质量和生活水平。也就是说，职业教育在必须考虑到社会需要的同时，还应考虑到学生、家长的需要，树立“以学生为中心”的观念。

一、坚持以人为本 实现管理体制的创新

在学校发展的过程中我们认识到，管理体制是管理理念的外化、具体化。在知识理念指导下的管理体制必须是以人为本，实现人的全面发展。在传统的管理理念下，更多的强调组织价值、组织目标，把人完全看成管理的客体，而忽视了人的个体价值和潜能的开发，最终导致管理效能的下降。以人为本的管理体制，在决策技术上，要实现从“常规决策”到“战略决策”的转变，特别是要利用好“外脑”、思想库和智囊团，运用控制论、系统论、信息论、未来学、运筹学等多学科知识，使用电子计算机、数学模拟、统计分析等现代化方法和手段，综合分析，全盘设计，以求得最佳方案。

在决策上，要实现从“封闭决策”到“参与决策”的转变，决策就是选择，实现决策的科学化。这样的决策既降低了决策的成本，又顾及到各方利益，最终提高了决策效益。学校要发挥专业面广、人才集中，教职工思想活跃的优势，并把广大学生纳入管理决策信息“收集–反馈”网络，这将是集思广益、科学决策、实现最优管理和学校的可持续发展的有效途径。

二、管理必须以人的全面发展为出发点

人是社会生产力中最积极、最活跃的因素，也是管理系统的核心因素。学校作为人才“孵化工厂”，必须顺应时代发展的潮流，把包括广大学生在内的人的全面发展作为教学管理的出发点，转变观念、开拓创新，全面实现以人为中心的管理。

作为一个学校，全面提升全体教师的心理素质和道德情操，有利于学生健康人格的养成与发展。健康人格教育以心理教育、德育和美育为内层，以智商、体育、劳动教育等相关领域为外层，是一项具有一定规模的系统工程。教师的所有教育行为对学生而言属于外因，学生自我的认识和行为则属于内因，外因必须通过内因而起作用。因此，人格教育的各项措施，都应从学生实际出发，都应努力唤起学生的主体性和创造性，都应积极引导学生的自我教育、自我培养与自我发展，这样，教育才能收到实效。

会计专业实习课

校长杨武生

三、做好人才工作，落实好人才战略

学校是培养人才的摇篮，应以塑造人才为己任，是靠人才培养人才。一方面，塑造德才兼备的教师队伍。另一方面，以培养德智体全面发展、适应市场需求的现代化人才为宗旨。学校应紧紧抓住培养、吸引、用好人才三个环节，加强人才资源建设，深化人才工作体制改革，优化人才资源配置，努力把各类优秀人才集聚到学校工作中来。

学校要做好人才工作，落实好人才战略，必须树立适应新形势、新任务要求的科学人才观，树立人才资源是第一资源的观念。坚持德才兼备原则，把品德、知识、能力和业绩作为衡量人才的主要标准，建立健全人才培养机制。建立以业绩为重点，由品德、知识、能力等要素构成的各类人才评价指标体系，建立以公开、竞争、择优为导向、有利于优秀人才脱颖而出、充分施展才能的选拔任用机制。学校还要尽快形成一支梯次合理、素质优良、新老衔接、充分满足学校发展需要的人才队伍。站在发展战略的高度，制

定符合人才培养规划，形成人才脱颖而出、健康成长、发挥才干的良好机制和环境。紧紧围绕改革、发展、创新的战略目标，制定相应的人才资源规划，优化人才资源配置，要鼓励教职工，尤其是青年教师胸怀大志、不畏艰险，在艰苦环境中磨练自己，在教育教学实践中成长为职教事业的骨干。

以人为本，优化环境，创新理念，加快发展。只有做到真正意义上的以人为本，学校全体教职员工才能树立、"一切为了学生，为了一切学生，为了学生一切"的教育思想，与时俱进，主动适应，不断创新教育市场的经营理念，才能从教育目标的实际出发，完善各项教育教学工作。

经过学校全体教职工十几年的不懈努力，教育教学取得了显著成绩，得到社会各界的充分肯定。多次被评为山西省粮食职业教育先进单位、太原市社会治安综合治理模范单位、太原市职业教育先进单位等。学校党支部被评为太原市标准化党支部、太原市粮食系统先进党组织。学校已成为山西省职业教育服务中心和"劳务输出培训基地"。□

前进中的内蒙古冶金高级技术学校

内蒙古冶金高级技术学校

学校伴随着内蒙古经济建设和包钢的发展已走过了四十八个春秋，现有教职工330多名，在校学生4500多名，32个专业，104个班级，成为内蒙古自治区最大的高级技术学校和高技能人才培养基地，为社会培养输送20000多名技术人才，为内蒙古经济发展和包钢生产经营做出了贡献。

近年来，学校不断改革办学体制，调整办学结构，确定了新的办学方向："高、中级职业教育并举，培训与职业技能鉴定并重，岗前、岗后、适应性、复合型培训一体"的多层次综合性职业培训全方位开展。学校在强化中等职业技术教育，稳步扩大招生的同时，确保高技、中职的基础地位，把高技、中职办学作为首要任务来抓。一方面，积极与包钢各用人单位联系，预测各单位技术工人的需求状况，为公司人事部拟定用工计划提供依据，也为学校有的放矢办专业掌握第一手信息。另一方面，开展定单式服务，为需求

包钢(集团)公司董事长，党委书记、总经理林东鲁，董事会董事周家骞为学校新校牌揭牌

的企业专门制定培养计划，按用人单位要求输送定向毕业生。2000年学校与内蒙古科技大学(原包头钢院)联合开办高职大专，几年来共招生1400余名。2003年学校第一届高职学生毕业，一次就业率达76%，受到了合作单位和上级主管部门的好评。高职的开办，不仅增加了生源、创造了收益，更重要的是锻炼了师资队伍，提升了学校的办学层次，带动学校的改革发展。高技、中职招生保持了良好的势头。2004年报名人数2300余人，录取学生1000余人，为学校持续健康发展奠定了基础。

学校充分利用"自治区培训定点单位"和"国家职业技能鉴定站"的培

学校承办自治区团委组织的青工大赛

训鉴定资格，以包钢通用工种为主，积极开展岗前培训、转岗培训和职业技能资格证书取证前的培训，年培训规模从1000人提高到了5000人，同时也为社会、其他院校和企业鉴定服务。几年来，培训鉴定人数已达14000余人。

学校与厂矿联办高级技术工人培训班，承担复转军人岗前培训任务，近几年为社会培训中、高级技工520人，再就业培训280人，复转军人380人，全方位为本地区经济建设服务，取得了显著的成绩。

学校加大实验实习投入，在校内建成五个实习车间，13个实验室，实习工厂已具规模，通用工种的实习全部在校内完成。近几年学校又投入1400余万元，形成机械加工、电工、钳工、铆焊、数控机加、油压技术等6个专业（工种）500名学生同时进厂实习的规模。同时采取校企合作办学的方式，在校外建立了9个实习基地，为学生完成生产型操作训练，提高职业技术水平和就业能力创造了良好的条件。

为适应多元化办学的需要，推进教育教学改革和人事制度改革，提出"双师型"人才优先聘任，理论教师实践化，培训指导教师理论化。在教学管理上严格考风考纪，加强教学检查与评估，同时聘请厂矿技术专家对各专业教学大纲进行评审，提出修订意见，使教学计划大纲更加贴近生产实际，有效提高了教育教学质量。在对学生进行知识传授的过程中，更注重德育工作，教学各个环节中渗透德育教育，使德育工作纳入到学校教育的全过程，形成教书育人，管理育人，服务育人，环境育人，实践育人的"五育"并举的良好氛围，极大地调动了全校师生的积极性。

2004年学校制定了二次创业的总体目标：把学校做大、做强、做实、做优、打造西部职教名校。2005年学校与加拿大高等职业院校采用"2＋1"（国内学习2年，国外学习1年）的模式办学，德国政府为支持中国西部开发，对职业教育拟投资350万欧元，学校积极与德方洽谈，争取获得实习设施建设的援建项目，现已通过德国专家的实地考察已进入实施阶段。

经过全校教职员工的不懈努力，多元化办学已趋成形，使学校的发展壮大增添了活力，为创建西部职教名校奠定了坚实智力和人力资源基础。□

自治区青工大赛赛场

开拓创新 锐意进取 培养高素质技能人才

内蒙古交通职业技术学院

内蒙古交通职业技术学院始建于1975年，校园占地214亩，建筑面积40000多平米，藏书总量达10万余册（其中专业图书超过70%）。学院教学基础设施齐全，拥有现代远程教育网络教学中心和汽车、公路、计算机等专

院长张吉国

汽车专业一体化教室

业实习实验室40余个。学院师资力量雄厚，现有教职工186人，其中专职教师122人，具有副高级职称的36人，高级技师21人，各专业学科带头人均已达到硕士研究生以上学历。

近年来，学院主动适应职业教育发展形势，走校企联合、订单办学的路子，抓住提高教学质量这一发展的主线，强化并完善理论与实践一体化教学，实现了跨越式发展。建校以来，共为社会培养和输送了毕业生7514人。

学院十分重视先进教育思想和教育理论的指导作用，坚持开展教学研究，倡导学科教学改革。根据教育教学实际，各专业广泛开展模块式理论实习一体化教学的研究，取得了突出的成绩。学院充分发挥师资优势，组织专业骨干教师研究新时期专业教学特点、编写新教材。我院编写的《图文对照汽车运行途中急救教程》等五十几本教材，为全国交通职业技术院校教材建设做出了突出贡献。

学院坚持以全面提高学生能力为本位，以学生就业为导向，努力为行业和企业服务。注重对学生创业能力的培养，毕业生就业率达98%以上，培训各类人员共46970余人，为内蒙古自治区乃至全国的交通、经济建设各行业输送了大批高素质应用型专业技术人才，得到了学生、家长和社会各界的一致好评。

由于工作实绩突出，2001年被内蒙古自治区人民政府批准成为内蒙古交通职业技术学院，2001年被自治区人事厅、劳动和社会保障厅批准为专业技术人员继续教育基地，2002年被国家劳动和社会保障部批准为内蒙古自治区中东部地区职业培训基地，1999年被自治区劳动厅、人事厅评为技工教育先进单位，2003年获得国家和社会保障部的“国家职业资格信息技术双认证考试微软项目授权考试站”资格，2004年被国家教育部、交通部、劳动和社会保障部等六部委批准为汽车运用与维修专业技能型紧缺人才培训基地。

为使学院扩大规模，更加健康、稳定、快速发展，学院将迁址新校园，学院将坚持开拓创新、锐意进取，着力打造职业教育航空母舰，充分发挥交通行业高职高专办学优势，努力培养更多的高素质应用型专业技术人才，为我国特别是内蒙古自治区的交通、经济建设做出更大的贡献。□

以服务企业为宗旨 抓住机遇深化改革 争创国家级培训基地

内蒙古铁路高级技工学校

学校始建于1974年，30年以来，为呼铁局培养毕业生6000余人，培训在职工人2000余人，为包神、集通、准东、准大等地方铁路培养技术工人1000余人。为自治区经济建设发展做出了贡献。

面对新形势，学校制定了“十五”发展规划和实施细则，并通过国家重点技工学校的复评晋升高级技工学校。学校抓住这一机遇，首先改善办学条件和实训设施，在解决经费投入上，主要采取“五步曲”的做法：一“要”、二“掏”、三“拉”、四“借”、五“省”。通过不懈努力，目前学校拥有2000多台实习设备和多个校外实习基地，投资近千万元建起了机车、车辆、工务等相关实验室。2004年学校根据市场需求，广泛调研论证，新增设数控、汽修、汽驾专业。自筹资金100余万元购置5台数控机床、5台教学汽车及相关教学设备，保证了实习教学需要。力争将学校建成呼市地区机械加工制造业技能型人才的培训基地，为学校的持续健康发展奠定了坚实的物质基础。

学校坚持“发展才是硬道理”，注重发展中的前瞻性与现实性，首先把人的问题摆在突出的位置，先后出台了干部竞争上岗实施办法、教师职称评聘分开实施细则和工资捆绑分配办法等方案，学校按“聚才、惜才、育才、用才”的原则，建立了灵活、实用、高效的人才聘用机制，除按经历、学历和职称考核外，更重要的是根据能力来用人。着重采取“学科带头人”的做法，努力创建以高级讲师和高级实习指导教师为中坚、以讲师和一级实习指导教师为主力的“双师型”教师队伍。

涉外培训

学校培育人才只有突出技能培训特色，建立企业和社会对人才的所需，才能枝繁叶茂。在开展人才定位培养、构建培训机制和育人机制上形成了符合自身学校发展的培训模式，立足突出职业教育特色和动手能力培养，大力建设实训基地，建立了涵盖铁路行业各工种及通用工种的实验室，对理论课与实习课比例采取1: 1，对课程设置进行大胆改革，围绕企业和社会需要进行专业课的增减。

加强校企合作，与呼铁局、集通公司、包神铁路等企业建立长期的合作伙伴，深入企业进行职工培训，送教上门、订单教学，做到企业的需求就是我们的方向。2003年学校柴油机、礼仪营销专业毕业生全部分配包神、准大铁路和铁通公司工作，就业率达95%以上。学校已成自治区境内各大铁路公司的职工培训基地。在学员管理上坚持“教书育人、管理育人、服务育人、环境育人和形象育人”的宗旨，制定了以素质教育为目标，德育工作为主体，强化日常管理，活跃文化生活的教育方式，使毕业生真正做到技能高、素质好。

面对市场需求，学校在完成了教学设备的必要投入以后，着重解决好教材和师资两个关键问题。一是在教材方面，注意解决某些专业培训教材与生产实践内容脱节和不适应问题，坚持学以致用，

电气集中控制教学沙盘

提倡并鼓励教师自编教材，以补充教材与生产实际脱节矛盾。二是在师资方面，注重职业教育培训的特点，努力创建符合学校专业理论和实习实训标准的高素质教师队伍，采取“四结合”即接收、送培、调进、聘任，建立兼职教师人才档案库，实施优胜劣汰，保证了教学的先进性和适应性。

在教研和教改方面。学校出台了教研活动制度和论文发布制度，并对每个专业指定教研教改课题，每年举办一次教学论文发布会，促进了教学研究氛围的形成。在教学上探索CBE（加拿大）教学模式和由过去重理论轻实作到理论与实习并重的教学思想，取得了较好效果。

3、学校严格按部颁标准进行教学计划管理、教学过程管理、教学质量管理和教学组织管理。校领导带头参加听课、检查教案、抽查作业和学生反馈调查为主要内容的教学质量，确保教学“五认真”。保证了教学质量的稳步提高。

2004年学校被自治区劳动和保障厅列为全区首批高技能人才培训基地。学校决心抓住机遇，从以下四个方面努力。一是以人为本，创建适应人才流动与发展的用人机制；二是以需设岗，建立高效快捷的管理机构；三是以就业促招生，逐步完善扩大订单教学的范围，四是以点带面，用拳头专业带动其它专业的发展。为把学校建成国家级高技能人才培训基地而不懈努力。□

努力把学校建成培养技能人才的摇篮

包头市城建技工学

学校创建于1964年，经过40年的艰苦创业，励精图治，学校已发展成为国家级重点技工学校。

为适应市场需求，学校调整专业结构，拓宽办学渠道，大力推进素质教育。“进的来、学得好、出得去、用得上”才能使学校的发展具有吸引力。围绕让学生“进得来”，学校设立了招生就业科，深入到周边地区的国有、私营、外资、合资等各种类型的大中型工矿企业，调查用人单位劳动力需求情况并归类建档。经过反复论证，调整专业设置，以适应经济发展和对人才的需求。围绕让学生“学得好”着力于内抓质量，给学生打下坚实的文化理论基础。在学生中掀起“比、学、赶、帮”的学习热潮，调整考核标准，对师生的教与学因势利导。

学生实习课

围绕学生“出得去”，学校像抓产品销售那样抓学生实习和毕业生安置工作。学校通过邀请企业负责人参观学校、观看学生技能表演等形式，向企业宣传学校办学情况，争取校企合作，开展联合办学和毕业生安置工作。围绕让学生“用得上”，学校注重以专业带产业，走“教学工厂”的办学路子。

学校注重培养学生的综合素质，增强适应社会的能力。一是科学设置课程，突出学校特色。二是调整课程进度。学校根据社会生产实际，在保证完成教学计划的前提下，适当调整授课顺序，以组织学生参加实习，为学生将理论知识迅速转化为实践技能提供便利，防止学、练脱节。三是强化技能训练。学校形成了“全员练、天天练和重点练”的技能训练路子，制定考核目标，加大考核考察力度，提高全员技能水平。

学校充分利用自身的教育资源，注重“产与教”的有机结合，突出实用型的能力培养，取得了较大的收获，增强了学校适应市场发展的综合能力。□

草原明珠 民族技工的摇篮

锡林郭勒盟民族技工学校

锡林郭勒盟民族技工学校建于1980年。现有教职工75人，少数民族34人，其中教师(含实习指导教师、实习教练员)57人，中、高级讲师12人、讲师25人、一级实习指导教师4人。绝大多数教师具有大专以上学历，一半以上教师可采用双语授课。

学校突出民族教育的办学特色，坚持"以市场为导向，以就业为目标"的办学宗旨，采取蒙汉两种语言授课，突出实际技能操作训练，先后开办蒙语授课畜牧实用技术、牧业机械、微机、汽驾等专业，累计输送少数民族技术工人2000余人。

为提高广大教师的职教水平，培养了一支技术过硬的"双师型"师资队伍，以适应现代教学的要求。学校采取请进来、走出去的方式，输送骨干教师到区外院校、实习场所进修培训，聘请外地专业人才来校授课，取得了良好的效果。学校先后开设了41个工种专业，已累计输送毕业生5600余人，同时，学校发挥职业技能鉴定培训中心和鉴定站的作用，承担多工种专业、各层次技术等级培训与鉴定和特种作业人员的培训工作。培训鉴定短期学员9000余人次，鉴定工种20余个。

2004年改革后的锡盟民族技工学校，重新确定了职业培训的职能，构建工业、服务业、新型产业三大实训平台，探索和完善符合自身发展的职业技能培训实训体系，加快师资队伍建设，开创品牌办学新路子，推进国家实施职业资格证书制度、就业准入制度、劳动预备役制度的建设，为城镇新增劳动力、企业职工、下岗失业人员、进城农牧民就业提供技能培训，服务于全盟职业培训和再就业工作。□

情系职业教育 心系莘莘学子前途

内蒙古水利技工学校 刘捍民

学校于1979年成立，是自治区水利厅唯一一所重点中等职业技术学校，是劳动部授予水利行业特有工种职业鉴定站。“爱校如家，爱生如子”是学校办学过程中始终坚持的原则。目前，学校的招生、教学、安置一条龙培训服务体系已经形成。围绕新形势下的办学思路，学校重点抓好以下三项工作：

1、抓教学，重实践技能提高。重点抓好“备、讲、批、辅、考”五个环节。注重直观教学，重理论与实践的结合，搞好双边教育和教学方法的多样性，实行试题库制度，教考分离，形成教学工作中组织、人员、思想三落实的全方位管理。

开拓创新的领导班子

2、抓素质，重德育教育。在师生中提倡爱学习、守纪律、讲文明的风尚。全校上下形成“严谨、善教、博爱”的教风，勤奋、好学、守纪的学风。历届学生的毕业成绩合格率超过95%。

3、抓就业，拓展生源市场。顺应教改实施，学校成立了招生就业科，专门从事学生就业的安置工作。深入市场、企业调研，了解用人需求，实施订单培养和定向委培。2004年受托为自治区黄辽河工程局有限公司培养水利水电施工专

水工专业学生实习

业学生60名，受到用人单位的好评。2000年以来，学校的毕业生就业率达85%以上。2001年被评为巴盟专业技术人员继续教育培训基地。

“抓教师，强管理，办一流学校”。得益于学校坚强有力的领导班子，锐意改革，夯实办学基础，大力推进内部人事制度的改革和激励制度。在教职工中实行量化考核管理，全员聘任制，“能者上，不能者下”，做到“人尽其才，才尽其用”。充分为广大教职工提供施展才能的空间，同时将每个教师的德、能、勤、绩同年终评比考核挂钩，极大调动教职员工工作的积极性。学校在师资队伍建设上，加大投资力度，先后选送18人到党校分校及劳动部、水利部所属高等院校及其他各大院校深造，为学校的可持续发展奠定人才基础。

职业培训事业的发展壮大是时代的要求，我校将继续充实建设一支高学历、高技能、高素质的师资队伍，加强与区内外各大型企业联合办学，定向委培，为社会培养和输送更多优秀的技能人才，服务于社会，为国家经济建设做贡献。□

围绕市场办职教 依靠特色促发展

包头市商业技工学校

包头市商业技工学校在职业技能培训教育上通过艰辛探索，执着追求，以市场为导向，依靠特色办学求发展，在职业培训道路上逐渐走向成熟成为国家级重点技工学校，闯出了一条符合自身学校发展的特色办学之路。

学校紧紧围绕提高劳动者就业能力和培养急需的技能劳动者这一目标，真正使职业培训工作实现五个转变：一是注重就业的数量扩张转向注重就业数量和质量并举、以素质就业为主的新格局；二是以培训资源供给为主导转向以市场需求为主导；三是从管理培训实体转向管理培训市场，特别是要使技校尽快进入市场、适应市场；四是要从抓培训过程转向抓培训结果，以结果改进过程；五是注重培养劳动者单一技能转向注重培养劳动者复合技能、创业和创新能力。

学校根据包头市市场对技术人员的需求，常年开展预备役士兵短期培训和下岗职工转岗再就业培训，并面向社会广泛开展职业技能鉴定。在教师的选拔中实行“能者上、庸者下”，采取走出去取经、请进来讲艺的做法，使教学质量逐年提高，同时不断调整教学实训内容，并注重对学生技术能力、创新能力的培养，使培养的学生更能适应市场，更具竞争力。

在推行职业资格证书制度方面：首先统一思想，提高认识，坚持与劳动部门和各行业主管部门领导、职业技能考评员一起，针对学生考核情况进行讲评和现场教学指导。其次，举办教育、劳动部门、企业用人单位联席会议，加强彼此间交流和研究。对考核要严格管理，严密组织，实现考核分离原则和考核工作规范化。

目前学校已和北京、上海、广州、深圳、青岛、大连、天津、武汉及区内四十余家用人单位及职业介绍中心建立了稳定的就业合作关系，为职业培训人员就业提供了保障。每年培训鉴定人数达6000多人次，领证率达100%，取得了良好的社会效应和经济效益，使学校成为全区具有较大影响的特色学校，为学校的快速发展打下了坚实的基础。□

计算机考核鉴定现场

武警炊事班学员开班典礼

加强职业培训 服务社会发展

宁夏化工技工学校

宁夏化工技工学校建于1978年，原隶属于宁夏石化总公司。学校现有教职工102人，其中教师63人，本科学历的教师38人，大专学历教师23人，高级讲师20人，中级讲师30人，助理讲师13人。

学校的办学指导思想是：主动适应市场、突出职业特色、提高教学质量、服务经济建设。把面向市场、服务市场当作学校生存发展的头等大事来抓，面向市场需求设置专业，逐步形成了送教下乡、厂校结合、定点委培、各种中短培训、再就业培训、成人大专、中专相结合的办学模式。使学校的办学方向更加适应市场经济下自治区企业发展对专业技术工人的需要。

校长武嘉陵

调整学科设置，实现办学形式多样化，适应不同的需求，使学校基本形成了长短结合、中高结合、多层次、多形式相结合的办学发展格局。学校目前是国家特有工种、通用工种职业技能鉴定站，自治区专业技术人员继续教育基地，自治区再就业培训定点单位，自治区化工教育培训中心，自治区劳动预备培训单位，自治区安全培训单位，自治区化工行业职业技能培训中心。

在教学管理中，重点突出技能教学和实训教学，规范教学质量考核办法。充分应用现代化教学手段，不断改进教学方法、方式，突出职业教育的特点和特色。

几年来，学校多方筹集资金近600多万元，增设教学设施，使办学硬件设施有了质的改善。与此同时，学校的各种培训工作也逐步展开。开办了专业技术人员继续教育、计算机应用2级、WTO基本知识等短期培训班，受到企业的普遍欢迎。学校依托工厂、厂校结合，把实习教学延伸到企业生产一线，利用石化系统企业的优势，与银川橡胶厂、宁夏炼油厂、银川化肥厂等建立了稳固的实习实训基地，使学生能够把理论知识与实地操作结合起来，提高学生的实际动手能力。积极推动教学改革，逐步形成了教学"模式化内容、考证化实践、服务化教学"的新模式。配合国家推行职业资格证书制度和就业准入制度，对现有专业课程进行调整，相继完成了电工上岗证、化工分析工、办公自动化操作员证的技能鉴定 考证工作。计算机辅助设计、化工维修电工、图像处理工的考证实训教学工作也已按教学计划实施。

实习课

学校由成立初在校学生400人，通过努力，2003年招收学生1463人，其中技工生859人，中专生548人，大专生604人，就业安置率99%。为西部大开发培养输送了大批技能型人才。□

蓬勃发展中的辽河石油技术学院

辽河石油技术学院

学院一角

辽河石油技术学院创办于1973年，占地18万平方米。现有教职工361人，其中，高级、中级职称120人，基本上形成了一支以研究生、大学本科生为主，人员配置合理的教职工队伍。已成为集石油生产专业技术培训、技能鉴定、多功能办学为一体的综合性学院。

学院坚持“质量立院、规模强院、发展兴院、文明建院”的发展战略，积极贯彻“坚持双向服务，高、中、初培训相结合，长短结合、内外结合，搞好多功能办学，将学院逐步办成适应油田新技术、新工艺、新设备发展需要的新型职工培训中心”的指导思想，不断拓宽培训、办学服务领域，使培训办学工作取得了突破性的进展。

学院先后被辽河石油勘探局确定为安全管理培训中心、辽河公安局警察培训中心、井下作业井控培训中心、集团公司井下作业技师培训基地、国家教育部信息技术ITAT培训中心也分别于2003年和2004年在学院成立。今天的辽河石油技术学院已发展成为辽河油田职工培训基地、盘锦市企业人力资源管理人员和物业管理人员培训基地。在完成勘探局职工培训任务的同时，承担集团公司、辽宁省及盘锦市的高级工、技师、高级技师等高级技术人才的培训任务。职工培训也由过去的单一在职培训发展为现在的集在职培训、转岗培训、岗前培训以及各种任职资格培训于一体的综合性培训体系。

学院积极探索联合办学之路。1999年与油田各生产单位联合开办高级技工函授班，课堂设在生产现场，这种以教学服务生产的办学模式逐渐受到生产单位及学员的欢迎。函授专业也由以采油，井下作业为主发展为采油、井下作业、钻井、电工、汽车驾驶与维修、焊工等多个专业，并成为集团公司最早举办高级技工函授办学的学校之一。成功地与东北大学、石油大学、大庆石油学院等8所院校联合办学，开办本、专科的函授教育，学院从最初联办大专学历班，又上升到联办本科学历班，2004年与大连理工大学联合办硕士研究生班。

学院在钻井、采油、作业等40多个专业中，向油田和社会输送毕业生22000余人，共举办各类培训班220余期，培训职工近30000名。他们遍布油田各条战线，不仅涌现出了一大批技术骨干，而且也涌现出了一批各级领导岗位的管理人才。

学院先后被辽宁省、中国石油天然气集团公司评为“重点技工学校”、“国家能源系统职业技术教育先进技工学校”、国家劳动部首批“重点技工学校”、“辽宁省成人教育教研先进集体”、“辽宁省科教先进单位”、“辽宁省职业教育培训系统先进单位”、“全省职业教育先进单位”。院党委2003年被辽河石油勘探局党委授予“先进基层党组织”。□

学院承办辽河石油勘探局首届职工技术大赛

改革创新 建设高级蓝领的摇篮

辽宁金杯高级技工学校

中国汽车工业丰田金杯技工培训中心是于1990年由金杯汽车股份有限公司与日本丰田汽车公司合作建立的，旨在为中国汽车产业和装备制造业培养优秀的技能人才，目前已与日本丰田汽车公司进行了五期合作办学。

教师在指导学生操作

学校认真借鉴日本“丰田教学模式”，精心提炼该模式的特点和体现特点的精髓，通过传授理论知识、强化技能实践和提高综合素质三位一体的教育实践，真正实现使学生在知识、技能、素质三个方面全面发展的目标。

一是坚持理论教学为实习教学服务，把握理论知识够用为度的原则，实习课强化训练，实行 1: 1 的理论教学与实习教学的课时比例。

二是坚持“丰田教学模式”的实习教学，将实习课题与基础训练、技能提高、综合技能训练三个阶段相衔接，由浅入深、由简到繁、循序渐进。

三是开展广泛和规范的素质教育活动。强化对学生的思想品德和行为规范教育。

1998 年学校开设高等职业技术教育，通过教学改革和创新来实现“德、智、体全面发展，具有一定专业理论知识和较强实际操作技能，成为企业生产一线的高级技术应用型人才——高级蓝领”的培养目标，努力打造办学特色。

一是把握“必需为求，够用为度”的原则，基础课必须够用，专业课削枝强干。

二是将“丰田教学模式”嫁接到高职的实习教学之中，突出技能训练。

三是将专业理论教学内容同专业实习教学内容进行整合，编制具有鲜明特色的实践教学计划和专业实习课题，使理论教学与实践教学相互支撑，教学内容相互融合渗透，适应培养目标的要求。自 1997 年以来，为社会和企业开展中、短期技能培训，累计培训6200多人次。

学校经过十几年的建设发展，借鉴和吸收丰田职业教育先进的模式和经验，坚持改革创新，推行科学管理，形成了具有鲜明特色、社会广泛认同的“丰田金杯培养模式。”□

现代化的实习车间

开展职业培训 振兴东北老工业基地服务

哈尔滨市工程技术学校

哈尔滨市工程技术学校始建于1972年，现有教职员工317人，专职教师182人，其中高级讲师49人，讲师72人，在校生1376人。

为适应市场需要，学校领导调整确定了新的办学思路："立足市场、整合资源、面向全国、服务企业，实现可持续、快速、健康、协调发展"。实现四个转变：一是由计划经济模式向市场经济模式的转变；二是由单纯依靠农机行业办学向依托市场、面向全社会的转变；三是由单一化办学向多元化办学的转变；四是由单一事业性向产业、事业双重性转变。

校长黄绍起

确定了"面向市场、面向企业、面向农村、面向未来，培养复合实用特色技能人才"的办学宗旨。近年来，学校坚持面向农村招生，培养学生的一技之长，实现培训就业成功转移。

一是采取了超常措施，全员参与招生，实行教职工全员"四挂钩"的激励机制，即招生指标与个人奖励挂钩、与年终评比挂钩、与提拔使用挂钩、与上岗聘用挂钩，同时，动员社会各方力量参与招生，鼓励各县(市)区劳动局、农机局、招生办、各乡镇、各学校等关涉单位参与招生，并给予一定奖励资金。

升旗仪式

二是以就业为导向实施"一把手工程"。学校主要负责人，重点组织"转移"就业工作，既挂帅又出征，建立供需合作点。

三是从党政班子全体做起，教职工全体参与就业推荐工作，实现全员抓就业，从新生入学四项教育开始通过定期辅导、咨询、供需见面会等形式，实现全过程指导就业，拓宽了就业渠道；利用校园网络，实现全方位就业。

四是学校建立了"二一一"就业保障机制，即"毕业生跟踪调查制度"和"毕业生跟踪服务制度"，"一个责任"，为合格毕业生终身推荐工作，"一个网络"，毕业生就业网络。

五是搭建培训和转移平台，为广大农民工服务。学校结合东北老工业基地振兴对高中级技能型人才的需求，面向生产一线服务，面向企业安置就业。

学校坚持教学过程的三个协调：即专业设置与企业标准相协调、技能培训与岗位要求相协调、培养目标与企业标准相协调。

加大设施设备建设，学校在原有的基础上，学校投入600万元购入先进生产设施设备和仿真模拟教学仪器5大类91种804台(件)。从知名企业、大专院校、政府机关聘请专家，组建专职专家教研室，承担指导等任务，参与学校工作，保证了教学实习质量的不断提高，取得了丰硕的办学成果。先后被评为全省技工学校先进单位，并荣获省政府颁发的"对黑龙江人民生活最具有影响力的职业技工学校"证书。□

教书育人 培养四有石油人才

渤海石油职业学院

渤海石油职业学院创建于1976年，是中国石油天然气集团公司与河北省共建、面向全国招生的普通高等院校，是华北地区唯一以石油工程、师范、财经、医学、机电、计算机类专业为主体的综合性高等职业学院。学院设10个系，47个专业，其中护理专业已纳入全国紧缺人才培养培训工程。

2004年，学院全日制在校生和函授生共1.3万人，各级各类培训7000多人次。

一、先进的教学设施

学院设综合、师范、医学和成人教育4个校区。主校区占地面积1041亩。雄伟的主教学楼有110间标准教室，建有3个标准田径运动场，1800平方米的室内体育馆，两个50米道的标准游泳池。学生公寓楼12座，校舍建筑面积27.7万平方米，学生和职工食堂9座。学院现已建成居国内先进水平并与国际计算机网（INTERNET）相联的校园计算机网络，校园网覆盖了四个校区所有教学、科研、办公楼，实现了与国际网络的资源共享。拥有全国一流的远程教育网络系统、电视教学系统，建有多媒体网络教室、语音教室、微机教室等现代化教学设施。教学仪器设备原值1.15亿元。图书馆实现了计算机网络化，藏书51万册。

学院有5个研究所，4个专业研究室，36个实验室，校内实训中心6个，实习场地10个，校外实习基地7个，实习教学医院22所。

二、雄厚的师资力量

学院确立"人才强院"的发展战略，实施以培养中青年教师为主的"中青年教师硕士化计划"，以造就名师为主的"教授培养计划"，以学科建设为龙头的高层次"人才梯队培养计划"。现有职工953名，其中专任教师528名。专任教师中教授和副教授136名、讲师320名，国内外客座和兼职教师40多名。

主教学楼

有3名教授获得"曾宪梓教育基金奖"，有3名教师获"全国优秀教师"称号，300多名教师获得河北省、华北石油管理局"优秀教师"称号。

三、鲜明的办学特色

学院以本科、专科学历教育为主，兼顾中专、技工教育和职业培训，集学历教育、职业培训、职业资格鉴定于一体。坚持以就业为导向的办学思想，在课程设置、教学内容、教材的编写或选用、实习实训等方面的设计安排，均以有利于市场需求为标准。

学院与北京大学、河北大学、天津工程师范学院、河北医科大学、中国石油大学、河北工业大学等多所高校联合举办了多类型的专科、本科、研究生学历教育，拥有国家级职业技能鉴定站，能够对钻井类、计算机类、运输类、商饮类、机械加工类等多种职业技能进行资格鉴定。

学院的人才培养一直保持较高的质量，学生以综合素质高、基础扎实、实践能力强、严谨务实、爱岗敬业受到用人单位的广泛赞誉。毕业生就业率（含专升本率）保持在80%以上。建校近30年来，学院为石油系统及社会输送了各类毕业生12万余人，面向行业培训35万人次。毕业生遍布整个石油系统及全国30多个省市。

四、广阔的发展前景

从现在起到2010年，学院总体发展规划是：以科学的发展观总览全局，强基固本，励精图治，把学院建设成为适应石油工业发展和经济社会需要的以石油工程技术类、理工类专业为主体，管理类、财经类、师范类、医学类专业各具特色，学历教育与非学历教育、职业培训与职业资格鉴定同时并举，产学研一体化的多功能、综合性高职院校。实现办学条件优良、师资力量雄厚、职业特色明显、质量规模效益协调发展的目标，跻身于全国示范性高等职业技术学院的先进行列。

面对机遇与挑战，渤海石油职业学院锐意改革、开拓进取，以学科建设为龙头，以教学科研为中心，以师资队伍建设为基础，以办学条件改善为支撑，秉承“自强、勤奋、求实、创新”的校风，努力向着一流全国示范性高职院校的目标奋进！□

游泳池

以德育人　全面建设国家级高级技工学校

峰峰煤矿高级技工学校　郝海林

学生在语音教室上课

一、围绕教学、突出特色、创建名校、积极推进创建国家重点技校和高级技校的建设

实施品牌战略，突出特色，全面建设国家重点技工学校和高级技工学校是峰煤技校发展的第一要务。抢抓机遇、迎接挑战也是学校实现发展和突破的重要举措。随着全国职业教育工作会议召开，再一次给学校带来发展的空间。学校借助东风，及时成立创建国家重点技工学校领导小组和办公室，校领导亲自带队，行程千余公里，走访河北能源职业技术学院、新郑高级技工学校了解申报高级技校的经验，组织起草了《峰峰矿务局技能人才2010年发展规划》、《峰峰煤矿技工学校“十五”规划和2010年发展目标》、《关于建立“峰峰煤炭高级技工学校”的可行性报告》，整理国家重点技校资料156盒，高级技工学校20盒，材料汇编十几万字，投资300多万元加强学校基础设施建设，建造2000平方米实习楼，调拨和购置实习设备30台（件），装备60座语音室等工作。经河北省劳动和社会保障厅专家组评估验收，顺利晋升为国家重点技工学校和高级技工学校。

领导班子谋划学校校园发展

二、五育并举，德育为首，锤炼师资，全面推进校园建设

企业兴衰在科技，教育关键在教师。锤炼师资队伍、造就品牌专业也是学校当务之急。首先启动名师工程，开展学历达标、普通话达标、计算机运用达标、职业技能资格培训达标，公开向企业招聘德才兼备的专业技术人才，80.4%以上的教师达到本科学历。其次，围绕教学，每年举办优秀教案展评、公共课评优、优秀课件、论文撰写等专项竞赛，要求文化课、专业课教师达到能胜任两门课以上教学的要求，选送教师到高等院校进修培训。教师参加省、市计算机、英语竞赛获技术能手，学生参加市技术比赛，获电工专业团体第一名和钳工专业团体第二名，有效促进了教师教学能力的提高。

全面实施素质教育，加强校园文化建设，开展“自我教育、自我管理、自我激励”教育的活动。每年都评选“优秀团支部”、“先进班集体”、“文明教室”、“文明宿舍”、“三好学生”、“优秀学生干部”、“优秀团员”、“优秀毕业生”，并大张旗鼓地表彰和宣传，树立先进典型，对一些单项的文娱、体育、演讲比赛等也进行评比，激励学生积极向上，增强集体荣誉感。在学生毕业前夕，对学生在校期间德、智、体、美各方面的成绩进行综合评价，评选“优秀毕业生”，并择优推荐给就业单位。在校内形成讲文明、讲礼貌、创先进、学先进的创优争先的良好氛围。

强化德育工作，全面推进对学生的素质教育，把青年学生培养成新一代的社会栋梁，是时代的要求，是发展社会主义市场经济的需要，也是广大人民群众对我们教育工作者的殷切期望。

综上所述，只要我们充分认识中职学校德育教育的必要性并努力拓宽德育教育的有效途径，中职学校学生的素质教育就必定能得以大力推进。□

适应监狱发展思路 确立职业技能培训工作新理念

河北省自强职业技能培训中心

河北省自强职业技能培训中心保定监狱分校贯彻执行“惩罚与改造相结合，以改造人为宗旨”的监狱工作方针，紧紧围绕“提高改造质量”这一工作主题，始终坚持“立足改造、面向生产、着眼就业、服务社会”的办学指导思想，不断探索服刑人员职业技能培训的新思路，在发展中确立新的教育理念，培育新的教育机制，构建新的教育模式，拓宽新的教育载体，有效地提高了教育改造质量，使应参加技术教育的服刑人员刑满时，均能熟练地掌握一至两门实用技术，其中三分之一的服刑人员掌握了两门以上实用技术，服刑人员刑释

校长刘义臣

就业率连续三年达80%以上，有效地推动了社会治安综合治理工作。

一、坚持树立“大教育”观

改造服刑人员是一项复杂的系统工程，体现在监管改造、劳动改造、教育改造等方面。教育改造只有体现在监狱事业的全过程，贯穿于监狱工作的方方面面，才能增强教育的渗透力，发挥出改造服刑人员的最大功效。因此，在实践中，我们始终把握只要“有利于提高改造质量、有利于维护监所安全、有利于调动服刑人员改造积极性、有利于服刑人员刑释后就业谋生”，就不拘泥于一定的形式，不局限于一定的场所、不限制于某个环节、不固定于某个时段，做到全方位抓教育改造工作，多角度体现技能培训内容，使形式灵活多变，时时处处发挥着教育改造的功能。

二、坚持提高社会教育的理念

服刑人员具有两重性，他们既是社会秩序的危害者，又是可以通过改造后输送给社会的建设者。所以，监狱不仅要改造服刑人员的思想，还要培养服刑人员的劳动力素质，使其掌握必要的劳动技能，出狱后成为社会有用之人。基于这样一个认识，全省监督都能走出监狱看监狱，将把服刑人员改造成为守法公民这一监狱工作根本任务，放在促进服刑人员再社会化上做文章。一方面，向服刑人员广泛普及就业政策和相关知识。另一方面，主动协调，求得社会广泛支持。

三、坚持构筑新教育模式

改革就要创新，没有创新就不会发展。一方面，将过去各狱特殊学校横向管理式改为省中心，统一在各狱设立不同类型专业培训班的纵向教学管理模式。各狱特殊学校常务副校长（主管教育改造工作的副狱长）担任中心校务委员，各专业培训班隶属中心领导，教研室主任均配备副科级干警。截止去年底，我中心各类专业培训班684个，在校学员29887名。另一方面，根据监狱生产和服刑人员刑释就业的需求，采取课堂教学与岗位示范相结合的方法，加大教学管理力度。一是坚持岗前培训，确保持证上岗。二是坚持岗位练兵，抓好在岗培训。三是抓住技术骨干，进行强化培训。四是拿出部分岗位，实行竞争上岗。五是适应社会需求，创办各类兴趣班。

努力做好服刑人员职业技能培训工作，不断提高教育改造质量是监狱工作永恒的目标。服刑人员将进一步以“三个代表”重要思想为指导，发扬与时俱进、开拓创新的精神，不断改进和强化罪犯的职业技能培训工作，为监狱事业的发展，为社会长治久安和经济持续增长做出应有的贡献。□

河北省自强职业技能培训中心保定监狱分校教学楼外景

集约整合架新桥 与时俱进谋发展

承德高级技工学校

2004年是我校的管理年，是学校运用现代管理理论全面提升管理水平和综合办学能力的重点年。在市场经济的大潮面前，我校坚定不移地吹响了以质量求发展，勇创职教名校的号角，表现出了“敢立潮头沐春风，直挂云帆济沧海”的豪迈气概。

2000年后，职业教育形式有所好转，我校抓紧机遇，把目光投向了更大的目标。首先和高等院校建立联系，形成“3＋2”形式的直通车，选拔生源中基础好、有升学愿望的学生，依据本人志愿，录取到该专业，在校学习一年对口升入高校学习两年，取得大专毕业证书。其次联系高校在校内设立函授站，在校其他专业学生和社会在职人员均可报名参加成人高考，学校利用自有教育资源，进行辅导、面授，同时设立高等自学考试班，在校班级学生报考高等自学考试相同专业，实行大专、中专一体化教学，课程设置与自学考试同学同步、同时毕业，一学双证，每年短训人数在2000人左右。

学院领导班子

数控技术

合理调配结构，促进中专和技工协调发展。学校根据学生的个人情况，对文化水平较低，但动手能力强的学生，录取至技工专业，既发挥了个人特长，又能获得技术等级证和中技毕业证，成为拥有一技之长的技术工人；有志愿上中专的学生，报考普通中专，使学生各取所需，因材施教。在教学计划中除安排相关课程外，还增加一些提高学生全面素质的教学内容，如汽车驾驶、礼仪形体等，拓展了就业途径。

通过几年的工作实践，学校逐步建立了一套完整的办学体系，实现了多层次、多形式、多渠道的办学模式，逐渐形成了技工教育与中专教育相结合，长线骨干专业与社会急需专业相结合，独立招生与高等院校、同类学校、企业联合办学相结合，学历教育与岗位短期培训相结合；学历上“3＋2”直通大专，中专、技工并存，学制上三年制、二年制、短期培训并存的灵活办学体制，为学校的发展注入生机和活力。□

校区

锐意进取 做好职教大文章

辽宁冶金技师学院 李生会

辽宁冶金技师学院在职业教育振兴复苏之际，调整思路，抢抓机遇、乘势而上，加快发展，走上了技工教育产业化的道路，为振兴东北老工业基地提供了人才支撑。

2004年辽宁冶金技师学院在校生已达5500人（不含分校生），而这些学生大部分来自中学和“三校”生，自身的文化课基础差，如何使这些学生学有所获，学有所用是摆在教育教学工作者面前的重要课题。学院严把“入口关”，力争选拔较好的生源。同时主校不再培养中级工，逐步形成以“技师为龙头，高级工为主体，社会职业培训与学历教育并举”高标准、多层次办学格局，不断提升办学层次，通过贯彻ISO9001：2000国际质量管理体系，坚持提高教育教学质量，严抓学风、教风、考风、校风，树立质量生命意识和一切为学生服务的意识，力争为社会培养输送更多合格的实用型高技能人才。

辽宁冶金技师学院校园规划

坚持“一体两翼”的办学思路，即“以创办高等职业技术教育为主体，以做大做强职业培训和办好校办工厂为两翼”，不断增加学院经济增长的亮点，加大对校办企业的监督考核力度，“西瓜要抱，芝麻也要捡”，尽快盘活校办企业，使其为学院发扬光大注入经济活力。

逐步摆脱传统的办学模式，将开设的专业与企业改造急需人才环环相扣，不断调整专业设置，逐步实现“定单式”人才培养模式。2004年初学院成立“辽宁冶金技师学院发展委员会”，聘请近30名本钢厂矿领导为学院名誉院长、客座教授，定期召开座谈会，及时获取市场用工信息，树立市场和企业意识，调整办学方向。随着改革的深入，更大的机遇在等待着他们，学院将发扬创新精神，与时俱进，力争把学院办成集技工教育、职业培训、技能鉴定、职业需求预测、就业指导、劳务输出为一体的综合性高技能人才培训基地！□

瞄准企业前沿 创建精益模式 塑造职业人才

长春汽车工业高等专科学校

一、服务企业用户 满足前沿需求是职业教育的第一要务

高等职业教育的价值所在，就是为企业培养职业化实用型技术人才和高技能人才，职业教育的产品是为社会提供一种服务，企业是这个产品的最终用户。决定职业教育价值成果的实际是企业对职业教育的认可率、信誉度。

因此，职业教育必须发挥职业人才培养的载体作用，为企业员工包括预备员工实现职业生涯，帮助他们，支撑他们，承载着他们去跨越人生素质水平台阶。从生存逻辑关系上看，绝大多数高职高专都享受着国家不同程度的补贴、投资、人头费，这些费用其中相当一部分是企业上缴国家利税后提供的，学校在享用这些费用，用这些费用开支。学校员工和学校领导们应该责无旁贷为企业服务。

只有牢固建立企业用户这样的概念，才可能形成企业和职业教育的融会贯通，相互拉动，促成正确的发展方向，才能使职业教育不滞后、不错位，才能使企业体会到最最不可或缺、不可替代。贡献度最高，价值度最大的莫过于职业教育对它的人才支撑，它必然要支持和帮助你。

如今常常埋怨企业不支持不关爱职业教育，实际上是我们做了一些不符合规律的事情，我们离企业太远了，我们走在了企业的后面，使得企业不买我们的账，这是根本问题。

中国一汽是特大型国有企业集团，仅用了五年的时间完成了从十几万辆车向百万辆的跨越。但是就在它大发展的用人时期，却把自己办的经营了三十年的近700人的几个职业教育机构捆在一起，剥离出来，成为分公司，其中包括长春汽车工业高等专科学校。为什么？因为过去企业不欢迎。这个群体每年只招生200人，却吃掉企业3200万职教补贴。一个要承受着巨大的竞争对手挑战，必须与国际接轨的大集团公司，需要的是对它的发展真正有价值的职业教育和职业培训！企业采取了绝无仅有的“恶治”手段，三年内逐步减少补贴，直到第四年为零补贴，“老狐狸咬小狐狸”，出去自谋生存。

但是三年的艰苦改造，中国一汽教育培训中心——长春汽车工业高等专科学校，在第四年零补贴到来的时刻，在校生达到6000余人，毕业生供不应求，为企业培训员工每年上万人次，万多学时，人气很足。教育培训的效果得到了企业和百姓的认可，也将获得企业新的支持。

教职工队伍全员竞聘重新上岗，700人减到378人，大力推进“三师型”结构，教师、培训师、工程师能做培训的，工资可以大幅度提高，激励教师下厂，重编教材，自己动手组装适应一线的实训实验台，手是油的，腿是勤的，脑是新的，一大批能够为马自达6、奥迪A6、陆地巡洋舰做培训的教师，在欧盟先进教育培训模式的带动和帮助下，迅速成长起来。职业培训车水马龙，供不应求。

学校有51个大型企业实训基地，校内基地采取借鸡生蛋，把厂里最先进的实验设备请进学校，学生、学员在最先进的设备上实习，解决了始终跟踪前沿的问题。

在育人标准上，把学生作为社会主义企业的预备员工来培养，注重在三大关键能力及五个目标上下功夫：专业能力、方法能力和社会能力；倡导学生树立为建设我国自主汽车工业，书写中华民族新的汽车发展史的雄心壮志。

我们按照汽车工业发展格局和大集团的人才需求5-10年规划，从全国25个省市招生，瞄准东北、华北、胶东、西南四大战略区域和2000多个售后服务、协作配套厂站，按照现代企业岗位素质要求，培养职业种子，经过两年学校塑造和一年企业一线定岗实践，打上企业文化烙印，再撒向全国各地。

核心价值，永求领先。通过转变观念、创建体制、整合资源、再造流程，形成了职业教育培训的体系能力。使巨大的压力转化为动力，继而转化为能力和实力。

二、学制三改二应该试点，不要一刀切

职业教育提倡订单教育，相当于点

菜，一种菜不可能用同一时间做上来。凉拌菜要十分钟，涮羊肉时间不能太长。职业教育学制改革像涮羊肉，部长说别涮了，两分钟就行，三分钟就老了，但是红焖肉还是要时间长，肉的熟透时间与物质本身有关。职业教育也与人才素质能力水平特征有关。两年制是打破旧的，改造传统的职业教育体制的枢纽行动规划。旧杯子先摔碎，然后做新杯子，会产生各种各样好的方法，一支旧杯子破碎会换来多个新的、适合用户口味的新杯子。做杯子不是为了新，而是为了更实用，不是取决于多长时间做成它，而是看用户欢不欢迎。

我们的职业教育缺少压力机制，这是最关键的机制。今天，企业进入了市场经济，教育或说大半个教育还停留在计划经济。职业教育不是急需金碧辉煌的校舍、楼阁，而是需要无形的、深刻的、有价值的内涵。政府教育部门的主要职责是监督和测控，国家职业教育要全方位为企业服务。□

发挥自身优势　拓宽服务领域

黑龙江信息技术职业学院成人教育部　周谟彦

黑龙江信息技术职业学院海尔培训基地于2003年11月成立。基地的建立不仅为我院的工作注入了新的活力，更拓宽了服务领域，拓宽了办学路子。

一、建立良好的工作运营机制

按照学院的工作部署和海尔哈尔滨工贸的工作计划，积极主动开展调研工作，汲取和学习兄弟院校的可行经验，力争从一个较高切入点开展工作。

1. 与海尔哈尔滨工贸、青岛海尔总部及时沟通，做好学员档案管理等多项工作，特别注意时效性。

2. 合理编排教学进度表，安排、聘用培训教师，作好教与学沟通的桥梁。

3. 逐步建立起比较完善的工作运营机制。建立可行的、高效的管理运营制度，如：培训学员管理办法、教考分离的管理制度、实验室管理办法和海尔实验室设备运行档案等。

在2003年上半年，培训结业学员人数达746人。工作条理清晰，操作规范，组织得力，尽管还存在许多不足，效果还是令人满意的。

二、经验

通过这几期班的教学，该部也积累了一些成功的经验。

1. 互动式教学。在教师的组织下，学员晚课自己主讲，互相交流产品维护经验；师生对产品情境问答、讨论；理论教师与实践教师同上一节课等形式。

2. 串讲。为满足一站式服务的要求，培训期间产品经理亲自上讲台与学员交流，答疑解惑。

3. 以实践带动理论的教学模式。培训时间短，学员理论基础薄弱，但实践能力强，我们因势利导，在提高实际维护能力的同时，先实践，后理论，实践用到什么知识，我们教会学员什么知识，在此基础上，学员建立了自信心，有了学习积极性。

看到学员满意而归，成教部的付出得到认可，在教职工感到欣慰的同时，也深知他们的工作还有很多不足。今天在社会各界的亲切关爱中，他们会牢记海尔的生存理念，永远战战兢兢，如履薄冰，不断完善的服务。为海尔这一民族品牌的强盛，为创造海尔市场第一美誉度，做出成教部的努力。□

凸显特色 争创一流

青岛市高级技工学校

青岛市高级技工学校是一所集职业教育、职业培训、技能鉴定等多渠道办学于一体的综合性、高技能人才培训基地，并以其独特的办学特点和鲜明的专业特色成为青岛市职业教育领域中的一朵奇葩，为社会培养了数以万计的中高级职业技能人才。

一、夯实办学基础，构筑发展平台

百年大计，教育为本。面对竞争激烈的职业技术教育，学校深深地意识到，要在这样一个百舸争流的时代站稳脚跟，求得生存与发展，必须从抓教师队伍建设和硬件设施建设入手，构筑坚实的发展平台，为学校的发展奠定基础，创造空间。

学校按照“双师型，一体化，一专多能”的教师队伍建设要求，制定了《教师培训进修管理办法》和教师队伍建设方案，确立了“立足学校实际，着眼一体化人才，优化培训过程，注重培训实效”的培训原则。学校依据办学特点和专业需求，面向社会引进了一批高素质、高层次的专业技术人才，形成了一支以高级讲师、讲师、技师和高级技师为主的“双高型”精干的师资队伍。

基础设施是学校发展的物质条件。学校立足高起点规划，高标准建设，积极争取政府的支持，改善办学条件，更新教学和实验实习设备。配备了SIEMENS、FANUC等代表世界先进水准的操作系统，实现了CAD\CAM的在线加工，被劳动和社会保障部确定为“国家高技能人才（机电项目）培训基地”。先进的教学设施不仅夯实了学校办学的物质基础，也为培养高素质的技能人才提供了保障。

二、创建名牌专业，突出办学特色

以特色求发展，以质量求生存。近几年学校抓住职业教育发展的机遇，面向经济建设的主战场，积极适应当地产业结构调整和生产力发展的需求，适时调整专业设置，努力打造名牌专业。学校根据青岛将来以建设海洋、港口、旅游三大特色经济和家用电子、船舶机械、汽车制造、石油化工和新材料四大产业为支柱的发展目标，确定数控技术、模具设计与制造、机电一体化、电气工程、现代物流等专业为主干专业，调整充实教学力量，突出技能为先的原则，确保培养一流的技能人才。专业的适时调整和特色专业的建设，为学校的发展带来了广阔的前景和巨大的生命力。目前数控技术、电气工程、机电一体化等专业已分别被山东省和青岛市命名为名牌专业和骨干专业。上述专业的学生成为各企业的争抢对象，而报考这些专业的学生也逐年递增，2004年更是占到了新生总数的60%以上，显示出名牌专业的巨大效应。

数控专业学生在进行技能操作

三、依托教学优势，培养高技能人才

针对近年来各类企业高技能人才普遍缺乏的情况，学校综合分析职业教育发展的趋势和社会对技能人才的需求状况，从课程改革、教材教法、生源结构等方面入手，抓好高技能人才的培养。

首先，按“模块”构建课程体系。近年来，学校不断修订专业教学计划，并在修订过程中遵循了以下指导思想：加强专业基础，拓宽职业岗位的社会面；优化课程体系，更新教学内容，将整个课程划分为政治理论与文化素质教育、职业基础理论、职业技术知识和职业技能训练等模块，使学生在掌握相对扎实的专业基础知识的同时，注重培养学生的实践能力和创新能力，增加实训课的比率。在课程设置方面，突出特色课程，强化技能课程和实践能力的培养，使学生一毕业就能适应工作岗位的需要；

其次，调整学历教育和招生结构，扩大高技能人才培养比例，提高技能人才的培养层次，按照2：6：2的培养比例，加大技师、高级工的培养数量。目前学校先后在数控技术、电气工程、模具设计制造、机电一体化、计算机信息管理等专业开设了26个高级班，学生达1200多人，且逐年递增，有利地推动了高技能人才的培养步伐。

第三，充分利用先进的教学设施，面向社会开展多层次、多种类的技能培训。学校先后与青岛大学、青岛科技大学、海尔集团等高等院校和大型企业合作，实施“订单培训”，收到了显著的成效。

四、疏通就业渠道，拓展就业服务

技工教育只有“出口畅”，才能“进口通”，只有“走得出”，才能“招得进，留得住”。为此学校把就业工作放在重要位置，积极开辟就业基地，形成了一批长期、稳固的实习与就业基地，并通过建立“企业储备库”的形式，为就业工作提供长远保证，就业率始终保持在98%以上，并在此基础上形成了个性化的就业服务特色。

五、保持规模发展，前景更加广阔

在保持学校持续、稳健、快速发展的基础上，学校又绘就了新的发展蓝图，目前学校已征地800亩，着手建设高级技校新校区。建成后学校将形成在校生10000人，并最终把学校办成全国一流的技师学院，从而实现在更大规模和更高层次上的跨越。□

高等职业技术学院在职业培训中的作用

青岛大学高等职业技术学院

青岛大学高等职业技术学院在完成高职学历教育的同时，密切与企事业单位联合，承担了大量的社会培训任务，取得了良好的社会和经济效益。

一、推行双证书培养制度，在学历教育中进行职业资格培训

学院按照与专业相关的职业资格标准的要求，及时调整课程结构，将职业资格考试培训课程纳入专业教学计划中，加大职业能力训练的比例，同时将学生获得的不同类别等级的职业资格证书折算成相应实践学分，将职业能力的“硬指标”作为学历教育的内涵要求，推动了双证书制度的实施。2004年物业管理等专业的毕业生双证率达到90%。

青大高职院景

二、建立多个技能鉴定中心，积极开展技能培训与鉴定工作

1999年学院成为中国劳动和社会保障部职业鉴定中心批准的，首批国家制图员职业资格技能鉴定培训和考试点，2001年开始承担全国计算机信息高新技术考试。2002年经中国就业培训技术指导中心批准，成为CMMTT数控工艺员培训和考试点，近期又建立了青岛大学CAD教育培训基地。近年来，学院先后培训社会人员和在校学生2000余人，考试通过率90%以上，为他们顺利择业创造了良好条件。

三、密切与企事业单位合作，打造职业培训品牌

学院曾配合青岛市财政局，对各大系统包括驻青部队的在职会计人员进行新会计制度培训；1997年后，又承接了在职会计职称考前培训、社会各类人员取得会计从业资格证书考前培训等任务；与青岛市地税局、国税局密切合作，完成地税局新进人员岗前培训、业务骨干再培训任务；承接了国税局全员干部NIT技能培训任务，为青岛市经济管理类干部的继续教育和培训起到了不可或缺的作用，树立了良好的社会形象，在职业培训领域创造了较高声誉。□

发挥自身优势 坚持创新发展

山东省交通技术学院

学院创办于1975年，现有教职工192人，其中高级职称77人，中级职称55人，在校生2400人。30年来为全省培养了全日制中，高级技术人才5000余人和培训汽车驾驶员及各类专业技术人才2.7万余人。

多年来，学院始终把改善实习教学条件、培养学生动手能力放在学院工作重中之重的位置上。一是学院积极争取上级支持，多方筹措资金，改善实习教学条件，仅2001-2003年，学院用于改善实习教学方面的总投入就达到2000余万元。确保实习教学计划落实和实习质量的提高。二是合理规划，完善制度，积极创造条件，鼓励教师立足本职工作，参加业务培训与技能实践，大力提倡理论教师与实习教师之间的合理流动和交流，并经常举办教师专业技能比赛等活动，安排教师到生产一线实习进修，鼓励理论教师学习提高操作技能，向“双师型”人才转变，为学校的可持续发展提供坚实的智力人力资源保证。三是学习吸收国内外职业教育先进经验，认真推行“理实一体化”教学改革。学院投资近百万元，建设了五个“理实一体化”专用教室，每个专用教室按一个模块的教学要求配置充足的理论与实践教学设备，并要求以实际动手操作为主，做到理实结合。

学院坚持“立足交通，依托行业，面向市场，服务就业”的办学指导思想。通过校企合作等多种形式，采取走出去，请进来，了解企业需求，紧密结合交通建设的发展需要，及时调整专业设置和教学内容，变被动应付为主动适应。得到了行业内用人单位的高度评价与欢迎。

为适应交通行业的技术进步与发展，学院与企业建立了人员定期交流制度，邀请企业高级技术人员担任兼职教师，定期到学院讲授课程，同时组织教师深入企业生产一线进行实践和考察，使教学内容紧密结合生产实际，极大提高了理论教学和实习实训效果。

学院风貌

院长王少鹏

学院树立了“一切为了学生，为了学生一切，为了一切学生”的教育思想，并在学院着力构建教书育人、管理育人、服务育人、环境育人的全员育人机制，要求全体教职工牢固树立“以学生为中心”的服务意识。

通过完善各项管理制度，建立多层次的监督与检查机制，不断提高管理水平。在提高教学质量上，学院提出“教学生一天，想学生一生”的服务理念，在提高理实基础的同时，通过校企合作和推行“分层次”教学改革等多种办法，为学生提供多样化、多层次可选择的发展途径与机会，培养学生一专多能。

在改善育人环境上，学院加大投入，努力提高师生的学习生活与教学条件，为师生的工作和学习创造优美的环境。积极开展校园文化建设，注重学生品质养成，为学生营造一个健康良好的文化氛围，以加强学生非技能素质的培养。

观学院的发展历程，之所以能取得今天的成就，主要是学院定位准确，坚持走“以特色创优势，以创新求发展”的特色之路。□

全力打造特色品牌

山东烹饪高级技工学校

山东烹饪高级技工学校是在1965年创建的山东省烟台商业技工学校的基础上成立的，是我国首所烹饪高级技工学校，占地面积132亩，建筑面积60000平方米，全日制在校生4500人。学校现有教职工239人，其中有高级职称教师95人，中级职称教师86人，双师型教师76人。形成了大专、高级技工、中专、技工教育并举，长短班相结合的职业教育培训体系。

学校现开设了烹饪、面点、导游服务与管理、餐旅服务、电算财务会计、财务审计、经贸外语、电子商务、计算机及应用、计算机网络技术、商务秘书、财会与营销、装潢设计、服装设计与工艺、机电技术应用等20多个市场需求的热门专业。

建校以来，学校全力培育和打造烹饪这个特色品牌专业。在教学和专业建设方面主要抓了三点：一是加快师资队伍建设与培养，组建了一支具有中高级职称的“双师型”烹饪教师队伍，在全国选聘了一批著名的烹饪大师或教授作兼职教师，极大地提高了学校的教学质量，为建设名校、名专业打下了坚实的基础。二是不断加大教学实习硬件的投资，建有理论教学和实训室15个，2004年又投资60多万开发了电子评分和电子监控系统。三是加强校企合作，联合培养，学校在省内外建立了能够满足教学需要的高水平的烹饪实习基地。

目前，学校专业设置门类齐全，重点专业特色突出，办学形式灵活多样，是集职业需求预测、职业培训、技能鉴定和就业服务为一体的综合职业培训基地。近几年，学校培养的毕业生、中级工人技术等级合格率和就业率分别达99%以上，有236名优秀毕业生在省、市及国家级专业比赛中获得大奖，数百人被派往国外工作。学校的科研成果显著，曾在国家或省部级以上的刊物上发表论文200余篇，编写教材或专著30多部。

通过学校全体教职工的共同努力下，学校教学工作取得长足的发展，受到了用人单位、学生及家长的广泛好评，取得了良好的社会效应和经济效益。□

培养高级蓝领　加快学院发展

山东省第二技术学院　王继达

国家兴盛，人才为本。随着我国社会生产力的快速发展，无论是传统产业还是新兴产业，都需要一大批能掌握先进生产技术、工艺的高技能人才。近年来，山东省第二技术学院抓住国家急需高技能人才的大好机遇，加快了学院发展步伐。

校院全景

确立学院发展定位，为社会培养高级蓝领。目前，我国高技能人才严重缺乏，高技能人才的短缺，给技术院校的发

院长王继达(右)陪同省劳动和社会保障厅矫学柏厅长(中)视察学院工作

展带来了契机。学院抓住这个契机，提出了“培养高级蓝领，服务社会经济”的发展方向，立足于培养高素质的高技能人才，为社会经济发展做出了贡献。

多年来，学院为社会输送了30000余人复合型技能人才，学院先后被授予“全国职业教育先进单位”、“全国建材行业职业学校教学质量优秀单位”等30多项荣誉称号。

为加快学院发展步伐，建设一流的职业学院，首先要有一流的软件和硬件建设，软件就是管理，管理出效益。学院结合实际，构建完善了一整套科学严谨符合自身发展的管理体系。在教学管理上，突出抓好“三个工程”。

一是敬业工程。学院努力提高教工的政治理论水平，增强竞争意识、发展意识和爱岗敬业精神，进行“有为才能有位，实干才有实力”教育，扎扎实实做好本职工作。二是文明工程。深入开展了“三禁二要一提倡”(禁烟、禁酒、禁佩带首饰；要言行文明、要仪表端庄，大力提倡移风易俗)、“向陋习告别，做文明教工”和创“十无校园”等文明创建活动，要求全体教工严格遵守“教工行为规范”、“教工语言规范”和“教工一日规范”，当文明教工，做文明市民，处处为学生做出表率。三是凝聚力工程。教育全校教工做到“两讲两靠三热爱”，把全院教工凝聚到学院建设发展和“三育人”工作上来。

在学生管理中，突出抓好“四个管理”。一是封闭管理。学院规定除星期天白天外其余均为封闭时间。二是量化管理。学院结合实际制定了详细的学生管理制度，学生的学习和日常表现都能用量化数据来衡量，学院据此进行评比和奖惩，有效激发了学生学习和遵守纪律的积极性和自觉性。三是“三自”管理。让学生进行自我教育、自我管理、自我服务。四是“三生”管理。突出抓好后进生、离校生、特困生的管理，以点带面，促进整个学生管理工作 。

在教学管理中，突出抓好“五个坚持”。一是坚持每学年保证40个教学周，每周保证5天半教学时间、32个以上学时。二是坚持由分管副院长和教学工作处、各专业系负责人组成的课堂教学巡回检查小组每天巡回检查制度。三是坚持听课制度，每位院领导和各教学部门的负责人都要按照规定听课，全面了解教学情况。四是坚持每两周一次的教研室主任碰头会制度和每四周一次的教学管理办公会制度，及时解决教学过程中的各种问题。五是坚持教学质量检查。学院各系(部)每学年对每个任课教师的课堂教学以及教案、批改作业等情况进行互评，作为量化考核重要依据。

硬件建设主要是教学设施建设和师资队伍建设。近年来学院斥巨资购置了反映当前科技发展水平的教学仪器设备，建有高标准的理论教学楼、实习教学楼、图书培训楼和体育运动场地，以及各类专业一流的实验室、实习教学车间等。

学院十分重视师资队伍建设，目前学院有教职工416人(其中外聘教师126人)，有教授16人，高级职称82人，中级职称175人，专业教师中70%以上为“双师型”教师。

培植办学特色，增强发展活力。多年来，学院围绕职业资格教育，在办学中逐步形成了符合自身发展特色的教育培训模式。在教学特色上，立足于高技能人才的培养，按照技师、高级工、中级工三个办学层次强化技能训练，实践课不低于50%，使学生达到相应的职业资格标准，为社会培养应用型技术技能人才，为经

水泥液压实习

济和社会发展服务。在多能特色上，培养学生在学好本专业操作技能的基础上，尽可能多地掌握操作技能，增强就业和适应职业变化的能力。在专业特色建设上，一方面突出建材行业特色，另一方面突出高新技术特色。

抓好招生和就业安置，近几年，学院坚持以就业促招生，以招生促发展的办学路子，形成学院发展的良性循环。先后与海尔、海信、济钢等近百家大中型企事业单位建立了长期稳固的联办关系，拓宽了学生的就业渠道。

学生在上数控机床实习

近年来，学院每个毕业生都能有2-3个可供选择的就业岗位，学生当年就业安置率在80%以上。由于学生就业安置得好，从而有力地促进了招生工作，学院招生工作逐年递增，目前学院在校生已达11650人。

面对机遇与挑战，学院将进一步增强办学实力，提高教学质量，把学院建设成为全国职业教育培训中心基地，培养大批技能人才服务社会经济发展。□

努力打造国内知名职业学院

山东滨州职业学院

滨州职业学院是2002年2月由滨州农业学校、滨州卫生学校、滨州工业学校、滨州经济学校，以及滨州市农科所组建的全日制普通高等学校。现有教职工809人，经过两年努力目前在校学生13000余人。学校设家纺学院、软件工程学院两个二级学院，生物工程、工业工程、医学、经济管理、计算机信息科学和艺术六个系，以及基础部、社科部两个教学部，有30个高职专业和33个中专专业，涵盖了工、农、医、商、财经 和艺术六大领域，形成了适应当地经济和行业岗位群需要的专业结构。

学院夜景

学院根据四校一所合并创建职业学院的实际，审时度势，提出了学院发展的三步战略：打基础、创特色、上水平。在打基础阶段，主要围绕五项工作带动全局：

第一、狠抓基本建设。先用8个月时间完成了教学楼、学生公寓楼近5万平方米的一期工程和人工湖、音乐喷泉广场等景点建设。又用8个月完成了图书楼、实验楼、第二餐厅、学生公寓楼等7.2万平方米的二期工

学院全景

程，以及教工宿舍、实习工业园等，16个月的时间基本搭起了学院框架。第二教学楼、第二实验楼、第三餐厅、学生公寓、实习医院等近12万平方米的二期工程正在规划建设中。学院的建设被滨州市领导誉为“滨州的深圳速度”。

第二、狠抓教师队伍建设。外引与内培并举，加大教师队伍的建设力度。一方面采取优惠政策，吸引高层次人才来院任教，另一方面鼓励教师考研深造，攻读硕士、博士学位，使教师队伍得到进一步优化。

第三、狠抓就业工作。实行“订单教育”，先后与滨魏集团、渤海活塞集团等企业签定用工协议4000余人，以就业拉动招生，有效地促进了招生。2002年招生4700人，使学院在校生规模突破10000人。2003年，在“调整结构，压缩数量，提高质量”的招生方针指导下，招生范围扩大到全国16个省区，在校生达到10973人，2004年在校生达13000人。

第四、狠抓制度建设。建院以来，共制定规章制度200余项，逐步实现了制度化、规范化、科学化管理。

第五、狠抓教学改革。注重加强实验实习环节的教学，加强对学生动手能力的培养，不断加大实践教学的学时比例，实践教学时数达到了总课时的50%。

现在，学院正处在“创特色”阶段。高职院校的特色就是产学研结合。学院从自身实际出发，在教学基地建设上“筑巢引凤”、“借水行舟”，依托或吸引地方政府、企业以及社会各界参与，实现科研实训基地的共建、共管、共用、共享、共同收益，实现了"多赢"。一是在服务地方经济建设的同时，实现了实训基地筹资多元化，保证了科研实训设备的及时更新。二是在共建教学基地的过程中吸纳先进的教学理念。由于产学研结合，许多企业经营的理念影响到了学院的决策、运营。三是共建教学基地，以企业为主、师生参与运作，能够很快地与市场接轨，可以变消耗性的实验实训为面向市场的科研开发、生产经营。

师资队伍建设，在培养渠道上，坚持外引与内培结合，既抓高层次人才的引进，又抓现有教师的培养提高；专职与兼职结合，注重借用外部智力，建设比较稳定的兼职教师队伍。

教学改革，首先是在进行专业调查的基础上，加强课程建设，采用理论与实践、感性认识与理性认识螺旋上升的课程设计与内容编排，学校在实习工业园后边建教室和车间，边学习边实践使教学更贴近专业。其次，充分利用教学设施和现代化教学手段，改进教学方法，推广直观形象的现场教学、多媒体教学，以及激发学生思考的案例教学、讨论式教学、研究型学习等。最后，探索进行教学评价的改革，实现评价主体多元化、评价内容丰富化、评价手段多样化。

第三步，上水平。学院重点是通过实施"人才战略"和科学管理，通过5到10年的努力，把滨州职业学院建设成为省内一流、国内有一定影响的知名职业学院。□

为培养复合型人才 满足市场要求奠定基础

诸城市高级技校

诸城市高级技校创建于1986年，在校生4000余人。建校以来，为社会培养近10000名各类技术人才。学校经过长期不懈的努力，探索构建了一套符合技工教育规律，面向学校长线专业的实验实习的教学体系。建立了微机、电工、电子、理化、机械、机床线路、电力拖动等多个实验室和数控、车工、钳工、汽修、服装等高标准实习车间，实验实习条件达到了两个100%：

一是主体专业主要实验课程开出率达到100%，

二是主体专业在校基本功技能训练达到了100%。

学校设置专业7个门类20多个，初步形成了配套完整的实验实习教学体系，先后购置教学车床50余台，数控车床10余台，数控加工中心1台，数控铣床1台，

数控专业实习

现代化的数控加工中心

新校区办公楼

汽车近10台辆，摩托车20多辆，焊机20余台，钳台250余台，微机230多台，电动缝纫机100余台以及各类实习设备200多台。满足了学生实习实训技能的需要，为学校的快速发展奠定了物质基础。诸城技校以办学早、规模大、专业多、设备全、管理严、质量高而享誉诸城。

为加快学校基础设施建设，扩大办学条件，提高办学质量，实现学校可持续健康发展，学校得到了诸城市政府的大力支持，新建校区一期工程基本完成，二期工程正在实施，一所高标准、高质量、高水准的现代化技工学校即将展现在齐鲁大地上。目前学校将继续做好以下几方面工作：

1、以新的“诸城速度”完善新校区一期工程配套建设，以规划科学、设施配套、风格新异、标准一流的新校区，使其成为诸城市新增“亮点”之一。

2、招聘引进优秀人才，壮大师资队伍。经诸城市政府已批准增编50人，主要招收具有一定学历，在企业生产一线的同时具有丰富实践经验的工程技术人员、能工巧匠作为实习指导教师，以确保未来学校师资队伍整体素质和水平。

3、招商引资，加快学校发展。一是计划引资2000万元，用于学校基础设施建设；二是积极争取国外政府贷款，全面提高实习设备层次，三是挂靠国内名牌大学，为下一步筹建高层次职业学院，为培养复合型人才，满足市场需求奠定基础。

4、加快拓展招生、就业市场。一是把招生工作辐射到周边县(市)区，加大招生力度。二是加强与诸城市大中型骨干企业的协作伙伴关系，确保毕业生就业优势。

5、大力加强“软件”建设，迅速建立起一整套与学校规模、层次、未来发展相适应的管理体系，建立一支严谨、求实、高效、乐于奉献的“双师型”教师队伍。□

贴近市场抓改革　面向企业搞教学

山东化工高级技工学校　孔广发

山东化工高级技工学校创建于1974年，是全省唯一的一所化工高级技工学校，累计为全省化工行业培养输送中、高级技能人才12000人，目前在校学生已达3500人。

以“面向化工，服务化工”为办学宗旨的山东化工高级技工学校，依托强劲的行业优势，积极开展校企联合、定向培养的办学路子，加强与企业的联系与联合，以企业需求为导向，面向企业搞教学。在办学层次、办学规模及教学质量等方面取得了长足的进步，毕业生供不应求，使招生就业工作步入了良性循环的发展轨道。

加强校企沟通，把握企业用人需求。学校组织教学、学生管理、招生安置部门人员成立了"市场调查工作小组"，制定了详细的年度调研计划，深入省内各大化工企业走访、参观、调研，及时了解企业用人需求动态。每到一企业便召集毕业生座谈，了解其工作情况，征求毕业生对学校办学的意见和建议，并将收集的信息作为教学改革的主要依据。通过调研了解全省化工企业中，初级工占61%，中级工占34%，高级工仅占4%，技师和高级技师不足1%。随着产业结构调整和新技术、新工艺、新材料的广泛应用，企业对高级工的需求更为急迫，对生产一线工人的技能要求越来越高，更需要能掌握相应理论知识、具备高超技能、适应能力强、“一专多能”的复合型人才。

一是积极实施“定单教育”。学校在办好常设专业的同时，根据企业用人需求，通过"定单教育"积极为企业培训特需技能人才。

二是突出技能培训，增强学生的上岗能力。为提高学生的动手能力，我校调整了理论教学与技能培训的学时比例，使实习与理论的学时比达到1.5: 1，做到学中有练，练中有学，保证了学校的培训质量。

三是提高办学层次，从03年开始，逐步减少中级工的培养数量，转为积极培养初中四年制高级技工和高中起点的两年制高级技工。为适应培训层次的提高，学校也加大了教师知识与技能层次的提高。制定了教师学习进修计划，要求教师精通自己所任课程的基础理论、专业知识和操作技能，成为既懂理论又能熟练操作，既能讲授理论课又能带学生实习的“一体化”、“双师型”教师。目前，学校实习指导教师80%达到技师或高级技师操作水平。专业理论课教师也取得了中、高级技能等级证书，部分教师已获得硕士学位证书。

新校区综合教学楼

化工综合实习室

四是为提高学生的综合素质和创新能力，改变以往教学中只重视“教”而轻视“学”的传统教学模式，学校推广了“目标教学法”，把“学会学习”作为整体教学进程的重要目标，提高了学生的综合素质和创新能力。

五是学校注重专业培养和素质教育相结合，力求使学生达到一专多能。通过技能鉴定可获取两个工种的职业技能等级证书，使学生毕业后既能适应工作岗位的需要，又增强了职业转换的适应能力。2004年学校“化工工艺和化工设备维修”两专业被省劳动保障厅认定为首批重点专业，其“化工工艺”专业被认定为山东省技工学校名牌专业。□

突出技能特色 服务经济发展 大力培养高素质技能人才

淄博市技术学院

淄博市技术学院建校40多年来，累计为社会输送专业技能和管理人才13000余人，承担各类短期培训人才16000人。目前在校学生5000余名，其中高级部人数占在校生总数的80%以上。

院长刘乐泉

学院锐意创新，推行教育教学一体化、专业教学课题化等教学改革，实行了首席教师聘任制、学科带头人课题负责制的用人机制，确保了教学质量的不断提高，适应淄博和全省经济发展的要求。

首先，实施了加强教师队伍建设的“四项工程”。一是高学历高技能人才培养工程。学院每年拿出不少于50万元作为师资培训经费，为广大教师参加培训、学习、进修提供了经费保证。二是以学科带头人为主的骨干教师队伍构建工程。在对市场需求和人才流向预测分析的基础上，强化优势专业，制定了培养学科带头人的规划，在各专业选派人员牵头开展教研和课题攻关，发挥了良好的带头示范作用，一支以名师为学科带头人的骨干教师队伍已初步建立。三是人才引进扩充工程。学校每年从山东大学、天津工程师范学院等高等院校毕业生中录用学生党员和优秀毕业生充实教师队伍，近年来录用的十几名同志已经成为相关专业的教学骨干。同时，聘请知名学者、教授担任学院客座教授及科技顾问，指导我院学科建设。四是“双师型”教师队伍打造工程。“双师型”教师不仅要有较高的理论知识，同时还应具有较高的技能水平，在教学活动中既能承担理论教学任务，又能指导学生的实训操作，使学生在掌握真才实学的同时形成自我学习、自我提高、自我创新的能力。

院内供需见面会

金属切削专业实习

多年来，学院坚持“贴近企业、贴近市场、贴近经济发展”办学思路，形成了“以质量促就业、以就业促招生”良性循环。学院毕业生就业安置率一直保持在95%以上，高级班毕业生更是供不应求。2004年到校录用毕业生的企业达到60多家，校内招聘会异常火爆，出现了毕业人数与企业需求数量1：8的喜人局面。2005年，已有十几家企业与学院达成"定单教育"协议，需求百人以上的企业就有三家，协议培训总人数超过千人。为学院的持续、健康发展奠定了坚实的基础，该校的办学优势逐渐显示出来。□

技工学校发展之我见

山东轻工高级技工学校　王仲春

我1993年开始从事技工教育工作。这十多年，正是我们国家改革和发展最快、最深入、最好的重要时期。根据我校实际和自己多年从事技工教育工作的实践，谈几点粗浅的认识。

一、跟上时代发展脉搏，坚持以改革促发展，以发展图强大

我国改革和发展的广度、深度和速度都是前所未有的，在现代化建设进程中体现重要生产力的科技更是日新月异。社会主义市场经济体制逐步完善，人才市场供需关系发生了深刻变化，这些深刻的变化对技工学校的发展产生至关重要的影响。技工教育是职业资格教育，技工学校是为企事业培养专业技术人才的载体，它必须遵循教育规律和市场经济规则，及时调整自己的专业方向、办学思路和相关措施，顺应时代发展的需要，把当前与长远、经济效益和社会效益、数量与质量有机结合起来，才能越办越好，为社会经济服务。

十多年来，我校确定了“立足轻工、面向社会、突出特色、服务就业”的办学宗旨，经过多年的实践和努力，学校由小到大，由弱到强，一步一个脚印地实现了自己的目标。坚持改革和创新。为把学校搞活，调动各方面的工作积极性和创造性，学校进行了一系列的改革创新。主要是精简管理机构，理顺管理关系，明确岗位职责，干部由任命改为聘任，激活用人机制，建立健全各项规章制度，实行规范化管理，坚持奖勤罚懒，实施以法治校，按规办事，极大地提高了工作质量和工作效率。按市场要求及时调整专业设置和教学内容。为适应市场对人才的需要，适应企业新技术、新设备、新材料、新工艺快速发展的要求，学校不断调整专业设置，改革教学内容和教学办法，同时坚持多条腿走路，多层次办学，全方位发展，使学校在市场经济大潮中奋搏激流，乘风破浪，学校办学规模由600人扩大到4000人。

二、树立教育为企业服务的观念，强化技能培养，坚持质量兴校

目前我国加入WTO，使社会诸方面市场化趋势大大加快。因此，我们技工教育必须树立“产品”意识，为企业服务的观念，想企业所想，急企业所急，千方百计为企业培养合格的高级技能人才。多年来，我校与企业建立了广泛的、长期的密切的联系，根据企业的用工计划，校企双方共同商定招生对象、培训时间，并派专业教师考察研究该企业的生产设备、工艺技术，与企业的技术人员共同确定培训的内容和环节，做到有针对性地为企业培训技术人才，深受企业的欢迎。

校园风貌

在技能人才的培养中，实习教学设备的多少和先进程度如何，直接关系到技工教育质量的高低，学生得不到实际的操作技能锻炼，就学不到技术，企业自然就不愿接收。为提高学生的操作技能，我们在主管部门的大力支持下，积极筹措资金对我校的教学设备进行了更新。在具体的教学和教学指导过程中，我们本着“宽基础、强技能、重素质”的原则，改革教学内容、创新教学模式、实施"八化"培训：即外语和计算机教育普及化，专业基础理论教学模块化，工艺课教学现场化，四新内容补充化，基本功训练课堂化，生产实习课题化，毕业实习岗位化，创新教育始终化。为确保学生到企业能够干得好、留得住，我们坚持做到没有学好的学生不往企业分配，教学计划没有完成，再好的企业也不让学生去。所以，我校毕业生个个基本功扎实、技术过硬、供不应求。顺畅的学生出口扩大了学生的入口，形成了良性循环。全社会要加大对技工教育发展的支持力度，给予多方面关怀。

为保证技工教育健康稳步发展，一是要进一步制定和完善促进技工教育发展的政策措施，在法律和制度以及体制

上予以保障，真正重视技工教育。二是政府应加大对技工教育的经费投入，使技工学校享受到国家对基础教育、高等教育的经费投入政策，扶持技工学校的发展。三是统筹规划，突出重点，在全国有重点地建设大批能够培养高技能人才的高级技工学校或技术学院，避免平均用力。四是借鉴西方发达国家职业教育的经验，推行就业准入制度和技能成果买入制度，企业用技工必须缴纳一定的培训经费，支持技工学校设备和技术更新，为企业培养更加合格的技能人才夯实基础。□

培养高级技术工人的摇篮

兖矿集团高级技工学校

兖矿集团高级技校隶属于我国煤炭行业的龙头企业——兖矿集团。学校始建于1973年，占地300余亩，总建筑面积110000平方米，建有现代化教学楼、实验楼、教研楼、图书电教楼、实习楼、办公楼、学生公寓和学生食堂。固定资产超亿元，在校生6000余人，设有18个专业，教职工500余人，是集职业技能教育、职业培训、技师培训、中专学历教育和职业技能鉴定为一体的综合性职业技术教育培训基地。

教学楼

学校始终把提高教育教学质量作为永恒的主题，引入ISO9000质量管理标准，建立了一套科学教育教学与常规管理的考核体系，实行严格精细的教师量化考核、绩效评估机制，使教学的每一过程得到控制，同时针对企业需求，优化课程设置，改革教学方法，强化实习教学，注重技能培养，使毕业生既有较高的专业理论水平，又具有较强技术操作能力。

数控机床操作中心

自2003年起开始面向社会招生，受到社会上广大学生和家长的热烈欢迎。广大考生踊跃报名，出现火爆场面，2004年招生人数达2560人，连续两年荣获济宁地区招生第一名，被济宁市劳动和社会保障局评为招生先进单位。为了保证教学质量，提高技能实训需要，2005年学校投入1000万元巨资增添教学设备和设施，建立了新的数控、焊接、电工、电子等大型实习基地，为打造职业教育集团奠定了坚实的基础。

学校坚持“面向市场、适应就业、强化技能训练、培养创造力”的办学特色。不断深化教学改革，坚持从严治校，实行军事化管理。面向全国，为大中型企业培养熟练技术骨干，本着“学以致用、适应市场、培养能力、开发潜能、提高素质”的培养目标，为社会培养适应不同需求的技术技能型人才。

多年来，学校连续被国家省部级认定国家重点技工学校和高级技工学校，2004年被山东省劳动和社会保障厅批准为技师培训基地，同时被评为山东省名牌专业学校。□

技工学校发展之我见

山东省烟台黄金技工学校 遇宏卫 倪乐刚 吴忠

山东省烟台黄金技工学校

近几年，由于客观因素的影响，中等职业学校的发展遇到了一些困难，其中，“进口”受阻最为明显。高等教育的大发展以及由此带动的普通高中教育的发展，造成职业学校的生源相对减少，一些学校出现了“吃不饱”，教育资源闲置和浪费的现象，个别学校甚至关了门或者与其他学校合并。那么中等职业学校的出路在那里呢？

山东省烟台黄金技工学校作为山东黄金行业的职业教育培训基地，前两年由于客观原因走过一段弯路，经受了严峻的考验。从实践中我们深深感受到，要办好职业教育，就要审时度势，适应经济结构调整和产业升级、技术进步的要求，从速度、数量型向质量、效益型转变，办出特色，办出水平，培养出理论知识扎实、操作技能过硬的适用型人才，才能赢得更大的发展空间，在激烈的市场竞争中站稳脚跟。

一、认清形势，坚定信心

从当前国内形势看，我国已进入了全面建设小康社会、加快推进社会主义现代化的新的发展阶段，职业教育的改革和发展，也处在一个重要的历史时期，特别是随着我国加入世界贸易组织，经济发生了很大的变化，变化之一就是社会对技能型人才的需求量越来越大，社会需要的“蓝领”将远远多于“白领”。所以，尽管当前技工学校的招生和就业仍然面临着一些困难，但随着人们就业观念的改变和社会人才需求结构的变化，以及企业技术工人地位的提高，技工学校的发展将会柳暗花明，迎来新的春天。

就学校情况来看，黄金技工学校经过了19年的办学积累，在办学条件、师资队伍、教育质量等方面都有了很大提高，毕业学生合格率和就业率都达到了98%以上。因此，学校决心，不断提高档次，扩大办学规模，深化教学改革，向黄金行业和社会输送更多的优秀技术人才，为山东黄金行业和社会经济的发展贡献力量。

二、办出自身特色

在市场经济环境下，办学与经营企业有异曲同工之处，那就是独树一帜，方能旗开得胜。所以，我们在实际工作中注重改革创新，力求在专业设置、办学功能上办出特色。

1、突出专业特色。学校建校初期，目标就是为黄金矿山培养技术工人，所以针对黄金矿山实际，开设了采矿、选矿、地质、测量等专业，为矿山企业培养了大批合格的技术人才。随着黄金生产的迅速发展和技术的进步，我们及时进行人才和用工市场调研，以适应行业产业结构调整升级和社会用人要求为准则，调整了专业设置，增加了计算机应用、汽车维修、矿山机电与维修等专业。同时，注重名牌专业的培育，其中采区机电设备维修(机电)专业被省劳动和社会保障厅认定为名牌专业。

2、突出多功能办学特色。技工学校只有面向劳动力市场，实行开放式办学才能把学校办活。近年来，学校在立足于行业办学的基础上，面向社会，实施开放式办学。一方面认真加强技校职业资格教育，培养中、高级专业技术人才，一方面拓宽培训领域，充分利用现有的教育资源，广泛开展以在职职工为对象的各种层次的短期培训。同时积极为社会其他行业进行转岗培训，实现了职业需求预测、职业技能学历教育、职业技能短期培训、就业指导服务一体化，收到了较好的社会效益和经济效益。

三、办出教育质量

教育质量是一个学校的生命。技工学校的学生，犹如企业的产品，没有质量就没有市场，也就失去了生存的根基，更谈不上发展。所以，我们学校从招生到组织教学的全过程均把质量放在第一位。

1、把好招生关。近几年来，虽然受诸多因素的影响，招生工作步履艰难，但从长远看，合格的学生不但会带来良好的社会效益，而且会给学校带来良好声誉，树立学校新形象。所以，每年招新生时，坚持进行严格的入学考试，包括理论考试、查体和面试，对不合格的学生不予录取。

2、把好教学关。首先要建设一支精通业务、勤奋好学、敬岗爱业、勇于创新、理论与技能一体化的“双师型”师资队伍。教育成败源于教师，中职教育要发展，优良的师资队伍无疑是中职学校办出质量的最有力的武器。因此，学校多年来坚持把教师队伍建设放在首位：一是坚持教职工的政治学习制度，促进了师德水平、服务意识和育人意识的不断提高。二是加强了师资队伍的再培训和再教育，以适应新知识、新形势的需要。三是坚持开展多种形式的教研活动，提高教师的专业素质和教育研究能力。四是加强技能考核，80% 以上的教师获得了中级以上职业资格证书，使“双师型”教

学校第三微机室

师队伍不断壮大，适应了学校发展和培养适用型人才的要求。

其次，抓好硬件设施建设和实习教学，提高学生的实际操作能力。技工学校的培养目标是技能型人才，要造就高素质的毕业生，必须为学生创造一个优良的理论教学和实习教学环境。学校一贯重视实习实验教学，近年来，在经费紧张的情况下，千方百计地筹措资金，改善实习实验条件，先后建起计算机房、语音教室、电化教室、多媒体教室等专用教室和物理、化 学、机械、电工等实验室及设备齐全的钳工实习车间、电工实习场。同时，学校不断规范实习教学，强化学生实际操作能力的训练和安全实习教育，开展技术技能比赛，提高学生的操做水平。并且与用人单位建立长期联系，及时掌握社会需求和职业变化趋势，了解用人单位对技术人才的需求层次，及时调整专业设置，将新知识、新技术、新工艺、新方法充实到教学内容中，以保证教学内容满足生产、经营、管理、服务等岗位的需求，使我们的毕业生到用 人单位后能顶班上岗。

3、结合实际，因材施教。我校从1999年开始，打破传统的教育模式，因材施教，对不同层次的学生实施不同层次的教育。对于文化基础好的学生，开设补习班，学习中专知识，并支持鼓励学生报考大专，或参加多种职业技能鉴定，使其一专多能；对于文化基础差的学生，则采取降低起点，循序渐进 的方法，稳步提高他们的文化知识水平，并加强实习操作技能的训练，让他们掌握一技之长 ，取得中级工技能等级证书。

4、加强学生“关键能力”的培养，提高学生的综合素质。技工学校不仅要对学生传授职业技能和知识，还要重视培养他们良好的意志品质以及服务社会、认真负责的工作作风和爱岗敬业的良好职业道德，使他们成为德智体全面发展，综合素质较强的人才。因此，我们一是加强了对学生的德育教育，使他们形成正确的世界观、价值观和道德观。二是加强了校园文化建设，开展形式多样的文化活动，陶冶学生情操，丰富课余生活。三是采取学生自己管理自己的办法，给学生一个充分展示自我的机会，培养他们独立工作和创新能力。

上予以保障，真正重视技工教育。二是政府应加大对技工教育的经费投入，使技工学校享受到国家对基础教育、高等教育的经费投入政策，扶持技工学校的发展。三是统筹规划，突出重点，在全国有重点地建设大批能够培养高技能人才的高级技工学校或技术学院，避免平均用力。四是借鉴西方发达国家职业教育的经验，推行就业准入制度和技能成果买入制度，企业用技工必须缴纳一定的培训经费，支持技工学校设备和技术更新，为企业培养更加合格的技能人才夯实基础。□

培养高级技术工人的摇篮

兖矿集团高级技工学校

兖矿集团高级技校隶属于我国煤炭行业的龙头企业——兖矿集团。学校始建于1973年，占地300余亩，总建筑面积110000平方米，建有现代化教学楼、实验楼、教研楼、图书电教楼、实习楼、办公楼、学生公寓和学生食堂。固定资产超亿元，在校生6000余人，设有18个专业，教职工500余人，是集职业技能教育、职业培训、技师培训、中专学历教育和职业技能鉴定为一体的综合性职业技术教育培训基地。

教学楼

学校始终把提高教育教学质量作为永恒的主题，引入ISO9000质量管理标准，建立了一套科学教育教学与常规管理的考核体系，实行严格精细的教师量化考核、绩效评估机制，使教学的每一过程得到控制，同时针对企业需求，优化课程设置，改革教学方法，强化实习教学，注重技能培养，使毕业生既有较高的专业理论水平，又具有较强技术操作能力。

数控机床操作中心

自2003年起开始面向社会招生，受到社会上广大学生和家长的热烈欢迎。广大考生踊跃报名，出现火爆场面，2004年招生人数达2560人，连续两年荣获济宁地区招生第一名，被济宁市劳动和社会保障局评为招生先进单位。为了保证教学质量，提高技能实训需要，2005年学校投入1000万元巨资增添教学设备和设施，建立了新的数控、焊接、电工、电子等大型实习基地，为打造职业教育集团奠定了坚实的基础。

学校坚持“面向市场、适应就业、强化技能训练、培养创造力”的办学特色。不断深化教学改革，坚持从严治校，实行军事化管理。面向全国，为大中型企业培养熟练技术骨干，本着“学以致用、适应市场、培养能力、开发潜能、提高素质”的培养目标，为社会培养适应不同需求的技术技能型人才。

多年来，学校连续被国家省部级认定国家重点技工学校和高级技工学校，2004年被山东省劳动和社会保障厅批准为技师培训基地，同时被评为山东省名牌专业学校。□

技工学校发展之我见

山东轻工高级技工学校 王仲春

我1993年开始从事技工教育工作。这十多年，正是我们国家改革和发展最快、最深入、最好的重要时期。根据我校实际和自己多年从事技工教育工作的实践，谈几点粗浅的认识。

一、跟上时代发展脉搏，坚持以改革促发展，以发展图强大

我国改革和发展的广度、深度和速度都是前所未有的，在现代化建设进程中体现重要生产力的科技更是日新月异。社会主义市场经济体制逐步完善，人才市场供需关系发生了深刻变化，这些深刻的变化对技工学校的发展产生至关重要的影响。技工教育是职业资格教育，技工学校是为企事业培养专业技术人才的载体，它必须遵循教育规律和市场经济规则，及时调整自己的专业方向、办学思路和相关措施，顺应时代发展的需要，把当前与长远、经济效益和社会效益、数量与质量有机结合起来，才能越办越好，为社会经济服务。

十多年来，我校确定了“立足轻工、面向社会、突出特色、服务就业”的办学宗旨，经过多年的实践和努力，学校由小到大，由弱到强，一步一个脚印地实现了自己的目标。坚持改革和创新。为把学校搞活，调动各方面的工作积极性和创造性，学校进行了一系列的改革创新。主要是精简管理机构，理顺管理关系，明确岗位职责，干部由任命改为聘任，激活用人机制，建立健全各项规章制度，实行规范化管理，坚持奖勤罚懒，实施以法治校，按规办事，极大地提高了工作质量和工作效率。按市场要求及时调整专业设置和教学内容。为适应市场对人才的需要，适应企业新技术、新设备、新材料、新工艺快速发展的要求，学校不断调整专业设置，改革教学内容和教学办法，同时坚持多条腿走路，多层次办学，全方位发展，使学校在市场经济大潮中奋搏激流，乘风破浪，学校办学规模由600人扩大到4000人。

二、树立教育为企业服务的观念，强化技能培养，坚持质量兴校

目前我国加入WTO，使社会诸方面市场化趋势大大加快。因此，我们技工教育必须树立“产品”意识，为企业服务的观念，想企业所想，急企业所急，千方百计为企业培养合格的高级技能人才。多年来，我校与企业建立了广泛的、长期的密切的联系，根据企业的用工计划，校企双方共同商定招生对象、培训时间，并派专业教师考察研究该企业的生产设备、工艺技术，与企业的技术人员共同确定培训的内容和环节，做到有针对性地为企业培训技术人才，深受企业的欢迎。

校园风貌

在技能人才的培养中，实习教学设备的多少和先进程度如何，直接关系到技工教育质量的高低，学生得不到实际的操作技能锻炼，就学不到技术，企业自然就不愿接收。为提高学生的操作技能，我们在主管部门的大力支持下，积极筹措资金对我校的教学设备进行了更新。在具体的教学和教学指导过程中，我们本着“宽基础、强技能、重素质”的原则，改革教学内容、创新教学模式、实施"八化"培训：即外语和计算机教育普及化，专业基础理论教学模块化，工艺课教学现场化，四新内容补充化，基本功训练课堂化，生产实习课题化，毕业实习岗位化，创新教育始终化。为确保学生到企业能够干得好、留得住，我们坚持做到没有学好的学生不往企业分配，教学计划没有完成，再好的企业也不让学生去。所以，我校毕业生个个基本功扎实、技术过硬、供不应求。顺畅的学生出口扩大了学生的入口，形成了良性循环。全社会要加大对技工教育发展的支持力度，给予多方面关怀。

为保证技工教育健康稳步发展，一是要进一步制定和完善促进技工教育发展的政策措施，在法律和制度以及体制

放在生源集中的中学、乡镇。在形式上，采取多层次、立体交叉的办法，充分利用广播、电视、报刊、宣传窗、学校简介、招生简章、就业招聘会等，扩大宣传的覆盖面，增加宣传效果。如山东省药材技工学校通过加大宣传力度，提高了学校知名度，促进了招生就业工作，在校生达3000人规模，毕业生一次性就业率连续三年一直保持在98%以上。

二、调动一切积极因素，努力做好招生与毕业生就业推荐工作

在生源不足的情况下，要依靠学校主管部门和各级政府，争取劳动部门、教育部门的宏观指导和社会各界支持，使技校招生工作与教育部门大中专“并轨”，统一标准、统一考试，依据考生志愿和分数统一录取。技校招生要重点深入农村中学、乡镇，打破招生的地域、行业界限，向外地区外行业开放招生，以劳动力市场为导向，根据劳动力的需要招生，培养企业和社会急需人才。采取校企联合的方式，实行订单教育，增强招生吸引力，扩大招生规模。

许多学生和家长把毕业后能否就业并就业好单位作为选择学校的主要因素，这就使毕业生就业情况成为招生的“晴雨表”。因此技工学校及其主管部门必须重视学生就业工作，下大力气做好毕业生就业推荐工作。学生在校接受教育过程中，学校要开设就业指导课或就业讲座报告，请往届毕业生回校进行就业及工作经验交流，使学生转变就业观念，树立正确的择业观，学会向企业推荐自己，顺利就业，尽快适应工作岗位。学校要通过各种渠道掌握劳动力市场和企业对技工人才的需求信息，加强与用人单位的联系与协作，可以利用就业招聘会、毕业生供需见面会等形式，搭建起学校、学生与用人单位之间了解、熟悉的平台，实现就业目标。学校要积极做好就业服务工作，帮助学生就业，签订劳动合同，既要维护学生的合法权益，又要维护用人单位的合法权益。学校要对毕业生就业、工作情况实行跟踪服务，掌握企业对所用毕业生的工作情况和对学校培养人才的建议和意见，帮助企业和学生合理解决劳动纠纷等重大问题，以促进招生和教学改革。

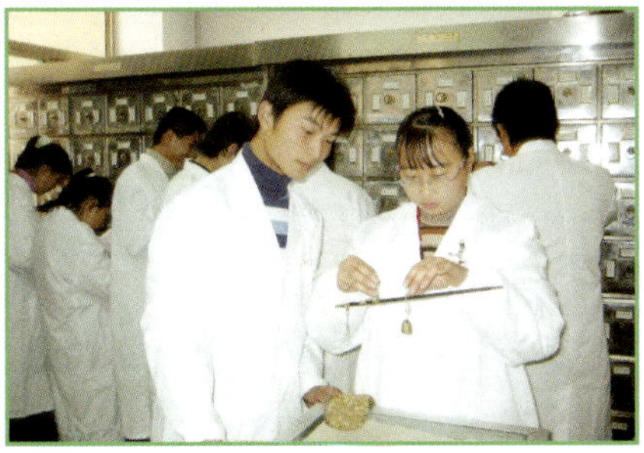

三、充分发挥技工学校多功能，努力提高教学质量

在市场经济条件下，技工学校要生存与发展，必须采取高、中、初技工班相结合，脱产教育与函授教育、业余教育相结合，学制教育与短期培训相结合，与企业、大专院校及地方部门联合，形成多层次、多形式、多功能办学摸式，扩大学校的发展空间。如：近几年，学校在开办高、中级技工教育与成人中专教育的同时，与有关大专院校联合开办大专班，全日制教育与函授教育、职业技能培训等多种教育形式并举，促进了学校的发展，在校生规模成倍增长。

在扩大办学规模的同时，必须注重提高教学质量，只有把学生培养成高技能、高素质人才，犹如企业“名牌产品”受到企业和社会的欢迎，才能更好推荐就业，从而推动学校招生工作，促进快速发展。为了培养“两高人才”，打造学校名牌，必须加大投入，改善办学条件，提高学校管理水平，加强教师队伍建设，努力提高教师队伍素质，培养一支“双师型”教师队伍。利用技工教育特点及本校特色和行业特点，发挥本校的长处，从严治校，坚持以人为本，重视德育教育，充分调动教师的工作热情和学生学习的积极性，保证教学任务的顺利完成。近几年来，山东省药材技工学校加快改善办学条件，于2003年初在泰安经济技术开发区征地300亩，按照在校生4000人的规模和以高起点、高标准要求，总投资7900万元建设新校址。到2004年底已完成总建筑面积6400平方米，实现了学校整体搬迁的目标。在教师队伍建设方面，学校制定政策，鼓励教师自学成才，有23名教师取得了研究生毕业证书，1名取得硕士学位，3名教师通过全国研究生英语水平考试。为强化学生的技能训练，提高技能水平，学校充分利用实训设备，实行一体化教学，注重突出医药行业和学校中药特点，培养医药行急需的中药营销人才，一大批学生已为成医药行业生产、经营和管理企业的骨干力量。因此“中药经营专业”成为山东省技工学校名牌专业。

综上所述，笔者认为技工教育既面临着严峻的挑战，又面临着良好的发展机遇。只要技工学校领导班子和教职工解放思想，抓住机遇、措施得力，就一定能实现跨越式发展。□

培养技能型人才 服务社会发展

海南省技工学校万宁分校

海南省技工学校万宁分校创办于1981年，是由省人事劳动部门主办的一所具有中等规模的技工学校，在校生1050人。学校师资力量雄厚，拥有一支高素质的理论和实习教师队伍。教学设施设备精良，建有电子、电脑、电工、电机、车工、电焊、钳工、汽修等10多个生产实习车间和电子电工成套实验设备。

学校主要肩负着学历教育、技能培训及鉴定任务，开设有电子技术与家电维修、计算机应用与维修、机电、汽车驾驶与检修、药物制剂等专业。常年开展特种作业人员、公务员计算机应用、农村劳动力转移就业培训及家用电子产品维修工、家用电器维修工、计算机文字录入处理员、维修电工、电焊工职业资格初、中、高级技能鉴定培训，每年培训各类人员达3000多人。

学校确立了面向市场，服务就业的办学方向，以社会需求为导向，以培养高、中、初级技能人才为中心，大力开展职业教育培训，提高学生综合素质与职业能力和培养德育工作有机地结合起来，致力于培养学生一专多能的复合型技能人才。

学校以严谨的教风学风、优质的教学质量及对学生的高度负责为追求目标，深受社会、学生及家长的信赖。学校积极开展校园文化建设，规范管理、树立良好的校风，为教师和学生创造了健康向上的工作和学习氛围。

学校与省内外多家名企建立了长期的合作机制，为学生就业拓宽了渠道，使毕业生就业门路广，供不应求。近年来，学校为海口、珠江三角洲地区输送几千名优秀毕业生，深受用人单位好评。应届毕业生的中级工合格率达到95%以上，推荐就业率为100%。□

技工教育发展之我见

山东省药材技工学校 李元富

技工教育是职业技术教育的重要组成部分，是培养现代化建设所需技能型人才的主要阵地，是提高劳动者综合素质的重要途径。随着市场经济的发展，技工教育在招生、职业培训等方面面临着许多新情况、新问题，这些问题严重制约着技工教育的发展，我们必须正视、分析和解决这些新情况、新问题，才能促进技工教育事业的发展。

一、加大宣传力度、为技工学校发展创造良好的外部环境

在市场经济条件下和社会信息化时代，办学单位既要了解外部世界，又要让外部世界了解自己，这就要求技工学校及其主管部门必须采取多种方式加大宣传力度，提高学校知名度。在内容上，针对社会上存在的认识上的偏差，着重宣传技工教育的地位和作用，技工也是人才，掌握一技之长是劳动者竞争择业、安身立命之本。企业对技工人才的需求情况及待遇，国家推行全员合同制将逐步打破干部、工人身份的界限，技校具有培养技能型人才的优势，技术岗位实行持证上岗、就业准入制度，技校生具有竞争上岗的优势，技校由劳动部门归口管理，就业信息广泛，便于就业，这些就是技工学校的独特优势。坚持普遍宣传与重点宣传相结合，在面向社会的同时，把宣传的重点

5、把好就业关。学校本着为学生负责、为用人单位负责的原则，改革推荐就业办法，畅通推荐就业渠道。首先，为了激励学生刻苦学习和为每个学生提供一个公平的就业机会，重要一条就是按综合成绩推荐就业。其次，对毕业生加强了就业指导，使他们树立正确的就业观。第三，与烟台市一些正规企业建立长期合作关系，签定用人协议，每年定期安排学生去这些单位就业。同时，广泛联系其他就业渠道，扩大就业门路，先后与15家企业建立人才供需关系，一次提供学生就业岗位300多个，保证了毕业学生全部就业。第四，建立了对毕业生回访制度。每年4次定期到毕业学生工作岗位去了解他们的工作、生活及工资待遇等情况，掌握学生的实际需求，解决他们遇到的一些实际问题，以便更好地改进推荐就业方法，满足学生的要求。

几年来，各用人单位对学校送去的学生给予了高度评价，称赞这些学生不但操作水平高，而且文体等方面的综合素质也较高，他们中的大部分由于在各自岗位表现突出，被提拔到了领导岗位。用人单位对学校定期回访学生这种认真负责的做法也给予了肯定和赞许。

总之，社会主义经济建设赋予了中职学校广阔的发展空间，中职学校担负着培养高素质劳动者这一艰巨的历史重任，只要树立"以市场为导向，适应市场、服务市场"的办学理念，不断深化改革，大胆创新，办出质量，办出特色，中等职业教育必将迎来建康、有序而充满生机的明天。□

技能人才培养的摇篮

烟台福山区技工学校

福山区技工学校创建于1988年，现有教职工180多人，高、中级专业技术人员90余人，在校生达3600多人。

近几年来，福山区技工学校始终坚持改革与创新，坚持为市场经济发展服务，坚持倾力培育德才兼备高素质劳动者，各项工作均取得了跨越式的发展，创出了一条独具特色的办学路子。

在育人管理上，学校坚持以先进的理念和科学的方法为先导，坚持以严谨规范的管理为根本。重视质量与效益，重视人才培养与就业，注重服务学生、服务家长、奉献社会，不断科学调整学校内部工作结构，创新工作理念，全力打造适应社会、适应市场并具有高尚职业道德和创新能力的高素质劳动者。

校领导班子在研究工作

在技能传授培养上，一是坚持以市场为导向，以提高能力为根本，坚持"复合型"、"适用型"人才培养规格与标准，注重对新技术、新知识、新流程、新方法的探索与研究，并按照"课堂理论教学、校内实习模拟、校外岗位练兵"这一科学运行规程，从最能体现市场对人才需求的"最基本、最重要、最实用"的专业理论知识与技术技能入手，全面对学生进行智力、智能开发和技术技能强化训练，使学生既具备了足量而充实的专业理论知识，又具备了扎实而娴熟的技术技能。二是重视和加强市场与企业对人才需求的调查，坚持可持续发展的思想，加强、加大校企强强合作的力度，广走"校企联

毕业生在上海通用东岳汽车有限公司工作

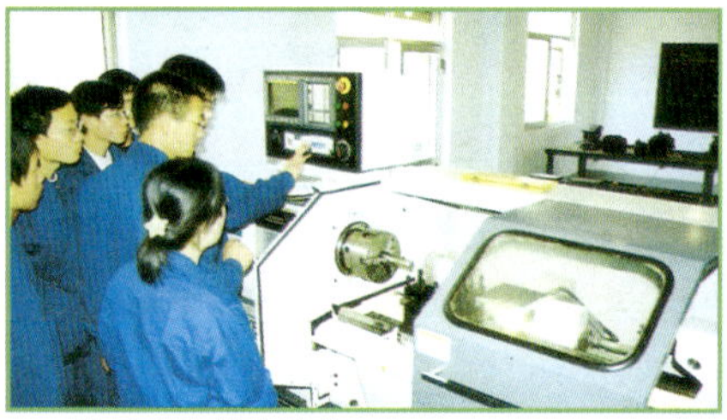
数控机床操作训练

办、区域互助、长短并存”之路，积极开展“订单培训”、“订单教育”，使校内培训与社会实践有机的融为一体，形成了自成特色的校、企一体化技能实训模式，教学质量和社会效益实现了“双赢”。连续多年毕业率达到99%以上。三是不断加大对教学的投入力度，积极改善办学条件，努力提高办学水平。

在就业、实习工作上，一是坚持以市场需求为导向，坚持“服务学生、服务家长、奉献社会”和“抓好招生就业促发展”的方针，密切关注企业对用人需求变化趋势，重视与用人单位的沟通合作，广开各种就业渠道，积极抢抓机遇，乘势而上，努力为学生就业、实习提供优质服务。二是建立起了系统、科学的就业、实习工作管理体系和运行机制，成立了由经济管理部门和知名企业专家组成的咨询委员会，加大学生岗前就业教育指导。

迄今，学校已先后为社会培养输送了近6000名适应能力强、技能过硬的合格技术人才，就职于省内外部分名优企业，受到了用人单位的高度赞誉。□

关于抓好职业培训的几点认识及做法

山东蓝翔技工学校 荣兰祥

目前，各类职业培训机构如何加速培养适应社会需求的各类技能人才，是一项紧迫的战略性任务，也是一项需要积极探索和不断改进的重大课题。根据山东蓝翔高级技工学校创办20余年的经历，结合职业培训必然的发展趋势，谈几点看法及做法。

一、必须坚持“为经济建设服务”的指导思想

举办职业培训学校特别是民办职业培训学校，必须坚持正确的办学方向，树立正确的办学指导思想，这是做好职业培训工作的首要条件。就是说，办学的目的必须明确，为国家经济建设培养人才。说到底，办好职业培训学校必须正确处理经济效益和社会效益的两者关系，这对关系既涉及到投资者的切身利益，也涉及到学校教职员工的切身利益。要处理好这对关系，首先是投资者，继而是学校领导班子、教职员工，要切实本着“为经济建设服务”、“为社会培养人才”的指导思想，少考虑个人经济、工资利益，多考虑国家现代化建设的大局，平衡单位、个人、国家利益和眼前、长远利益。笔者认为，只要办学态度端正，坚持“为经济建设服务”、“为促进就业再就业服务”，就能处理好经

济效益与社会效益的关系。

二、必须紧跟社会经济发展的要求设置专业

山东蓝翔高级技工学校创办至今20年，以市场为导向，抓住“社会需求”这个根本，办出了自己的特色。突出表现为专业设置既具灵活性又具前瞻性，既适应了社会的一般需求又适应了社会的特殊需要。具体做法是：

建立了以董事长亲自挂帅，分管校长直接抓，各专业老、中、青教师参与的专业设置研究室，结合教学实践，汇总各方面信息，经分析研究，提出专业设置、调整的可行性报告，由董事长最后决策。

设置、调整专业的原则。首先考虑社会需求，包括前瞻性需求；其次紧密结合学校实际，做到短期培训和长期学历教育并举。把短期办活，把长期办精，兼顾社会特殊需要，重视培养复合型人才和高技能人才，尤其注重发挥学校办短期培训的特长和优势，达到“以短 养长”的目的。根据社会对技能人才的需求趋势，逐步形成“短、中、长”层次，结构合理的办学格局。学校共设有烹饪、汽修、计算机应用与维修、数控机床、焊接、挖掘机操作与维修等8大系62个专业。

由于山东蓝翔高级技工学校在专业设置上适应了社会经济发展的要求，因而取得了短期技能培训招生人数每年以40%的速度递增的好成绩，中、高级班学员招生人数也迅速增加，既为国家现代化建设提供了大批适用型的各类技能人才，又促进了就业再就业工作的稳步发展，不断开创职业培训的新局面。

三、必须高度重视抓好职业培训质量

山东蓝翔高级技工学校一直把培训质量当作“生命线”，始终把“质量第一”作为办学的理 念，贯穿于教学、师生管理、后勤保障等各个方面。学校深入人心的口号是：“质量是检验教学的唯一标准”、“盯着市场办教育，围绕就业抓质量”。在实际工作中，主要围绕四个方面抓质量：一是不断创新教学方法。学校引导教研室与各专业教师紧密配合，加强教学研究，以实习为主，以动手为主，结合实习讲理论，凡成功的经验则大力推广，二是大力培训“双师型”教师，师资水平是提高教学质量的关键。学校除把好教师招聘关，重点招聘高校毕业的本科生、从事专业技术多年、经验丰富、技术等级高的技术人员，以大幅提高高学历、高技术等级在教师队伍中的比例外，还采取岗位培训、外派学习等方法，大力培养“双师型”教师，使他们走上讲台能讲课，走进车间能指导实习。三是实行师生激励机制。学校在教师中实行保底工资和效益工资 相结合、学员选择教师、教师末位淘汰等制度。四是不断完善教学设备，学校近几年先后投资四、五千万元购置先进的教学设备，完善了教学设施，为保证教学和培训质量发挥了十分重要的作用。

山东蓝翔高级技工学校创办 20 余年，为社会培养各类技术人才20多万名，同时，免费为省、市、区培训下岗职工 2000 余人，得到社会和各级政府的好评与肯定，连续多次被国家和山东省劳动保障部门、民政部门评为民办职业培训机构先进单位。□

打造潍柴“双元制”职业教育的品牌

潍柴技工学校 孙建军

潍坊市副市长辛丕视察学校

职业教育是潍柴技工学校服务企业的主要职责之一，学校在职业教育方面的特色是“双元制”。1989年，由潍坊柴油机厂与德国汉斯·赛德尔基金会签署协议，引进“双元制”职业技术教育模式，经过十几年时间不断的消化、吸收和探索，逐步走出一条适合中国国情和潍柴厂情的“双元制”职业教育新路子。

一、“双元制”职业教育在潍柴的改革和创新实践

从1989年引进第一个“双元制”专业——模具制造专业，到1995年，学校先后引进开设了工业机械工、汽车维修工等十一个“双元制”专业。2002年开设了高级工专业培训。十几年的探索、改革与实践，学校把德国“双元制”职业教育模式成功地引入中国，并结合中国国情和潍柴厂情，形成了独具特色的“双元制”职业教育品牌。

一是在教学中将专业实践课做为理论教学改革的突破口，聘请专家培训教师，以易带难、以点带面逐步推广。

二是改进教学手段及课型设置，采用动态教学，以直观的形式展现复杂的理论，使教学通俗易懂，通过推广与应用综合课型，培养提高学生全面思考问题和灵活、综合运用所学知识的能力。

三是在实习教学中，加大了实习课题的开发与改革力度，力求既突出德国训练课题的综合性，又体现中国单题训练的系统性优势，形成以宽基础、复合型为宗旨的智能体系。

四是探索下厂实习教学新模式，充分发挥企业优势，以优质的职业培训，赢得企业的支持。

五是创新招生和就业环节，采取不间断招生、多层次培训、多渠道就业的模式，实施定向招生、定向培训、定向实习和订单式教育。与企业共同制定培养目标和培训计划。学员边生产，边学习，以生产带学习，用学习促生产，知识、技能和收益双赢。形成了具有特色的“双轨型”培训模式。

六是改革考试制度，由中、德双方人员组成考试委员会，学生通过毕业考试后，可获得中方的《技术工人等级证书》和德国工商行会颁发的《“双元制”毕业证书》，拓宽了学生的就业渠道。

职教思维的创新，带动了学校的发展。在企业和基金会的大力支持下，学校的教学环境发生了明显的变化。目前，学校拥有如数控机床机器人、液压气动演示设备等各种高、精、尖教学设备260余台，每年为企业和社会举办各类培训班80余期，培训员工4000人次，为企业的改革发展提供雄厚的人才基础。

二、树立“大职教”理念，创建独具特色的职业教育新模式

第一，积极推进技工学校体制改革。按照国家和政府关于支持大企业投资兴办或将原办学校剥离改制为民校的指导思想，本着“体现创新的精神，形成前沿的思路，符合市场的要求，求得实在的效果”的原则，采取企业控股、教职工参股、吸引外资和社会投资等多种形式，积极对技工学校、职业学校进行民办化改造，享受国家关于民办学校在建设土地征用、校办产业、招生收费、社会捐资等方面的优惠政策。

第二，夯实教育基础，提升职业教师自身素质。夯实教育基础，职业教师的自身素质是首要问题。提升职业教师素质工程，应以培训一体化教师为主线，以提高教学质量、科研攻关为重点。树立终身学习的理念，采取现场感知、集中授课、外出培训、座谈讨论等形式，分步实施教师素质提升工程。

积极推进人事制度改革，实行岗位聘任制，创造公开、公正、公平竞争的环境，严格考核、择优聘任，建立一支教育教学业务精湛的职教名师队伍，促进职业教育健康发展。

第三，构建立体式产业化职业培训新模式。树立培训服务产业化的概念，以企业服务产业化工程为依托，充分发挥技工学校作为联系企业、高校、社会的桥梁和纽带的优势，牢牢抓住经济社会快速发展对高技能人才日趋旺盛这一大好机遇，推动职业教育实现超常规、跨越式的发展。

在办学层次上，坚持走校企联合、校校联合、对外强强联合的路子，巩固中级技术教育阵地，拓展高级技术教育市场，让更多的有志青年，从职业教育的道路上发展成才。□

柴油机装试与维修

抓好教学质量巩固“拳头专业”

威海技术学院

多年来，学院坚持以教学质量为中心，突出办学特色，强化技能操作，以市场为导向调整专业结构，与时俱进，开拓创新，迈出了成功的步伐。

始建于1958年的威海技术学院，原有的专业设置都是以机械行业为主的车、钳、电、铣等“传统专业”。经过40年的发展，这些专业已成为学院的拳头专业，深受社会欢迎。但随着社会的变革，特别是威海经济的快速发展，原有的较为单一的专业结构已满足不了社会发展的需要。通过充分考察论证，在巩固“拳头专业”的同时，根据当地经济发展的实际，先后开设了旅游、服装等6个中级专业，数控技术、机械装配与修理等5个高级专业。针对威海距韩国、日本较近，劳务进出口数量日益增多，很多学生想到国外研修的实际，2001年7月学院与威海国际经济合作公司联合成立了威海市出国劳务实习工厂，当月就有10名服装专业毕业生报考去日本研修，经过严格考试，我院有5名毕业生在近百名报考者中脱颖而出，被录取。到目前，我院已先后有7批近70名毕业生去日本服装企业研修，电、铅、铣、数控等专业毕业生，也有近30名先后到日本机械企业研修。于99年新上的旅游专业，短短五年时间，已发展为当地瞩目的专业，毕业生供不应求，青岛、北京等一些知名星级酒店，慕名到学校要人，出现了学生挑企业的喜人局面。2003年济南军区、省军区到学院选拔了14名毕业生为部队专业士官，同时将学院确定为威海地区选拔有专业技能士官的定点院校。现在学院毕业生达到了就业有路、出国有门、升学有望。

教学质量的好坏，关键在教师。为了提高教师的业务素质，学院每年都要选派10多名教师，到南京数控中心、山东省师资培训中心等地进行深造，并聘请专家教授到学院讲座；鼓励有条件的教师进修本科生、研究生等，使教师的整体水平显著提高。2003年初在省劳动保障厅组织的全省技工学校优秀软件、教案大赛中，学院有一名教师获得优秀软件一等奖，有7名教师获得优秀教案一等奖，课件制作也处在了全省的领先地位。马述秀老师编著的《画法几何与机械图习题集》、范玉成老师编著的《机床夹具》等被劳动保障部作为高级技工培训用书推广使用。一直处于全省领头雁的数控专业教师韩鸿鸾，在数控技术专业教学中独当一面。他编写出版的《数控机床结构与编程》、《数控机床基础》等教科书，成为全国职业技术教育数控专业的规划教材。浓浓的教研氛围，提升了广大教师的教学水平，学院的教学质量大大提高。

建校46年来，始终遵循职业教育培养目标，为社会培养了上万名中高级技能人才，促进了威海乃至胶东半岛经济的快速发展。2002年学院再次被评为“全国职业教育先进单位”。□

学生实习

构建培训实施体系 铺设员工教育生产线

安徽省汽车工业技工学校 康易成

江淮汽车公司（原江淮汽车制造厂），1964年建厂。九十年代以前，汽车产量一直徘徊在二千辆左右，1990年跌入低谷，年产销汽车不足千辆，亏损严重。进入九十年代，新的领导班子上任，企业开始出现转机，步入了发展快车道，销售收入由1990年的三千多万元增至2001年的24亿元，年均增长率超过50%，在业内形成了令人瞩目的“江汽现象”。

江淮汽车公司作为一个传统制造业，在各种条件不占优势的情形下之所以能在激烈的市场竞争中不断进步，这不能不说是一个奇迹。江淮汽车集团公司董事长左延安说：如果说有什么秘诀的话，那就是坚持不懈地抓了员工的教育培训，孜孜不倦地培育了企业的学习力。

一、建设员工培训基地

1991年，工厂在资金相当困难的情况下，挤出了300多万元，建起了一座400m²，配备有现代化设备，能适应各类不同教学要求的综合培训大楼和一幢3000m²，400多床位的高标准学生公寓。

将原教育科改为培训中心，申请承办了安徽省汽车工业技工学校，与合肥工业大学合办JAC高等职业技术学院，扩大了培训基地的功能，壮大了师资队伍，形成了职前与职后相衔接、中级与高级相配套、学历与岗位培训相辉映、一级办学与二级办学相补充的多类别、多层次的培训体系。

2000年，公司投资488万元建成了总面积4050平方米，集各专业实习教学为一体的实训大楼。

二、制定员工培训制度

学科带头人的自主培养制度。我们每年花重金选派部分优秀员工到省内外著名大学进修深造，长期选派人员去境外的一些著名企业、高校进修。同时又与合肥工业大学合作建立了硕士生工作站，还将计划建立博士生工作站。使学科带头人的培养走上了正常化、规范化轨道，同时在生活上关心、政策上倾斜，实施了技术职务津贴和技术项目、科技成果奖，对优秀科技工作者上浮工资，并享受劳模待遇，极大地调动了科技管理骨干献身JAC事业的积极性。

中高层干部的脱产轮训制度。JAC的中高层领导，每年都必须参加15天的脱产轮训，不参加轮训或轮训不合格的，来年不再聘用。轮训的内容是按照企业的发展战略每年一个主题，轮训的方法是开放式、互动式、封闭式。自主开发教材，游戏案例并用，上下级间同处，快快乐乐学习。

全员参与的“40 + 4”培训制度。所谓“40 + 4”培训制度，就是每周40小时工作，再加4小时学习培训。该项制度已为企业的学校化建设迈出了坚实的第一步。每周六上午，全公司3700多名员工进入各自的学习场所参加统一的学习培训已成为一种习惯，给企业带来了生生不息的向上活力。

三、营造人人都是培训师的环境

JAC有一批包括全体公司领导和中层干部在内的兼职培训师队伍，以身示范、言传身教。在JAC，无论你是生产操作人员、管理人员还是技术人员，只要你在某一方面有特长，你就可能担任该课程的教师，知识得到充分的尊重。JAC的中层管理人员培训员工更是责无旁贷，他们至少必须拥有培训员资格，每年要完成规定学时数的授课，否则一票否决其任职资格。JAC就是要营造一个人人都是培训师的环境，运用企业自身的能量去不断激活企业内部的潜能。

四、规范培训管理

运用PDCA循环，持续提升培训质量。

抓计划的制定。培训计划是培训工作的指导性文件，合理的培训计划能有效地避免培训的随机性、盲目性。JAC以创造学习型组织统揽全局，结合员工成长路径，深入调查培训需求，制定出公司培训年计划，并经职代会审议，以文件形式下发。公司各培训二级单位要根据自己单位的情况，作深入的调查、分析、研讨，制定出自己单位的二级培训计划报培训中心审核。

抓过程的控制与考核。每一次培训、每一个培训单元都要求各单位派中层干部跟堂管理。培训中心的检查员定点检查，对培训计划的实施、培训纪律、培训效果等进行跟踪考核。培训中心每周一召开培训考评会，各检查员对所检查单位的情况进行客观描述，小组集体评分，力求考评的客观、公正。

抓交流与反馈。除了每月两次的培训例会，为了更多的听取培训的意见和建议，了解培训需求，培训中心还定期走访，并要求各单位进行培训互访，填写互访反馈单。

采取各种方式，强化师资队伍。培训效果的好坏，培训员是关键。为了使教学质量不断提升，JAC从以下几个方面狠下功夫：一是培训中心每年开设培训技巧课程，对培训员进行轮训。二是成立教研组开展丰富多彩的教研活动。教研活动有培训中心统一组织的教学比赛、教案评比，也有各教研组自行组织的说课、研讨、公开课等。三是建立了培训员、培训师的资格认证制度。获得培训师资格既有荣誉也有待遇。这几年JAC的培训越做越大，越做越深入，同时一大批培训师也与培训一同成长起来。

今年JAC又引入ISO10015培训管理理念，建立ISO10015培训管理体系，计划今年年底前通过国际认证。江汽公司的培训管理又将迈上一个新的台阶。

JAC以培训为抓手，JAC的管理在持续改善，JAC的产品质量在持续提升，JAC形成了自己特有的做事风格，JAC培育了自己的优秀文化，JAC的核心竞争力正在形成。□

加强师资队伍建设　促进学校发展

安徽工贸职业技术学院　姚多忠

安徽工贸职业技术学院是在中专基础上升格的，一般教师的学历大多为大学本科，专业一般也只能就理论教理论，指导学生实践的能力相对薄弱。要适应升格后高职教育教学的要求，必须从学历层次和专业实践能力两个方面努力提高。我们的做法：

加大对原有教师送培读研的力度。学院在资金十分紧张的情况下，鼓励教师根据学院教学安排和自身发展的需要，采取多中形式攻读研究生，学费由学院全额报销。几年来，先后在国内知名高校送培读研30余人，安排的访问学者2人，拟在“十一五”期间，使现有教师的学历绝大多数达到研究生层次。现在读研的教师已陆续返校任教，其中8人已晋升为副教授，教学第一线的力量进一步加强。

采取多种办法，大面积提高现有专业教师的实践能力，重视“双师型”师资培养。学院建立一套制度，采取带学生实习和课题研究任务的办法，让专业教师分期分批下到工厂和企业的相关专业岗位进行调研和锻炼，时间少者三个月，多者半年或一年，要求他们要树立掌握与自己专业相关的生产技术，具有足够的指导学生实践动手能力，而且还要撰写出有一定分量的专业调研论文。在这个基础上，学院出资鼓励专业教师参加劳动部门组织的专业资格认证考试，参加教育部举办的“双师型教师培训班学习”并限期取得“双师型”教师资格证书。

有计划的从工厂企业、科研部门和有关高校引进一批有工程背景的高层技术人才，以及专家、教授，充实到教学第一线和教学管理岗位上来。例如电子工程系主任原是国家108所硕果累累的资深高层科技人才；新建的汽车工业系主任原是一所高校长期带研究生的资深专家；教务处长原是一所工科高校具有高级职称的长期从事教学管理工作的副院长。高职院校的主要任务为生产、建设、管理和服务第一线培养高技能应用型人才，培养高技能的学生必须要有一支高技能的师资队伍。高职学院的特殊培养任务，对师资队伍的要求，不仅要有高学历，而且要有高能力，其知识储备面比一般高等院校教师相对要宽。这样一来，充实了教学和管理力量，强化了学术研究氛围，有利于学习动手能力的培养。

创新管理机制，重视感情留人，稳定师资队伍。学院试行“一校两制”的用人制度，2001年升格后所有新进人员一律实行聘用制，人事关系由市人事部门托管，其工资、福利以及晋升同原在编人员享有同等待遇。但无论是原有在编人员或新进人员都要在同一平台上竞争上岗，择优聘任。坚持严格的考核标准，实行绩效挂钩，按劳取酬，优劳厚酬。院领导认真贯彻落实知识分子政策，高度尊重人才，加强思想政治工作，加大感情投资，关心他们的进步，关心他们的生活，为他们创造了宽松的工作和生活环境，调动了他们的积极性，广大教职员工爱岗敬业，安心工作。

经过短短三年时间，学院已发展到五系一部（基础部），21个专业面向全国13个省、市、自治区招生，在校生5000余人。□

突出技能训练 树立培养“可持续发展”人才的办学理念

福建省龙岩市高级技工学校

学生素质是学校的生命线。龙岩市高级技工学校十分重视高技生的培养，把“抓质量，树品牌”作为我校“创建东南沿海示范性技师学院”这一奋斗目标的基础工作。学校致力于“可持续发展”人才的培养，致力于从目标到课程结构，从内容到教学方法的系统改革，突出“职业核心能力”的培养，“厚基础，重技能”，以技能教学为主旋律，强化技能训练。关注学生技能培训重心的高移，满足学生向高技能层次发展的需求，增强办学的可持续性发展潜力。

教学实施过程中，既坚持原则性，又重视灵活性。围绕“普通课为专业基础课服务、专业基础课为专业技能课服务”的教学指导思想，提出理论教学要“学会放弃”，“以实用为依据，以够用为原则”进行教学改革。深刻领会国家关于职业教育的“够用”精神，技能训练需要的专业理论，讲深、讲透，用不上的，少讲或不讲。充分利用现有设备，在练好专业技能的同时，鼓励学生参加其他专业工种的技能培训，扩大就业适应面，成为“一专多能”的复合型人才。

在高技能人才培养方面，改变传统的高级工培养观念，采用先进的教学方法和教学手段，缩短高级工培养过程。更新教法，运用多元智力理论指导教学改革实践，开展分层次教学、行为引导型教学等满足个性化需求的教学方法，提高培训质量。在教学手段上更多地采用多媒体课件和仿真技术，教师尽可能利用多媒体课件教学。我校还引进数控加工仿真系统和电气智能实验平台先进设备，让学生在电脑上进行产品设计、加工、生产，把理论教学和生产实践联系起来，锻炼和培养学生解决未来职业中可能出现的各种技术难题。在教学安排上，突出技能实训，按1:1的时间安排理论教学和技能培训，科学分配专业理论与技能实习教学时间的比例。扎实开展高级技工的鉴定工作，以鉴定促培训。为激发学生的学习兴趣，学校每学期还组织专业工种技能竞赛，通过技能竞赛推动技能培训工作，提高学生技能素质。学校密切与用人单位和其他机构的联系与合作，提升学生职业适应能力，共同培养能适应市场变化的“可持续发展”的高素质技能人才。

在专业设置上，在巩固传统优势专业的基础上，密切注视市场和企业的需求，开设市场急需的高新技术专业和需求量大的“热门”专业，满足现代企业的用人需求，扩大“订单式”培训的规模。学校先后与北京精雕科技、中美厦门谊瑞货架、厦门信华科技、福建东南汽车、龙岩市扶贫协会、共青团龙岩市委等企事业单位联合办学。现在，学校由1993年开设专业6个增加到21个，在校生由687人增加到4230人，居全省技校之首。□

以就业带动招生 以培训拓展学校发展空间

广州市高级技工学校

广州市高级技工学校坚持市场需求为导向，以服务社会经济建设为目的，以培养高素质技能人才为中心，加大培训力度，拓宽就业渠道，已形成生员旺、就业旺的良性循环。

学校以社会需求为导向，对专业设置进行动态管理，在不断调整现有专业的基础上，及时增设社会急需的热门专业，并不断加强专业自身建设和专业之间的渗透与沟通；将培养职业能力与德育工作相结合；在教学中要求学生养成良好的职业习惯，爱岗敬业、吃苦耐劳；将教学工作与培养职业能力相结合，做到文化基础、专业理论、专业技能、职业素质并重；强化教学实践，将教学实习与就业指导相结合，开阔学生视野，培养学生熟练的职业技能和适应能力，提高学生就业竞争力，为学生顺利就业打下了坚实的基础。

强化就业指导和创业教育，增强就业能力。学校专门成立招生就业指导处，开设了就业指导课，编写就业指导教材，对学生进行就业方面的思想指导、政策指导、信息指导、心理指导和技术指导。让学生树立正确的择业标准，树立崇高的求职道德；在职业指导中，学校把重心放在转变学生和家长的就业观念上，使“先就业，再择业”的观念被广为接受；掌握求职应聘所必要的技巧，避免因求职技术等原因造成的求职障碍；为帮助学生了解自我，了解社会，学校专门建立了心理工作室对毕业生进行毕业心理指导和咨询等，合理地设计自己的职业生涯。通过教学引导学生树立正确的职业观、择业观和创业观，帮助学生学习有关的职业知识，进行求职行为技巧训练，提高了学生就业求职能力和适应能力。

学校全景

张小建副部长视察学校

构筑就业信息网络，创造就业条件。在市劳动和社会保障局的支持下，学校设立了职业介绍服务中心，了解经济发展趋势和人才市场的供需信息，同时加大与用人单位的联系，学校与200多家企业建立了良好的合作关系，建立了就业信息网络，为毕业生提供就业信息，通过组织学校人才供需见面会、洽谈会等，为毕业生和用人单位创造供需见面、双向选择的便利条件，为毕业生的就业提供了广阔的就业空间。积极创造条件，协助符合条件的毕业生到国外就业，开辟多种就业渠道，积极鼓励毕业生自谋职业、自主创业。

近5年来，广州市高级技工学校在严峻的就业形势面前，就业率始终保持在98%以上，首届模具高级班还未毕业，就被抢购一空，深受用人单位的欢迎。今年，更有数控加工技术专业的学生远赴日本就业，引起了社会的广泛关注，开创了广州技校国外就业的先河。就业旺带动了生源旺，学校的办学规模随之日益扩大，目前在校生超过5000人。

学校始终坚持“技校必须两条腿走

路”，一条是学历教育，另一条是技能培训。学校充分利用教育资源，拓展办学功能，学校成立了职业技能培训中心，承担培训重任，呈现出良好的发展势头，取得了显著成绩。

通过“走出去、请进来”和送教上门等方式，积极开拓合作办学单位，到目前为止，共有广日电梯等20多家企业成为学校合作单位。同时积极实施“金钥匙”培训计划和广州市高技能人才培训工程，加大下岗失业人员的培训力度，学校根据学员的要求和人数灵活确定专业的开办。2003年更有高等院校的大学生来学校“回炉”，培养专业技能，学校充分抓住这一新的机遇，加大高校高职学生的技能培训，大大拓宽了学校的培训领域。随着广州市对城中村的改造和农村劳动力的大量转移，学校又瞄准了农民培训市场这一巨大市场。

学校教学实习综合楼

五轴加工中心

目前，学校与香港训练局属下的塑胶与模具科技发展中心共同培养高素质模具技能人才，成为了广州地区乃至广东省培养模具技术人才的摇篮。2003年被劳动和社会保障部确定为“国家高技能人才培训基地(机电项目)”，今年又被广州市教育系统确定为广州市十大培训基地之一。

通过这几年的实践，学校从培训的对象、方法、手段、标准、场所等，都形成了鲜明的办学特色，每年培训各类技能人才达到2500多人次，其中社会人员占了2/3，受到企业和社会的广泛好评，同时学校也取得了一定的社会效应和经济效益。□

培训高级技能人才　发展模具工业

广东今明模具职业技能培训中心　钟燕锋　黄文钧

随着模具工业的发展，高素质模具人才的短缺已经成为全球性的棘手问题，人才培训显得越来越重要和紧迫。广东省机械研究所成立自1959年成立以来，已为科龙、康佳、TCL、广州本田、风神汽车、五十玲、日立电梯、飞利浦等制造企业培养和输送了大批模具专业技术人才，为全省乃至全国模具行业先进技术的推广应用和人才培训做出了较大的贡献，赢得了广大企业和技术人员的一致好评。

一、设立专门机构为企业提供专业服务

为了更好地为企业和技术人员提供更专业的服务，研究所成立了“广东今明模具职业技能培训中心”，承担机械所为行业技术培训和对外合作办学的全部业务。目前，培训中心已经拥有五千多平方米培训场地，拥有自己的模具生产和实习基地，现有培训教师50多名，都有多年的一线工作经验和培训教学经验，保障了培训的效果和质量。

二、采取多种形式帮助企业正确认识培训的重要性，开展合作办学

培训中心采取多种形式帮助不少企业树立了对培训的正确认识，比如：组织免费公开课、讲座、试听、交流会等，效果非常明显。为了更好地为企业提供新技术培训，广东省机械研究所与劳动部门、大中专院校、企业等进行了广泛的合作，实现了资源共享。此外，在很多地方也设立了分支机构或合作点，开展技术培训或下岗人员的再就业培训。

三、与企业签订每年的人才供需合同，量体裁衣开展定制培训

每年与企业签订人才供需合同，根据各企业年度人才需求，开设企业个性化的课程，制定个性化的培训大纲，到高校组织生员进行特殊训练，派出经验丰富的策划人员和教师深入企业，与企业的领导、部门负责人以及生产一线的员工充分沟通，真正了解了他们的需求和员工的素质，量体裁衣地设计一套有针对性的培训方案和培训大纲，保证了培训的针对性和实效性。

四、开设各种短期的新技术、新工艺课程，满足企业需求

大部分课程设置3~5天，主要包括模具设计（CAD）、模具流道及成型过程分析、产品效果渲染、板金设计、数控三轴编程及五轴加工编程（CAM）、电火花线切割加工编程、产品优化设计分析（CAE）等。这类培训时间短，效果好，很受企业欢迎。3-5个月的综合性课程，则迎合了缺乏技能和经验人士的需求。

五、为企业提供免费技术咨询服务

为了解除企业“担心短时间学不会”的后顾之忧，中心与培训过的企业和技术人员都签订了三年的免费咨询服务合同，及时提供技术顾问服务。□

为山区经济发展培养高素质人才

广东清远市高级技工学校 刘龙山

广东清远市高级技工学校创建于1995年，现有教职工240余人，专职教师150余人，中、高级职称的教师占70%，在校学生近4500余人。

建校以来，学校共为山区培养了近7000名合格技工毕业生。让山区的孩子掌握技能，走出山门，实现了就业，一次就业率达100%，稳定就业率98.5%以上。九年来，学校开展各类在职技能培训、强制性培训、下岗再就业培训和劳动预备制培训10000多人次，进行各类职业技能鉴定近20000人次，为提高山区劳动者素质，促进与扩大山区劳动就业做出了自己的贡献。

校长刘龙山（后左一）与教师一起探讨教学改革

一、实施智力扶贫，服务山区脱贫奔小康

学校从山区实际出发，确定了“面向市场，服务山区，培养技能人才，实施智力扶贫”的办学宗旨，及时制定出一系列帮扶贫困生的制度和措施。一是办学经费严重不足的情况下，将学费下调25%；二是每年拿出一笔资金，建立扶贫助学奖学金，资助特困家庭中品学兼优的子弟完成学业，其中获助学金的学生每人每学期可减免学费400—1000元。三是通过缓交学费的方式，帮助那些家庭条件差而又强烈要求上进的学生，允许他们继续在校学习至毕业，并由学校推荐到有关企业，走上工作岗位后，再交所欠学费；四是帮助学生找些力所能及的社会工作，勤工助学，既解决了生活困难，又在实践中锻炼了自己。至今学校共为山区培养输送近7000名技能型人才，按平均每人年纯收入6000元计，每年可为家乡带回3600万元的劳务收入。

学校综合培训大楼

学生在学习制冷空调技术

二、创新发展思路 提高办学水平

近年来，学校千方百计筹措资金完善办学条件。一是实行财务预决算制度，加强财务管理运作。二是成立培训中心和技能鉴定中心，积极开展对外技能培训和技能鉴定，在服务社会的同时增加收入，并对其实行目标管理，独立核算，从而解除了经济压力，提高了效益。三是实行后勤社会化，充分发掘学校资源，从而增加了小收入。四是坚持用发展的办法解决前进中的困难和问题，投入各项硬件建设，完善办学条件。五是加强软件建设、不断提高工作水平。一方面实行中层管理干部聘用制和管理目标责任制，选贤用能、优胜劣汰，不断加强干部队伍建设。另一方面，通过实行结构工资，从分配制度上激活内力，调动教职工的积极性和主动性。六是不断加强校园文化建设，营造健康向上的氛围，打造优秀团队。□

侨乡厨点师的摇篮

广东台山供销饮食技术学校

广东台山供销饮食技术学校成立于1982年，建校22年来，先后为社会培养25000余名烹饪技术人才，学校被誉为“侨乡厨点师的摇篮”，多次被评为“广东省职业培训系统先进单位”。

随着国家改革的不断深入，学校面对市场，解放思想，转变观念，及时将学校原来只对系统内职工的技能培训调整为面向社会，服务就业，培养具有特色的烹饪技术人才，使学校的职能机制得到了充实、提高和发展。

在教学中，学校定期组织教职员工学习业务和技术知识，认识到烹饪是一门技术科学，新时期的粤菜、点制作技术日新月异，作为全省培训厨点师的重点学校，必须时刻站在烹饪技艺的前列，掌握新潮粤菜、点的制作技巧。为此，学校通过多层次、多渠道组织学习业务知识、技术交流，还组织主要学科技术骨干到香港、澳门、广州、深圳、珠海等餐饮业发达的地方学习取经，到西安、北京、河北、武汉等对口单位了解办学情况和经验，使教师及时掌握餐饮业的新材料、新技术、新工艺、新品种。为烹饪教学打下坚实的基础。

为提高教职工的综合素质和技能水平，多次组织教师参加省劳动和社会保障厅举办的业务知识培训学习和技能比赛活动，极大地提高教职工的综合素质，在加快“双师型”教师队伍建设上迈出了坚实的步伐。

学校把教学质摆在各项工作的首位，积极探索教学培训新模式，不断完善各种规章制度，组织各科室认真制定教学计划，加强教研及备课工作，注重理论与实践并重，使学生尽快掌握传统粤菜、粤点的制作技艺。还根据粤菜、粤点的制作发展方向，制作要领等技能传授给学生，使学生既掌握基础知识，又学到新技术。建校以来，共培训25518余人，免费培训下岗工人800多人外，其余的都参加了职业资格鉴定，取得资格证书的21690人，占参加职业资格鉴定人数的85%。

多年来，学校先后为社会培养了20000多名厨师、点心师、烧腊师，为台山侨乡的建设做出了一定的贡献，扩大了学校的知名度，得到上级领导部门的肯定和表彰，同时学校的办学成果和经验也引起国外同行的关注，历年来，美国、加拿大、英国等驻华使节分别造访学校，使学校成为众多输入中国厨点师的国家以及了解中式厨点师培训的一道窗口。通过全校教职工的共同努力，为把学校建成中国厨点师的人才培训基地而奋斗。□

英国驻广州总领事馆副领事白博文先生到台山供销饮食学校访问

学员实操场面

突出特色求发展

广东省曲仁技工学校

广东省曲仁技工学校创办于1974年，建校已有30多年的历史，积累了丰富的技工教育经验。学校现有学生2500多人，建筑面积58000平方米。

校园环境优美，教学和生活设施完善，有足球、篮球、电教投影厅、图书馆、语音室等运动、学习和娱乐设施，实习和实验场所配备合理、设备齐全，有21个生产实习教学车间、6个网络电脑室、5个实验室和4个多媒体教室。有各类普通机床80多台，先进的数控机床、数控加工中心和线切割机等30多台，PLC控制设备50多台，空调制冷成套设备20套，高档配置的电脑400多台，并组建了先进的校园网。

学校师资力量雄厚，其中高级、中级专业技术职务资格的教师占70%，形成了一支具有强烈责任感和“一体化”教学能力的高素质的教师队伍，能使学生学到一技之长。

目前，学校开设有数控加工技术、计算机辅助设计与制造、模具制造等高级技工专业五个，开设有数控机床切削加工、模具制造、机电一体化、电子商务等中级技工专业十个。

学校凭借良好的人才质量和诚信服务，已和多家知名企业建立了长期用工的密切关系，如深圳的三洋电机公司、菲桑通信公司、长城电脑公司、广州丰田汽车公司、韩国SUN(南海)公司、顺德美的集团等，为毕业生就业打下了坚实的基础，拓宽学生的就业渠道，使学生学成后能有用武之地。多年来毕业生就业率达96%以上，近年出现毕业生供不应求的良好局面。

目前，学校全体师生以“突出特色求发展、与时俱进创新高”为宗旨，坚持“教育服务质为本、顾客满意是目标、严谨诚信创特色、持续改进争一流”的质量方针，为打造名牌专业，把学校建成高级技工学校和技师学院而努力。□

环境优美的校园风貌

抢抓新机遇 谋求新发展

汕头市第二技工学校 沈式曙

汕头市第二技工学校创建于1963年，现在学生3000余人。在40多年的办学中，学校坚持正确的办学方向，主要承担着本市技工学历教育、职业技能培训、就业培训和再就业培训、复退军人、智力扶贫培训、职业技能鉴定等任务，向社会输送了大批技能人才，为提高劳动者职业素质起到了重要作用。

学校风貌

一、树立创新意识，提升办学层次

学校依托自身品牌特色，建立了一整套完善的教学管理制度，不断适应技工教育新的发展。创办了计算机、机械、电气等一批名牌主体专业，先后开设了40多个专业，创办了高级技工班。不断更新教学设备，适应市场需求，建成了XK-2001电气智能实习教学平台、数控模拟教学平台、电工电子实验平台、计算机网络中心，多媒体教室、数控模拟教室、计算机软件教室等现代的电化教学设施，拥有大批计算机、数控车床、铣床、钳、电、焊、可编程序控制器、变频器、单片机等满足教学需要的设备和实习实验场所以及学习、生活配套设施。

学生实习

二、重视队伍建设，抓好教研教改

学校致力建设一支敬业、安教、专业素质强、适应市场变化的教职工队伍，优化人力资源整合，选拔有良好思想品德和高尚思想境界、教育教学能力强的教师上岗，先后吸纳汕头市几批拔尖技能人才充实教师队伍，为队伍注入新生血液。严密制订师资队伍素质提升计划，不断提高教师主体创新能力、科研能力和师德修养，走科研兴校之路。学校机电一体化教师在长期的教学实践中积累了丰富的经验，自制出VVVF双控教学电梯模型系列产品，大大提高了教师教学、科研能力。在2004年全省职业技能培训和技工教育教学成果评比中，我校选送的《VVVF双控教学电梯模型系列》、《机械手系列》、《订单式“双元制”教育》三项教学成果分别荣获二等奖。

三、订单式双元制，贫困生有保障

学校积极更新办学观念，跟着市场创新，先后与汕头市自来水总公司、钻宝公司、巨轮集团公司等企业开展订单式“双元制”教育形式办学。学生把学校所学的知识和技能跟企业中的实践培训紧密联系起来，练习熟悉企业现代化管理和学习操作现代化生产设备；适应市场销售所需要的产品质量要求、企业的工作时间、企业里的社会环境和人际关系；学会安全文明生产，节约能源材料。“双元制”教育期满毕业时，学生成为企业合格工作者，适应企业上岗 操作要求。实践证明，订单式“双元制”教育模式的实施，构筑起了学知识、掌技能的平台，实现了对学生，特别是贫困生真正意义上的智力扶贫，解决了就业之忧，使他们成为家庭脱贫致富的“生力军”，实现校企双赢。

四、注重德育建设，营造良好校风

学校坚持“厚德、精湛、求实、创新”的办学理念，以人为本，全面实

市领导视察学校

施素质教育。着眼人的素质的提高，积极拓展德育空间，构建健康向上、质朴成熟的校园文化。设立学校网站，开放多媒体教学资源、网络系统、电视文化，配套校徽，规范校服，通过多种文化载体，形成协调、统一的群体心理和温暖的人文环境。

五、与时俱进，确保持续发展

随着知识经济、信息化时代的飞速发展，技工教育面临新的机遇和挑战。我校正深入贯彻落实张德江书记关于办好市一级技校的讲话和汕头市委、市政府“工业强市”战略，立足“做强做精”的工作思路，引进ISO9001质量管理体系，抢抓新机遇，谋求新发展，切实加快技工教育的发展，提升技工教育品牌，锐意改革，创新务实，以崭新的姿态向着国家重点技工学校的目标昂首前进。□

以改革促发展 向管理要效益

广州白云工商高级技工学校 谢展鹏

广州白云工商高级技工学校创建于1989年。学校秉承“市场导向，服务社会”的办学宗旨，坚持依法办学，严谨治校，科学管理，促进了学校的大发展。学校占地面积125亩，建筑面积10万平方米，中、高级技工在校生4700多人，培训生3200人，教职工600余人。办学15年来共为社会培养和输送各类职业技能人才15万余人。

一、确立正确的办学目标，确保学校可持续发展

学校确定了“市场导向，服务社会”的办学宗旨，坚定不移地走职业教育之路，以“三个代 表”重要思想和“调整布局、提高层次、突出特色、服务就业”的十六字方针为办学指导方针，以培养技师、高级技师为主要目标。学校立足于可持续发展，制定了三年发展规划等中长期发展目标，推行并实施目标管理责任制，将各项工作目标(共27个大项)量化为具体的实施细则，以确保工作目标的实现。

学校2002年晋升国家高级技工学校以来，积极探索技师、高技师培养之路，2003年经市劳动和社会保障局批准开设维修电工、汽车维修等7个工种技师培训，为保证技师培训正常开班，学校已将技师培训任务层层分解到专业科。目前，技校在校生共4742人，其中高技生为1553人，占全校技校学生总数的32.7%。同时，我校还积极为兄弟职业技术学校培训师资，承担教师进修任务。近三年来，先后为广东阳江职业中学、广州农工商学校、郴州综合职中理工分校、广东省外贸厨师培训中心等兄弟学校培养电子维修、高级电工维修、移动通讯维修、点心制作等师资。

二、认真组织职业培训，推行职业资格证书制度

学校注重职业技能培训和失业、下岗人员再就业培训工作。学校积极配合白云区江高镇镇政府开展对农村富余劳动力的培训与就业工作，以优质的教育服务和强大的办学实力，成为政府首选的农村富余劳动力培训基地。在未来3年时间里，要培训农村富余劳动力7400人，2005年将完成800人的培训计划。2005年5月已完成对首批农村学员的培训，首批培训学员结业不到一个月，已有超过

半数顺利就业，在当地农村产生很大反响。此外，我们还为农民朋友送教上门，目前已培训1300多人。从九月中旬开始，将逐村上门为农民工提供技术培训。

学校重视职业技能鉴定工作，专门成立了“技能鉴定考务中心”，积极推行国家职业资格证书制度，对学生实行技能考核与鉴定，实施学历与职业资格“双证书”制度。学校所开设的学历(技工)教育和培训教育严格按照职业标准实行教学，实行职业资格证书制度。凡学校毕(结)业生均组织参加省市劳动部门组织的技能鉴定，考取职业资格证书。技工学生考证合格率：高级工92%、中级工93%、初级工(选考)94%。技工、培训学生高级工考证共1146人。

学生在专业实习

三、市场导向设置专业，搞好专业建设与改革

学校坚定不移地把培养应用型人才和高技能人才作为自身的选择，主动面向市场办学，瞄准市场，不断调整专业与课程。目前，我校共开设中级技工学历教育23个专业、高级技工学历教育16个专业。职业技能培训开设了包括理工、工商、管理在内的三大系列15个学科，22个专业方向100多种训练课程。02-04年共完成高职学生高级工培训考证1335人，并开展技师培训25人。

学校自办学以来，坚持“以市场为导向，以质量求生存，以水平求发展，以特色求盛誉”的办学理念，树立职业教育为经济建设、社会发展和劳动就业服务的指导思想。派教学骨干深入企业进行调研，根据广东省和珠江三角洲经济发展和支柱行业的特点设置专业，学校成立了“专业合作与指导委员会”，聘请企业界、教育界的110多位工程技术人员和专家担任委员，参与我校专业建设，指导学校教学计划制订与修改，将“四新”技术纳入教学计划中。在新开设技师培训的专业中，实践教学课时已达到65%以上。

四、重视人力资源开发，打造"双师型"教师队伍

适应知识经济要求，每年均选派高中层干部、教师到国外或境外的职业学院和培训机构参观学习，更新观念，吸收和借鉴办学治教经验。仅最近两年就选派数十批百余位管理干部、骨干教师赴香港、欧美培训进修。

目前，学校拥有一支符合技师学院设置要求的师资队伍，现有教师共288人(理论教师190人，实习指导专职教师98人)，其中理论教师和课题(项目)导师全部具有大学本科以上学历，实习指导教师具有大专以上学历和技师及以上职业资格，具有高级职称教师占教师比例26%，实习指导教师占教师比例为34%。聘请了37位企业、高校专家、"双师素质"教师担任我校课题(项目)导师，"双师素质"教师比例达39.2%。拥有一支符合要求的高级考评员队伍。

五、实行开放式办学，拓展职教合作空间

学校积极贯彻教、产、研相结合和校企合作原则，要求每一个专业至少有一个固定合作企业，每名专业教师至少与一家本行业的企业保持经常性的技术或业务交流。目前，学院已与包括广州、深圳在内的珠三角地区1200多家企业建立了良好的合作关系。先后与国内外30余家著名大企业合作建立了长期合作关系，并结成企校联盟。目前，我们与100余家企业签订企校合作协议，成功为企业送教上门，共培训565人次。

六、重视职业指导工作，保证就业渠道畅通

为切实解决好学生的“出口”与“入口”问题，学校专门设立了招生办与就业指导中心，每学期将在招生、就业工作中收集到的专业建设信息向教学部门进行反馈，提出专业改造、开发意见，逐步形成了招生、教学(培训)、技能鉴定和推荐就业"一条龙"的服务体系。□

锐意创新 为建设高级技校而努力

佛山市技工学校 吴少德

佛山市技工学校创办于1963年。目前，学校开设专业26个，教学班达89个，在校学生共4185人，其中全日制高级技工班学生204人。学校还积极承担社会培训，全年培训高级工、技师近500人。是佛山市目前规模最大的一所中等职业学校，是佛山市中高级技能人才培养的重要基地。

一、更新理念，进一步强化了学生的教育和管理工作

学校坚持“面向市场、服务就业”的办学方向，坚持“德育为先、全面发展”的育人方针，坚持“以质量求生存，以特色求发展”的办学思路，坚持以培养“高技能，高素质”的优秀技能人才为目标。在教育教学中，不断提高教师的业务水平，不断提高学生的综合素质。在学生管理工作中实行“首遇责任制”，即对学生的安全和学生的违纪行为最先遇到的教职工都有责任和义务立即跟进，努力形成学生德育工作齐抓共管的新局面，取得较好的成效。

二、加大了培养高技能人才的力度

学校坚持“以质量求生存，以特色求发展”的办学思路，在巩固发展中级技工教育的同时，加大了培养高技能人才的力度，2004年新开全日制高级技工班4个，在校学生204人，并积极承担社会培训，全年培训高级技工、技师近500人。与此同时，主动适应市场需求，及时调整了专业布局，强化了专业特色，将机电一体化、计算机网络技术、电气维修、数控机床加工、制冷设备维修五个专业列入高级工专业建设和品牌建设计划，予以实施。

三、进一步加强了教师队伍建设

来宾在参观学校展厅

学校十分重视教师队伍的建设，注重培养双师型教师，采取教师在岗培训，我们在校内组织了PLG培训、变频技术培训、电火花线切割等培训；选派优秀教师出国出境培训，学校先后派出8名优秀教师到美国、奥地利、香港等地培训，吸取职业教育发达的国家和地区的先进经验为我所用；引进骨干专业教师，鼓励教师积极参加各级组织的技能竞赛，全面提升教师综合素质。

四、进一步加大了教学设备的投入

学校在2003年投入600多万元的基础上，2004年又投入400多万元加强基础建设和设备投入。增加了数控车床、线切割机床、电火花机床、平面磨床、外圆磨床、安装了闭路电视系统，购置计算机，添置一批汽车修理设备，充实汽车修理实习室，购买手机综合测试仪等设备，充实了移动通信实习室，制冷设备实习室，新购变频空调实训考核台，制冷空调信息化智能考核台、中央空调信息化智能考核台、中央空调和小型冷库升级系

统，进一步提升了制冷实习设备的技术含量。

2005年计划投入450万元增加教学设备，目前已经到位的有：数控车床3台，使学校数控车床达10台，比评“国家重点”时多了8台；为每位教师和中层以上管理干部配备手提电脑，新购台式计算机一批，使学校计算机总量达1130台，比评国重时的544台增加了586台；新购数控加工中心2台，学校的加工中心达3台；新装多媒体电教室4间，目前已有7间电教室，大大改善了教学条件。

五、教科研工作有了新的突破和发展

组织教师开展教科研工作，试行模块式一体化教学，实施英语分层教学，自制教学设备。学校顺利通过了高级技工学校的专家论证。学校将以成功申办高级技工学校为契机，坚持发展、注重内涵、紧紧抓住当前技工教育蓬勃发展这一大好机遇，大力加强学校的品牌建设和专业建设，加强师资队伍建设，加强实训设施建设，努力实现由培养中级工为主向培养高级技能人才为主的转变，围绕如何办好高级技工学校，全方位加大办学的投入，使办学条件有大的改善，教学质量有大的提高，办学的整体水平有大的提升。并通过“三创”（创名校、名师、名专业）活动，真正树立自己的教育品牌，把佛山市技工学校办成省内一流的有示范意义的职业培训基地。□

不待扬鞭自奋蹄　咬定发展不放松

汕头市高级技工学校　陈瑞和

广东省汕头市高级技工学校，办学规模从1996年只有学生1074名增加至今3600多名；办学层次从只有中级技工班发展至今有师资大专班、高职专科班、高级技工班、中级技工班和短期培训班以及省、市劳动保障部门下达的智力扶贫班、劳动预备制班、再就业培训班等。在编教职工从80多名发展到现在160名，其中具有高中级职称教师近70%。回顾几年来学校工作的发展，概括起来可谓有三个方面：

潮菜烹调专业学生做食雕练习

一、讲方向，咬定发展不放松

讲方向，就是讲政治，讲市场导向，是学校沿着正确方向发展，服务社会，服务当地经济建设的重要保证。正是由于正确政治理论的指引，学校办出职教特色，为当地经济建设培养急需的应用型技术人才的办学方向得以很好坚持，“发展是硬道理”的理论也深入人心。从办学方向看，利用技工学校机制较为灵活的优势，贴近社会，依托市场，紧跟产业调整步伐，以对人才的需求为导向，及时调整专业设置，开设紧缺、热门的专业。由于方向明确，专业对路，所以毕业生就业渠道十分畅通，与一般中专、职业高中形成鲜明对比。近年来，学校毕业生深受企业青睐，多数专业毕业生未到毕业时间已被企业“定购”一空，全校毕业生年就业率均超过95%。

学校坚持职教有别于普教，保证实习课程设置占较大比例，校内实习与校外实习相结合的方针，使毕业生走上社会，很快就能适应岗位要求，受到用人单位的好评。

二、讲开拓，突破重围敢创新

要改革，首先是建立并完善教代会制度。重大事项的决定以及管理制度的订立、修订，通过教代会广泛征求教职工的意见，力求准确实用并取得教职工理解和支持。几年来，共修订管理制度17项，并通过扩建新校区等决议。其次是大抓人事制度的改革，这在汕头市区尚属首例。主要有四项：一是落实岗位责任，按能力、表现和实绩拉大津贴的差距；二是打破职称界限，按教师的实际能力和岗位需要，实行高职低聘、低职高聘的措施；三是对新调入的人员，先采取临时聘用的形式，使其具有危机感，有利于录用真正人才；四是实行全员聘用，定岗定责定待遇，双向选择，竞争上岗。这些改革措施的实行，起到了优化组合、明确职责、规范管理的作用，对提高教职工工作积极性起到明显效果。再次，是创建联合办学体制。既与高校联办大专班，又与省内外兄弟技校联办技工班，还与厂、企联合，解决学生社会实践问题。

在教学改革方面，设立教改基金会(每年奖金4万多元)，鼓励教师参与教学改革，推广教师在实践中积累的成功经验自编修教材、自制教具、撰写论文等经验，激发了教职工的积极性，促进学校朝着科学化、民主化方向发展，又对推动学校教改质量的巩固提高发挥了巨大作用。

在招生工作方面，学校采取一系列的新措施，使得招生工作取得重大突破。学校年年大幅度超额完成招生任务，年年受到省劳动和社会保障厅的表彰。

三、讲实干，不计名利求跨越

起初学校条件很落后，与省外技校相比，差距很大。缩小差距，急起直追，学先进求跨越，成为学校领导班子的既定目标。为此，几年来，在校长陈瑞和

党总支书记、校长陈瑞和

及领导班子和全体教职工的共同努力下，团结拼博，艰苦创业，积极争取上级部门支持、华侨资助，使得学校面貌发生巨变，基础设施和实训设备建设方面取得了长足发展，基本满足教学实习的需要。使学校走上快速健康发展的道路上。

北山湾校区

四、讲民主，廉洁公正葆活力

坚持民主集中制，既讲原则，又讲民主，是坚持班子团结，又能集思广益的有效保证。学校采取了三项措施，使得班子的凝聚力和战斗力不断得以加强。一是认真抓好理论学习，使实践“三个代表”成为班子成员的自觉行为；二是经常开展批评和自我批评，统一认识，提高全局观念，做到政治上互相信任，工作上互相支持，生活上互相关心、互相学习、互相促进；三是注意廉洁建设，通过党风廉政教育的各种学习，经常对照有关党纪法规，检查工作，修正错误，保持洁身自好，为职工树立良好榜样。

学校抓好校务公开是发动群众，集思广益，统一认识，步调一致的良方。校务公开制度的坚持，也使得班子工作更容易取得群众的理解和支持，又促进班子工作朝向公开化，民主化和科学化的方向前进，利于班子思想作风的改进、提高。

不待扬鞭自奋蹄，咬定发展不放松。当前，技工加教育的春天已经来临，我们要抓住机遇，加快发展，为把学校建成省内一流，全国知名的职业教育培训基地而努力。□

学校“以人为本”打造技能人才培养基地

韶关市第二高级技工学校

近年来，韶关市第二高级技工学校根据技工学校的办学特点和职业教育规律，将培养目标和规格的基本内容和要求结合学生的具体实际，着重在以下四个方面得以体现和实施。

德育方面。在校学生通过二、三年的教育，要努力使自己成为“四有”社会主义建设者和接班人，要有敬业爱岗和团结协作精神，要具备良好的职业道德。

智育方面。通过学校教育，学生要熟练掌握现代生产的技术技能，具有本专业(工种)所需要的比较系统扎实的理论基础特别是很强的操作技能。

体育方面。要求学生了解体育运动的基本知识，掌握科学锻炼身体的基本技能。

心理方面。掌握一些心理健康的知识，懂得自我心理调适的方法，增强经受挫折和适应环境的能力。

一、坚持教学以学生为本

近年来，学校要求教师始终以学生发展为本，充分尊重学生在学习中的地位，通过课堂教学和技能操作以及现场见习参观等活动来调动学生学习的积极性和创造性，努力营造一种处处充满关爱和激励心志的氛围，

二、坚持办学以教师为本

学校在办学过程中，始终坚持以教师为本的理念。鼓励教师通过多种渠道、多种方式继续学习，不断提高自身的综合素质。为了进一步满足部分中青年教师在学习上的需要，学校还有计划、有步骤、有目的地选派一些青年理论教师深入到实习第一线，熟悉和了解实训课的过程，掌握一些技术操作技能，使他们早日成为"双师型"的教师。

三、规章制度要彰显人文光辉

学校尤其是高级技工学校办学需要规章制度，但依章(法)治校不能衍变成以罚治校，以“框”治教。在管理中，以尊重人、激励人、关爱人、发展人为前提，慎重地审视制定的规章制度，用人文化的笔触，建立了一套既与时俱进，又极具“文化含量”、同时闪耀着人文光辉的新的规章制度。

四、落实以人为本的科学发展观，必须处理好两个关系

一是要处理好教书与育人的关系。技工学校以培养生产一线的管理、生产、建设、服务的技术技能人才为目标。处理好教书与育人的关系，就是要处理好传授知识、技能与培养人的关系。从二者的关系来看，教书是手段，育人是目的。就是说，技工学校通过向学生传授一定专业(工种)基础知识和文化科学知识，特别是熟悉和掌握一定专业(工种)的技术技能，培养他们的职业道德和敬业精神，提高他们的综合素质，以使学生能在社会上安身立命，为社会创造物质财富和精神财富，成为一个有益于社会的、健全的，全面发展的人。

二是要处理好人与人的关系。技工学校是培养技术技能人才的主要阵地之一，在办学过程和教育教学改革与发展中，实现人与人的和谐发展，首先是建立相互尊重、理解、信任和关心的良好人际关系。其次，要树立人力资源是第一资源的观念，在学校营造尊重劳动、尊重知识、尊重人才、尊重创造的良好氛围。第三必须关注和推进人的全面发展，其中最根本的是提高人的综合素质，即提高人的教育水平、文化品位、精神追求和道德修养。□

靠创新打造品牌，以特色促进发展

广东省高级技工学校

多年来，广东省高级技工学校以培养适应广东经济发展需要的德才兼备、一专多能的复合型高素质技能人才为目标，坚持规模与质量并重、创新与特色并举的发展思路，擎起“高尚品德、高强才智、高超技能、高质身心”的技能人才培养大旗，勇于开拓创新，突出技能特色，全力打造一流职教品牌，逐步形成了独特的育人模式，成为广东技工教育的一个亮点。

一、创新教育理念，强化服务意识

学校教职员工牢固树立“教育就是服务”的教育理念。为适应广东高新技术产业的需要，学校把重点特色专业定为创办高中三年制和初中五年制高级工专业，致力于培养造就社会急需的高技能、复合型人才。学校把“服务就业”当作重要任务来抓。为了及时准确地把握就业信息，利用学校信息情报站，收集分析人才需求信息，并常年坚持深入企业调查，征询用人单位意见，保持与毕业生及学生家长的联系，力争建立就业的最佳机制。多年来，学校加大农村劳动力的转移就业培训服务，已向社会输送了10000余名中、高级技能型人才，其中粤东、西、粤北经济欠发达地区学生占80%，以上学校建立奖、免、减、助、勤的完整助学体系，每年用于贫困学生的助学金额达100万元，培养智力扶贫生500余人，为农村劳动力转移做出了积极贡献。为实现服务意识的规范化、制度化，学校全面引入了ISO 9001-2000国际质量管理体系，大力强化服务意识，明确学校产品即“教育服务”。此项工作，大大激发了广大教职员工的责任心和工作积极性，提升了学校的办学质量。

综合教学楼

二、创新课程体系，打造专业品牌

1、学校按照“横向拓展，纵向理顺，加强基础，突出特色”的原则，进行课程重组和整合，参照国内外职业学校的有关实践经验，结合本校实际，制定出切实可行的实施计划。学生可以根据自己的个人特长和兴趣爱好，在一定范围内选择调整自己所学的专业知识和能力，同时，学校可以适时把握市场对某一类人才需求的最新信息，及时调整教学目标，引导学生进行岗位选择，使培养出的人才真正能满足企业的需求。

2、学校实施品牌战略，把打造专业品牌作为发展的重要途径和学校在国际国内教育市场激烈竞争中取胜的有力手段。品牌效应，引领学校提升形象，整合资源，为学校赢得了更多的发展空间。

3、掌握最新科技动态，积极进行教材开发。迄今为止，已开发出模具专业、数控、电切割、高级电工、PLC、旅游及现代企业管理等20多种教材，所编教材具有很强的实用性和先进性。

三、创新培训方法，突出技能特色

1、坚持高起点、高质量、高标准建设学校，使其成为集教学、生产、培训、科研相结合的多功能实训中心，成为广东省教师、高级工、技师培训中心，职业技能训练和职业技能鉴定中心。

2、针对我国技校的教学方法、课程体系、管理决策、育人环境、劳动就业等

多媒体教室

现代化教学设施

特点，经过反复研究、论证，构建了“分项教学、分类指导、分流考核、分批择业”的“四分”教学模式，并进行了2年多的从理论到实践的探索，取得了良好的教学效果。

3、学校在一体化模块教学上，根据每个工种所包含的各项技能标准要求，确定知识点，组合成基础模块、综合职业技能模块、岗位模块、选修模块。不同模块的有机组合形成的课程体系。使学生在掌握基础模块、综合职业技能模块之后，实行开放、弹性的选修课制度。最终达到传技育人、培养应用复合型人才的目的。

4、产、训、研、培结合模式：利用广东经济的优势，在实习教学中进行仿企业车间式的实习管理，积极承接对外对内的机加工、焊接、机械维修、电气安装维修等业务，将这些业务分成模块由学生完成。这种仿真式产训结合，既满足实习教学的需要，又降低生产实习成本，使学生实习训练与产品研发生产紧密结合，建立起产、训、研、培相结合的生产教学与培训就业体系。

学校将着眼于世界技术的发展趋势，一如既往地坚持自己的办学方向和办学特色，为广东现代化建设和经济发展提供服务。□

转观念 创机制 拓能力 全力做好职工培训工作

福州铁路高级技术学校 陈林青

学校建于1984年，建校以来为铁路和社会培养了近万名技能型人才。近几年铁路技术设备发展迅速，企业对职工队伍素质提出了更高的要求，加大了职工培训力度，使学校的发展面临难得的机遇。

学校以转变观念为先导，牢固树立全心全意服务企业的宗旨。培训中心成立后，职工队伍中存在种种疑虑，认为职业培训“难有作为”。为此，学校从转变职工思想、教育职工树立培训工作“大有可为、有所作为、有为有位”的“三为”观念入手，统一认识，坚定了职工为企业服务的信心和决心。

学校制定培训能力拓展规划的目标是建设一流培训中心，这是一项长期艰巨的工程，必须长远规划、精心设计。路局和分局对近期学校专业设置、师资建设、设施建设以及管理机制和管理制度建设等工作进行了谋划，提出了各个阶段的发展目标、重点和措施。

教学楼新貌

在激励机制和师资队伍建设上，采取引进与培养两手抓，大力加强教师队伍建设。首先是制定强力措施，完善激励制度。学校改革了奖金分配制度，提高了授课津贴，并设立了教学质量和单项奖，使教师的奖金处于较高的水平，引导优秀人才向教学一线流动。其次是加强教师继续教育指导和组织。每年根据师资现状和教学需要制定教师继续教育计划，调动教师参加继续教育的积极性。提高学历、参加培训成为教师重要业余生活，有28人参加学历进修，其中进修第二学历的16人。每年参加培训120人次以上。在一方面，对于紧缺专业的教师，学校在住房、提拔使用等方面优先考虑。

学校以企业需求为已任，灵活创新服务机制，努力按照用户的培训需求，改革培训机制，创新服务形式。做到服务机构专门化，“产品” – 服务种类多样化，质量评价社会化，培训地点就近化。具体体现在“六突破六发展”：

一是机构设置突破学历教育的模式，向职业全过程教育模式发展。二是教学资源突破自有资源限制，向利用站段资源发展。三是突破单一培训的局限，向成人大中专学历教育和“定单教育”发展。四是突破围墙限制，向现场站段发展，学校根据现场需要，“送教上门”。五是突破学期制的局限，向全天候发展。淡化寒暑假概念，淡化节假日意识，只要企业需要，随时开展培训。六是突破内部评价模式，向外部评价发展。服务质量如何，必须由用户说了算。

钳工技能大赛

学校在做好培训工作的前提下，利用富余资源继续面向社会办学，拓宽办学渠道，充分发挥办学实力优势，在周边县市设立教学分部，扩大办学规模和学校影响力。另一方面与大中型企业联合办学、办班，走订单式培养发展之路。□

技校、高职有机结合，培养高级技能型人才

江西省兵器高级技工学校

江西省兵器高级技工学校是一所与华东理工学院职业技术学院合署办学的国家级高级技校。从学校培养人才角度看，一是高职高专在培养人才的定位和培养模式与社会需求存在一定差距；二是技工学校在培养技木工人，特别是高级技工在生源选择、教学方法和学习时间上难以保证学生的技术水准。为了向社会输送合格的技术工人，学校利用与高等院校合署办学的有利条件，把高职与技校有机的结合，在办学模式和教法上进行了一些改革，以此作为培养高级工的一种尝试。

一是办学模式改革。(1)高技–高职班，培养目标为具有高级职业资格证书的一线生产技术人员，个人职业发展目标为高级工 – 技术员 – 工程师。技校的学习，以中、高级操作技能训练及现代制造技术相关计算机软件培训为主，学习时间利用高职课余时间、双休日和寒暑假。(2)高技 – 成高班，培养目标为具有高级职业资格的一线生产管理人员。个人职业发展目标为高级工 – 中层管理干部。(3)普通 – 高级班，培养目标为高级操作工。个人职业发展目标为高级工 – 技师 – 高级技师。

二是教法改革。(1)高技、高职联合制定教学计划。对“高技 – 高职班”主要是专业理论与技能训练之间的衔接。(2)教学计划的实施以“强化技能、注重实用、拓宽基础、面向市场”为指导思想，强化实践性、实用性和育人性三项原则。(3)与企业建立密切联系，做到对学生的培养与生产实际相结合，与就业相结合。

根据学校办学历史、办学条件、师资和生源状况，更适合走“专”与“精”结合的道路，充分利用自己的优势，克服不足，努力办出自己的特色。学校是以机电

专业为主的技工院校，选择模具和数控两职业与高职教育相结合进行试点，培养高级工。

在生源选择上。虽然技工院校取消了入学考试，但学校对高级班生源还是进行有目的的选择。学校采取个人申请、班主任推荐、职业能力测试、面试相结合进行。

在学时安排上。"高技－高职班"技能训练分四个学期，共76个教学周，按10学时/周计，共760学时。对学生个人来说，每周增加一天的技能训练，实行单休日，暑假休息二～三周，也基本上是能够接受的。

在教学效果上。技校与高职相互借力，理论与实践的紧密结合，在实践中学生对技能的训练又能有较深的理解，使学生学到专业知识和实践经验，增加了就业机会。

通过这种形式的学习，毕业时学生可获得"三证"，即高职大专毕业证、高级技校毕业证、高级职业资格证，为学生就业提供了较高的起点，同时也为在高职学生中普及"双证制"起着积极的推动作用。

在高职学生中实施高级技工培养，为社会的发展输送了具有较深的专业理论知识和较高 的专业技能的高素质人才，为学校的发展获得了良好的社会效益和经济效益，为职业教育今 后的发展，在一定范围内进行了有益的探索，为学生个人职业生涯的发展提供了有利条件，应该说这是一项值得探讨的培养模式。□

以服务为宗旨　以就业为导向　走产学研结合之路

广西机电职业技术学院

广西机电职业技术学院，是1999年7月经教育部批准设立的，已有40多年的办学历史。学院始终坚持"以服务为宗旨，以就业为导向，以发展为主题，以质量特色为生命"，不断加大培养模式的改革力度，扩大办学规模，加大实训基地建设，提升实训基地的技术内涵和培训承纳能力，强化职业培训，推进职业资格证书制度，走产学研结合之路，为社会经济建设培养了大批面向生产、建设、管理、服务第一线需要的"下得去、留得住、用得上"且具备很强实践能力及良好职业道德的高技能人才。学院已被批准国家高技能人才（机电项目）培养基地、国家技能型紧缺人才培养基地、自治区中职师资培训基地。

风景优美的校园

学院深化教育教学改革，创新高技能人才培养模式，坚持以产学研结合作为人才培养的根本途径。一方面积极开展"订单式"人才培养模式的探讨与实践，先后与厦门灿坤集团、广东TCL集团等企业开展"2+1"联合办学项目，举办"灿坤机构设计班"、"TCL班"、"数控设备维修强化班"等"订单式"培养培训班，提高人才培养的针对性，为毕业生创造稳定的就业机会；另一方面，积极联系各大型现代化企业，如格力集团、TCL集团、创维集团、玉柴、柳汽等企业，签订校外实训基地建设合作协议，为学生提供先进的实训设备及实训基地。同时在校内实训基地的建设中，配备先进的设备，引入现化企业文化，做到实训场所工厂化、实训设备生产化、实训内容产品化，实现实践教学与生产实际"零距离"。

藏书60多万册的图书馆大楼

学院大力推行“双证书”制度，在教学计划、教学大纲的制定上将职业资格培训与鉴定放在重要位置，学院现有33个专业均相应设置了职业资格证书的考核，近四年来，获得职业资格证书的毕业生达100%，部分学生参加全国、自治区、市各级技术和技能竞赛，取得良好成绩，直接获"高级工"资格证书。

积极面向社会开展职业培训与鉴定。学院积极申报建立各种职业资格鉴定机构，大力开展职业培训与鉴定。经自治区劳动和社会保障厅以及人事厅的批准，目前已设立了国家职业技能鉴定所、计算机信息高新技术ATA考试站、电子商务师培训考核站、区直机关事业单位机电行业工人技术考核站。同时认真履行国家高技能人才培养基地职责，主动面向企业、学校及其他社会单位开展技术技能培训，先后举办了焊接技师、高级技师社会化培训考评班、中职校长培训班、中职师资数控、模具培训班，并为玉柴机器股份有限公司和邕宁蒲庙糖厂等企业培训干部、职工300多人，接纳南宁职业技术学院、广西机电工业学校等周边院校学生到校进行有关工种的培训。

加强就业指导，做好毕业生的推荐服务工作。学院建立建全毕业生就业三级工作机构，即学院就业工作领导小组、就业指导中心和系部就业工作小组。制定在校学生的职业指导方案，对学生加强职业生涯规划指导，积极开展职业测评和就业咨询工作，引导学生树立“大众化”的就业观念，教育学生主动适应社会需要，增强毕业生就业的基层意识和创业意识。

学院遵循"为学生服务，满足用人单位要求"的毕业生推荐就业工作宗旨，充分发挥学院推荐主渠道作用，积极向用人单位宣传学院情况。目前，学院与区内外1000多家用人单位建立密切合作关系，已形成了毕业生就业信息网，为毕业生的就业提供了有力的保障，近四年来，毕业生就业率均在98%以上，居全自治区同类院校前列。□

电子技术技能实训

数控技能实训

以人为本、突出特色、抓住机遇求发展

广西机械高级技工学校　何阳春

广西机械高级技工学校始建于1956年，现有教职工319人。学校现已形成一个集教学、科研、生产于一身，职工培训、技能鉴定、推荐就业为一体的良性循环机制，为社会和企业培养了3万多名中、高级技能人才和管理人才，被誉为广西机电技术工人的摇篮。

确立以就业为导向的办学思想，促进学校的迅速发展。学校领导班子锐意创新，开拓进取，及时调整办学策略，探索在市场经济条件下办学的新路子，确立以学生就业为导向、以企业需要为培养目标。学校专门成立了毕业生推荐就业指导委员会，对毕业生的就业思想、择业方向进行正确引导，向企业提供人才信息。同时还负责提前与沟通企业，了解企业用工需求，为毕业生就业寻求机遇。掌握劳动力市场信息，调整学校的专业结构，以适应市场的需求。学校毕业生推荐就业率连续三年均达90%以上。就业率的提高极大促进了招生量的增长，自2002年以来，招收新生数量和在校生人数两项指标连续三年创历史新高。2004年招收各类新生2900多人，在校生规模6500人。

昂立职教潮头的学校大门

学校确定了“以人为本，全面发展，为学生服务；以就业为导向，突出技能，为企业服务；以创新为动力，提高层次，为社会服务”的教育质量方针。高度重视人力资源，树立以人为本、以师资为本的学校文化理念，充分发挥教师的主观能动性，重视教职工的工作报酬、事业成就、学习培训机会和工作环境氛围，建立人才工程和名师工程。不断加大教学投入，充实教学基础设施，同时，认真抓教学改革，提高学校内部管理水平和学校竞争的核心能力 ，从而进一步提高学校的教育服务质量。

用自行生产的数控车床装备的数控操作教室

可在线加工的数控编程教室

贴近企业办学、迎合企业需求。近几年来，学校与广西玉柴公司、柳工集团等全国知名企业，以及广西十多家知名的大、中型企业建立了良好合作伙伴关系。应企业邀请，学校每年都要派出400多名学生到这些企业顶岗，进行生产性实习，既解决了企业在生产任务繁重时临时用工不足的困难，又使学生通过实习了解企业、了解社会，完成由校园到社会的过渡，学生一毕业就能很快适应社会。另一方面使企业也了解学校，了解学生，储备人才资源，一旦生产需要，很快就能选择满意的学生，实现供需双方的最佳结合。

发挥学校优势、打造品牌专业。学校在充分发挥原有专业优势的基础上，经过改造和提升，打造了模具和数控两个专业。由于这两个专业的技术含量高、具有复合型特点，因而学生在知识、技能、视野上都高于传统机加工专业学生一筹，在他们身上表现出来的极强的适应能力受到了企业的青睐，毕业生供不应求。目前，这两个专业的在校生人数占全校在校生总数近40%，形成了良好的品牌效应。

学校走产、教、研相结合道路，不断提高经济效益和社会效益。学校实习工厂是一个具有独立法人的企业，对外称柳州第二机床厂，主要产品是C618普通车床，年生产能力达200台。这是学校独特的优势，利用这一优势，学校与华中理工大学数控公司、柳州数控机床研究所、广州数控设备厂等进行合作，产、教、研结合共同研制、开发、生产数控机床产品。2000年，学校先后研制成功TH7125型立式加工中心、TK7125型数控铣床、CK6136型数控车床。这些产品分别获中国职协新技术成果一等奖、二等奖。产品远销20几个省市，深受用户欢迎。□

突出“三个坚持”培养技能人才

江西航空高级技工学校 侯祖飞

江西航空高级技工学校，又名江西航空技术学院，是隶属于江西洪都航空工业集团公司的一所厂办技工学校。

一、坚持自始至终办技工教育的信念

2000年以来，随着高校扩招，一些技工学校转入高职。但江西航空高级技工学校仍坚持大力发展技工教育，正是基于这种坚定的信念，2004年，在办学职能转变，面向社会招生时，就招收新生600多人，最后因教师和学生住宿条件的制约而主动停止多招生。

二、坚持以就业为学校办学目标

面向劳动力市场，为企业（用人单位）培养技能人才是技工教育办学目标。为此，学校在教育工作中，坚持以就业作为学校的办学目标，并贯穿始终。

三、坚持开展职业指导和健康心理教育

根据技工学校学生文化基础、心理素质较差等情况，将对学生开展职业指导和健康心理教育作为学校一项重要工作来抓。通过职业指导课教学，帮助学生树立学习就是为就业服务的思想意识，引导学生树立正确的择业观并找准就业定位，传授学生就业应试技巧，帮助他们日后实现充分就业。同时，对学生开展健康心理教育。

目前学校已经全面走向市场，而且即将从一个大型国有军工企业完全分离出来，独立置身于激烈的职业教育竞争中。最近学校成立了新校园筹建办公室，在江西洪都航空工业集团的帮助和支持下，跳出洪都大院扩大办学规模，办出自己的特色。□

特色办学 质量立校

赣州技师学院

赣州技师学院前身是1986年设立的赣州地区技工学校，1999年升格为赣州高级技工学校。现有教职工350人，教学班106个，专业20多个，在校生8400余人。近三年来，学校每年就业率达95%以上，技能考证率90%以上。我们的经验可以概括为以下几个方面：

一、准确定位，与时俱进，特色办学

进入二十世纪九十年代，我国的社会形势、经济环境出现了新的转变，技工学校首先取消了招生就业名额分配政策，企业开始自主用工，接着遭遇了经济结构的调整，培养出来的学生不能胜任企业的岗位技能要求，这就相应地对技工学校提出了新的要求。学院也在这个转变中吃了一点“亏”，1992年学院招生人数惊人地出现近4000人的巨大数字，可是，1994年和1995年只招收了400多人。学校的领导班子果断决策，实行改革，提出“特色办学，质量立校”的办学理念。2004年，学校招生人数达3900余人。又是一个近4000人。是学校准确的定位和“特色办学，质量立校”的办学理念救了改革浪潮中经历风雨的赣州高级技校这艘小船，成就今天赣州技师学院的巨舰。赣州技师学院立足赣南地区经济欠发展、社会重教育的现实，从提高劳动力水平，特别是从转移农村劳动力的社会发展要求出发，服务于赣州市“公民职业化”和“农民知识化”工程，服务于社会经济的发展。面向珠三角、长三角工业发展的要求和赣南地区人员希望到经济发达地区工作的现状，开办特色专业，开展特色管理，打好特色

牌，这也是赣州技师学院办学理念的前提要求，既要对学生的综合素质有严格要求，也要求学校教职员工的服务质量不断创新。

二、师资教研齐抓紧，学生管理不放松

学校在这方面进行了努力，建立和完善了教师管理制度和学生管理制度。在教学过程中，制定科学的教学大纲、合理的教学计划，加强对任课教师的课堂管理，实行教学督导制，且专人负责，做到了经常性的检查。近年来，学校引进了一大批师资力量，充实教学一线。学校借鉴以往经验，顺应新时期的需要和学校要求，积极进取，在学生管理上也形成了许多新的工作方法和模式。为使学生安心学习，丰富生活，开展了丰富多彩的各种课外活动。

三、建立就业网络体系

2005年是学校提出实现“万人规模”学校的第三年，也是最后一年。这几年，尽管招生市场竞争激烈，学校通过统筹安排，协调工作，年年都硕果累累。在学校招生规模扩大的同时，学生的最终质量也越来越好，综合素质越来越高。

近三年，学校毕业生出现供不应求的现象，毕业生就业率都在98%以上。学校广就业的做法，就是工作人员多跑，多看，多比较，不仅让企业挑选毕业生，也让毕业生有选择。□

抢机遇创一流　面向市场求发展

洛阳市技工学校

近年来，学校坚持解放思想，坚持面向市场办学，坚持科学全面的发展观，以质量求生存，以质量求发展，使学校走过了一条迅速崛起、实现跨越式发展的道路。

洛阳市是工业重镇，是我国重点旅游城市，旅游业和第三产业发展前景广阔。学校抓住洛阳实施“两强战略”，对技能人才的需求越来越大，提出了“以市场对人才的需求为导向，以办长班为主，短期培训为辅，突出技校特色，注重质量效益，全面培养高素质技能人才”的办学思路。制定了从2001年起，“一年打基础，二年上台阶，三年大变样，五年建成高级技工学校。之后，再经过三至五年努力，建成洛阳市设施齐全、环境优美、具有现代气息的职业技术培训学院”的发展规划。

经过近几年的快速发展壮大，我校目前开设16个专业(工种)，全日制技校生规模达到4211人，并已经成为洛阳市实施高技能人才培训基地、在职职工和转岗培训基地、青年农民转移培训基地和特殊工种培训基地。学校的基础设施、师资力量、管理水平、办学规模均达到一流水平。

2004年取得“技工杯”技能大赛洛阳赛区车工团体第一名、钳工团体第二名、车工个人第一名。2002年以来连续被评为洛阳市劳动和社会保障系统目标管理先进单位。学校先后取得“洛阳市职业教育先进集体”、“洛阳市百万农村劳动力转移工程先进培训基地”、“河南省技工教育先进集体”等荣誉称号。学校党委被洛阳市委授予“先进基层党组织”、“五好大中专学校党组织”荣誉称号。□

学校综合楼

以人为本 培养学生全面发展

洛阳拖厂二中 步殿亮

国家经济的快速发展，急需一大批既有专业知识又有专业技能的技术人才，技工学校正是培养这类人才的摇篮和基地。笔者认为，技工学校应在以下几方面落实以人为本的科学发展观。

首先，学校要在德育方面培养学生要有爱岗敬业和团结协作的精神以及良好的职业道德。在专业技能上，培养学生要熟练掌握现代生产的专业技能，具备本专业（工种）所需的比较系统扎实的理论基础，尤其是较高的操作技能。在体质方面，培养学生养成自我锻炼身体的良好习惯；待毕业后有良好的体质和体能去胜任本专业（工种）的技能操作工作。在心理素质方面，培养学生掌握一定的心理健康知识，形成健康的人格和坚强的意志，增强抗击挫折和适应环境的能力。

一、坚持以学生为主体，教师为主导的教育理念

坚持以人为本，就是以学生的成长和发展作为学校工作的出发点和工作重心。要因材施教，悉心培养。教师要始终以学生的发展为本，充分尊重学生的主体地位。教师要转变教育观念，改变课堂教学模式，激发、调动学生学习的积极性和创造性。

坚持以人为本，还要求学校努力营造一种处处充满关爱和温馨的氛围，注重学生心理健康，关心他们的成长。学校为此成立了学生心理辅导站，开设了心理健康咨询信箱，邀请国内著名的心理专家和高校教师来校为学生做心理健康专题讲座，学校领导和心理辅导教师每周到心理辅导站值班，耐心为学生答疑解难，指导和帮助他们克服心理障碍，培养良好的心理品质，使其健康成长。

二、坚持以教师为本的办学方针

首先，在教育教学改革中，学校不仅要发挥好、保护好、引导好广大教师的积极性、创造性，而且要鼓励他们通过多种渠道、多种方式继续学习，不断提高自身素质和技能水平。始终把关心教师的学习、工作、生活，为其排忧解难，作为学校的一项重要工作来抓。

其次，为尽快提高中青年教师的教学水平，要有计划地对他们进行培养、培训、参观学习，使他们早日成为“双师型”教师。鼓励年轻教师脱颖而出，大胆启用中青年教师，注意调动和发挥他们专业骨干和业务尖子的作用，充分发挥他们的聪明才智和创新精神。

三、把以人为本的科学发展观作为办学的最高价值取向

要尊重人、理解人、关心人，要把不断满足人的全面需求、促进人的全面发展，作为办学和教育发展的根本出发点。一是处理好教书与育人的关系。技工学校以培养技能人才为目标，就要处理好传授知识、技能与培养人文素养的关系。教书是手段和过程，育人是目标和结果，教师传授专业知识和技能的同时，更要培养学生的职业道德和敬业精神，提高他们的综合素质，使学生成为有利于社会、具有健全人格、全面发展的人。二是建立和谐校园氛围。学校是培养技术技能型人才的主要阵地之一，在教育教学改革中，要实现人与环境的和谐发展。学校要树立人才是第一资源的观念，建立互相尊重、理解、信任和关心的良好人际关系。三是创建独特的校园文化，重视校园文化对学生身心的陶冶和影响，努力创建鲜花校园、绿色校园、书香校园、文明校园，让教师和学生在一个赏心悦目、文明和谐的校园氛围中愉快地工作和学习，逐步形成“乐教勤学、自律自强、和谐文明”的校园文化，为学校的可持续发展奠定坚实的智力和人力资源保障。□

打造一支高素质教师队伍的实践和构想

河南医药高级技工学校

提高教师的能力和素质，不是单一纬度的线形思维所能够理解和把握的，它涉及到学校工作的许多方面，触及多个层面。

加强对外交流，更新教学理念。学校在确保正常教学的前提下，做到“长短结合”，一长期进修、长期深入企业参加生产和经营实践与短期接受技能训练、短期参观学习相结合，借鉴兄弟学校的教学管理方法和新颖的教法，做到与本校实际相结合，重在把握新事物的精髓，组织召开各类座谈会、研讨会、汇报会，让每位教师的学习感观、思维亮点，融聚起来，成为一盏开拓进取的指路明灯，激励教师学习、借鉴、创新的积极性和工作热情，形成要求改革现状的强大合力。

开展丰富的教学教研活动，营造浓郁的学术氛围。学校管理层为适应教学需要开展各类教学比赛、观摩、技术比武等教学活动，与同学共同开展科研讨、关联学科研讨、交叉学科研讨、不同类型教法实践性对比、传统教法与现代教法对比等各类教研活动，广泛地开展起来，最终掀起全校教师钻业务强素质的大潮。

领导成员(左起副校长刘哲、校长张橡南 、书记崔东胜、副校长张思安

建立客观公正的评价机制，促进教学质量的提高。十几年来，学校努力构建立和完善的教学评价体系，紧紧抓住三个板块：教师课堂教学的抽样检查，并给出量化评价，学生对教师的量化评价，常规教学管理各环节的日常考察记录。通过教学管理实践证明，推动教师业务素质提高，调动其积极性的一个重要着力点，是建立起完善的、客观公正的教学质量评价体系。一是评价方法的公正、公开极端重要，二是必须培育一支思想和作风均过硬的评价队伍。

创新分配制度，完善激励机制。在教学数量上，实行基本工作量和超工作量制度，鼓励教师多担课；在教学质量的结果使用上，将结果分三档使用(A、B、C)，各档定一个系数，优质高酬，拉大不同质量档次的系数差距，更大地奖励优质课教学，努力培养品牌专业。

培养和选拔学科带头人。日常教学工作中，既注重培养专业骨干，营造良好的成材氛围，鼓励年轻同志尽快成才。选择学科带头人，将教学主管部门推荐与领导审定相结合，把教学质量考核结果作为重要参考。同时，要广泛听取专职教师的意见，在各学科选择具有真才识学的实力派和权威者，对学校教学工作能起到强大的引领作用的骨干教师担任。

学校将进一步加大人事制度改革，牢固树立面向市场、以人为本、加快发展的办学思路，大胆创新，鼓励和引导教师不断提高业务素质和工作热情，为建造一支“双师型”教师队伍而努力。□

学校全景

创新管理全面推动学校发展

郑州煤炭高级技工学校

学校始建于1978年，回顾近年来学校发展历程，主要的经验和做法是：

深化改革，创新管理。在改革方面，学校一是深化人事制度改革和工资制度改革，积极推行中层干部和全员聘任制，坚持工资向教学一线倾斜；二是实行后勤服务社会化改革，减轻学校的后勤负担；三是深化教学改革，促进了学生的操作技能和教学质量的提高；四是导入了学习型组织的管理理念，提出了创建学习型学校的目标；五是通过了ISO9001、2000质量管理体系认证，促进学校管理再上新台阶。

加强硬件建设，改善办学条件。学校把人才资源的开发作为学校实现可持续发展的一项重要战略措施来抓，不断强化教师的培训管理，提高教师的职业道德、科学文化素质、实操技能和创造能力，以师德、学历及“双师型”培训为重点，培养一支以高级讲师为主体的初、中、高级职称、专业配套的师资队伍。在近百人的教师队伍中，98%以上的任课教师有本科以上学历，其中高级讲师30人，讲师、一级实习指导教师55人，“双师型”教师39人，在读矿山硕士研究生4人。

积极开展教科研活动，努力提高核心竞争力。一是对各有关部门的教科研项目实行合同管理，形成了较为规范的教科研工作运行机制。二是成立了资源开发教研室、机械教研室、电气教研室、计算机教研室和基础部，并将管理工作并入对应的教研室（部）管理，进一步提高了教科研工作的针对性、适应性和有效性，极大地调动了教职工的工作积极性，形成了教学创新、专业创优、管理创新的全面发展，取得了骄人的成果。

校领导班子(左起工会主席赵中亮、党委副书记欧阳进喜、校长程建业、党委书记耿文新、副书记兼副校长裴敬华、副校长谭金勇、副校长郭新建)

多功能办学，多功能服务。学校根据“调整布局，提高层次，突出特色，服务就业”这一技工学校改革发展的基本方针，不断完善办学条件，拓宽综合办学功能，以市场需求为导向，积极发挥国家职业技能鉴定所，河南省特种作业培训单位和国家三级煤矿安全培训机构的智能优势，开展了职业资格培训、职业技能培训、再就业培训及职业鉴定，把学校办成综合性职业教育培训基地。

几年来，学校为郑煤集团公司和郑州地区乡镇企业及个体经济举办各类工种培训100多期，培训学员9600多人。其中职业技能鉴定4300多人，为当地驻军培训220人，为郑州地区乡镇企业举办再就业培训3000多人。培训工作不仅提高了企业工人的劳动素质和技能水平，也为学校带来了较高的经济效益，为学校形成良性循环发展创造了条件。□

创新机制　谋求发展

郑州第二砂轮厂技工学校　李家祥

郑州第二砂轮厂技工学校是1959年经国家第一机械工业部批准，由全国最大的综合性磨料磨具企业第二砂轮厂（现白鸽集团有限责任公司的前身）创办的一所全日制技工学校。2000年以来，连续多次荣获郑州市职业技术教育培训先进单位称号。建校40多年来，为社会培养和输送了5000多名中级技工、200多名高级技工和技师。

学校确立了面向市场，服务就业，团结拼博，诚信办学，培养学生成为会做事、会做人，社会满意，家长满意，用人单位满意的"三满意"人才办学指导思想，紧紧围绕生源和就业两个市场做文章，走出了一条"以质量促就业、以就业带招生、以招生求发展"的生存发展之路。

学校积极适应市场经济发展的需要，专业设置紧贴社会需求，在保持原有专业基础上，增开新专业：数控车工、普通车工、电工电子、冷作、铆焊、钳工、磨料磨具制造、高级维修电工、高级磨料磨具工、计算机应用、电子商务等十几个专业（工种）。近几年，经过努力，学校实习教学的条件日臻完善，陆续建立了多媒体教室、电子浏览室、电工电子电力拖动实验室、数控车工全仿真教室、精密仪器和教具室以及相继建立了普通车工、数控车工、钳工、电工、铆焊、冷作、磨料磨具实习工场。教学硬件的改善，已基本与办学规模相适应，满足了日常教学和学生实习的需要。

在教学内容上，结合社会和用人单位的具体需求，补充和增加新技术、新材料、新设备、新工艺教学实用性；教学方法采用直观、形象、方便理解的多媒体和网络教学技术，教学进程设计进一步科学化、规范化，从技能形成的客观路径出发，合理编排理论和操作技能教学的顺序，使教学进程经济、高效。在学校教育管理方面，体现关心和严格要求并举，针对农村学生源比例大，素质参差不齐相对较低的现实，重视细节，重在平时，重在引导，加强平时考察，及时恰当评价（表扬、批评、奖励、处分）。

学校十分重视毕业生就业工作，专门设置了就业安置办公室，把学生就业提升到学校的生存发展高度上，紧密跟踪劳动力市场需求，广泛联系用人单位，负责任的为每一位毕业生安排工作。抓就业指导教育要从平时做起，要结合实际，通过邀请用人单位到校作报告、谈经验和就业学生返校讲体会、参观企业、设立宣传栏等形式，让学生及时了解市场和用人单位的要求，从而认识到提高自身素质的重要性，潜移默化的帮助学生树立正确的择业就业观。分配前引导学生到不同的地区和单位就业，并对就业实行跟踪服务，随时解决学生首次就业后出现的问题。近年来，毕业生首次就业率保持在98%以上。目前学校毕业生遍布郑州东西两个开发区、郑州纺机集团、宇通客车集团、白鸽集团、醒狮公司、上海江南造船厂、上海振华港机、苏州新加坡工业园区、宁波开发区、东莞等国内各地。

二砂技校发展到今天，得到了各级劳动部门的热情扶持和帮助，得益于汲取兄弟学校的办学经验，有赖于各用人单位的信任，凝结着历届领导的心血，是全校教职员工共同努力的结果。我们深信，二砂技校一定会为社会培养输送更多新型的技术工人，学校的明天一定会更好。□

加快培养高技能复合型人才服务经济建设

河南纺织高级技工学校

河南纺织高级技工学校创办于1954年，是一所集职业技能培训、职业技能鉴定、就业指导于一体的多功能、多元化运作的全日制高级技工学校。

学校师资力量雄厚，教学设施齐全，拥有先进的电工电子实验室、机电一体化实习试验中心、多媒体电子教室、计算机网络中心和FA506细纱机、FA301并条机、G1731剑杆织机等先进的纺机设备，以及完善的教学设施和实验实习场所。

不断调整专业设置，扩大招生和培训规模，推进教学改革，提高教学质量，形成了具有特色的教学模式，创造了良好的社会效益和经济效益，赢得了社会和企业的好评和信赖。

坚持以就业为导向，面向市场办学。学校立足于为国家和区域经济建设服务，把为社会培养一线紧缺的技术应用型人才作为根本任务，按照社会需求设置和调整专业，并根据经济发展的需求不断拓展办学新路子。本着“人无我有，人有我优，人优我精”的理念，不断深化教学改革，努力在所开专业中塑造精品、铸就名牌，每年为社会培养和输送大量高技能复合型人才，深受用人单位好评。

加强校企合作，利用学校和社会的优势资源，将理论学习与社会实践有效地结合起来，是对传统教育模式的改革和补充，也是教育与生产实践相结合、实现校企“双赢”的有效形式。大批毕业生源源不断地走向全国各地并迅速成为所在企业的优秀人才和骨干力量。

注重师资力量的优化配置，着力打造一支“双师型”师资队伍。一大批既有深厚理论功底又有丰富实践经验的双师型教师成为教学第一线的骨干力量，为高技能型人才的培养提供了可靠保证。□

家政学教育的普及推广 任重道远

武汉现代家政进修学院 冯觉新

冯觉新院长在国际家政学术讲坛上演讲

改革开放以后，国家工作中心转向经济建设，各项事业得到长足发展。为提高全民族整体素质，提高人们家庭生活质量，我国家政学教育应运而生。从上世纪80年代末起，在我国很多地方相继建立了家政教育培训机构，家政学的研究工作也逐步开展，并取得了一些成效，家政学处在发展进步中。

一、中国家政学教育与发展国家和地区比较的差距

新中国成立后的近40年中，我国基本上未开展家政学教育。但在台湾、香港及世界的许多地区，家政学教育的研究推广和实施却从未中断过。在台湾、香港等地都设有专门的研究机构，在小学、中学和大学都开设了家政学教育课，香港教育署还专门设有家政发展科。在对家政学的研究方面，我国更是落后于其他国家。早在1840年，美国就出版了《论家政》、《家庭薄记》等书籍。据了解美国大学有近45%设家政学院系，约800余所，美国哥伦比亚大学设家政学学士、硕士、博士、博士后。而在我国的一些地方，人们把保姆与家政学划了等号，家政 = 保姆。

由于对家政学认识有误，给人们的生活产生了一些不良影响：

——如果我们家务主持人学点家政学，有点营养知识，就不会把鸡蛋拿到市上卖了买麦乳精给孩子吃。

——如果我们家务主持人懂得家政学，懂得商品知识、广告知识，就可能避免因食用毒奶粉而成为“大头娃娃”的悲剧。

——如果我们的家庭懂得家政学，学会协调夫妻关系，就会避免许多家庭的分裂。

——如果我们的家长学点家政学知识，懂得子女教育的科学，就可以有效地减少青少年犯罪，使我们的孩子更加健康地成长。

——如果我们的家庭，都学习一点家政学知识，搞好代际沟通，老人不会孤独、失落、痛苦，青年学生就不会有那么多的苦恼了。

——如果我们的领导干部学点家政学，扮好自己的家庭角色、社会角色、他会成为受家人爱戴，群众拥护的好领导。

当家务劳动走向社会化时，家政职业受到欢迎，家政公司如雨后春笋。一些职业中介机构把牌子一换成了“家政”公司。至于什么是“家政”一无所知，他回答“家政就是家庭‘政治’，我们在‘家政’服务中要突出政治”。有些家政公司由于缺乏家政理论的指导，管理跟不上，层次低、规模小，形成不了气候，存在着许多潜在的危机，虽有很好的发展前景和广阔的市场，却很难取得较好的收益。上述种种，说明了目前我国家政学研究的落后。

二、中国家政学发展对策

家政学是综合性、应用性的科学，是社会经济文化发展到较高层次的体现，不是什么边缘学科。家政学教育是社会政治、经济、文化发展、国际交流不可少的重要组成部分。从微观上讲，它研究如何提高人们的家庭文化生活、感情生活和社交生活质量，研究如何使家庭成员健康成长和全面发展。从宏观上讲，它研究政府机关、人民团体、各行各业为改善不同类型家庭生活所作的

指导、支持和服务工作，研究家庭建设与国家政治活动、经济建设、文化建设、国际经济文化交流之间的相互影响，推进社会进步与人类发展。开展家政学研究的目的，在于提高全体劳动者整体素质，提高人们生活质量。

要有效地提高我家政学研究水平，应采取一些必要的措施：首先，要提高决策者对家政学的认识。其次，加大资金投入。争取政府财政拨款；争取社会投入捐赠；发展家政产业，提高经济效益。第三，开展系统家政学教育。在条件成熟的地区，在幼儿园、中小学开展家政教育，建立家政大学，培养高学历高层次的适用人才和研究人员，培养家政学师资队伍。第四，加大职业家政从业者的培训，提高理论修养，适应社会需求。加强对家政职业观的教育，让更多有文化的人从事家政服务，培养大批有志的志愿者。第五，加强协作。在国内，加强学者专家之间、地区之间、实际工作者之间的联系，沟通信息，交流经验，研究方法，提高学识水平、指导实践的能力。在国际，引进家政教育先进国家的经验，充实自己，随时掌握国际发展的信息，加大步伐，加快速度，让我们的工作与国际接轨。

家政学教育是一个系统工程，不是一、二辈人能完成的。中国地大、人口众多，经济文化发展不平衡，要完成中国家政学的普及提高工作是多么巨大而繁杂的工程。所以说，我们事业前途是光明的，我们的工作是任重道远的。□

走跨越式发展之路

湖南轻工高级技工学校

湖南轻工高级技工学校创建于1958年，隶属湖南省轻工盐业集团有限责任公司，是全省轻工行业唯一的一所培养高、中级技术人才的综合性国家级重点技工学校，湖南省高技能人才培训基地。现有教职工220人，在校学生3548人。

十年之前，学校还是一个相对弱小，办学层次和专业设置比较单一的学校，办学规模只有300～400人。1994年搬迁新校址，在这种家底薄、条件差的情况下，学校开始了新一轮的创业和一个个跨越式发展。

1996年学校新组成的领导班子果断提出“以市场经济为导向，大胆开拓市场办学”的发展思路，全体教职工积极响应，树立信心，齐心协力，艰苦创业，开始了大刀阔斧的改革发展工作。近几年在校党政领导班子和全体教职工的共同努力下，实现了五大跨越，即转变观念，实现办学思想的跨越；硬件入手，实现办学条件的跨越；开拓思路，实现办学层次的跨越；竭尽全力，实现办学规模的跨越；立足发展，实现办学特色的跨越。

由于在工作中坚持“三树立，三坚持”的办学思想，使学校各项工作日新月异，连续八年招生总人数年均超过千人，使在校生规模由1995年的500人上升到现在的3548人，增长了6倍多。学校的生源火爆，被省市主管领导誉为“轻工现象”。

学校在党的十六届四中全会精神的鼓舞下，在省市劳动部门的正确领导下，认真实践“三个代表”重要思想，继续坚持“三个一切”的办学指导思想，进一步深化改革，进一步增强办学实力，突出特色，创建轻工高技品牌，力争创办湖南省轻工技师学院。在“十一·五”期间，学校总体设想是：在校学生达到5000人，校园面积扩大至150亩，建筑面积达到60000平方米，固定资产达到8000万元，努力创办技师学院，将学校发展成为湖南乃至全国轻工行业以培养高技能型人才的教培中心，争创一流的现代化高等职业教育培训基地。□

立足市场保障质量 积极开拓职业技能培训工作

深圳市职业技能训练中心

深圳市职业技能训练中心成立于1994年6月。截至2005年3月，深职训共开设各类、各等级(层次)职业技能培训项目110个。职业培训等级有初、中、高级工、技师四个层次，年平均培训人数达67000人次，约占全市年培训量的60%以上。中心开展的学历培训，采取联合办学方式，先后与8所大学开展了大专、本科、研究生三个层次、15个专业的培训，目前在读学生达2000余人。

一、大力加强基础设施建设和教学设备投入，完善教学条件

1、兴建了一幢建筑面积1万平方米的职业训练大厦，是深职训的总部和大本营。建成了机电业、餐旅服务业和科技资讯业3个功能齐全的职业技能训练基地。

2、建成了按地域区分，相对独立运作的4个分教中心(教学点)，逐步形成了覆盖全市的培 训网络，扩大了深职训品牌的影响力，又为当地学员就近学习提供了条件。

3、汴重教学设备和设施的建设。深职训自创立以来，在解决设备经费投入问题上，主要采取“六字”做法，即一“要”、二“掏”、三“拉”、四“借”、五“省”、六“租”。“要”是指每年向各有关部门申请专项经费、设备、政策、项目；“掏”是指从自己的培训收入中“掏”出钱来投入，“拉”是向企业拉赞助，争取有实力的企业为自己提供设备、产品、经费；“借”是指与有设备的企业、高校合作办学，“借船出海”、“借鸡下蛋”，资源互补；“省”是指尽量做到自行设计教学设备，自己购买零配件，自己装配设备等，尽可能少花钱、多办事；“租”是指租设备、场地，从而使中心的教学设备能基本满足培训市场规模和培训层次的需求。

4、中心合理完善了内设机构及人员编制的构建。目前深职训总部设立了行政部、教务部、教学教研部、继续教育部、技能开发部；按行业分类设立了的机电业、服务业、科技资讯业训练部(基地)，按区域设立了罗湖、南山、龙华、西丽分支机构。

二、狠抓教学、教研、教改和教务工作，确保教学质量

1、在教学方面，深职训在完成教学设备的必要投入之后，着重解决好教材和师资两个关键问题。在教材方面，注重创新、补充作用。在师资方面，注意完善管理方式，深职训充分认识到，职业技能培训机构不可能像基础教育(学校)一样，有足够的、编制内的专职教师，为此，深职训采取了“三个结合、三个为主”——学科带头人与聘用教师相结合，以学科带头人为主；专职教师与兼职教师相结合，以兼职教师为主；实操教师与理论教师相结合，以实操教师为主的做法，建立和健全了一支高素质的师资队伍。大部分的师资采取走出去，请进来 的方式，到生产第一线去寻找人才，使他们成为兼职教师。

2、在教研和教改方面，一是出台了“三金”制度，鼓励或责成相关教学人员开展教研和教改活动。“三金”是指教研活动基金、奖金、酬金。二是确定教学教研重点为教材编写、教具改进、教学方法改革三个方面，使教改教研有了具体方向。

3、在教务方面，深职训狠抓了服务态度、服务效率和服务质量。

三、强化内部管理，加强品牌形象建设

1、在形象设计方面，为在培训市场中树立良好的品牌影响，1997年，深职训组织策划完成了“深职训CIS企业形象设计”工作，推出了一整套视觉形象识别系统。

2、在服务质量方面，为进一步提高服务效率和服务水平，1998年，深职训针对培训规模日渐扩大的状况，又专项投资编写“深圳市职业技能训练中心教学教务管理软件”，从而规范了服务标准和服务程序、实行了信息管理网络化和资源共享。

3、在争创培训项目品牌方面，深职训重点扶持了机电类、餐饮服务类、计算机类、职业道德、创业技能、远程学历教育等6大类培训项目品牌。几年来，先后培训学员近900人，学员结业后，自立门户开始创业者占培训总人数近40%，受到了 失业员工的好评。

4、抓团队精神培养，形成敬业爱岗、创新开拓氛围。一是用人强调员工有本事、肯干事、不搞事、能共事的“四事”要求；二是做事倡导敢于冒险，敢于创新，宽容失败，追求成功；三是衡量是非功过用“三个有利于”为标准。

四、加强“高科技、空白点、新内容”培训业务的开发，拓宽职业技能培训市场

1、努力开发具有高技术含量的项目。

2、注重加强业务覆盖面。深职训每年都开拓一些培训业务空间，填补培训空白点，开发新 的培训生源和区域。

3、开发目前深圳缺乏而又市场急需的新的培训项目。市场需要什么，就培训什么。因此，深职训瞄准市场动向，紧盯市场急需的培训项目，加强同行业协会、企事业单位的合作，取得他们的支持，开展了一系列普通技能工种的培训。引进名校名专业达15个，开办了大专、本科、研究生三个层次的培训，在读学生人数达3000多人，研究生人数230人。

4、加强与国外高等职业技术院校合作，努力引进国外职业培训资源。深职训目前已与加拿大BC省理工学院，安大略省莫哈克学院签订合作协议，通过专项短训班、国外资格证书培训班、在深学两年、到国外学一年等多种办学形式，扩大职业培训的内容和渠道，填补了某些培训工种和层次的空白。□

立足交通 服务社会 开创学校工作新局面

广东省交通技工学校 朱小茹

广东省交通技工学校创建于1975年，隶属广东省交通厅，由原广东省交通技工学校、广东省船员技工学校、广州公路工程技工学校、广东省船舶工业技工学校于2001年合并重组，2003年晋升为国家重点技工学校。

学校校园

四所学校合并后，学校按照厅党组“四个一”(一套班子、一套规划、一套管理、统一分配)的管理体制和运行机制的要求，按照“优化结构、合理配置教育资源，增强整体实力，促进学校健康协调发展”的原则进行调整，有针对性地做好全体教职员工的思想工作，使广大教职工统一思想认识，增强全局观念，为学校合并后工作的顺利开展和今后的发展奠定了一个坚实的基础。经过全体教职员工的共同努力，在短短的一年多时间里，学校的各项工作走上了正轨并取得了较好成绩。目前新校区的校址已经完成了立项工作，基本确立了学校在广东交通技工教育系统的龙头地位。

学校坚持“立足交通，服务社会”的办学方向，坚持以培养“高技能，高素质”的优秀交通技工人才为目标，主动适应市场需要，基本形成以汽车、公路、航运、机电等交通特色专业为主，计算机与营销广告设计、旅游与酒店管理等社会专业为辅的专业格局，成为省内集职业需求预测、职业培训、技能鉴定和就业服务为一体的综合性交通职业培训基地。

学校有一支年龄、知识结构合理的教职工队伍，现有教职工160人，教师118人，其中本科以上72人，高级职称17人，中级职称50人，高级技师1人，技师25人。学校现有在校生4400多人(包括湛江教学区2000人)。

汽车专业实习

学校十分注重毕业生的就业工作，与省内各高速公路公司、省航运集团有限公司、新中国造船厂、美的空调有限公司、广州本田汽车有限公司、佛山市各大汽修厂等建立了长期稳定的合作关系，为学生的实习和就业提供了广阔的空间。

新一届省政府把高速公路建设和汽车工业的发展作为我省近期的重点工程，对于以公路专业和汽车专业等为主的我校又迎来了一个新的更大的发展机遇。作为我省培养中高级技术人才的重要基地，学校“十五”期间重点抓好广州新校区的规划和建设，争取在2006年之前投入使用。目前全校上下正满怀信心、齐心协力向着上规模、上档次、高效益的中等职业技术教育目标迈进。□

立足区域　服务地方

柳州职业技术学院

柳州职业技术学院是1998年经国家教育部批准成立的全国第一批全日制高等职业技术院校之一。

学院占地面积333418平方米。2004年全日制在校生有9891人。学院有9个系部，下设36个专业，拥有国家级示范性专业—汽车应用与维修专业及自治区级精品专业—数控技术应用专业。是首批国家高级技能人才(机电项目)培训基地，是数控技术和汽车应用与维修专业技能型紧缺人才培养基地，是目前广西实验、实习条件最为齐全与完善的高职院校之一，是广西和柳州市多种专业技能竞赛的主要承办单位之一。

学生宿舍

一、突出职业教育特点，深化教学改革

2004年，学院有近千名学生获得了职业资格证书。为提高学生综合素质，增强就业适应性，学校鼓励学生在专业课程设置与相同相关职业工种要求方面打下一定的理论基础后，通过业余技能培训的形式，获得第二、第三个职业资格证书，成为复合型技能人才。例如数控专业的学生在取得教学安排的数控铣工职业资格证书后，通过相关的技能培训，又可以获得车工、铣工、数控车工、加工中心、金属电加工等职业证书，提高就业适应能力。

二、加强校企合作，探索与企业合作办学的途径和模式

学院采取“学校为主，企业参与，共同培养”的形式，加强企校合作，目前已经和柳州工程机械厂、柳州钢铁厂等企业开展合作办学，签订了合作协议，实行定单式办学。校企合作办学，对学校来说，学员充分利用企业的设施设备和专业技术人员，这些既是专业教学资源，又是“双师型”教师培养培训的重要资源，同时有效解决了毕业生就业问题。对企业来说，通过定单式培养的人才，能较好地满足职业岗位的要求，确保了岗位职业能力培养，保障了人才质量。

三、坚持“产、教、研”相结合的培养模式

“产、教、研”结合，使学生在学校的实习操作训练更接近实际生产状态。据近年来对毕业生情况的跟踪，大部分学生都成为工厂中的骨干。实行了“产、教、研”结合的教学方法，更大程度上提高了教学质量，节约了实训费用，并创造出了较可观的经济效益，从1998年到2004年的六年间，“产、教、研”结合生产获利约230万元。

四、建立社会化用人机制，培养“双师型”教师队伍

通过采取“引进”、“送培”、“轮岗”、“挂职”和“聘请”等多种形式，加快“双师型”教师队伍建设。到2004年，学院“双师型”教师达100人，高级职称80人，中级职称227人。教师队伍正在向着高学历、高职称、高能力的方向发展，基本形成一支既有较高学术和教学水平，又有较强技能水平、有自己特色的“双师型”教师队伍。

五、积极开展职业技能培训

作为国家及自治区级高技能人才培养基地，学校积极为企事业单位，失业下岗人员、农村富余劳动力转移及社会人员提供不同层次不同要求的技能培训，为地方经济发展服务。2004年培训4150人次，培训技师、高级技师43人。

经过近几年发展，学院建成了一个以数控、模具、电子等工科类专业为主，多专业协调发展，具有一定规模和较强竞争实力的综合性高职院校，该校的办学优势逐渐显示出来。□

学院专业骨干教师到企业开展调研活动并共同探讨培养高素质的高职生

教书育人 管理育人 服务育人

海南省高级技工学校

海南省高级技工学校是海南省人事劳动保障厅下属的一所国家重点技校，是海南目前唯一一家高级技工学校，和被授予机电项目和电子信息项目的国家高级技能人才培训基地，担负着海南省中、高级技能人才的培养任务。

多年来，学校秉承教书育人、管理育人、服务育人的宗旨，不断提高改进教育教学服务，赢得了学生、家长、用人单位的青睐。年招生数量由1998年的不足500人，发展到2000人以上，在校生规模由不到1500人增加到近5000人。开设有机电工程、化工制药、电子技术、电工制冷、汽车维修、计算机信息管理与网络技术、服装设计、计算机制版与印刷、电子商务技术、酒店管理、市场营销等20多个涵盖中级、高级的各种专业。历届毕业生毕业当期就业率在95%以上，2005年7月毕业生已有70%被用人单位预订，办学效果得到社会各界的认可。

2004年，在全体教职工和学生的共同努力下，我校在各方面均取得了显著的成绩，得到了有关部门的肯定。2004年上半年被国家劳动和社会保障部和信息产业部确认为电子信息行业高技能人才培训基地。同年8月在全国技工学校语文教学大赛中我校范海青老师荣获大

赛一等奖；10月在“2004年广州数控杯全国技工学校技能竞赛”中，我校选手代表海南省参赛，取得优异成绩，张峭老师荣获园丁奖(维修电工教师组第七名)；庄仁吉同学荣获学生普通组工具钳工第二名；王贵波同学荣获雏鹰奖(工具钳工学生组第五名)；符策锐同学荣获雏鹰奖(维修电工学生组第五名)；我校成为十所荣获优秀教学组织奖的学校之一。由于办学成绩显著，2004年我校被国家劳动和社会保障部授予“国家高技能人才培育突出贡献奖”。□

综合大楼

职业教育要紧扣就业主题

海南省交通技工学校 郑东成

职业教育的突出特点是强调知识与实践技术水平和技术能力的专业化，职业教育面对的是社会经济实体，特别是生产企业，因此，紧扣就业这个主题是职业教育的出路。海南省交通技工学校开展职业教育30年，特别是近几年有了突飞猛进的发展，主要是抓住了教育为就业服务这个主题。

海南省汽车运输总公司是海南省大型汽车运输企业，企业从私营股份到公车营运，直至市场经济到实行责任承包，最后走向现在的以公车为主，各种经济成分共存，上规模、创品牌、求发展的道路，成为中国交通100强企业。学校紧随企业的发展趋势利用学校教育资源，以满足企业需求发展教育，促进企业再发展，实现了校企双赢的良好局面。从2000年开始，学校根据“海汽快车”品牌的需要，开设了“快车乘务员”中技特招班；同时，根据生产实际，开设了满足企业要求的客运知识、服务礼仪、旅客心理、汽车常识、企业品牌、企业规章等专业课程。学校实行半封闭式管理，适时向企业输送了高质量的快车乘务员，改变了企业原有的乘务员素质偏低，服务质量不高的现状，适应了“海汽快车”品牌的要求，学校每届二个班向企业推荐的乘务员毕业生都受到企业的欢迎，实现了就业100%。学校还根据汽车工业的发展，抓住汽车产业这个龙头，及时开设了汽车与维修、汽车电器与

校容校貌

空调、汽车营销与服务、汽车美容与板金等专业。由于产品适销对路，市场针对性强，得到用人单位与生产企业的欢迎，毕业生分布全省各交通行业。近几年，学校毕业生就业率达98%，学校在社会上获得了办学信誉。毕业生就业率高带来了社会的求学渴望，学校招生爆满，促进了学校办学的发展。

职业教育的市场对应性作用是很明显的，关键是如何捕抓市场先机，提高学生应对市场的实力。

职业教育要有前瞻性。人才培养要出现在产业开发之前，为企业发展需求储备人才。

职业教育要注意基本技能和专业技能开发。基本技能显示能力的宽度，能适应相近专业的操作技能转移；专业技能反映专业能力的深度，反映解决专业技术问题的能力。技能实力既能满足专业就业岗位的要求，也能实现技术能力的转移，做到一专多用。

职业教育要注意对原因思维和分析问题能力的培养。培养能力要着重从生产实习指导教学和参加生产实习中总结提高，使学生既能掌握生产技术的标准和规范，又有触及生产技术难题的欲望，以便就业后能尽快成为生产骨干。

职业教育还要注重职业道德的教育。要灌输“干一行爱一行，行行出状元”的思想，让学生在就业中充分发挥自我所长，以保证就业的相对稳定性。

总之，职业教育是社会发展的产物，培养一大批中、高级技能人才，是历史赋予职业技术学校的重要任务。职业教育需要全社会的关注，更需要职业学校自身的不懈努力，才能创出职业教育的辉煌。□

对构筑技能型人才的对策及建议

重庆五一高级技工学校　黄建明

世界各国尤其是发达国家，无不高度重视人才的培养，以保持已有的人才优势并谋求更大的效益。在我国，劳动者国民教育平均水平、科学素质普遍偏低，据有关资料表明，我国科学技术仅排名第28位，国民素质排名第35位。

从工人的素质分析，我国技能型人才结构极不合理。我国的技术工人构成中，高级工仅占4%，中级工占36%，初级工占60%。由于技术水平低，导致企业产品质量不高，安全事故频发，产品的市场抽查合格率平均只有70%，不良产品造成的损失每年近2000亿元。而在现代工业社会里，一个最好、最有效率的工人，比一个一般的工人可能多生产出20%～30%的产品。技术工人成为中国的一种稀缺资源，面对着市场竞争日趋激烈的新形势，大力提高劳动者素质，增强企业的竞争力，是摆在我们面前一个需要认真研究的课题和战略任务。

长期以来，我们引以自豪地认为有丰富的劳动力资源，但真正适合现代化先进生产技术要求的劳动力实际上并不多。技工学校及职业学校为我国劳动者素质的培养做出了很大的贡献，每年由技工学校培养的毕业生在50～60万人。但我国经过20年来的经济体制改革，国有和城镇集体企业结构发生了很大的变化，经济结构逐步理顺，新技术、新工艺产生了新的行业和技术，特别值得注意的是：中国加入WTO半年来，第二产业的劳动力需求比重持续上升，而第二产业的发展必然带动对技术工人的强劲需求。

2002年中国经济增长速度达到8%，高速的经济增长必将带动更多的工作岗位产生，带动高素质劳动者的大量需求，在本世纪前20年制造业仍是中国国民经济增长的一个主要方面，并且将有60%

的岗位来自制造业。同时，新型工业化的发展是在信息化的促进下催化的，因此，新型工业化也会相应带动三产服务业的增长。

任何一个国家的经济腾飞，产业结构的调整都必然涉及到就业结构的调整，结构优化和产业升级最终要依靠职工队伍素质的提高。发展高技术产业和新兴产业，需要大量高素质的技术工人。用高新技术和先进技术改造传统老专业，需要提高技术水平和掌握新的技能。用信息化带动工业化，提高整个国民经济水平更需要一体化复合型的现代工人。随着科学技术的突飞猛进，全球范围的产业结构调整正在加速进行，在大规模工业化和真正的经济起飞时期，更加需要造就一大批掌握现代化生产技能的新型技能型人才。

党和政府十分重视在科技革命与知识竞争日趋激烈的时代里职业教育的发展。在全国第四次职教会上国务院出台了《关于大力推进职业教育改革与发展的决定》，要求加强职业培训工作，提高劳动者的整体素质，适应产业结构调整的需要，适应扩大就业和再就业的需要，做好功在当前，惠及长远的具有战略意义的基础性工作，培养出数以亿计的高素质的劳动者。

技术工人是从长期的学习实践中培养出来的，技工学校和师傅带学徒是我

国培养技术工人的主要途径之一。

大规模的工业化和经济起飞，需要建立起成熟的技术工人能力储备和市场。重视技术工人的成长过程，创造努力学习技术、钻研技术、苦练技术的良好风气，激发动者的创新意识，形成良好的社会环境，促进高技能人才的成长。政府应统筹安排职业教育的经费和项目；企业应按比例增加重点的培训费用，特别是一大批高技术、新工艺，新技能的采用，企业应该加大对技术工人的培训费用，建立起终身学习、继续培训的市场。

建立合理的人才梯次结构。建立合理的技能型人才梯次结构是一种市场的需求，劳动和社会保障部出台《国家高技能人才培训工程暨机电高级技工培训项目的通知》，是加快对高级技术技能人才的培养，逐步改变高级技能性人才短缺情况的有效措施。

做为我国技能人才培养主要阵地的技工学校，应该尽快地转变观念、创新机制、走向市场，增强自主发展的能力，瞄准我国经济结构调整的变化带来的职业变化和新的人才培养要求，重新定位，培养出社会急需的技能型人才。我国现有高级技工学校244所，全国重点技校349所，其它技校3000余所，高级技校应在办学层次上不断提升，形成一批有规模、师资强、办学条件好，质量高的办学基地，以满足国家对高技能型人才的需求。在专业结构上紧跟产业结构的调整，了解企业和经济发展趋势，合理设置专业，使办学的功能进一步增强。技能是技工学校的品牌和特色，要进一步强化技能训练，注重职业能力的培养，由于市场化、社会化、国际化步伐逐渐加快，职业技能理念应更新，模式要完善，方法和手段要改进，使职业技能培训与实际需求更加紧密的结合，技工学校的教学活动要向“以职业活动为导向，以职业技能为核心”的方向发展，使技能特色永远立于市场这块不败之地。

提高我国经济竞争能力，培养经济社会需要的技能型人才，以“信息化带动工业化”，是中国需要跨越式发展必由之路。高级技工学校有责任为我国培养具有创造型、复合型的劳动力大军，按市场需求培养各类专业技术人才，为技术、技能型人才的成长和使用铺设一条宽敞的通道。□

腾飞中的盐城技师学院

盐城技师学院

2004年4月2日盐城技师学院组建后，提前跨入快速发展轨道。学院每年向社会输送技师、高级技工和中等专业技术技能人才达4000多人，已有数百名应届毕业生考入东南大学、同济大学、天津工程技术师范学院等名牌大学深造。年培训下岗职工、农村劳动力、退伍军人和在职职工等6000余人。

党委书记吕成鹰（中）、副院长汤习成（右）、党委副书记孙茂之（左）

一、调整促提升

重组后，全院职工统一思想、团结拼搏、锐意创新。针对师资力量严重不足的现状，学院面向社会公开招聘教师，有196人参加应聘，最终确定新教师39名，其中20名理论教师第一学历为本科，19名理论实习一体化教师来自于企业或职教学校，在一定程度上改善了师资队伍的知识结构、专业结构和年龄结构，增强了办学活力，为提高办学层次和教学质量奠定了人才基础。

凝心聚力，合校合心，才能共谋发展。学院制定了“统一基数,同岗同酬，上下浮动，绩效挂钩”的分配政策。全院实行统一工资结构比例，实行统一课时补助标准，统一津贴补助浮动考核，统一各种待遇，充分调动了全体教职工的工作积极性。

二、务实求发展

为了保持特色创品牌，提升品牌创优势，学院明确地提出了“以人为本，特色定位，服务诚信，需求第一”的办学理念。全院上下要进一步统一思想，按照“调整促提升，务实求发展，携手创辉煌”的治院方针，牢固树立以人为本的思想，贯彻一切为了学生的服务理念，进一步打造技能特色品牌和诚信服务品牌，根据市场需求开设专业，按照市场需求确定人才培养规格。把市场的需求、企业的需求作为学院发展的第一需求，实现人才培养规格与市场需要的有机衔接，增强各级各类技能人才的社会竞争力。以质量立校，靠品牌取胜。全体教职工正以此来要求自己，鼓励鞭策自己，将学院的办学理念、治院方针、努力目标变成自觉行动，推动学院的快速发展。

实习车间一角

充分发挥先进设备在技能教学中的作用，科学规划和调度有限的办学经费，重点满足学院的亮点专业、品牌专业、热门专业的实训教学需要，瞄准现代化和全省一流的标准，加大设备投入。2004年以来，先后新增数控加工中心3台，数控车床10台，新建机械实训厂房7000平方米，购置计算机150台，车床120台，总投入近千万元，极大地缓解了技能教学资源不足的压力。通过努力目前可供实训工位6000多个，学院设备总资产达4000多万元，实训设备在全国同行中具领先地位。在建设名专业方面，学院对原三校的教学资源进行调整，对各类相关相近专业归类合并，实行分类管理、分类发展，按专业教学和培训需要，共设置8个教学系部。全面推行高校管理模式，实行系科化管理，以推进名牌专业学科的建设。在全国技能大赛上，数控、电气、机械三大专业的选手分获专业第一名，充分向全国同行展示我院三大品牌专业的雄厚实力。

三、携手创辉煌

为了在全省全国展示办学实力，扩大学院的品牌影响，检验教学水平。2004年学院先后组织参加了三次全省技能大赛，连获10个第一名。在劳动和社会保障部举办的全国技工学校技能大赛，我院8名参赛选手代表江苏队发挥了高超的技术水平，在全国28支代表队456名技术技能精英中脱颖而出，取得了8个竞赛项目中的3个第一名、1个第二名和2个第六名的好成绩。学院获得优秀教学组织奖和优秀组织奖。在全国首届数控技能大赛上，4名选手参赛，全部捧杯凯旋，学院荣获突出贡献奖，创造了江苏职业教育发展史上前所未有的辉煌业绩。

通过全体师生共同努力，学院主要办学指标均创全省之最。现有大专、高职、技师、高技、中专、中技等6个类型的办学层次，在籍生16600多人，其中全日制在校生13000多人，办学规模列全省第一。经过全院17000多名师生的共同努力，一个日新月异、欣欣向荣的盐城技师学院，以全省规模最大、培训能力最强的崭新形象呈现在世人的面前。□

提高办学层次 培养高级技工人才

南京技师学院

南京技师学院是一所国有公办性质的以培养中高级技能人才为特色的综合性高级职业技术学校。1999年经国家劳动和社会保障部认定的国家级重点技工学校，国家综合性职业培训基地，2001年升格为技师学院，2002年被列为全国100家国家高技能人才（机电项目）培训基地。学院立足南京经济发展需要，以培养具有一定专业理论水平，较强实际操作技能的高素质技能型人才为目标，以“重视理论学习，突出技能训练”为办学特色，以“严谨治学，质量为本，突出技能，服务社会为质量方针，大力开展职业培训，为社会经济发展提供强有力的人才保证。

学院从1996年开始开展高级技工培训工作。当时国家正面临计划经济体制向市场经济体制转变，经济增长方式由粗放型向集约型转变时期，市场迫切需要大批在生产、服务、管理方面的高级技术技能型人才，技工教育面临发展机遇与挑战。同年与南京高校联合开办了高级技工班，高级技工班学生毕业时可同时获得大专学历及高级职业资格证书。在探索与高职教育接轨实践中，学院坚持技术、技能型人才培养发展方向，坚持创新能力和技能训练这一特色，走出了一条区别于普通高职教育，既满足群众对教育高移的需求而又独具自己办学特色的路子。

学院在实践中着重抓了以下几个关键环节：

一是实施高中——中职一体教育，首先通过培训使学生具备高中文化和相关知识与职业技能，即在文化基础培养上首先通过辅导，让学生达到成人高考合格水平。在职业技能方面，通过教学及实习，让学生具备专业基础知识和中级工技能，为实施高职教育打下良好的基础。

学术交流

二是依托高校实施高等专科——高职一体教育。一方面使学生具备高等专业文化知识，另一方面使其具备高等专业理论知识和高级职业技能，实现高职教育目标。

为实现以上教学目标，学院在教学计划上注重各教学阶段文化基础、专业知识及技能训练的有机衔接，从而避免了学生进入高职教育后所学文化知识及专业知识与中职教育内容脱节。无论是高中——中职教育阶段还是高等专科——高职教育阶段，由于教学内容均包含了理论与专业实习两个方面内容。学院在围绕如何利用有限的学时完成总体教学目标上，进行了有益的探索。在设置高级班计划时，将高中——中职教育阶段和高等专科——高职教育阶段有机结合，实现两个阶段两个层面教育内容方面的有机衔接。具体的做法就是将相互独立而又各有联系的教学内容，按程度深浅分成若干层次，然后根据教学需要分成若干教学单元、教学模块，通过各教学单元教学模块有效重组，实现同类课程不同层次衔接或不同课程同层次的衔接。如在实施高中——中职文化课教学时，仍然采用技工学校教材作为基本课本，以成人高考大纲作为教学大纲，在教学实施中，以高中教材作为辅助教材补充、充实技工学校教材内容，避免教学内容脱节、重复。实践证明，行之有效。

在实施高职教育过程中，学院还根据高级班教学需要，加大了教学硬件投入力度。几年来，学校投资近千万元新建了计算机教学中心、数控技术实训中心、电工电子实训中心、机械加工中心，新建了PLC、多媒体电化教学、材料力学、液压传动等二十余个实习实验室。实践证明：技工学校开展高级工培训，不仅提升了学校办学层次，也促进了学校硬件条件改善。

我院毕业生“动手能力强，适应岗位快”受到用人单位的良好赞誉

目前学院在开展高级技工班取得经验的基础上，开始试办技师培训班，截止2004年底高级技工班、技师班学生已占在校生总数62%。大多数学生已成为生产一线的技术骨干，毕业生出现供不应求的现象。学院异地扩建已列为南京2005年奋斗目标，通过几年努力，南京技师学院将建成为江苏大地上一所现代化的高技能人才培养学院。□

技工学校改革方向与发展趋势

无锡技师学院 巫伟刚

技工教育是职业教育的重要组成部分，其生命力在于与经济社会发展紧密相连，为经济社会发展提供智力和技能的支持，成为企业生命的“血液”，这正是技工学校的生命和活力所在。随着经济的不断发展，市场竞争越来越激烈，技工学校和技工教育必须建立市场调节机制，实施以转变观念为指导，创新体制为动力，打造品牌为核心的改革发展之路。

院长兼党委书记巫伟钢

转变观念是先导。一是确立教育的服务观，教育管理的基本原则应该是“用户利益至上、以顾客为中心”，学生就是顾客，强化服务观念是将学生、家长、社会的需求作为学校开展工作、谋求发展的重心与焦点。尊重学生的个性发展和为其全面发展提供有效途径。二是确立教育的质量观，评价学校教育质量的重点是教职工的工作，而学生的成绩只是其中的参照之一。学校的“产品”是为学生、家长和社会提供合格的教育教学服务。三是正确的教育评价观。由行政主管部门评价为主转变为家长、学生、社会评价为主，通过反馈，反映学生及家长对学校服务的满意率。

所以要求老师必须实现“五个转变”，即：一是由知识本位向人本位转变；二是由重传授向重发展转变；三是课程内容的应试为主向注重能力培养转变；四是由教师主教向学生主“学”转变；五是评价体系重结果轻过程向重视过程与关注结果相统一转变。

文化理念的更新。文化理念将决定一个人的生活态度、价值取向和个性特征的发展。学校文化理念倡导以人为本，诚信立校。诚是天生本能的品质，信是后天智慧、实力和行为的结晶。强调这样四个层面：一是以优秀的传统文化为基础；二是以追求卓越为过程；三是以价值最大化为导向；四是做一个品德高尚和有价值的人。

建立市场调节机制是核心。以市场需求为导向，以能力培养为中心，市场缺什么技能人才，就设置什么专业，确保专业设置与市场需要的吻合。实行灵活的学籍管理和教学管理制度，积极推进教学管理制度改革，实际推行全面学分管理，建立学生选课机制，允许学生选择教师，选择学习内容、学习方式、学习时间等，调动学生学习积极性。

团结奋进的领导班子

学生数控实习

确立创新体制和机制是保障。所谓“教育体制的创新”，不是寻求一种所谓的“创新的”体制。教育体制创新的关键在于管理者要能用创新的精神、创新的意识、创新的方法、创新的手段等去制定和不断完善教育体制的规则，并能客观、主动、灵活、开放、高效、积极地利用它。

1、体制创新应确立教育的多元化、教育的包容性、教育的创造性三个核心价值。

2、体制创新应建立三大机制：即竞争机制、激励机制和淘汰机制。

创学校品牌是关键，树品牌意识、实施品牌战略，把学校做强、做优、做精、做专、做特，做出名气。首先打造精品专业。一是以市场为导向，学以致用，就业、创业率高；以技术应用能力为主线突出特色；紧密依托行业或企业，产学研相结合；计划贴近市场，课程体现能力本位。二是培育精品课程。力求反映新知识、新技术、新工艺、新方法，要处理好传统与特色、借鉴与创新、理论与实训、教与学、点与面等关系。三是树立品牌教师。学校要为教学能手、骨干教师、品牌教师建立成才的平台，教学与科研、生产相结合，一专多能(懂教育、懂管理、懂教学)。四是创建品牌学校。最终目标是打破普通高等教育和职业教育的原有界限，使职业教育和普通教育相对接，让学生们有可能根据自己的意愿、爱好和职业倾向选择自己所需要的教育形式和教育内容。□

高级技工学校要着力培训学生就业能力

杭州市高级技工学校

经杭州市人民政府批准，杭州市医药技工学校、杭州市医药职工中等专业学校、杭州市园林技工学校，于2002年并入杭州市高级技工学校。学校占地83.9亩，建筑面积25564平方米，现有教职工219人。现有全日制在校

生74个班级3117人，在读电大开放教育的大专生524人、函授中专生740人。

学校常年面向社会开展机电、医药等20多个工种的多层次技能培训和鉴定业务，年均培训、鉴定量可达10000余人次。学校主动适应杭州国际旅游都市及融入"长三角、接轨大上海"的城市定位和制造业、医药港、信息港等支柱产业发展的人才资源需求，调整优化专业设置。开设有电工电子、数控加工、医药、园林、餐旅等行业的中技、高技、"3+2"高职、大专、中专等不同层次的28个专业，确定重点发展电工电子、医药、园林、餐旅等高级技工专业及数控加工专业。

近两年投入专项经费2000余万元，教学设施和实习实验设备日趋完善。现拥有实习、实验场地及附属用房面积10000余平方米。根据专业特点和教学需要，建数控、电工等专业实习室16个，医药等专业实验室8个；计算机房9个（其中多媒体教室2个），配置计算机近400台。学生校内实习基本达到人均一个操作工位。配有数控仿真模拟系统、局域网等先进的实习教学设备。为使实习教学与职业岗位相贴近，在改善校内实训、实习、实验条件的同时，学校与日本独资大和热电公司、民生制药集团、杭州园林系统、浙江世贸中心等相关的100余家知名企事业单位建立了教学协作关系，作为学校的校外实习基地。

学校以素质教育和能力培养为主线，以提高学生就业能力为出发点，提高实践教学的课时比重，开展"质量年"和"技能节"等竞技活动，促进学生的技能成长。首届高级电工班学生经过严格的考核鉴定，全部取得高级维修电工证书。中级技工考核合格率达到97%以上。2004年，我校参赛选手在全省技校技能竞赛中，囊括高级电工组前三名，获得普通电工组1、3、4名。其中获得前三名的5位学生还将代表浙江省队参加全国技能竞赛。学校已成为学生和家长选择升学的目标之一，连续超额完成招生计划。毕业生一次性就业率一直保持在95%左右。

学校紧跟时代前进步伐，确立了"升层次、重内涵、创品牌"的发展思路。在杭州市各级领导的关心和支持下，一座投资上亿元，占地270亩、建筑面积6万平方米，布局合理、设施齐全、环境优美的现代化、生态化、网络化、园林式的新校园将在近两年内屹立在西湖景点的美女峰下。□

澳大利亚教育代表团来校考察

园林专业技能比赛

立足行业　为企业培养复合型技能人才

浙江省建筑安装技术学校

浙江省建筑安装技术学校创办于1978年，隶属于浙江省建工集团有限责任公司。学校设置建筑工程、建筑经济管理、室内装饰设计与施工、电脑装潢设计与制作、计算机及应用、建筑设备工程、电梯安装与维修、水电与空调安装、焊接技术与工程、钢结构工程与施工等10个专业，在校学生1900多名。学校生活、教学设施齐全，师资力量雄厚，现有教职工103人，其中具有本科学历教师71人，中级以上职称的教师54人，实习指导教师12人。

校长钱正海

学校始终坚持“面向社会，立足行业，服务企业”的办学方向，积极参与市场竞争，增设适应社会需求的新专业，开拓联合办学的新路子，积极为社会、行业和企业培养各类建筑人才，逐步形成了技工教育、职业中专、成人网络教育、职业技能鉴定及岗位培训等“多层次、多渠道、多形式”的办学结构。学校坚持以教学为中心，把提高教学质量、培养既有一定管理水平、又有相应操作技能的复合型人才作为工作的重点，注重教学和科研的有机结合，注重理论知识

校园风貌

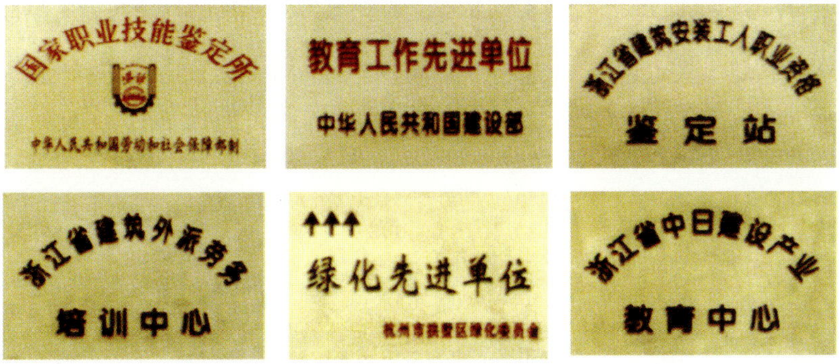

和实践有机结合，注重对学生道德素质和职业技能的培养。在学生中推行“多证制”(毕业证、等级证、上岗证)，以适应社会和企业的需要。二十几年来，学校培养的学生逐渐成为建筑安装行业的骨干力量，在各自的岗位上取得了骄人的成绩。李军等六名毕业生荣获全国技能比赛优胜奖，其中李军，王竹林分别获得全国焊接比赛手工焊和二氧化碳自动焊第一名，荣获“全国五一劳动奖章“和“省级劳动模范的荣誉”称号，受到党和国家领导人的接见。毕业生张持平获国家一级项目经理资格，他负责施工的东方通讯大厦项目获国家“鲁班奖”。

二十年来，学校由小到大，发展成为省内颇具规模的建筑安装类职业技术学校，得到了社会和企业的赞许，91年被建设部评为“建设部教育先进集体”，92年被建设部列为首批德国“双元制”教育试点学校，多次被评为浙江省建设系统教育先进单位，曾获全国焊接协会焊工比赛优胜者推荐单位“伯乐奖”，2004年3月被评为省级重点技工学校。□

与德国专家交流

学生参加省成人中专运动会

培养技能人才 实现学校可持续发展

诸暨市技工学校

学校创建于1979年。随着职业教育改革的深入发展，技校面临着机遇发展与挑战。学校确立了立足市场、面向社会，服务就业的办学理念，与时俱进，锐意创新，在市场与专业设置上寻找突破口，培养品牌专业。

一是瞄准市场设专业，主动适应市场对人才的需要。一方面科学地改造旧专业，赋予其新内容，使之成为优势特色专业。另一方面，积极进行市场调研，把握市场走向，适时调整专业设置，打造专业品牌，为学校发展找到动力源泉。二是围绕产业办专业，主动拓宽学校服务社会的渠道。在办学过程中，学校根据诸暨市产业发展的需要，及时地调整专业设置和培养目标。同时十分重视实习基地和工厂建设以及学生的专业技能训练，以满足校内学生实习的需要。三是在办学上层次，主动适应社会对高学历人才的需求。学校深入企业了解，技能人才的严重短缺，已经成为制约企业进一步发展的“瓶颈”，技校是为企业创办的，企业的需求就是技校努力的方向。作为诸暨市唯一的技工学校，应责无旁贷地承担起这个历史使命。通过努力，学校与中国计量学院、浙江工业职业技术学院、天津职业技术师范学院等院校签订了协议，强强联合，拓宽生源和毕业生升学之门，着手培养高学历、高技能人才，以适应企业对高层次人才的需求。

依托校企合作，打造就业的绿色通道。一是顶岗实习，学生的实习与就业挂钩。二是走进企业，建立稳固的实习就业中心，聘请企业人力资源部门牵线搭桥，推介毕业生。三是建立学校服务机制。学校设立就业指导中心，收集毕业生就业及职业适应情况，委派班主任下厂对毕业生跟踪指导，收集转岗和离岗学生情况，实现再次就业服务。

近几年来，学校充分发挥自身优势，先后为经贸、运管、劳动、商业、交通运输、技监等部门的职工进行培训，三年来共培训15000余人次，对本

技能比赛

学校领导与教师在研讨实训计划

市各大职业学校和企事业单位职工通用类8个工种的初、中级职业技能等级鉴定工作，5年累计鉴定人数达7000人，毕业生达到中级工水平的100%，使升学就业占尽先机，不仅增加了经济效益，更重要的是提高了学校的知名度和影响力，学校从默默无闻变成了家喻户晓。

加快培养"双师型"教师队伍。一是学校加强专业教师的素质和技能培养，通过"内修"和"外聘"提高专业教师综合素质。学校专门制定制度把"双师型"教师的培养工作纳入经常化、制度化的轨道。经过10多年的努力，一大批教师已经成为既是教学能手又是技能强手的"双师型"教师。二是大力奖励科研与教研成果。为了鼓励广大教师搞好科研工作，学习制定了奖励政策，纳入学校的规章制度。积极鼓励教师主动承担课题，撰写论文专著，参加业务竞赛，并对获奖者给予精神与物质奖励。

诸暨技校创办25年来，以"诚信、技能、协作、创造"为校训，以严格管理、严谨治学为办学方针，以培养中高级技工为目标，在技工紧缺的今天，诸暨人将以全新的面貌，充分的准备，唱响又一曲技校春天之歌。□

打造育才重地　培养高级蓝领

宜昌市第二技工学校　杨庆华

宜昌市第二技工学校创办于1980年。学校深化改革，锐意创新，以人为本，打造"品牌"，制定了五年建设规划，实施六大"精品工程"，修建了烹饪、旅游与酒店服务实验室，多媒体专用教室，家电实验室。

一、精心构筑育才重地

狠抓教师队伍建设。近年来，学校按照"师德高尚、业务精通、技能超群、结构合理"的要求，始终把师资队伍建设摆在首位。

第一，突出师德、师风建设的核心地位。通过形式多样的学习和培训，引导教师树立正确的世界观、人生观、价值观和幸福观，要求从事学生工作的专、

兼职教师成为学生精神文明的楷模，用自身的人格力量去影响和教育学生。

第二，注重教师培训，每年都按计划选送部分优秀教师去进修学习，形成了互教互学、共同提高教学研究的氛围。目前上讲台授课教师99%已达到本科学历，“双师型”教师占教师队伍的20%，“金牌”教师占宜昌全市技校总数的30%。

第三，严格教学管理，提高课酬待遇。学校做出了详细规定，同时提高课酬待遇，按授课质量落实，极大地激发了教师的积极性和工作热情，有效地促进了教学质量的提高。在狠抓学生管理方面，学校针对当前技工学校学生的现状和特点，加强日常行为规范，推行全方位、全过程、全时段的“三全”管理模式；在学生工作中大力提倡和谐和赞美教育，发现学生的优点，及时鼓励，真诚地给予赞美，以激发其自信心。学校积极开展活跃学生的课余生活，培养学生的团队精神，有效地激发了学生的潜能。

二、努力培养高级蓝领

从1999年至今，随着围绕把学生造就成有用之才这一主题的深入开展，教育教学质量有了明显的提高。优秀毕业生更是举不胜举。如旅游服务专业毕业生卢长会，分配到市四星级桃花岭饭店工作后，从基层做起，工作十分出色，逐步成长为懂管理、懂技术的高级管理人员。多次荣获全国旅游系统“劳动模范”和“宜昌市首届青年十杰”等荣誉称号。

近几年来，学校毕业生已经在劳动力市场逐渐成了“抢手货”，每年的就业率均达到95%以上，一批批素质高、技术精的高级蓝领步出校门走向社会，服务于国家经济建设，也为学校带来了无数的荣誉。2002年学校荣获“湖北省职业教育先进单位”和“湖北省优秀技工学校”等称号，2004年被劳动和社会保障部命名为“国家重点技工学校”。□

实践新理念　旧貌变新颜

湖北黄冈劳动技工学校　陈晓毛　吴亚兵

黄冈劳动技工学校于1984年成立。学校确立了“民主办学”的办学新理念，各项管理工作民主气氛浓厚，校务公开、财务公开使各项工作逐步走向民主化。通过几年探索与实践取得了良好的效果，呈现出人心齐、士气高、变化大、效果好的新局面。

一、推行“民主办学”，体现以人为本，民主管理

近年来，学校始终坚持“以人为本，

学生在多功能电子实验室实习

民主办学”的理念不动摇。在不断创新办学新思路的同时，也丰富了这一办学理念的内涵。学校实践“民主办学”新理念的做法归纳为：

一条校训：严谨务实，团结创新；两项公开：校务公开、财务公开；两个创新：制度创新，体制创新(实现了技校、中专、高职对口班联办的三位一体模式)；三个一切：一切为了学生，为了学生一切，为了一切学生；

三条锁链：学校运行围绕机制→动力→效益理念；队伍建设围绕尊重人→引导人→发展人；人才培养围绕招生→培训→就业→跟踪服务。

学校领导“五带头”：教学带头(一把手亲自分管教学)、招生带头(领导、干部招生任务是职工的两倍)，此外还要求联系就业点带头、民主作风带头、严于律己带头。

二、完善“民主办学”，要做好“三个坚持”

学校确立“以人为本，民主办学”的新理念后，理念催生了机制，机制激发了动力，动力产生了效益，继续做好“三个坚持”。

坚持树立“以人为本”。实践“民主办学”新理念得出的经验就是：人是做好一切工作的根本保证，而且要依靠大多数人的努力才能完成，充分发挥人的主观能动性，调动人的积极性，发掘人的创造性，要依靠人，关注人的基本需求，满足人的基本需求。

坚持做到“三三”齐抓。开好“三会”：民主座谈会、党政工联席会讨论和校情发布会。开好“三会”，扩大了公开渠道，改进了校务公开的双向沟通与反馈的途径。

坚持做好“三个转化”，首先是“心”与“力”的转化，通过工作和生活上关心教职工的实事激发了教职工的工作热情，使全校职工对办好学校有信心、有恒心、有决心；通过校务公开、财务公开增强了领导班子的向心力、凝聚力、战斗力。通过贴近群众、关心群众的事找回了人心，转化成了干群干事业的合力。二是“人”与“事”的转化。三是“一”与“零”的转化。

落实“三制”：要与时俱进，完善《教职员工须知》(管理制度)；建立与学校发展相适应的激励机制，充分调动职工投身管理改革、教学改革的积极性和创造性；推行“一日校长制”，普通教职工经民主程序可担任，并有一定的处置权和督办权，从而为职工施展才华、实现自我价值搭建有效平台。孕育“三心”，学校把重大投资、资产处置、专业建设等重大决策向教职工公开，广泛征求意见。按《劳动法》有关规定，学校与职工签订用工合同，为职工办理养老保险、医疗保险，解除后顾之忧，同时搞好教职工文化生活，形成良好学习氛围，使全校职工团结一致，勇于拼博，为学校的发展做贡献。□

适应社会需求 加快培养高技能复合型人才

湖北省襄樊市高级技工学校

学校创建于1960年，是全省建校最早的技工学校之一。1996年被国家计委、劳动保障部批准改建为“湖北省襄樊市高级技工学校”和“国家级综合职业培训基地”，1999年由湖北省劳动和社会保障厅批准为“襄樊职业学院”。

学校确立了“服务经济、服务就业、服务学生”的办学宗旨和培养“品德优良、技术精湛、素质全面”的技能人才为目标，坚持“教书育人、管理育人、服务育人、环境育人”的教育理念和“面向市场，创新机制，突出特色，稳步发展”的工作思路，狠抓教学改革和学生就业指导工作，使学校在市场经济条件下的办学适应能力和办学水平取得了长足的发展。

在教学改革中，学校始终坚持以教学质量为根本，以能力培训为核心，以特色专业为重点，以国家职业资格等级标准为依据，提高教学质量，加强教学督导和教学研究，促进了教学质量的不断攀升。为加快“双师型”教师队伍建设，坚持“三师工程”和“四职内容”的要求，提高教师的思想品德和职业道德素质。按“双师型”的要求有计划培训复合型教师，通过选送优秀青年教师外出学习深造，鼓励教师自学成才和岗位成才，培养教师一专多能和进行相近专业的再学习等形式对教师进行较为系统的培训，教师队伍的知识结构和技能水平在整体上得到了优化，综合素质得到进一步提高，一批中、青年教师已逐步成为学科的带头人。

在专业设置上，学校根据市场需求和自身专业优势，不断探索创新，逐步形成了传统专业创品牌和市场需要的新兴专业，以襄樊汽车产业和高新技术产业的发展对技能人才的需求为导向，加强和培育数控加工、汽车修理、电工电子、机电工程和计算机应用等专业建设，更好地服务社会经济发展需要。

为调动教与学的两个积极性，对教师实行量化考核，综合评定等级，并与本人晋职、评优挂钩，同时将学生的民主评教纳入教师业务的考核范围，不定期地在教师队伍中开展教学与技能比赛，实行末位淘汰。为充分调动学生的学习主动性和积极性，学校在相同专业不同班级中建立“教学质量班”，教学质量班实行动态管理，学生能出能进，让学生向质量班看齐，向质量班涌入，在学生中营造浓郁的学习氛围。在教育管理中，坚持以学生为中心，实行全方位、全过程的管理和服务，将学生的“满意率”作为检验学校各项管理工作成效的重要标准，建立学校、家庭、社会三位一体的教育网络，培养学生优良品德、健全人格和健康体魄，增强了学生自我管理、自我约束、自我教育的能力。

学校以“立足本地企业，参与人才交流，寻求校企合作，提升就业层次”作为推荐学生就业的指导方针，组织专人深入企业、职业中介机构、用工单位联系，提高学生就业率，鼓励学生自谋职业和独立创业相结合，每年毕业生就业率都在98%以上，为襄樊地区、珠江三角洲地区、长江三角洲地区输送了大批的实用技能型人才，取得了企业、学校、学生三赢的局面。

建校四十多年来，先后为社会培养和输送了中级技工20000余人、高级技工500余人、各类短期培训4000余人，并积极参与下岗职工免费再就业培训，取得了显著的社会效应和经济效益。学校将继续深化教育教学改革，锐意创新，努力向着创建全国一流的职教学院宏伟目标迈进，再创职教事业新辉煌。□

学生实习课

强化办学理念 提升办学能力

孝感市第一技工学校

孝感市第一技工学校现有教职工243人，专业技术人员198名，本科学历80%以上，高级职称和“双师型”教师达到规定比例，办学近30年来，为社会培养合格的技术人才和管理人才15000余人。现在校生3443余人。

学校以办学特色求发展，以教学质量为基础，以科学管理作保证的办学指导思想，经过一系列改革措施，使学校走出困境，发展壮大。主要体现在四个方面：

在人事用工制度的改革上。实行全员聘用制，竞争上岗，优胜劣汰，在全校教职工中触动很大，极大地激发了教职工的积极性，工作作风和教学质量有了明显改观。

在教学领域的改革中。学校注重保持教学内容的针对性、实用性、先进性，避免出现重技能、轻基础或过于加大专业技术基础课的教学量的现象，较好地处理文化课、专业基础课、专业课之间的关系，做到文化课服务专业基础课，专业基础课服务专业课，并不断更新专业知识。注重突出实践技能的训练和综合素质培养。专业理论课与技能训练的比例为 1: 1.2。学校对学生实行德技双修，操行学业双考，等级、毕业证双证制度，学生综合素质全面提升，用人单位普遍满意。

在招生与就业招生方面，学校实行“人人参与、专兼结合、两包一挂、定额管理”政策。动员全体教职工参与招生和专班招生相结合，实行奖惩制度，此举既保证了生源又增强教职工的责任感。就业方面，学校在孝感中职学校率先成立就业推介机构。目前技校已建立起就业安置网络，实施订单培养，出口畅通，进口更踊跃。

生化实验室

数控专业实习

在后勤服务改革上。通过引入竞争机制，强化约束机制，彻底解决食堂管理难的问题。为确保人才的培养质量，学校注重抓好以下几个环节：

1、加快师资队伍的建设。为了解决学校超常规发展所带来的教师数量不足和专业结构不合理的问题，一方面从社会教育资源中精选部分教师充实教师队伍，目前有外聘教师66人。另一方 面注重对原有教师进行培养和提高。通过自修、培训、工作磨练、末位待岗、竞岗等方式，拓宽教师的知识面和能力，确保教师的数量和质量，确保教学质量。

2、改善教学实训条件。学校组建两个微机室 128 台、多功能演示厅、数控加工车间等实习实训设施，实训条件的改善有力地保证实习教学的开展，为技能型人才的培养打下了坚实的物质基础。

3、教学过程的控制。学校严格执行国家教育政策，遵循教学规律，教学原则，注重对理论 教学和实习教学的过程控制，科学管理。

通过全校教职工的共同努力，学校的教学质量和招生工作一年一个新台阶。2002 年招生 830 人，2003 年招生 1400 余人，2004 年招生 2000 余人，连续三年创历史新高。毕业生就业(含自主择业)率达 100%。2005年毕业生已被用人单位预定了 500 余人，真正做到了招生、就业双赢的发展态势。□

创建高技能人才培养基地

湖南省邵阳市高级技工学校

邵阳市高级技工学校，是在原邵阳市第一技工学校和第二技工学校两所省部级重点技工学校的基础上组建起来的。学校现有在职教职工 236 人，其中专职教师 120 人。开设专业：模具设计与制造、数控技术应用、模具钳工、电子电器、电工维修、冷作、电焊、机加工等 12 个专业。

学校树立“以人为本、规范治校、质量强校、发展兴校”的办学理念，以

"务实、求精、规范、创新"为校训，坚持"以规范为基础，以发展为主题，以质量为中心，以管理为重点，以效益为目标"的办学基本方针，"招得进、教得好、留得住、送得出"的工作指导方针和"教书育人、管理育人、服务育人、环境育人"的育人方针。

为了适应市场需求，学校特别注重在实训上下功夫，注重理实并重的办学模式。31年来，学校已为国家培养了30000余名合格的中级技工和数百名高级技工。为提高学生综合素质和对市场竞争的适应能力，学校近几年加大了教学改革步伐。

一是经过对市场的预测，成功地进行了专业调整，从以轻化专业为主的学科体系转向以机、电和服务类专业为主，进一步拓宽了发展方向，逐步发展成为综合性的技工学校。

二是由理论教学和实习教学并重的教学方式，发展以实习教学为主并大胆采取模块式教学、课题式教学等多种教学方法，使理论教学与实习实训有机地衔接。

三是加快教师队伍建设，提高教师综合素质能力，培养"双师型"教师人才队伍，创"名师工程"和创"品牌专业"的实施步伐。

四是学校把"为人师表、以身示范、身体力行"作为教职工的座右铭。不断提高教师政治素质，使教师在教学思想、教学方式方法、教学内容等教研教改方面取得了可喜成绩。

多媒体教室

通过全校教职工的共同努力，学校的各项工作取得了长足的发展，学校把"高尚的美德、严谨的作风、务实的精神、求精的境界、熟练的技能、健全的素质、独创的能力"作为学生的培养目标，从而形成"教风严、学风正、校风好"的校园文化氛围。□

情系学员 服务就业

长沙市职业技术学校

长沙市职业技术学校是长沙市劳动社会保障局直接管理的一所集培训、考核、发证、职介于一体的多功能综合性职业技术学校，是湖南省骨干培训基地，全国十大创业培训示范基地之一。自2002年5月开办以来，先后培训60000余名各类技术专业人员，其中有在国企改革改制中失业下岗人员40000余人，社会培训20000余人。

学校机构精干，设校办公室、教务教学部、失业培训部、招生开发部。开设了近60个专业工种供学员选择。建有电工电子、PLC、家电维修、制冷空调、焊接技术等10多个实验实习室，可同时容纳1000多名人员学习培训，建有一支素质高、责任心强、教学经验丰富的专兼职教师队伍，基本满足教学与培训的要求。

三年多来，劳动和社会保障部及省有关领导多次亲临学校视察、指导工作、肯定取得的成绩，指明今后发展方向，要求把学校办成下岗失业人员信得过、全心全意为广大工人群众服务的职业培训学校。几年来，学校坚持按照这一发展目标，在长沙市劳动社会保障局的正确领导下，学校的各项工作取得了超常规的快速发展。从建校开始，市劳动保障局对办学宗旨、工作目标、经费落实、教学设施建设到教师队伍发展、学员后续服务等工作都列入工作议程，给予大力支持，主管局长经常深入学校调研和教学人员并肩作战，抓关键、教学质量，设施建设，在资金不够及时协调，场地小了专门购置一栋四层楼的教学楼，设备不全及时添置。及时解决了学校在办学中遇到问题，使学校的教学质量、设施建设方面有了很大的提高和改善。

学校始终坚持把努力实践“三个代表”重要思想，落实到用心服务每位学员的宗旨和行动上，使这所以面向社会、服务就业，为社会培养高素质的各类技能人才服务的学校，办的有声色，得到了社会的普遍欢迎和广泛认可。当前，特别突出为下岗失业人员再培训服务，让学员能在短期内通过学习培训掌握一技之长，更快地走上再就业之路，服务社会经济建设。

学校对失业下岗人员一律免费学习培训，财政适当支持，当每看到大批失业下岗人员重新走上就业工作岗位，或享受优惠政策自办企业取得成功时，学校教职工从心眼里感到欣慰。□

有特色 才有魅力

湖南省郴州技术学院

团结务实，与时俱进的领导班子

学院制定了“服务学生、服务社会”的发展目标，创立自己的品牌，突出自身特色。确立了“一个中心，三个重点，五个突破”的工作思路，提出了“一切为了学生，为了一切学生，为了学生的一切”的服务宗旨。

创新才有发展，改革才有出路。学院领导班子大胆开展人事制度改革，实行中层干部聘任制，双向选择，群众评议，竞争上岗，激发教职工的竞争意识，有效调动了各部门和职工的工作积极性；实行责任追究制，增强了干部职工的工作责任心，提高了工作效率；对学生实行军事化管理，让学生受到良好的思想道德和职业道德教育，形成遵纪守法的良好风尚。

“因材施教”是学院的一大特色。学院实行毕业证与职业资格证并重的“双证制”，鼓励学生一专多能，增加学生将来就业的机会。为了提高学生德、智、体、美、劳全面发展，学院对品学兼优的学生给予免交学费的奖励，既促进了学生素质的全面提高，又让部分家庭经济困难、但品学兼优的学生顺利完成学业。

学院创造性地实行了“弹性学分制模块式教学法”，即学制为弹性、成绩用学分，教学用模块。弹性学分制解决了学生学习与就业在时间上的矛盾，理顺了学生“可进”和“可出”的关系，很受学生、家长和用人单位的欢迎。

过硬的质量铸就了优良的品牌，良好的信誉树立了可敬的形象。学院连续多年名列全省同类学校前列，一批又一批身怀技艺的青年学子，从这里走向工作岗位，献身祖国现代化的建设。

通过全院教职工的共同努力，学院发生了巨变，在校学生规模由1996年的1000人，扩大到现在的3000多人，应届毕业生安置率已连续四年达到100%。学院先后被劳动和社会保障部批准为“国家重点技工学校”、“国家综合职业培训基地”、“国家高级技能人才培训基地”。□

改革探新路 特色求发展

安徽省淮北职业技术学院 张立今

淮北职业技术学院是1999年经教育部批准的高等职业院校。几年来在上级领导的大力支持下，经过全院师生员工的艰苦努力，2002年财政部把我院确定为安徽省唯一的一所“重点支持建设的示范性职业院校”，我院的发展进入一个新阶段。几年的探索、改革，我们确立了办学思路，明确了定位，发挥自身优势，走上了一条不断深化改革，以特色求发展的办学之路。

服务加工专业现场操作

我院是由多所学校合并而成的高等职业技术学院，加强师资建设，提升整体水平十分紧迫而突出。根据高职教育发展的需要和自身实际，一是通过多种考核方式，先后从安徽师范大学、中南财经政法大学、武汉理工大学引进急需人才近百名，从省内外著名大学聘任兼职教授20多名。二是对新任教师进行岗前培训、教学技能培训、现代教育技术培训、网页制作培训、课件制作培训等。三是实行“ 青年教师导师制”。四是竭尽全力支持教师参加研究生考试。五是通过制度和协议指定专业教师轮流到生产一线进行实践锻炼，培养实际操作技能。六是制定《优秀中青年骨干教师选拔与培养办法》、《专业(课程)建设带头人培养对象选拔与培养办法》、《“名师工程"实施暂行办法》，形成

竞争激励机制，促进优秀人才脱颖而出。

建院以来，我们紧紧扭住教学这个中心，把提高教学质量作为教学工作的永恒主题，常抓不懈，抓出成效。在专业建设上，我们适应地域经济和社会发展的需要，按照“淘汰一批，改造一批，提升一批，开发一批”的专业建设原则，制定了《“十五”学科专业建设发展规划》，及时调整了专业设置，增添新专业，优化了学科专业结构，形成了以品牌、特色专业为龙头、文理并重的学科体系。

目前我院共有28个专业，其中高级护理、多媒体与网络技术被列为省级教学改革试点专业。学院还拨出专款，重点建设了58门重点课程，组织编写了400多门课程教学大纲，全面整合教学内容。2004年，我院《西方经济学》被省教育厅确定为高职高专精品课程。在课程设计上，我们强调职业技术优先，对于核心技术课程在时间上充分保证；动手能力优先，强调学以致用；以学生为主体，多让学生参与；强调与职业培训、职业考证相结合。

高质量的教学必须有强有力的制度和措施保障。几年来，我们先后制定了《教学管理办法》、《教师教学质量评估办法》等规章制度，建立健全教学检查督导机构，实施全面、全程、动态的教学质量监控。100多个教学信息员及时反馈教育教学存在的问题，形成了教师评教、学生评教、教师自评、领导评教的良好风气。

学生参加“电器组装”大赛

培养适应生产、建设、管理、服务的一线应用型人才，必须为学生的实际操作创造真实的职业环境。按照“高、新、全、通”和“统筹兼顾，重点建设”的原则，几年来我们新建和完 善了50个科技含量高、知识技术新、配套设施全、多专业通用的实训实验室。2004年，学院筹措资金建立了12000平方米的实习车间，购置了2台数控机床等新设备。与此同时 ，学院十分重视与企业、事业单位的联系与合作，先后在淮北矿业集团公司、天地人集团公司、淮北矿工总医院等建立了59个实习实训基地，聘请该单位的专家和技术能手担任学生的指导教师，确保学生在毕业前能够胜任相应的工作岗位。

“出口畅，进口旺，中间质量是保障”，这是我院一贯的办学思想。经过几年的不懈努力，我们已经形成了“三三五”(三全、三化、三位一体、五路并举)毕业生就业工作模式的特色 。几年来，我们坚持以就业为导向，勇于创新，积极构建就业绿色通道。党委一把手亲自抓就业工作，出台了《毕业生就业工作评估办法》《毕业生跟踪服务制度》等一系列制度规范，积极落实就业工作目标管理责任制，逐步扩大“定单”培养计划。

2003年建立了安徽省大中专毕业生就业指导中心淮北分市场，2004年5月，成立了学院驻苏州就业推荐办事处，不定期举行供需见面会。2002年，我院毕业生一次性就业率为80%，2003年达93%，被省教育厅评为全省高校就业工作先进单位，先后两次在全省高校就业工作现场会上作经验介绍。2004年一次性就业率达95%，又一次在全省位居前列。《教育与职业》、《中国就业》、《安徽日报》、《安徽青年报》等报刊先后报道了我院毕业生就业工作的先进经验。稳步增长的就业趋势，促进了学院各项工作的全面发展，扩大了学院的知名度，使学院的规模、效益有了新的突破。□

综合教学楼

加快技能型人才培养 努力打造金色蓝领

安徽马钢高级技工学校 张受玉

安徽马钢高级技工学校创办于1978年，是一所培养中高级技工、技师、高级技师的综合类职业学校。现有教职工213人，其中专任教师143人，高级职称51人，“双师型”专业理论教师36人，具有工程师、技师职称的实习指导教师38人。

学校坚持“顾客第一、技能为本”，不断完善实验实习条件。学校还以马钢公司为依托，建有铁、钢、轧等冶金行业(工种)实习基地。以星马汽车股份有限公司和方圆回转支承有限责任公司为依托，建立了汽车维修实习基地、数控加工实习基地，基本满足了主体专业(工种)的教学和培训鉴定的需要。

学校坚持“依托马钢、面向社会、面向市场”的指导思想，确立了“学历教育做强、培训教育做大”的发展战略。坚持“素质教育为基础，能力培养为本位，社会需求为导向”的办学理念。充分利用现有资源和高级技校品牌，大力开展多种形式的校际、校企联合办学和面向市场的中、短期培训，成立了校企咨询委员会，实行了校企联合“订单”办学。目前联办企业已达14家，“订单”办学已占在校生人数的40%。学校积极开展市场调研，提供企业用工信息，组织企业推介会、双选会等，做好安置回访和跟踪服务，实现了学校招生与就业的良性循环，提高了学校在社会上的知名度，使学校学历教育在校生人数由1998年的827人发展到2004年的4400人。

学校坚持为企业结构调整和技术进步服务，不断增强培育技能人才的实效。一是开展大规模职业资格的培训和鉴定工作；二是适应公司结构调整，积极做好转岗培训工作；三是围绕马钢“十五”技改项目，积极做好强化培训工作；四是注重高技能人才的培养，开办了技师、高级技师培训班，探索了一条加快高技能人才培养的途径。从1998年下半年至今，共为企业培训36000人次，为地区经济和社会发展提供了优质的职业教育服务，培养了一批批“一专多能”、“操检合一”的复合型中、高级技能人才。

通过多年的努力，学校取得了长足的发展，毕业生中已有7000多人取得了高级工职业资格证书，有608人被企业聘为技师，28人聘为高级技师。□

浙大制造工程研究所与马钢高级技校数共建数控培训基地

毕业生就业安置推介会

搏击市场求发展 严格管理上台阶

蚌埠煤田地质技工学校

学校于1978年成立。面对严峻的市场形势，学校领导和全校教职员工解放思想，转变观念，统一认识，经过长期艰辛不懈的努力，学校迅速发展，从小到大，由弱变强，赢得了越来越广阔的生存和发展空间，取得了良好的社会效应和经济效益。

随着教育改革的不断深入，教学模式的不断创新，学校坚持面向市场，以就业为导向，走可持续、快速、健康、协调发展之路，取得了丰硕的办学成果。其主要做法是：

一、增收节支，大力改善办学条件。学校自1998以来，累计增收节支1000余万元，全部投入到改善办学条件上。先后建造和扩建了实训楼、学生餐饮活动中心和办公楼，学校多方筹措资金500万元新建学生公寓、标准实习厂房、综合实训车间，使学校各项配套设施能够更好地满足办学要求。

二、重视就业安置，扩大招生规模，提高办学效益。近几年，毕业生安置就业率达99.6%，很好地疏通了学校的“出口”，带动了学校的“入口”。

电子实习

宽畅明亮的校园

三、学校坚持为经济建设服务的办学方向，构建多元化、开放式的办学格局。近几年已为蚌埠煤地区相关工种的4500多人进行了技能鉴定和职业资格认证工作，并对蚌埠煤地区2000多名特种作业人员进行了安全技术培训、考核和发证工作。

四、坚持教学管理的改革与创新。针对职业教育的特点，逐年增大实习实训的课程比重、加大实习实训课程改革力度，突出技能训练，确保各专业学生在校期间能掌握基本的技能技艺。顺应就业准入制度的推行，组织学生进行强化训练，参加职业资格认定与取证，提高了学生参与市场竞争的能力。通过严格的管理和不断的改革，办学质量不断提高，社会声誉日渐扩大。

五、坚持德育为先，注重学生综合素质的培养。通过组织暑期阅历拓展活动和社会实践活动，使学生增加社会生活阅历，提前了解社会、适应社会。

六、深化内部改革，学校进行一系列的人事制度改革，建立了适应市场经济发展的用人与管理机制，优化了教师与后勤管理人员的比例，面向社会引进了一批业务强、经验足、素质好的不同类型的技术人才，改善了教职工队伍结构，增强了办学活力。

通过上述一系列改革，学校的内部管理沿着制度化、规范化的方向日臻完善，为学校的进一步发展提供了可靠的保证。先后被授予“安徽省职业教育先进单位、全国煤炭职业教育先进单位”和“安徽省重点技工学校”等荣誉称号。□

创新“双定生”人才培养模式 创造跨越式快速发展成果

昆明冶金高等专科学校 夏昌祥

在99年以来的发展过程中，学校创新探索的“双定生”人才培养模式，对学校创造“年年都有新发展，六年迈出六大步”的跨越式快速发展起到了重要的促进作用。

一、探索“双定生”人才培养模式的主要情况

（一）“双定生”人才培养模式的基本特征：一是招生即能就业。考生一旦招收进校并签订“双定生”培养协议，就意味着确定了就业单位，只要执行协议，就可保证100%就业。因此，“双定生”人才培养模式是一种高就业率的有效培养模式。二是完全“以销定产”。协议单位需要什么人才，就招收培养什么人才，需要多少，就招收培养多少。因此，“双定生”人才培养模式是一种完全适应市场需求的更为有效的“订单培养”模式。三是培养需要结合。可根据协议单位需要调整课程、调整实习时间、调整培养方式，最大限度地满足协议单位对人才培养的特殊要求。因此，“双定生”人才培养模式是一种典型的产学研紧密结合的有效培养模式。四是“出口”决定“进口”。招收培养“双定生”，是有了需求才去招生，有了需求才去培养，可以最大限度地避免盲目招生，盲目办学。可以推动高职院校的发展步入良性循环的轨道。因此，“双定生”人才培养模式是一种符合高职院校办学规律的有效培养模式。五是实行人性管理。招收培养“双定生”是一种完全市场化和人性化的操作，始终坚持“双向”选择，充分体现“双赢”、“互惠”，这样，可以保证“双定生”到协议单位就业的稳定性，就为协议单位的稳定发展奠定了重要基础。因此，“双定生”人才培养模式是一种几全其美的为协议单位输送“永久牌”高技能应用型专门人才的有效培养模式。

（二）实施“双定生”人才培养模式的主要原则：一是坚持满足社会需求的原则——需求带来商机，需求决定发展。办满足社会需求的学，办协议单位满意的学，就会赢得商机，加快发展。二是坚持服务经济建设的原则——虽有风险和压力，但要坚持和实施，因为这种模式的实施，将从服务经济建设之中充分体现高校对国家的贡献。三是坚持顺应国际惯例的原则——培养的人才一定是具有高技能而主要承担将科技成果或宏伟蓝图转化为生产力的应用之才，实用之才，有用之才。四是坚持注重社会效益的原则——坚持实施素质教育，为社会培养更多既具有科学素质，又具有人文素养的又红又专的有用之才。五是坚持必须够用为度的原则——实践能力必须着力强化，理论掌握做到够用为度。为协议单位培养名副其实的“下得去、用得上、留得住、上手快”的高技能应用型专门人才。六是坚持贴近现实要求的原则——教学计划必须贴近现实要求，教学内容不求系统，但求实用。

二、探索“双定生”人才培养模式的主要思路

学校经过多年的摸索，主要努力在探索高职人才培养规律尤其是在构建高职人才培养链方面争取有所突破，主要努力把握高职人才培养的“基础、主线、重点、中心、根本、导向、目标和宗旨”八个环节，努力做好各环节之间的协调推进。即：夯实一个基础——优化环境，贯穿一条主线——产学结合，突出一个重点——师资建设，围绕一个中心——规范教学，注重一个根本——内涵教育，强化一个导向——促进就业，实现一个目标——特色办学，实践一个宗旨——服务社会。

三、探索“双定生”人才培养模式的主要做法

在这一系列改革和创新中，市场是前提，订单是保证，招生是重点，培养是核心，就业是关键。

（一）切实搞好“双定生”人才招生改革创新——就是通过“三主动”、“三注重”来推进“双定生”招生改革创新和确保“双定生”招生计划的完成。1、“三主动”一是主动开拓市场，争取签订更多“双定生”培养协议；二是主动加强宣传，争

取吸引更多“双定生”报考；三是主动搞好协调，争取调节更多“双定生”充实生源。2、“三注重”一是注重强化规模效益的办学理念；二是注重营造吸引考生的校园文化；三是注重改进生源质量的保证措施。

（二）切实搞好“双定生”人才培养改革创新 在全校范围内组织开展“人文素质教育工程”，促使学生“学知识先学做人”。通过切实提高师生的整体素质，不断培养师生的人文精神，把学生培养成为既具备科学精神，又具备人文精神，既会做人，又会做事，既爱国，又创新，既具备了适应能力，又具备了应变能力，既有较强实践能力，又有较强可持续发展能力的挑战21世纪的高技能应用型专门人才。

（三）切实搞好“双定生”就业改革创新——主要通过以就业为导向，以产学结合为主线，系统改革创新，重组流程，全面、全员、全过程、全方位来切实加强毕业生就业工作。1、实施依法治就业 一主要明确了就业工作是“一把手”工程，并用制度予以保证。使全员重视就业，全员支持就业，全员参与就业有了制度保证，走上了依法治就的良性发展之路。

2、超前设置机构 —继续加强与已经就业校友的联络和继续跟踪和帮助仍然未就业的毕业生，并继续为未就业毕业生提供力所能及的服务，直到就业并转到校友联络办公室管理为止。3、建立骨干网络，并通过“疏通八条就业通道”来推动毕业生就业工作的有效开展。4、注重内涵教育 一是努力增强“造血功能”——以练好内功来不断提高人才的内在质量，不断满足企业对人才的客观要求，从而推动毕业生就业工作的顺利开展。二是有效推行“双证”制度——从2000年国家鉴定所成立以来，就积极组织了毕业生的职业技能培训和鉴定，2003年，对涉及鉴定的1092名毕业生进行鉴定，通过率达94.26%，968人次取得相关资格证书。三是大力开展人文教育三个方面工作来健全人才培养机制和提高育人内在质量。5、贯穿产学结合——以产学结合为主线，主要是从抓人才培养协议，到招生宣传，到人才培养，到毕业生就业，全过程都与企业或用人单位建立了长期而稳定的关系，并在结合形式、专业建设和建立基地等方面做了大量工作。通过全面实行和长期坚持抓住产学结合这条主线来保证毕业生就业率的稳步提高和为社会培养输送大量急需的高技能应用型专门人才。

四、探索“双定生”人才培养模式的主要效果

实施“双定生”人才培养模式及其系列改革，收到了六个实效，推进了特色办学，促进了实现了跨越式发展。

（一）收到了六个实效 一是实施“双定生”招生、培养、就业系列改革，已经解决了部分冶金有色矿山企业人才紧缺的问题。二是实施“双定生”招生、培养、就业系列改革，已经解决了部分贫困考生无钱上学的问题。现在，贫困考生来报考“双定”专业的越来越多了。三是实施“双定生”招生、培养、就业系列改革，已经解决了大学生就业难的社会问题。凡是履行“双定生”人才培养协议的毕业生，都全部顺利就业了。四是实施“双定生”招生、培养、就业系列改革，已经解决了部分冶金有色矿山企业难留人才的问题。五是实施“双定生”招生、培养、就业系列改革，已经解决了贫困考生难以贷款的问题。六是实施“双定生”招生、培养、就业系列改革，已经解决了办学艰难的问题。

（二）推进了特色办学—实施“双定生”招生、培养、就业系列改革，基本形成了“六双”高职办学特点：1、全面推行“双证书”——毕业生既要取得专科毕业证书，又要考取职业资格证书。2、特殊培养“双定生”——就是采取全免学费上学的特殊方式，为艰苦行业和边远贫困地区培养所需高职人才。“双定生”人才培养模式已经被教育部确定为特色项目。3、总体实行“双推进”——既注重推进学生知识和技能的增长，更注重推进学生做人和素质的提高。4、方式采取“双元制”千方百计保持和企业以及所有用人单位的密切联系，不断拓宽产学结合的领域和范围，通过产学结合或厂校合作来努力培养社会欢迎的高技能应用型专门人才。5、教学执行“双制度”——高职人才的培养采取灵活实用的机制，既实行“预就业制”，又实行“弹性学制”。6、入校争取“双迈进”——争取高职人才培养和持续发展“双推进”，即：培养的人才争取从自然人先向社会人、再向企业人、更向现代人的方向迈进的发展；争取从以规模求发展先向以质量求发展、再向以品牌求发展、更向以文化求发展的方向迈进。

（三）实现了跨越发展——跨越发展实现了"八个迅速"：

一是学生规模迅速扩大；二是办学专业迅速发展；三是固定资产迅速增长；四是微机数量迅速增加；五是师资队伍迅速加强；六是办学条件迅速改善；七是软件建设迅速跟上；八是招生就业迅速看好。□

求索 实践 自强不息

云南省化工高级技校 苏靖林

云南省化工高级技校，在云南省职业教育界1997年首家开办高级技工班，2001年首家开办技师培训班。学校是文革后期的1972年云南省首批恢复和重建的十所技工学校之一，从1979年开始，学校就走上了自筹资金发展学校的艰难历程，从1987年开始，学校的招生和毕业生推荐就业就已经进入市场化运作。

学校自1997年以来，先后引进了模块式教学法、一体化教学法、行为导向教学法等多种教学模式，使学校大部分专业逐步改变了传统教学模式。

学校历来重视教职工队伍建设，在专兼职教师队伍中，高级职称占26.4%、中级职称占35.6%，双师型教师占教师总数的71.1%。为全面提高教职工的管理水平、执教水平和工作能力，进一步推进学校的教研和教改，学校经常组织教师到省内外进行新技术、新知识和新职教模式的学习和培训，并利用学校自身的力量，举办职工培训。向全校教职工宣讲国家重点技工学校复评条件和学校ISO9001体系文件；对40岁以下教职工进行学校优良传统及教师应有的基本素质培训；对全校专兼职教师进行关于国内外职教模式比较和我国职教模式的改革发展趋势分析；对全校教师进行教学课件制作技术培训；对全校教职工进行计算机网络知识、网络安全法规、计算机防毒、防黑、防攻击等知识培训。

在21世纪，教育将比任何时候都更处于人和社会发展的关键位置，成功的教育，能发挥所有人的创造才能和创造潜力，培养有责任感的公民，使人们能适应不断变革的世界。教育能改变和决定一个人的命运，教育也能改变和决定一个国家未来的发展。能力本位的职业教育在国际上已经有了广泛的共识，职业能力培养是职业教育实施素质教育的核心，坚持以能力为本位才是真正的办职业教育。近几年来，已经承认职业教育是国家教育体系的一部分，理论上的重视已经到了空前高度，职业教育改革的力度在加大，职业教育有了很大发展但仍然还是教育体系中最薄弱的环节。许多地方和不少领导对职业教育还缺乏足够的认识，发展职教只在口头上，实际上对普通教育的重视程度远大于职业教育。社会上还在轻职教，追文凭，加上职业教育成本高，而经费投入又严重不足，并且多头管理、条块分割、重复办学、资源分散，职业学校办学条件和办学质量特别是实习培训条件还远不适应经济社会发展的需要。

集图书馆、多媒体阶梯教室、现代技术实验室为一体的综合大楼

云南省化工高级技校，正待祖国开发的西南边陲之地的一所技工学校，正在发展中的一所职业学校，在求索和实践中自强不息，走过了30多年艰难的历程，还将不断的求索和实践，学校的质量方针和质量目标是：“夯实基础，突出技能，狠抓质量，争创一流，为社会培养合格技能人才”。□

通过改革实现学校快速发展

中国水利水电第五工程局技工学校

随着企业内部改革步伐的加快，1998年，水电五局着手对技工学校实施改革，提出了面向市场，自主办学的工作思路。

主要做法有三：

一是推进人事制度改革。逐步完善国企干部用人办法，遵照公平、公正、公开的原则，实现能者上，庸者下，为教职工提供了展现才华的舞台。从2002年开始，一年多的实践证明，改革后产生的中层干部队伍最明显的变化是：建立了主动服务意识，积极开展工作，教职工满意度提高，工作效率明显增强。涌现出一批德才兼备、勇挑重担、善于创新的年轻干部队伍。在教师和管理人员的聘用上，按照定岗定员、双向选择的原则。同时，引进外部竞争机制，面向社会招聘教师。

二是深化分配制度改革。2000年，学校脱离原有企业工资模式，行政人员实行“岗位工资制”，每月考核后计发。教师实行“课时制”，在执行的两年时间里，解决了当时教师不愿多代课的问题，较好地实现多劳多得。2003年，教师工资又改革为“半年薪制”。做到事业留人，情感留人和待遇留人，初步形成了留才引智、用人育人、和谐亲才的人才工作环境，构建了一支献身职教事业，团结苦干，勇争一流的教师队伍。

三是狠抓教育教学改革。在教学改革中，学校着力提升教研室功能，把原来的6个教研室整合更名为5个专业室，使他们也享有一定的自主权，从而形成相互竞争，共同发展的喜人局面。

在办学模式上，学校坚持以“优势互补，共同发展”的原则，采取“三结合”的办学模式。一是“校企结合”，实行“订单式”培养，走联合办学之路，增强了学生的实践操作能力，学生就业率保持在95%以上；二是“内外结合”，突破地域界限，有效利用教育资源，三是“初、中、高”结合，为适应行业，企业和社会不同用工层次的需求，实行多层次、多形式办学，学校由原来单纯的技工教育发展成为集技工教育、中职教育、高等职业教育与成人教育、职工培训于一体的综合性职业教育培养培训中心。

与此同时，学校确立全新的人才培养模式，坚持以市场为导向，产教研结合，多元办学原则，注意培养学以致用，开拓创新的复合型人才。一是按照行业，企业岗位需要，重构理论和实践教学体系；二是在部分专业实现了课堂、实训一体化，让学生“真刀真枪”进行训练；三是建立健全就业服务体系。学校全面加强了毕业生的输送渠道，形成了立体式人才输出网络，毕业生就业率大大提高，实现了学生满意，家长放心，用人单位欢迎的三赢。建校以来，为水电五局培养各类人才10000多人，70%成为水电建设的骨干。□

加强培训 提高职工综合素质服务企业发展

西昌铁路高级技校 邓合民

我校作为成都铁路局和分局职工培训基地，肩负着提高职工业务技术素质的责任。只有不断提高现有职工队伍的业务素质，认真把好新进人员的入口关，才能从根本上解决问题，适应铁路发展的需要。

一、职工队伍现状分析

应该讲，近些年来，为提高职工整体素质，从铁道部到基层各单位都作了大量的工作，使职工的综合素质得到一定的提高。但也不可否认，职工队伍的素质也存在不容忽视的问题。一是基本素质不高。冷静地分析现有职工队伍状况，不难发现，目前在工作岗位上30-40左右的骨干，大多出生于60-70年代，在他们需要读书长知识的时期，正值“十年浩劫”，没有学到应有的知识；其中还有一大批"顶替"参加工作的职工，虽然持有初中、高中文凭，但实际上根本达不到这个水平。二是生产骨干奇缺。近年随着铁路企业开展的“减员”工作大面积实施，一大批出生在五十年代，接受过正统教育，具有丰富实践经验，具有高度事业心、责任感的职工提前退休、退养了，而且是齐刷刷的，他们根本没有机会传帮带，便陡然离开生产第一线。他们曾经是生产战线上的骨干，是班组的主心骨。这一批人的离岗不能不说是一大损失。三是业务培训不力。近些年，路局各单位都抓了职工业务培训，但要从根本上解决职工业务素质的问题，不是一蹴而就的。各生产单位要完成任务、要确保安全，骨干力量一般不愿轻易抽调出来脱产学习。而要完成培训任务，只好把那些文化程度偏低、年龄偏大的人抽调出来脱产培训，单位虽然完成了培训任务，培训后回单位仍然不可能成为骨干，收效甚微，更不能从根本上予以提高。同时，职工的综合素质和业务技能靠参加一两次集中培训，也很难从根本上解决问题。而各单位组织的培训，一般都是短期的，再加上工种繁多，靠教育室几个人承担多工种、多层次的教学培训任务，很难达到预期的效果。综上所述，职工队伍业务技能及综合素质现状令人担忧。

二、对策及建议

我们必须实事求是地面对职工队伍的现状，必须下决心、花力气，从整体上提高职工队伍的综合素质。恢复和改革技校招生，把住入口，从根本上解决问题。技校是培养技术工人的摇篮，可以源源不断地向生产一线输送技工人才。国家在大力发展高等教育的同时，历来十分重视中等职业培训。停止技校招生，表面上看似乎缓解了就业的压力，完成减员任务，但这是短期行为，这必将出现青年技术工人的断挡，是不利于企业发展的。

有一种观点说，铁路需要人才向社会要。但社会是不可能为铁路培养专门

学校全景

人才的，社会上要来的人也要经过铁路专业的职业培训，这等于绕了一个圈子又回到起点。我国铁路历来有健全发达、工种齐全、门类众多、师资雄厚的职业培训基地，应当而且可以为铁路建设培养一批又一批的技工人才。另有一种观点说，不招生可以缓解就业压力，完成减员任务。让我们共同算一笔帐，假如成都铁路局每年招收二个班80名线路工，摊到各分局无非二、三十个人。每个分局六七个工务(大修)段，毕业分配时一个段才三四个人，一个领工区摊不到一个人，这个数字不可能给任何单位造成“压力”。与此同理，车辆、空调、运输、机务、接触网、通信、信号专业也是一样的。全局工人总数超过10万，按人生工作40年计算，每年也需要补员二三千人。扣除复退军人、大中专毕业生分配的数字，全局技校按毕业8个专业16个班，也才640人，基本上在控制数以内。还有一种观点说，现在大学扩招，将来工人也可以是大学生。大学生故然好，知识层次和结构都高，但他们所学的知识的理论性几乎占百分之百，而技校生理论与实作培训为四六 开。实践证明，技校毕业生在基层单位是胜任工作的，也是深受欢迎的。

技校恢复招生，还可以解除部分职工的后顾之忧。特别是艰苦山区的铁路职工子女，进高等学府难，就业也难。技校招生可以解决他们的困难，有利于职工队伍稳定，也有利于安全生产。而且技校招生，实际上是由家长出钱培训，企业使用人才，与在职职工培训由企业支付培训费完全是两个概念，何乐而不为呢?当然恢复技校招生也并非恢复计划经济时代的“统招统分”，仍然可以向市场靠拢，实行技校毕业生与用人单位的“双向选择”。如果铁路局、分局要给用人单位下达接收任务，学校招生人数可以适当增加，让用人单位有挑选余地，也便于学校加强管理，实行优胜劣汰，多出人才。如果铁路局、分局不向用人单位下达接收任务，可由学校直接与用人单位签订协议，确保输送人才的数量和质量。学校据此也可以进一步把住学生入口关，提高教学质量，保质保量完成教育培训任务。

综上所述，恢复和改革技校招生迫在眉捷，这样才能把住入口关，从根本上解决职工业务素质提高的问题。□

大力发展职业技术教育　培养高素质技能型人才

四川江油工业技工学校　四川江油职业培训学院　夏代月　郭汉祥

校长夏代月

学校创建于1978年，办学26年来，已向全国20多个省市、1000多家企事业单位培养输送了20000余人各类技术人才，学校已发展成集技校、中专、高职为一体的全国重点职业技术学校和职业预测、招生培训、技能鉴定、职业指导、就业推荐和劳动力转移培训为一体的综合性职业培训基地。并荣获国家重点技工学和连续10年被四川省建材系统评为“先进职教单位”等100多项各类荣誉称号

学校始终坚持面向市场，服务就业的办学方向，牢固树立起市场教育观、竞争教育观、素质教育观、效益教育观、服务教育观、活化教育观等新观念。在办学过程中，学校把学生就业作为学校的“龙头”工作和全面进行深化改革的突破口，确立了“以分促招、以分促教、以分促管、以分促学”的办学新理念，学校的各项工作取得了长足的发展，办学优势逐渐突显出来。

一、调整专业结构，改革教学内容

在市场预测分析基础上，学校对原有专业进行调整改造，合并交叉较多的专业，增设新的专业和复合型专业。根据职业岗位对从业人员的思想道德素质、文化基础知识、专业技术理论、实际操作技能等方面要求，进行了教育教学内容的全面调整，增加新知识、新材料、新设备、新工艺、新技术等内容，使教学内容更贴近市场。

二、开展多工种技能鉴定、走订单式培养之路

根据劳动力市场双向选择，优胜劣汰的用工机制，学校及时给学生增开就业指导课和素质教育课，培养学生爱岗敬业的职业精神，加大技能实训，提高技能操作水平，开展有关工种的技能鉴定，使学生基本掌握了一项或多项技能，毕业后能顺利就业和适应用人单位的要求。学校积极与企业合作，开展订单式教育服务，根据用人单位提出的专业（工种）和涵盖人才标准，设置专业，制订针对性教学计划，选编适用性教材，配备特色教师，安排学生对岗实习。通过针对性培养，为企业培养了大批深受欢迎的专业技能人才。

三、以特色为重点 着重强化技能训练

学校围绕培养德、智、体、美、劳全面发展的技术技能人才这一目标，把教育教学与就业安置相结合，在办学思路上把学校与企业相结合，在课程设置上把应知与应会相结合，在教学方法上把理论与实践相结合，在质量监控上把培训与鉴定相结合，在证书发放上把毕业证书与职业资格证书相结合，全力培养合格的、适应社会和企业需要的、具有良好职业素养和较高技术技能人才。

大力开展素质教育和技能培训，以就业促招生，以招生促发展，推动学校的全面发展。突出职业教育培训内容的时代性、针对性、实用性，注意人与职业岗位的合理匹配。在以“出口”为龙头，学校进行了一系列的教育教学改革，在培养适应社会需求的具有一专多能的技能人方面做了有益的探索。

（1）“以分促招”就是学校以作好就业安置工作来促进学校招生工作，即以“出口”带动“进口”。

（2）“以分促教”就是突出教育教学内容的时代性、针对性、实用性，注意人与职业岗位的合理匹配。

全国建材国家职业标准审定会

市领导视察学校办学成果

（3）“以分促管”就是把用人单位对从业人员的有关要求，分解融入学校管理的全过程和各方面，同时又把学校管理的结果与分配挂钩，使学校管理收到事半功倍的效果。

（4）“以分促学”，就是把用人单位对员工在职业素质方面的要求，分解到学习的全过程和学习过程的各个方面，并把学习表现和学习成绩与就业安置挂钩，使学生学习目的明确。□

学校全貌

校企联合办学 天地宽

贵州省贸易经济技工学校 雷国祥 郑德沛

贵州省贸易经济技工学校始建于1980年，多年来，学校坚持以就业为导向，以专业现代化建设为中心，以校企联合为先导，致力紧缺人才培养，取得了可喜的成绩。

学校加强与企业的合作，注重内涵培养，在全省范围内实行“三定向原则”即定向招生、定向学习、定向就业。要注重教育培训的全过程和企业所需求的技能人才相结合，制定了以技能培训为主线以知识基础为台阶的课程体系，建立以能力培养为核心的教学模式。

要在机制改革上求突破。发展校企合作关系决不仅限于毕业学生的就业与企业用工的简单对接，也不能满足于企业单位向学校的订单培养模式，而是努力创建资源共享，优势互补的双赢模式。

学校原貌

学校以社会和企业需求为导向，以培养学生的全面素质、综合能力和创业能力为重点，以学校和企业为平台，多向参与、岗位实践，教师下厂带徒，理实结合可达到学校、企业、学生、教师等“多参多赢”的职业教育培训模式，努力体现学校“双化、双高”的办学特色。

校企联合办学、实现了技校发展的六大促进：

1、对师生观念的促进。教师下企业后的距离感、责任感、紧迫感、使命感，使他们正确认识了自己教师和徒弟的双重身份。订单教育使学生学习目标和定位有了明确落实，改变了技校生求学不振，眼高手低的现象。创造了“人无全才，扬其所长，人人有才，人人成才”的育人环境。2、对专业建设的促进。示范专业的建设是学校工作的大事（我校的粮食加工专业、电子电器专业、机电一体化专业），校企零距离合作，吸引企业提供助学金，共同培养专业教师。3、对职教形象的促进。以往技校为了推销毕业生有求于各大企业，现在技校是培养企业未来技工的基地。4、对办学效益的促进。校企零距离合作，不仅仅使学生更具针对性、适应性，而且大大提高了就业质量和企业竞争力。5、对教学理念的促进。校企联合办学彻底打破了重理论，轻实践的教学理念。6、对招生就业的促进。校企联合办学使招生和就业走入了良性循环的轨道，就业有保障，升学有希望，增强了学校的吸引力。□

蓬勃发展的西部职业培训基地

遵义市职业技术学校

遵义市职业技术学校于2002年2月由原遵义市技工学校、贵州省长征电器集团技工学校、遵义经济技术开发区职业高级中学三校整合而组建的。是一所师资力量雄厚、教学、生活、文化设施齐备的中等职业学校。为社会培养输送了机械、电子、化工、计算机、幼教、烹饪、酒店服务与管理、物业管理等八大门类二十多个专业的中级技术人才12000余人。毕业生遍布省内及全国各地，得到社会各界的普遍赞誉。

学校致力于“求实、创新、敬业、文明”的校风建设，推行“半军事化管理”和“六个一”工程特色教育；学校推行校长负责制、教师聘任制、绩效工资制，制度规范，管理严格；学校实行多层次办学，注重学生的综合素质教育，突出实际操作技能的训练。学校设有“贵州省第55国家职业技能鉴定所”、“遵义经济技术开发区就业与再就业培训基地”、“遵义经济技术开发区农民科技培训中心”、“遵义经济技术开发区农广校”、“开发区公务员计 算机培训中心”，实行职业培训能鉴定业指导业安置一条龙服务。学校构筑了“立足遵义、面向沿海、辐射全国”的就业安置网络，确保合格学生100%上岗就业。

学校将继续发扬艰苦创业、开拓创新的精神，完善内部管理制度，不断调整、优化专业设置和课程结构，密切注视人才市场需求，培养和造就大批高素质的适用型技术人才，为地方经济和社会发展服务，为西部大开发服务。□

平凡中突破 前进中收获发展

延安技工学校

学校创建于1978年，是延安市政府创办的唯一技工学校，建筑面积10000余平方米。学校开设计算机与信息技术、烹饪、饭店管理与服务、导游、汽车驾驶、电子装配、机电一体化、电工与电子技术和石油钻采9个专业，已累计为社会培养输送各类人才15000余名，为区域经济发展做出了积极的贡献。

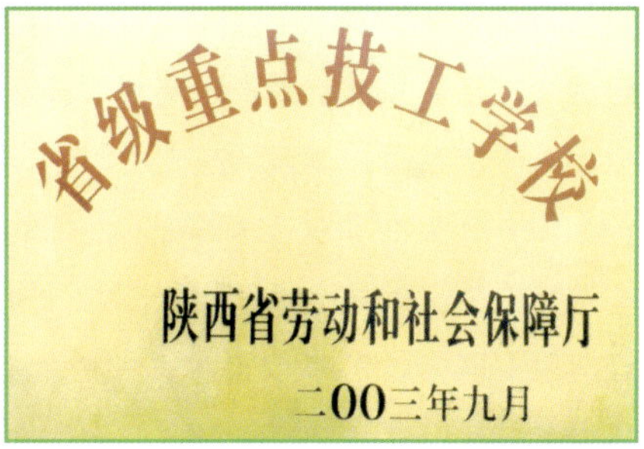

学校坚持“走特色之路，办品牌专业”的方针，不断更新观念，适应市场需求，通过改善办学条件，提高办学质量，增设新型专业，增加安置就业率，从而使学校的经济，社会效益双获丰收。2003年9月，学校被省劳动和社会保障厅授予省级重点技工学校，同年12月被省教育厅、省经贸委评为职业教育先进集体，学校被授予机械、电器等通用工种及计算机从业人员的初、中级职业技能鉴定单位，学校还是省运输管理局批准的机动车驾驶员培训学校，省、市扶贫办确定的扶贫培训定点学校，还被有关部门列为市劳动预备役定点培训基地。

随着国家经济管理模式的转换和区域经济结构的调整，以及用工制度的改革。技工学校出现了招生难、就业难等新问题、新困难。学校领导带队走出去，到部门、下企业、入城乡，了解市场，深入研究，以市场需求和未来发展为导向，把培养社会急需的各类专业人才作为重点，先后创办了饭店服务与管理、汽车驾驶培训、导游、机电一体化等专业。同时，为确保学生就业质量，保证学生就业过程的安全，对用工企业进行广泛深入的调查、跟踪服务，听取用人单位的意见和建议。多次与延安市旅游局联系，在旅游局的大力支持下，学校与旅游局签订了毕业生就业安置合同，从而打开了定向招生，择优录取就业通道。为油矿管理局、中国电讯延安移动公司定向培训汽车驾驶员，为南泥湾钻采公司每年定向培训石油钻采专业人员，毕业生熟练的操作技能和吃苦耐劳的精神赢得了用人单位广泛好评。学校还通过与延安市团委“康桥工程”联系，推荐90多名学生到上海浦东开发区、四川彩虹厂、兰州机场、延安各石油钻采公司等企业安置就业。去年，学校又与西安理工技工学院达成了联合办学协议。理工技工学院负责100%安置该校毕业生，从而实现了“办学有特色，就业有门路”的目标，受到学生家长和社会各界的赞扬。

学校坚持“提高层次，保证质量，重点发展，突出特色，适合经济，服务就业”的技校改革发展方针，不断拓展市场，调整专业设置，改善办学条件，提高教学质量，扩大招生，强化管理，加大就业安置力度，提高就业率，以实现学校的健康和可持续发展。□

争创国内一流高职学院

陕西工业职业技术学院

学院创办54年来，已向社会输送了40000余人合格的大中专毕业生，是新中国最早实施职业技术教育的院校之一。现有教职工984人，在校学生8500余人。

学院以质量立校，深化教育教学改革，以技术应用能力培养为主线，打造学生知识、能力、素质的优良结构；以“高素质、重能力，宽基础、强技能”为核心设计教育计划，突显高等职业技术教育特色，推行校企结合，构建产、学、研结合的人才培养模式，致力于高素质技术应用人才的培养。学院的毕业生以优良的品质、扎实的专业技术基础和熟练的职业岗位技能赢得社会各界的一致好评，连年就业率稳居90%以上，名列陕西省内同类院校前列。

新世纪，学院发展思路是：苦练内功、外树形像，适应需求、准确定位，服务地方、办出特色，质量为先、争创一流，力争早日进入国内一流高职学院的行列。重点任务是实施学院“十五”发展规划，坚持“高、大、强、特、活、新”的六字发展方针。

“高”就是按照教育部有关规定和评估标准，结合本地区的实际，高起点策划、高标准动作、高速度发展。树立新观念，运用新思维、建立新模式、形成新机制、开创新局面、达到新水平。

工业实训中心

校内实训基地

“大”就是抓规模。根据对学院办学资源的经济分析以及对行业、地区人才需求状况的调查研究，在促进“规模、质量、结构、效益”全面协调发展的同时，继续把扩大办学规模作为学院全面发展的推进器和首要目标。同时,根据生源状况和专业发展规划，制定科学、合理的招生计划，使学生数量逐年稳步增长。

“强”就是增强实力。一是加强教学基础设施的更新建设步伐，把有限资金用在增加对实践教学的有效投入上；二是与重点专业装备水平的提高相配套，积极引进最重要、最实用、最急需的教学技术软件和管理软件；三是外引和内培相结合，通过聘请国内外客座教授和从企事业单位招聘富有实际工作经历的中青年专业技术人才以及与高校联办硕士班等措施，千方百计地改善教师结构，提高整体素质，建设好一支专兼结合、具备较强实力的“双师型”教师队伍。

“特”就是出特色。一是准确把握高职培养目标，树立科学新的人才观和质量观，从培养人才的质量上充分显示高职教育的本质特征；二是根据国情、省情，探索适应西部经济技术发展状况、满足行业和区域人才需求的人才培养模式和学校发展道路；三是在教学、管理、实训、科研、产教结合以及校园文化等方面，在坚持继承优良传统的基础上不断创新，办出学院自己的特色和风格。

数控机床操作训炼

"活"就是要开放搞活。一是将思路放活，把校门打开，让社会力量、校外人才、市场规则无障碍地进入校园，使学校融入社会，外引内联，特别注意充分利用好校外的可利用办学资源，使学院在发展过程中始终在思维、行为、反应等方面保持旺盛的活力；二是把办学机制搞活，根据不断发展变化的市场要求和人才需求，把专业办在企业的兴奋点上，并且采用适应市场需求、顺应终身教育发展趋势的学分制、弹性学制等新的教学管理模式；三是扩展办学服务面，不仅办好全日制的学历教育，也要积极开展成人教育和各类职业技术培训，不断开拓更大的教育市场；四是积极与国际接轨，适应 WTO、终身教育思维的建立和信息技术快速发展对高职教育提出的严峻挑战。

"新"就是要积极创新。加大教育创新力度，加快教育创新进程。要从建立现代教育观念入手，对传统教育教学模式进行全方位、全过程反思，应用"流程再造理论"，在教育教学模式、课程体制、教学内容、教学方法等方面开拓创新，积极探索和大胆实践，真正把学院办成面向社会的、开放的、多功能的教育和培训中心。

面向未来，学院继续坚持"六字"发展方针，完善教学设施建设，增强办学实力，做强特色专业，培育新型品牌专业，一所新型高职学院——陕西工业职业技术学院将建设成为陕西一流、全国知名的高技能人才的培训基地。□

与时俱进 努力打造金色蓝领 服务社会

甘肃冶金高级技术学院

甘肃省冶金高级技术学院（前身为酒钢技工学校）创建于1973年，是一所以机、电、冶金为主要专业（工种）的综合性技工职业技术学院。

一、坚持技工教育、职工培训两轮驱动，开创技工教育新局面

学校在99年已步入了高级技校的行列，但前所未有的招生难、就业难，威胁着学校的生存，制约着学校的发展。面对现实，冷静思考、沉着应对。我院坚持技工教育不动摇，实施了"技工教育、职工培训、两轮驱动、协调发展"的战略，努力开创教育培训新局面。迄今为止学院已为酒钢公司培训各类人员30000多人次，开展中、高级工技能鉴定19000多人次。由于思路对、措施得力，极大缓解学校招生难的现状。职工培训发挥了学校的资源优势，为企业全员素质提高、管理升级提供了强有力的智力支持，也为技工教育开拓了新的发展空间，实现了企业与学校双赢。

二、坚持技工教育特色，不断优化办学条件

为了突出技工教育的鲜明特色，把技工教育做大做强，学院压缩非教育支出，千方百计筹措资金，瞄准高科技、新技术，增添教学设备。近几年学校每年投资约100多万元，陆续购置了大批先进的教学设备、仪器和应用软件，为学院生产实习教学注入了活力，为学生掌握高新技能奠定了基础。

三、坚持练好内功，建设一流

教师队伍

学院把练好内功、夯实基础、打造过硬师资队伍工作当作头等大事来抓，采取了多种途径培养提高教师业务素质。一是选派学历达标、有培养前途的教师到有关高等院校、科研单位和高科技水平的企业充电，学习新理论，掌握新技术，了解新工艺。二是对学历尚未达标，但敬业爱岗，愿意献身技工教育事业的教师，学院积极创造条件，先后与北京科技大学、甘肃理工大学联合办学，开办本科学历班，鼓励教师参加业余学习。三是聘请酒钢公司高技能人才到学院任兼职教师，指导学院专业理论课教师和实习指导教师提高技能水平。四是大力提倡教师学习第二专业、掌握第二技能，鼓励教师自学成才。五是全力支持教师参加

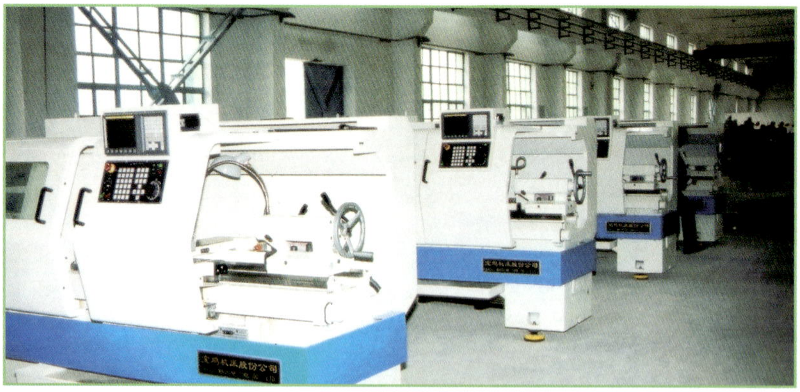

企业、行业、地区、全省及全国举办的各类技能竞赛，使教职工在竞争中得到锻炼和提高。六是对素质低，责任心、事业心差的教师坚决予以下岗淘汰，对不适宜做教学工作的人员果断调离教学岗位。

百尺竿头、更进一步。通过全体教职工的共同努力下，学院的各项事业取得了长足的发展，各项管理日臻完善。在今后的工作中学院要坚持以人为本，以提高教育教学质量为重点，以教师队伍建设为核心，以突出技工教育特色为立足点，以教育教学改革为手段，与时俱进，扎实工作，努力打造金色蓝领，服务社会。□

努力培养和造就高素质的职工队伍

白银有色金属公司技工学校

近几年来，公司以人力资源开发为突破口，以提高经济效益为立足点，以培养高素质职工队伍为目标，大力发展职工教育事业。

公司把加强培训教材、基地、师资队伍、配套制度等基础建设作为职工教育工作的重点，进行了卓有成效的工作。一是成立了厂矿培训教材编审委员会，组织有丰富经验的工程技术人员成立编写组，为各类培训班组织编写教材。二是投资建设职工教育基地，添置教学设备，美化教学环境，使培训基地面貌得到很大改观。三是注重培养中青年教师，三年共聘任兼职教师576名，基本满足了培养企业各类人才的需要，四是采取以企业自主培训为主，以请进来为主，走出去为辅，对不同层次、不同类型的企业管理人员进行了培训，三年共培训各级各类管理人员6248人，其中地级干部4人，厂处级干部197人，科级干部424人。

短期适应性培训3454人次，学历教育783人。

为了适应企业转机建制和“两个转变”的需要，公司把培训重点转入工商管理培训，结合公司建立“百名人才工程”的需要，坚持开展优秀专业技术人才和科技带头人的培训工作。2002年至2004年共培训外语类人才237人，计算机类管理人员610人，先后培养公司紧缺专业的技术人才127人。2000—2003年，采取带薪上学的办法培养相当本科水平的急缺人才139名，职大和党校共培养大专以上学历人员583人，使公司职工文化程度明显提高，为公司“三次创新”奠定了雄厚的人力基础。

公司为有色金属持续、稳定、高产培养了一大批合格技术工人。累计培训特种作业人员1294人，复审2672人，为公司安全生产提供了有力保障。公司与省职业技能鉴定指导中心联合举办了三批职业技能鉴定考评员资格培训班，共有360名考评员接受了培训。自2001年三月以来，公司共举办了10期工人中、高级职业技能鉴定培训班，开设了维修电工、机修钳工、焊工、车工、采矿、冶炼等32个工种的培训班，培训和鉴定职工达4789人。2003年11月，举办了技师、高级技师培训班，培训和考核职工达186人。2004年8月，针对国家有色金属行业技师、高级技师评聘有关精神，又举办了行业工种的技师培训班，共培训和考核45人。□

服务西部经济建设 培养复合型技能人才

青海省重工业职工中专

青海省重工业职工中专成立于1984年，现有教职工117人，在校生1360余人，其中高级技工生464人。

一、拓展办学模式 学校由单一的中技、成人中专发展成集中技、中职、高技、高职、职业技能鉴定和非学历教育为一体的办学层次，同时教学模式由单一的全脱产发展到全脱产、半脱产、业余授课、业余授课和脱产相结合、函授和脱产辅导相结合，长短结合，固定办学与流动培训相结合的形式。

二、充实教学资源，提高可持续发展的后劲 近年来学校投资300余万元，在省内大中专院校中率先引进先进的电工、电子、电力拖动实验室装置、数控车床、工业自动化控制实验装置，填补了我省职业教育在这方面的资源空白，改善学生学习条件。

三、突出骨干专业建设 学校主动适应行业、企业生产力发展水平对技能型人才、特别是高级技能人才的需求，及时调整专业，提高层次，重视课程体系和课程内容改革，采用理论教学模块和实践性教学模块，突出技能训练，建立理论教学为实践教学服务的理念。

四、加强师资队伍建设 学校先后选派50余名教师和管理干部到外地院校培训深造或学习第二专业，提高教师技能水平和教学能力，专业理论课教师全部达到本科的同时取得中、高级职业资格证，100%成为“双师型”教师，实习指导教师全部具有大专以上学历。

五、倡导新人文的合作精神 在招生、就业机制指导下，学校采取职能部门和全体教职工合作的方式，让教职工参与招生、就业工作。与企业联合办学，“订单”式办学，聘请企业的领导和工程技术人员担任学校的教学和管理工作，成立办学督导咨询委员会(校企合作办公室)，依托企业产教结合，强强合作，优势互补。

六、大力发展职业培训、技能鉴定工作 随着企业生产力发展水平对技能型人才，特别是高级技能型人才的需求，学校拓展培训模式，开展多种形式，多种渠道进行职业培训、技能鉴定。几年来先后为青海煤业集团、青海盐湖集团、西部矿业、青海铝电公司、80306部队等单位进行了电工、焊工、钳工、化工仪表等工种的培训，并进行了中、高级工的职业技能鉴定。建校以来共培养初、中、高级技能人才6685名，各类短期培训人数6137名，职业技能鉴定4806名。在为企业服务、为职工传授技能的同时为学校赢得了良好的经济效益和社会效益。□

树质量意识 创行业品牌

西宁市劳动就业培训中心

西宁市劳动就业培训中心成立于1989年。十多年来，培训中心始终坚持"市场就业、教技育人、提高劳动者素质"的办学方针，不断解放思想，更新观念，开展灵活多样、卓有成效的职业技能培训工作，已培训各类下岗失业人员20000多人次，培训后实现就业再就业12000人次，培训就业率达60%以上。

一、顺应市场就业需要，探索培训发展新路

培训中心深入市场调查研究，多方考察学习，引进SYB培训项目，建立远程职业培训西宁辅导站，为下岗失业人员开办"创办你的企业"培训班，引导他们增强企业意识，提高创业能 力。自2002年至今已有147人参加了创业培训，其中有140人已经创办自己的小企业。

二、树立服务意识，做好转岗培训

实施再就业援助，提供转岗技能培训。先后为4050名就业困难人员免费提供两次岗前培训，三年共培训公益岗位3000多人次。

一是优势互补，强强联合。根据就业形势发展的需要，协调有培训实力的培训机构，组成西宁市职业技术培训联合会，年培训各类下岗失业人员6000多人次以上，其中培训中心自己办班培训的占33%，发挥了培训基地的中心作用，有力地推动了培训就业工作。

二是采用请进来，走出去的方式与有关部门联合办班，为培训对象提供各

种政策及业务培训和多种实用性专业技能培训。一是与市委组织部、市民政局联合对128名社区党支部书记和128名社区低保协管员进行了政策业务培训，使社区就业再就业工作有了组织保证及合格的工作队伍。二是与公安、交通、城建等部门联合对治安、城管及交通协管员的培训，强化了城市管理，提高了城市品位。三是与工会、团委、妇联等部门联合开展下岗失业职工、青年创业带头人等定向培训，展现了就业训练工作的新亮点。

三是结合职业介绍、失业 保险、再就业援助、劳动关系代理等业务需要，开展对下岗失业人员提供"一站式"培训服务，体现了就业服务体系就业训练环节必不可少的重要作用。与此同时，协调职业介绍中心 对经过培训的400多名驻军家属召开专场供需洽谈会二次。

四是与工商、税务、财政等部门联合开展对下岗失业人员和应享受社保补贴的企业主和小老板进行的转岗培训和政策业务培训，使广大下岗失业人员转变了观念，出现了"要我学"转变为"我要学"的良好风气，形成了相互信任，尊重理解，优势互补齐抓共管推动培训与就业工作的良好氛围。

三、立足市场不断创新，努力打造专业品牌

为适应就业市场需要，规范家政服务技能培训，提高家政服务员的整体素质，根据西宁市有不少家政服务公司而无一个家政服务职业技能鉴定单位，且用人需求和市场潜力很大的实际情况，结合培训中心多年来在家政服务专业培训方面积累的经验，依据国家家政服务职业标准的规定，中心反复进行市场调研论证，积极考察协调，精心筹备组织，建章立制，购进设备，聘请专家，创建了全省第一个家政服务职业技能鉴定站，并已投入运行开展工作，到目前共培训家政服务员251人，申报鉴定初级家政服务员有117人，鉴定合格108人，合格率为92%。□

抓住机遇 勇于创新 大力发展技工教育

内江市技工学校 周年学

技工学校是培养技术工人和各类从业人员的职业学校，是国家职业技术教育事业的重要组成部份，属于高中阶段的职业技术教育。

党的十一届三中全会以来，技工学校得到恢复和发展，1978年2月，国务院决定技工学校重新划归劳动部门综合管理后，技工学校进入较快发展时期，全国技工学校已达4669所，在校学生143万人，从业人员遍布各行各业，其中不少已成为工程技术人员，高级技师和各级管理人员。与此同时技工学校的自身建设也得到了飞速发展，办学条件和教学质量有了很大进步。全国已建成一批校园优美、设备齐全、管理有、水平较高的重点技工学校，相当一部分技工学校在培养人才的同时，还为国家创造了大量的物质财富。

中国加入世贸组织以后，工业化进程迅速加快，并伴随力度更大的产业调整和升级。大量的技术开发和引进都离不开技术工人，这些都为技校教育带来大好的发展机遇。大力发展技工教育，是适应产业结构调整的需要，是适应企业提高产品质量和效益的需要，是适应扩大就业和再就业的需要，技工教育是教育事业中与经济社会发展联系最直接、最密切的部份。加快技工教育是开发人力资源，提高生产、经营、管理，服务第一线劳动者素质的最有效途径。

振兴技工教育，各级政府要高度重视，积极扶持技工学校开展教学工作，学校要致力于培养适应社会需求的实用型、技能型、创造型复合人才，坚持“以人为本、一切为了学生”的办学理念，改善办学条件，建立和完善教学管理制度，提升教学质量水平。同时争取政府财政和社会资金支持，加快强校联合、校企联办，定向培养的发展思路。技工学校是培养技术工的摇篮，技校本身也要加强自身的软硬件建设，整合资源、加大投入、优化育人环境、提高教师的综合素质，按照市场的需要，培养合格的技工人才。有条件的可以申办高级技工学校。为西部开发及时培养短缺人才。□

加快高技能人才培养 探索高技能人才培养规律

西安技师学院 李长江

一、高技能人才培养的三个阶段

第一阶段为企业内部培训考评阶段。1999年以前，学院主要是面向西电集团内部各企业定期开展两年一度的高级工、技师培训，培训专业与人数由公司人劳部门制订，统筹安排。

第二阶段为技师社会化考评试点阶段。1999年劳动和社会保障部发布了《关于选择部分企业开展职业技能鉴定试点工作的通知》和《关于开展技师考评社会化管理的通知》，并把西电公司确定为试点企业。同时，学院作为西安市唯一的技师社会化考评实施院校，开发了机械加工和维修电工两个专业的培

中央企业职工技能大赛该校获奖教师张怀金老师

训计划，并通过了西安市劳动和社会保障局组织的专家论证。在本阶段，学院在做好系统内部培训鉴定的基础上，开始面向社会开展高级工、技师、高级技师的培训。此外，利用学院与西电公司机电学院资源整合优势，在全省率先创办了高级工大专班，进行高级职业资格与高等学历教育有机结合培养知识技能型人才的尝试。

第三阶段为面向社会大力开展高技能人才培训阶段。2002年10月，国家启动了高技能人才培训工程，西电公司和学院同时被确定为首批国家高技能人才（机电项目）培训基地。我们以此为契机，制定了立足西电、服务周边，以高技能人才培训为龙头，以职业资格证书制度为导向，深入开展市场调研，积极探索职业技能培训规律，提高培训质量，创建"西电培训"品牌，争取在两到三年内把我校建成西安乃至陕西地区高技能人才培训龙头学校的发展战略。

2003年~2004年，开展高技能人才短期培训1765人，其中高级工1425人，技师279人，高级技师61人，占西安市高技能人才(机电项目)培训总量的74%，是西安市八个基地中首家开设高级技师培训班的院校。同时在学制教育方面也取得了历史性突破。2005年，学院全日制在校生规模3200余人，其中高级工大专班学生860余人。

二、高技能人才培训的两种模式

模式一：高技能人才短期培训。主要对象为企业在职职工。其目的是通过业余短期培训，使学员达到晋升高级工、技师或高级技师应知应会水平。

模式二：高级职业资格培训与高等学历教育相结合。主要对象为高中毕业生或已经具备了中级职业资格的技校、职校和

教学楼

中专毕业生。采取"大专学历公共基础课程+专业技术课程+高级职业技能训练"的教学组合，其目的是为企业培养输送知识技能型人才。

三、开展高技能人才培训的几点体会

1、认真调查分析用人单位对高技能人才专业知识和技能的要求。根据国家职业标准要求及用人单位对技能人才专业技能的实际需要，制定机电类高技能人才培训教学计划。

2、为了妥善解决"工、学"矛盾和确保培训质量与培训效果，经过多年的总结，我们采取"四个结合"的办法，即："企业与学校相结合"、"教学与生产相结合"、"自学与辅导相结合"、"课堂演练与岗位训练相结合"的培训形式，在大型企业通过联合办学的形式，设立了专业工种辅导站，聘请有经验的工程技术人员、高级技师担任专业课教师，使培训内容能紧密结合生产实际，受到了企业的欢迎。

3、重视人才培训开发工作，实行传、帮、带传授技艺，在广大青年技术工人中开展"拜师求艺"及"结对子"活动，仅2003年西电公司系统就大约签了800对子，为培养更多的技术工人打下了良好的基础。鼓励职工通过小革新、小发明、小改造，提高自己的技术水平，既为企业创造了经济效益，又可作为技师（高级技师）综合评审的依据。

4、强调技能培训与岗位练兵、技术竞赛相结合。促进高技能人才的发现与培养，2002~2004年学校先后承办了西电公司的"豪特杯"、"西开股份杯"等大型职工技能竞赛活动，承接了西安印钞厂、西电公司参加全国性的比赛前优秀选手选拔和赛前强化培训，获奖选手均获得了高一级等级证书。

5、几年来，在开展技术工人培训的同时，注意建立高技能人才培训学员的电子档案，实行技能人才跟踪，加强技术交流，对其今后的晋级建立稳定的合作关系。

四、近年来高技能人才培养方面存在的问题及建议

实践中我们感到随着现代化生产的不断加强及国家对高技能人才培养的不断深入，培训教学设备（器材）资源不足，需要添加及更新设备的专项费用。能满足高技能人才培训的师资特别是有实践经验的教师不足。在高技能人才的待遇问题上，许多企业补贴标准太低，且个别单位津贴还不能兑现。许多困难企业职工或下岗职工没有参加培训的支付能力。为此，我们建议：

1、继续加大政府导向和舆论宣传作用，提高技术工人的社会地位。

2、高技能人才培训应注重质量，不可一哄而上，培养目标应与地区的培养能力相适应。

3、对具备基本条件的高技能人才培训基地予以重点扶植，形成培训规模。企业培训基地重点应为专业工种培训。

4、对困难企业职工或下岗职工参加高技能培训提高培训补贴。□

质量求生存 管理创效益

贵州省机械职业技术学校

贵州省机械职业技术学校建校二十多年来，为贵州、云南、四川、广东、广西、山东、河北、辽宁等地区培养了大批机械制造专业的技术人才。学校办学条件完善，师资力量雄厚，学习、实验和实习等设备齐全，设有专门的实习工厂和两个实习基地，现已成为具有一定规模的中等职业技术学校。

我校长期以来，坚持招生、培训、就业一条龙的办学宗旨。先后与珠江三角洲和长江三角洲地区的国内外独资、合资企业建立了人才供求关系，建立了一个较为完善的人才供求信息系统、教育培训系统和就业跟踪服务系统。为各大、中型独资、合资企业进行定向培训、对口培训，企业接纳了大批各类专业的学生。因此，凡来我校就读的学生，均与学校签订安排就业合同。学生在完成学业并取得毕业证书、职业资格证书、培训合格证书后，均由学校负责指导组织就业，并跟踪服务两年。

以一流的质量求生存，以一流的管理创效益，实现物质文明和精神文明共同发展。随着社会主义市场经济改革的不断深化，学校始终坚持面向社会、继续深化教学改革、强化内部管理、拓宽就业市场；坚持以“围绕社会办学”的原则，采取多形式、多层次、多渠道的办学方式，形成了“团结、守纪、开拓、进取”的优良校风，得到了社会普遍认可，取得了较好的社会效益和经济效益。□

争创一流技术 培养四有新人

甘肃省机械技工学校

甘肃省机械技工学校，是天水地区的唯一省级重点技工学校。2003年被国家劳动和社会保障部确定为国家（机电项目）高技能人才培训基地。

学校以“团结、勤奋、求实、创新”为校风，以“争创一流技校，培养四有新人”为办学宗旨，从严治校，严谨治学。先后开设了机加工、钳工、铸工、机电、锅炉管道、电工电子、旅游服务与管理、营销与计算机应用等十多个专业(工种)的初、中、高等职业教育。实现了长、短班结合，学历教育与职业教育并重的多层次、多渠道办学模式。多年来为国家培养数千名技术人才。

学校设有国家级职业技能鉴定所，可进行车工、钳工、铣工、电工、餐厅服务员、客房服务员、计算机文字录入员等十余个专业工种的初、中、高级技术工人等级资格及职业技能鉴定。

学校对毕业生的就业高度负责，在上海、北京、天津、广州、深圳、珠海、东莞、惠州、苏州等地大中型企业建立了毕业生就业服务基地，近几年毕业生当年就业率达100%。

在十六大精神和四次全国职教会议精神指引下，学校领导理论联系实际坚持依法治校、依法治教、抢抓西北大开发和大力发展职业教育的历史机遇，不断推动学校的改革和发展，深化教学改革，坚持“以人为本”，进一步转变观念，走向市场，创造条件，逐步形成多层次、多渠道办学格局，努力开辟新的发展空间，提高办学的经济效益和社会效益，增强学校的综合实力和市场竞争能力。□

挖掘机驾驶员培训基地

青海省西宁市远大职业技能培训学校

近年来，国家经济建设步伐加快，许多大型建设项目陆续上马，需要大批处于关键岗位的技术操作人员，挖掘机驾驶员就是其中之一。无论是南水北调、西气东输、振兴东北、西部大开发等一系列国家重点工程项目，还是各类基础设施建设，各种挖掘机的投入必不可少。据统计，我国每年的挖掘机销售达6万台，需要大批合格的挖掘机驾驶员。由于挖掘机驾驶员属于特殊技术工

挖机班应届毕业班

种，在工程建设中承担着保障安全生产、工程质量的重要任务，因而培养培训合格的挖掘级驾驶员的问题，也逐步引起人们的关注。

西宁市远大职业技能培训学校，就是以培养培训合格挖掘机驾驶员为主的综合技能培训学校。拥有相关政府部门认定的培训资质，雄厚的师资力量，价值千万元的教学实习设备，为学员提供了良好的学习条件。学校实行目标化、制度化、规范化的管理方式，是青海省内颇有实力的挖掘机驾驶员培训基地。□

立足西部开发，推进高技能人才培养

青海铭鑫教育培训中心 安丰民

青海铭鑫教育培训中心原为西宁特殊钢集团公司教育培训中心，在企业改制，主辅分离的改革中，从主体企业中分离出来，成为具有独立法人资格的民营单位。身份变了，但服务于企业的工作性质没有变，并且由过去的单纯为本企业职工教育培训服务转变为面向全社会进行更为广泛的教育培训。

改制后的教育培训中心基本保留了原有的教职工队伍，现有专、兼职教师76人，其中，高级职称28人，中级41人。理、工科专业教师占80%以上，大多数教师都具有在西宁特钢各部门、岗位上工作二年以上的实践经验，是一支有丰富教学经验、理论与实践紧密结合、过硬的复合型教师队伍。在办学资质方面我单位具有特有工种职业技能鉴定站和青海省冶金工业职业技能鉴定站的资质，可对冶金工业16个专业、110个工种进行职业技能培训及鉴定。此外还具有青海安全生产管理三级培训机构、青海省企业高技能人才培训基地、青海省联合职工大学冶金分校、职业技术学校，冶金工业技工学校等教育培训资质。在办学规模，师资力量及教学设施，以及教育培训的资质等方面，均居青海省前列，具有较为雄厚的教育培训基础和高技能人才培训的实力。

我单位地处青藏高原，经济不够发达，导致教育培训工作手段落后，信息闭塞。虽然在工作中摸索了一些经验，但与兄弟单位相比，差距还是非常大的。我们有信心，经过自身的不懈努力，在全面落实国家“三年五十万”高技能人才培训发展工作中，立足本省实际，结合我省三年完成高技能人才3000人的培养计划，为西钢集团培养高技能人才500人，为省内各事业单位培养600人的工作目标。并逐步加强自身建设，争取在三年内把我单位建设成为国家级高技能人才培训基地，为青海的大发展做出我们的贡献。□

大力开展创业培训 鼓励劳动者自主创业

青海省海南藏族自治州劳动就业培训中心

根据省州劳动保障部门的要求，我们将创业培训作为促进下岗失业人员再就业的重要措施，积极开展不同层次的创业培训，三年共培训842人，创业成功率达55%以上。

实践经验告诉我们，创业培训要提高创业率，就必须下大力气，真抓实干，为创业者提供创业培训、创业指导、创业项目、创业贷款等一系列帮扶服务。围绕创业培训以及如何提高成功率中遇到的问题，开展了以下几个方面的工作：

一是帮助下岗人员树立创业信心。针对下岗失业人员无创业经历，对政策和市场缺乏了解，免费举办创业政策讲座，把党和政府鼓励创业的政策，及时宣传到位，同时，联合政府有关部门宣讲创业优势，帮助他们坚定创业之路。

二是多层次开展创业能力培训。针对创业人员的需求，组织开展了多种形式的创业培训，如：创业意识培训、如何设计创业方案、创业项目培训、技能培训嫁接开业培训、业主培训等，加强信息沟通与交流，更好地为创业者提供服务。培训中突出了创业者关键素质与实际操作能力，赢得了广大下岗失业人员的共同赞誉。

培训合格率达98%，培训就业率达80%。□

海南州第一期创业培训开班

培训班学员在认真听课

坚持学历教育与非学历教育相结合的办学方向

宁夏石嘴山职业技术学院

宁夏石嘴山职业技术学院是经教育部批准，"民办公助"的地方性高等技术学院。建校20多年来，学院贯彻党的教育方针，始终坚持社会主义办学方向、开拓创新、与时俱进，努力把学院的建设和发展与国家经济建设和技术进步紧密结合起来，先后为宁夏培养和输送了4000多名应用型、技能型人才，为宁夏的建设和发展做出了积极的贡献。

曾文结院长(左)向东北大学党委书记孙家学(右)介绍该院发展情况

在积极发展学历教育的同时，高等职业院校应把发展非学历教育的职业培训，纳入学校的教学规划，建立相应的机制。学院是教育部批准的“全国职业教育师资培训重点建设基地”，劳动和社会保障部“计算机信息技术考试站”，教育部教育管理信息中心“职业教育训练实验基地”，宁夏回族自治区劳动和社会保障厅“农村劳动力职业教育技能定点培训机构”，石嘴山市“专业技术人员继续教育基地”。多年来，我们一直坚持“办出质量，办出特色，做强做大”的教育教学目标，采取了四项具体措施：一是依据培养职业型人才的思路，重新修订了部分专业的教学计划，按照职业要求设计课程体系，使知识传授与技能训练相结合，认真解决“重理论，轻实践”的问题；二是要求每个专业学生毕业时必须掌握计算机、英语和汽车驾驶三种公共技能。三是确定每个学生必须掌握的专业技术技能，人人要有“一技之长”，对未获得职业准入证的学生不发毕业证书；四是高等数学、英语等重要课程实行“平台”教学。并实行每周六日上课制度，期末保证有2～3周时间集中进行技能实训、考工定级。学院英语教学和计算机教学不断取得新成果。选派学生在全区的竞赛演示中多次取得优异成绩。

同时，学院加大下岗再就业、农村劳动力转移、岗位技能和多类认证、资格培训。至2004年12月4日，举办下岗再就业培训8期，469人参加了培训；举办农村劳动力转移培训班13期，835人参加培训；举办岗位技能培训班24期，1240人参加了培训；举办各类认证、资格鉴定等培训班8期，有460人参加了培训。今年下半年以来，根据自治区郑小明副主席来院检查工作时的指示，加大了对农村劳动力转移的培训力度，全年完成3184人的培训任务。□

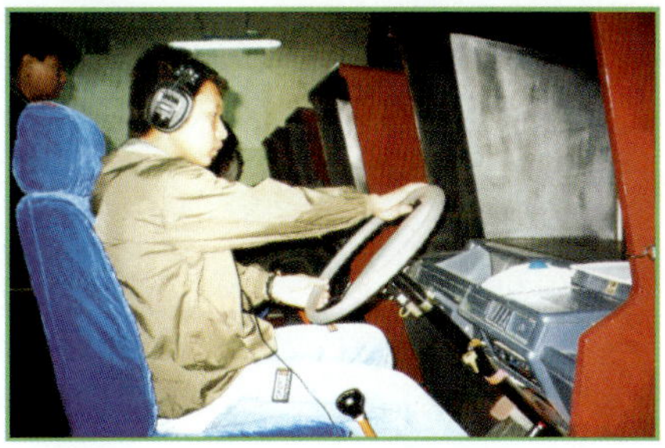
学生正在操纵汽车模拟驾驶仪

深化教育教学改革　培养高素质人才

乌鲁木齐铁路运输学校　杨华

乌鲁木齐铁路运输学校是一所国家级重点中专学校。2003年学校被国家教育部、信息产业部确定为国家计算机软件及应用紧缺人才培训基地。作为新疆唯一的一所铁路中专学校，高质量地为乌鲁木齐铁路局输送了一大批优秀的毕业生，为西部开发和新疆铁路事业的发展做出了骄人的贡献。

美丽的校园

建校三十年来，乌鲁木齐铁路运输学校秉承“乌铁人”艰苦创业精神，坚持“服务企业、面向社会、学生为本、严谨治学、突出技能、提高质量、开拓创新、全面发展”的办学方针，学校已由建校初期的单一办学模式（普通中专学历教育）发展为当今的普通中专与高职（联合办学）并存、学历教育与技能培训兼顾、学校教学与函授自考互补的办学特色和多功能、多层次、多渠道、交叉办学的格局。目前开办专业22个。

学校主动适应铁路局职工培训的需

铁道车辆制动机实践性教学

电子阅览室

要，为提高铁路企业职工队伍的整体素质，举办各级各类岗位培训班、铁路职工技能鉴定、技术干部继续教育培训等，参培人数6000余人。与此同时，学校加大了对在职职工的学历教育力度，在进行脱产与非脱产中专学历教育的同时，与吉林职大、齐齐哈尔职大联办函授大专班。2002年，作为北方交大的助学单位，开办铁路专业自学考试。送学到站段，缓解了工学矛盾。真正做到为铁路企业服务，为运输生产服务。

学校主动适应变化，更新观念，大胆探索市场经济条件下学校发展的新路子，拓宽办学渠道。一方面，科学地改造老专业，赋予老专业新的内容，使之成为拳头专业。另一方面，积极进行市场调研，把握市场需求走向，战略性地调整了专业与层次结构，结合自治区经济需要，从1998年开始相继开办了电子技术与应用、机电技术应用、计算机网络信息、旅游管理与服务、物业管理、汽车维修、数控技术等面向社会的新兴专业。2000年开始，学校又与新疆大学等疆内知名高校联合开办高职班和大专班。学校依托专业优势，为乌鲁木齐石化总厂、八一钢铁集团公司、雅满苏矿、酒泉钢铁集团公司进行内燃机车乘务员培训。学校还建有职业技能鉴定所，进行铁路专业多个工种和41个通用工种的鉴定，成为新疆中专学校独具优势的亮点。

完善的办学设施、严谨的治校作风、优良的教学质量、良好的社会声誉为学校毕业生就业打下了坚实的基础，毕业生就业率连年保持在98%以上。学校将继续“对准市场设专业、对准岗位设课程、对准实践抓教学、对准入世育人才”，深入开展教学改革，为迎接新世纪挑战，培养适应时代发展所需的新型人才而不懈努力。□

获自治区丝绸之路博览会银牌奖的铁道运输综合演练室

抓职业技术教育 促经济发展

新疆经济贸易技术学校

该校在自治区技工学校职业技能竞赛中获学生组团体“客房服务”第二名、“餐饮服务”第二名

二十多年来，新疆经济贸易技术学校经过不断的投入和建设，学校基础设施和教学设施日益完备，办学特色更加突出，教职工队伍素质不断提高，形成了“勤奋求实，开拓创新”的良好校风。

牢固树立服务意识，积极进行制度创新，建立适应经济建设、社会进步和人才发展需要的管理制度。在教学制度方面，针对学生基础教育水平参差不齐的现状，实行因材施教，分层次教学；对职工学历教育实行成年学员学工交替的弹性学制；对专业方向不明确的学生实行按专业大类招生，学习一段时间后，根据学生个人愿望和条件以及就业需要再确定专业方向的政策；在学生管理方面，实行封闭式管理制度、专职班主任制度、家长会制度、学生三级管理制度，形成了“勤奋求实、开拓创新”的良好校风。

建设高质量的教师队伍，是职业技术学校全面推进素质教育的基本保证。学校严格执行教师资格制度，优化教师队伍结构，加强教师专业技能、实践教学和应用现代化教育技术手段的培训，提高“双师型”教师的比例，有计划的安排教师到企、事业单位岗位工作或实习锻炼。学校61名专业课教师中，具有高级考评员资格的教师11人，考评员34人；具有高级职业资格的教师18人。“双师型”教师的比例达57.4%。

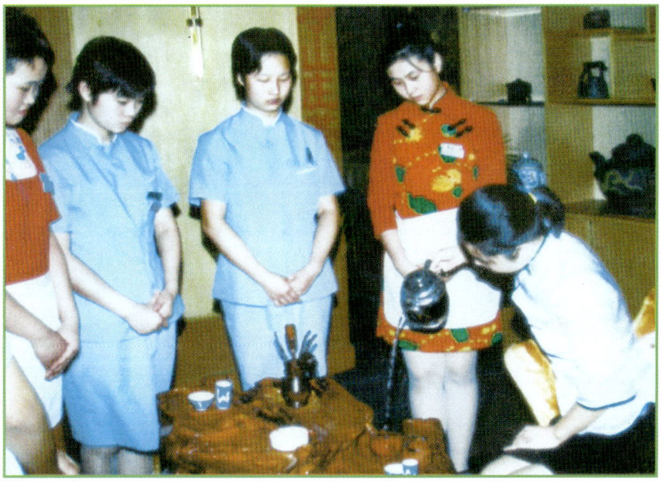

“酒店服务与管理”专业学生在实习

学校利用“第二十国家职业技能鉴定站”、“自治区再就业定点培训单位”等教育资源，大力开展职业培训、技能鉴定和就业服务。近几年进行岗位培训7978人，职业技能鉴定4216人。目前学校已经建立起集职业培训、岗位技能鉴定、职业预测和就业指导为一体的培训服务体系。

学校的发展目标是在2005年跨入国家级重点技工行列，在2008年建成自治区高级技工学校，从而更好地为自治区经济结构调整服务，为促进社会就业和再就业服务，为“三农”服务，为推进西部大开发服务。□

开拓创新 真抓实干 积极开展再就业培训工作

石河子市就业培训中心 钟卫民

对下岗失业人员进行再就业培训是企业深化改革的需要，是进一步做好再就业工作和提高劳动者整体素质的需要。有利于形成以市场为导向的就业机制，有利于完善继续教育制度，建立终身教育体系，对经济发展和社会稳定起着十分重要的作用。

新疆石河子市就业培训中心

2004年，石河子市就业培训中心（以下简称培训中心）在市劳动和社会保障局的领导下，始终坚持职业培训为经济建设服务的指导思想，全面贯彻落实“先培训后就业，先培训后上岗”的就业方针，实行职业资格证书制度，与有关部门和企业密切配合，积极开展下岗失业人员的再就业培训工作。采取摸底调查、制定计划、落实措施、推荐就业等方法，通过开办计算机操作员、美容师、美发师、保健按摩师、中式烹调师、服装设计定制工、家电维修工、创业培训、家政服务员、社区综治员、环卫保洁工、物业保洁员、交通管理协勤员等实用性培训班，共计培训下岗失业人员1243人，结业后再就业1155人，培训就业率达92.9%，取得了明显效果，为促进本市改革发展和稳定大局做出了积极贡献。培训中心先后被劳动和社会保障部、自治区评为“全国重点就业训练中心”、“国家级综合职业培训基地”、“自治区职业技术教育先进单位”、“自治区职业培训工作先进集体”、“自治区优秀就业培训中心”。

新疆石河子市就业培训中心美发师培训班学员在进行理论学习

2004年10月29日，新疆石河子市就业培训中心邀请创业有成的下岗失业人员在给创业培训班学员传授经验

为做好再就业培训工作，培训中心在市有关部门的大力支持和帮助下，利用就业训练经费，转业转岗训练经费和自有资金70多万元，先后建立了烹饪、美容美发、家政服务技能考核鉴定厅，计算机、服装裁剪制作、家电维修实习操作间，添置了大量培训器材和教学设备。培训中心以先进的教学设施，良好的实习场地，完善的教学条件，为学员提供实习操作的学习环境，为市国有企业下岗和失业人员创建了“退二进三”的转业转岗训练基地，为办好培训中心提高经济效益奠定了物质基础，同时也扩大了就业培训中心在自治区和石河子市的影响和知名度。

今年以来，全国人大教科文卫委员会调研组、自治区劳动和社会保障厅、塔城地区职业培训会议代表、喀什市劳动社会保障局领导以及石河子市人大常委会领导先后来培训中心检查指导工作，并给予培训中心的工作以很高的评价。□

努力提高职工素质 增强屯垦戍边实力

农十师就业训练中心 柳影

提高职工生产技能和综合素质是农十师近年来常抓不懈的主题。农十师就业训练中心，结合自身实际，求真务实，开拓创新，采取一系列有效措施，逐步探索出一条具有兵团特色的团场职工业余技校培训模式，取得了明显成效。

一是健全机构，强化管理。师、团分别成立了职工业余技校培训工作领导小组，各团场分校由团领导担任校长，负责抓培训工作的组织和管理，师就业训练中心承担培训指导工作，并组织实施、学员管理和师资队伍建设等工作进行督导检查。每年的培训工作结束后，由师职业技能鉴定中心对学员进行统一考核（鉴定）。全师培训工作做到了领导、组织、管理、资金、人员、落实的“六到位”。

二是狠抓教师队伍建设，促进教学管理规范化、制度化。为了使职工业余技校的教学管理工作逐步规范化、制度化，每次理论知识授课前，师就业训练中心都要组织各团分校聘用的骨干教师到师部进行为期三、四天的集体备课，大家畅所欲言，交流教学体会，补充修改各学科的教案，使课堂教学更丰富、更完善、更具体、更实用。

三是加强各职能部门协调配合，形成齐抓共管的工作局面。

四是将技能培训及军事训练融为一体，增强屯垦戍边的意识。把职工培训同军事训练作为每次培训工作的必修课程，各团场分校在对职工进行各项专业技术培训开课之前，首先以各连培训班为单位，由团长武装部门派出具有过硬素质的军事教官，对学员进行基本的军事常识训练及屯垦戍边的思想教育，集中上课，统一作息时间。

五是加大资金投入，确保培训落到实处。近三年来，全师用于职工培训的资金投入达150多万元。

六是加大宣传，营造良好的氛围，师、团两级充分利用各种宣传媒体，加大职工培训的宣传力度。

七是以鉴定促培训。师职业技能鉴定中心在每期团场职工业余技校培训工作结束以后，及时对申报鉴定的学员进行严格的考核（鉴定），使职工业余技校培训与取得职业资格证书有机地结合起来，不断提高职工的持证率。

通过三年来的不断探索和努力，农十师各团场业余技校共培训职工8100人。有效地提高了团长职工的综合素质和技能水平，取得了明显效果。□

立足石油，面向市场，突出特色，创建一流

克拉玛依职业技术学院

学院建校50多年来，伴随着克拉玛依油田的开发而不断发展壮大，为新疆的石油工业和地方经济发展培养各级专业人才30000余名，学院现有教职工350人，专兼职教师220人，在读研究生占专任教师的50%，博士3人，外教3~5人，专兼职实习实训指导教师40余名，高级职称占35%，双师型教师占专业教师40%。

目前，学院现有在校生6000多人，其中：全日制在校生3600人，成人

学生在上实训课

教育3000余人，短期培训1000余人。学院初步形成了以工科为主，以石油、石化为特色，文理工兼备的综合性多民族的普通高职院校。

一、树立服务意识，创新办学理念

服务于经济，以市场为导向；

服务于企业，以需求为目标；

服务于学生，以能力为中心；

服务于社会，满足教育需求。

二、以就业为导向，创新培养模式，实行四项教学改革

一是实施“大平台，小方向”的教改方案。为了提高学校主动适应市场的应变能力，提高学生的就业适应能力，满足企业用人需求，学院实行了“大类招生，宽口培养，突出能力，按需确定专业方向”的教学改革，制定大平台，小方向(文化基础+专业基础+专业模块)培养方案。

二是坚持实行“一书多证”的教学改革。实现1234目标：一张毕业证书，两个驾驶证(汽车、信息高速公路)，三种语言(外语，汉语，工程语言)，四项技能(钳工、电工、主专业和辅修专业职业资格证)，提高毕业生就业能力。

三是实施高职教育与职业资格证书直通车。使专业与职业相结合，以职业资格标准为导向，开发课程体系，使学生在毕业的同时获得大专学历和高级工职业资格证书。

四是实行“订单教育”。学院主动与企业联系，引导企业用人需求和教育消费，实行定单教育，让企业提前参与教育，共同制定教学计划，培养企业适需对路人才，学院先后与斯仑贝榭、新疆油田公司、独山子石化等40多家企业实行订单教育，因而使2003年毕业生就业率达97.1%，居全疆高校之首。目前在校05、06届毕业生已有订单。

三、主动适应市场，创新办学模式，实行六个结合

1、专业与职业标准相结合。以提高职业能力为中心，以岗位需求为目标，切实加强与职业资格证书制度及就业准入制度的衔接。继续实行学历证书与职业资格证书并重的制度，规范化建设职业技能鉴定站。

2.、校企结合。让企业参与学校教育，与企业实施教育资源共享。

3.、产教结合。以专业带产业，办好专业促产业，提高办学效益。

4、实训与职业资格取证相结合。实训基地建立技能鉴定所，实训同时取得职业资格证。

5、校校结合。高职带中职，发挥专业优势，资源整合，优势互补，共同发展。

6、教育与培训相结合。满足社会教育需求，促进就业和再就业。□

学院风貌

团场职工业余技校是提高兵团职工综合素质的重要途径

新疆生产建设兵团就业训练中心 徐秀芳

为提高团场职工素质和技能水平，2001年兵团制定相关政策，采取有效措施，大力开展职工技能培训，使职工队伍整体素质有了较大提高，高、中、初级技术工人的比例分别是6.1%、30.5%、52.3%，达到了一个较高的水平，而创办团场职工业余技校,是一条重要途径。

团场职工业余技校，是兵团在多年工作实践中摸索出的一条适合兵团特殊体制和实际的、能够被广大职工接受的好形式、好方法。具体形式和内容是：

组织机构：在兵、师、团职工培训领导小组的领导下，各级培训领导小组办公室承担对兵、师两级及团场、连队、技工学校、业余技工学校的全面管理。兵团高级技工学校作为全兵团的龙头学校，负责教学大纲的制定、教材的编审，各师技工学校具体负责学生的学籍管理等项工作，培训班办在连队，连长任班主任。

学制模式：实行上岗、初、中、高阶梯式的培训模式，采取集中面授和业余自学（或函授）相结合的方式进行。

课程设计：专业和课程设置要结合本团或本连产业结构和发展战略确定。教材编写要注重体现新技术、新工艺、新设备的内容，以适应现代农业科技进程的发展。理论课与实习课比例为4:6，各校也可根据实际情况，适当加大实习课比例。课程的设计分公共课、专业课和生产实习课。

培训与教学方式：采用课堂教学与现场教学相结合，技能训练与生产实际相结合的方式，学员不脱产，不出连队。冬闲时进行理论学习，春夏秋在承包地里实习，学完本专业课程以后，进行应知、应会考核，考核合格者发给相应的《职业资格证书》。教师实行聘任制，并经培训和资格审核合格后上岗。利用广播、电视进行远程教学。聘用专家、技术能手进行现场示范教学。

通过几年的实践，团场职工业余技校培养和造就了一批有用人才，提高了团场一线职工的思想道德、文化技术技能水平和管理能力，全面提高了劳动者的综合素质，促进了团场经济发展，其效果十分显著。截止2004年4月，兵团174个农牧团场中，已有169个团场建立了职工业余技校，占农牧团场总数的97%，在册学员人数近14万人，占兵团一线职工总数的46.6%。从事业余技校培训的专兼职教师2000余人，已取得各等级职业资格证书的一线职工14万人，占兵团一线职工人数46.8%。

创办团场职工业余技校的几点体会：首先要坚持实用、实际、实效的适用性原则，结合团场产业结构的实际需要进行专业设置。教材要考虑实用性和职工的实际接受能力，做到通俗易懂、学以致用。其次，制定培训计划要坚持当前需要与长远需要相结合的原则，既要抓农业一线在岗职工的培训，又要对人才进行预测，考虑长远，保证大农业的需要。第三，要坚持理论知识与技能训练相结合，突出强化技能训练的原则。在教学方法上根据职工的基本情况因材施教，变"要我学"为"我要学"，提高职工学习的自觉性和积极性。

团场职工业余技校今后工作的方向和发展目标：西部大开发战略的实施,为兵团社会经济发展提供了千载难逢的历史机遇。国家和兵团的各种优惠政策，使农村大量剩余劳动力涌入兵团，团场新职工不断增加，他们的文化素质和职业技能素质都有待于进一步提高。这就要求我们在继续巩固和扩大已有的培训成果的同时，必须根据兵团新型工业化、农业信息化、工厂化的发展和小城镇建设的需求开展有针对性的培训，促使培训内容及形式的多元化。

开办职工业余技校，对职工进行针对性的技能培训，是现阶段兵团提高职工整体素质的重要途径，它是更好地履行兵团经济发展和屯垦戍边的需要，也是完成兵团提出的"发展壮大兵团，致富职工群众"工作目标的有力保障。只有坚持不懈地抓好这项工作，兵团的经济工作、政治工作才能健康持续地发展。□

为学生实践技术培训创造条件

新疆医科大学高等职业技术学院

2003年6月自治区人民政府、卫生厅、教育厅根据自治区医学教育布局和资源整合的工作需要，于2004年1月1日将学院正式合并到新疆医科大学，更名为“新疆医科大学高等职业技术学院”。目前在校学生1577人。

目前学院的办学层次有专升本的临床医学、高护班，大专层次的有普通高职班、医学类“直通车”试点班，还有初中起点的“五年一贯制”农村医师班；学院还承担成人临床医学、高等护理专科教学与管理任务；开展了非学历教育的卫生管理干部和工人技师的培训工作。

学院根据市场需求，调整办学专业，以前成人学历教育已开办的专业有：临床医学、高等护理、医学检验、乡村医师、药学、中医诊断、预防医学、卫生管理、病案管理等专业，两校合并后学院根据医科大学的要求，围绕新疆卫生市场需求开办的高职专业有中医学、法医学、社区医学，药学、健康保险、药品营销、医学美容、医学检验等专业。

与时俱进的领导班子

按照市场对人才的需要，将原有按基础课程设置的九大实验室，调整为现在的五大实验室，即临床护理实验室、解剖学实验室、机能学实验室、形态学实验室 、医学美容实验室。并将每个实验室由原来的两间房调整为三间，达到了整合实验设备、扩大学生实训操作场所的需要。学院现有3个多媒体教室，有计算机103台，2003年学院又安装了覆盖乌鲁木齐地区的双卫网，为非学历教育、继续教育和在职人员的培训奠定了基础。

学院加大了对护理示教室和临床实验室及医学基础课实验室的经费投入，为学生实践技能的培训创造了良好的教学条件。并建立了自治区人民医院、自治区肺科医院、建工医院、兵团医院、自治区中医院及各地(州)、县(市)医院等33个固定的临床学习基地，基本满足了学生的临床见习及毕业前实习的需要。□

锐意进取 创新办学理念

新疆塔城地区中等职业技术学校 倪 江

塔城地区中等职业技术学校是在整合原塔城地区技工学校和财贸学校教育资源基础上于2004年1月成立的。学校通过分析和调研地区经济发展趋势和劳动力市场的变化规律，转换思维方式，树立新的办学理念，确定了“走市场化办学、企业化管理、产业化经营，逐步形成教、工、科、贸一体化”的办学思路，鼓励教职工进行新项目(专业)研发，实施项目承包，使其各显神通。迄今为止，学校已完成各类人员的招生、培训达3000余人。

一、内引外联，走联合与协作办学之路

学校紧紧围绕地区经济结构战略性调整这条主线和培育壮大地区五大支柱产业所需技术人才的客观要求，主动出击，开展与疆内外职业技术院校"联姻"的工作，实行教师互派，师资和教学实习设备共享，共同招生，共同培养学生，共同安置毕业生就业的"双赢"战略。

学校在走联合办学道路的同时，积极开拓新的办学领域。针对大量没有升学愿望的初中毕业生因未经必要的职业技能培训和职业技术教育，没有一技之长而难以就业的现象和社会需要大量中、高级技术工人的现实状况，积极开展与农村普通初级中学联合举办"职业教育分流实验班"工作。

二、深化学校内部管理体制的改革，努力实现效率与公平的统一

通过改革合理配置学校教育资源，挖掘办学潜力，增强办学活力，逐步建立起市场经济体制相适应的自我发展、自我约束和自我完善的内部管理体制和运行机制。全面提高教学质量和办学效益。在机构改革方面，本着"精简、统一、效能"的原则，合理压缩和调整了内部组织机构。在人事制度改革方面，在地区中等专业学校中率先实行全员聘任制，按照"岗位公开、公平竞争、择优聘任、优化组合"的原则聘用中层干部、教师、管理人员和工勤人员，淡化"身份管理"，注重"岗位管理"。

内部管理体制的改革，给学校带来了一系列深刻的变化。学校各部门进一步明确了各自的职责，职能得到了强化，工作效率得到了极大的提高；人事制度改革，体现了社会主义市场经济条件下公平竞争原则，促进了人才的合理流动，大多数的教师和员工找到了适合自己的岗位，拥有了施展才华、发挥优势的舞台，增强了教职工的敬业精神；分配制度的改革，使每个人的劳动和付出得到了相应的回报，从而激发了职工更大的工作热情。总之，通过改革与探索，学校已建立起一个良好的竞争激励机制，形成了一个正确的利益导向和一个健康向上的政治环境。□

培养实用型人才 服务社会发展

新疆巴州红旗技工学校

新疆巴州红旗技工学校成立于1978年。现有教职工70人，专职教师40人，80%以上的教师具有中级以上职称及中级以上职业资格，60%的教师是"双师型"，现有技师6名，高级工12名，在校学生700多人。

多年来，学校狠抓教学质量，苦练"内功"，提高教师自身素质和教学质量，强化学生实践能力和职业能力，千方百计多渠道筹措资金，压缩各项开支近100万元，购置实习训练设备，为实习教学和培训提供了可靠的保证。学校注重培养综合型、复合型技术技能人才，毕业生实行"双证制"(毕业证书和职业资格证书)并举教育。学校深入市场调研，调整专业设置，培养企业急需人才，最大限度地满足企业用人需要，与企业签订定向培训协议，实行"订单式培训"，千方百计为学生寻找就业市场。近几年来，学校已和新疆众和股份公司、青岛经济技术开发区等区内外企业广泛建立了协作关系，毕业生就业率达98%。新疆众和股份公司已把技校确定为企业的培训基地。

学校不断拓宽职业培训空间。近几年来，培训各类社会人员5282人，其中初级638人、中级966人、特种作业2676人，创业培训476人，下岗工人再就业培训1702人，在职岗位培训413人。经过培训的学员持证率达100%，就业率达98%。学校成为巴州再就业和劳动预备制定点培训机构。

建校26年来，学校已为社会培训和输送各级各类专业人才13800多人，就业率达98%。学校在继承26年教学和管理经验的基础上，以市场为导向，以企业为依托，以质量求生存，服务社会，突出个性，办出特色，为自治区经济发展做出贡献。□

与时代同行 创特色之路

新疆生产建设兵团农二师技工学校

农二师技工学校是师职业培训中心、再就业培训中心和兵团国家第32职业技能鉴定所等职业培训机构，担负着培养初、中级技术人才的任务。自2000年以来，学校培训工作采取“请进来，走出去”的办学模式，走特色培训发展之路，同时探索以培训促就业，以培训促创业的培训体系，形成培训、就业、创业的新局面。近三年来培训各类人员15800多人，取得了较好的经济效益和社会效益。

在创新培训模式上。学校结合企业的实际需求，深入企业基层第一线开办培训班，解决企业在培训中困难和问题，通过对职工技能的培训，职工的综合素质和技能得到了提高，为企业经济发展、效益提高，提供了保证。

学校开展再就业培训和创业培训，采取技能培训和就业指导相结合，把握“以就业为导向，增强就业意识和自信心”的原则，以培训促就业，以创业促就业，帮助学员选择适合自己又容易就业的职业(工种)进行培训。培训教学中以技能培训为重点，强化理论知识，突出技能操作和实际工作能力，就业率达85%以上。在创业培训教学中，以增强创业意识培训主线，培养学员的综合创业能力。下岗失业人员通过创业培训，创业率达到75%以上。

学校培训工作始终以市场需求为导向，大力宣传国家职业资格证书制度，推行“先培训，后就业”，持证上岗，本着“人无我有，人有我先”的教育培训理念，及时开办市场需求（工种）培训班，满足社会需要，扩大培训与就业的影响力。

为适应市场竞争力，学校努力开拓高层次的培训市场，走联合办学道路，积极与高等院校实行强强联合，开展成人高等教育，开设大专、本科成人教育班，解决企业高技能人才短缺问题，为社会提供了紧缺人才。为满足企业用人需求，加大学生技能实训，提高学生实际动手能力，把技能训练和学校的勤工俭学活动结合起来。近几年来培训毕业生鉴定合格率达98%以上。

在探索高技能人才培养途径。学校结合自身的条件，加大教学设施的投入，走厂校联合、校校联合之路，实行资源优势互补，拓展高技能人才的培养途径，做好高技能人才培养工作，为西部大开发做贡献。□

因地制宜 用活政策 办好技校

新疆和田地区技工学校 哈斯木·亚森

和田地区技工学校创建于1976年。经过二十多年的艰苦创业，学校有了长足的发展。目前，学校与多家企业联合建立实习实训基地，教工发展至126人，在校学生和在培人员2600多名，一个初具规模的职业教育培训基地展现在和田大地人们面前。

1986年9月，和田技校庆祝建校十周年。这十年中，年均毕业600多人，培训结业1000多人。自86年起，学校采取在职培训、脱产学习、鼓励自学成才等多种途径，提高干部教师的专业技术水平。针对和田地区的就业形势，学校做出了新形势下办好学校的多项决策。

一是采取吸引人才，稳定教工队伍的措施。从教工的吃、住、行、子女上学就业等方面关心教工，做到感情留人。二是做好思想工作，指明学校发展的美好前景，号召全校教工团结一致，探索办学新路子，做到真情留人。三是学校结合市场需求，调整专业设置，重组教工队伍结构，打破教师、干部、工人的界限，根据岗位所需用人，做到不拘一格选人。

四是做好市场调查，摸清地区7县1市86个乡镇的用人需求，及时培养市场急需人才和专业技能人，做到按需育人。五是拓宽渠道，广开培训服务，在全地区各县、市设立培训机构，把专业技术培训班办到县市和乡镇。做到上门育人。六是针对和田就业压力，针对不同人群，减收或免收培训费用，吸引城市待业人员和农村富余劳动力参加就业培训，帮助他们掌握技能早日就业和转移就业，做到优惠育人。七是强化教学管理、提高教学质量、培养综合素质高、技能过硬的专业人才，实现学员走出校门就业社会，做到为就业育人。

建校28年来，累计培养中、初级技能人才44809人，就业率达到97.4%。由于学校因地制宜，用活政策、服务社会、深受群众的欢迎和深得政府的支持，办学的路子越来越广。□

强化技工教育　服务经济建设

吐鲁番地区技工学校

吐鲁番地区技工学校在深化教育改，转变办学观念中，确定了"面向市场，面向农村"办学方向，不断探索西部民族地区技工教育发展的新路子。经过五年来的改革与发展，为社会培养输送了1500人各类中等专业技术人才，培训各类专业人员近20000余人。在为地区经济发展服务的过程中，逐步走出了一条与当地社会和经济需求相结合的快速发展道路。

学生进行烹调实践操作训练

吐鲁番是少数民族占80%以上的地区，高素质的专业教师非常奇缺。针对这种情况，学校始终把建设一流的师资队伍、创建一流的管理机制、走质量立校的发展路子放在学校建设的核心地位，采取"请进来，送出去"的办法，全面提高教师综合素质。首先学校出台了深化人事制度改革，推行全员聘任、公开选拔、竞争上岗和职务聘任制度，并对教师的继续教育和提高教师的学历层次等方面做出了明确规定，鼓励教师自学成材。其次加强对教师综合素质和操作技能的培训。

自2002年8月以来，学校先后派出100多人次到疆内外各高等院校参加培训和继续教育。提高教师的教学研究水平。2000年以来，学校先后举办了四届教育教学科研论文研讨会，探索适应经济发展和社会进步的职教之路，拓展职业教育服务地方经济建设的功能，积极主动为吐鲁番地区全面建设小康社会提供了理论依据。通过长期不懈的努力，学校在师资队伍建设上取得了长足的发展，109名专任教师中，已有80名教师取得中、高级职业资格证书，有22名教师取得职业技能鉴定考评员资格，已经形成了一支德才双馨的师资队伍。

在设施建设方面，学校先后投入580多万建起了实验楼、交互式多媒体电视教学系统、计算机教室等设施，改善了学校的实训条件。2002年以来，学校自筹和争取社会资助近300万元，全部投入实训设备的更新改造，新建和扩建电教室、汽车练功间、汽驾实训场地、烹饪练功间和汽车空调实验设备等专业设施，使学校实习实训条件得到彻底的改善，不仅满足学生实际操作技能的需要，也使学校的办学水平有了质的变化。

在专业设置方面，学校在发展原有专业基础上，结合吐鲁番地区将旅游业作为重点发展产业的特点，充分发挥在教学中的师资优势和现代化实习实训设施，及时调整市场急需专业，增设导游景区管理、民航空港服务、酒店管理、烹调等专业，受到了社会、用人单位以及学生和家长的普遍欢迎。学校还立足企业和农村基层对实用技术的需求，先后对吐鲁番地区7000多人农村富余劳动力进行了旅游服务、建筑装潢、葡萄栽培、家政服务、牛羊育肥、大棚蔬菜等方面的实用技术的转移培训。

在就业方面，学校把毕业生就业工作作为学校各项工作取得突破的关键，主动适应市场经济条件下人才需求的变化，深入社会及企事业单位了解人才需求状况。根据社会和用人单位的需求确定培养目标，实行"订单培养"模式，通过在校内举办学生与用人单位之间的供需见面会等形式，沟通就业信息，提高就业率。

近年来，学校培训和鉴定了各类从业人员4455名。还承担了市国税系统干部汉语培训、地区中小学校长、书记培训、中小学校长信息技术培训、中小学"现代远程教育工程"电教员培训、吐鲁番市下岗失业人员再就业转移培训。□

职业技术培训是农村职教的重点和出路

精河县职业中专

大力发展农村职教，是落实中央科教兴农战略的根本途径，是发展农村经济的根本保证。农村职教一直是我国职业技术教育发展的重点和难点。我国广大农村每年都有大批的学生初中毕业后不能升入高中，或高中毕业后不能升入大学，如果他们接受一定的职业技术教育，掌握一定的现代农业科技，将在农村有一片广阔的发展天地，但是，职业技术教育在我国农村始终没有得到理想的发展。

一、办学模式城市化是农村职教问题的关键所在

农村职教发展的根本动力，是满足经济发展需要。于是，分析职业技术教育经济功能发挥的机制，应成为寻找农村职教问题的突破口。

职业技术教育通过对劳动力进行培训，把生产过程中的工作岗位所需的知识、技能转移到劳动力身上，劳动力接受培训后，通过社会就业机制，被安排到合适的工作岗位，实现生产过程中人的因素与物的因素。劳动力进行劳动，把储存在他们身上的知识、技能使用出来，产生出经济效益，发挥出职业技术教育的经济功能。这是工业发达经济地区职业技术教育经济功能发挥的主要机制。

而农村职教是通过劳动力进行培训，把农业生产中所需的知识、技能转移到劳动力身上。然后，劳动力根据当地的经济特点，自己创造“工作岗位”，即创业，实现生产过程中人的因素与物的因素相结合。最后，劳动力在自己创造的工作岗位上，充分应用所学知识、技能进行生产经营等活动，产生出经济效益，实现职业技术教育的经济功能。以上两种机制，我们发现，在工业发达经济地区，职教是劳动力就业来实现生产过程中人的因素与物的因素相结合。农村职教是通过劳动力创业来实现这一结合的。劳动力只有通过自己创造“工作岗位”，然后在这些“岗位”上劳动，才能实现人的因素与物的因素的结合。

二、职业技术培训才是农村职教的重点和出路

1、农村职教应积极争取当地政府的大力支持，多渠道筹措培训经费，为吸引农民参加培训，可适当减少农民承担的培训费用。培训机构应加强师资、设施建设，保证培训质量，使参加培训的农民掌握知识、技能的同时，提高他们的综合素质，激发学习欲望和热情，形成当地农民都积极参加培训的良好氛围。

2、创业培训是20世纪90年代初联合国教科文组织提出的一种全新的教育理念，又称“第三本教育护照”。学术能力、职业能力、创业能力共同构成一个有机整体，成为人类未来可持续发展必不可少的基本素质。创业培训指对个体农民创业与致富的全程所提供的技术培训和咨询服务。体现以下几个方面内容：一是创业心理品质的培训，是指创业意识、市场意识、创业能力等方面的培训。二是创业知识的培训，是指财务知识、经营管理知识等。三是创业过程的指导。大多数农民缺乏创业经验，在创业过程中会遇到许多问题，农村职校应对创业过程予以详细的指导。

通过以上分析我们已有理由认为，农村职教只有以职业技术培训为重点和方向，打破单一的办学模式，实行多功能化，建立技术培训和创业培训并重，以职业技术培训为重点的新运行机制，才能走出困境，迎来希望。□

2002–2004
有关文件汇编

关于加强职业培训教师队伍建设的意见

（劳社部函〔2002〕12号　2002年1月29日）

各省、自治区、直辖市劳动和社会保障厅（局），国务院有关部门劳动保障工作机构：

加强教师队伍建设，提高教师政治和业务素质，是推动职业培训事业蓬勃发展，培养经济发展需要的大批技艺精湛的劳动者的重要保证。“九五”期间，各级劳动保障部门和有关行业主管部门采取积极措施，加快职业培训教师队伍建设，教师队伍素质有了显著提高，教师队伍结构有了明显改善。随着经济结构加快调整和现代科技在生产中日益广泛地应用，社会对高素质、高技能劳动者的需求越来越迫切，但是职业培训师资队伍仍然存在整体素质偏低，生产实习指导教师数量不足，技能不高等问题，难以满足培养大批高素质劳动者的需求。为进一步提高职业培训教学质量，加快职业培训事业发展，现就职业培训教师队伍建设提出如下意见：

一、进一步明确今后一个时期教师队伍建设的指导思想和总体目标

认真贯彻落实《中共中央国务院关于深化教育改革全面推进素质教育的决定》要求，大力推进教师资格证书制度和职业培训教师上岗资格证书制度，进一步建立和完善教师培训制度，使职业培训教师队伍的整体素质有明显提高，教研、教改能力普遍增强，既能讲授专业理论又能指导生产实习的“一体化”教师不断增多，逐步形成一支数量适当、结构合理、专兼职相结合、具有较高职业道德水平、较强创新意识和实践能力的新型教师队伍。

到2005年，技工学校、就业训练中心和其他职业培训机构教师均要达到国家规定的任职资格。其中，高级技工学校中获硕士学位或具有高级技师职业资格证书的占教师总数的10%。技工学校生产实习指导教师队伍中，具有高级技工学校（高职院校）学历或具有高级职业资格证书人员占80%。就业训练中心及民办职业培训机构生产实习指导教师队伍中，具有中等职业学校及其以上学历或中级以上职业资格证书的人员占80%。

二、建立和完善教师培训制度

要建立科学、规范、有效的继续教育和培训制度，对职业培训教师开展政治理论培训、上岗资格培训和业务提高培训。各技工学校、就业训练中心及其他职业培训机构应结合本校实际，制定相应的教师培训计划，并积极创造条件，鼓励教师参加多种形式的教育与培训。可以采取专题学习、讨论交流等多种方式，督促教师不断加强政治理论修养，提高职业道德水平；可以组织教学观摩、开展教学成果评比和教学方法经验交流，全面提高教师授课能力；也可以有计划地安排教师到企事业单位顶岗工作或实习锻炼，提高广大教师特别是中青年教师的专业技能和实践能力。此外，还应积极鼓励青年教师主动参与或独立承担教改研究课题，多出研究成果，使之成为职业培训事业的中坚力量。技工学校教师参加业务提高培训每两年不得少于80学时，就业训练中心及其他职业培训机构教师参加业务提高培训每两年不得少于50学时。教师参加培

训情况作为技工学校、就业训练中心评估和其他职业培训机构年审的重要检查内容。

三、加强教师培训基地建设

劳动保障部在高等职业技术师范院校和高级技工学校中，选择一批师资队伍素质较高、教学设施比较先进的学校，逐步建立国家级示范性教师培训基地，承担骨干教师的培养培训任务。国家级教师培训基地可面向全国开展教师培养培训活动，并按有关规定颁发相应的学历证书、职业资格证书或岗位培训合格证书。

各省级劳动保障部门要根据职业培训事业发展需求，建立省级教师培训基地，承担省内职业培训教师培训任务。为配合西部大开发对职业培训事业发展的需求，西部地区要设立少数民族职业培训教师培训基地，加快少数民族职业培训教师队伍素质建设。被确定为教师培训基地的学校要增加投入，加强基础设施和培训场所建设，积极开设教师培训课程，研究开发新的培训方法。

四、开辟多元化师资来源渠道

要继续发挥高等职业技术师范院校的作用，为职业培训机构培养“一体化”教师，使高等职业技术师范院校成为职业培训后备师资培养的主要阵地。与此同时，要加强兼职教师队伍建设，通过从社会聘用或与高校、科研机构、大企业联合办学等形式，广泛吸引社会各方面人才尤其是一些高科技领域的急缺专业人才任教，壮大教师队伍，优化教师结构。各地区要积极建立包括社会各行业的技师、高级技师等能工巧匠和专业技术人员的师资人才库，并定期公布有关信息，以利于资源共享，优势互补。

五、建立定期考核、竞争上岗的用人机制

要定期对职业培训教师综合素质进行岗位考核，主要内容包括：一是是否具有高尚的职业道德和高度的责任感；二是是否具有现代教育观念，掌握素质教育理论并能在教学中予以运用；三是是否具有一定的教学科研能力和创新能力；四是是否掌握并能熟练运用现代教育技术和先进教学方法。要建立能上能下，能进能出的用人机制，教师岗位考核结果应作为竞争上岗、实施奖惩的重要依据，“一体化”教师在竞争上岗和享受有关待遇上应优先考虑。要建立优秀教师评选制度，对取得优异成绩和显著成果的教师和教育工作者给予奖励，营造有利于人才脱颖而出的环境。

各级劳动保障部门要切实重视职业培训教师队伍建设工作，结合当地职业培训事业发展需要，制定教师队伍建设规划，并将其纳入劳动保障工作整体规划，加强领导，统一部署，合理安排，狠抓落实。各地要建立师资培训专项经费，并通过购买成果等方式，引导培训方向，确保培训质量。同时，要通过组织教学改革成果评比、研讨培训、经验交流等多种方式，充分发挥优秀教师在当地职业培训教改教研活动中的带动和辐射作用。

关于印发《加强职业培训提高就业能力计划》的通知

（劳社部发〔2002〕13号　2002年7月25日）

各省、自治区、直辖市劳动和社会保障厅（局）：

现将《加强职业培训提高就业能力计划》印发给你们，请结合全国职业教 育工作会议精神的贯彻落实，结合本地实际，组织实施。

加强职业培训提高就业能力计划

为加强职业培训，促进劳动者就业能力的提高，从现在起到“十五”末期，实施本计划。

一、目标任务

（一）广泛动员社会力量，以市场需求为导向，大力开展职业培训工作，提高下岗失业人员、青年劳动者、企业在职职工和农村富余劳动力的就业能力、工作能力和职业转换能力。

今后3年，要重点做好再就业培训和技工培训工作。强化再就业培训，力 争使培训合格率达到90%，培训后就业率达到50%以上；推行创业培训，力争使 成功创业率达到40%；加快培养技术技能劳动者，使技术工人特别是高级技工、技师和高级技师的数量和比重有明显提高；全面推行职业资格证书制度，大力 推行就业准入制度。

二、落实“三年千万”再就业培训

（二）实施第二期“三年千万”再就业培训计划，广泛动员社会各类职业 培训资源参与再就业培训。加强与教育部门的协调配合，发挥行业组织以及企 业集团的作用，动员民主党派、工商联和工会、共青团、妇联等群众团体，充 分调动社会教育培训机构的积极性，共同开展再就业培训。通过资质认定，确 定定点培训机构，形成再就业培训网络。引导培训机构以劳动力市场需求为导 向，确定培训内容，组织实施针对性强、具有实效的再就业培训。

（三）落实培训经费，明确使用方向。从地方再就业补助费或失业保险基 金中落实培训经费，在对培训合格率和再就业率进行综合考察和效果评估的基 础上，由政府支付培训经费补贴。经劳动保障部门按劳动力市场需求确定的培 训项目，通过招标方式落实承担的培训，可根据培训合格率对培训机构支付经 费补贴；定点机构自主开发培训，可根据培训后再就业率支付经费补贴；下岗 失业人员参加非定点机构培训，并在相关职业实现再就业的，可在规定额度内 报销培训经费；有条件的地方还可探索核发培训券、个人支付与财政补贴相结 合等灵活多样的经费补贴方式。

（四）在100个社区就业联系城市普遍推广创业培训工作。发动社会各方 面力量，组织具有创业愿望和相应条件的人员，进行开办小企业的基础知识和 必备能力的培训。指导学员进行市场调查、论证创业计划，并做好开业指导、咨询服务和后续扶持工作，落实税费减免、经营场地安排、小额贷款担保等再 就业扶持政策，提高成功创业率。建立创业培训师资进修基地，加强创业师资 和开业指导人员的培训。

三、开展技能振兴行动，加强技术技能劳动者的培养

（五）依托行业、企业搞好技工培训。指导行业组织进行本行业人力资源 需求预测，开展理论研究，推进培训改革；推动大型企业办好自有培训机构，着重开展新技术、新工艺、新设备、新材料的培训；鼓励中小型企业与社会培 训机构建立合作伙伴关系，充分利用社会资源组织培训。通过企业培训与学校 培养相结合、在职培训与脱产学习相结合、个人自学提高与企业、社会支持相 结合等方式，加快培养一批企业急需的技术工人。

（六）充分发挥技工学校的作用。继续推进技工学校调整改革工作，进一 步落实“调整布局、提高层次、突出特色、服务就业”的方针，根据优化结构，合理配置培训资源的原则，对技工学校进行必要的调整和重组，形成一批兼备 培训、就业、鉴定功能的综合型职业培训基地。围绕劳动力市场需求，大力开 展适合劳动者就业和素质提高的职业培训，不断提高技工学校办学实力，扩大 技工培养规模。加强督导评估工作，逐步建立办学质量评价体系，提高技工学 校和培训机构办学质量。总结和推广技工学校跨地区招生、办学和就业的经验，推动技工学校形成面向城乡、面向市场的灵活办学机制。

（七）强化高级技能和复合型技术人才的培养工作。大力发展高级技工学 校或技师学院，招收职业学校和大中专毕业生以及企业职工，探索校企结合培 养技师和高级技师的途径。引导技工学校等职业教育培训机构结合企业技术进 步的需要，调整专业结构，扩展教学内容，培养复合型技术技能人才。根据以 考为主、考评结合、评聘分离的原则，推进技师社会化考评工作，拓宽高级技 能人才的成长通道。

（八）继续推进劳动预备制度。面向城乡初、高中毕业生和进城务工的农 村劳动力，加大组织开展职业培训的力度。在劳动预备制培训中加强技能培训 和职业指导，提高参加预备制培训的青年市场就业的能力。结合农村劳动力开 发就业试点项目，推进农村培训工作，提高农村富余劳动力的转移就业能力。

四、大力推行职业资格证书制度，完善就业准入制度

（九）逐步建立和完善就业准入制度。进一步完善配套措施，对技术技能 含量较高以及涉及到国家财产、人民生命安全和消费者利益的职业（工种），实行就业准入的制度。在职业介绍、企业招工和私营、个体工商登记等环节严格把关，落实劳动者凭职业资格证书就业上岗的要求。把就业准入执行情况列为劳动保障监察重点内容，加强执法监察力度。

（十）加强职业技能鉴定质量管理。逐步完善职业技能鉴定的质量督导制 度和社会监督机制，加大对各级职业技能鉴定工作机构的行政监督和技术监督。分期分批地对涉及社会公共利益面广、技能要求高而且从业人员数量多的重点 职业开展职业资格专项治理，加强质量监督，确保培训、鉴定的质量和职业资 格证书的权威性。

（十一）做好职业学校职业技能鉴定工作。按照统一标准、教材、题库、考务、证书的要求，根据社会化管理和考培分离的原则，逐步在职业学校毕业生中普遍实行职业资格证书制度。制

定职业学校培训和技能鉴定专业目录，引导职业学校专业设置和教学内容适应劳动力市场需求，并与国家职业标准相衔 接。依据国家职业分类和职业标准，结合职业学校教学特点和内容，探索适合 职业教育特点的职业技能鉴定工作模式。

五、加强就业服务和技术支持，建立激励机制

（十二）发挥劳动力市场的导向作用，加强就业服务工作。做好劳动力市场信息的分析和发布工作，指导职业教育培训机构根据市场需求进行专业设置、教学内容和培训方式等方面的改革。达到一定规模的技工学校和培训机构，应设立就业指导和职业介绍机构，有条件的可与公共职业介绍机构实现信息联网，实现劳动力供给和需求信息的沟通和对接。加强对职业教育培训机构毕结业生的职业介绍和就业推荐工作，由公共职业介绍机构提供即时的岗位信息，组织专场招聘会，提供档案管理、指导建立劳动关系和社保关系等劳动保障事务代理服务。

（十三）加强基础工作和技术支持。做好职业标准、教学计划、课程开发、教研教材、鉴定题库等基础工作。加强师资队伍特别是生产实习指导教师队伍建设。强化技工学校和培训机构学生的实习操作训练。创新培训形式，加快职业培训信息化建设，实施职业资格在线工程，推广多媒体和仿真模拟等先进教学技术方法的应用。组织实施西部地区远程职业培训试点。适应市场需要和新职业的发展，编辑出版与就业和职业资格紧密联系的适用教材。

（十四）积极创造有利于技术技能劳动者成长的社会环境。运用劳动力市场工资指导价位制度和岗位技能工资政策，推动企业建立培训、考核、使用相结合并与待遇相联系的激励机制。在企事业单位中广泛推广根据职工的职业资格和技术技能等级确定就业岗位，结合技术技能水平和实际贡献确定相应的工资和福利待遇的经验。组织开展各级各类职业技能竞赛活动，继续做好中华技能大奖和全国技术能手的评选表彰工作。大力宣传技术技能劳动者的重要作用，推动技能振兴行动。

（十五）各级劳动保障部门要把加强职业培训提高就业能力作为劳动保障工作的重要内容，纳入总体规划，并根据本计划要求，结合实际，制定实施方案。建立劳动保障系统内部培训、鉴定、就业、劳动监察、失业保险等部门的工作协调机制，共同推动工作的全面落实。

国务院关于大力推进职业教育改革与发展的决定

（国发[2002]16号 2002年9月24日）

各省、自治区、直辖市人民政府，国务院各部委、各直属机构：

改革开放以来，我国职业教育事业有了很大发展，各级各类职业学校教育和职业培训取得显著成绩，为社会主义现代化建设培养了大量高素质劳动者和实用人才。但是，职业教育的改革与发展也面临一些问题，一些地方对发展职业教育的重要性缺乏足够的认识；投入不足，基

础薄弱，办学条件较差；管理体制、办学体制、教育教学质量不适应经济建设和社会发展的需要；就业准入制度没有得到有效执行，影响了受教育者的积极性；地区之间、城乡之间发展不平衡。为了进一步贯彻落实《中华人民共和国职业教育法》和《中华人民共和国劳动法》，实施科教兴国战略，大力推进职业教育的改革与发展，特作如下决定：

一、深刻认识职业教育在社会主义现代化建设中的重要地位，明确“十五”期间职业教育改革与发展的目标

1、职业教育为初、高中毕业生和城乡新增劳动者、下岗失业人员、在职人员、农村劳动者及其他社会成员提供多种形式、多种层次的职业学校教育和职业培训，是我国教育体系的重要组成部分，是国民经济和社会发展的重要基础。推进职业教育的改革与发展是实施科教兴国战略、促进经济和社会可持续发展、提高国际竞争力的重要途径，是调整经济结构、提高劳动者素质、加快人力资源开发的必然要求，是拓宽就业渠道、促进劳动就业和再就业的重要举措。在我国加入世界贸易组织和经济全球化迅速发展的新形势下，要狠抓职业教育，抓出成效。

2、大力推进职业教育的改革与发展，要以邓小平理论和江泽民同志“三个代表”重要思想为指导，坚持体制创新、制度创新和深化教育教学改革，为经济结构调整和技术进步服务，为促进就业和再就业服务，为农业、农村和农民服务，为推进西部大开发服务，力争在“十五”期间初步建立起适应社会主义市场济体制，与市场需求和劳动就业紧密结合，结构合理、灵活开放、特色鲜明、自主发展的现代职业教育体系。

要以中等职业教育为重点，保持中等职业教育与普通高中教育的比例大体相当，扩大高等职业教育的规模。职业学校和职业培训机构要进一步适应经济和社会发展以及劳动力市场需求，增强自主发展能力，改善办学条件，全面提高教育质量和效益。“十五”期间，职业教育要为社会输送2200多万名中等职业学校毕业生，800多万名高等职业学校毕业生。

要广泛开展各级各类职业培训，“十五”期间每年培训城镇职工5000万人次，培训农村劳动力1.5亿人次；积极实施国家再就业培训计划，每年为300多万名下岗失业人员提供再就业培训。

从实际出发，因地制宜，分区规划，分类指导，把农村和西部地区作为工作重点。“十五”期末，中等职业学校面向农村的年招生规模要达到350万人，面向西部地区的年招生规模要达到120万人，为农村和西部地区培养留得住、用得上的实用人才。大中城市和经济发达地区要在继续发展中等职业教育和职业培训的同时，积极发展高等职业教育，有条件的市（地）可以举办综合性、社区性的职业技术学院。

二、推进管理体制和办学体制改革，促进职业教育与经济建设、社会发展紧密结合

3、推进职业教育管理体制改革，建立并逐步完善在国务院领导下，分级管理、地方为主、政府统筹、社会参与的职业教育管理体制。

在国务院领导下，建立职业教育工作部际联席会议制度，研究解决职业教育工作中的重大问题。国务院教育行政部门负责职业教育工作的统筹规划、综合协调、宏观管理，劳动保障部门和其他有关部门在各自职责范围内，负责职业教育的有关工作。适适发展职业教育的主要责任在地方。县级以上地方各级人民政府要加强对本行政区域内职业教育工作的领导和统筹协调，

结合当地经济建设和社会发展实际，制定促进职业教育发展的政策和措施，研究解决工作中的实际问题；各级教育行政部门会同劳动保障等有关部门管理本行政区域内各有关职业学校的教育业务工作。要依法严格审批程序，规范职业学校和培训机构的办学行为。

4、强化市（地）级人民政府在统筹职业教育发展方面的责任。市（地）级人民政府要统筹规划，促进本行政区域内职业教育与其他各类教育协调发展，建立多渠道筹措职业教育经费的机制，组织动员社会力量举办职业教育；要整合和充分利用现有各种职业教育资源，打破部门界限和学校类型界限，积极发挥市场机制的作用，提高办学效益，优化职业学校布局结构，防止职业教育资源流失。省（自治区、直辖市）所属中等和高等职业学校可以由省级有关部门与职业学校所在市（地）联合共建、共管，增强其为区域经济服务的功能。

5、深化职业教育办学体制改革，形成政府主导、依靠企业、充分发挥行业作用、社会力量积极参与的多元办学格局。

县级以上地方各级人民政府要在发展职业教育中发挥主导作用，重点办好 起骨干和示范作用的职业学校和职业培训机构，组织、指导并支持企业、行业 和社会力量举办职业学校和职业培训机构。要规范中等和高等职业学校的名 称，并体现职业特点。实施高中阶段学历教育的各类职业学校统一规范为“× ×职业技术学校”，高等专科学校和成人高等学校要逐步统一规范为“××职 业技术学院”。

要充分依靠企业举办职业教育。企业要根据实际需要举办职业学校和职业 培训机构，强化自主培训功能，加强对职工特别是一线职工、转岗职工的教育 和培训，形成职工在岗和轮岗培训的制度，实行培训、考核、使用、待遇相统 一的政策。企业要和职业学校加强合作，实行多种形式联合办学，开展“订单”培训，并积极为职业学校提供兼职教师、实习场所和设备，也可在职业学校建立研究开发机构和实验中心。有条件的大型企业可以单独举办或与高等学校联合举办职业技术学院。中小企业应依托职业学校和职业培训机构进行职工培训和后备职工培养。企业举办的职业学校和职业培训机构应积极面向社会开展职业教育和培训。

行业主管部门要对行业职业教育进行协调和业务指导，继续办好职业学校 和培训机构。行业组织受政府主管部门委托，开展行业人力资源预测、制定行 业职业教育和培训规划、指导行业职业教育、职工培训和职业技能鉴定、参与 相关专业的课程教材建设和教师培训等工作，也可以举办职业学校或职业培训机构。

鼓励和支持民办职业教育的发展。非营利性的民办职业学校，享受举办社 会公益事业的有关优惠政策。地方人民政府和其他单位，可以采取出租闲置的 国有、集体资产等措施，对民办职业学校予以扶持。民办职业学校教师、学生 享有与公办职业学校教师、学生同等义务与权利。对举办民办职业教育有突出 贡献的单位和个人予以表彰奖励。鼓励公办学校引入民办机制。

积极引进国（境）外优质职业教育资源。鼓励国（境）外组织和个人依照 我国法律和办学资格要求，同我国境内职业教育机构和其他社会组织，合作举 办高水平的职业学校或职业培训机构。努力拓展职业学校毕业生国（境）外就 业市场。

6、扩大职业学校的办学自主权，增强其自主办学和自主发展的能力。要依法保障职业学校在专业设置、招生规模确定、学籍管理、教师聘用及经费使用等方面享有充分的自主权。有条件的职业学校可以跨区域招生，可以与本地、异地职业学校联合办学。职业学校要建立由企业、行业等社会各界人士参加的咨询委员会或理事会，为学校重大问题提供咨询或参与决策。

三、深化教育教学改革，适应社会和企业需求

7、认真贯彻党的教育方针，全面实施素质教育。要加强“爱岗敬业、诚实守信、办事公道、服务群众、奉献社会”的职业道德教育，加强文化基础教育、职业能力教育和身心健康教育，注重培养受教育者的专业技能、钻研精神、务实精神、创新精神和创业能力，培养一大批生产、服务第一线的高素质劳动者和实用人才。

8、职业学校和职业培训机构要适应经济结构调整、技术进步和劳动力市场变化，及时调整专业设置，积极发展面向新兴产业和现代服务业的专业，增强专业适应性，努力办出特色。要大力加强技术工人尤其是高级技术工人和技师的培养和培训。积极推进课程和教材改革，开发和编写反映新知识、新技术、新工艺和新方法、具有职业教育特色的课程和教材。加强职业学校与企业、行业等用人单位的联系，建立职业学校与劳动力市场密切联系的机制。

9、加强实践教学，提高受教育者的职业能力。职业学校要把教学活动与生产实践、社会服务、技术推广及技术开发紧密结合起来，把职业能力培养与职业道德培养紧密结合起来，保证实践教学时间，严格要求，培养学生的实践能力、专业技能、敬业精神和严谨求实作风。改善教学条件，加强校内外实验实习基地建设。职业学校要加强与相关企事业单位的共建和合作，利用其设施、设备等条件开展实践教学。职业学校相对集中的地区应建设一批可共享的实验和训练基地。加强职业教育信息化建设，推进现代信息技术在教育教学中的应用。积极发展现代远程职业教育，开发职业教育资源库和多媒体教育软件，为职业学校和学生提供优质教育资源。

10、加强职业教育教师队伍建设。要积极开展以骨干教师为重点的全员培训，提高教师的职业道德、实践能力和教学水平，培养一批高水平的骨干教师和专业带头人。鼓励职业学校教师在职攻读相关专业学位、提高学历层次。要有计划地安排教师到企事业单位进行专业实践和考察，提高教师的专业水平。广泛吸引和鼓励企事业单位工程技术人员、管理人员和有特殊技能的人员到职业学校担任专、兼职教师，提高具有相关专业技术职务资格教师的比例。深化职业学校人事制度改革，在职业学校推行教师全员聘任制和管理人员公开选拔、竞争上岗和职务聘任制度，建立健全激励和约束机制。职业学校教师职务资格评审要突出职业教育特点，改进评审办法。重视职业学校校长培训工作，逐步实行校长持证上岗的制度。加强职业教育师资培养培训基地建设，逐步完善职业教育师资培养培训网络。

11、坚持学历教育与职业培训并重，实行灵活的办学模式和学习制度。职业学校要实行学历教育与职业培训相结合、全日制与部分时间制相结合、职前教育与职后教育相结合，努力办成面向社会的、开放的、多功能的教育和培训中心。要根据不同专业、不同教育培训项目和学习者的实际需要，实行灵活的学制和学习方式，推行学分制等弹性学习制度，为学生半工半读、工学交替、分阶段完成学业等创造条件。

12、加强中等职业教育与高等职业教育，职业教育与普通教育、成人教育的衔接与沟通，建立人才成长“立交桥”。扩大中等职业学校毕业生进入高等学校尤其是进入高等职业学校继续学习的比例，适当增加高等职业教育专科毕业生接受本科教育的比例。适度发展初中后五年制高等职业教育；在高中阶段开展职业教育与普通教育相沟通的综合课程教育试验，建立中等职业教育与高等职业教育相衔接的课程体系；高等职业学校可单独组织对口招生考试，优先招收中

等职业学校优秀毕业生；注重专业知识、职业技能的考核，对取得相应中级职业资格证书的中等职业学校毕业生，可以免除技能考核。

四、采取切实措施，加快农村和西部地区职业教育发展

13、农村和西部地区职业教育是今后一段时期职业教育发展的重点。要根据现代农业发展和经济结构调整的需要，继续推进农科教结合和基础教育、职业教育、成人教育的“三教统筹”。农村职业学校要加强与企业、农业科研和科技推广单位的合作，发挥专业优势，实行学校、公司、农户相结合，推动 农业产业化发展。推行“绿色证书”教育，培养一大批科技示范户和致富带头 人。国家采取措施，扶持农村地区、西部地区、少数民族地区和贫困地区职业 教育的发展，办好一批骨干职业学校。建立县、乡、村三级实用型、开放型的 农民文化科技教育培训体系，把职业学校和成人学校办成人力资源开发、技术 培训与推广、劳动力转移培训和扶贫开发服务的基地。

14、加强东部地区和西部地区、大中城市和农村的学校对口支援工作。东部地区和大中城市要为西部地区和农村的职业学校培养培训骨干教师，帮助 改善办学条件。推动东部地区与西部地区、大中城市与农村开展合作办学，鼓 励东部地区和大中城市职业学校的校长和教师到西部地区和农村职业学校任职 和办学。东部地区和中西部地区大中城市要面向西部地区和农村招生，对家庭 经济困难学生应适当减免学费。现代远程教育和培训以及自学考试等要积极向 广大农村和西部地区延伸。

五、严格实施就业准入制度，加强职业教育与劳动就业的联系

15、大力推行劳动预备制度，严格执行就业准入制度。用人单位招收、录用职工，属于国家规定实行就业准入控制的职业（工种），必须从取得相应学历证书或职业培训合格证书并获得相应职业资格证书的人员中录用；属于一 般职业（工种），必须从取得相应的职业学校学历证书、职业培训合格证书的 人员中优先录用。从事个体工商经营的，也必须接受职业教育和培训。劳动保 障、人事等部门要加大对就业准入制度执行情况的监察力度，加强监督管理，对违反规定，随意招收未经职业教育或培训人员就业的要责其纠正并给予处 罚。

16、完善学历证书、培训证书和职业资格证书制度。职业学校毕业生申 请与所学专业相关的中级以下（含中级）职业技能鉴定时，只进行操作技能考核。部分教学质量高、社会声誉好的中等职业学校和高等职业学校开设的主体 专业，经劳动保障和教育行政部门认定，其毕业生在获得学历证书的同时，可 视同职业技能鉴定合格，取得相应的职业资格证书。经人事、教育行政和相关 行业主管部门认定的职业学校相关专业的毕业生，不受工作年限的限制，可直 接申请参加专业技术从业资格考试，并免试部分科目。各地劳动保障、人事或 相关部门要统筹规划，注意发挥和利用职业学校的优势，优先在具备条件的职 业学校设立职业技能鉴定站（所）或职业资格考试机构。

17、加强职业指导和就业服务，拓宽毕业生就业渠道。职业学校要加强 职业指导工作，引导学生转变就业观念，开展创业教育，鼓励毕业生到中小企 业、小城镇、农村就业或自主创业。地方人民政府要利用社会就业服务体系或 建立职业学校毕业生就业服务机构，为职业学校毕业生在本地或异地就业提供 信息、咨询服务和便利条件。工商、税务部门要研究制定优惠政策，适当减免 有关税费，支持职业学校毕业生自主创业或从事个体经营，金融机构要为符合 贷款条件

的提供贷款。对外经济贸易部门、劳动保障部门、教育行政部门要创 造条件，积极协助符合条件的职业学校毕业生到国（境）外就业。

六、多渠道筹集资金，增加职业教育经费投入

18、各级人民政府要加大对职业教育的经费投入。省级人民政府要制定 本地区职业学校生均经费标准，并依法督促各类职业学校举办者足额拨付职业 教育经费。县级以上地方各级人民政府和国务院有关部门用于举办职业学校和 职业培训机构的财政性经费应当逐步增长，确保公办职业学校教师工资按时足 额发放，并监督民办职业教育机构按时足额发放教师工资。城市教育费附加安 排用于职业教育的比例不低于15%，已经普及九年义务教育的地区不低于20%，主要用于职业学校实验实习设备的更新和办学条件的改善。各级人民政 府在安排使用农村科技开发经费、技术推广经费和扶贫资金时，要安排一部分 农村劳动力培训经费；安排农业基础设施建设投资时，要安排一部分农村职业 学校和成人学校的建设经费。中央财政增加职业教育专项经费，重点用于补助农村和中西部地区加强职 业教育师资培训、课程教材开发和多媒体教育资源建设以及骨干和示范职业学 校建设。地方人民政府也要增加职业教育专项经费。

19、各类企业要按《中华人民共和国职业教育法》的规定实施职业教育和职工培训，承担相应的费用。一般企业按照职工工资总额的1.5%足额提取教育培训经费，从业人员技术素质要求高、培训任务重、经济效益较好的企业可按2.5%提取，列入成本开支。要保证经费专项用于职工特别是一线职工的教育和培训，严禁挪作他用。企业技术改造和项目引进，都应按规定比例安排资金用于职工技术培训。对不按规定实施职工职业教育和培训，经责令改正而拒不改正的企业，县级以上地方各级人民政府可以收取其应当承担的职业教育经费，用于本地区的职业教育。

20、利用金融、税收以及社会捐助等手段支持职业教育的发展。县级以上各级人民政府应支持企事业单位、社会团体、其他社会组织及公民个人按照国家有关规定设立职业教育奖学金，奖励学习成绩优秀的学生，资助经济困难的学生。金融机构要为家庭经济困难学生接受职业教育提供助学贷款，优先为符合贷款条件的农村职业学校毕业生开展生产经营提供小额贷款。认真执行国家对教育的税收优惠政策，支持职业学校办好实习基地、发展校办产业和开展社会服务。鼓励社会各界及公民个人对职业教育提供资助和捐赠，企业和个人通过政府部门或社会中介机构对职业教育的资助和捐赠，可在应纳税所得额中全额扣除。

21、加强职业教育经费管理。省级教育行政部门、劳动保障部门要会同价格主管部门合理确定职业学校和职业培训机构的学费标准，并向社会公布。职业学校按规定收取的学费实行收支两条线管理，地方各级财政部门要确保全 额返还职业学校，不得冲抵财政拨款，任何部门不得截留或挪作他用。严禁向 职业学校乱收费。要严格执行财务管理和审计制度，提高职业教育经费的使用 效益。

七、加强领导，推动职业教育持续健康发展

22、各级人民政府要加强对职业教育工作的领导，把职业教育工作纳入当地经济和社会发展的总体规划，列入政府重要议事日程，帮助职业学校和职业培训机构解决实际困难和问题。调动和保护社会各个方面兴办职业教育的积极性，充分发挥行业、企业、社会中介组织和人民团体在发展职业教育中的作用。加强职业教育理论研究和政策研究，健全科学研究和教学研究机

构，为职业教育宏观决策和职业学校改革与发展服务。

23、依法治教、依法办学、依法管理。各级人民政府和有关部门要认真贯彻《中华人民共和国职业教育法》和《中华人民共和国劳动法》等有关法律法规，加强职业教育和就业准入的法制建设，完善执法监督机制，加大执法力度，提高依法治教的水平。要加强对职业教育的督导检查，各级人民政府的教育督导部门要把职业教育作为教育督导的重要内容。加强和改进对职业教育的评估，积极探索发挥市场作用和社会参与的职业教育评估方式。

24、营造有利于职业教育改革与发展的社会氛围。要大力宣传职业教育和高素质劳动者在社会主义现代化建设中的重要作用，在全社会弘扬“三百六十行，行行出状元”的风尚。企业要根据经济效益情况逐步提高生产、服务一线高素质劳动者特别是高级技工和技师的经济收入。要积极开展各种职业技能、技术竞赛活动，表彰职业教育的先进单位和个人，在全社会形成重视、支持职业教育的浓厚氛围。

关于进一步推动职业学校实施职业资格证书制度的意见

（劳社部发〔2002〕21号　2002年11月29日）

各省、自治区、直辖市劳动和社会保障厅(局)、教育厅(教委)、人事厅(局):

为贯彻落实《国务院关于大力推进职业教育改革与发展的决定》(国发〔2002〕16号) 精神，切实加强职业教育与劳动就业的联系，全面提高职业学校(包括中等和高等职业学校，下同)毕业生的综合素质和就业能力，经国务院同意，现就进一步推动职业学校实施职业资格证书制度有关问题提出如下意见：

一、推动职业学校实施职业资格证书制度，是落实中共中央、国务院关于“在全社会实行学业证书、职业资格证书并重制度”要求的重要举措，对于提高劳动者素质，推动就业准入制度的实施，促进职业教育的改革与发展，增强职业学校毕业生的实践、创新能力和就业、创业能力具有重要意义，各地劳动保障、人事和教育行政部门要高度重视，切实加强领导，统筹规划，采取有力措施，积极推进。

二、各地教育和劳动保障行政部门要积极推动职业学校深化教育教学改革，引导职业学校进一步转变观念，努力使职业学校的专业设置与劳动力市场需求紧密结合，教学内容与国家职业标准相衔接。职业学校要瞄准市场需求设置和调整专业，突出办学特色，切实改进实践教学环节，不断加强学生动手能力和实际操作技能的训练，增强毕业生的就业能力。

三、各地劳动保障、人事和教育行政部门要依据国家职业标准，结合职业学校的特点、培养目标、专业设置、教学要求，研究确定职业学校毕业生参加职业资格考核鉴定的具体办法。职业学校毕业生申请职业技能鉴定和专业技术职业资格考试，应分别按《中华人民共和国职业分类大典》规范的职业名称和专业技术职业资格类别进行。同时，鼓励职业学校学生在校学习多种职业技能，实现一专多能，拓宽就业渠道。

四、各地劳动保障行政部门要按照职业技能鉴定的有关规定，积极做好职业学校毕业生职业技能鉴定工作。经劳动保障和教育行政部门认定，职业学校所设专业的教学内容与国家职业标准要求相符合的，其毕业生申请参加中级以下(含中级)职业技能鉴定时，理论课考试成绩合格者可视为鉴定理论考核合格，按照职业技能鉴定有关规定只进行操作技能考核。对于培养学生复合技能的专业，除考核所需的基本职业理论和技能外，应增加应用能力、核心能力等方面综合能力的考核。

国家级重点职业学校以及少数教学质量高、社会声誉好的省级重点中等职业学校和高等职业学校的主体专业，经劳动保障和教育行政部门认定，其毕业生参加理论和技能操作考核合格并取得职业学校学历证书者，可视同为职业技能鉴定合格，发给相应的中级职业资格证书。

五、各地劳动保障行政部门要按照统筹规划、合理布局、择优建站的原则，充分发挥和利用职业学校的优势，选择具备条件的职业学校建立职业技能鉴定所(站)。要加强职业技能鉴定考评员和督导员的资格培训和管理，严格职业技能鉴定所(站)的审批程序，加强对鉴定所(站)鉴定日常督导，并实行年检制度。

六、各地人事部门要按照专业技术人员职业资格制度的有关规定，制定适合于职业学校特点的专业技术职业资格证书的取得方式。经人事、教育和相关专业主管部门组织专家评估认定的职业学校相关专业毕业生，可直接申请参加相应专业技术人员从业资格考试；对职业技术学院和具备条件的职业技术学校毕业生，实行免试部分科目等政策，逐步实现职业学校学历证书与专业技术人员从业资格证书相衔接。具体办法由各省、自治区、直辖市人事部门会同教育行政部门、有关专业管理部门制定并组织实施。

七、大力推进劳动预备制度的实施。各级各类职业学校要面向城乡未能升学的初、高中毕业生广泛开展职业教育和培训。要加强对农村准备从事非农产业工作或进城务工的人员开展各种形式的职业教育和培训，努力提高他们的职业技能水平和职业道德、法制观念等综合素质，实行先培训后上岗。同时，要积极面向下岗失业人员和已经在城市务工的农村青年开展职业教育和培训，引导和组织他们参加职业技能鉴定，对学习和培训合格者颁发相应的学历证书或培训合格证书，对技能鉴定合格者发给相应的职业资格证书，帮助他们提高就业能力和工作能力。

八、各地劳动保障、人事和教育行政部门要密切配合，进一步发挥职业学校在实施职业资格证书制度中的作用，切实做好职业学校毕业生职业资格考核鉴定工作。要在职业学校中开展职业资格证书制度和就业准入制度的宣传咨询活动，做好职业学校毕业生的职业指导和就业服务工作，帮助学生了解当前的就业形势和就业政策，树立正确的择业观念。要进一步落实就业准入制度，加大劳动监察执法力度，认真把好新生劳动力就业入口关，促进职业教育事业的健康发展。

九、要认真贯彻落实《国务院办公厅转发教育部等部门关于进一步深化普通高等学校毕业生就业制度改革有关问题意见的通知》(国办发〔2002〕19号)要求，鼓励高等学校毕业生参加职业资格考核鉴定，进一步拓宽高等学校毕业生的就业渠道。

中华人民共和国民办教育促进法

(2002年12月28日第九届全国人民代表大会常务委员会
第三十一次会议通过)

目 录

第一章 总则

第一条 为实施科教兴国战略，促进民办教育事业的健康发展，维护民办学校和受教育者的合法权益，根据宪法和教育法制定本法。

第二条 国家机构以外的社会组织或者个人，利用非国家财政性经费，面向社会举办学校及其他教育机构的活动，适用本法。本法未作规定的，依照教育法和其他有关教育法律执行。

第三条 民办教育事业属于公益性事业，是社会主义教育事业的组成部分。国家对民办教育实行积极鼓励、大力支持、正确引导、依法管理的方针。

各级人民政府应当将民办教育事业纳入国民经济和社会发展规划。

第四条 民办学校应当遵守法律、法规，贯彻国家的教育方针，保证教育质量，致力于培养社会主义建设事业的各类人才。

民办学校应当贯彻教育与宗教相分离的原则。任何组织和个人不得利用宗教进行妨碍国家教育制度的活动。

第五条 民办学校与公办学校具有同等的法律地位，国家保障民办学校的办学自主权。

国家保障民办学校举办者、校长、教职工和受教育者的合法权益。

第六条 国家鼓励捐资办学。

国家对为发展民办教育事业做出突出贡献的组织和个人，给予奖励和表彰。

第七条 国务院教育行政部门负责全国民办教育工作的统筹规划、综合协调和宏观管理。

国务院劳动和社会保障行政部门及其他有关部门在国务院规定的职责范围内分别负责有关的民办教育工作。

第八条 县级以上地方各级人民政府教育行政部门主管本行政区域内的民办教育工作。

县级以上地方各级人民政府劳动和社会保障行政部门及其他有关部门在各自的职责范围内，分别负责有关的民办教育工作。

第二章 设立

第九条 举办民办学校的社会组织，应当具有法人资格。

举办民办学校的个人，应当具有政治权利和完全民事行为能力。

民办学校应当具备法人条件。

第十条 设立民办学校应当符合当地教育发展的需求，具备教育法和其他有关法律、法规规定的条件。

民办学校的设置标准参照同级同类公办学校的设置标准执行。

第十一条 举办实施学历教育、学前教育、自学考试助学及其他文化教育的民办学校，由县级以上人民政府教育行政部门按照国家规定的权限审批；举办实施以职业技能为主的职业资格培训、职业技能培训的民办学校，由县级以上人民政府劳动和社会保障行政部门按照国家规定的权限审批，并抄送同级教育行政部门备案。

第十二条 申请筹设民办学校，举办者应当向审批机关提交下列材料：

(一) 申办报告，内容应当主要包括：举办者、培养目标、办学规模、办学层次、办学形式、办学条件、内部管理体制、经费筹措与管理使用等；

(二) 举办者的姓名、住址或者名称、地址；

(三)资产来源、资金数额及有效证明文件，并载明产权；

(四) 属捐赠性质的校产须提交捐赠协议，载明捐赠人的姓名、所捐资产的数额、用途和管理方法及相关有效证明文件。

第十三条 审批机关应当自受理筹设民办学校的申请之日起三十日内以书面形式作出是否同意的决定。

同意筹设的，发给筹设批准书。不同意筹设的，应当说明理由。筹设期不得超过三年。超过三年的，举办者应当重新申报。

第十四条 申请正式设立民办学校的，举办者应当向审批机关提交下列材料：

(一) 筹设批准书；

(二) 筹设情况报告；

(三) 学校章程、首届学校理事会、董事会或者其他决策机构组成人员名单；

(四) 学校资产的有效证明文件；

(五) 校长、教师、财会人员的资格证明文件。

第十五条 具备办学条件，达到设置标准的，可以直接申请正式设立，并应当提交本法第十二条和第十四条(三)、(四)、(五)项规定的材料。

第十六条 申请正式设立民办学校的，审批机关应当自受理之日起三个月内以书面形式作出是否批准的决定，并送达申请人；其中申请正式设立民办高等学校的，审批机关也可以自受理

之日起六个月内以书面形式作出是否批准的决定，并送达申请人。

第十七条 审批机关对批准正式设立的民办学校发给办学许可证。

审批机关对不批准正式设立的，应当说明理由。

第十八条 民办学校取得办学许可证，并依照有关的法律、行政法规进行登记，登记机关应当按照有关规定即时予以办理。

第三章 学校的组织与活动

第十九条 民办学校应当设立学校理事会、董事会或者其他形式的决策机构。

第二十条 学校理事会或者董事会由举办者或者其代表、校长、教职工代表等人员组成。其中三分之一以上的理事或者董事应当具有五年以上教育教学经验。

学校理事会或者董事会由五人以上组成，设理事长或者董事长一人。理事长、理事或者董事长、董事名单报审批机关备案。

第二十一条 学校理事会或者董事会行使下列职权：

(一) 聘任和解聘校长；

(二) 修改学校章程和制定学校的规章制度；

(三) 制定发展规划，批准年度工作计划；

(四) 筹集办学经费，审核预算、决算；

(五) 决定教职工的编制定额和工资标准；

(六) 决定学校的分立、合并、终止；

(七) 决定其他重大事项。

其他形式决策机构的职权参照本条规定执行。

第二十二条 民办学校的法定代表人由理事长、董事长或者校长担任。

第二十三条 民办学校参照同级同类公办学校校长任职的条件聘任校长，年龄可以适当放宽，并报审批机关核准。

第二十四条 民办学校校长负责学校的教育教学和行政管理工作，行使下列职权：

(一) 执行学校理事会、董事会或者其他形式决策机构的决定；

(二) 实施发展规划，拟订年度工作计划、财务预算和学校规章制度；

(三) 聘任和解聘学校工作人员，实施奖惩；

(四) 组织教育教学、科学研究活动，保证教育教学质量；

(五) 负责学校日常管理工作；

(六) 学校理事会、董事会或者其他形式决策机构的其他授权。

第二十五条 民办学校对招收的学生，根据其类别、修业年限、学业成绩，可以根据国家有关规定发给学历证书、结业证书或者培训合格证书。

对接受职业技能培训的学生，经政府批准的职业技能鉴定机构鉴定合格的，可以发给国家职业资格证书。

第二十六条 民办学校依法通过以教师为主体的教职工代表大会等形式，保障教职工参与民主管理和监督。

民办学校的教师和其他工作人员，有权依照工会法，建立工会组织，维护其合法权益。

第四章 教师与受教育者

第二十七条 民办学校的教师、受教育者与公办学校的教师、受教育者具有同等的法律地位。

第二十八条 民办学校聘任的教师，应当具有国家规定的任教资格。

第二十九条 民办学校应当对教师进行思想品德教育和业务培训。

第三十条 民办学校应当依法保障教职工的工资、福利待遇，并为教职工缴纳社会保险费。

第三十一条 民办学校教职工在业务培训、职务聘任、教龄和工龄计算、表彰奖励、社会活动等方面依法享有与公办学校教职工同等权利。

第三十二条 民办学校依法保障受教育者的合法权益。

民办学校按照国家规定建立学籍管理制度，对受教育者实施奖励或者处分。

第三十三条 民办学校的受教育者在升学、就业、社会优待以及参加先进评选等方面享有与同级同类公办学校的受教育者同等权利。

第五章 学校资产与财务管理

第三十四条 民办学校应当依法建立财务、会计制度和资产管理制度，并按照国家有关规定设置会计账簿。

第三十五条 民办学校对举办者投入民办学校的资产、国有资产、受赠的财产以及办学积累，享有法人财产权。

第三十六条 民办学校存续期间，所有资产由民办学校依法管理和使用，任何组织和个人不得侵占。

任何组织和个人都不得违反法律、法规向民办教育机构收取任何费用。

第三十七条 民办学校对接受学历教育的受教育者收取费用的项目和标准由学校制定，报有关部门批准并公示；对其他受教育者收取费用的项目和标准由学校制定，报有关部门备案并公示。

民办学校收取的费用应当主要用于教育教学活动和改善办学条件。

第三十八条 民办学校资产的使用和财务管理受审批机关和其他有关部门的监督。

民办学校应当在每个会计年度结束时制作财务会计报告，委托会计师事务所依法进行审计，并公布审计结果。

第六章 管理与监督

第三十九条 教育行政部门及有关部门应当对民办学校的教育教学工作、教师培训工作进行指导。

第四十条 教育行政部门及有关部门依法对民办学校实行督导，促进提高办学质量；组织或者委托社会中介组织评估办学水平和教育质量，并将评估结果向社会公布。

第四十一条 民办学校的招生简章和广告，应当报审批机关备案。

第四十二条 民办学校侵犯受教育者的合法权益，受教育者及其亲属有权向教育行政部门和其他有关部门申诉，有关部门应当及时予以处理。

第四十三条 国家支持和鼓励社会中介组织为民办学校提供服务。

第七章 扶持与奖励

第四十四条 县级以上各级人民政府可以设立专项资金，用于资助民办学校的发展，奖励和表彰有突出贡献的集体和个人。

第四十五条 县级以上各级人民政府可以采取经费资助，出租、转让闲置的国有资产等措施对民办学校予以扶持。

第四十六条 民办学校享受国家规定的税收优惠政策。

第四十七条 民办学校依照国家有关法律、法规，可以接受公民、法人或者其他组织的捐赠。

国家对向民办学校捐赠财产的公民、法人或者其他组织按照有关规定给予税收优惠，并予以表彰。

第四十八条 国家鼓励金融机构运用信贷手段，支持民办教育事业的发展。

第四十九条 人民政府委托民办学校承担义务教育任务，应当按照委托协议拨付相应的教育经费。

第五十条 新建、扩建民办学校，人民政府应当按照公益事业用地及建设的有关规定给予优惠。教育用地不得用于其他用途。

第五十一条 民办学校在扣除办学成本、预留发展基金以及按照国家有关规定提取其他的必需的费用后，出资人可以从办学结余中取得合理回报。取得合理回报的具体办法由国务院规定。

第五十二条 国家采取措施，支持和鼓励社会组织和个人到少数民族地区、边远贫困地区举办民办学校，发展教育事业。

第八章 变更与终止

第五十三条 民办学校的分立、合并，在进行财务清算后，由学校理事会或者董事会报审批机关批准。

申请分立、合并民办学校的，审批机关应当自受理之日起三个月内以书面形式答复；其中申请分立、合并民办高等学校的，审批机关也可以自受理之日起六个月内以书面形式答复。

第五十四条 民办学校举办者的变更，须由举办者提出，在进行财务清算后，经学校理事会或者董事会同意，报审批机关核准。

第五十五条 民办学校名称、层次、类别的变更，由学校理事会或者董事会报审批机关批准。

申请变更为其他民办学校，审批机关应当自受理之日起三个月内以书面形式答复；其中申请变更为民办高等学校的，审批机关也可以自受理之日起六个月内以书面形式答复。

第五十六条 民办学校有下列情形之一的，应当终止：

(一)根据学校章程规定要求终止，并经审批机关批准的；

(二)被吊销办学许可证的；

(三)因资不抵债无法继续办学的。

第五十七条 民办学校终止时，应当妥善安置在校学生。实施义务教育的民办学校终止时，审批机关应当协助学校安排学生继续就学。

第五十八条 民办学校终止时，应当依法进行财务清算。

民办学校自己要求终止的，由民办学校组织清算；被审批机关依法撤销的，由审批机关组织清算；因资不抵债无法继续办学而被终止的，由人民法院组织清算。

第五十九条 对民办学校的财产按照下列顺序清偿：

(一) 应退受教育者学费、杂费和其他费用；

(二) 应发教职工的工资及应缴纳的社会保险费用；

(三) 偿还其他债务。

民办学校清偿上述债务后的剩余财产，按照有关法律、行政法规的规定处理。

第六十条 终止的民办学校，由审批机关收回办学许可证和销毁印章，并注销登记。

第九章 法律责任

第六十一条 民办学校在教育活动中违反教育法、教师法规定的，依照教育法、教师法的有关规定给予处罚。

第六十二条 民办学校有下列行为之一的，由审批机关或者其他有关部门责令限期改正，并予以警告；有违法所得的，退还所收费用后没收违法所得；情节严重的，责令停止招生、吊销办学许可证；构成犯罪的，依法追究刑事责任：

(一) 擅自分立、合并民办学校的；

(二) 擅自改变民办学校名称、层次、类别和举办者的；

(三) 发布虚假招生简章或者广告，骗取钱财的；

(四) 非法颁发或者伪造学历证书、结业证书、培训证书、职业资格证书的；

(五) 管理混乱严重影响教育教学，产生恶劣社会影响的；

(六) 提交虚假证明文件或者采取其他欺诈手段隐瞒重要事实骗取办学许可证的；

(七) 伪造、变造、买卖、出租、出借办学许可证的；

(八)恶意终止办学、抽逃资金或者挪用办学经费的。

第六十三条 审批机关和有关部门有下列行为之一的，由上级机关责令其改正；情节严重的，对直接负责的主管人员和其他直接责任人员，依法给予行政处分；造成经济损失的，依法承担赔偿责任；构成犯罪的，依法追究刑事责任：

(一) 已受理设立申请，逾期不予答复的；

(二) 批准不符合本法规定条件申请的；

(三) 疏于管理，造成严重后果的；

(四) 违反国家有关规定收取费用的；

(五) 侵犯民办学校合法权益的；

(六) 其他滥用职权、徇私舞弊的。

第六十四条 社会组织和个人擅自举办民办学校的，由县级以上人民政府的有关行政部门责令限期改正，符合本法及有关法律规定的民办学校条件的，可以补办审批手续；逾期仍达不到办学条件的，责令停止办学，造成经济损失的，依法承担赔偿责任。

第十章 附则

第六十五条 本法所称的民办学校包括依法举办的其他民办教育机构。

本法所称的校长包括其他民办教育机构的主要行政负责人。

第六十六条 在工商行政管理部门登记注册的经营性的民办培训机构的管理办法，由国务院另行规定。

第六十七条 境外的组织和个人在中国境内合作办学的办法，由国务院规定。

第六十八条 本法自2003年9月1日起施行。1997年7月31日国务院颁布的《社会力量办学条例》同时废止。

中华人民共和国中外合作办学条例

（国务院令第372号　2003年3月1日）

《中华人民共和国中外合作办学条例》已经2003年2月19日国务院第68次常务会议通过，现予公布，自2003年9月1日起施行。

中华人民共和国中外合作办学条例

第一章　总则

第一条　为了规范中外合作办学活动，加强教育对外交流与合作，促进教育事业的发展，根据《中华人民共和国教育法》、《中华人民共和国职业教育法》和《中华人民共和国民办教育促进法》，制定本条例。

第二条　外国教育机构同中国教育机构（以下简称中外合作办学者）在中国境内合作举办以中国公民为主要招生对象的教育机构（以下简称中外合作办学机构）的活动，适用本条例。

第三条　中外合作办学属于公益性事业，是中国教育事业的组成部分。

国家对中外合作办学实行扩大开放、规范办学、依法管理、促进发展的方针。

国家鼓励引进外国优质教育资源的中外合作办学。国家鼓励在高等教育、职业教育领域开展中外合作办学，鼓励中国高等教育机构与外国知名的高等教育机构合作办学。

第四条　中外合作办学者、中外合作办学机构的合法权益，受中国法律保护。

中外合作办学机构依法享受国家规定的优惠政策，依法自主开展教育教学活动。

第五条　中外合作办学必须遵守中国法律，贯彻中国的教育方针，符合中国的公共道德，不得损害中国的国家主权、安全和社会公共利益。

中外合作办学应当符合中国教育事业发展的需要，保证教育教学质量，致力于培养中国社会主义建设事业的各类人才。

第六条　中外合作办学者可以合作举办各级各类教育机构。但是，不得举办实施义务教育和实施军事、警察、政治等特殊性质教育的机构。

第七条　外国宗教组织、宗教机构、宗教院校和宗教教职人员不得在中国境内从事合作办学活动。

中外合作办学机构不得进行宗教教育和开展宗教活动。

第八条　国务院教育行政部门负责全国中外合作办学工作的统筹规划、综合协调和宏观管理。国务院教育行政部门、劳动行政部门和其他有关行政部门在国务院规定的职责范围内负责有关的中外合作办学工作。

省、自治区、直辖市人民政府教育行政部门负责本行政区域内中外合作办学工作的统筹规划、综合协调和宏观管理。省、自治区、直辖市人民政府教育行政部门、劳动行政部门和其他有关行政部门在其职责范围内负责本行政区域内有关的中外合作办学工作。

第二章 设立

第九条 申请设立中外合作办学机构的教育机构应当具有法人资格。

第十条 中外合作办学者可以用资金、实物、土地使用权、知识产权以及其他财产作为办学投入。

中外合作办学者的知识产权投入不得超过各自投入的1/3。但是，接受国务院教育行政部门、劳动行政部门或者省、自治区、直辖市人民政府邀请前来中国合作办学的外国教育机构的知识产权投入可以超过其投入的 1/3。

第十一条 中外合作办学机构应当具备《中华人民共和国教育法》、《中华人民共和国职业教育法》、《中华人民共和国高等教育法》等法律和有关行政法规规定的基本条件，并具有法人资格。但是，外国教育机构同中国实施学历教育的高等学校设立的实施高等教育的中外合作办学机构，可以不具有法人资格。

设立中外合作办学机构，参照国家举办的同级同类教育机构的设置标准执行。

第十二条 申请设立实施本科以上高等学历教育的中外合作办学机构，由国务院教育行政部门审批；申请设立实施高等专科教育和非学历高等教育的中外合作办学机构，由拟设立机构所在地的省、自治区、直辖市人民政府审批。

申请设立实施中等学历教育和自学考试助学、文化补习、学前教育等的中外合作办学机构，由拟设立机构所在地的省、自治区、直辖市人民政府教育行政部门审批。

申请设立实施职业技能培训的中外合作办学机构，由拟设立机构所在地的省、自治区、直辖市人民政府劳动行政部门审批。

第十三条 设立中外合作办学机构，分为筹备设立和正式设立两个步骤。但是，具备办学条件，达到设置标准的，可以直接申请正式设立。

第十四条 申请筹备设立中外合作办学机构，应当提交下列文件：

（一）申办报告，内容应当主要包括：中外合作办学者、拟设立中外合作办学机构的名称、培养目标、办学规模、办学层次、办学形式、办学条件、内部管理体制、经费筹措与管理使用等；

（二）合作协议，内容应当包括：合作期限、争议解决办法等；

（三）资产来源、资金数额及有效证明文件，并载明产权；

（四）属捐赠性质的校产须提交捐赠协议，载明捐赠人的姓名、所捐资产的数额、用途和管理办法及相关有效证明文件；

（五）不低于中外合作办学者资金投入 15%的启动资金到位证明。

第十五条 申请筹备设立中外合作办学机构的，审批机关应当自受理申请之日起45个工作日内作出是否批准的决定。批准的，发给筹备设立批准书；不批准的，应当书面说明理由。

第十六条 经批准筹备设立中外合作办学机构的，应当自批准之日起3年内提出正式设立申请；超过 3 年的，中外合作办学者应当重新申报。

筹备设立期内，不得招生。

第十七条 完成筹备设立申请正式设立的，应当提交下列文件：

（一）正式设立申请书；

（二）筹备设立批准书；

（三）筹备设立情况报告；

（四）中外合作办学机构的章程，首届理事会、董事会或者联合管理委员会组成人员名单；

（五）中外合作办学机构资产的有效证明文件；

（六）校长或者主要行政负责人、教师、财会人员的资格证明文件。

直接申请正式设立中外合作办学机构的，应当提交前款第（一）项、第（四）项、第（五）项、第（六）项和第十四条第（二）项、第（三）项、第（四）项所列文件。

第十八条　申请正式设立实施非学历教育的中外合作办学机构的，审批机关应当自受理申请之日起3个月内作出是否批准的决定；申请正式设立实施学历教育的中外合作办学机构的，审批机关应当自受理申请之日起6个月内作出是否批准的决定。批准的，颁发统一格式、统一编号的中外合作办学许可证；不批准的，应当书面说明理由。中外合作办学许可证由国务院教育行政部门制定式样，由国务院教育行政部门和劳动行政部门按照职责分工分别组织印制；中外合作办学许可证由国务院教育行政部门统一编号，具体办法由国务院教育行政部门会同劳动行政部门确定。

第十九条　申请正式设立实施学历教育的中外合作办学机构的，审批机关受理申请后，应当组织专家委员会评议，由专家委员会提出咨询意见。

第二十条　中外合作办学机构取得中外合作办学许可证后，应当依照有关的法律、行政法规进行登记，登记机关应当依照有关规定即时予以办理。

第三章　组织与管理

第二十一条　具有法人资格的中外合作办学机构应当设立理事会或者董事会，不具有法人资格的中外合作办学机构应当设立联合管理委员会。理事会、董事会或者联合管理委员会的中方组成人员不得少于1/2。

理事会、董事会或者联合管理委员会由5人以上组成，设理事长、副理事长，董事长、副董事长或者主任、副主任各1人。中外合作办学者一方担任理事长、董事长或者主任的，由另一方担任副理事长、副董事长或者副主任。

具有法人资格的中外合作办学机构的法定代表人，由中外合作办学者协商，在理事长、董事长或者校长中确定。

第二十二条　中外合作办学机构的理事会、董事会或者联合管理委员会由中外合作办学者的代表、校长或者主要行政负责人、教职工代表等组成，其中1/3以上组成人员应当具有5年以上教育、教学经验。中外合作办学机构的理事会、董事会或者联合管理委员会组成人员名单应当报审批机关备案。

第二十三条　中外合作办学机构的理事会、董事会或者联合管理委员会行使下列职权：

（一）改选或者补选理事会、董事会或者联合管理委员会组成人员；

（二）聘任、解聘校长或者主要行政负责人；

（三）修改章程，制定规章制度；

（四）制定发展规划，批准年度工作计划；

（五）筹集办学经费，审核预算、决算；

（六）决定教职工的编制定额和工资标准；

（七）决定中外合作办学机构的分立、合并、终止；

（八）章程规定的其他职权。

第二十四条 中外合作办学机构的理事会、董事会或者联合管理委员会每年至少召开一次会议。经1/3以上组成人员提议，可以召开理事会、董事会或者联合管理委员会临时会议。

中外合作办学机构的理事会、董事会或者联合管理委员会讨论下列重大事项，应当经2/3以上组成人员同意方可通过：

（一）聘任、解聘校长或者主要行政负责人；

（二）修改章程；

（三）制定发展规划；

（四）决定中外合作办学机构的分立、合并、终止；

（五）章程规定的其他重大事项。

第二十五条 中外合作办学机构的校长或者主要行政负责人，应当具有中华人民共和国国籍，在中国境内定居，热爱祖国，品行良好，具有教育、教学经验，并具备相应的专业水平。

中外合作办学机构聘任的校长或者主要行政负责人，应当经审批机关核准。

第二十六条 中外合作办学机构的校长或者主要行政负责人行使下列职权：

（一）执行理事会、董事会或者联合管理委员会的决定；

（二）实施发展规划，拟订年度工作计划、财务预算和规章制度；

（三）聘任和解聘工作人员，实施奖惩；

（四）组织教育教学、科学研究活动，保证教育教学质量；

（五）负责日常管理工作；

（六）章程规定的其他职权。

第二十七条 中外合作办学机构依法对教师、学生进行管理。中外合作办学机构聘任的外籍教师和外籍管理人员，应当具备学士以上学位和相应的职业证书，并具有2年以上教育、教学经验。

外方合作办学者应当从本教育机构中选派一定数量的教师到中外合作办学机构任教。

第二十八条 中外合作办学机构应当依法维护教师、学生的合法权益，保障教职工的工资、福利待遇，并为教职工缴纳社会保险费。

中外合作办学机构的教职工依法建立工会等组织，并通过教职工代表大会等形式，参与中外合作办学机构的民主管理。

第二十九条 中外合作办学机构的外籍人员应当遵守外国人在中国就业的有关规定。

第四章 教育教学

第三十条 中外合作办学机构应当按照中国对同级同类教育机构的要求开设关于宪法、法律、公民道德、国情等内容的课程。

国家鼓励中外合作办学机构引进国内急需、在国际上具有先进性的课程和教材。

中外合作办学机构应当将所开设的课程和引进的教材报审批机关备案。

第三十一条 中外合作办学机构根据需要，可以使用外国语言文字教学，但应当以普通话和规范汉字为基本教学语言文字。

第三十二条 实施高等学历教育的中外合作办学机构招收学生，纳入国家高等学校招生计划。实施其他学历教育的中外合作办学机构招收学生，按照省、自治区、直辖市人民政府教育行政部门的规定执行。

中外合作办学机构招收境外学生，按照国家有关规定执行。

第三十三条 中外合作办学机构的招生简章和广告应当报审批机关备案。

中外合作办学机构应当将办学类型和层次、专业设置、课程内容和招生规模等有关情况，定期向社会公布。

第三十四条 中外合作办学机构实施学历教育的，按照国家有关规定颁发学历证书或者其他学业证书；实施非学历教育的，按照国家有关规定颁发培训证书或者结业证书。对于接受职业技能培训的学生，经政府批准的职业技能鉴定机构鉴定合格的，可以按照国家有关规定颁发相应的国家职业资格证书。

中外合作办学机构实施高等学历教育的，可以按照国家有关规定颁发中国相应的学位证书。

中外合作办学机构颁发的外国教育机构的学历、学位证书，应当与该教育机构在其所属国颁发的学历、学位证书相同，并在该国获得承认。

中国对中外合作办学机构颁发的外国教育机构的学历、学位证书的承认，依照中华人民共和国缔结或者加入的国际条约办理，或者按照国家有关规定办理。

第三十五条 国务院教育行政部门或者省、自治区、直辖市人民政府教育行政部门及劳动行政部门等其他有关行政部门应当加强对中外合作办学机构的日常监督，组织或者委托社会中介组织对中外合作办学机构的办学水平和教育质量进行评估，并将评估结果向社会公布。

第五章 资产与财务

第三十六条 中外合作办学机构应当依法建立健全财务、会计制度和资产管理制度，并按照国家有关规定设置会计账簿。

第三十七条 中外合作办学机构存续期间，所有资产由中外合作办学机构依法享有法人财产权，任何组织和个人不得侵占。

第三十八条 中外合作办学机构的收费项目和标准，依照国家有关政府定价的规定确定并公布；未经批准，不得增加项目或者提高标准。

中外合作办学机构应当以人民币计收学费和其他费用，不得以外汇计收学费和其他费用。

第三十九条 中外合作办学机构收取的费用应当主要用于教育教学活动和改善办学条件。

第四十条 中外合作办学机构的外汇收支活动以及开设和使用外汇账户，应当遵守国家 外汇管理规定。

第四十一条 中外合作办学机构应当在每个会计年度结束时制作财务会计报告，委托社会审计机构依法进行审计，向社会公布审计结果，并报审批机关备案。

第六章 变更与终止

第四十二条 中外合作办学机构的分立、合并，在进行财务清算后，由该机构理事会、董事会或者联合管理委员会报审批机关批准。

申请分立、合并实施非学历教育的中外合作办学机构的，审批机关应当自受理申请之日起

3个月内以书面形式答复；申请分立、合并实施学历教育的中外合作办学机构的，审批机关应当自受理申请之日起6个月内以书面形式答复。

第四十三条 中外合作办学机构合作办学者的变更，应当由合作办学者提出，在进行财务清算后，经该机构理事会、董事会或者联合管理委员会同意，报审批机关核准，并办理相应的变更手续。

中外合作办学机构住所、法定代表人、校长或者主要行政负责人的变更，应当经审批机关核准，并办理相应的变更手续。

第四十四条 中外合作办学机构名称、层次、类别的变更，由该机构理事会、董事会或者联合管理委员会报审批机关批准。

申请变更为实施非学历教育的中外合作办学机构的，审批机关应当自受理申请之日起3个月内以书面形式答复；申请变更为实施学历教育的中外合作办学机构的，审批机关应当自受理申请之日起6个月内以书面形式答复。

第四十五条 中外合作办学机构有下列情形之一的，应当终止：

（一）根据章程规定要求终止，并经审批机关批准的；

（二）被吊销中外合作办学许可证的；

（三）因资不抵债无法继续办学，并经审批机关批准的。

中外合作办学机构终止，应当妥善安置在校学生；中外合作办学机构提出终止申请时，应当同时提交妥善安置在校学生的方案。

第四十六条 中外合作办学机构终止时，应当依法进行财务清算。

中外合作办学机构自己要求终止的，由中外合作办学机构组织清算；被审批机关依法撤销的，由审批机关组织清算；因资不抵债无法继续办学而被终止的，依法请求人民法院组织清算。

第四十七条 中外合作办学机构清算时，应当按照下列顺序清偿：

（一）应当退还学生的学费和其他费用；

（二）应当支付给教职工的工资和应当缴纳的社会保险费用；

（三）应当偿还的其他债务。

中外合作办学机构清偿上述债务后的剩余财产，依照有关法律、行政法规的规定处理。

第四十八条 中外合作办学机构经批准终止或者被吊销中外合作办学许可证的，应当将中外合作办学许可证和印章交回审批机关，依法办理注销登记。

第七章 法律责任

第四十九条 中外合作办学审批机关及其工作人员，利用职务上的便利收取他人财物或者获取其他利益，滥用职权、玩忽职守，对不符合本条例规定条件者颁发中外合作办学许可证，或者发现违法行为不予以查处，造成严重后果，触犯刑律的，对负有责任的主管人员和其他直接责任人员，依照刑法关于受贿罪、滥用职权罪、玩忽职守罪或者其他罪的规定，依法追究刑事责任；尚不够刑事处罚的，依法给予行政处分。

第五十条 违反本条例的规定，超越职权审批中外合作办学机构的，其批准文件无效，由上级机关责令改正；对负有责任的主管人员和其他直接责任人员，依法给予行政处分；致使公共财产、国家和人民利益遭受重大损失的，依照刑法关于滥用职权罪或者其他罪的规定，依法追究刑事责任。

第五十一条 违反本条例的规定，未经批准擅自设立中外合作办学机构，或者以不正当手段骗取中外合作办学许可证的，由教育行政部门、劳动行政部门按照职责分工予以取缔或者会同公安机关予以取缔，责令退还向学生收取的费用，并处以10万元以下的罚款；触犯刑律的，依照刑法关于诈骗罪或者其他罪的规定，依法追究刑事责任。

第五十二条 违反本条例的规定，在中外合作办学机构筹备设立期间招收 学生的，由教育行政部门、劳动行政部门按照职责分工责令停止招生，责令退 还向学生收取的费用，并处以10万元以下的罚款；情节严重，拒不停止招生 的，由审批机关撤销筹备设立批准书。

第五十三条 中外合作办学者虚假出资或者在中外合作办学机构成立后抽 逃出资的，由教育行政部门、劳动行政部门按照职责分工责令限期改正；逾期 不改正的，由教育行政部门、劳动行政部门按照职责分工处以虚假出资金额或 者抽逃出资金额2倍以下的罚款。

第五十四条 伪造、变造和买卖中外合作办学许可证的，依照刑法关于伪 造、变造、买卖国家机关证件罪或者其他罪的规定，依法追究刑事责任。

第五十五条 中外合作办学机构未经批准增加收费项目或者提高收费标准 的，由教育行政部门、劳动行政部门按照职责分工责令退还多收的费用，并由 价格主管部门依照有关法律、行政法规的规定予以处罚。

第五十六条 中外合作办学机构管理混乱、教育教学质量低下，造成恶劣 影响的，由教育行政部门、劳动行政部门按照职责分工责令限期整顿并予以公 告；情节严重、逾期不整顿或者经整顿仍达不到要求的，由教育行政部门、劳 动行政部门按照职责分工责令停止招生、吊销中外合作办学许可证。

第五十七条 违反本条例的规定，发布虚假招生简章，骗取钱财的，由教 育行政部门、劳动行政部门按照职责分工，责令限期改正并予以警告；有违法 所得的，退还所收费用后没收违法所得，并可处以10万元以下的罚款；情节 严重的，责令停止招生、吊销中外合作办学许可证；构成犯罪的，依照刑法关 于诈骗罪或者其他罪的规定，依法追究刑事责任。

中外合作办学机构发布虚假 招生广告的，依照《中华人民共和国广告法》的有关规定追究其法律 责任。

第五十八条 中外合作办学机构被处以吊销中外合作办学许可证行政处罚 的，其理事长或者董事长、校长或者主要行政负责人自中外合作办学许可证被 吊销之日起10年内不得担任任何中外合作办学机构的理事长或者董事长、校 长或者主要行政负责人。

违反本条例的规定，触犯刑律被依法追究刑事责任的，自刑罚执行期满之 日起10年内 不得从事中外合作办学活动。

第八章 附则

第五十九条 香港特别行政区、澳门特别行政区和台湾地区的教育机构与 内地教育机构合作办学的，参照本条例的规定执行。

第六十条 在工商行政管理部门登记注册的经营性的中外合作举办的培训 机构的管理办法，由国务院另行规定。

第六十一条 外国教育机构同中国教育机构在中国境内合作举办以中国公 民为主要招生对

象的实施学历教育和自学考试助学、文化补习、学前教育等的 合作办学项目的具体审批和管理办法，由国务院教育行政部门制定。

外国教育机构同中国教育机构在中国境内合作举办以中国公民为主要招生对象的实施职业技能培训的合作办学项目的具体审批和管理办法，由国务院劳动行政部门制定。

第六十二条 外国教育机构、其他组织或者个人不得在中国境内单独设立 以中国公民为主要招生对象的学校及其他教育机构。

第六十三条 本条例施行前依法设立的中外合作办学机构，应当补办本条 例规定的中外合作办学许可证。其中，不完全具备本条例所规定条件的，应当 在本条例施行之日起2年内达到本条例规定的条件；逾期未达到本条例规定条 件的，由审批机关予以撤销。

第六十四条 本条例自2003年9月1日起施行。

国务院办公厅转发农业部等部门2003—2010年全国农民工培训规划的通知

（国办发〔2003〕79号 2003年9月18日）

各省、自治区、直辖市人民政府，国务院各部委、各直属机构：

农业部、劳动保障部、教育部、科技部、建设部、财政部《2003-2010年全国农民工培训规划》已经国务院同意，现转发给你们，请认真贯彻执行。

2003—2010年全国农民工培训规划

农业部 劳动保障部 教育部 科技部 建设部 财政部

为贯彻落实党的十六大精神和“三个代表”重要思想，提高农民工素质和就业能力，进一步促进农村劳动力向非农产业和城镇转移，按照党中央、国务院有关会议和文件要求，制定本培训规划。

一、规划制定背景

农村劳动力向非农产业和城镇转移，是建设现代农业、解决“三农”问题的重要途径，是经济和社会发展的必然要求，是我国社会进步的重要标志。改革开放以来，我国通过发展乡镇企业和促进劳动力跨区域流动就业，加快了农村城镇化进程，促进了城市发展。农村劳动力转移已成为推动城乡经济协调发展的重要途径。

我国是人口大国，农村富余劳动力转移就业的任务非常艰巨。目前，我国农村有1.5亿富余劳动力，每年还要新增600万农村劳动力。农村劳动力素质不高，缺乏劳动技能，影响向非农产业和城镇的转移，难以在城镇实现稳定就业。在9000多万跨地区进城务工的农民中，有相当数量的人员没有稳定的职业和居所。在农村劳动力中，受过专业技能培训的仅占9.1%。在2001年新转移的农村劳动力中，受过专业技能培训的只占18.6%。随着经济发展水平的提高和新兴产业的兴起，缺乏转岗就业技能的农村富余劳动力的就业难度越来越大。农民工素质亟待提高。

党的十六大提出了全面建设小康社会的奋斗目标，这对加快农村富余劳动力向非农产业和城镇转移提出了更高的要求。加快农村富余劳动力转移就业的关键在于加强农民工培训。多年来，各级各类教育培训机构和用工单位开展了形式多样的农民工培训，取得了明显成效。但是应当看到，当前的农民工培训工作还存在认识不到位、激励政策不足以及培训资金缺乏、培训手段亟待加强和培训资源缺乏整合等问题。各地区、各有关部门要充分认识开展农民工培训的重要意义，从贯彻落实“三个代表”重要思想和全面建设小康社会的高度，从国民经济协调发展和社会稳定的大局出发，统筹规划，分工协作，切实做好农民工培训工作。

二、指导思想和基本原则

（一）指导思想。

以党的十六大精神和“三个代表”重要思想为指导，围绕全面建设小康社会的目标任务，坚持公平对待、合理引导、完善管理、搞好服务的原则和多予、少取、放活的方针，坚持面向工业化、面向现代化、面向城镇化的方向，以转移就业前的引导性培训和职业技能培训为重点，综合运用财政扶持政策和竞争、激励手段，进一步调动农民工个人、用人单位、教育培训机构、行业的积极性，多渠道、多层次、多形式地开展农民工培训工作，逐步形成政府统筹、行业组织、重点依托各类教育培训机构和用人单位开展培训的工作格局。

(二)基本原则。

1.政府扶持，齐抓共管。各级政府要积极引导和扶持农民工培训事业，加强管理，加大投入。各有关部门协调合作，立足自身职责，发挥各自优势，共同做好政策指导、督促检查以及各项服务工作。

2.统筹规划，分步实施。农民工培训工作要统筹计划，突出重点，分步开展。把农民工培训作为就业准入制度的重要内容，深入调查研究，认真组织实施。摸清农村富余劳动力和已转移就业农民工的基本情况，制定具体的有针对性的培训计划。要突出重点，逐步对农民工进行培训，当前主要是支持农村富余劳动力较多的地区和贫困地区开展培训，重点支持农民工输出地区开展转移就业前培训。

3.整合资源，创新机制。以现有教育培训机构为主渠道，发挥多种教育培训资源的作用。充分调动行业和用人单位的积极性，多渠道、多层次、多形式地开展农民工培训。要加强政府引导，制定和完善政策措施，优化配置培训资源，建立新的培训机制。

4. 按需施教，注重实效。要研究农村劳动力资源现状，做好劳动力市场需求预测，按照不同区域、不同行业要求，区分不同培训对象，采取不同的培训内容和形式。以市场需求为导向，以提高就业能力和就业率为目标，坚持短期培训与学历教育相结合，培训与技能鉴定相结合，培训与就业相结合，增强培训的针对性和实效性。

三、培训的目标和任务

(一)培训目标。

1.逐步扩大培训规模。2003-2005年，对拟向非农产业和城镇转移的1000万农村劳动力开展转移就业前的引导性培训，对其中的500万人开展职业技能培训；对已进入非农产业就业的5000万农民工进行岗位培训。2006-2010年，对拟向非农产业和城镇转移的5000万农村劳动力开展引导性培训，并对其中的3000万人开展职业技能培训。同时，对已进入非农产业就业的2亿多农民工开展岗位培训。

2.营造良好的社会氛围和政策环境。加大宣传和引导力度，营造重视农民工培训的良好社会环境。制定有效的农民工培训激励政策，鼓励农民工主动参加培训，鼓励用人单位主动组织农民工参加培训，鼓励各级各类教育机构开展农民工培训。加大培训投入，逐步形成政府引导、多元投资的投入机制。完善就业准入制度，加强监督检查力度，逐步形成"先培训后就业"的农村劳动力转移就业制度。

3. 提高培训质量。完善教育培训条件，提高培训资源利用效率。创新培训机制，以劳动力市场需求为导向，以项目运作的方式开展培训，努力提高培训质量和培训后的就业率。

(二)培训任务。

1. 开展引导性培训。引导性培训主要是开展基本权益保护、法律知识、城市生活常识、寻找就业岗位等方面知识的培训，目的在于提高农民工遵守法律法规和依法维护自身权益的意识，树立新的就业观念。引导性培训主要由各级政府，尤其是劳动力输出地政府统筹组织各类教育培训资源和社会力量来开展。引导性培训要通过集中办班、咨询服务、印发资料以及利用广播、电视、互联网等手段多形式、多途径灵活开展。

2.开展职业技能培训。职业技能培训是提高农民工岗位工作能力的重要途径，是增强农民工就业竞争力的重要手段。根据国家职业标准和不同行业、不同工种、不同岗位对从业人员基本技能和技术操作规程的要求，安排培训内容，设置培训课程。职业技能培训以定点和定向培训为主，当前的培训重点是家政服务、餐饮、酒店、保健、建筑、制造等行业的职业技能。职业技能培训主要是在各级政府的引导和支持下，由各类教育培训机构、行业和用人单位开展。鼓励和支持社会力量尤其是一些具有特色的民办培训机构开展职业技能培训。对具备相应条件并有创业意向的农民工开展创业培训，提供创业指导。

四、推进农民工培训的政策措施

(一)加强组织领导。

建立农民工培训工作部际联席会议制度，研究解决农民工培训工作中的重大问题，编制培训计划，落实扶持政策，统筹规划、综合协调农民工培训工作。各级政府要将农民工培训列入年度工作考核内容，实行目标管理。要结合本地实际制定实施计划，确定各阶段的目标、任务和工作进度，明确各有关部门的工作职责，细化政策措施。要建立统筹协调的领导体制和分工负责、相互协作的工作推进机制，通过制定政策和制度创新，充分调动一切可以利用的资源，广泛开展农民工培训工作。农业、劳动保障、教育、科技、建设、财政等相关部门在职责范围内，切实做好农民工培训工作。

(二)加大农民工培训的资金投入。

农民工培训经费实行政府、用人单位和农民工个人共同分担的投入机制。中央和地方各级财政在财政支出中安排专项经费扶持农民工培训工作。用于补贴农民工培训的经费要专款专用，提高使用效益。

(三)制定农民工培训激励政策。

用人单位负有培训本单位所用农民工的责任。用人单位开展农民工培训所需经费从职工培训经费中列支，职工培训经费按职工工资总额1.5%比例提取，计入成本在税前列支。

符合条件的教育培训机构，均可申请使用农民工培训扶持资金。获准使用农民工培训扶持资金的各类学校和培训机构，须相应降低农民工学员的培训收费标准。财政部会同农业部、教育部研究提出农民工培训扶持资金审批管理办法，报国务院批准后实施。

对参加培训的农民工实行补贴或奖励。农民工自愿参加职业技能鉴定，鉴定合格者颁发国家统一的职业资格证书。任何单位不得强制农民工参加收费鉴定，鉴定机构要视情况适当降低鉴定收费标准。

(四)推行劳动预备制度，实行就业准入制度。

组织农村未能继续升学并准备进入非农产业就业或进城务工的初高中毕业生参加必要的转移就业培训，使其掌握一定的职业技能并取得相应的培训证书或职业资格证书。

用人单位招收农民工，属于国家规定实行就业准入控制的职业(工种)，应从取得相应职业资格证书的人员中录用。对用人单位因特殊需要招用技术性较强，但尚未参加培训的特殊职业(工种)的人员，可在报经劳动保障部门批准之后，先招收后培训，取得相应职业资格后再上岗。

(五)整合教育培训资源，提高培训效率。

在充分发挥现有教育培训资源作用的基础上，改造和完善一批教育培训机构，加强基地建设，完善教学培训条件，建设一批能起示范和带动作用的农村劳动力转移培训基地。引导和鼓励各类教育培训机构在自愿的基础上进行联合，增加培训项目，扩大培训规模，提高培训的质量和效益。

引导和鼓励教育培训机构与劳务输出(派遣)机构在自愿的基础上建立合作伙伴关系，通过签订培训订单或输出协议，约定双方责任和权益，实现培训与输出(派遣)的良性互动。对培训机构与输出(派遣)机构的合作，地方政府和有关职能部门要制订鼓励措施，加强业务指导。

发展和改革农村教育，使农村职业学校、成人学校成为农村劳动力转移培训的重要阵地。充实农村普通中学职业培训和就业训练的课程安排。具备条件的农村初高中，要结合当地实际情况，将新增劳动力培训作为学校的重要工作内容。各类职业学校要扩大面向农村的招生和培训规模，积极开展农民工的职业技能培训。加强农村成人学校建设，充分利用农村成人学校开展农民工培训。城市职业学校和成人学校要结合市场需求，及时调整专业结构，积极开展进城农民工的教育培训工作。

(六)加强农民工培训服务工作。

加强农民工培训师资队伍建设。农民工培训师资可以由教育培训机构通过开展继续教育来解决，也可从职业学校和成人学校、科研单位、企业、技术推广部门聘请。要定期组织开展师资培训，不断提高教师业务水平。

加强农民工培训的教材开发。教材的编写和选用坚持统一规范、实际适用和先进创新的原则。引导性培训教材，技术要求规范、统一的专业教材，全国统一编写；其他教材由各地根据实际需要编写或选用。

做好农民工培训的信息服务工作。定期调查并公布劳动力市场供求状况，定期对不同职业(工种)、不同等级的农民工职业供求和工资价位进行调查，调查分析结果及时向社会公布。

建立农民工培训效果评价制度。以实现高质量就业目标为导向，制定评价标准，定期对开展农民工培训的各类教育培训机构的专业设置、培训内容、课程安排、收费标准、招生情况、学员结业率、结业学员鉴定通过率、就业率、工资水平等状况进行调查统计，并及时向社会公布。

做好跟踪服务和就业指导工作。各类教育培训机构和中介组织要主动参与农村劳动力就业市场体系建设并发挥积极作用，为学员就业创造条件并提供信息服务。建立农民工培训人才资源库，为农村劳动力就业市场体系建设奠定基础。

做好农民工培训工作的督促检查。各级政府和有关部门要督促检查农民工培训计划的落实，保证培训经费的及时到位，加强对政府扶持项目的评估。对各类教育培训机构和用工单位要加强监督和规范，防止借培训之名，对农民工乱收费，损害农民工的合法权益。具体监督检查办法由农业部会同教育部、财政部、劳动保障部、科技部、建设部制定。

中共中央国务院
关于进一步加强人才工作的决定

（中发[2003]16号　2003年12月26日）

为实现党的十六大提出的全面建设小康社会宏伟目标，大力实施人才强国战略，建设宏大的高素质人才队伍，现就进一步加强人才工作作出如下决定。

一、实施人才强国战略是党和国家一项重大而紧迫的任务

1、人才问题是关系党和国家事业发展的关键问题。当今世界，多极化趋势曲折发展，经济全球化不断深入，科技进步日新月异，人才资源已成为最重要的战略资源，人才在综合国力竞争中越来越具有决定性意义。本世纪头20年是我国全面建设小康社会、开创中国特色社会主义事业新局面的重要战略机遇期。小康大业，人才为本。适应国内外形势的发展变化，完善社会主义市场经济体制，提高党的领导水平和执政水平，牢牢掌握加快发展的主动权，关键在人才。必须把人才工作纳入国家经济和社会发展的总体规划，大力开发人才资源，走人才强国之路。

党和国家历来十分重视人才工作，特别是改革开放以来，培养造就了各个领域的大批优秀人才，为推动社会主义现代化建设事业发挥了重要作用。进入新世纪新阶段，党中央、国务院认真分析国际国内形势，全面贯彻“三个代表”重要思想，提出了人才强国战略，确立了新的历史条件下人才工作的基本思路和宏观布局，人才工作取得了显著成绩。但是，人才的总量、结构和素质还不能适应经济社会发展的需要，特别是现代化建设急需的高层次、高技能和复合型人才短缺；市场配置人才资源的基础性作用发挥不够，人才流动的体制性障碍尚未消除，人尽其才的用人机制有待完善。我国人才工作正处于需要进一步整合力量、全面推进的重要阶段。必须深刻认识人才工作的极端重要性和紧迫性，切实加强和改进党对人才工作的领导，紧紧抓住

做好农民工培训的信息服务工作。定期调查并公布劳动力市场供求状况，定期对不同职业(工种)、不同等级的农民工职业供求和工资价位进行调查，调查分析结果及时向社会公布。

建立农民工培训效果评价制度。以实现高质量就业目标为导向，制定评价标准，定期对开展农民工培训的各类教育培训机构的专业设置、培训内容、课程安排、收费标准、招生情况、学员结业率、结业学员鉴定通过率、就业率、工资水平等状况进行调查统计，并及时向社会公布。

做好跟踪服务和就业指导工作。各类教育培训机构和中介组织要主动参与农村劳动力就业市场体系建设并发挥积极作用，为学员就业创造条件并提供信息服务。建立农民工培训人才资源库，为农村劳动力就业市场体系建设奠定基础。

做好农民工培训工作的督促检查。各级政府和有关部门要督促检查农民工培训计划的落实，保证培训经费的及时到位，加强对政府扶持项目的评估。对各类教育培训机构和用工单位要加强监督和规范，防止借培训之名，对农民工乱收费，损害农民工的合法权益。具体监督检查办法由农业部会同教育部、财政部、劳动保障部、科技部、建设部制定。

中共中央国务院
关于进一步加强人才工作的决定

（中发[2003]16号　2003年12月26日）

为实现党的十六大提出的全面建设小康社会宏伟目标，大力实施人才强国战略，建设宏大的高素质人才队伍，现就进一步加强人才工作作出如下决定。

一、实施人才强国战略是党和国家一项重大而紧迫的任务

1、人才问题是关系党和国家事业发展的关键问题。当今世界，多极化趋势曲折发展，经济全球化不断深入，科技进步日新月异，人才资源已成为最重要的战略资源，人才在综合国力竞争中越来越具有决定性意义。本世纪头20年是我国全面建设小康社会、开创中国特色社会主义事业新局面的重要战略机遇期。小康大业，人才为本。适应国内外形势的发展变化，完善社会主义市场经济体制，提高党的领导水平和执政水平，牢牢掌握加快发展的主动权，关键在人才。必须把人才工作纳入国家经济和社会发展的总体规划，大力开发人才资源，走人才强国之路。

党和国家历来十分重视人才工作，特别是改革开放以来，培养造就了各个领域的大批优秀人才，为推动社会主义现代化建设事业发挥了重要作用。进入新世纪新阶段，党中央、国务院认真分析国际国内形势，全面贯彻“三个代表”重要思想，提出了人才强国战略，确立了新的历史条件下人才工作的基本思路和宏观布局，人才工作取得了显著成绩。但是，人才的总量、结构和素质还不能适应经济社会发展的需要，特别是现代化建设急需的高层次、高技能和复合型人才短缺；市场配置人才资源的基础性作用发挥不够，人才流动的体制性障碍尚未消除，人尽其才的用人机制有待完善。我国人才工作正处于需要进一步整合力量、全面推进的重要阶段。必须深刻认识人才工作的极端重要性和紧迫性，切实加强和改进党对人才工作的领导，紧紧抓住

提高使用效益。

(三)制定农民工培训激励政策。

用人单位负有培训本单位所用农民工的责任。用人单位开展农民工培训所需经费从职工培训经费中列支，职工培训经费按职工工资总额1.5%比例提取，计入成本在税前列支。

符合条件的教育培训机构，均可申请使用农民工培训扶持资金。获准使用农民工培训扶持资金的各类学校和培训机构，须相应降低农民工学员的培训收费标准。财政部会同农业部、教育部研究提出农民工培训扶持资金审批管理办法，报国务院批准后实施。

对参加培训的农民工实行补贴或奖励。农民工自愿参加职业技能鉴定，鉴定合格者颁发国家统一的职业资格证书。任何单位不得强制农民工参加收费鉴定，鉴定机构要视情况适当降低鉴定收费标准。

(四)推行劳动预备制度，实行就业准入制度。

组织农村未能继续升学并准备进入非农产业就业或进城务工的初高中毕业生参加必要的转移就业培训，使其掌握一定的职业技能并取得相应的培训证书或职业资格证书。

用人单位招收农民工，属于国家规定实行就业准入控制的职业(工种)，应从取得相应职业资格证书的人员中录用。对用人单位因特殊需要招用技术性较强，但尚未参加培训的特殊职业(工种)的人员，可在报经劳动保障部门批准之后，先招收后培训，取得相应职业资格后再上岗。

(五)整合教育培训资源，提高培训效率。

在充分发挥现有教育培训资源作用的基础上，改造和完善一批教育培训机构，加强基地建设，完善教学培训条件，建设一批能起示范和带动作用的农村劳动力转移培训基地。引导和鼓励各类教育培训机构在自愿的基础上进行联合，增加培训项目，扩大培训规模，提高培训的质量和效益。

引导和鼓励教育培训机构与劳务输出(派遣)机构在自愿的基础上建立合作伙伴关系，通过签订培训订单或输出协议，约定双方责任和权益，实现培训与输出(派遣)的良性互动。对培训机构与输出(派遣)机构的合作，地方政府和有关职能部门要制订鼓励措施，加强业务指导。

发展和改革农村教育，使农村职业学校、成人学校成为农村劳动力转移培训的重要阵地。充实农村普通中学职业培训和就业训练的课程安排。具备条件的农村初高中，要结合当地实际情况，将新增劳动力培训作为学校的重要工作内容。各类职业学校要扩大面向农村的招生和培训规模，积极开展农民工的职业技能培训。加强农村成人学校建设，充分利用农村成人学校开展农民工培训。城市职业学校和成人学校要结合市场需求，及时调整专业结构，积极开展进城农民工的教育培训工作。

(六)加强农民工培训服务工作。

加强农民工培训师资队伍建设。农民工培训师资可以由教育培训机构通过开展继续教育来解决，也可从职业学校和成人学校、科研单位、企业、技术推广部门聘请。要定期组织开展师资培训，不断提高教师业务水平。

加强农民工培训的教材开发。教材的编写和选用坚持统一规范、实际适用和先进创新的原则。引导性培训教材，技术要求规范、统一的专业教材，全国统一编写；其他教材由各地根据实际需要编写或选用。

二、以能力建设为核心，大力加强人才培养工作

3、人才资源能力建设是人才培养的核心。树立大教育、大培训观念，在提高全民思想道德素质、科学文化素质和健康素质的基础上，重点培养人的学习能力、实践能力，着力提高人的创新能力。围绕创新能力建设，根据各类人才的特点，研究制定人才资源能力建设标准。改革教育培训的机制、内容和方法，加大教育培训力度。坚持学习与实践相结合、培养与使用相结合，促进人才在实践中不断增长知识，提升能力。加强爱国主义、集体主义、社会主义教育，树立正确的世界观、人生观、价值观，发扬拼搏奉献精神、艰苦创业精神、团结协作精神和诚实守信精神，促进各类人才的全面发展。

4、加快构建现代国民教育体系，更好地为经济社会全面发展培养人才。教育是培养人才的基础。按照面向现代化、面向世界、面向未来的要求，坚持教育为社会主义现代化建设服务，为人民服务，以社会需求为导向，大力推进教育创新，提高教育质量和管理水平。统筹城乡教育，进一步加强农村教育。全面普及九年义务教育，积极发展高中阶段教育，全面推进素质教育。着眼国家发展和战略需要，深化高等教育体制改革，加强高等教育与经济社会的紧密结合，调整学科和专业结构，创新人才培养模式，建立教育培养与人才需求结构相适应的有效机制。加快建设若干所世界一流大学、一批高水平大学与重点学科。加强高校领导班子和师资队伍建设，充分发挥高校的人才培养重要基地作用。适应走新型工业化道路和优化产业结构的要求，大力推进职业教育的改革和发展。

5、加快构建终身教育体系，促进学习型社会的形成。在全社会进一步树立全民学习、终身学习理念，鼓励人们通过多种形式和渠道参与终身学习，积极推动学习型组织和学习型社区建设。加强终身教育的规划和协调，优化整合各种教育培训资源，综合运用社会的学习资源、文化资源和教育资源，完善广覆盖、多层次的教育培训网络，构建中国特色的终身教育体系。进一步改革和发展成人教育。加强各类人才的培训和继续教育工作。继续做好选派各类人才出国（境）培训工作。强化用人单位在人才培训中的主体地位，鼓励在职自学，完善带薪学习制度。制定科学规范的质量评估和监督办法，提高教育培训成效。

三、坚持改革创新，努力形成科学的人才评价和使用机制

6、建立以能力和业绩为导向、科学的社会化的人才评价机制。坚持走群众路线，注重通过实践检验人才。完善人才评价标准，克服人才评价中重学历、资历，轻能力、业绩的倾向。根据德才兼备的要求，从规范职位分类与职业标准入手，建立以业绩为依据，由品德、知识、能力等要素构成的各类人才评价指标体系。改革各类人才评价方式，积极探索主体明确、各具特色的评价方法。完善人才评价手段，大力开发应用现代人才测评技术，努力提高人才评价的科学水平。

党政人才的评价重在群众认可。树立科学的发展观和正确的政绩观，坚持群众公认、注重实绩的原则。进一步完善民主推荐、民主测评、民主评议制度，把群众的意见作为考核评价党政人才的重要尺度。制定不同层次、不同类型党政人才的岗位职责规范，建立符合科学发展观要求的干部政绩考核体系和考核评价标准。完善定期考核和日常考核制度，改进考核方法。建立健全考核工作责任制。

企业经营管理人才的评价重在市场和出资人认可。发展企业经营管理人才评价机构，探索

机遇，积极应对挑战，努力使人才工作迈上新的台阶。

2、新世纪新阶段人才工作的根本任务是实施人才强国战略。在建设中国特色社会主义伟大事业中，要把人才作为推进事业发展的关键因素，努力造就数以亿计的高素质劳动者、数以千万计的专门人才和一大批拔尖创新人才，建设规模宏大、结构合理、素质较高的人才队伍，开创人才辈出、人尽其才的新局面，把我国由人口大国转化为人才资源强国，大力提升国家核心竞争力和综合国力，完成全面建设小康社会的历史任务，实现中华民族的伟大复兴。

实施人才强国战略，必须以邓小平理论和“三个代表”重要思想为指导，贯彻落实十六大精神，根据人才资源是第一资源的科学判断，坚持党管人才原则，坚持以人为本，充分开发国内国际两种人才资源，紧紧抓住培养、吸引、用好人才三个环节，大力加强以党政人才、企业经营管理人才和专业技术人才为主体的人才队伍建设，努力把各类优秀人才集聚到党和国家各项事业中来，为全面建设小康社会提供坚强的人才保证和广泛的智力支持。实施人才强国战略的基本要求是：

——用“三个代表”重要思想统领人才工作。“三个代表”重要思想是推进新世纪新阶段人才工作的根本指针。按照发展先进生产力、先进文化和实现最广大人民群众根本利益的要求，坚决贯彻尊重劳动、尊重知识、尊重人才、尊重创造的方针，把“三个代表”重要思想贯穿于人才工作的全过程，努力开创人才工作新局面。

——把促进发展作为人才工作的根本出发点。发展是我们党执政兴国的第一要务。树立全面、协调、可持续的发展观，促进经济社会和人的全面发展。人才工作的目标任务要围绕发展来确立，人才工作的政策措施要根据发展来制定，人才工作的成效要用发展来检验。

——树立科学的人才观。人才存在于人民群众之中。只要具有一定的知识或技能，能够进行创造性劳动，为推进社会主义物质文明、政治文明、精神文明建设，在建设中国特色社会主义伟大事业中作出积极贡献，都是党和国家需要的人才。要坚持德才兼备原则，把品德、知识、能力和业绩作为衡量人才的主要标准，不唯学历、不唯职称、不唯资历、不唯身份，不拘一格选人才。鼓励人人都作贡献，人人都能成才。

——加强人才资源能力建设。坚持把能力建设作为人才资源开发的主题。加大对人才工作的投入，优先发展科学教育事业，努力把人口压力转变为人力资源优势，为各类人才不断涌现和充分发挥作用奠定坚实基础。

——坚持三支人才队伍建设一起抓。党政人才、企业经营管理人才和专业技术人才是我国人才队伍的主体，必须坚持分类指导，整体推进。着重培养造就大批适应改革开放和社会主义现代化建设的高层次和高技能人才，带动整个人才队伍建设。

——推进人才结构调整。按照统筹城乡发展、统筹区域发展、统筹经济社会发展、统筹人与自然和谐发展、统筹国内发展和对外开放的要求，加快人才结构调整，优化人才资源配置，促进人才合理分布，发挥人才队伍的整体功能。

——创新人才工作机制和优化环境。人才的活力取决于机制和环境。遵循人才资源开发规律，坚持市场配置人才资源的改革取向，加强和改善宏观调控，建立充满生机与活力的人才工作机制。着力营造有利于优秀人才大量涌现、健康成长的良好氛围，形成鼓励人才干事业、支持人才干成事业、帮助人才干好事业的社会环境。

社会化的职业经理人资质评价制度。完善反映经营业绩的财务指标和反映综合管理能力等非财务指标相结合的企业经营管理人才评价体系，积极开发适应不同类型企业经营管理人才的考核测评技术。改进国有资产出资人对国有企业经营管理者考核评价工作，围绕任期制和任期目标责任制，突出对经营业绩和综合素质的考核。

专业技术人才的评价重在社会和业内认可。以打破专业技术职务终身制为重点，研究制定深化职称制度改革的指导意见。全面推行专业技术职业资格制度，加快执业资格制度建设。积极探索资格考试、考核和同行评议相结合的专业技术人才评价方法。发展和规范人才评价中介组织，在政府宏观指导下，开展以岗位要求为基础、社会化的专业技术人才评价工作。积极推进专业技术人才执业资格国际互认。

7、建立以公开、平等、竞争、择优为导向，有利于优秀人才脱颖而出、充分施展才能的选人用人机制。

以扩大民主、加强监督为重点，进一步深化党政干部选拔任用制度改革，不断提高科学化、民主化、制度化水平。完善选任制，改进委任制，规范考任制，推行聘任制。改进公开选拔、竞争上岗的办法。加大选拔任用优秀年轻干部的力度，为他们的成长提供“快车道”。逐步推行党政领导干部职务任期制，建立和完善干部正常退出机制，实行优胜劣汰，增强干部队伍活力。

以推进企业经营管理者市场化、职业化为重点，坚持市场配置、组织选拔和依法管理相结合，改革和完善国有企业经营管理人才选拔任用方式。对国有资产出资人代表依法实行派出制或选举制。对经理人推行聘任制，实行契约化管理。按照企业发展战略和市场取向，拓宽选人视野，吸引国际国内一流人才到企业任职。大力扶持能够整合生产要素、利用社会资源和聚集各类人才积极创业的经营管理人才。

以推行聘用制和岗位管理制度为重点，深化事业单位人事制度改革。按照政事职责分开、单位自主用人、个人自主择业、政府依法监管的要求，建立符合各类事业单位特点的用人制度。推行聘用制和岗位管理制度，促进由固定用人向合同用人、由身份管理向岗位管理的转变。研究制定事业单位人事管理条例，规范按需设岗、竞聘上岗、以岗定酬、合同管理等管理环节，逐步做到人员能进能出，职务能上能下，待遇能高能低。

四、建立和完善人才市场体系，促进人才合理流动

8、建立和完善人才市场体系。根据完善社会主义市场经济体制的要求，全面推进机制健全、运行规范、服务周到、指导监督有力的人才市场体系建设，进一步发挥市场在人才资源配置中的基础性作用。建立和完善人才市场机制。遵循市场规律，进一步发挥用人单位和人才的市场主体作用，促进企事业单位通过市场自主择人和人才进入市场自主择业。针对人才资源的特殊性，按照人才的市场供求关系，通过实现人才自身价值与满足社会需求相结合，有效解决人才供求矛盾。推进政府部门所属人才服务机构的体制改革，实现管办分离、政事分开。引导国有企事业单位转换用人机制，积极参与市场竞争。努力形成政府部门宏观调控、市场主体公平竞争、行业协会严格自律、中介组织提供服务的运行格局。消除人才市场发展的体制性障碍，使现有各类人才和劳动力市场实现联网贯通，加快建设统一的人才市场。健全专业化、信息化、产业化、国际化的人才市场服务体系。

9、促进人才合理流动。进一步消除人才流动中的城乡、区域、部门、行业、身份、所有制

等限制，疏通三支队伍之间、公有制与非公有制组织之间、不同地区之间的人才流动渠道。发展人事代理业务，改革户籍、人事档案管理制度，放宽户籍准入政策，推广以引进人才为主导的工作居住证制度，探索建立社会化的人才档案公共管理服务系统。鼓励专业技术人才通过兼职、定期服务、技术开发、项目引进、科技咨询等方式进行流动。加强对人才流动的宏观调控，采取有效措施，引导人才向西部地区、基层和艰苦地区等社会最需要的地方流动，鼓励人才安心基层工作。制定人才流动和人才市场管理的法律法规，完善人事争议仲裁制度。加强人才流动中国家秘密和商业秘密的保护，依法维护用人单位和各类人才的合法权益，保证人才流动的开放性和有序性。

五、以鼓励劳动和创造为根本目的，加大对人才的有效激励和保障

10、完善分配激励机制。完善按劳分配为主体、多种分配方式并存的分配制度，坚持效率优先、兼顾公平，各种生产要素按贡献参与分配。针对各类人才的特点，建立健全与社会主义市场经济体制相适应、与工作业绩紧密联系、鼓励人才创新创造的分配制度和激励机制。加强对收入分配的宏观管理，整顿和规范分配秩序。

结合完善国家公务员制度，逐步建立综合体现工作职责、能力、业绩、年功等因素，职务与职级相结合的公务员工资制度。适当拉开不同职务和职级之间的收入差距，增强职级的激励功能。建立公务员工资与国民经济发展相协调、与社会进步相适应、与企业相当人员平均工资大体持平的工资水平决定机制。完善艰苦边远地区津贴制度，实施中央政府统一调控下分级管理的地区附加津贴制度。对国家机关特殊专门人才，实行特殊的工资、津贴政策。

结合事业单位体制改革和人事制度改革，逐步建立符合各种类型事业单位特点、体现岗位绩效和分级分类管理的事业单位薪酬制度。收入分配政策向关键岗位和优秀人才倾斜。指导事业单位积极探索生产要素按贡献参与分配的实现形式和办法。加大对基础教育、基础研究、战略高技术研究、重要公益研究等事业单位的分配政策扶持力度。制定完善专业技术人员兼职兼薪的管理办法。

结合深化国有资产管理体制改革和建立现代企业制度，逐步建立市场机制调节、企业自主分配、职工民主参与、政府监控指导的企业薪酬制度。坚持按劳分配与按生产要素分配相结合、短期激励与中长期激励相结合、激励和约束相结合的原则，将经营者薪酬与其责任、风险和经营业绩直接挂钩。不断改善收入结构，逐步建立与市场价格接轨、合理有效的激励机制。在分类指导、分步实施的基础上，进一步完善国有企业经营者年薪制。

建立健全现代产权制度，探索产权激励机制。鼓励有条件的企业对作出突出贡献的经营管理人才、专业技术人才实行期权、股权激励。依法保护知识产权。探索建立人才资本及科研成果有偿转移制度。

11、建立规范有效的人才奖励制度。坚持精神奖励和物质奖励相结合的原则，建立以政府奖励为导向、用人单位和社会力量奖励为主体的人才奖励体系，充分发挥经济利益和社会荣誉双重激励作用。建立国家功勋奖励制度，对为国家和社会发展作出杰出贡献的各类人才给予崇高荣誉并实行重奖。进一步规范各类人才奖项。坚持奖励与惩戒相结合，做到奖惩分明，实现有效激励。

12、建立健全人才保障制度。积极探索机关和事业单位社会保障制度改革，进一步完善企

业社会保障制度，为推进人才工作深入发展提供保障。根据各类人才的特点和需要，采用多种形式，逐步建立重要人才国家投保制度。完善机关、企业、事业单位人才流动中的社会保险衔接办法。加快福利制度改革，逐步实现福利货币化，不断改善各类人才的生活待遇。

六、突出重点，切实加强高层次人才队伍建设

13、把高层次人才队伍建设摆上重要位置。中高级领导干部、优秀企业家和各领域高级专家等高层次人才，是人才队伍建设的重点。实施国家高层次人才培养工程，制定符合我国国情和国际化要求的培养规划，针对不同特点，实行分类培养。不断推进制度创新，形成有利于高层次人才成长的机制和环境。

以加强思想政治建设和执政能力建设为核心，培养造就一批忠诚实践“三个代表”重要思想、善于治党治国治军的政治家。强化理论武装和实践锻炼，坚持立党为公、执政为民，着力解决领导干部理想信念、政治方向、政治纪律、宗旨观念等根本问题。大力提高中高级领导干部科学判断形势的能力、驾驭市场经济的能力、应对复杂局面的能力、依法执政的能力和总揽全局的能力。

以提高战略开拓能力和现代化经营管理水平为核心，加快培养造就一批熟悉国际国内市场、具有国际先进水平的优秀企业家。遵循企业家成长规律，培养企业家职业精神，提高企业家职业化水平。建立完善企业家激励约束机制，调动和保护企业家勇于竞争和持续创业的热情。实施“走出去”战略，发展具有国际竞争力的大公司、大企业集团，鼓励企业家在更大范围、更广领域和更高层次上参与国际经济技术合作和竞争。加快建立健全现代企业制度，完善公司法人治理结构，为企业家的成长和创业提供广阔的空间和舞台。

以提高创新能力和弘扬科学精神为核心，加快培养造就一批具有世界前沿水平的高级专家。坚持自然科学和社会科学并重，基础研究与应用研究并重，依托新世纪百千万人才工程等国家重大人才培养计划、重大科研和建设项目、重点学科和科研基地以及国际学术交流与合作项目，积极推进创新团队建设，加大学科带头人的培养力度。建立开放、流动、竞争、协作的科学研究机制，进一步破除科学研究中的论资排辈和急功近利现象，抓紧培养造就一批中青年高级专家。坚持“双百”方针，形成鼓励创新、鼓励探索的良好氛围。努力改善工作条件，大力营造激发创新活力的工作环境。弘扬爱国主义精神，提高科学道德水平，激励各领域专家奋力攻关，勇攀事业高峰。重视加强国防科技高层次人才队伍建设。注意发挥老专家、老教授的作用。改进和完善院士制度、政府特殊津贴制度、博士后制度以及其他高层次人才培养制度，进一步形成培养选拔高级专家的制度体系。

中央和省部两级要着眼于党和国家各项事业长远发展的需要，建设一支数量充足、素质优良、门类齐全、结构合理的省部级和地厅级后备干部队伍。同时，建立高层次人才库，直接联系一批优秀企业家和各类高级专家。设立和调整高层次人才专项资金，鼓励用人单位和社会各界在工作上、生活上为高层次人才提供保障，激发他们的贡献热情和创造潜能，充分发挥他们在人才队伍建设中的示范带动作用。

14、加大吸引留学和海外高层次人才工作力度。继续贯彻支持留学、鼓励回国、来去自由的方针，鼓励留学人员以不同方式为祖国服务。按照拓宽留学渠道、吸引人才回国、支持创新创业、鼓励为国服务的要求，制定和实施留学人才回归计划，重点吸引高层次人才和紧缺人才。

采取团队引进、核心人才带动引进、高新技术项目开发引进等方式，建立符合留学人员特点的引才机制。建立全国统一的留学人才信息系统和留学人才库，完善留学人才的评价认定制度，提高吸引高层次留学人才工作的针对性和实效性。加大对高层次留学人才的回国资助力度，切实解决留学回国人员的实际困难和问题。制定鼓励和支持留学人员回国创业政策，大力加强留学人员创业基地建设。健全留学人才为国服务的政策措施，鼓励他们以多种形式为国家建设作贡献。

坚持以我为主、按需引进、突出重点、讲求实效的方针，积极引进海外人才和智力。制定和实施国家引进海外人才规划，建立海外人才评价和准入制度。重点引进高新技术、金融、法律、贸易、管理等方面的高级人才以及基础研究方面的紧缺人才。按照国际惯例和市场规则，抓紧制定投资移民法、技术移民法和海外高级人才聘用管理办法。研究制定聘用海外高级人才从事公务工作的办法。对引进的海外高级人才实行在华长期居留或永久居留制度。鼓励和吸引海外华人华侨专家为我国现代化建设服务。建立和完善国际人才市场，发展和规范引进海外人才中介组织，保护应聘海外人才和聘用单位的合法权益。

15、加强和改进国家重要人才安全工作。高度重视和充分信任国家重要人才。通过立法维护国家重要人才安全，有效防止重要人才流失。制定政策法规，提高重要人才待遇，保障重要人才权益，规范重要人才流动。建立国家重要人才的信息档案，实施动态管理。

七、推进人才资源整体开发，实现人才工作协调发展

16、坚持人才资源开发与经济社会发展相协调。把人才工作作为制定国民经济和社会发展规划的重要内容，建立健全人才资源开发宏观调控体系。适应经济社会发展对人才总量、结构和素质的需求，有效盘活人才存量，大幅度提高人才增量，不断提升人才素质，调整和优化人才结构。紧密配合国家重大发展战略的实施，开发和配置人才资源。采取有力措施，促进人才在城乡、区域、产业、行业和不同所有制之间的合理分布。推进人才资源整体开发，抓紧培养各类紧缺人才。重视培养妇女人才、少数民族人才和党外人才。注意发挥离退休人才的作用。积极做好在振兴东北地区等老工业基地中的人才工作。不断扩大人才工作覆盖面，实现各类人才队伍建设的协调发展。

17、进一步做好西部和民族地区人才工作。西部大开发和民族地区建设，人才是关键。要树立正确的用人观念，制定灵活的用人政策，创造良好的用人机制和环境，稳定和用好现有人才，重视开发少数民族人才，积极引进急需人才。大力发展西部教育事业，强化职业教育，加大培养和培训工作力度，壮大人才队伍。逐步提高西部地区各类人才的收入水平，制定鼓励人才到西部地区工作特别是长期工作的优惠政策。坚持产业聚才，项目引才，积极构建吸引各类人才到西部建功立业的事业平台。采取灵活多样的人才柔性流动政策，支持大中城市专业技术人员到西部地区基层提供服务，把引进人才与引进智力结合起来。进一步加强对西部和民族地区人才工作的支持，完善中央国家机关、东中部地区与西部和民族地区干部交流机制，加大县处级以上党政主要领导干部的交流力度。继续做好对口支援西藏、新疆以及其他地区的工作。加强贫困地区人才队伍建设。

18、重视非公有制经济组织和社会组织人才工作。非公有制经济组织和社会组织中汇集着越来越多的人才，是我国人才队伍的重要组成部分。要把新的社会阶层中的各类人才纳入党和

政府的工作范围，努力形成与社会主义初级阶段基本经济制度相适应的人才思想观念和人才创业机制。要消除体制和政策障碍，在政治上对非公有制经济组织和社会组织人才一视同仁，在政府奖励、职称评定等人才政策上统一安排，在面向社会的资助、基金、培训项目、人才信息库等公共资源运用上平等开放，在改善创业环境和工作生活条件上积极提供服务。

19、加强高技能人才和农村实用人才队伍建设。工人队伍中的高技能人才，是推动技术创新和实现科技成果转化不可缺少的重要力量。实施国家高技能人才培训工程和技能振兴行动，通过学校教育培养、企业岗位培训、个人自学提高等方式，加快高技能人才的培养。充分发挥高等职业院校和高级技工学校、技师学院的培训基地作用，扩大培训规模，提高培训质量。充分发挥企业的主体作用，强化岗位培训，组织技术革新和攻关，改进技能传授方式，促进岗位成才。完善技能人才的职业资格证书制度，推进技师考评制度改革，实行培训、考核、使用和待遇相结合，逐步建立统一标准、自主申报、社会考核、企业聘用的高技能人才成长机制。进一步提高高技能人才的社会地位，优化高技能人才成长的社会环境。

根据推动农村经济社会发展和城乡协调发展的需要，大力加强农村科技、教育、文化、卫生和经营管理等实用人才队伍建设。继续实施县乡村实用人才工程和农民教育培训工程。充分发挥农村职业学校、成人文化技术学校、农村现代远程教育网络和各种农业技术推广培训机构的作用，加快农业科技示范园区和先进适用技术推广相关基础设施建设，实行农科教相结合，努力提高广大农村劳动者的素质，激励农村实用人才快速成长。高度重视农村富余劳动力资源的开发，加强农村劳动力转移就业培训工作。加强人才和智力扶贫。建立健全农村人才服务体系。

20、大力抓好青年人才队伍建设。培养造就一大批素质优良、勇于创新的青年人才，是实现人才工作可持续发展的迫切需要。建立和完善各类青年人才工作制度，支持优秀青年人才脱颖而出。加强以爱国主义为核心的民族精神教育，引导青年人才把个人成长与全面建设小康社会的伟大事业紧密结合起来，鼓励他们在艰苦复杂的环境和丰富的社会实践中锻炼成长。在重大科研和工程项目实施中要把培养青年人才作为一项重要任务。高校毕业生是国家十分宝贵的人才资源，是青年人才的重要来源。各级党委和政府要高度重视，坚持以社会需求为导向，建立和完善高校毕业生就业工作机制，切实使用好这一宝贵资源。

八、坚持党管人才原则，努力开创人才工作新局面

21、大力实施人才强国战略，必须坚持党管人才原则。坚持党管人才原则，是我们党适应全面建设小康社会的新任务，按照完善社会主义市场经济体制的新要求，根据党所处历史方位的新变化，着眼于改革和完善党的领导方式和执政方式、提高党的执政能力作出的重大决策，是人才工作沿着正确方向前进的根本保证。各级党委和政府要把人才工作作为一项重大而紧迫的战略任务，切实抓紧抓好。坚持党总揽全局、协调各方的原则，充分发挥党的思想政治优势、组织优势和密切联系群众的优势，发挥党委领导核心作用，形成党委统一领导，组织部门牵头抓总，有关部门各司其职、密切配合，社会力量广泛参与的人才工作新格局。要把人才工作纳入各级党政领导班子工作目标责任制，定期进行考核。各级党政主要负责同志对于做好人才工作负有重要责任，要树立强烈的人才意识，善于发现人才、培养人才、集聚人才、服务人才，做到知人善任、唯才是举、广纳群贤。

做好人才工作是加强和改进党的建设的重要内容。各级党组织要加强对党员的教育培养，努

力使广大党员成为学习的模范、劳动的模范、创新的模范、贡献的模范，在成才的道路上发挥带头作用。要注重从各类优秀人才中发展党员和培养党的各级干部，把更多的优秀人才集聚到党的各级组织中来。

22、党管人才主要是管宏观，管政策，管协调，管服务。各级党委要按照管好用活的要求，搞好统筹规划，制定人才工作重大方针政策，明确发展目标，推进各类人才队伍建设协调发展；坚持分类指导，针对各类人才的不同特点和成长规律，创新人才工作理论、体制和方法，使人才各得其所、各尽其能；注重整合力量，建立统分结合、协调高效的工作机制，充分调动一切积极因素，形成人才工作合力；积极提供服务，通过政策支持、精神激励和环境保障，不断改善各类人才的工作与生活条件，以感情和人格的力量，提高对人才的吸引力和感召力；实行依法管理，加快推进人才工作法制化建设，增强工作的规范性和有效性。要用事业造就人才，用环境凝聚人才，用机制激励人才，用法制保障人才，把全社会人才的积极性和创造性引导好、保护好、发挥好。努力把人才优势转化为知识优势、科技优势和产业优势，使一切劳动、知识、技术、管理和资本的活力竞相迸发，一切创造社会财富的源泉充分涌流。

23、全面贯彻党管人才原则，必须动员和组织全社会力量，加大投入，完善法制，优化环境。牢固树立人才投入是效益最大的投入的观念，不断加大对人才工作的投入力度。健全政府、社会、用人单位和个人多元人才投入机制。中央及地方各级政府要根据人才工作实际需要，在财政预算中安排必要的资金，用于高层次人才培养、紧缺人才引进、西部人才开发、公派留学生等工作。在重大建设和科研项目经费中，要划出一定份额用于人才开发。加强对人才投入资金使用的监督管理，切实提高人才投入效益。加大人才工作立法力度，围绕人才培养、吸引、使用等基本环节，建立健全中国特色人才工作法律法规体系。积极运用现代科技手段，加强人才信息网络建设。充分发挥工会、共青团、妇联等人民团体在人才工作中的重要作用。大力加强舆论宣传，为人人竞相成才和充分施展才能创造良好的社会环境。

时代呼唤人才，人才推进事业。全党和全国各族人民紧密团结在以胡锦涛同志为总书记的党中央周围，在马克思列宁主义、毛泽东思想、邓小平理论和“三个代表”重要思想指引下，全面贯彻十六大精神，大力实施人才强国战略，关心人才工作，研究人才工作，宣传人才工作，做好人才工作，为全面建设小康社会、实现中华民族的伟大复兴而努力奋斗！

关于贯彻落实中共中央国务院关于进一步加强人才工作决定做好高技能人才培养和人才保障工作的意见

（劳社部发〔2003〕37号　2003年12月31日）

各省、自治区、直辖市劳动和社会保障厅(局)，国务院有关部门劳动保障工作机构：

为贯彻落实《中共中央国务院关于进一步加强人才工作的决定》（中发〔2003〕16号，以下简称《决定》），切实做好高技能人才队伍建设和人才保障工作，现提出如下意见：

一、深入学习领会《决定》精神，抓紧研究制定贯彻落实的工作措施。全国人才工作会议和《决定》明确提出了新世纪新阶段大力实施人才强国战略的指导思想，全面部署了建设宏大的高素质人才队伍的目标任务。各级劳动保障部门要认真学习，深刻领会，充分认识实施人才强国战略，培养高素质劳动者的极端重要性，把做好新形势下的高技能人才队伍建设和人才保障工作作为劳动保障系统落实《决定》的重要任务，精心部署安排，抓好贯彻落实。省级和地市级劳动保障部门要建立由主管领导牵头、各有关机构参加的高技能人才工作办公室，结合实际，制定实施方案，明确任务目标，落实工作责任，形成推动工作的合力。要在各级党委和政府的领导下，将高技能人才队伍建设工作纳入当地人才队伍建设的总体规划，全力组织实施。积极协调有关部门，加大对这项工作的政策支持和经费投入。将加强高技能人才培养与建设终身教育培训体系相结合，与推动职业培训的整体工作相结合，带动职工岗位培训、再就业培训、创业培训、青年就业培训和农民工培训。

二、加快高技能人才培养，实施“三年五十万”新技师培养计划。结合实施技能振兴行动，全面推进国家高技能人才培训工程。从2004年到2006年，在制造业、服务业及有关行业技能含量较高的职业中，实施50万新技师（包括技师、高级技师和其他高等级职业资格人才）培养计划，紧密结合市场需求，加快培养一批企业急需的技术技能型、复合技能型人才，以及高新技术产业发展需要的知识技能型人才，并以此推动技能人才队伍的整体建设，带动各类高、中、初级技能人员梯次发展。

各级劳动保障部门要通过加强政策支持和技术服务，调动社会各方面的积极性，共同做好高技能人才培养工作。推动企业大力开展技能提升培训和岗位培训，完善推广名师带徒措施，指导企业建立高技能人才业务进修和培训制度。依托高级技工学校、技师学院等高技能培训机构，发挥高职院校和社会各类培训基地的作用，实行校企结合，开展定单培训，并注重运用现代培训技术，提高培训水平。有条件的城市，可建立高技能人才实习训练基地，搭建强化实践技能培训的平台。

三、组织开展技能竞赛等多种形式活动，完善高技能人才选拔机制。通过技能竞赛、练兵比武和技术创新等活动，在各行业和职业领域不断发现和选拔具有高超技能的人才。各级劳动保障部门和行业部门要大力组织开展企业职工、职业院校师生和社会各方面人员参加的职业技能竞赛活动，并不断提高竞赛的技术含量和技能水平。2004年至2006年，劳动保障部将会同有关部门，组织开展国家级职业技能大赛系列活动。要组织生产一线职工，广泛开展拜师学艺、岗位练兵、技能比武和技术攻关、创新创效、观摩研讨等活动。大力推广一些企业在关键岗位、工序设立首席职位的做法，培育技能领头人并发挥其作用。

四、改进技能人才评价方式，完善国家职业资格证书制度。抓紧修订完善现有国家职业标准，吸纳新知识、新技术、新工艺和新方法，对新兴职业和复合技能岗位，抓紧制定新的国家职业标准。加快建立起以职业能力为导向，以工作业绩为重点，注重职业道德和职业知识水平的技能人才评价新体系。突破比例、年龄、资历和身份界限，促进技能人才更快更好地成长。进一步改革完善社会化的职业技能鉴定工作，大力推广企业生产现场、学校教学过程与国家职业标准相结合的考核方法，不断扩大职业资格证书的覆盖范围。2004年至2006年，要实现职业技能鉴定质量规模的双提高，在进一步保证质量的基础上，实现鉴定数量递增20%，其中新技师数量要有较大幅度增长，质量要有切实保证。全面推进技师考评制度改革，从2004年起，有条件的地市可在省级劳动保障部门指导下，直接组织开展技师社会化考核工作。

五、建立高技能人才开发交流机制，促进其发挥更大作用。依托大中城市的高级技工学校、技师学院，以及企业集团、公共职业介绍机构，建立高技能人才开发交流工作站，开发技能人才、技能成果信息库，为技能人才的交流提供平台，并为高新技术开发、技术成果转让，同业技术交流、绝招绝技展示以及创新创业等活动创造条件，充分发挥技师在技术攻关、传授技艺、传播技能等方面的重要作用。劳动保障部将在“中国劳动力市场网”（WWW.LM.GOV.CN）建立高技能人才交流专栏。有条件的地方，也可开设专门网站，并建立相关的信息库，丰富高技能人才开发交流的服务内容和手段。

六、提高高技能人才的待遇水平，引导更多的技能劳动者岗位成才。总结、交流和大力推行企业中推行的“使用与培训考核相结合，待遇与业绩贡献相联系”的做法，加快建立职工凭技能职业资格得到使用提升，凭业绩贡献确定收入分配的使用待遇机制。在企业薪酬中充分考虑发挥技能做出贡献的因素，建立科学合理的高技能人才薪酬制度。大力推广高技能人才与其他相应专业技术人才在工资福利方面享受同等待遇的做法。积极争取地方政府建立津贴制度，提高高技能人才待遇水平。

七、加大对高技能人才的表彰奖励力度，提高他们的社会地位。大力表彰做出突出贡献的技能人才和有关企业、培训机构，并给予精神鼓励和物质奖励。总结技能人才成长规律和企业、培训机构培养技能人才的方式方法，及时组织推广，充分发挥先进典型的示范带头作用。2004年至2006年，劳动保障部将组织第七届、第八届全国技能表彰活动，并将“中华技能大奖”和“全国技术能手”的表彰奖励规模扩大一倍，同时授予培养技能人才成绩突出的企业和培训机构“国家技能人才培育突出贡献奖”。各地区、各部门要大力组织开展相应的表彰奖励工作，扩大社会影响，提高技能人才的社会地位。

加强宣传工作，优化技能人才成长的社会环境。各地区每年要定期组织技能人才的专项宣传活动。充分利用广播、电视、报纸、网络等多种新闻媒体，大力宣传高技能人才的重要作用和突出贡献，宣传他们的成才和创业之路，宣传国家的培养和使用政策，在全社会营造崇尚技能、尊重技能人才的良好社会氛围，引导更多的劳动者走技能成才之路。

八、建立健全人才保障机制，为各类人才创造良好的社会环境。进一步完善社会保障制度，将企业各类人才全部纳入社会保障覆盖范围。指导企业做好建立企业年金等补充保险工作，并注意向生产、服务一线的高技能人才倾斜。积极探索机关事业单位社会保障制度改革。重点解决各类人才在不同地区、不同行业、不同单位之间流动的社会保障关系转移和接续问题。要采取有效措施，关心技能人才，切实帮助他们解决生产生活及其他保障福利问题。

关于印发《三年五十万新技师培养计划》的通知

（劳社部发〔2003〕38号　2003年12月31日）

各省、自治区、直辖市劳动和社会保障厅(局)，国务院有关部门劳动保障工作机构：

为贯彻落实《中共中央国务院关于进一步加强人才工作的决定》（中发〔2003〕16号）精神，切实做好高技能人才队伍建设，特别是技师、高级技师的培养工作，我部制定了《三年五十万新技师培养计划》，现印发给你们。请结合本地区、本行业实际，分解细化任务，加大工作力度，认真组织实施，并将实施本计划的方案于2004年2月10日前报我部备案。

三年五十万新技师培养计划

为贯彻落实《中共中央国务院关于进一步加强人才工作的决定》（中发〔2003〕16号）精神，加快高技能人才队伍建设，我部决定在全面实施国家高技能人才培训工程的基础上，从2004年到2006年的三年内，在全国开展“三年五十万新技师培养计划”。

一、目标任务

（一）以实施“人才强国”战略为指导，适应经济发展和技术进步的要求，从2004年至2006年的三年内，在制造业、服务业及有关行业技能含量较高的职业中，实施50万新技师（包括技师、高级技师和其他高等级职业资格人才）培养计划，通过企业岗位培训、学校教育培养、个人岗位提高相结合的方式，加快培养企业急需的技术技能型、复合技能型人才，以及高新技术产业发展需要的知识技能型人才，并以此推动技能人才队伍的整体建设，带动各类高、中、初级技能人员梯次发展，形成“培养快、使用好、待遇高”的高技能人才培养与使用的激励机制。其中，2004年培养10万名新技师，2005年培养15万名新技师，2006年培养25万名新技师。

二、主要内容

（二）鼓励各类企业结合生产实际，开展技能提升和岗位培训，做到按需施教，学用结合。指导企业高技能人才培训基地开展技师培训，建立高技能人才业务进修和培训制度，采取集中与分散相结合的方式，不断提高他们专业理论知识和技术技能水平。完善推广名师带徒的措施，开展技术攻关、创新创效、拜师学艺、观摩研讨和技能交流等活动。行业组织和企业集团要结合行业企业发展，制定技师培养规划，总结技师成长规律，推广技师培养经验，逐步做到制度化和规范化。

（三）推动高级技工学校、技师学院以及高等职业院校改革，完善教学方法，突出专业技能训练，强化新知识、新技术、新工艺、新方法的内容，充分发挥高技能人才培训基地的作用，采取校企合作、定单培养等方式，开展后备青年技师的培养工作。整合社会培训资源，搭建多功能、高层次的技师培训平台。有条件的城市，可建立高技能人才实习训练基地。

（四）改革技师考评办法，畅通高技能人才成长通道。按照“统一标准、自主申报、社会考核、企业聘任”的原则，全面推进技师考评制度改革。取消技师报考的比例限额，凡符合技师申报条件的各类人员均可自愿申请参加技师资格鉴定。打破资历限定，对掌握高技能、复合技能且有突出贡献的人员可适当放宽技师申报条件。突破年龄限制，鼓励更多具备高超技能的青年职工参加技师考评。打破身份限制，鼓励不同所有制企业的职工参加技师资格鉴定。对专业技术人员和生产管理人员参加技师考核的办法，可由各地结合实际先行试点。

建立和完善以能力评价和业绩考核相结合的技师评价体系和评价方法。考评内容采取技能鉴定和综合评审相结合。技能鉴定按照技师资格标准，重点考核专业知识和操作技能；综合评审突出技能运用及所做贡献，重点考核工作业绩、技术革新、传授技艺及职业道德等。评聘方式实行资格认定与聘任分开，对取得技师资格的人员，由用人单位根据生产实际需要进行聘任。企业可在关键岗位、工序设立首席职位，发挥技师的技能领头人作用。

（五）广泛开展技能竞赛和评选表彰活动，创造技师成长的良好社会环境。注重在不同行业和职业领域中发现和选拔具有高超技艺、突出业绩的技能人才。扩大技能竞赛奖励范围，从2004年起，对各省级和大型企业集团开展的技能竞赛中获各工种决赛第 1 名的选手，可授予全国技术能手荣誉称号。进一步做好评选表彰工作，对做出突出贡献的技能人才给予相应的奖励，并可晋升为技师或高级技师。要提升技师的社会地位，营造尊重技能人才、争当技师的良好氛围。

（六）提高技师的待遇水平，建立高技能人才开发交流机制。引导企业建立“使用与培训考核相结合，待遇与业绩贡献相联系”激励机制，大力推广技师、高级技师与相应专业技术人员在工资福利方面享受同等待遇的做法。积极争取当地政府建立技师津贴制度，提高其待遇水平。在各地区、各行业创建的技师工作站中，建立技能人才、技能成果信息库，开展科技成果转让、绝招绝技展示以及创新创业等活动。同时，要发挥各地、各行业技师协会的作用，定期组织同业技能交流活动，做好技术攻关、传授技艺、传播技能等工作。

三、保障措施

（七）加强基础建设和技术支持。根据市场需求和职业发展趋势，按照培养技术技能型、知识技能型和复合技能型人才的要求，充实和完善国家职业标准和国家题库。积极开展远程培训和仿真模拟教学训练。编写和出版一批突出技师培养特色的实用教材。

（八）积极筹措资金，确保经费的落实。各省、自治区、直辖市和重点城市劳动保障部门要向当地政府争取专项经费，用于本计划的组织推动和基础工作开发。行业、企业应从职工教育经费（占职工工资总额的1.5-2.5%）中落实技师培训经费。教育培训机构可按照物价部门核定的标准向学员收取一定的培训费用。

四、组织领导

（九）各地区、各行业部门要加强对这项工作的统筹规划和组织领导。劳动保障部高技能人才办公室负责本计划的总体规划和组织推动。各地劳动保障部门指定专门人员和机构组成的高技能人才办公室负责制定本地区计划并组织实施。行业部门和企业要做好技师培养的具体组织实施工作。

关于印发2004-2005年再就业培训计划的通知

（劳社部发[2004]5号　2004年3月2日）

各省、自治区、直辖市劳动和社会保障厅（局）:

为进一步推动下岗失业人员再就业培训和创业培训工作，我部制定了主题为"提高你的再就业能力"的《2004-2005年再就业培训计划》，现印发给你们。请结合本地区实际，确定目标任务，认真组织实施，并将实施方案和分年度计划于2004年3月15日前报我部培训就业司。

2004-2005年再就业培训计划

按照国家就业再就业工作的部署安排，总结第一、二期"三年千万"再就业培训计划实施经验，决定在2004年和2005年，实施主题为"提高你的再就业能力"的再就业培训计划。

一、指导思想

(一)根据劳动力市场需求和劳动者就业再就业需要，充分发动全社会力量开展培训，以提高就业能力、创业能力和适应职业变化能力为目标，以强化技能培训和创业培训为主线，以落实再就业优惠政策和培训经费为保障，尽快取得培训促进就业再就业的实效，帮助更多的下岗失业人员实现再就业。

二、目标任务

(二)2004年至2005年，要对800万以上下岗失业人员开展技能培训，培训合格率达到90%，培训后再就业率达到60%对其中的60万人开展创业培训，培训合格率达到80%，创业成功率达到50%。

三、主要内容

(三)整合社会资源，逐步完善社会化培训网络。按照“条件公开、申请自愿、公平竞争、合理布局、择优认定”原则，依托培训质量较高、促进就业效果显著的教育培训机构，定点开展再就业培训。广泛调动社会各方面积极性，鼓励和引导各级各类教育培训机构承担培训任务。对各级工会、共青团、妇联以及其他社会组织开展的培训活动，要提供政策、技术和经费支持。

(四)根据劳动力市场需求和培训对象特点，切实提高培训的针对性、实用性和有效性。向培训机构定期通报劳动力市场需求信息，引导其合理确定培训专业，开发实用培训项目。建立培训机构与用人单位的信息联络渠道，为培训机构提供培训定单，为用人单位提供培训菜单。对青年失业人员，可鼓励其参加中高级职业资格培训和新职业的培训；对大龄就业困难群体，可与实施再就业援助同步，组织其参加岗位适应性培训；对妇女培训对象，可结合发展第三产业和开发社区服务业岗位，鼓励他们参加实用技能培训。

(五)进一步落实和使用好培训经费，提高经费的使用效果。从各级财政促进再就业资金中逐级落实培训经费，协调有关部门根据培训成本制定合理的补贴标准，根据培训质量和促进就业或创业的实际效果，确定经费补贴的依据。各地可结合实际，积极探索和创新培训经费的补贴模式。有条件的城市，可采取个人垫付或政府发放培训券等方式，由劳动保障部门提供市场职业供求信息，公布政府经费补贴的职业(工种) 目录，由下岗失业人员自主选择培训机构，培训结束后持相关资料兑现培训经费。

(六)大力开展创业培训，全面提供创业服务。面向下岗失业人员，高校毕业生、农村转移劳动力及其他就业群体，开展灵活多样的创业指导和培训。加强诚信教育，从2004年开始，在各类创业培训课程中推广《诚信教育大纲》(另发)。依托上海创业培训师资进修中心和国家创业示范基地，加快培养创业培训师资。进一步完善创业培训与小额贷款等再就业优惠政策整体联动的工作模式，经过论证的创业计划书可作为提供小额担保贷款的凭证。建立创业指导专家队伍，对创业者提供创业、开业和经营过程的全程指导和咨询服务。支持创业者自发成立的小企业协会等组织的工作，培育创业孵化基地。

(七)大力组织实施远程培训。在中国就业培训技术指导中心建立远程培训平台，通过卫星数据技术，互联网络技术以及广播电视和函授相结合，集成国内外优质的培训课程，面向全国组织实施远程职业培训。各地可结合实际，设立远程培训辅导站点，组织下岗失业人员和社会其它人员参加培训。

四、保障措施

(八)加强领导。各级劳动保障部门要高度重视再就业培工作，将增强劳动者的就业和创业能力，作为积极就业政策的重要组成部分，认真组织实施。根据本计划要求，结合实际，制定实施方案，分解细化工作任务，明确责任要求。要加强工作业绩考核，抓好督促检查。加强与政府财政、物价，银行等有关部的沟通，保证政策协调和工作落实。

(九)强化基础。建立再就业培训效果评估体系，综合培训规模、质量和效果以及学员满意程度，考核再就业培训绩效。完善再就业培训工作统计制度，按季统计进展情况。组织开发新职业的标准、教材和多媒体教学辅助资料。建立城市间创业信息交流互动网络，开发和推广创业项目，组织现场观摩、经验交流和成果展示。加强劳动力市场供求信息收集和分析，将培训结业员纳入劳动力资源库，提供就业信息和职业指导。

(十)扩大宣传。利用各种新闻媒体，采取多种形式，深入街道、社区、厂矿、职业介绍机构、培训机构以及下岗失业人员家庭，广泛宣传就业再就业政策，宣传参加培训、提高技能、竞争就业的重要意义，宣传参加培训实现再就业的典型事迹。劳动保障部将在中国劳动力市场网(WWW.IM.GOV.CN)建立专栏，跟踪、宣传和报道各地工作动态。对工作成绩突出的单位和个人，进行表彰和奖励。

中华人民共和国民办教育促进法实施条例

（2004年2月25日国务院第41次常务会议通过2004年3月5日
国务院令第399号公布自2004年4月1日起施行）

第一章　总则

第一条　根据《中华人民共和国民办教育促进法》(以下简称民办教育促进法)，制定本条例。

第二条　国家机构以外的社会组织或者个人可以利用非国家财政性经费举办各级各类民办学校；但是，不得举办实施军事、警察、政治等特殊性质教育的民办学校。

民办教育促进法和本条例所称国家财政性经费，是指财政拨款、依法取得并应当上缴国库或者财政专户的财政性资金。

第三条　对于捐资举办民办学校表现突出或者为发展民办教育事业做出其他突出贡献的社会组织或者个人，县级以上人民政府给予奖励和表彰。

第二章　民办学校的举办者

第四条　国家机构以外的社会组织或者个人可以单独或者联合举办民办学校。联合举办民办学校的，应当签订联合办学协议，明确办学宗旨、培养目标以及各方的出资数额、方式和权利、义务等。

第五条　民办学校的举办者可以用资金、实物、土地使用权、知识产权以及其他财产作为办学出资。

国家的资助、向学生收取的费用和民办学校的借款、接受的捐赠财产，不属于民办学校举办者的出资。

第六条　公办学校参与举办民办学校，不得利用国家财政性经费，不得影响公办学校正常的教育教学活动，并应当经主管的教育行政部门或者劳动和社会保障行政部门按照国家规定的条件批准。公办学校参与举办的民办学校应当具有独立的法人资格，具有与公办学校相分离的校园和基本教育教学设施，实行独立的财务会计制度，独立招生，独立颁发学业证书。

参与举办民办学校的公办学校依法享有举办者权益，依法履行国有资产的管理义务，防止国有资产流失。

实施义务教育的公办学校不得转为民办学校。

第七条　举办者以国有资产参与举办民办学校的，应当根据国家有关国有资产监督管理的规定，聘请具有评估资格的中介机构依法进行评估，根据评估结果合理确定出资额，并报对该国有资产负有监管职责的机构备案。

第八条　民办学校的举办者应当按时、足额履行出资义务。民办学校存续期间，举办者不得抽逃出资，不得挪用办学经费。

民办学校的举办者不得向学生、学生家长筹集资金举办民办学校，不得向社会公开募集资金举办民办学校。

第九条　民办学校的举办者应当依照民办教育促进法和本条例的规定制定学校章程，推选民办学校的首届理事会、董事会或者其他形式决策机构的组成人员。

民办学校的举办者参加学校理事会、董事会或者其他形式决策机构的，应当依据学校章程规定的权限与程序，参与学校的办学和管理活动。

第十条　实施国家认可的教育考试、职业资格考试和技术等级考试等考试的机构，不得举办与其所实施的考试相关的民办学校。

第三章　民办学校的设立

第十一条　设立民办学校的审批权限，依照有关法律、法规的规定执行。

第十二条　民办学校的举办者在获得筹设批准书之日起3年内完成筹设的，可以提出正式设立申请。

第十三条　申请正式设立实施学历教育的民办学校的，审批机关受理申请后，应当组织专家委员会评议，由专家委员会提出咨询意见。

第十四条　民办学校的章程应当规定下列主要事项：

（一）学校的名称、地址；

（二）办学宗旨、规模、层次、形式等；

（三）学校资产的数额、来源、性质等；

（四）理事会、董事会或者其他形式决策机构的产生方法、人员构成、任期、议事规则等

（五）学校的法定代表人；

（六）出资人是否要求取得合理回报；

（七）学校自行终止的事由；

（八）章程修改程序。

第十五条　民办学校只能使用一个名称。

民办学校的名称应当符合有关法律、行政法规的规定，不得损害社会公共利益。

第十六条　申请正式设立民办学校有下列情形之一的，审批机关不予批准，并书面说明理由：

（一）举办民办学校的社会组织或者个人不符合法律、行政法规规定的条件，或者实施义务教育的公办学校转为民办学校的；

（二）向学生、学生家长筹集资金举办民办学校或者向社会公开募集资金举办民办学校的；

（三）不具备相应的办学条件、未达到相应的设置标准的；

（四）学校章程不符合本条例规定要求，经告知仍不修改的；

（五）学校理事会、董事会或者其他形式决策机构的人员构成不符合法定要求，或者学校校

长、教师、财会人员不具备法定资格，经告知仍不改正的。

第十七条　对批准正式设立的民办学校，审批机关应当颁发办学许可证，并将批准正式设立的民办学校及其章程向社会公告。

民办学校的办学许可证由国务院教育行政部门制定式样，由国务院教育行政部门、劳动和社会保障行政部门按照职责分工分别组织印制。

第十八条　民办学校依照有关法律、行政法规的规定申请登记时，应当向登记机关提交下列材料：

（一）登记申请书；

（二）办学许可证；

（三）拟任法定代表人的身份证明；

（四）学校章程。

第十八条　民办学校依照有关法律、行政法规的规定申请登记时，应当向登记机关提交下列材料：

（一）登记申请书；

（二）办学许可证；

（三）拟任法定代表人的身份证明；

（四）学校章程。

登记机关应当自收到前款规定的申请材料之日起 5 个工作日内完成登记程序。

第四章　民办学校的组织与活动

第十九条　民办学校理事会、董事会或者其他形式决策机构的负责人应当品行良好，具有政治权利和完全民事行为能力。

国家机关工作人员不得担任民办学校理事会、董事会或者其他形式决策机构的成员。

第二十条　民办学校的理事会、董事会或者其他形式决策机构，每年至少召开一次会议。经1/3 以上组成人员提议，可以召开理事会、董事会或者其他形式决策机构临时会议。

民办学校的理事会、董事会或者其他形式决策机构讨论下列重大事项，应当经2/3以上组成人员同意方可通过：

（一）聘任、解聘校长；

（二）修改学校章程；

（三）制定发展规划；

（四）审核预算、决算；

（五）决定学校的分立、合并、终止；

（六）学校章程规定的其他重大事项。

民办学校修改章程应当报审批机关备案，由审批机关向社会公告。

第二十一条　民办学校校长依法独立行使教育教学和行政管理职权。

民办学校内部组织机构的设置方案由校长提出，报理事会、董事会或者其他形式决策机构批准。

第二十二条　实施高等教育和中等职业技术学历教育的民办学校，可以按照办学宗旨和培养目标，自行设置专业、开设课程，自主选用教材。但是，民办学校应当将其所设置的专业、开设的课程、选用的教材报审批机关备案。

实施高级中等教育、义务教育的民办学校，可以自主开展教育教学活动。但是，该民办学校的教育教学活动应当达到国务院教育行政部门制定的课程标准，其所选用的教材应当依法审定。

实施学前教育的民办学校可以自主开展教育教学活动，但是，该民办学校不得违反有关法律、行政法规的规定。

实施以职业技能为主的职业资格培训、职业技能培训的民办学校，可以按照国家职业标准的要求开展培训活动。

第二十三条　民办学校聘任的教师应当具备《中华人民共和国教师法》和有关行政法规规定的教师资格和任职条件。

民办学校应当有一定数量的专职教师；其中，实施学历教育的民办学校聘任的专职教师数量应当不少于其教师总数的 1/3。

第二十四条　民办学校自主聘任教师、职员。民办学校聘任教师、职员，应当签订聘任合同，明确双方的权利、义务等。

民办学校招用其他工作人员应当订立劳动合同。

民办学校聘任外籍人员，按照国家有关规定执行。

第二十五条　民办学校应当建立教师培训制度，为受聘教师接受相应的思想政治培训和业务培训提供条件。

第二十六条　民办学校应当按照招生简章或者招生广告的承诺，开设相应课程，开展教育教学活动，保证教育教学质量。

民办学校应当提供符合标准的校舍和教育教学设施、设备。

第二十七条　民办学校享有与同级同类公办学校同等的招生权，可以自主确定招生的范围、标准和方式；但是，招收接受高等学历教育的学生应当遵守国家有关规定。

县级以上地方人民政府教育行政部门、劳动和社会保障行政部门应当为外地的民办学校在本地招生提供平等待遇，不得实行地区封锁，不得滥收费用。

民办学校招收境外学生，按照国家有关规定执行。

第二十八条　民办学校应当依法建立学籍和教学管理制度，并报审批机关备案。

第二十九条　民办学校及其教师、职员、受教育者申请国家设立的有关科研项目、课题等，享有与公办学校及其教师、职员、受教育者同等的权利。

民办学校的受教育者在升学、就业、社会优待、参加先进评选、医疗保险等方面，享有与同级同类公办学校的受教育者同等的权利。

第三十条　实施高等学历教育的民办学校符合学位授予条件的，依照有关法律、行政法规的规定经审批同意后，可以获得相应的学位授予资格。

第三十一条　教育行政部门、劳动和社会保障行政部门和其他有关部门，组织有关的评奖评优、文艺体育活动和课题、项目招标，应当为民办学校及其教师、职员、受教育者提供同等的机会。

第三十二条　教育行政部门、劳动和社会保障行政部门应当加强对民办学校的日常监督，定期组织和委托社会中介组织评估民办学校办学水平和教育质量，并鼓励和支持民办学校开展教育教学研究工作，促进民办学校提高教育教学质量。

教育行政部门、劳动和社会保障行政部门对民办学校进行监督时，应当将监督的情况和处理结果予以记录，由监督人员签字后归档。公众有权查阅教育行政部门、劳动和社会保障行政部门的监督记录。

第三十三条　民办学校终止的，由审批机关收回办学许可证，通知登记机关，并予以公告。

第五章　民办学校的资产与财务管理

第三十四条　民办学校应当依照《中华人民共和国会计法》和国家统一的会计制度进行会计核算，编制财务会计报告。

第三十五条　民办学校对接受学历教育的受教育者收取费用的项目和标准，应当报价格主管部门批准并公示；对其他受教育者收取费用的项目和标准，应当报价格主管部门备案并公示。具体办法由国务院价格主管部门会同教育行政部门、劳动和社会保障行政部门制定。

第三十六条　民办学校资产中的国有资产的监督、管理，按照国家有关规定执行。

民办学校接受的捐赠财产的使用和管理，依照《中华人民共和国公益事业捐赠法》的有关规定执行。

第三十七条　在每个会计年度结束时，捐资举办的民办学校和出资人不要求取得合理回报的民办学校应当从年度净资产增加额中、出资人要求取得合理回报的民办学校应当从年度净收益中，按不低于年度净资产增加额或者净收益的25%的比例提取发展基金，用于学校的建设、维护和教学设备的添置、更新等。

第六章　扶持与奖励

第三十八条　捐资举办的民办学校和出资人不要求取得合理回报的民办学校，依法享受与公办学校同等的税收及其他优惠政策。

出资人要求取得合理回报的民办学校享受的税收优惠政策，由国务院财政部门、税务主管部门会同国务院有关行政部门制定。

民办学校应当依法办理税务登记，并在终止时依法办理注销税务登记手续。

第三十九条　民办学校可以设立基金接受捐赠财产，并依照有关法律、行政法规的规定接受监督。

民办学校可以依法以捐赠者的姓名、名称命名学校的校舍或者其他教育教学设施、生活设施。捐赠者对民办学校发展做出特殊贡献的，实施高等学历教育的民办学校经国务院教育行政部门按照国家规定的条件批准，其他民办学校经省、自治区、直辖市人民政府教育行政部门或者劳动和社会保障行政部门按照国家规定的条件批准，可以以捐赠者的姓名或者名称作为学校校名。

第四十条　在西部地区、边远贫困地区和少数民族地区举办的民办学校申请贷款用于学校自身发展的，享受国家相关的信贷优惠政策。

第四十一条　县级以上人民政府可以根据本行政区域的具体情况，设立民办教育发展专项资金。民办教育发展专项资金由财政部门负责管理，由教育行政部门或者劳动和社会保障行政部门报同级财政部门批准后使用。

第四十二条　县级人民政府根据本行政区域实施义务教育的需要，可以与民办学校签订协议，委托其承担部分义务教育任务。县级人民政府委托民办学校承担义务教育任务的，应当根据接受义务教育学生的数量和当地实施义务教育的公办学校的生均教育经费标准，拨付相应的教育经费。

受委托的民办学校向协议就读的学生收取的费用，不得高于当地同级同类公办学校的收费标准。

第四十三条　教育行政部门应当会同有关行政部门建立、完善有关制度，保证教师在公办学校和民办学校之间的合理流动。

第四十四条　出资人根据民办学校章程的规定要求取得合理回报的，可以在每个会计年度结束时，从民办学校的办学结余中按一定比例取得回报。

民办教育促进法和本条例所称办学结余，是指民办学校扣除办学成本等形成的年度净收益，扣除社会捐助、国家资助的资产，并依照本条例的规定预留发展基金以及按照国家有关规定提取其他必须的费用后的余额。

第四十五条　民办学校应当根据下列因素确定本校出资人从办学结余中取得回报的比例：

（一）收取费用的项目和标准

（二）用于教育教学活动和改善办学条件的支出占收取费用的比例；

（三）办学水平和教育质量。

与同级同类其他民办学校相比较，收取费用高、用于教育教学活动和改善办学条件的支出占收取费用的比例低，并且办学水平和教育质量低的民办学校，其出资人从办学结余中取得回报的比例不得高于同级同类其他民办学校。

第四十六条　民办学校应当在确定出资人取得回报比例前，向社会公布与其办学水平和教育质量有关的材料和财务状况。

民办学校的理事会、董事会或者其他形式决策机构应当根据本条例第四十四条、第四十五条的规定作出出资人取得回报比例的决定。民办学校应当自该决定作出之日起15日内，将该决定和向社会公布的与其办学水平和教育质量有关的材料、财务状况报审批机关备案。

第四十七条　民办学校有下列情形之一的，出资人不得取得回报：

（一）发布虚假招生简章或者招生广告，骗取钱财的；

（二）擅自增加收取费用的项目、提高收取费用的标准，情节严重的；

（三）非法颁发或者伪造学历证书、职业资格证书的；

（四）骗取办学许可证或者伪造、变造、买卖、出租、出借办学许可证的；

（五）未依照《中华人民共和国会计法》和国家统一的会计制度进行会计核算、编制财务会计报告，财务、资产管理混乱的；

（六）违反国家税收征管法律、行政法规的规定，受到税务机关处罚的；

（七）校舍或者其他教育教学设施、设备存在重大安全隐患，未及时采取措施，致使发生重大伤亡事故的；

（八）教育教学质量低下，产生恶劣社会影响的。

出资人抽逃资金或者挪用办学经费的，不得取得回报。

第四十八条　除民办教育促进法和本条例规定的扶持与奖励措施外，省、自治区、直辖市人民政府还可以根据实际情况，制定本地区促进民办教育发展的扶持与奖励措施。

第七章　法律责任

第四十九条　有下列情形之一的，由审批机关没收出资人取得的回报，责令停止招生；情节严重的，吊销办学许可证；构成犯罪的，依法追究刑事责任：

（一）民办学校的章程未规定出资人要求取得合理回报，出资人擅自取得回报的

（二）违反本条例第四十七条规定，不得取得回报而取得回报的；

（三）出资人不从办学结余而从民办学校的其他经费中提取回报的；

（四）不依照本条例的规定计算办学结余或者确定取得回报的比例的；

（五）出资人从办学结余中取得回报的比例过高，产生恶劣社会影响的。

第五十条　民办学校未依照本条例的规定将出资人取得回报比例的决定和向社会公布的与其办学水平和教育质量有关的材料、财务状况报审批机关备案，或者向审批机关备案的材料不真实的，由审批机关责令改正，并予以警告；有违法所得的，没收违法所得；情节严重的，责令停止招生、吊销办学许可证。

第五十一条　民办学校管理混乱严重影响教育教学，有下列情形之一的，依照民办教育促进法第六十二条的规定予以处罚：

（一）理事会、董事会或者其他形式决策机构未依法履行职责的；

（二）教学条件明显不能满足教学要求、教育教学质量低下，未及时采取措施的；

（三）校舍或者其他教育教学设施、设备存在重大安全隐患，未及时采取措施的；

（四）未依照《中华人民共和国会计法》和国家统一的会计制度进行会计核算、编制财务会计报告，财务、资产管理混乱的；

（五）侵犯受教育者的合法权益，产生恶劣社会影响的；

（六）违反国家规定聘任、解聘教师的。

第八章　附则

第五十二条　本条例施行前依法设立的民办学校继续保留，并在本条例施行之日起1年内，由原审批机关换发办学许可证。

第五十三条　本条例规定的扶持与奖励措施适用于中外合作办学机构。

第五十四条　本条例自2004年4月1日起施行。

关于印发《诚信教育大纲（试行）》的通知

（劳社厅函〔2004〕59号　2004年3月15日）

各省、自治区、直辖市劳动和社会保障厅（局）：

为增强创业者的诚信意识，落实《关于印发2004—2005年再就业培训计划的通知》(劳社部发〔2004〕5号）要求，我部组织专家编写了《诚信教育大纲（试行）》，现印发执行。

诚信教育大纲(试行)

一、课程的性质和教学目的

诚信教育是创业培训的重要组成部分，是一门实践性很强的课程。通过学习本课程，使创业学员了解什么是诚信，明确在创业中为什么要讲诚信，以及怎么讲诚信，并掌握社会信用体系建设的相关知识。

本课程的主要目的是使学员树立市场经济是信用经济、法制经济的观念，增强诚实守信、合法经营的意识，为企业的成功开办和经营奠定坚实基础。

二、教学要求和内容

（一）什么是诚信

1.教学要求

(1)掌握诚信是市场经济的基本规则，诚信是经商之道

(2)了解以诚信原则为基础的商业法律体系的构成

(3)认识诚信对于国际交往的重要意义

2.教学内容

(1)诚信是道德规范与行为准则

(2)诚信是中华民族传统文化与精神追求

(3)诚信是市场经济的基本规则

(4)诚信是经商之道

(5)诚信是商业法律法规体系的核心

(6)诚信是国际交往的惯例

（二）为什么要讲诚信

1.教学要求

(1)明确讲诚信对于成功创业、取得贷款、正当竞争、维护客户和获得企业长远发展利益的重要意义

(2)了解失信惩戒机制的作用原理

(3)了解政府部门对企业划分信用等级实施分类管理的情况

2.教学内容

(1)诚信是创业的根基

(2)诚信是获得贷款的前提

(3)诚信是合作的基础

(4)诚信是正当竞争的守则

(5)诚信是维护客户的必备条件

(6)诚信的商誉给企业带来长期利益

(7)社会信用体系建设启动后,失信会受到惩罚

(8)政府职能部门对企业划分信用等级并分类管理

(三)怎样讲诚信

1.教学要求

(1)掌握怎样诚信处理与公共部门、银行、客户以及本企业员工的关系

(2)学会修复不良信用记录的方法

(3)了解建立企业信用管理制度和创建企业信用文化的相关知识

2.教学内容

(1)如何建立与公共部门的诚信关系

(2)如何建立与银行的诚信关系

(3)如何建立与客户的诚信关系

(4)如何诚信处理企业内部关系

(5)如何在讲诚信的同时保护自己

(6)失信后如何补救

(四)社会信用体系建设

1.教学要求

(1)掌握社会信用体系的构成

(2)了解我国社会信用体系建设的现状

(3)了解发达国家信用体系的基本情况

2.教学内容

(1)什么是社会信用体系

(2)社会信用体系建设与我们的生活密切相关

(3)发达国家社会信用体系简介

(4)我国社会信用体系建设现状

三、课时安排诚信教育课程共安排6课时，具体分配如下：

第一部分 什么是诚信………………1课时

第二部分 为什么要讲诚信…………2课时

第三部分 怎样讲诚信………………2课时

第四部分 社会信用体系建设………1课时

四、教学建议

（一）在进行诚信教育时，应注重与其他创业培训课程的衔接与融合，将诚信教育与创业过程紧密联系。

（二）鉴于培训课时紧张，要求教师对于教材中重点和难点内容在课上统一集中讲授，浅显易懂的内容，可鼓励学员课下个人自学。

（三）培训形式应当灵活多样，可采取集中授课、专家现场咨询和案例教学相结合，也可以组织学员收看远程培训节目。

（四）培训要从学员的实际水平出发，采取学员易于接受的方式。培训教师可适当安排多种形式的课堂活动，如开展针对案例的课堂讨论和辩论等，鼓励学员发表自己的见解，积极参与教学。

（五）要注意培训方法和培训手段的多样化，积极利用投影仪、录音机、录像机、计算机等教学设备，进行形象直观的教学。

五、考试与评估

（一）考试

本课程的考试不仅要关注学员对基础知识的掌握情况，更要注重考查学员分析问题和解决实际问题的能力。

1.考试题型：包括客观题和主观题两部分，并以主观题为主。

客观题包括选择填空题和判断题两种形式，内容以教材中常识性的知识为主，目的在于普及基础知识。

主观题包括一般问答题、情景问答题和案例分析题三类，一般问答题只需要学员根据教材内容作答；情景问答题以某个生动的实际场景为背景设定问题，主要考查学员对培训内容的实际运用能力；案例分析题要求考生对案例作出较为深入的分析，考查学员对培训内容的综合掌握能力。

2.考试方式：开卷考试。

3.考试时间：1.5 小时。

在编制试卷时，要注意考试的范围、试卷的结构，以及各类题型的搭配，并控制考试时间。

（二）评估

培训结束后，要及时对培训教师的教学水平和教学质量进行评估，以便及时发现问题、总结经验，改进工作。评估实行结果评估和过程评估相结合，并采取多种形式、多种手段、多种角度进行评估，以确保评估的客观性和准确性。

关于贯彻落实《民办教育促进法》做好民办职业培训工作的通知

（劳社部发〔2004〕10号 2004年4月7日）

各省、自治区、直辖市劳动和社会保障厅（局）：

《中华人民共和国民办教育促进法》和《中华人民共和国民办教育促进法实施条例》（以下简称《实施条例》）已颁布实施。为做好贯彻实施工作，推动民办职业培训事业健康发展，现就有关事项通知如下：

一、认真学习法律法规，加强民办职业培训工作

民办职业培训是民办教育的重要组成部分，是提高劳动者就业能力和工作能力，促进就业再就业的重要依托。《民办教育促进法》和《实施条例》规定了劳动保障部门的审批权限、管理职责及工作要求，各级劳动保障部门要高度重视民办职业培训工作，认真学习、深入理解和掌握法律法规的具体规定，抓好贯彻落实。要将民办职业培训工作纳入当地劳动和社会保障以及人才工作整体规划，指定专门人员，明确目标任务，落实工作责任，加强依法管理，推动民办职业培训事业在规范中不断发展。

二、依法履行职责，逐步完善审批制度

（一）完善审批制度。坚持“积极鼓励、大力支持、正确引导、依法管理”的方针，做好民办职业培训的审批、管理、指导和服务工作。各级劳动保障行政部门要根据《民办教育促进法》规定的审批范围进行审批和管理，抓紧制定和完善相关的审批管理制度和工作流程。

民办职业培训学校按照办学所在地属地原则进行审批和管理。具体审批层次和权限，由各省、自治区、直辖市劳动保障行政部门制定。各级劳动保障行政部门要本着服务、高效原则，采取多种方式，受理民办职业培训学校的设立申请，并依照法定程序和期限做好审批工作。要参照《民办职业培训学校设置标准（试行）》（见附件）要求，对申请机构的申办材料和实际办学条件进行认真审查。对新批准正式设立的民办职业培训学校，应及时发给《民办职业培训办学许可证》，并向同级教育行政部门备案，向社会公告，同时，通知该学校按规定到当地民政部门办理登记手续。对《实施条例》实施前已经批准设立的民办职业培训学校，要参照《民办职业培训学校设置标准（试行）》进行评估，评估合格者，应在2005年4月1日前换发《民办职业培训办学许可证》，不合格者，限期半年内进行整改，期满仍不合格的，取消办学资格，收回《民办职业培训办学许可证》。《民办职业培训办学许可证》由劳动和社会保障部统一印制，由相应的审批机关颁发。职业技能鉴定机构不得举办与其所实施的鉴定项目相关的民办职业培训。

（二）规范办学名称。民办职业培训学校只能使用一个名称，且名称应规范，统一使用“XX市XX职业培训学校”，民办职业培训学校的外文名称应与中文名称一致。经省、自治区、直辖市劳动保障行政部门按照规定的条件批准，可以以捐赠者姓名或者名称作为校名。

（三）加强备案管理。各级劳动保障部门要通知并督促其审批的民办职业培训学校及时做好

如下材料的备案：设置的专业、开设的课程、选用的教材；学籍和教学管理制度；招生简章和广告；出资人取得合理回报的决定和向社会公布的与其办学水平和教育质量有关的材料、财务状况等。

三、做好对民办职业培训学校的教学指导和服务

（一）加强教学指导和服务。各级劳动保障部门要向民办职业培训学校提供劳动力市场职业供求信息，引导其合理设置专业，并在教学（培训）计划、大纲、教材建设等方面提供服务。我部将重点组织开发通用性较强、需求量较大专业（工种）的教学（培训）计划、大纲，已颁布的适用于社会培训机构的餐厅服务员等十三个专业的培训计划、大纲继续有效；尚未开发的，各地劳动保障部门可结合实际组织开发，并报我部备案。目前国家或地方暂时没有制定教学（培训）计划和大纲的专业（工种），可由民办职业培训学校依据《国家职业标准》，自行制定教学（培训）计划、大纲，并经专家论证后报审批机关备案再组织实施。为民办职业培训毕（结）业生提供职业技能鉴定服务，对鉴定合格者，颁发相应的职业资格证书，及时将民办职业培训学校毕(结)业生纳入当地劳动力市场信息网络，提供就业信息和职业指导。

（二）做好校长和教师的上岗资格认定及培训。参照同级公办技工学校校长任职要求，明确民办职业培训学校校长或主要行政负责人的任职条件。民办职业培训学校专职教师应具备相应的教师资格和相关职业资格证书。对兼职教师也要提出相应的要求。定期举行民办职业培训学校校长和教师培训研修活动，定期对教学管理水平高、培训质量突出、就业率高的学校的优秀校长和教师进行评选和表彰。

四、加强对民办职业培训学校的监督和管理

（一）强化办学监督和质量管理。采取多种形式，加强对民办职业培训学校的日常监督，处理有关事项，并做好相关记录，由监督人员签字后归档。定期组织或委托具有资质的社会中介组织对民办职业培训学校的办学条件、管理水平和培训质量等进行客观公正的评估，形成评估报告。我部将委托中国就业培训技术指导中心在民办职业培训学校中试点开展质量管理体系建设工作。有条件的地方，可探索对民办职业培训学校建立信用等级制度，委托社会信誉好、业内影响大的中介组织，对区域内的民办职业培训学校进行信用等级评估。可设立举报电话，接受社会对民办职业培训学校的办学行为进行监督。日常监督的记录、评估报告、质量管理体系建设以及信用等级应作为衡量民办职业培训学校办学水平的重要依据。对监督、评估过程中发现民办职业培训学校管理混乱，培训质量低下，虚假办学，造成恶劣影响的，由审批机关限期整顿，整改期内，不得招收新生和举办新的培训活动；期满仍不合格的，取消办学资格，收回《民办职业培训办学许可证》，并督促其妥善安置在校学生，依法做好财务清算和清偿，并及时通报登记机关予以注销登记。

（二）做好招生收费和广告的监督工作。与地方价格主管部门协调，引导民办职业培训学校根据生均培养成本和市场需求合理确定收费项目和标准。认真核对民办职业培训学校的招生简章和广告，一经发现在机构名称、培养目标、培训层次、培训形式、培训条件、培训期限、收费标准、证书发放和就业方式等方面的虚假信息和承诺，应及时予以纠正；拒不纠正且情节严重的，可吊销《民办职业培训办学许可证》。

五、争取政策扶持，做好信息公开，总结先进典型

（一）提供政策支持。积极争取地方政府和其他有关部门支持民办职业培训事业的发展，争取地方政府设立民办教育发展专项资金，并明确一定比例用于民办职业培训发展。帮助落实民办职业培训学校在建设用地、税收优惠、金融信贷以及教师、学生各项待遇等方面享有与公办学校同等的待遇。对承担下岗失业人员再就业培训等任务的学校，应按照有关规定给予培训经费补助。组织有关评奖评优、文体活动和课题、项目招标时，要为民办职业培训学校及其教师、职员和参加培训人员提供同等机会。民办职业培训审批、管理和监督的必要经费，应列入本级劳动保障部门办公经费预算，并报财政予以保障。

（二）建立服务平台。建立专门的民办职业培训管理服务工作平台，并通过报纸、网络等多种方式向社会公开工作制度、审批程序、办公时间和联络方式，公告所审批的民办职业培训学校及其章程，引导学员到具有办学资质的民办职业培训学校接受培训。我部将依托中国劳动力市场网（WWW.LM.GOV.CN）建立民办职业培训专栏。

（三）树立办学典型。总结和推广民办职业培训学校贴近市场规范办学、注重质量追求效益、积极开展再就业培训、高技能人才培训、农村富余劳动力转移培训、促进就业再就业效果明显的典型经验并加强宣传。定期开展民办职业培训经验交流和先进表彰活动。

附件：民办职业培训学校设置标准（试行）

民办职业培训学校设置标准（试行）

第一条　基本办学规模应不低于200人。

第二条　应有与办学规模相适应的培训场所，租用的场所租赁期不少于3年。有办公用房；理论课集中的教学场所应达到300平米以上，无危房，有良好的照明、通风条件，桌椅、讲台和黑板设施齐全；有满足实习教学需要的实习操作场所，符合环保、劳保、安全、消防、卫生等有关规定及相关工种的安全规程。招收住宿学生，其食宿场所也应符合环保、安全、消防、卫生等有关规定。

第三条　应具有满足教学和技能训练需要的教学、实习、实验设施和设备，有充足的实习工位。

第四条　管理人员，应具备较高职业道德和专业素质。

第五条　应配备专职校长。校长应具有大专以上文化程度及中级以上专业技术职务任职资格或三级以上国家职业资格，有2年以上职业教育培训工作经历，熟悉国家职业培训方针政策和法律法规。

第六条　应根据办学规模配备相应数量的专职教学管理人员。专职教学管理人员应具有大专以上文化程度及中级以上专业技术职称或三级以上国家职业资格，有2年以上职业教育培训工作经历，具有丰富的教学管理经验。应配备从事职业指导和就业服务的相关人员。财务管理人员应具有财会人员资格证书。

第七条　应配备与办学规模相适应、结构合理的专兼职教师队伍。专职教师一般不少于教师总数的1/4，每个培训专业（职业、工种）至少配备2名以上理论课教师和实习指导教师。理论课教师和实习指导教师均应具有与其教学岗位相应的教师上岗资格。

第八条　应具有与培训专业（职业、工种）相对应的教学（培训）计划、大纲和教材。

职业资格培训的教学（培训）计划、大纲和教材应符合国家职业标准。自编的教学（培训）计划、大纲和教材应经过专家论证，并报审批机关备案后组织实施。

第九条　应建立各项管理制度，包括办学章程与发展规划、教学管理、教师管理、学生管理、财务及卫生安全管理、设备管理等项制度。

第十条　举办者应有稳定、可靠的经费来源，固定资产应达到20万元以上，注册资金10万元以上。

第十一条　本标准为设置民办职业培训学校的基本要求。各地应以本标准为依据，对照与培训专业（职业、工种）相对应的国家职业标准具体要求，结合实际情况执行。

第十二条　本标准所指的职业培训学校不包括技工学校和高级技工学校，设立民办技工学校和高级技工学校应参照技工学校和高级技工学校设置标准执行。

关于印发2004年高职院校毕业生职业资格培训工程的通知

劳社部发〔2004〕12号

（劳动和社会保障部　教育部　2004年4月13日）

各省、自治区、直辖市劳动和社会保障厅（局）、教育厅（教委）：

现将《2004年高职院校毕业生职业资格培训工程》印发给你们，请结合本地区实际，组织实施。

2004年高职院校毕业生职业资格培训工程

为做好高职院校毕业生就业工作，在总结“2003年高职院校毕业生职业资格培训工程”实施情况的基础上，劳动保障部、教育部决定联合实施“2004年高职院校毕业生职业资格培训工程”。

一、目标任务

2004年4月至9月，按照“瞄准市场需求、提升职业能力、转换择业观念、加强就业服务”的要求，在充分发挥高职院校培训作用的同时，集中职业技能培训优质资源，面向高校毕业生开展职业技能培训和创业培训，组织职业技能鉴定，提供就业服务，为毕业生实现自谋职业和自主创业创造条件。

二、实施范围

重点面向高职院校，同时面向部分本科高校毕业生开展职业资格培训工作。各地可根据本地区情况，自主确定重点实施范围和院校。

三、主要内容

（一）按照劳动保障部、教育部《关于印发2003年高职院校毕业生职业资格培训工程的通知》（劳社部发［2003］13号）规定的相关培训项目和内容，组织开展培训、鉴定和就业服务工作。

（二）各高职院校对2004年就业率不高的专业要及时调整专业方向，在学生毕业前要按照新的专业方向补充相关课程，强化职业技能培训。对于毕业时未能落实工作单位的学生，在学生自愿的前提下，学校应在毕业后一段时间内组织其参加职业技能培训，强化学生的就业能力，以获得相应职业资格证书。2004年，在高职院校中课程设置与国家职业资格标准相对应的专业中，力争使80%以上的毕业生取得相应的职业资格证书。

（三）全面开展创业培训。组织高等院校和高职院校有意自主创业的学生，参加学校自己开发或当地劳动保障部门实施的创业培训。劳动保障部中国就业培训技术指导中心为建立远程培训站点的学校提供远程创业培训服务，为未建立远程培训站点的学校提供教学光盘和教材资料。劳动保障部、教育部将选择若干所高职院校和高等院校，进行创业培训试点，组织开展国际劳工组织开发的《创办你的企业（SYB）》培训。

（四）对参加职业技能培训并考核合格的学生，颁发由劳动保障部门统一印制的《高职院校职业培训合格证书》，作为学生参加职业技能鉴定时培训经历的证明。自该证书颁发之日起，三年内有效。

（五）各地职业技能鉴定机构要优先安排取得《高职院校职业培训合格证书》的学生参加鉴定。若申请鉴定的学生达到一定规模，可以院校为单位，按照集中、就近、及时的原则，统一组织专场鉴定。

（六）学生参加毕业前学校组织的强化培训，所需费用根据当地物价部门核准的收费标准确定，主要由学校承担，教育部门适当补贴。职业技能鉴定费用由劳动保障部门适当减免，鉴定机构所需成本费用可向当地财政申请补贴。

（七）各地公共就业服务机构要按照有关文件要求，对高职院校毕业生提供职业指导和就业服务。

四、相关要求

（一）认真落实劳动保障部、教育部、人事部《关于进一步推动职业学校实施职业资格证书制度的意见》（劳社部发〔2002〕21号）精神，经劳动保障和教育行政部门认定，高职院校毕业生参加中级以下职业技能鉴定时，理论课考试成绩合格者，可视同鉴定理论考核合格，只进行技能操作考核。2004年，各地劳动保障和教育行政部门可选择若干所教学质量高、社会信誉好的高等职业院校的主体专业，在其毕业生参加理论和技能操作考核合格并取得学历证书后，可视同为职业技能鉴定合格，发给相应的中级职业资格证书。取得经验后，逐步扩大试点范围。

（二）各高职院校要加强领导，明确具体部门负责此项工作，根据学生专业情况和就业意向，积极组织学生参加培训、鉴定活动，并对学生进行必要的职业指导。

（三）各地劳动保障、教育行政部门要高度重视这项工作，抓紧制定本地区实施方案并于4月30日前将实施方案报劳动保障部、教育部备案。

关于健全技能人才评价体系推进职业技能鉴定工作和职业资格证书制度建设的意见

（劳社部发〔2004〕15号　2004年4月30日）

各省、自治区、直辖市劳动和社会保障厅（局），国务院有关部门劳动保障工作机构：

为贯彻落实《中共中央国务院关于进一步加强人才工作的决定》（中发〔2003〕16号）中关于完善人才评价体系的要求，推动技能人才队伍建设，现就健全技能人才评价体系，进一步做好职业技能鉴定工作，大力推行职业资格证书制度提出如下意见。

一、明确总体要求。全面贯彻实施人才强国战略，以提高劳动者素质和培养高技能人才为出发点，将职业技能鉴定工作做细做好，将职业资格证书制度建设工作做强做大。围绕技术技能型、复合技能型和知识技能型人才的培养和使用，健全技能人才评价体系，强化质量，创新模式，扩展规模，直接有效地为企业和劳动者服务。2004年至2006年，要在确保质量的前提下，实现鉴定数量每年递增20%，技师、高级技师三年新增50万人。

二、健全评价体系。在评价内容上，坚持职业能力与工作业绩相结合；在评价标准上，坚持国家标准与岗位要求相结合；在评价机制上，坚持专业评价与企业认可相结合；在组织实施上，坚持行政指导和技术支持相结合；在管理体制上，坚持属地管理与行业管理相结合。要在大力推进职业技能鉴定社会化管理的同时，加快企业在职职工和职业院校毕业生技能人才评价方式的改革，逐步健全以职业能力为导向，以工作业绩为重点，注重职业道德和职业知识水平的技能人才评价体系。对技术技能型人才的评价，在现有考核模式上，突出实际操作能力和解决关键生产难题的考核要求，并增加新技术和新知识的要求；对知识技能型人才的评价，应根据高新技术产业发展需要，突出新技术、新知识掌握和运用能力的要求；对复合技能型人才的评价，应根据产业结构调整和技术进步的需要，强化综合性考核和多项技能的考核。

三、推进职业技能鉴定社会化管理工作。继续坚持面向市场、扩大范围、完善制度、提高质量的指导思想，按照统一标准、命题、考务和证书等质量管理原则，完善职业技能鉴定的运行机制、工作流程、技术支持和质量监督。提升管理水平和鉴定层次，扩大资格证书覆盖面，逐步完善以城市为中心的鉴定实施体系，探索建立示范性中心鉴定所，着力做好企业需求量大的高新技术应用领域技能人才评价工作。

2004年至2006年，重点抓好200个左右从业人员多、技术要求高的职业（工种）的鉴定工作，做到基础工作配套、管理运行规范，充分发挥其示范作用，以指导和推动企业、行业和教育培训机构的技能鉴定工作。同时，积极开发市场需求的新职业（工种）项目，做好部分新职业（工种）的全国统一鉴定工作。

四、加快企业技能人才评价方式改革。按照统一标准、现场考核、强化督导的原则，通过生产现场的能力考核和工作成果的业绩评定等方法，重点评价企业职工执行操作规程、解决生产问题和完成工作任务的能力。劳动保障部门派遣质量督导员进行监督，按照统一的技术标准和工作规范，指导企业考核工作，保证评价的客观性和公正性。

劳动保障部将会同有关部门选择部分中央直属企业开展企业技能人才评价改革试点。各省级劳动保障部门可结合本地区实际选择部分大、中型企业开展试点工作。试点企业按照国家职业标准的统一要求，结合企业生产特点和岗位要求，可对国家题库确定的考核内容进行30%的调整。考核合格者，根据企业要求，可按规定核发职业资格证书或出具统一的考核成绩证明，并列入职业技能鉴定的统计范围。

五、积极推进院校职业资格认证工作。各级劳动保障部门应帮助、支持和指导职业教育培训机构和普通高等院校的毕（结）业生参加社会化职业技能鉴定。定期发布职业院校与职业分类标准对应目录，做好职业资格认证与专业设置的对接服务。按照统筹规划、合理布局、发挥优势的原则，确定一批具备条件的职业院校建立职业技能鉴定所（站）。

对按照国家职业分类和标准设置专业的职业院校，其毕业生职业技能鉴定可与学校教学考核结合起来，凡能一致的要避免重复考核。各地要加大工作力度，在现有工作的基础上，选择10-20所具备条件的院校扩展资格认证工作。对参加资格认证的院校应按照国家职业标准的要求，调整教学计划和教学内容，强化职业技能训练，采取单元式教学、模块化考核、学分制管理的办法，突出对学生的职业能力评价，使职业院校毕业生在取得学历证书的同时，取得相应的职业资格证书。劳动保障部门要加强职业院校学生参加职业资格认证工作的管理和质量督导，建立对毕业生跟踪考核和业绩评价机制。

六、加强技师和高级技师的考评工作。对于社会通用性强的职业（工种）的技师考评可采用社会化鉴定的方式，按照“统一标准、自主申报、社会考核、企业聘任”的原则，实行鉴定机构考核与专家评审相结合的考评办法。对于企业生产一线技术复杂和操作性强的职业（工种），技师考评可采取企业内业绩评定的方式，实行能力考核与业绩评定相结合的考评办法。能力考核强调解决实际问题，业绩评定突出实际贡献。企业可根据职业标准的要求和生产岗位的实际需要确定技师考评的要素和内容，组织开展技师考核鉴定工作。对有突出贡献的技术骨干可破格参加技师、高级技师的考评。

七、强化职业技能鉴定的质量管理。在规范鉴定工作体系的基础上，加快建立职业技能鉴定质量督导制度，进一步完善质量管理的规章制度，严格执行鉴定的工作规范、技术标准和管理规程。推行鉴定机构质量认证标准，建立考评人员和质量督导人员诚信培训和考核记录制度，坚持对各地区、各行业的质量管理情况按季度进行定期通报。建立职业技能鉴定机构和考评人员年检制度，对优秀职业技能鉴定机构和个人给予表彰和奖励。对通过质量认证标准并连续两年年检合格者，可在3年内予以免检。对于连续两年年检不合格或在一年之内没有开展鉴定工作的职业技能鉴定所（站），要予以撤销。

八、健全鉴定工作的违规退出和惩处机制。对经查实存在违规行为的鉴定机构、考评人员和质量督导人员，第一次予以通报警告，限期改正；第二次取消其参加鉴定活动的资格。对于违反规定进行跨地区、跨行业考核活动的地区和行业，上级主管部门可根据情况停止其开展相关职业鉴定活动。对于经查实存在重大违规行为的，可提请其主管部门对责任人予以行政处罚。对于违反国家法律和法规，构成刑事责任的，要依法提请有关部门惩处。

九、完善职业技能鉴定的基础工作。坚持以职业活动为导向、以职业能力为核心的指导思想，充分发挥行业组织和专业机构的作用，定期修订和完善国家职业标准，建立动态、开放的职业分类与标准体系。实施《三年三千种职业培训教材开发计划》，加快教材开发工作。加强专家队伍建设，创新鉴定技术和考评方法。严格标准和题库的开发与使用管理，有条件的地区和行业，可试行命题统一管理，鉴定内容公开，考核现场抽签确定鉴定项目的办法。完善考务管理系统，规范考务管理流程，结合模块认证试点，探索签证式、写实性的证书管理方式，建立证书查询系统。推进国家职业资格在线工程建设，扩大国家职业资格工作网应用范围，加快职业技能鉴定信息化建设步伐。

十、建立职业资格证书制度与技能竞赛的沟通机制。鼓励企业、行业和地方开展各种形式的职业技能竞赛和群众性岗位练兵活动，选拔企业急需的技术技能带头人。在各类技能竞赛中获得优秀名次的选手，可按有关规定直接晋升技术等级或优先参加技师、高级技师考评。

十一、进一步将职业资格证书制度与就业制度紧密结合。认真贯彻实施“先培训后就业、先培训后上岗”的就业准入制度，指导用人单位把好就业准入的入口关。用人单位在招用技术工种劳动者时，应从已取得职业资格证书的人员中择优录用；招用非技术工种的劳动者，也应从接受过职业培训的人员中选择。职业介绍机构要把落实就业准入制度作为一项基本工作要求，在显著位置公告就业准入的职业目录，在发布技术工种人员招聘广告时，对应聘人员条件注明职业资格要求。劳动保障监察机构对违反有关规定的行为要予以纠正和查处。

十二、加强职业资格证书制度与企业劳动工资制度的衔接。指导企业大力推行“使用与培训考核相结合，待遇与业绩贡献相联系”的做法，充分发挥职业资格证书在企业职工培训、考核和工资分配中的杠杆作用，建立职工凭技能得到使用和晋升，凭业绩贡献确定收入分配的激励机制。要把高技能人才占职工总量的比重作为企业参加投标、评优、资质评估的必要条件。建立高技能人才奖励和津贴制度，汇集、公布技能人才工资市场价位，完善高技能人才同业交流机制。

后记

《中国职业培训发展报告（2005）》是中国职工教育和职业培训协会编写的我国第一本有关职业培训的绿皮书。

改革开放以来，在计划经济体制向市场经济体制转型的过程中，我国职业培训领域发生了巨大的变化。本书描述了改革开放20多年来，我国职业培训事业的发展脉络，阐述了职业培训为就业服务，以及二者相互依存的观点；记录了2004年我国职业培训工作情况，政府部门、行业、企业、培训机构等在引领、改革、开展职业培训工作中的重点、热点，成就和存在的问题。编写本书，旨在为广大职业培训工作者提供了解全局、把握趋势、学习经验、相互交流、互通信息等方面的参考。

在编写过程中，得到了方方面面的支持与帮助。劳动保障部培训就业司、中国就业培训技术指导中心、中国劳动保障出版社和有关省市劳动保障部门、行业、企业、职业培训机构为本书的编写工作提供了大量资料、数据、图片等材料。主报告由姚裕群、周功亚、张永麟、张春林、王德跃、丛冲、孟林、巫强、鲍昱良等同志执笔，为本书的编写工作做出了贡献。

编写本书，需要收集大量的第一手资料，甄别筛选工作浩繁，由于水平所限，书中错误难免，诚请读者批评指正。

编　者

2005年10月